Josef Lutz

Halbleiter-Leistungsbauelemente

Josef Lutz

Halbleiter-Leistungsbauelemente

Physik, Eigenschaften, Zuverlässigkeit

In weiten Teilen aufbauend auf dem Manuskript einer Vorlesung von Heinrich Schlangenotto, gehalten an der Technischen Universität Darmstadt, sowie auf Arbeiten von Uwe Scheuermann.

Mit 283 Abbildungen

Springer

Professor Dr.-Ing. Prof. h. c. Josef Lutz
Technische Universität Chemnitz
Fakultät für Elektrotechnik und Informationstechnik
Lehrstuhl für Leistungselektronik und elektromagnetische Verträglichkeit
Reichenhainer Str. 70
09126 Chemnitz
josef.lutz@etit.tu-chemnitz.de

Bibliografische Information der Deutschen Bibliothek
Die Deutsche Bibliothek verzeichnet diese Publikation in der Deutschen Nationalbibliografie; detaillierte bibliografische Daten sind im Internet über http://dnb.ddb.de abrufbar.

ISBN 10 3-540-34206-0 Springer Berlin Heidelberg New York
ISBN 13 978-3-540-34206-9 Springer Berlin Heidelberg New York

Springer ist ein Unternehmen von Springer Science+Business Media

springer.de

Printed in Germany

Umschlaggestaltung: medionet AG, Berlin
Satz: Digitale Druckvorlage des Autors

Gedruckt auf säurefreiem Papier 68/3020/m - 5 4 3 2 1 0

Inhaltsverzeichnis

Vorbemerkung

Die Halbleiter-Leistungsbauelemente sind das Kernstück der Leistungselektronik. Sie bestimmen die Leistungsfähigkeit, sie machen neuartige und verlustarme Schaltungen erst möglich. Da für deren Anwendung nicht nur die Vorgänge im Halbleiter, sondern auch die thermischen und mechanischen Eigenschaften wesentlich sind, beinhaltet dieses Buch über Halbleiter-Leistungsbauelemente auch die Grundlagen der Aufbau- und Verbindungstechnik.

Neben Studenten richtet es sich auch an Ingenieure, die auf dem Gebiet der elektrischen Energietechnik tätig sind. Es soll ihnen ermöglichen, sich in die physikalischen Vorgänge in einem Leistungsbauelement einzuarbeiten, und die physikalischen Ursachen für die technischen Eigenschaften nachvollziehen zu können. Damit soll der Ingenieur oder künftige Ingenieur in die Lage versetzt werden, die Stärken und Schwächen des jeweiligen Bauelements zu beurteilen, richtig auszuwählen und das notwendige Umfeld zu beachten. Und weiterhin soll diese Arbeit auch ein Hilfsmittel für den Ingenieur sein, der ein Problem mit einem Bauelement hat.

Der Praktiker in der Industrie mag bei der Arbeit mit dem Buch mit dem jeweiligen Bauelement beginnen. Bei der Behandlung der Bauelemente wird der Schwerpunkt auf die neuen Bauelemente wie MOSFETs, IGBTs, aber auch die unverzichtbaren schnellen Dioden gelegt. Bauelemente, deren technische Anwendung heute verdrängt wurde, werden kürzer behandelt. Bei jedem Bauelement gibt es einen einführenden Teil, der den Aufbau und die wichtigsten technischen Eigenschaften behandelt. Der Leser, der die Besonderheiten der Bauelemente nur kennen lernen will, kann sich mit diesen Abschnitten begnügen. Daran schließen sich Ausführungen an, bei denen die physikalischen Besonderheiten und Effekte vertieft behandelt werden. Bei der vertiefenden Behandlung der Besonderheiten wird dann auf die zu Grunde liegenden Vorgänge der Halbleiterphysik Bezug genommen, und zu einem tieferen Verständnis ist es notwendig, sich auch mit den ersten Kapiteln zu beschäftigen.

Der Abschnitt zu den halbleiterphysikalischen Grundlagen behandelt die Vorgänge in den verschiedenen für Leistungsbauelemente interessanten Halbleitermaterien. Die vergleichende Behandlung und der Bezug auf die daraus resultierenden elektrischen Eigenschaften kann das Verständnis erleichtern. Zur Behandlung der wichtigen Problematik der Sperrfähigkeit wird der analytische Zusammenhang von Shields und Fulop benutzt, dieser wird im Folgenden für alle Halbleiterbauelemente einheitlich verwendet.

Die Eigenschaften moderner Bauelemente sind wesentlich durch die Emitter bestimmt. Die auf Heinrich Schlangenotto zurückgehende Behandlung der Emittereigenschaften wird das erste Mal in einem Lehrbuch behandelt.

Der Anwender begegnet den Leistungsbauelementen im gekapselten Zustand, heute werden zumeist Module eingesetzt. Hier spielen die thermischen und mechanischen Eigenschaften sowie die Zuverlässigkeit eine wichtige Rolle. Die Bauweise und Möglichkeiten leistungselektronischer Module werden ausführlich behandelt. Mit Integration weiterer passiver Komponenten, Sensorik, Auswerteschaltkreisen und Schutzmaßnahmen (der sog. „Intelligenz") wird aus dem Modul das leistungselektronische System. Die wichtigsten neuen Entwicklungstrends werden gewürdigt.

Mit den Kapiteln über die Belastungsgrenzen und Ausfallursachen sowie den durch Bauelemente hervorgerufenen Schwingungseffekten wird der Leser Ausführungen vorfinden, die in anderen Lehrbüchern noch nicht behandelt sind. In der Praxis steht der Ingenieur oft vor dem Problem einer Fehlfunktion, und die Analyse der Fehlerursachen nimmt einen Teil seiner Arbeit in Anspruch. In diesem Abschnitt wird versucht, die eigenen langjährigen Erfahrungen in ein gewisses System zu bringen.

Im ersten Teil – Halbleiter-Leistungsbauelemente und ihre Physik – baut diese Ausarbeitung weitgehend auf dem Manuskript der Vorlesung „Leistungshalbleiterbauelemente" von Prof. Heinrich Schlangenotto, Daimler-Benz Forschungszentrum Frankfurt, gehalten an der TU Darmstadt, auf. Heinrich Schlangenotto hat sehr große Beiträge zum theoretischen Fundament für die heutigen modernen Leistungsbauelemente geleistet. Leider sind seine Arbeiten nur teilweise in der Fachliteratur zugänglich. Dieses Buch soll dazu beitragen, diese Herangehensweise und diese Erkenntnisse verfügbar zu machen.

Schlangenottos grundlegende Arbeit wurde erweitert um die neuen Halbleitermaterialen und um die Physik neuer, in den letzten Jahren eingeführter oder wieder zu neuer Bedeutung gekommener Bauelemente. Bei der Behandlung von IGBTs und GTOs wurden einige Darstellungsweisen von Dr. Stefan Linder, ABB Semiconductors Ltd, aus seiner Vorlesung an der ETH Zürich übernommen. Die Abschnitte zur Aufbau- und Verbindungstechnik gehen auf Dr. Uwe Scheuermann Semikron Elektronik GmbH, Nürnberg, zurück. Ferner sind Beiträge und Anregungen von Dr. Werner Tursky eingegangen. Auf Dr. Reinhard Herzer, ebenfalls Semikron, geht die Behandlung der monolithischen Integration und der Power IC's zurück.

Eine Reihe weiterer Spezialisten der Halbleiter-Leistungsbauelemente haben durch ihre Kommentare zu diesem Buch beigetragen, das sind insbesondere Dr. Anton Mauder, Dr. Thomas Laska, Dr. Soelkner und Dr. Ralf Siemieniec von Infineon. Herr Michael Reschke von Secos gab wertvolle Anregungen zum Kapitel Schottky-Dioden. Nicht zuletzt haben die Studenten der Vorlesung Leistungsbauelemente an der TU Chemnitz Einfluss auf dieses Buch genommen. Insbesondere Hans-Peter Felsl, Birk Heinze, Roman Baburske, Marco Bohlländer und Matthias Baumann gilt Dank für die kritische Durchsicht des Scripts, für ihre Anregungen bezüglich Verständlichkeit und für die Mithilfe bei der Gestaltung.

An Infineon Technologies AG gilt Dank für das Sponsoring des Buchs. Durch dieses Sponsoring soll der Verkaufspreis im Rahmen gehalten werden, so dass dieses Buch auch für Studenten erschwinglich ist und es ihnen eine Hilfe wird, sich in die wichtigen Leistungsbauelemente einzuarbeiten.

Chemnitz, im März 2006

Josef Lutz

1 Besonderheiten leistungselektronischer Halbleiterbauelemente

Leistungsbauelemente erfüllen im allgemeinen nur eine Funktion – die Funktion als Schalter, aber diese bei sehr hohen Anforderungen:

- hohe Sperrfähigkeit
- hohe Stromtragfähigkeit
- hohe Schaltleistung
- hohe Schaltfrequenz möglich
- belastbar durch hohe Spannungsflanken du/dt und Stromflanken di/dt
- geringe Verluste
- elektrische Isolation vom Kühlkörper
- selbstschützend (Überlast, Kurzschluss)
- potentialgetrennte, leistungsarme Ansteuerung
- geringes Volumen, geringes Gewicht
- hohe Betriebstemperatur (150°C, 200°C angestrebt)
- sehr hohe Wärmeleitfähigkeit
- hohe Lebenserwartung (Zuverlässigkeit)
- usw. ....

Abbildung 1.1 zeigt schematisch den Aufbau der wichtigsten Grundformen der Halbleiterbauelemente der Leistungselektronik. Ebenfalls ist der Bereich angegeben, bis zu welcher Leistung – Strom, Spannung und Schaltfrequenz - Bauelemente verfügbar sind. Dabei kann aber kaum ein Bauelement alle diese Anforderungen gleichzeitig erfüllen. So kann eine Diode zwar auf 10kV ausgelegt werden, sie benötigt dafür aber eine entsprechend hohe Dicke wB der Mittelzone. Das geht wiederum zum Nachteil der Durchlassverluste und damit der Stromtragfähigkeit. So ist eine 8kA-10kV-Diode nicht bekannt, aber eine 8kA-Diode mit 600V Sperrspannung für Schweißanwendungen ist verfügbar. Diese 600V-Diode kann aber maximal bei etwa 1kHz eingesetzt werden. Für höhere Schaltfrequenzen sind schnelle Dioden erforderlich, die eine höhere Durchlass-Spannung aufweisen. Die in Abb. 1.1 angegebenen Bereiche von Spannung, Strom und Schaltfrequenz werden jeweils von einzelnen auf die spezielle Eigenschaft optimierten Bauelementen erreicht.

Der bipolare Transistor besteht aus drei Schichten und weist 2 pn-Übergänge auf, der genannte Strom- und Spannungsbereich konnte von einem Einzelchip in Darlington-Konfiguration erreicht werden. Der bipolare Transistor ist aber heute in fast allen neuen Anwendungen durch den IGBT vom Markt verdrängt.

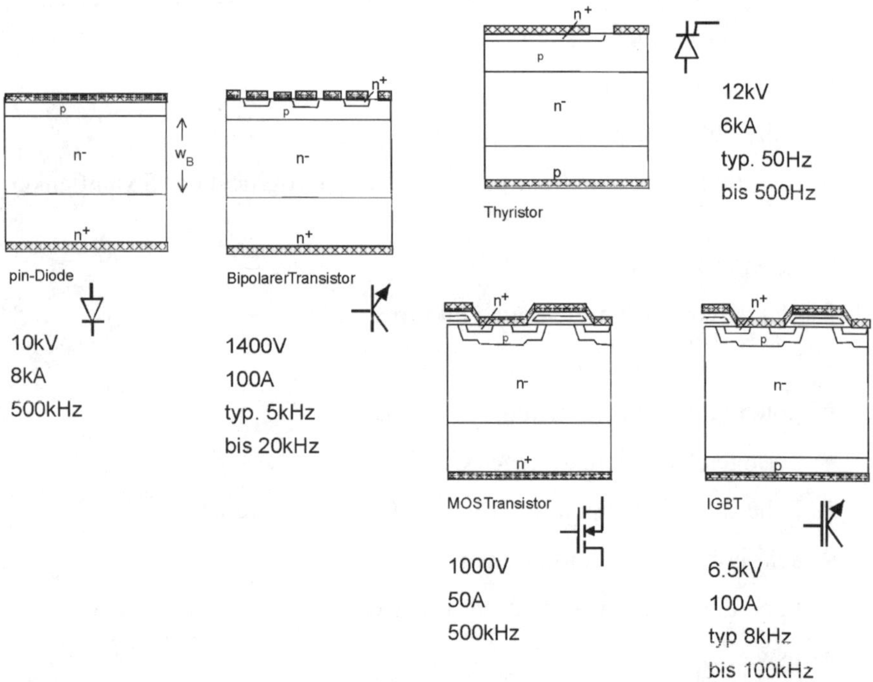

Abb. 1.1 Die Grundformen der Halbleiterbauelemente der Leistungselektronik.

Der Thyristor wurde früher als Leistungsbauelement eingeführt als der Transistor, denn der Thyristor hat keine feinen Strukturen und ist einfacher herzustellen. Er besteht aus 4 Schichten und drei pn-Übergängen. In der

Konfiguration wie in Abb. 1.1 sperrt er in beiden Richtungen und kann in Vorwärtsrichtung (siehe Schaltsymbol) gezündet werden. Der Thyristor ist weit verbreitet bei Anwendungen mit niedrigen Schaltfrequenzen, das sind gesteuerte Eingangsgleichrichter die mit Netzfrequenz von 50Hz betrieben werden. Ein weiterer Einsatzbereich des Thyristors ist die Leistungsklasse, die von anderen Bauelementen noch nicht erreicht wird – sehr hohe Spannungen und Ströme. Hier geht die Entwicklung weiter voran, einzelne Thyristoren erreichen heute 13 kV, oder im Fall der Herstellung eines einzelnen Chips aus einem Halbleiter Wafer des Durchmessers von 150mm, einen Strom bis 6kA. Weitere Sonderformen des Thyristors (Triac, GTO, GCT) werden in Kap. 3.4 behandelt.

Der MOSFET (Metall Oxyde Semiconductor Field Effect Transistor) ist der Leistungsschalter, der die höchsten Schaltfrequenzen ermöglicht. Die Basis ist in einzelne p-Wannen aufgeteilt, darin befinden sich die n+-Zonen (Source). Der Gate-Bereich ist durch eine Isolatorschicht (i.a. SiO_2) getrennt, durch eine Steuerspannung im Gate wird oberflächennah ein n-Kanal erzeugt, über die Steuerspannung kann der Kanal geöffnet und geschlossen werden. Der geöffnete Kanal ermöglicht den Fluß der Ladungsträger – im Fall des n-Kanal MOSFETs Elektronen – von Drain nach Source. Das Vorliegen nur einer Sorte von Ladungsträgern (unipolar) ermöglicht die hohen Schaltfrequenzen, auf der anderen Seite führt das aber dazu, daß der Widerstand der Mittelzone (n^-) mit zunehmender Sperrspannung sehr groß wird, so daß der MOSFET seinen Hauptvorteil bei mittleren Spannungen (<200V) hat, neue verbesserte Lösungen dafür werden in Kap. 3.4 behandelt.

Der IGBT (Insulated Gate Bipolar Transistor) weist gegenüber dem MOSFET eine zusätzliche p-Zone auf, damit wird er zu einem MOS-gesteuerten bipolaren Bauelement. Die Steuerbarkeit durch eine Spannung vereinfacht die Ansteuerung gegenüber dem Bipolartransistor. Der IGBT ist heute das wichtigste Bauelement der Leistungselektronik. Durch Parallelschaltung vieler Einzelchips sind Module bis 3600A verwirklicht worden.

Die Bauelemente lassen sich von ihrer inneren Wirkungsweise in zwei Hauptgruppen einteilen:

Unipolare Bauelemente: Der Strom wird von einer Sorte Ladungsträger geführt, entweder nur von Elektronen oder nur von Löchern (in Leistungsbauelementen vorzugsweise Elektronen aufgrund der besseren Beweglichkeit). Zu den unipolaren Bauelementen zählen MOSFETs und Schottky-Dioden.

Bipolare Bauelemente: Der Strom wird von zwei Arten Ladungsträgern getragen, von Elektronen und Löchern. Zu diesen Bauelementen zählen die pin-Diode, der bipolare Transistor, der Thyristor und IGBT.

Alle unipolaren Bauelemente haben den Vorteil, dass kleine Schaltverluste und damit hohe Schaltfrequenzen möglich sind. Und sie haben gleichzeitig den Nachteil, dass ihr Widerstand stark anwächst, wenn sie für höhere Sperrspannung ausgelegt werden.

Bipolare Bauelemente lassen sich demgegenüber auf höhere Sperrspannungen mit noch vertretbarem Spannungsabfall in Durchlassrichtung auslegen, aber sie können nicht die bei unipolaren Bauelementen möglichen hohen Schaltfrequenzen erreichen.

Weiter sind noch die eingesetzten Halbleiter-Materialien zu unterscheiden. Silizium ist das Standard-Material in der Leistungselektronik. Aus GaAs sind Schottky-Dioden im Einsatz, ebenso aus SiC. SiC gilt als das künftige Material der Leistungselektronik, das Bauelemente für höhere Spannungen, höhere Schaltfrequenzen bzw. niedrigere Verluste ermöglicht. An der Entwicklung dieser Bauelemente wird intensiv gearbeitet.

Und schließlich sind die Leistungsbauelemente noch nach den Gehäuseformen zu unterscheiden. Von den am Anfang geforderten Eigenschaften sind nun die Halbleiter-Chips nur für den ersten Teil der geforderten Anforderungen verantwortlich. Elektrische Isolation, Ableitung der Verlustwärme und vor allem auch die Zuverlässigkeit werden durch die eingesetzten Gehäuse bestimmt. Die jeweilige Aufbau- und Verbindungstechnik ist somit eine wesentliche Funktion des Halbleiter-Leistungsbauelements.

Von den genannten Forderungen steht bei manchen Anwendungen eine im Vordergrund, während auf andere ganz verzichtet werden kann. Meist müssen jedoch Kompromisse zwischen sich widersprechenden Anforderungen gefunden werden. Die zugrundeliegenden physikalischen Mechanismen werden in den folgenden Kapiteln behandelt.

2 Halbleiterphysikalische Grundlagen

2.1 Eigenschaften der Halbleiter, physikalische Grundlagen

Kristallgitter

Halbleitermaterialien der Leistungselektronik sind immer einkristallin:

- monokristallines Halbleitermaterial weist keine Inhomogenitäten der Raumladung und weniger Niveaus in der Bandlücke auf. Damit sind erst hohe Sperrspannungen und niedrige Sperrströme möglich.
- die Beweglichkeiten in monokristallinem Halbleitermaterial sind sehr viel höher, was für die Durchlasseigenschaften notwendig ist.

Ge als Halbleitermaterial spielte historisch eine Rolle, es hat heute praktisch keine Bedeutung mehr. Si ist in den allermeisten Fällen das Material der Leistungselektronik. GaAs ermöglicht höhere Schaltfrequenzen, es ist als Material für Mikrowellensender im Einsatz, auch im Bereich der Leistungsbauelemente sind einige Schottky-Dioden aus GaAs verfügbar. SiC wird oft als das „Material der Zukunft" für Leistungsbauelemente bezeichnet; es ermöglicht Bauelemente für höhere Spannungen, höhere Schaltfrequenzen bzw. niedrigere Verluste. Schottky-Dioden aus SiC sind bereits auf dem Markt, Transistoren sind in Entwicklung. Kohlenstoff in Diamantmodifikation ist hypothetisch als Material für Leistungsbauelemente möglich, von einer technologischen Beherrschung sind wir heute noch weit entfernt.

Die Halbleiter-Einkristalle weisen folgende Gitterstrukturen auf:

Ge	Diamantgitter
Si	Diamantgitter
GaAs	Zinkblendegitter
SiC (4H)	hexagonal (mehrere Modifikationen)
C	Diamantgitter

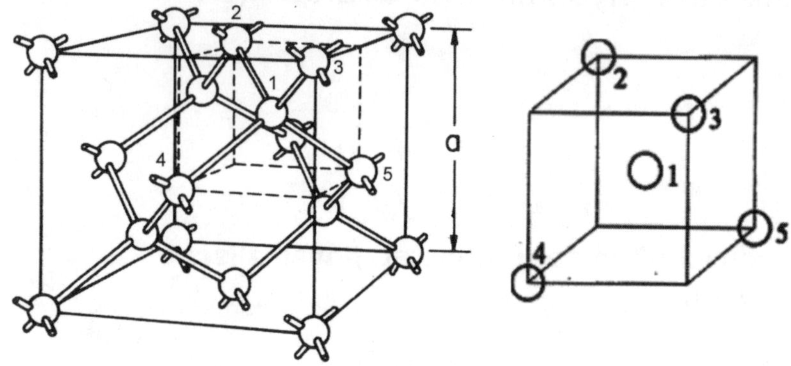

Abb. 2.1.1 Diamantgitter. Links eine Elementarzelle [Sze81], rechts die Anordnung der Atome [Hag93]

Abb. 2.1.1 zeigt links die Elementarzelle des Diamantgitters, es handelt sich um zwei um ein Viertel der Raumdiagonale verschobene kubisch-flächenzentrierte Gitter. Auf der rechten Seite ist der Teilausschnitt vorn rechts oben gezeigt, jedes Atom im Mittelpunkt eines Tetraeders weist Bindungen zu 4 Nachbarn auf, die an den Ecken des Tetraeders sitzen.

Beim Zinkblendegitter, das bei allen III-V-Halbleitern vorliegt und damit auch bei GaAs, handelt es sich um ein Diamantgitter, bei dem sich das Element der 3. und das Element der 5. Gruppe abwechseln, räumlich wäre eins der kubisch-flächenzentrierten Teilgitter aus dem Element der dritten, das andere aus dem Element der 5. Gruppe. In Abb. 2.1.1 rechts wäre bei einem As-Atom im Zentrum dieses von 4 Nachbarn Ga umgeben.

SiC verfügt über sehr viele Modifikationen der Gitterstruktur, in Forschung und Entwicklung von Leistungsbauelementen wird derzeit 4H-SiC verwendet, dabei handelt es sich um eine Modifikation mit hexagonalem Kristallgitter.

Bandstruktur und Ladungsträger

Als Folge der Wechselwirkung zwischen benachbarten Atomen fächern die diskreten Eigenwerte auf. Es entsteht die Bandstruktur, die in Abb. 2.1.2 vereinfacht dargestellt ist.

W_V kennzeichnet die Grenze des Valenzbands, W_C die Unterkante des Leitungsbands, dazwischen findet sich die Energielücke W_G. (Anmerkung:

Für die Energie verwenden wir die Abkürzung W von Englisch „work", E brauchen wir später für die Feldstärke). W_G entspricht der Energie, die notwendig ist, um ein Elektron aus der Gitterbindung zu lösen, d.h. vom Valenzband in das Leitungsband zu befördern. Im Valenzband verbleibt das „Loch", der Ladungsträger entgegengesetzter Polarität.

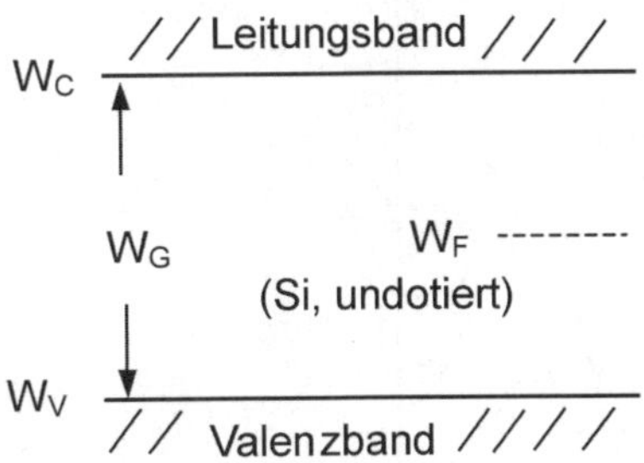

Abb. 2.1.2 Bändermodell

Die korrekte quantenmechanische Darstellung der Bandstruktur trägt die Energie W(k) über dem Wellenvektor auf (siehe Abb. 2.1.3). Man hat z. B. zu unterscheiden, ob das Minimum des Leitungsbands über einem Maximum des Valenzbands liegt, dann liegt ein Halbleiter mit direkter Bandstruktur vor. Liegt es verschoben, so liegt ein indirekter Halbleiter vor. Im direkten Halbleiter ist Rekombination eines Elektrons ohne Beteiligung eines Phonons möglich, ein direkter Halbleiter wie GaAs ist daher vom Material her „schnell", GaAs wird für Mikrowellen-Transistoren eingesetzt. Auf der anderen Seite haben die indirekten Halbleiter damit eine höhere „natürliche" Trägerlebensdauer, was den Durchlasseigenschaften zugute kommt. Silizium ist ein Halbleiter mit indirekter Bandstruktur.

Außer für die Unterscheidung direkter/indirekter Halbleiter ist die quantenmechanische Darstellung für die beschriebenen Eigenschaften nicht notwendig, denn die meisten Elektronen und Löcher können bei der Analyse der wichtigsten Phänomene als nahe den Maxima bzw. Minima der Bandstruktur angenommen werden, es reicht also das vereinfachte Bändermodell nach Abb. 2.1.2 aus.

In einigen Lehrbüchern ist zu lesen, dass man bei einer Bandlücke >3eV nicht mehr von einem Halbleiter, sondern von einem Isolator spricht. Trotzdem werden aus SiC inzwischen Halbleiterbauelemente hergestellt, die kommerziell erhältlich sind. Von den Materialeigenschaften ist SiC sogar wesentlich besser geeignet. Denn die höhere Bandlücke führt, wie später noch gezeigt wird, auf eine höhere kritische Feldstärke und ermöglicht bei gleicher Dicke sehr viel höhere Sperrspannung, oder es ist umgekehrt bei einer vorgegebenen Spannung im Einsatz möglich, die Bauelemente sehr viel dünner auszulegen und damit den bei Stromführung im Bauelement auftretenden Spannungsabfall um Größenordungen zu reduzieren. Probleme bei der Herstellung defektarmer Einkristalle erschweren derzeit noch den Einsatz von SiC in breitem Umfang.

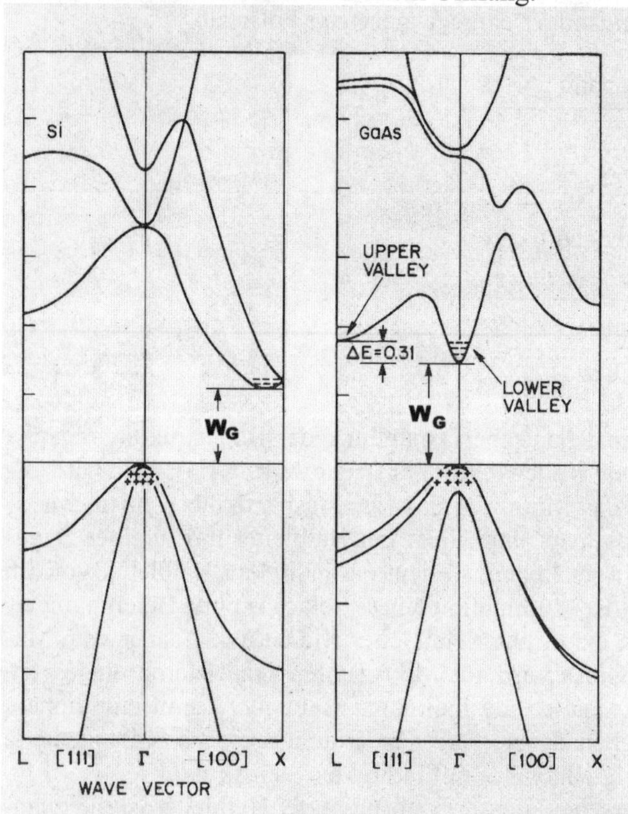

Abb. 2.1.3: Bandstruktur W(k) für Si (indirekter Halbleiter) und GaAs (direkter Halbleiter). Bild entnommen aus Sze, Physics of Semiconductor Devices [Sze81]

Tabelle 1. Bandlücke

	W_G [eV] (300K)	Band-struktur
Ge	0,66	i
Si	1,12	i
GaAs	1,42	d
4H-SiC	3,26	i
GaN	3,45	d
Diamant	5,5	i

Auch an GaN als Material für Leistungsbauelemente wird gearbeitet, es weist ähnliche, z.T. leicht bessere Eigenschaften als SiC auf. Die Technologie ist aber noch schwieriger zu beherrschen als bei SiC. Auch Diamant wäre geeignet, er wäre das ideale Material für Leistungsbauelemente. Aber das ist, wie schon erwähnt, heutzutage rein hypothetisch.

Bei Zuführung von Energie – zunächst sei dies nur am Beispiel der thermischer Energie betrachtet, obwohl die Energie auf mehrere Arten zugeführt werden kann – kann ein Elektron aus dem Valenzband ins Leitungsband gehoben werden. Es verbleibt im Valenzband ein „Loch", das ebenfalls beweglich ist und sich wie ein freies Teilchen verhält. Im idealen undotierten Halbleiter sind bei T = 0K alle Elektronen im Valenzband und daher weder Elektronen im Leitungsband noch Löcher im Valenzband vorhanden. Die thermische Erzeugung von Elektronen ist gegeben durch die Fermi-Verteilung:

$$F(W) = \frac{1}{1 + e^{\frac{W - W_F}{kT}}} \tag{2.1.1}$$

wobei W_F das Fermi-Niveau ist. Im undotierten (intrinsischen) Halbleiter gilt $W_F = W_i$, für Si liegt W_i ziemlich genau in der Bandmitte. Für T = 0K entspricht die Fermi-Verteilung einer Stufenfunktion. Alle Zustände kleiner W_i sind besetzt, alle Zustände größer W_i sind unbesetzt.

Für $W >> W_F$ lässt sich die Verteilung vereinfachen zur Maxwell-Boltzmann-Verteilung

$$F(W) = e^{-\frac{W - W_F}{kT}} \quad \textit{für Elektronen} \tag{2.1.2}$$

$$F(W) = e^{-\frac{W_F - W}{kT}} \quad \textit{für Löcher} \tag{2.1.3}$$

was für den Fall der Nicht-Entartung, d.h. nicht allzu hoher Dotierung gilt. Da die relevanten Vorgänge sich genügend weit entfernt von W_i an den Bandkanten abspielen, kann fast immer die genäherte Verteilung nach (2.1.2) bzw. (2.1.3) benutzt werden.

Im Leitungsband sowie am Valenzband folgen aus der Bandstruktur die jeweiligen Zustandsdichten, in Silizium können sie nach Schlangenotto ausgedrückt werden durch

$$N_C = 3{,}22 \cdot 10^{19} \cdot \left(\frac{T}{300K}\right)^{1{,}7} \left[cm^{-3}\right]$$
$$N_V = 1{,}83 \cdot 10^{19} \cdot \left(\frac{T}{300K}\right)^{1{,}75} \left[cm^{-3}\right] \tag{2.1.4}$$

Durch Multiplikation der Verteilungsfunktion (2.1.2) und (2.1.3) mit den Zustandsdichten lässt sich die Zahl freier Elektronen n und freier Löcher p im undotierten Halbleiter angeben. W ist jeweils am Leitungsband zu W_C und am Valenzband zu W_V abzulesen, und man erhält

$$n_i = N_C \cdot e^{-\frac{W_C - W_i}{k \cdot T}} \tag{2.1.5}$$

$$p_i = N_V \cdot e^{-\frac{W_i - W_V}{k \cdot T}} \tag{2.1.6}$$

Aus Gründen der Neutralität gilt hier $p = n = n_i$. Multipliziert man (2.1.5) mit (2.1.6) erhält man die Beziehung

$$p \cdot n = n_i^2 \tag{2.1.7}$$

mit

$$n_i^2 = N_C \cdot N_V \cdot e^{-\frac{W_C - W_V}{k \cdot T}} = N_C \cdot N_V \cdot e^{-\frac{W_G}{k \cdot T}} \tag{2.1.8}$$

Die Gleichung (2.1.7) wird als Massenwirkungsgesetz bezeichnet. Sie gilt bei allen Vorgängen im Halbleiter im thermodynamischen Gleichgewicht, sie wird also auch für den dotierten Halbleiter ihre Gültigkeit haben.

Aufgrund vergleichbarer Zustandsdichten am Valenz- und Leitungsband liegt das Fermi-Niveau im undotierten Halbleiter etwa in der Bandmitte.

Die intrinsische Trägerdichte n_i als Funktion der Temperatur ist in Abb. 2.1.4 dargestellt. n_i nimmt entsprechend der zunehmenden Bandlücke von Ge zu SiC ab. Für Si bei Raumtemperatur (300K) beträgt $n_i = 1{,}45 \cdot 10^{10}/\mathrm{cm}^3$. Für SiC ist die 4H Modifikation dargestellt. Entsprechend der weiten Bandlücke liegt n_i sehr niedrig, für 4H-SiC liegt n_i bei 300K im Bereich $10^{-8}\mathrm{cm}^{-3}$.

$n_i(T)$ gibt uns bereits eine Möglichkeit zur Abschätzung, bis zu welcher Temperatur ein Halbleiter eingesetzt werden kann. Erreicht n_i die Größenordnung der Grunddotierung, so wird das Verhalten des Halbleiters von n_i dominiert, und n_i nimmt, wie in Abb. 2.1.4 zu sehen, exponentiell mit der Temperatur zu. Mit Temperaturerhöhung sinkt der innere Widerstand damit ebenfalls exponentiell und der Halbleiter kann sehr schnell thermisch weglaufen. Man war daher mit Halbleitern aus Ge sehr stark auf eine niedrige Temperatur eingeschränkt.

In einem Si-Bauelement, wo man beispielsweise bei für 1000V Sperrspannung Grunddotierungen im Bereich $10^{14}\mathrm{cm}^{-3}$ einstellen muss, erreicht man die Bedingung $n_i \approx N_D$ bei einer Temperatur nahe 200°C. Mit SiC wären theoretisch mehr als 800°C Betriebstemperatur möglich. Allerdings müssten dann die verwendeten Materialien der Aufbau- und Verbindungstechnik (Kontakte, Bonddrähte, Lotschichten, Gehäuse) ebensolchen Temperaturen gegenüber stabil sein, was heute technisch nicht möglich ist.

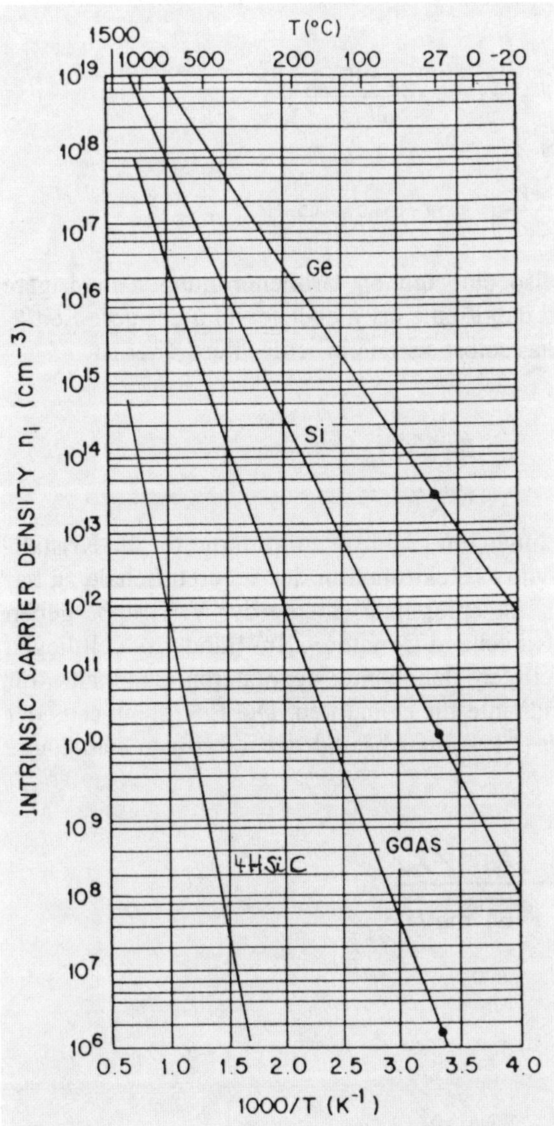

Abb. 2.1.4 Intrinsische Ladungsträgerdichte n_i. Für Ge, Si, GaAs entnommen aus Sze, Physics of Semiconductor Devices [Sze81]

Die intrinsische Dichte n_i erklärt beispielsweise, warum Materialien hoher Bandlücke gute Isolatoren darstellen. Angenommen, die Zustandsdichte sei für den Isolator in derselben Größenordnung wie für Si, und es liegt ein Isolator wie SiO_2 mit einer Bandlücke von 9eV vor. Dann folgt aus (2.1.8):

$$\frac{n_{i,Isol}}{n_{i,Si}} = \frac{\exp\left(-\frac{W_{G,Isol}}{2kT}\right)}{\exp\left(-\frac{W_{G,Si}}{2kT}\right)} = \exp\left(\frac{W_{G,Si} - W_{G,Isol}}{2kT}\right)$$

$$= \exp\left(-\frac{7{,}88eV}{0{,}052eV}\right) = \exp(-151{,}5) \cong 1{,}5 \cdot 10^{-66}$$

[Lin06]. Der Isolator hat also eine um 66 Größenordnungen niedrigere Zahl an Ladungsträgern und damit eine etwa ebensoviel niedrigere Leitfähigkeit als intrinsisches Si, das selbst schon ein schlechter Leiter ist.

Der dotierte Halbleiter

Elemente der III. Gruppe nehmen ein Elektron auf, um die für die Kristallbindung erforderliche Zahl von 4 Elektronen in der äußeren Schale zu haben, sie bezeichnet man als Akzeptoren. Elemente der V. Gruppe geben ein Elektron ab und sind entsprechend Donatoren. Im Bändermodell liegen ihre Niveaus nahe der jeweiligen Bandkante, der unteren Bandkante für Akzeptoren, der oberen Bandkante für Donatoren. Die Energieniveaus der Dotierstoffe in Si zeigt Abb. 2.1.5. Ihr Abstand zur jeweiligen Bandkante ist ΔW_D.

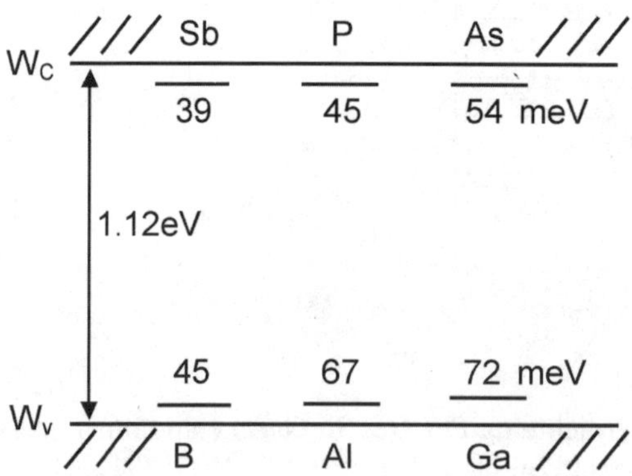

Abb. 2.1.5 Dotierstoffe in Si und ihre Lage in der Bandlücke

W_F sei die Fermi-Energie im dotierten Halbleiter. Zur Bestimmung der freien Ladungsträger soll auf die Maxwell-Boltzmann-Statisik zurückgegriffen werden

$$n = N_C \cdot e^{-\frac{W_C - W_F}{k \cdot T}} \tag{2.1.9}$$

$$p = N_V \cdot e^{-\frac{W_F - W_V}{k \cdot T}} \tag{2.1.10}$$

wobei N_C und N_V die effektiven Zustandsdichten am Leitungsband bzw. Valenzband sind (siehe (2.1.4)). Gleichung (2.1.9) kann umgestellt werden

$$W_C - W_F = k \cdot T \cdot \ln\left(\frac{N_C}{N_D}\right) \tag{2.1.11}$$

Dabei wurde n gleich der Dichte der Dotierstoffatome N_D gesetzt. Entsprechendes kann dies für die Akzeptoren mit $p = N_A$ formuliert werden. Die Lage nach (2.1.11) zeigt Abb. 2.1.6. Das Fermi-Niveau liegt bei hoher Dotierung von ca. 10^{19}cm^{-3} zwischen Niveau der Störstelle und der jeweiligen Bandkante und kann für die darunter liegenden Konzentrationen im Fall eines Donators nach (2.1.11) berechnet werden.

Es kann auch geometrisch konstruiert werden: Für die intrinsische Dotierung (ca.10^{10}cm^{-3} bei Raumtemperatur) liegt das Fermi-Niveau bei W_i etwa in der Mitte. Bei Auftrag über der Dotierung in logarithmischem Maßstab liegt das Fermi-Niveau auf einer Geraden (siehe Abb. 2.1.6). Das entsprechende Bild kann für die p-Dotierung konstruiert werden. Zu beachten ist, dass Abb. 2.1.6 für Raumtemperatur gilt.

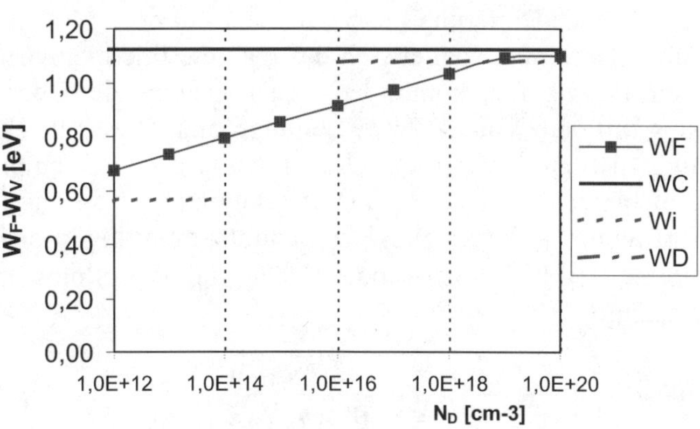

Fermi-Niveau bei n-Dotierung, T = 300K

Abb. 2.1.6 Konstruktion der Lage des Fermi-Niveaus in Si bei n-Dotierung

Für Dotierungen größer als die Zustandsdichten (2.1.4) liegt ein entarteter Halbleiter vor, alle Zustände unter der Fermi-Kante sind voll besetzt, analog zu Metallen. Die maximal erreichbare Trägerdichte ist durch die Löslichkeit des Dotierstoffs im Halbleiter gegeben.

Bei den Gleichungen für die Ladungsträgerkonzentration stört der Bezug auf die Zustandsdichten N_C, N_V. Diese können wir herausnehmen durch Bezug auf die intrinsische Ladungsträgerkonzentration n_i. Gleichung (2.1.5) umgestellt nach N_C und eingesetzt in (2.1.9) ergibt

$$n = n_i \cdot e^{\frac{W_F - W_i}{k \cdot T}} \qquad (2.1.12)$$

Analog erhält man aus (2.1.6) und (2.1.10) für die Löcher

$$p = n_i \cdot e^{\frac{W_i - W_F}{k \cdot T}} \qquad (2.1.13)$$

Darauf wird später zur Ableitung der Verhältnisse am pn-Übergang zurückgegriffen. Multipliziert man nun (2.1.12) mit (2.1.13), so erhält man wieder $p \cdot n = n_i^2$. Gleichung (2.1.7) gilt also auch für den dotierten Halbleiter.

Bei der Angabe der Schichten in Bauelementen wird der Leitungstyp p oder n oft mit einem Index versehen, der hier im folgenden Sinn verwendet wird:

n^-, p^-	$10^{12}...10^{14}cm^{-3}$	je nach Spannungs-Auslegung
n, p	$10^{15}...10^{18}cm^{-3}$	
n^+, p^+	$10^{19}...10^{21}cm^{-3}$	

Über viele der Eigenschaften von Leistungsbauelementen entscheiden die niedrig dotierten Mittelgebiete n^-, p^-. In den Außenzonen eines Halbleiters liegt typischerweise eine hohe Dotierung - n, p oder n^+, p^+ - vor.

Im Falle einer hohen Dotierung spaltet sich das diskrete Energieniveau des Dotieratoms in ein Band auf, es kommt bei weiter ansteigender Dotierung zur Überlappung mit dem Valenz- bzw. Leitungsband. Dieser Effekt ist ab einer Dotierung $>10^{17}cm^{-3}$ zu berücksichtigen und wird durch empirisch abgeleitete Gleichungen als eine verringerte Bandlücke - im englischen „Bandgap-Narrowing" - dargestellt. Die Bandlücke verringert sich um ΔW_G. Die in den meisten Fällen verwendete Näherung nach Slotboom [Slo77] drückt dies aus mit

$$\Delta W_G = 9 \cdot 10^{-3} eV \cdot \left(\ln \frac{N}{10^{17} cm^{-3}} + \sqrt{\ln^2 \frac{N}{10^{17} cm^{-3}} + \frac{1}{2}} \right) \qquad (2.1.14)$$

Die verringerte Bandlücke wirkt als eine Erhöhung der Eigenleitungsdichte, damit wird Gleichung (2.1.8) erweitert und es wird

$$n_{i,eff} = n_i \cdot e^{\frac{\Delta W_G}{2 \cdot k \cdot T}} \tag{2.1.15}$$

Bei der Beschreibung der Effekte in hochdotierten Außenzonen wird auf das Bandgap-Narrowing zurückgegriffen

Majoritätsträger und Minoritätsträger

Bei genügend flacher Lage zum Leitungs- bzw. Valenzband und bei ausreichend hoher Temperatur – in Silizium bei Raumtemperatur – sind Donatoren und Akzeptoren im allgemeinen ionisiert, so dass man $n = N_D$ und $p = N_A$ annehmen kann (Ausnahme: bei Ga mit $\Delta W_D = 72$ meV macht sich bereits bei Raumtemperatur ein merklicher Anteil nicht ionisierter Zentren bemerkbar).

Die Dotierung liefert die Majoritätsträger. Die Minoritätsträger leiten sich jeweils aus dem Massenwirkungsgesetz (2.1.7) ab.

Beispiel: Si, 1000V-Bauelement, Grunddotierung $N_D = 10^{14}\text{cm}^{-3}$
Die Majoritätsträger sind $n = 10^{14}\text{cm}^{-3}$
Als Minoritätsträger liegen Löcher vor: $p = n_i^2/n$
bei Raumtemperatur: $n_i \approx 10^{10}\text{cm}^{-3}$ $p^* = 10^6\text{cm}^{-3}$

Bei höherer Temperatur aber nimmt die Minoritätsträgerdichte zu, z. B. bei Betriebstemperatur von 125° erhält man unter Verwendung von Abb. 2.1.4 bereits etwa

$p^* = 6 \cdot 10^{11}\text{cm}^{-3}$

Beweglichkeiten

Schon bei Raumtemperatur bewegen sich Elektronen im Halbleiter mit einer hohen thermischen Geschwindigkeit. Allerdings ist die Bewegung ungeordnet und durch Stöße mit den Gitteratomen unterbrochen.

Liegt ein elektrisches Feld an, so überlagert sich der ungeordneten Bewegung eine geordnete Bewegung. Es resultiert eine mittlere Geschwindigkeit in Feldrichtung (bzw. für Elektronen entgegengesetzt zu dieser). Diese gerichtete mittlere Geschwindigkeit v_n bzw. v_p ist für nicht zu große Feldstärken proportional zur Feldstärke

$$v_{n,p} = \mu_{n,p} \cdot E \tag{2.1.16}$$

mit den Beweglichkeiten

$$\mu_n = \left| \frac{v_n}{E} \right| \qquad \mu_p = \frac{v_p}{E} \tag{2.1.17}$$

wir erhalten damit für die Ströme

$$j_n = -q \cdot n \cdot (-v_n) = q \cdot n \cdot \mu_n \cdot E \tag{2.1.18}$$

$$j_p = q \cdot p \cdot v_p = q \cdot p \cdot \mu_p \cdot E \tag{2.1.19}$$

Dieser Zusammenhang gilt in den neutralen Gebieten bzw. den von Ladungsträgern überschwemmten Gebieten von Bauelementen. Für hohe Felder, wie sie in Raumladungszonen bei angelegter Spannung vorliegen, gilt die Proportionalität nicht mehr. Die Geschwindigkeit nähert sich der Driftgeschwindigkeit $v_{sat(n)}$ bzw. $v_{sat(p)}$.

Beweglichkeiten sind in jedem Halbleiter eigenständige Materialparameter. Eine Übersicht gibt Tabelle 2.

Tabelle 2. Beweglichkeiten für verschiedene Materialien

	μ_n [cm^2/Vs] (300K)	μ_p [cm^2/Vs] (300K)	$v_{sat}(n)$ [cm/s] (300K)
Ge	3900	1900	$6 \cdot 10^6$
Si	1500	450	$1 \cdot 10^7$
GaAs	8500	400	$1 \cdot 10^7$
4H-SiC	1000	115	$2 \cdot 10^7$
GaN	1250	850	$2{,}2 \cdot 10^7$
Diamant	1800	1200	$2{,}7 \cdot 10^7$

Die Beweglichkeiten gehen ein in den bei Stromführung auftretenden Spannungsabfall, sowohl bei unipolaren als auch bei bipolaren Bauelementen. Die Beweglichkeiten sind daher ein wichtiges Kriterium zur Beurteilung der Eignung eines Materials für Leistungsbauelemente. Aus Tabelle 2 ist zu erkennen, dass GaAs eine höhere Beweglichkeit aufweist als Si und daher für Leistungsbauelemente interessant ist. SiC weist eine schlechtere Beweglichkeiten als Si auf. Dazu ist in 4H-SiC die Beweglichkeit schwach anisotrop, d. h. abhängig von der Richtung im Kristallgitter. Allerdings spielt bei den vorzugsweise hergestellten unipolaren Bauelementen vor allem die Elektronenbeweglichkeit eine Rolle. Dazu ist es bei SiC möglich, die Bauelemente sehr dünn zu machen, der Nachteil in den Beweglichkeiten fällt demgegenüber kaum ins Gewicht.

GaN wäre von den Beweglichkeiten gegenüber SiC ein Vorteil. Ausgezeichnete Beweglichkeiten wiederum weist Diamant auf.

Die Leitfähigkeit σ ist der Zusammenhang zwischen Stromdichte j und Feldstärke:

$$j = \sigma \cdot E \tag{2.1.20}$$

mit

$$\sigma = q \cdot (n \cdot \mu_n + p \cdot \mu_p) \tag{2.1.21}$$

In die Temperaturabhängigkeit der Leitfähigkeit gehen also die Beweglichkeiten und die Konzentrationen freier Ladungsträger ein. Die Darstellung über 1/T zeigt Abb. 2.1.7.

Bei sehr tiefer Temperatur werden zunächst die eingefrorenen Störstellen ionisiert, die Veränderung der Leitfähigkeit ist bestimmt durch den jeweiligen Abstand des Akzeptor- bzw. Donatorniveaus zur Bandkante ΔW_D. Im mittleren Abschnitt sind alle Störstellen ionisiert, die Ionisierung ist erschöpft. Die Leitfähigkeit geht hier mit ansteigender Temperatur zurück, entsprechend der Abnahme der Beweglichkeiten mit der Temperatur, wie im Folgenden noch gezeigt wird. Hier liegt der Temperaturbereich, in dem Leistungshalbleiter betrieben werden. Bei weiterer Erhöhung der Temperatur schließt sich der intrinsische Bereich an, wo der Anstieg der Leitfähigkeit durch W_G bestimmt ist.

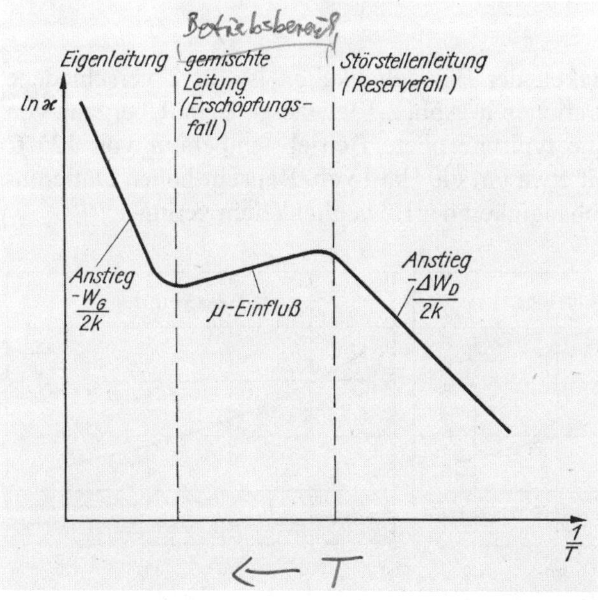

Abb. 2.1.7 Temperaturabhängigkeit der Leitfähigkeit eines Halbleiters. Aus [Pau76]

Die Beweglichkeiten sind dotierungs- und temperaturabhängig. Es treten Streuungen an den Gitteratomen, an den Dotieratomen sowie an den freien Ladungsträgern auf. Die Beweglichkeiten in Si nehmen bei Dotierungen > 10^{16}cm^{-3} stark ab, siehe dazu Abb. 2.1.8.

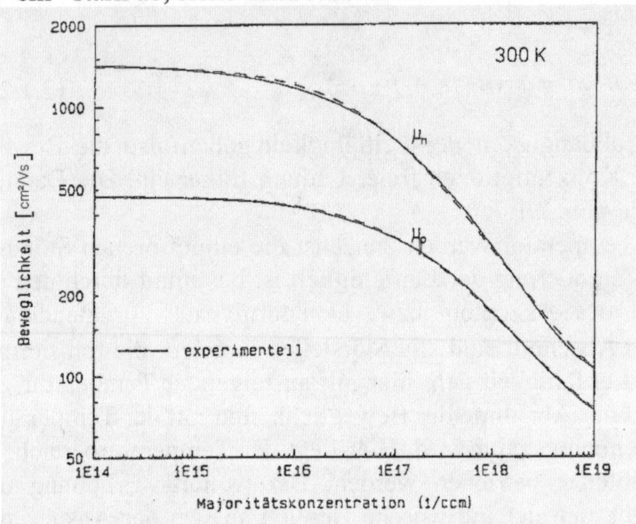

Abb. 2.1.8 Beweglichkeiten in Abhängigkeit von der Majoritätsträgerkonzentration

Die Temperaturabhängigkeit der Beweglichkeiten ist für 2 verschiedene Majoritätsträgerkonzentrationen in Abb. 2.1.9 gezeigt. Beim Übergang von Raumtemperatur auf eine typische obere Betriebstemperatur von 125°C nimmt die Beweglichkeit etwa um die Hälfte ab. Bei sehr hohen Dotierungen ist die Temperaturabhängigkeit der Beweglichkeiten geringer.

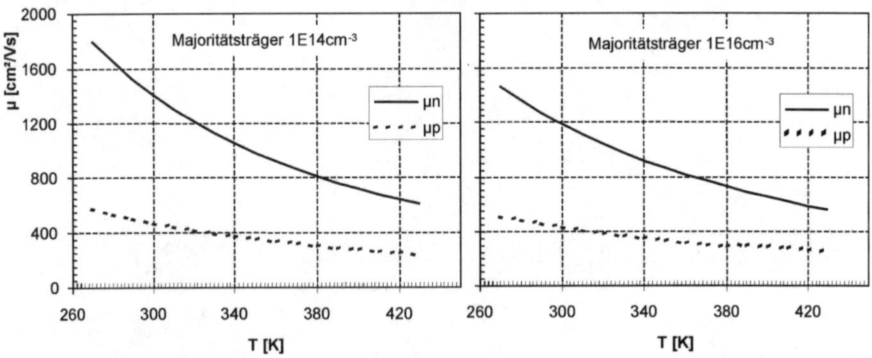

Abb. 2.1.9 Beweglichkeiten in Abhängigkeit von der Temperatur

Die Abhängigkeit der Beweglichkeiten von Dotierung und Temperatur wurde von Schlangenotto [Sco91] durch Gleichungen zusammengefasst, die im Anhang A1 wiedergeben sind. Ein ausführlicheres Modell, das die verschiedenen Streueffekte berücksichtigt, findet sind bei Klaassen [Kla92, Kla92b]. Diese Gleichungen sind für Bauelement-Simulationsprogramme geeignet, aber auch zur Berechnung der Temperaturabhängigkeit von Bauelement-Eigenschaften. Beim Widerstand $R_{DS(on)}$ eines MOSFETs, aber auch beim Spannungsabfall in Durchlassrichtung eines bipolaren Bauelements werden die Beweglichkeiten und ihre Temperaturabhängigkeit eine entscheidende Rolle spielen.

Driftgeschwindigkeit bei hohen Feldern

Wie bereits erwähnt, gilt die Proportionalität der Geschwindigkeit zum elektrischen Feld nur, solange die Felder nicht zu groß sind. Für hohe Felder nähern sich die Geschwindigkeit einer Grenzgeschwindigkeit an, der Sättigungs-Driftgeschwindigkeit v_{sat}.

Der Verlauf der Geschwindigkeiten der Elektronen und Löcher wird durch folgende Näherung ausgedrückt:

$$v_{d(n,p)} = \frac{v_{sat}}{\left(1+\left(\frac{E_m}{E}\right)^{\gamma}\right)^{\frac{1}{\gamma}}} \tag{2.1.22}$$

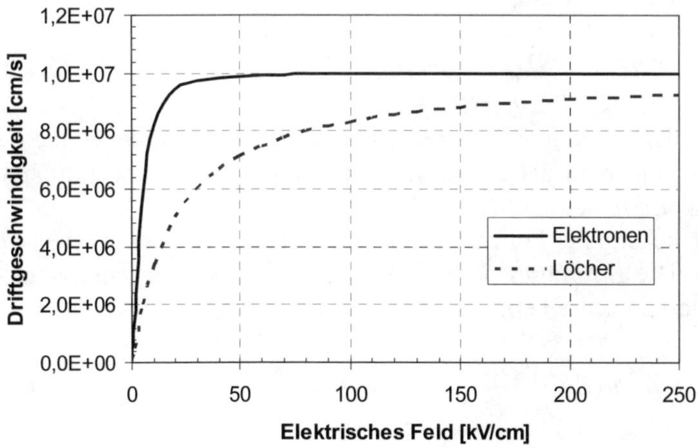

Abb. 2.1.10 Driftgeschwindigkeit von Elektronen und Löchern als Funktion des elektrischen Felds. Temperatur 300K

Dabei beträgt $v_{sat} = 1 \cdot 10^7$cm/s. Für Elektronen gilt $E_m = 1 \cdot 10^3$V/cm und $\gamma = 2$. Für Löcher gilt $E_m = 2 \cdot 10^4$V/cm und $\gamma = 1$. Der durch (2.1.22) ausgedrückte Verlauf ist in Abb. 2.1.10 dargestellt. Für kleine Werte von E entspricht der Verlauf jeweils einer Geraden und geht über in Gleichung (2.1.16). Aber bereits ab 10kV/cm gilt der lineare Zusammenhang nicht mehr. Für Elektronen ist man bereits für 30kV/cm sehr nahe an der Sättigungs-Driftgeschwindigkeit v_{sat}. Für Löcher erfolgt die Annäherung langsamer, auch bei Feldern im Bereich des Lawinendurchbruchs, die um etwa 200kV/cm liegen, ist ihre Driftgeschwindigkeit etwa 90% der Driftgeschwindigkeit der Elektronen. Auf den Lawinendurchbruch wird später noch eingegangen.

Diffusion freier Ladungsträger

Auch ein Unterschied in der Konzentration freier Ladungsträger ruft eine gerichtete Bewegung der Ladungsträger vom Gebiet hoher zum Gebiet niedriger Konzentration hervor. Die Diffusionsströme sind in eindimensionaler Formulierung:

$$j_n = q \cdot D_n \cdot \frac{dn}{dx} \tag{2.1.23}$$

$$j_p = -q \cdot D_p \cdot \frac{dp}{dx} \tag{2.1.24}$$

Die Diffusionskonstanten D_n, D_p sind durch die Einstein-Beziehung mit den Beweglichkeiten verknüpft:

$$D_{n,p} = \frac{k \cdot T}{q} \cdot \mu_{n,p} \tag{2.1.25}$$

$k \cdot T/q$, was in den Gleichungen bereits öfter auftauchte, hat die Einheit einer Spannung, die man als thermische Spannung oder Temperaturspannung bezeichnet. Sie beträgt bei 300K 25,9mV.

Der vorher behandelte Feldstrom und der Diffusionsstrom ergeben den Gesamtstrom. Die Stromtransportgleichungen lassen sich in eindimensionaler Formulierung schreiben:

$$j_n = q \cdot \left(\mu_n \cdot n \cdot E + D_n \cdot \frac{dn}{dx} \right) = q \cdot \mu_n \cdot \left(n \cdot E + \frac{k \cdot T}{q} \cdot \frac{dn}{dx} \right) \tag{2.1.26}$$

$$j_p = q \cdot \left(\mu_p \cdot p \cdot E - D_p \cdot \frac{dp}{dx} \right) = q \cdot \mu_p \cdot \left(p \cdot E - \frac{k \cdot T}{q} \cdot \frac{dp}{dx} \right) \tag{2.1.27}$$

Generation, Rekombination und Trägerlebensdauer

Im thermodynamischen Gleichgewicht findet andauernd eine Generation von Ladungsträgern statt, und diese verschwinden in gleicher Zahl wieder durch Rekombination.

g_n, g_p : thermische Generationsraten
r_n, r_p : thermische Rekombinationsraten

Im thermodynamischen Gleichgewicht gilt also:

$$r_n = g_n \, , \; r_p = g_p$$

n_0, p_0 sind die Konzentrationen freier Ladungsträger im thermodynamischen Gleichgewicht. n, p sind die tatsächlich vorhandenen Ladungsträger. Im thermodynamischen Gleichgewicht gilt

$$n = n_0, \quad p = p_0,$$
$$n_0 \cdot p_0 = n_i^2$$

Nun seien die tatsächlichen Ladungsträger vom thermodynamischen Gleichgewicht entfernt, z. B. durch Einstrahlung von Licht. Ein Lichtstrahl (z.B. ein Laser), bei dem die Frequenz ausreichend hoch ist ($h \cdot \nu > W_G$), hebt Elektronen aus dem Valenz- ins Leitungsband. Es ist dann $n \cdot p > n_0 \cdot p_0$.

Nach Abschalten des Lichtpulses wird die Störung wieder beseitigt und der Halbleiter wird in das thermodynamische Gleichgewicht übergehen. Wir haben dann Netto-Rekombinationsraten:

$$R_n = r_n - g_n = -\frac{dn}{dt} \qquad R_p = r_p - g_p = -\frac{dp}{dt} \tag{2.1.28}$$

Damit werden die Trägerlebensdauern τ_n, τ_p definiert:

$$R_n = \frac{n - n_0}{\tau_n} \qquad R_p = \frac{p - p_0}{\tau_p} \tag{2.1.29}$$

τ_n, τ_p können oft als Konstante angesehen werden, unabhängig von n, p. Wenn die Ladung von Dotierstoffen sich beim Rekombinationsvorgang nicht ändert, gilt ferner $R_n = R_p$, und, sofern das Gebiet neutral bleibt, $\tau_n = \tau_p$.

Mechanismen der Rekombination

Es können drei Mechanismen unterschieden werden:

- Direkte Band-Band Rekombination. Die Rekombinationsrate für diesen Vorgang ist in Silizium sehr klein, da Silizium ein indirekter Halbleiter ist und bei der Rekombination auch gleichzeitig der Impuls abzugeben ist.

Daher ist für diesen Mechanismus die Beteiligung eines Phonons notwendig, das den Impuls aufnimmt (siehe Abb. 2.1.3). Im ideal reinen Silizium (oder Ge) ist daher τ sehr groß, größer 1ms. In der Praxis haben auch auf hohe Reinheit ausgelegte Bauelemente aus Silizium ein τ in der Größenordnung von 100µs, da störende Fremdatome nicht zu 100% ausgeschlossen werden können. Anders sieht es bei GaAs aus.

- Auger-Rekombination. Bei diesem Rekombinationsvorgang wird Energie und Impuls an einen dritten Ladungsträger übertragen, im n^+-Gebiet an ein Elektron, im p^+-Gebiet an ein Loch. Aufgrund der notwendigen Beteiligung dreier Teilchen nimmt die Wahrscheinlichkeit dieses Prozesses stark mit der Konzentration zu. Auger-Rekombination prägt die Trägerlebensdauer in hochdotierten Gebieten, dort ist τ auch ohne tiefe Störstellen schon sehr klein.
- Shockley-Read-Hall Rekombination. Dieser Rekombinationsmechanismus findet unter Beteiligung von Störstellen statt, die Energieniveaus tief in der Bandlücke aufweisen (tiefe Störstellen). Dieser Mechanismus ist in den niedrig dotierten Mittelzonen von Halbleiterbauelementen aus Silizium der bestimmende Mechanismus.

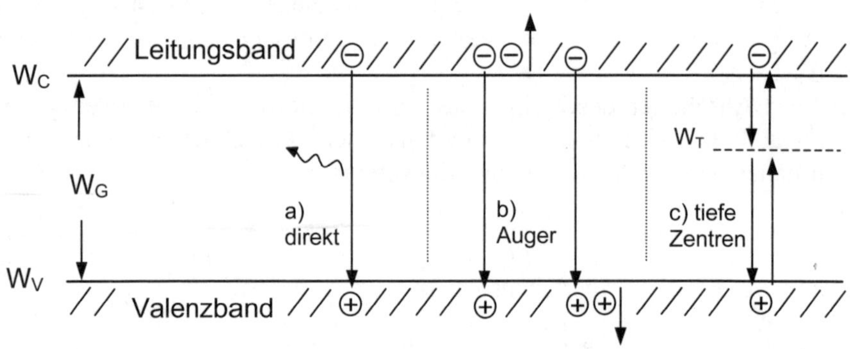

Abb. 2.1.11 Mechanismen der Rekombination. a) Direkte Band-Band-Rekombination b) Auger-Rekombination unter Beteiligung eines weiteren Elektrons oder eines weiteren Lochs c) Rekombination über ein Energieniveau einer tiefen Störstelle

Die beiden letztgenannten Mechanismen werden im folgenden genauer besprochen.

Auger-Rekombination

Ausgangspunkt ist wieder ein Überschuss an Trägern n, p größer der Gleichgewichtskonzentration n_i^2. Für die Elektronen im Leitungsband gilt:

Die Zahl der Elektronen, die rekombinieren, ist proportional der Zahl der überschüssigen Elektronen-Loch-Paare $n \cdot p - n_i^2$. Dasselbe gilt für die Löcher.

Dazu ist noch das dritte notwendige Teilchen zu betrachten. Ist dies ein Elektron, so muss die Zahl der rekombinierenden Elektronen-Loch-Paare proportional zur Dichte der Elektronen im Leitungsband n sein, da jedes rekombinierende Elektron seinen Impuls an ein anderes Elektron abgeben muss. Ist dieses dritte Teilchen ein Loch, so ist die Zahl der rekombinierenden Elektronen-Loch-Paare proportional zur Ausgangskonzentration der Löcher p. Für die Elektronen wird die Proportionalität mit Auger-Einfangrate $c_{A,n}$, für die Löcher mit der Auger-Einfangrate $c_{A,p}$ angeben, die sich ergebende Auger-Rekombinationsrate ist

$$R_A = \left(c_{A,n} \cdot n + c_{A,p} \cdot p\right) \cdot \left(n \cdot p - n_i^2\right) \tag{2.1.30}$$

Die Einfangraten $c_{A,n}$, $c_{A,p}$ liegen im Bereich 10^{-31} cm^6/s, ihre Temperaturabhängigkeit ist gering. Nach [Dzi77] kann näherungsweise angegeben werden

$$c_{A,n} = 2{,}8 \cdot 10^{-31}\ \text{cm}^6/\text{s}, \quad c_{A,p} = 1 \cdot 10^{-31}\ \text{cm}^6/\text{s}$$

Die Auger-Rekombination soll für zwei Fälle betrachtet werden, den Fall der niedrigen Injektion und den Fall der hohen Injektion.

Niedrige Injektion:

Betrachtet wird ein n-Gebiet, die durch die Störung angehobene Zahl der Löcher p ist sehr viel kleiner als die durch die Dotierung N_D vorgegebene Zahl der Elektronen n, es gilt $n \approx N_D$ und $p \ll n$. Ebenfalls ist $n_i^2 < n \cdot p$ und damit vereinfacht sich (2.1.30) zu

$$R_A = \left(c_{A,n} \cdot n\right) \cdot \left(n \cdot p\right) = c_{A,n} \cdot n^2 \cdot p \tag{2.1.31}$$

Mit der durch (2.1.29) definierten Trägerlebensdauer ergibt sich, bei Vernachlässigung der gegenüber p kleineren Gleichgewichtskonzentration p_0

$$\tau_{A,p} = \frac{p}{R_A} = \frac{1}{c_{A,n} \cdot n^2} \tag{2.1.32}$$

Betrachtet man auf der anderen Seite ein p-Gebiet, die durch die Störung angehobene Zahl der Löcher n ist sehr viel kleiner als die durch die Dotierung N_A vorgegebene Zahl der Löcher p, es gilt $p \approx N_A$ und $n \ll p$. Damit vereinfacht sich (2.1.30) zu

$$R_A = (c_{A,p} \cdot p) \cdot (n \cdot p) = c_{A,p} \cdot p^2 \cdot n \tag{2.1.33}$$

Und es ergibt sich für die Auger-Lebensdauer für Elektronen im p-Gebiet

$$\tau_{A,n} = \frac{n}{R_A} = \frac{1}{c_{A,p} \cdot p^2} \tag{2.1.34}$$

Die Auger-Lebensdauer der Minoritätsträger ist also im jeweiligen Gebiet bestimmt durch das Quadrat der Netto-Dotierung.

Hohe Injektion:

Das Halbleitergebiet ist stark geflutet, die Zahl der freien Ladungsträger n, p ist sehr viel größer der Grunddotierung. Es gilt $p \approx n$ und $n \cdot p >> n_i^2$.

$$R_A = (c_{A,n} \cdot p + c_{A,p} \cdot p) \cdot (p \cdot p) = (c_{A,n} + c_{A,p}) \cdot p^3 \tag{2.1.35}$$

Damit ergibt sich eine Hochinjektions-Auger-Lebensdauer

$$\tau_{A,HL} = \frac{1}{(c_{A,n} + c_{A,p}) \cdot p^2} \tag{2.1.36}$$

Da die Einfangraten $c_{A,n}$, $c_{A,p}$ im Bereich 10^{-31} cm^6/s liegen und die im folgenden besprochenen tiefe Störstellen bedingte Trägerlebensdauer kaum über 10µs liegt, ergibt sich ein Nennenswerter Einfluss der Auger-Rekombination im Fall der hohen Injektion erst bei Dichten der freien Ladungsträger im Bereich 10^{17}cm^{-3}. Dies ist, abgesehen von Stoßstrom-Belastungen, in Leistungsbauelementen aus Si selten der Fall. Bei der Betrachtung der Mittelzonen von bipolaren Leistungsbauelementen kann man daher die Auger-Rekombination vernachlässigen. Anders ist das in den hochdotierten Außenzonen, wo ab einer Dotierung von $>10^{17}$cm^{-3} die Auger-Rekombination zu berücksichtigen ist und bei Steigerung der Dotierung schnell zum dominierenden Mechanismus wird.

Generation und Rekombination an tiefen Störstellen - Shockley-Read-Hall Mechanismus

Tiefe Störstellen bilden Energieniveaus im verbotenen Band. Die früher am meisten verwendete tiefe Störstelle in Silizium ist Gold. Inzwischen werden viele Leistungsbauelemente mit Platin diffundiert, am wichtigsten ist heute die Einstellung der Trägerlebensdauer durch strahlungsinduzierte Zentren. Auf Details zu den Rekombinationszentren wird später, in Kapitel 2.3, eingegangen.

Im einfachsten Fall wird nur ein Niveau in der Bandlücke betrachtet. Bei Gold ist allerdings das etwa in der Bandmitte liegende Niveau 0,54eV unter dem Leitungsband (Abb. 2.1.12) für den Sperrstrom verantwortlich

.

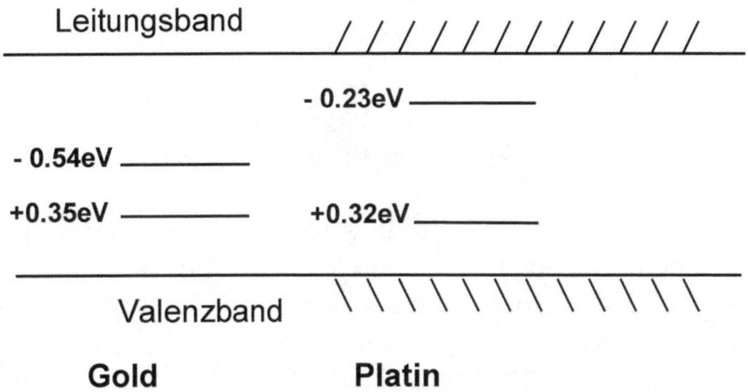

Abb. 2.1.12 Energieniveaus von Gold und Platin

Die Lebensdauer bei hoher Injektion wird weitgehend durch das Donatorniveau bestimmt.

Die Konzentration der Gold-Atome sei N_T. Die Rekombination lässt sich beschreiben durch die Shockley-Read-Hall Gleichung

$$R_n = R_p = R' = \frac{n \cdot p - n_i^2}{\tau_{n0} \cdot p + \tau_{p0} \cdot n + \tau_{sc} \cdot n_i} \tag{2.1.37}$$

mit

$$\tau_{n0} = \frac{1}{N_T \cdot c_n} = \frac{1}{N_T \cdot \sigma_n \cdot v_{th}} \qquad \tau_{p0} = \frac{1}{N_T \cdot c_p} = \frac{1}{N_T \cdot \sigma_p \cdot v_{th}} \tag{2.1.38}$$

wobei c_n, c_p die Einfangkoeffizienten des Zentrums für Elektronen und Löcher, σ_n, σ_p die Einfangquerschnitte sind und v_{th} die thermische Geschwindigkeit ist.

Im n-Gebiet bei geringer Abweichung vom thermodynamischen Gleichgewicht vereinfacht sich (2.1.37) zu

$$R' = \frac{p}{\tau_{p0}} \tag{2.1.39}$$

im p-Gebiet unter gleicher Bedingung zu

$$R' = \frac{n}{\tau_{n0}} \tag{2.1.40}$$

τ_{po} ist also die Trägerlebensdauer der Löcher in einem n-Gebiet, die Minoritätsträgerlebensdauer. Entsprechend ist τ_{no} die Trägerlebensdauer der Elektronen in einem p-Gebiet.

τ_{sc} ist die Trägerlebensdauer in einer Raumladungszone, dort können n und p vernachlässigt werden und aus (2.1.37) wird

$$-R' = G_{sc} = \frac{n_i}{\tau_{sc}} = \frac{N_T}{1/e_n + 1/e_p} \tag{2.1.41}$$

e_n, e_p sind die Emissionsraten, die von der Lage des Niveaus in der Bandlücke abhängen.

G_{sc} ist am größten, wenn $e_n = e_p$ ist, d. h. wenn das Niveau in der Bandmitte liegt. Das ist beim Akzeptorniveau von Gold der Fall. Daher zeichnet sich Gold durch einen hohen Sperrstrom aus: Das Gold-Zentrum ist ein effektives Generationszentrum.

Günstiger ist die Situation bei Platin, beide Niveaus liegen außerhalb der Bandmitte, bei gleichem τ_{n0} bzw. τ_{p0} ist der in der Raumladungszone generierte Sperrstrom um eine Zehnerpotenz geringer.

Die Energieniveaus der wichtigsten strahlungsinduzierten Zentren sind in Abb. 2.1.13 dargestellt. Als Generationszentrum wirkt hier das Niveau der Mehrfach-Leerstelle bei -0.43V, das am nächsten zur Bandmitte liegt. Strahlungsinduzierten Zentren führen zu einem im Vergleich zu Platin etwas höheren Sperrstrom, er ist aber deutlich niedriger als bei Gold.

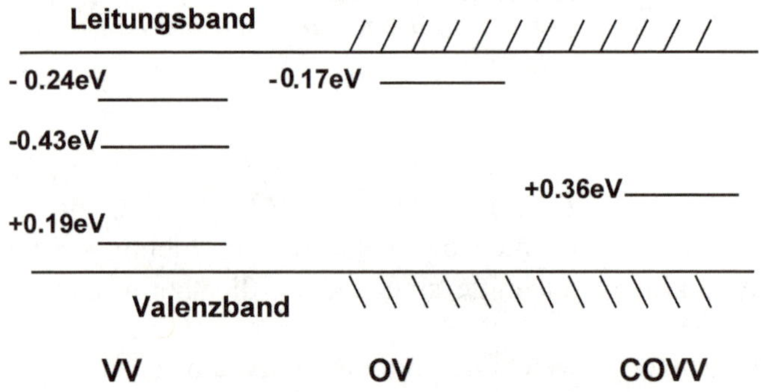

Abb. 2.1.13 Energieniveaus der wichtigsten strahlungsinduzierten Zentren

Für hohe Injektion gilt

$$n \approx p \qquad n \cdot p >> n_i^2 \tag{2.1.42}$$

was beispielsweise in den von Ladungsträgern überschwemmten Mittelgebieten bipolarer Bauelemente der Fall ist. Hier vereinfacht sich (2.1.37) zu

$$R' = \frac{p}{\tau_{n0} + \tau_{p0}} \quad \text{bzw.} \quad R' = \frac{n}{\tau_{n0} + \tau_{p0}} \tag{2.1.43}$$

und man kann als Hochinjektionslebensdauer angeben

$$\tau_{HL} = \tau_{n0} + \tau_{p0} \tag{2.1.44}$$

wobei τ_{no} und τ_{po} mit den Einfangkoeffizienten (2.1.38) verknüpft sind. Bei größeren Abweichungen zwischen Elektronen- und Löchereinfangkoeffizient in (2.1.38) wird also der kleinere von beiden die Trägerlebensdauer bestimmen.

Shockley-Read-Hall Statistik für mehrere unabhängige Zentren in der Bandlücke

Bei Gold müsste exakter Weise schon mit 2 gekoppelten Niveaus in der Bandlücke gerechnet werden, siehe Abb. 2.1.12.

Im Fall der Bestrahlung dagegen erzeugen wir drei unabhängige Zentren mit verschiedenen Niveaus in der Bandlücke, siehe Abb. 2.1.13, und es sind eine Reihe von Übergängen zu beachten. Es ist weiterhin zu unterscheiden, ob die betreffende Störstelle Donator- oder Akzeptorcharakter hat.

Akzeptorcharakter: Die Störstelle wird zwischen neutralem Zustand und negativ geladenem Zustand umgeladen. Solchen Charakter weist das Gold-Niveau bei E_C - 0,54eV auf.

Donatorcharakter: Die Störstelle wird zwischen dem neutralen Zustand und dem positiven Zustand umgeladen.

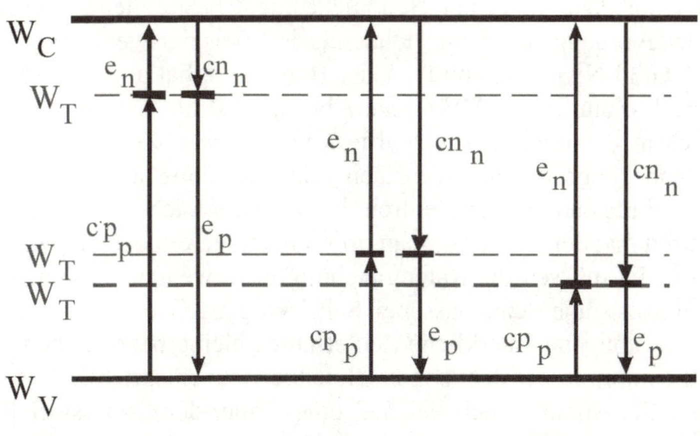

Abb. 2.1.14 Rekombination und Generation über mehrere unabhängige Störstellen. Aus [Sie03]

Zunächst sei ein Niveau mit Akzeptorcharakter betrachtet. N_T sei die Dichte der Störstellen, N^-_T sei die Dichte der negativ geladenen Störstellen. Es sind alle in Abb. 2.1.14 gezeigten Übergänge zu beachten. Erster Übergang: Ein Loch wird von der Störstelle ins Valenzband emittiert, die Störstelle wird damit einfach negativ geladen. Dieser Übergang ist abhängig von der Löcher-Emissionsrate e_p und der Zahl der Dichte neutraler Störstellen $(N_T - N_T^-)$. Die Emission eines Ladungsträgers ist jeweils unabhängig von der Zahl freier Ladungsträger. Der Einfang eines Ladungsträgers ist dagegen stets abhängig von der Konzentration freier Ladungsträger, also von $c_n \cdot n$ bzw. $c_p \cdot p$.

Für die Änderung der Dichte negativ geladener Störstellen kann so die Gleichung formuliert werden [Sie03]:

$$\frac{dN_T^-}{dt} = e_p \left(N_T - N_T^-\right) - e_n N_T^- - c_p\, p\, N_T^- + c_n\, n \left(N_T - N_T^-\right) \qquad (2.1.45)$$

Die vier Terme auf der rechten Seite dieser Gleichung beschreiben in ihrer Reihenfolge die thermische Emission von Löchern ins Valenzband, die thermische Emission von Elektronen ins Leitungsband, den Einfang von Löchern aus dem Valenzband, schließlich den Einfang von Elektronen aus dem Leitungsband.

Entsprechend gilt für ein Niveau mit Donatorcharakter:

$$\frac{dN_T^+}{dt} = e_n \left(N_T - N_T^+\right) - e_p N_T^+ - c_n \mathrm{n}\, N_T^+ + c_p \mathrm{p} \left(N_T - N_T^+\right) \qquad (2.1.46)$$

Für die Unterscheidung, ob ein Zentrum Akzeptor- oder Donatorcharakter hat, ist also seine Position in der Bandlücke nicht bestimmend, sondern welcher Umladevorgang der kennzeichnende ist. Beispielsweise liegt das dominierende Gold-Niveau knapp über der Bandmitte, hat aber Akzeptorcharakter. Das K-Zentrum COVV (siehe Abb. 2.1.13) hat Donatorcharakter, obwohl es in der unteren Bandhälfte liegt. Manche Zentren können mehrere Zustände, darunter auch mehrfach geladene, einnehmen.

Bei den strahlungsinduzierten Zentren, bei denen es sich um drei unabhängige Zentren handelt, kommt man mit einem vereinfachten Modell nicht mehr aus. Es müssen die Ratengleichungen verwendet werden. Insbesondere kann es auch sein, dass bei Schaltvorgängen ein Ladungszustand eines Zentrums noch merkliche Zeit erhalten bleibt, bevor er den Ladungszustand einnimmt, der dem neuen Gleichgewicht entspricht.

Tiefe Störstellen spielen auch bei SiC eine Rolle, der Dotierstoff Bor weist gleichzeitig den Charakter einer tiefen Störstelle auf.

Stoßionisation

Bei Feldern ausreichender Höhe erhalten Elektronen und Löcher so hohe kinetische Energie, dass sie bei einem Stoßprozess Elektronen aus dem Valenzband ins Leitungsband befördern können. Es entsteht durch Stoß je ein weiteres Elektron und ein weiteres Loch. Die Generation durch Stoßionisation wird ausgedrückt durch die Generationsrate G_{av}, der Index bedeutet Avalanche (Lawine), diese Generation ist für den Lawinendurchbruch verantwortlich

$$G_{av} = \alpha_n \cdot n \cdot v_n + \alpha_p \cdot p \cdot v_p = \frac{1}{q}\left(j_n \cdot \alpha_n + j_p \cdot \alpha_p\right) \tag{2.1.47}$$

α_n, α_p sind die Ionisationskoeffizienten oder Ionisationsraten: Die Anzahl der Elektron-Loch-Paare, die von einem Primärteilchen auf einer Einheitslänge durch Stoßionisation erzeugt werden. Die Ionisationsraten sind stark feldabhängig, sie werden zumeist in exponentieller Form angegeben

$$\alpha_{n,p} = a_{n,p} \cdot e^{-\frac{b_{n,p}}{|E|}} \tag{2.1.48}$$

Für Silizium wurden der Bestimmung der Ionisierungsraten viele Forschungsarbeiten gewidmet. Die Ergebnisse weisen eine recht starke Streuung auf, was außer der Fehlersensitivität der Bestimmungsverfahren möglicherweise auf das verwendete Silizium und die z.T. verschiedenen Feldstärkebereiche zurück geht, in denen die Messungen vorgenommen wurden. Für den Spannungsbereich oberhalb 100 V haben sich folgende von Schlangenotto vorgeschlagenen Feld- und Temperaturabhängigkeiten bewährt:

$$\alpha_n = 1{,}1 \cdot 10^6 \cdot e^{-\frac{1{,}46 \cdot 10^6 + 1100(T - 300K)}{|E|}} \; cm^{-1} \tag{2.1.49}$$

$$\alpha_p = 2{,}1 \cdot 10^6 \cdot e^{-\frac{2{,}2 \cdot 10^6 + 1100(T - 300K)}{|E|}} \; cm^{-1} \tag{2.1.50}$$

Diese Formeln ergaben sich unter Anlehnung an Ergebnisse von Ogawa [Oga66] durch Berücksichtigung vieler überwiegend in früheren AEG Labors aufgenommener Messkurven der Durchbruchspannungen von Thyristoren und Dioden, die aus sehr homogenem neutronen-dotiertem Silizium hergestellt waren. Im Bereich hoher Feldstärken – d.h. bei auf 100V bis 600V ausgelegten Bauelementen – wurden auch Arbeiten von [Lee64], [Ove70], [Sze66] berücksichtigt.

Die Ionisationsraten für Elektronen sind höher als die für Löcher, die Ionisationsraten nach Schlangenotto sind für 300K in Abbildung 2.1.15 dargestellt.

Shields [Shi59] und Fulop [Ful67] fassten die beiden unterschiedlichen Ionisationsraten zu einer effektiven Ionisationsrate zusammen und wählten einen Potenzansatz

$$\alpha_{eff}(E) = C \cdot \left|E(w)\right|^7 \tag{2.1.51}$$

mit C' = $1{,}8 \cdot 10^{-35} cm^6 V^{-7}$. Dieser Ansatz wurde von Singh und Baliga [Sin93] erweitert zu einer temperaturabhängigen Darstellung

$$\alpha_{eff}(E) = C \cdot \left|E(w)\right|^b \quad \text{mit}$$
$$C = 2 \cdot 10^{-28} \cdot e^{-16{,}22 \cdot \frac{T}{300K}} \quad \text{und} \quad b = 5{,}8 + 1{,}2 \cdot \frac{T}{300K} \tag{2.1.52}$$

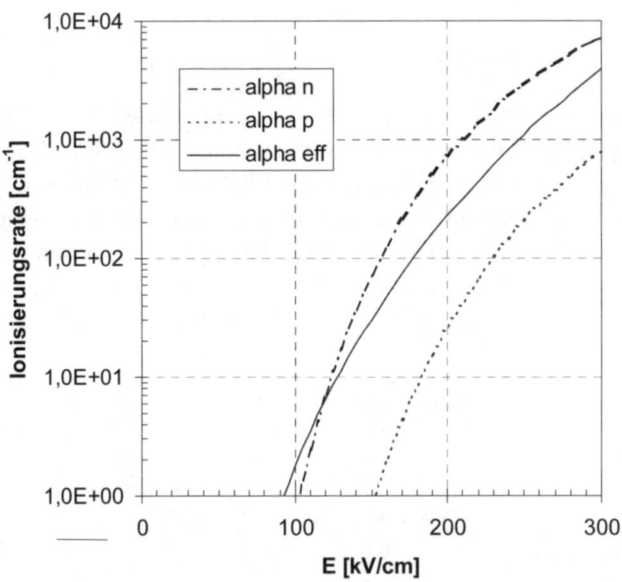

Abb. 2.1.15 Ionisationsraten nach Schlangenotto sowie effektive Ionisationsrate nach Fulop und Shields

Für T = 300K ist dies ebenfalls in Abbildung 2.1.15 dargestellt. Man sieht, dass die effektiven Ionisationsraten im wichtigen Bereich von 150kV bis 300kV zwischen denen der Elektronen und Löcher liegen. Der Vorteil des Potenzansatzes nach (2.1.51) oder (2.1.52) ist, dass man damit noch weitgehend analytisch rechnen kann und z. B. noch für einige Fälle eine analytische Lösung der Poisson-Gleichung möglich ist. Die errechneten Lösungen stimmen mit der Praxis gut überein.

Die Formulierung der Ionisierungsraten in der Art von (2.1.48) werden in Bauelement-Simulatoren verwendet, wobei sich der Ansatz von Schlangenotto bewährt hat. Bei der im Folgenden detaillierten Behandlung der Bauelemente soll in dieser Arbeit der Ansatz (2.1.51) bzw. (2.1.52) einheitlich verwendet werden. Denn damit sind mit Stoßionisation, Lawinendurchbruch und Sperrfähigkeit verbundene Fragestellungen noch am weittestgehendsten analytisch und nachvollziehbar zu behandeln, während man bei einem Ansatz nach Art (2.1.48) auf numerische Lösungen angewiesen ist.

Grundgleichungen der Halbleiter-Bauelemente

Aus der Maxwell-Gleichung

$$div\ \vec{D} = \rho \qquad (2.1.53)$$

- die Quellen der elektrischen Verschiebung sind die Ladungen – erhält man mit $\vec{D} = \varepsilon_0 \cdot \varepsilon_r \cdot \vec{E}$ sowie mit der Ladung

$$\rho = q \cdot (p - n + N_{D^+} - N_{A^-}) \qquad (2.1.54)$$

und bei einem isotropen (richtungsunabhängigen) ε_r die Poisson-Gleichung:

$$div\vec{E} = \frac{q}{\varepsilon_0 \cdot \varepsilon_r}(p - n + N_{D^+} - N_{A^-}) \qquad (2.1.55)$$

in eindimensionaler Darstellung

$$\frac{dE}{dx} = \frac{q}{\varepsilon_0 \cdot \varepsilon_r}(p - n + N_{D^+} - N_{A^-})$$

Dazu kommen die Transportgleichungen: Der Strom jeder Ladungsträgersorte setzt sich zusammen aus Feldstrom und Diffusionsstrom, der Gesamtstrom ist gleich ihrer Summe. In eindimensionaler Darstellung wurden die Transportgleichungen bereits mit Gleichungen (2.1.26) und (2.1.27) angegeben, in dreidimensionaler Formulierung lauten sie:

$$\vec{j}_n = q \cdot \mu_n \cdot n \cdot \vec{E} + q \cdot D_n \cdot grad\ n \tag{2.1.56}$$

$$\vec{j}_p = q \cdot \mu_p \cdot p \cdot \vec{E} - q \cdot D_p \cdot grad\ p \tag{2.1.57}$$

$$\vec{j} = \vec{j}_n + \vec{j}_p \tag{2.1.58}$$

Die Kontinuitätsgleichungen drücken aus, dass die zeitliche Änderung der Konzentration einer Ladungsträgersorte zustande kommt durch Rekombination, Generation sowie durch Zu- und Abfließen des Stroms:

$$-\frac{\partial n}{\partial t} = R_n - G_n - \frac{1}{q} div\ \vec{j}_n \tag{2.1.59}$$

$$-\frac{\partial p}{\partial t} = R_p - G_p + \frac{1}{q} div\ \vec{j}_p \tag{2.1.60}$$

Die Terme div j_n bzw. div j_p stehen für die Bilanz aus in das Volumenelement hineinfließendem und herausfließendem Strom aus Elektronen bzw. Löchern.

Diese sechs Gleichungen (2.1.55) bis (2.1.60) bezeichnet man als die Grundgleichungen: Sie ermöglichen die Bestimmung der Unbekannten n, p, j_n, j_p, j, E. Mit diesen sechs Gleichungen können unter gegebenen Randbedingungen und bei bekanntem Generations- bzw. Rekombinationsmechanismus die innerelektronischen Vorgänge berechnet werden. Eine analytische Lösung ist nur für Sonderfälle unter Berücksichtigung von Näherungen möglich. Bauelement-Simulatoren benutzen die Grundgleichungen.

Erweiterte Grundgleichungen

Müssen, wie bei der Shockley-Read-Hall Statistik behandelt, geladene Zentren in der Bandmitte berücksichtigt werden, so muss man die Grundgleichungen erweitern. Die ionisierten Störstellen müssen als zusätzliche Ladungen in der Poisson-Gleichung berücksichtigt werden [Sie03]:

$$div\vec{E} = \frac{q}{\varepsilon_0 \varepsilon_r}(p - n. + N_{D^+} - N_{A^-} + N_T^+ - N_T^-) \tag{2.1.61}$$

Ebenfalls sind die Kontinuitätsgleichungen zu erweitern. Für die Störstellen mit Akzeptorcharakter [Sie03]:

$$\begin{aligned}
&\frac{\partial n}{\partial t} - div\,\vec{j}_n = G_n - R_n + \sum\left[e_{nA} N_T^- - c_{nA}\, n\left(N_T - N_T^-\right)\right] \\
&\frac{\partial p}{\partial t} + div\,\vec{j}_p = G_p - R_p + \sum\left[e_{pA}\left(N_T - N_T^-\right) - c_{pA}\, p\, N_T^-\right] \\
&e_{nA} = \chi_{nA}\, c_{nA}\, n_i \exp\left(\frac{W_T - W_i}{k_B T}\right) \\
&e_{pA} = \chi_{pA}\, c_{pA}\, n_i \exp\left(\frac{W_i - W_T}{k_B T}\right)
\end{aligned} \tag{2.1.62}$$

Für die eine Störstellen mit Donatorcharakter:

$$\begin{aligned}
&\frac{\partial n}{\partial t} - \frac{1}{q} div\,\vec{j}_n = G_n - R_n + \sum\left[e_{nD}\left(N_{TD} - N_{TD}^+\right) - c_{nD}\, n\, N_{TD}^+\right] \\
&\frac{\partial p}{\partial t} + \frac{1}{q} div\,\vec{j}_p = G_p - R_p + \sum\left[e_{pD} N_{TD}^+ - c_{pD}\, p\left(N_{TD} - N_{TD}^+\right)\right] \\
&e_{nD} = \chi_{nD}\, c_{nD}\, n_i \exp\left(\frac{W_{TD} - W_i}{k_B T}\right) \\
&e_{pD} = \chi_{pD}\, c_{pD}\, n_i \exp\left(\frac{W_i - W_{TD}}{k_B T}\right)
\end{aligned} \tag{2.1.63}$$

Neutralität

Ebenfalls aus den Maxwell-Gleichungen kann der Satz von der Erhaltung der Ladung übernommen werden:

$$div\left(\vec{j} + \frac{d\vec{D}}{dt}\right) = div\ \vec{j} + \frac{d\rho}{dt} = 0 \tag{2.1.64}$$

Der Satz der Erhaltung der Ladung (der oft bei den Grundgleichungen nicht behandelt wird, aber zu ihnen zu rechnen ist) hat Bedeutung für die elektronischen Vorgänge.

Es sei Δn eine Abweichung von der Neutralität. Zur Zeit t_0 wird eine Elektronendichte n_0 um Δn erhöht. Δn sei homogen und örtlich konstant. Die resultierende Raumladung $\rho = -q \cdot \Delta n$ ist ortsunabhängig. Dann folgt aus (2.1.64)

$$\frac{d\rho}{dt} = -div\vec{j} \tag{2.1.65}$$

und mit (2.1.18)

$$\frac{d\rho}{dt} = -q \cdot \mu_n \cdot n_0 \cdot div\vec{E} \tag{2.1.66}$$

und weiter mit der Poisson-Gleichung (2.1.55):

$$\frac{d\rho}{dt} = -\frac{q \cdot \mu_n \cdot n_0}{\varepsilon_0 \cdot \varepsilon_r}\rho \tag{2.1.67}$$

Diese Gleichung hat die Lösung

$$\rho(t) = -q \cdot \Delta n \cdot e^{-t/\tau_{rel}} \tag{2.1.68}$$

mit der Relaxationszeit τ_{rel}:

$$\tau_{rel} = \frac{\varepsilon_0 \cdot \varepsilon_r}{q \cdot \mu_n \cdot n_0} \tag{2.1.69}$$

Mit beispielsweise $n_0 = 10^{15}cm^{-3}$ ergibt sich $\tau_{rel} = 5 \cdot 10^{-12}s$. Die Störung der Neutralität klingt also sehr schnell ab. Im Gegensatz dazu laufen Vorgänge, die von der Trägerlebensdauer geprägt sind – das sind Schaltvorgänge in bipolaren Bauelementen – sehr viel langsamer ab. Bei den Trägerlebensdauern in Silizium liegt im Bereich von $10^{-8}s$ bei mit hoher Dichte von Rekombinationszentren versehenen Bauelementen bis zu $10^{-4}s$ im hochreinen Silizium.

Geht man davon aus, die Abweichung von der Neutralität sei lokal, so lässt sich analog eine Länge angeben, mit der die Störung abklingt:

$$L_{Db} = \sqrt{D_n \cdot \tau_{rel}} = \sqrt{\frac{D_n \cdot \varepsilon_0 \cdot \varepsilon_r}{\sigma}} \tag{2.1.70}$$

Für L_{Db}, die Debye-Länge, erhält man mit der Einstein-Beziehung (2.1.25) und mit $\tau_{rel} = 5 \cdot 10^{-12}s$ wie oben den Wert $1{,}3 \cdot 10^{-5}$ cm bzw. 0,13µm. L_{Db} ist also ebenfalls um Größenordnungen kleiner als die Diffusionslängen der Elektronen und Löcher (L_n, $L_p > 20$µm)

Wesentliche Vorgänge in von Majoritätsträgern bestimmten Bauelementen (z.B. MOSFETs) spielen sich daher mit Zeitkonstanten in der Größenordnung der Relaxationszeit und auf Strecken in Größenordnung der Debye-Länge ab. In biopolaren Bauelementen treten bei Schaltvorgängen Zeitkonstanten in der Größenordung der Trägerlebensdauer auf.

2.2 pn-Übergänge

Der stromlose pn-Übergang

pn-Übergänge sind das Grundelement oder zumindest ein Grundelement aller Leistungsbauelemente, wenn man Schottky-Dioden ausnimmt.

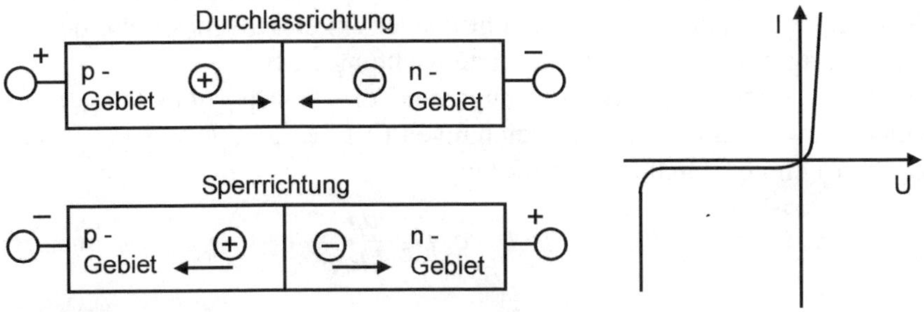

Abb. 2.2.1 pn-Übergang in Durchlass- und Sperr-Richtung

Der Gleichrichtereffekt ist anhand von Abb. 2.2.1 qualitativ einfach zu verstehen. Ist das p-Gebiet gegenüber dem n-Gebiet positiv gepolt, so werden die Löcher im p-Gebiet und die Elektronen im n-Gebiet durch das Feld zur pn-Grenze getrieben, so dass die Leitfähigkeit dort verbessert wird. Der Stromfluss ist erleichtert, es liegt Durchlasspolung vor. Ist die Spannung am p-Gebiet dagegen negativ gegenüber der am n-Gebiet, so werden beide Majoritätsträger vom pn-Übergang abgezogen, und es entsteht dort eine sehr schlecht leitende Schicht: Der pn-Übergang ist in Sperr-Richtung gepolt.

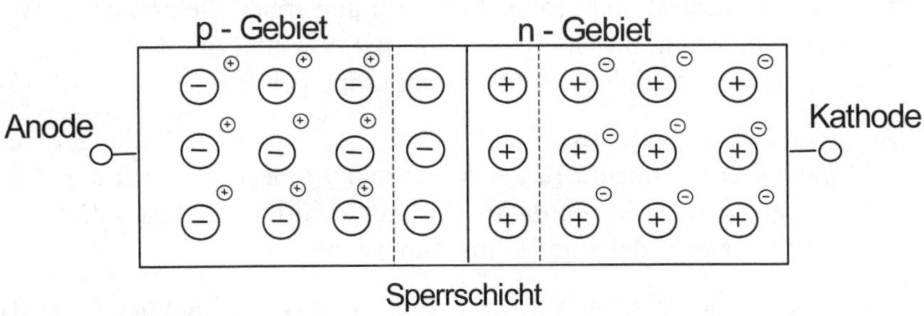

Abb. 2.2.2 Stromloser pn-Übergang

Im p-Gebiet sind die Löcher freie Ladungsträger, mit den negativ geladenen Akzeptor-Rümpfen besteht Neutralität. Dies ist in Abb. 2.2.2 links dargestellt, schematisch gezeichnet ist hier nicht das Kristallgitter, sondern nur die Akzeptoren und Donatoren. Im p-Gebiet ist mit jedem Akzeptor ein Loch als freier Ladungsträger verbunden, am Übergang zum n-Gebiet besteht ein sehr steiler Gradient dp/dx. Der Konzentrationsgradient führt zu einem Diffusionsstrom ins n-Gebiet. Eine Raumladung aus negativ geladenen Akzeptoren bleibt bestehen. Aus dem n-Gebiet diffundieren gleichermaßen Elektronen ins p-Gebiet, eine positive Raumladung bleibt. Zwischen den Raumladungen besteht wieder ein elektrisches Feld, das die Ladungsträger in die entgegen gesetzte Richtung treibt.

Zur Beschreibung dieses Vorgangs sind die Transportgleichungen geeignet, sie wurden bereits mit Gleichungen (2.1.56, 2.1.57) angegeben und lauten in 1-dimensionaler Formulierung

$$j_p = q \cdot \mu_p \cdot p \cdot E - q \cdot D_p \cdot \frac{dp}{dx} \tag{2.2.1}$$

$$j_n = q \cdot \mu_n \cdot n \cdot E + q \cdot D_n \cdot \frac{dn}{dx} \tag{2.2.2}$$

Für den stromlosen pn-Übergang gilt $j_n = j_p = 0$, daraus folgt jeweils, dass der Diffusionsstrom gleich dem Feldstrom sein muss, es muss sich beim stromlosen pn-Übergang ein Feld aufbauen.

Abb. 2.2.3 gibt die Verhältnisse am pn-Übergang wieder.

a) Konzentration der negativ ionisierten Akzeptoren (links); Konzentration der positiv geladenen Donatoren (rechts), die Akzeptorkonzentration ist mit $2 \cdot 10^{15}\text{cm}^{-3}$ etwas höher als die Donatorkonzentration vom $1 \cdot 10^{15}\text{cm}^{-3}$ gewählt. Ebenfalls eingezeichnet sind die Konzentrationen freier Löcher p und freier Elektronen n. Weiter weg vom pn-Übergang gilt $p = N_A^-$ und $n = N_D^+$. Am pn-Übergang hat sich eine Verarmungszone gebildet.

b) Verbliebene effektive Raumladung an negativen Ladungen und positiven Ladungen. In der Verarmungszone verbleiben die negativ geladenen Akzeptorrümpfe und positiv geladenen Donatorrümpfe. Sie bilden die Raumladungszone.

c) Elektrisches Feld. Die Eindringtiefe in das p-Gebiet sei x_p, in das n-Gebiet x_n, der pn-Übergang sei an der Stelle $x = 0$. Integration der Poisson-Gleichung ergibt für die p-Seite

$$-\frac{dU}{dx} = E(x) = -\frac{q}{\varepsilon_0 \cdot \varepsilon_r} \cdot N_A \cdot \left(x - x_p\right) \qquad (2.2.3)$$

für $x_p < x < 0$

Für die n-Seite ergibt sich

$$-\frac{dU}{dx} = E(x) = -\frac{q}{\varepsilon_0 \cdot \varepsilon_r} \cdot N_D \cdot \left(x_n - x\right) \qquad (2.2.4)$$

für $0 < x < x_n$

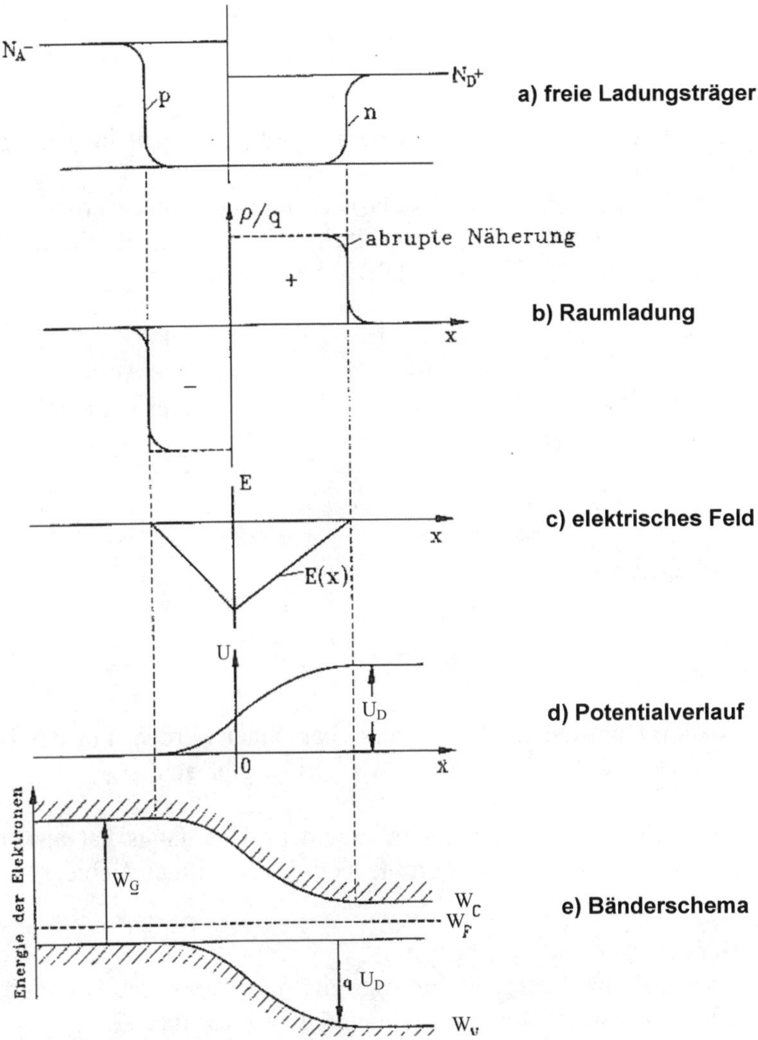

Abb. 2.2.3 Der stromlose pn-Übergang

Aus der Stetigkeit an der Stelle x = 0 folgt

$$N_A \cdot x_p = -N_D \cdot x_n \tag{2.2.5}$$

d) Potentialverlauf. Nochmalige Integration der Poisson-Gleichung führt auf

$$U(x) = \frac{q}{2 \cdot \varepsilon_0 \cdot \varepsilon_r} \cdot N_A \cdot (x - x_p)^2 + U_p \tag{2.2.6}$$

für $x_p < x < 0$

$$U(x) = -\frac{q}{2 \cdot \varepsilon_0 \cdot \varepsilon_r} \cdot N_D \cdot (x - x_n)^2 + U_n \tag{2.2.7}$$

für $0 < x < x_n$

Das Potential hat also einen parabolischen Verlauf in den Übergangsgebieten.

Die Eindringtiefen x_n und x_p können nun bestimmt werden. Dazu benutzt man wieder die Stetigkeit des Potentials an der Stelle x = 0 und subtrahiert (2.2.6) von (2.2.7), man erhält

$$U_n - U_p = \frac{q}{2 \cdot \varepsilon_0 \cdot \varepsilon_r} \cdot \left(N_D \cdot x_n{}^2 + N_A x_p{}^2\right) \tag{2.2.8}$$

Für die Potentialdifferenz zwischen n-Gebiet und p-Gebiet $U_D = U_n\text{-}U_p$ folgt daraus unter Benutzung von (2.2.5)

$$U_D = \frac{q}{2 \cdot \varepsilon_0 \cdot \varepsilon_r} \cdot \left(N_D \cdot x_n{}^2 + \frac{N_D{}^2}{N_A} x_n{}^2 \right) \tag{2.2.9}$$

aufgelöst nach x_n:

$$x_n = \sqrt{\frac{U_D \cdot 2 \cdot \varepsilon_0 \cdot \varepsilon_r}{q \cdot N_D} \cdot \frac{1}{\left(1 + \frac{N_D}{N_A}\right)}} \tag{2.2.10}$$

Analog kann die Eindringtiefe x_p berechnet werden. Für das Beispiel $N_A = 2 \cdot 10^{15}\text{cm}^{-3}$, $N_D = 1 \cdot 10^{15}\text{cm}^{-3}$ ergibt sich $x_n = 0{,}7\mu\text{m}$, $x_p = -\,0{,}35\mu\text{m}$.

Die Raumladungszone des neutralen pn-Übergangs hat also nur geringe Ausdehnung, der größte Teil der jeweiligen Gebiete bleibt neutral.

e) Bänderschema am p-Übergang

Über den pn-Übergang hinweg gilt W_F = konstant. Die Fermi-Energien wurden schon in Gleichung (2.1.12) und (2.1.13) angegeben. Mit Division durch q können die Energien in Fermi-

Potentiale umgewandelt werden. Die Fermi-Potentiale sind definiert mit

$$\varphi_{Fn} = -\frac{W_F - W_i}{q} \quad \text{im n-Gebiet} \tag{2.2.11}$$

$$\varphi_{Fp} = -\frac{W_F - W_i}{q} \quad \text{im p-Gebiet} \tag{2.2.12}$$

Aus der Konstanz des Fermi-Niveaus folgt, dass die Fermi-Potentiale zu addieren sind:

$$U_D = \left|\varphi_{Fn}\right| + \left|\varphi_{Fp}\right| \tag{2.2.13}$$

Diese Addition führt unter Benutzung W_F-W_i für das jeweilige Gebiet aus (2.1.12) und (2.1.13) auf

$$U_D = \frac{k \cdot T}{q} \cdot \ln\left(\frac{p \cdot n}{n_i^2}\right) \tag{2.2.14}$$

und mit $p \approx N_A$ sowie $n \approx N_D$

$$U_D = \frac{k \cdot T}{q} \cdot \ln\frac{N_A \cdot N_D}{n_i^2} \tag{2.2.15}$$

Obiges Beispiel: Si, T = 300K, $N_A = 2 \cdot 10^{15}\text{cm}^{-3}$, $N_D = 1 \cdot 10^{15}\text{cm}^{-3}$: U_D = 0,61V

In der Praxis sind pn-Übergänge fast immer unsymmetrisch. In Abb. 2.2.4 ist N_D konstant gehalten bei $N_D = 1 \cdot 10^{14}\text{cm}^{-3}$, was der Grunddotierung eines 1000V Bauelements entspricht. N_A wird variiert. U_D ist berechnet nach (2.2.15). Bei Erhöhung von N_A von $1 \cdot 10^{14}\text{cm}^{-3}$ auf $1 \cdot 10^{20}\text{cm}^{-3}$ steigt U_D von 0,48V auf 0,83V.

Aufgrund des stark temperaturabhängigen n_i^2 sinkt U_D mit der Temperatur. Damit kann bereits ein Anwendungsbeispiel für den pn-Übergang behandelt werden: Er ist als Temperatursensor geeignet. Die Durchlass-Spannung einer Diode bei kleinen Strömen (ca. 10A/cm²) liegt im Bereich der Diffusionsspannung, sie sinkt daher immer mit zunehmender Temperatur. Zur Bestimmung der Temperatur muss der Messstrom so klein gewählt werden, dass Erwärmung durch ihn vernachlässigt werden kann; man wählt meist eine Stromdichte im Bereich von 100mA/cm² oder darunter. Abbildung 2.2.5 zeigt die Messung des Spannungsabfalls am pn-Übergang einer 20A Diode gemessen bei 50mA in Abhängigkeit von der Temperatur. Hat man diese Kalibrierungskurve erstellt, so kann man in einem Zeitpunkt, an dem die Diode weder mit Vorwärtsstrom noch mit Sperrspannung beaufschlagt ist, einen 50mA Messstrom einspeisen und anhand des

Spannungsabfalls die Temperatur bestimmen. Anhand dieser Kurve wurde die Sperrschicht-Temperatur der Diode bei einem Lastwechseltest verfolgt. Auf Einzelheiten der Durchlass-Spannung wird später noch ausführlich eingegangen, bei sehr kleinen Stromdichten dominiert jedoch der Zusammenhang in Gleichung (2.2.15).

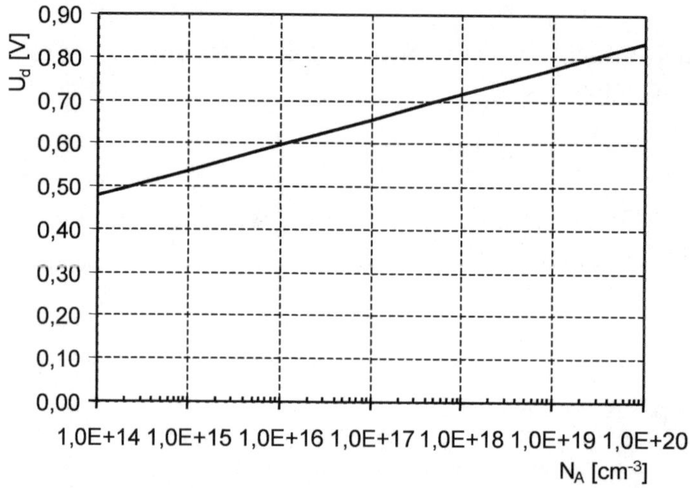

Abb. 2.2.4 Diffusionsspannung des einseitig abrupten pn-Übergangs

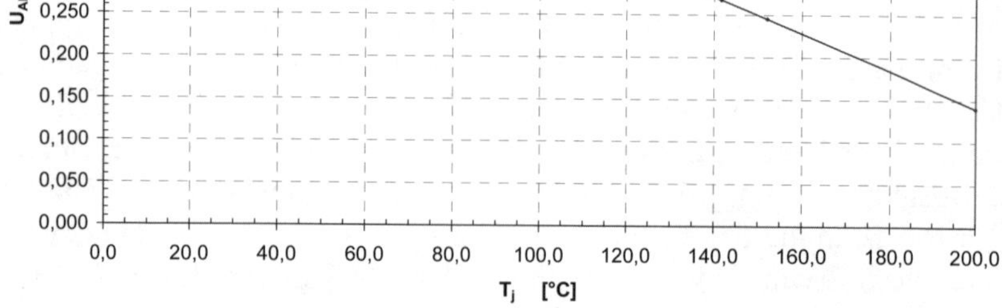

Abb. 2.2.5 Kalibrierung des pn-Übergangs der Si-Diode DSEE55 (IXYS) zur Temperaturmessung. Spannungsabfall am pn-Übergang der 50A-Diode bei 50mA.

Aus Gleichung (2.2.15) können Boltzmann-Beziehungen abgeleitet werden, die Aufschluss über die Minoritätsträger auf der jeweils anderen

Seite des pn-Übergangs geben, was z. B. in [Sze81] hergeleitet wird. Nach Gleichung (2.1.7) gilt z.B. im n-Gebiet $N_D \cdot p^* = n_i^2$, wird n_i^2 in Gleichung (2.2.15) damit ersetzt und nach p* aufgelöst, so folgt

$$p^* = N_A \cdot e^{-\frac{U_D}{k \cdot T / q}} \tag{2.2.16}$$

womit die Minoritätsträger p* im an das mit N_A dotierte p-Gebiet sich anschließenden n-Gebiet gegeben sind. Ebenso folgt für die Minoritätstäger n* im p-Gebiet

$$n^* = N_D \cdot e^{-\frac{U_D}{k \cdot T / q}} \tag{2.2.17}$$

Diese Boltzmann-Beziehungen können auch aus den Transportgleichungen (2.2.1) und (2.2.2) abgeleitet werden. Sie werden bei der Behandlung des von Vorwärtsstrom durchflossenen pn-Übergangs benötigt.

In der Anwendung spielt oft die Kapazität der Raumladungszone eines pn-Übergangs eine wichtige Rolle. Für den Fall des unbelasteten pn-Übergangs kann sie bereits abgeleitet werden. In den meisten Fällen in Leistungsbauelementen liegen pn-Übergänge vor, bei denen die eine Seite sehr viel höher dotiert ist als die andere. Für den einseitig abrupten pn-Übergang mit $N_A >> N_D$ kann (2.2.10) vereinfacht werden zu

$$x_n = \sqrt{\frac{U_D \cdot 2 \cdot \varepsilon_0 \cdot \varepsilon_r}{q \cdot N_D}} \tag{2.2.18}$$

und für x_p würde eine vernachlässigbar geringe Eindringtiefe folgen. Aber bei dieser Betrachtung sind die Diffusionsströme vernachlässigt worden. Bei hohem Konzentrationsgefälle $N_A >> N_D$ folgt eine Diffusion der Löcher in die n-Zone, es wird sich keine an Löchern verarmte Zone in der p-Schicht einstellen, vielmehr werden in einem Teil der n-Zone die Löcher überwiegen.

Für die Sperrschichtkapazität des unbelasteten pn-Übergangs ergibt sich mit (2.2.18)

$$C_j = \varepsilon_0 \varepsilon_r \cdot \frac{A}{x_n} = A \cdot \sqrt{\frac{\varepsilon_0 \cdot \varepsilon_r \cdot q \cdot N_D}{2 \cdot U_D}} \tag{2.2.19}$$

Die Diffusion der Minoritätsträger kann mit einem Korrekturterm für x_n erfasst werden und es wird

$$C_j = A \cdot \sqrt{\frac{\varepsilon_0 \cdot \varepsilon_r \cdot q \cdot N_D}{2 \cdot \left(U_D - 2 \cdot \frac{k \cdot T}{q} \right)}} \tag{2.2.20}$$

Diese Betrachtung gilt für den abrupten pn-Übergang und ist verwendbar, sofern nicht ein zu flacher Gradient des Profils am pn-Übergang vorliegt. Bei einem sehr flachen Gradienten am Übergang dringt die Raumladungszone in beide Gebiete ein. Ausführungen dazu finden sich in [Sze81].

In den meisten Fällen werden pn-Übergänge mit Diffusion hergestellt. Darauf wird später (Kapitel 2.3) noch eingegangen. Ein Gaussförmiges Diffusionsprofil zeigt Abb. 2.2.6. Der Grunddotierung N_D ist ein Diffusionsprofil von Akzeptoren N_A mit der Konzentration von $1 \cdot 10^{18}\text{cm}^{-3}$ an der Oberfläche überlagert. Beim Zusammentreffen am pn-Übergang bildet sich eine Zone, in der Donatoren und Akzeptoren sich kompensieren, d. h. die Netto-Dotierung $|N_D - N_A|$ kleiner als die Grunddotierung wird. Im n-Gebiet bildet sich die Raumladungszone aus, die Konzentration freier Elektronen ist um die Weite der Raumladungszone verschoben, siehe Abb. 2.2.6. Im p-Gebiet bildet sich eine Gegenladung. Aufgrund der Diffusion von Löchern kann die Löcherkonzentration p (in Abb. 2.2.6 nicht eingezeichnet) am Übergang größer sein als die Nettodotierung und die Raumladungszone ins n-Gebiet verschoben sein. Anders sind die Verhältnisse bei sehr flachen Gradienten des Profils, dann dringt die Raumladungszone in beide Gebiete ein.

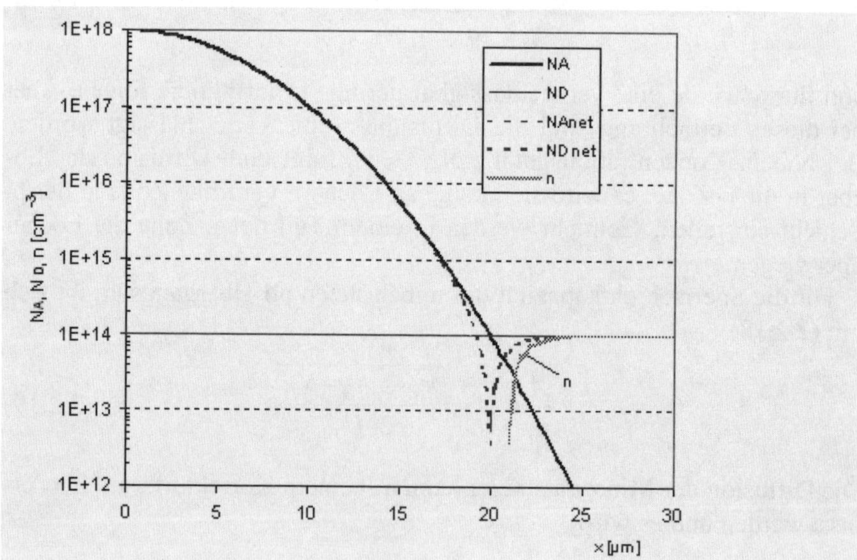

Abb. . 2.2.6 Diffundierter pn-Übergang

Im Diffusionsprofil selbst existiert ein Gradient dp/dx, der nach Stromgleichung für Löcher (2.1.57) zu einem elektrischen Feld führt:

$$q \cdot \mu_p \cdot p \cdot E = q \cdot D_p \cdot \frac{dp}{dx} \tag{2.2.21}$$

Allerdings sind die Felder in diffundierten Gebieten vergleichsweise gering. Bei der Berechnung der Schleusenspannung treffen am pn-Übergang niedriger dotierte Gebiete aufeinander, was nach (2.2.12) die Diffusionsspannung U_D reduziert. Es kommen nun aber Anteile aus dem diffundierten Gebiet dazu. Beziehung (2.1.12) ist mit N_A als Konzentration am der Oberfläche immer noch verwendbar.

Strom-Spannungs-Kennlinie des pn-Übergangs

Nach der klassischen Theorie des pn-Übergangs (zuerst hergeleitet von Shockley) kann die Strom-Spannungs-Kennlinie des pn-Übergangs ausgedrückt werden mit

$$j = j_s \cdot \left(e^{\frac{q \cdot U}{k \cdot T}} - 1 \right) \tag{2.2.22}$$

dabei ist j_s der Sättigungssperrstrom

$$j_s = q \cdot n_i^{\,2} \cdot \left(\frac{D_p}{L_p \cdot N_D} + \frac{D_n}{L_n \cdot N_A} \right) \tag{2.2.23}$$

Gleichung (2.2.22) wird auch als die Strom-Spannungs-Kennlinie der idealen Diode bezeichnet. Sie ist für den Durchlass- wie auch für den Sperrfall gültig. Sie beschreibt für den Durchlassfall einen mit der Spannung exponentiell ansteigenden Strom, im Sperrfall einen sich schnell einem Grenzwert j_s annähernden Sperrstrom. Sie ist in Abb. 2.2.7 dargestellt.

Diese Kennliniengleichung kann abgeleitet werden aus den Boltzmann-Gleichungen (2.1.16, 2.1.17) bei Annahme einer sich bei Durchlasspolung verengenden und bei Sperrpolung verbreiternden Raumladungszone (siehe Abb. 2.2.1). Durch die Raumladungszone diffundieren die Ladungsträger aus dem Gebiet entgegengesetzter Polarität. Rekombination in der Raumladungszone wird vernachlässigt. An den Rändern der Raumladungszone ist E = 0, der Strom ist reiner Diffusionsstrom und wird getragen durch die Minoritätsträger im jeweiligen Gebiet:

Löcher diffundieren aus dem p-Gebiet ins n-Gebiet. Im n-Gebiet ist L_p die Diffusionslänge der Minoritätsträger, der Löcher

$$L_p = \sqrt{D_p \cdot \tau_p} \tag{2.2.24}$$

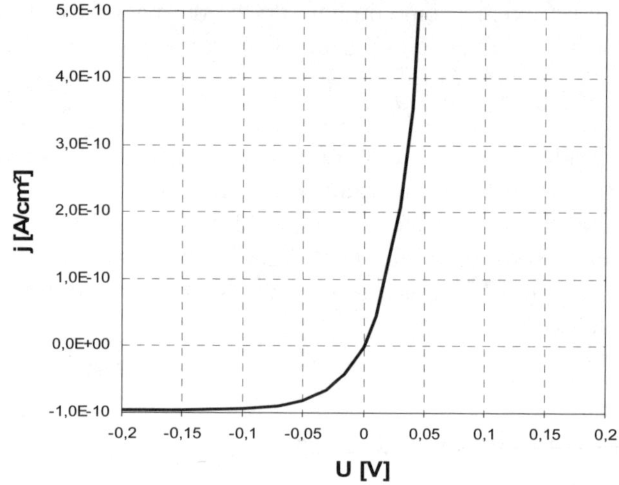

Abb. 2.2.7 Ideale Kennlinie eines pn-Übergangs nach der klassischen Diodengleichung. Temperatur 25°C.

Entsprechend diffundieren Elektronen aus dem n-Gebiet ins p-Gebiet. L_n ist die Diffusionslänge der Elektronen im n-Gebiet:

$$L_n = \sqrt{D_n \cdot \tau_n} \tag{2.2.25}$$

Der Sättigungssperrstrom j_s lässt sich mit den bereits behandelten Parametern berechnen. Angenommen sei ein pn-Übergang in Si mit

$N_A = 1 \cdot 10^{16}\text{cm}^{-3}$, $N_D = 1 \cdot 10^{15}\text{cm}^{-3}$, $T = 300\text{K}$
$L_n = L_p = 50\mu\text{m}$, $D_n = 30\text{cm}^2/\text{s}$, $D_p = 12\text{cm}^2/\text{s}$:

Dafür ergibt sich: $j_s = 9{,}6 \cdot 10^{-11}\text{A/cm}^2$

j_s ist dominiert durch n_i^2. Für die für Leistungsbauelemente verwendeten Halbleiter-Materialien ist j_s in Abb. 2.2.8 angegeben.

Abb. 2.2.7 ist in sehr kleinem Stom-Spannungs-Masstab dargestellt. Die Kennlinien nach Gleichung (2.2.22) und (2.2.23) sind im höheren Maßstab von 5A/cm² für verschiedene Halbleiter-Materialien in Abb. 2.2.8 gezeigt. Den Spannungsabfall bei einem Strom von 10A/cm² kann man als Schleusenspannung U_s bezeichnen. Für das gewählte Beispiel aus Si erhält man bei Umstellen von Gleichung (2.2.22)

$$U_s = \frac{k \cdot T}{q} \ln\left(\frac{j}{j_s} + 1\right) \approx 0{,}0259\text{V} \cdot \ln 10^{11} = 0{,}66\text{V}$$

Dieses Ergebnis liegt ganz in der Nähe der nach Gleichung (2.2.14) berechneten Diffusionsspannung. Zur Berechnung der Diffusionsspannung ist dieses Vorgehen aber nur bedingt geeignet, da die Abhängigkeit von der Dotierung auf beiden Seiten nicht wiedergegeben wird. Gleichung (2.2.14) ist besser geeignet. Die hier gewählte Darstellung kann uns einen Überblick über die Materialien geben.

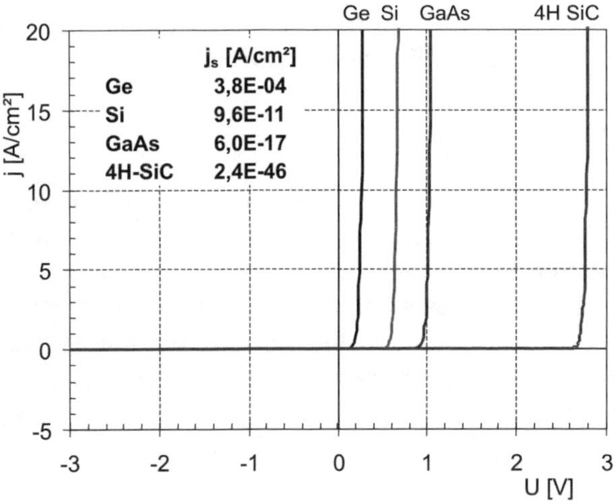

Abb. 2.2.8: Schleusenspannung des pn-Übergangs für verschiedene Halbleitermaterialien bei 300K

Für Ge wurde in Abb. 2.2.8 mit $n_i = 2 \cdot 10^{13}$ bei Raumtemperatur gerechnet. D_p/L_p und D_n/L_n wurden um den Faktor 2 größer angenommen als für Si. Ge zeichnet sich durch eine sehr niedrige Schleusenspannung von U_s = 0,26V aus. Allerdings wird der Vorteil durch einen höheren Sperrstrom erkauft. Schon bei 100°C wird j_s so groß, dass der Sperrstrom eine kaum beherrschbare Erwärmung bewirken würde.

Für GaAs wurde für 300K von $n_i = 1 \cdot 10^7 cm^{-3}$ ausgegangen, für 4H-SiC von $n_i = 1 \cdot 10^{-8} cm^{-3}$. D_p/L_p und D_n/L_n wurden um den Faktor 5 kleiner angenommen als für Si. Für SiC ist zu berücksichtigen, dass die Werte für n_i in der Literatur sich zwischen $5 \cdot 10^{-9} cm^{-3}$ und $4 \cdot 10^{-8} cm^{-3}$ bewegen, j_s in der Tabelle in Abb. 2.2.8 kann also nur als ein Wert für die Größenordnung verwendet werden. Es liefert aber eine Schleusenspannung im Bereich von 2,8V, was mit Literaturwerten zur Schleusenspannung übereinstimmt.

Das in Abb. 2.2.8 dargestellte Ergebnis wird dominiert von der Größe n_i^2 des jeweiligen Halbleitermaterials. Die am pn-Übergang auftretende Schleusenspannung nimmt etwa linear mit steigendem Bandabstand zu.

Abb. 2.2.8 gibt uns somit eine Übersicht über die beim jeweiligen Halbleitermaterial zu erwartende Schleusenspannung.

Diese Schleusenspannung ist für die Anwendung ein Nachteil, da sie stets zu Verlusten führt. Bei einem Halbleiter hoher Bandlücke wird man darum ein Bauelement bevorzugen, wo diese nicht oder nur in reduzierter Form in der Kennlinie auftritt, wie das bei unipolaren Bauelementen (Feldeffekt-Transistoren, Schottky-Dioden) der Fall ist.
Für den in der Praxis fast immer auftretenden unsymmetrischen pn-Übergang lässt sich für $N_A >> N_D$ Gleichung (2.1.19) vereinfachen zu

$$j_s = q \cdot n_i^2 \cdot \left(\frac{D_p}{L_p \cdot N_D} \right) \qquad (2.2.26)$$

Die Eigenschaften der niedrig dotierten Zone dominieren den Wert von j_s.

Allerdings zeigen reale pn-Übergänge eine deutliche Abweichung von der idealen Kennlinie, denn die Rekombination in der Raumladungszone wurde vernachlässigt. Selbst bei kleinen Stromdichten, bei denen ein ohm'scher Spannungsabfall noch vernachlässigt werden kann, kann (2.2.22) in vielen Fällen besser ausgedrückt werden mit

$$j = j_s \cdot \left(e^{\frac{q \cdot U}{n \cdot k \cdot T}} - 1 \right) \qquad (2.2.27)$$

wobei n zwischen 1 und 2 liegt.

Vor allem berücksichtigte die ideale Diodengleichung keinen Spannungsabfall im niedrig dotierten Gebiet. Der Spannungsabfall in Durchlassrichtung setzt sich bei einer realen Diode zusammen aus

$$U_F = U_s + U_{drift}$$

wobei U_{drift} der Spannungsabfall über das niedrig dotierte Mittelgebiet ist. Darauf wird in Kap. 3.1 anhand Leistungsdioden noch genauer eingegangen.

Bei der Angabe der Schleusenspannung in Datenbüchern von Halbleiterherstellern wird in der Regel nicht von einer physiknahen Darstellung ausgegangen, sondern die Schleusenspannung – definiert bei hoher Betriebstemperatur – wird durch Annäherung der gemessenen Kennlinie durch eine Ersatzgerade ermittelt, und es gilt

$$U_F = U_s + R_{diff} \cdot I_F$$

Damit können sich auch für Si beträchtlich höhere Schleusenspannungen ergeben, z. B. $U_s = 0{,}8\text{V}..1\text{V}$.

In der klassischen Diodengleichung (2.2.22) wird ebenfalls die Generation von Ladungsträgern in der Raumladungszone vernachlässigt. Der durch Generation an tiefen Störstellen erzeugte Sperrstrom j_{RLZ} stellt in

Halbleitern, mit Ausnahme von Ge, den Hauptanteil des Sperrstroms, denn es gilt für die Sperrstromdichte j_R

$$j_R = j_s + j_{RLZ}$$

In der Gleichung der Strom-Spannungs-Kennlinie des idealen Gleichrichters ist auch kein Lawinendurchbruch vorgesehen. Darum geht es im folgenden Abschnitt.

Sperrverhalten des pn-Übergangs

Bei Anlegen einer Spannung in Sperrichtung weitet sich die Raumladungszone aus. Für einen unsymmetrischen abrupten pn-Übergang ist dies in Abb. 2.2.9 dargestellt. Als Ortsvariable wird jetzt w verwendet, was der vertikalen Richtung in einem Bauelement entspricht. Die Gradienten des elektrischen Felds dE/dw bleiben wie beim stromlosen pn-Übergang beschrieben. Da $w_p \cdot N_A = w_n \cdot N_D$ gilt, ist die Eindringtiefe in das höher dotierte p-Gebiet im gewählten Beispiel um vier Zehnerpotenzen geringer und damit vernachlässigbar. In das niedrig dotierte Gebiet breitet sich die Raumladungszone aus. In Abb. 2.2.9 ist angenommen, dass die Raumladungszone sich so weit wie notwendig ausbreiten kann. Der Spannung entspricht die Fläche unter der Kurve E(w).
Der Feldverlauf ist dreiecksförmig, die Weite der Raumladungszone ist analog (2.2.18) zu berechnen, wobei U_D durch $U_D + U_R$ ersetzt wird. Es ergibt sich

$$w_{RLZ}(U_R) = \sqrt{\frac{2 \cdot \varepsilon \cdot (U_D + U_R)}{q \cdot N_D}} \approx \sqrt{\frac{2 \cdot \varepsilon \cdot U_R}{q \cdot N_D}} \tag{2.2.28}$$

da U_R bei einem Leistungsbauelement sehr viel größer als die Diffusionsspannung ist.

Die Sperrschichtkapazität (2.2.20) wird damit zur spannungsabhängigen Kapazität

$$C_j(U_R) = A \cdot \sqrt{\frac{\varepsilon_0 \cdot \varepsilon_r \cdot q \cdot N_D}{2 \cdot \left(U_D - 2 \cdot \frac{k \cdot T}{q} + U_R \right)}} \tag{2.2.29}$$

wobei der Term $k \cdot T/q$ gegenüber den anderen Termen nicht mehr ins Gewicht fällt und vernachlässigt werden kann.

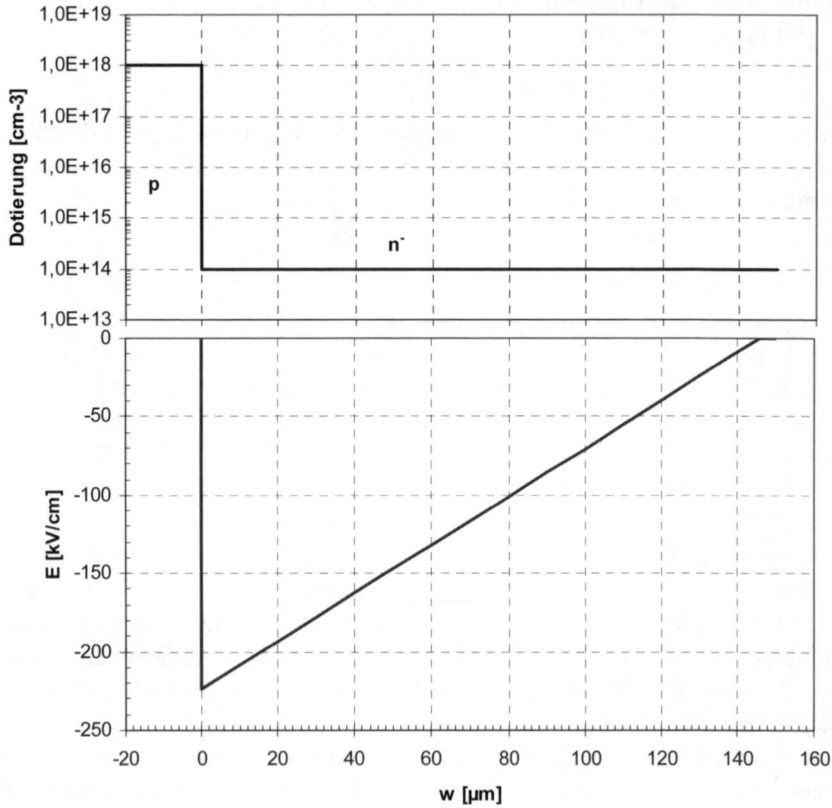

Abb. 2.2.9 Einseitig abrupter pn-Übergang in Sperrrichtung

In der Raumladungszone kommt zu dem vorher behandelten durch Diffusion hervorgerufenen Sperrstrom noch der Generationssperrstrom hinzu, für den

$$j_{RLZ} = q \cdot \int_0^{w_{RLZ}} G \cdot dw \tag{2.2.30}$$

gilt. Da von einer über die Raumladungszone konstanten Generation ausgegangen werden kann, folgt mit der in (2.1.41) beschriebenen Generations-Trägerlebensdauer

$$j_{RLZ} = q \cdot \frac{w_{RLZ} \cdot n_i}{\tau_{sc}} \tag{2.2.31}$$

Der Sperrstrom besteht aus der Summe von Diffusions- und Generationssperrstrom, unter Benutzung von (2.2.26) kann er ausgedrückt werden mit

$$j_r = j_s + j_{RLZ} = q\left(\frac{n_i^2}{N_D}\cdot\sqrt{\frac{D_p}{\tau_p}} + \frac{n_i}{\tau_{sc}}\cdot\sqrt{\frac{2\cdot\varepsilon\cdot(U_D+U_R)}{q\cdot N_D}}\right) \tag{2.2.32}$$

Der Diffusionsanteil (erster Term) ist proportional n_i^2, der Generationsanteil proportional n_i, wenn das Rekombinationszentrum in der Mitte der Bandlücke liegt. Welcher Anteil überwiegt, hängt vom verwendeten Halbleitermaterial und den Anwendungsbedingungen ab. In Ge überwiegt aufgrund des hohen n_i^2 im relevanten Temperaturbereich der Diffusionsterm. Bei Si spielt der Generationsterm eine große Rolle. Der Generationsterm wird stark dominierend, wenn τ_{sc} niedrig ist, d.h. wenn das Niveau des Rekombinationszentrums nahe der Mitte der Bandlücke liegt.

Bei Halbleitern mit höherer Bandlücke sind die Generationsanteile dominierend.

Nun soll der wichtigste Generationsmechanismus, die Stoßionisation, behandelt werden. Für einen räumlich begrenzten Bereich ist der Multiplikationsfaktor M das Verhältnis von ein- und austretendem Teilchenstrom:

$$M = \frac{j_{aus}}{j_{ein}} \tag{2.2.33}$$

Der Lawinendurchbruch tritt ein, wenn jeder in die Sperrschicht eintretende Träger ein Trägerpaar, dieses Trägerpaar wiederum zwei weitere Paare usw. erzeugen. Für M gilt

$$M = \frac{1}{1-\Phi} \tag{2.2.34}$$

wobei Φ das Ionisationsintegral ist. Für eine effektive Ionisationsrate α_{eff} lautet das Ionisationsintegral

$$\Phi = \int_0^{w_{RLZ}} \alpha_{eff}(E(w))dw \tag{2.2.35}$$

wenn $\Phi = 1$ wird, wird M zu unendlich.

Es soll im Folgenden die Sperrspannung eines einseitig abrupten pn-Übergangs in Si nach Abb. 2.2.9 berechnet werden. Der Ansatz von Shields und Fulop (2.1.51) soll verwendet werden, weil sich damit eine Reihe von Problemstellungen analytisch berechnen lassen. Die erzielten Ergebnisse stimmen mit der Verwendung der eigentlich unterschiedlichen Ionisationsraten und Löcher gut überein.

Einsetzen von (2.1.51) in (2.2.35) ergibt für das Ionisationsintegral

$$\Phi = \int_0^{w_{RLZ}} C' \cdot |E(w)|^7 \, dw \tag{2.2.36}$$

mit $C' = 1{,}8 \cdot 10^{-35} \text{cm}^6 \text{V}^{-7}$.

Der Feldverlauf E(w) in Abb. 2.2.9 ist dreiecksförmig. In dem Fall wird er wiedergegeben durch die Gleichung

$$E(w) = \frac{q \cdot N_D}{\varepsilon} (w - w_{RLZ}) \qquad \text{für } 0 \le w \le w_{RLZ} \tag{2.2.37}$$

Dieser Feldverlauf, eingesetzt in (2.2.36), führt auf das Ionisationsintegral

$$\Phi = \int_0^{w_{RLZ}} -C' \cdot \left(\frac{q \cdot N_D}{\varepsilon} \right)^7 \cdot (w - w_{RLZ})^7 \, dw \tag{2.2.38}$$

Ausführung der Integration und Benutzung des Kriteriums für Lawinendurchbruch – das Ionisationsintegral muss $\Phi = 1$ sein – führt auf

$$\Phi = C' \cdot \left(\frac{q \cdot N_D}{\varepsilon} \right)^7 \cdot \frac{1}{8} (w_{RLZ})^8 = 1 \tag{2.2.39}$$

umgestellt nach w_{RLZ} ergibt sich

$$w_{RLZ} = \left(\frac{8}{C'} \right)^{\frac{1}{8}} \cdot \left(\frac{q \cdot N_D}{\varepsilon} \right)^{-\frac{7}{8}} \tag{2.2.40}$$

Damit erhält man die Weite der Raumladungszone beim Lawinendurchbruch. Für die in Abb. 2.2.9 gewählten Parameter ergibt sich eine Weite von 146µm. Die Feldstärke am Lawinendurchbruch E_{BD} lässt sich nun berechnen, wenn dieses Ergebnis in die Gleichung (2.2.37) für den Feldverlauf eingesetzt wird und die Gleichung für w = 0 gelöst wird:

$$E_{BD} = -\frac{q \cdot N_D}{\varepsilon} \cdot w_{RLZ} = -\left(\frac{8}{C'} \right)^{\frac{1}{8}} \cdot \left(\frac{q \cdot N_D}{\varepsilon} \right)^{\frac{1}{8}} \tag{2.2.41}$$

Für das Beispiel in Abb. 2.2.9 liefert das eine kritische Feldstärke von 226 kV/cm. Auch die Sperrspannung lässt sich nun angeben mit

$$\begin{aligned} U_{BD} &= -\int_0^{w_{RLZ}} E(w) dw = -\frac{1}{2} \cdot E_{BD} \cdot w_{RLZ} \\ &= \frac{1}{2} \cdot \left(\frac{8}{C'} \right)^{\frac{1}{4}} \cdot \left(\frac{q \cdot N_D}{\varepsilon} \right)^{-\frac{3}{4}} \end{aligned} \tag{2.2.42}$$

Für das gewählte Beispiel führt das zu einer Durchbruchspannung von 1652V.

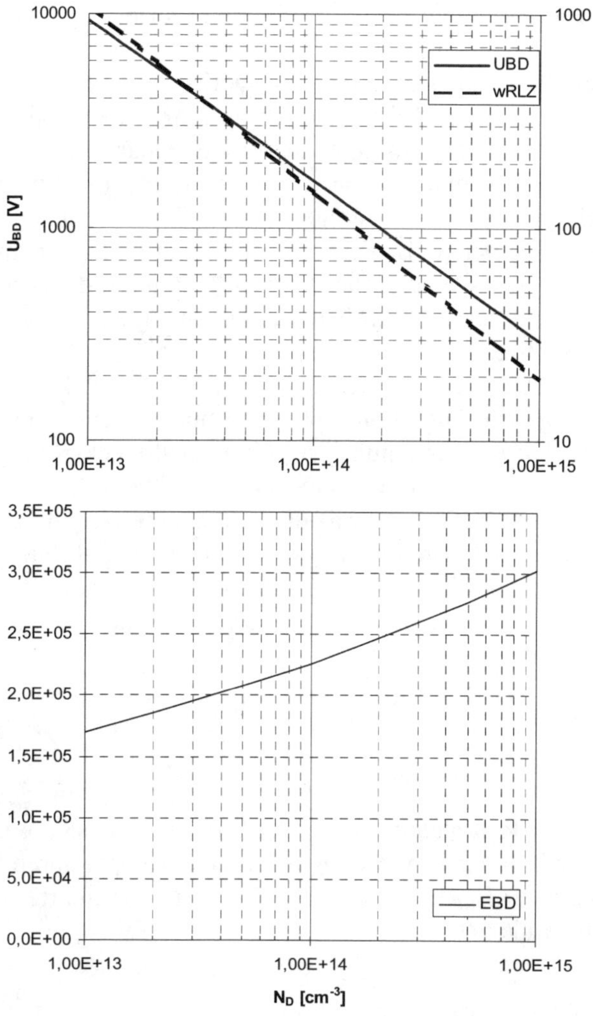

Abb. 2.2.10 Einseitig abrupter pn-Übergang in Silizium mit dreiecksförmigem Feldverlauf. Sperrspannung, Weite der Raumladungszone (links). Feldstärke am Lawinendurchbruch (rechts)

Die Ergebnisse für Dotierungen der n^--Zone zwischen $1 \cdot 10^{13}\text{cm}^{-3}$ und $1 \cdot 10^{15}\text{cm}^{-3}$ sind in Abb. 2.2.10 dargestellt. Für eine Grunddotierung von $1 \cdot 10^{15}\text{cm}^{-3}$ ergibt sich eine höchstmögliche Sperrspannung von 294V, die Weite der Raumladungszone ist dabei 19,5µm. Für eine Grunddotierung von $1 \cdot 10^{13}\text{cm}^{-3}$ erhält man eine maximale Sperrspannung von 9291V, die Weite der Raumladungszone ist dabei aber 1,095mm. Ein Leistungsbauelement kann also auf sehr hohe Sperrspannungen ausgelegt werden, allerdings muss – bei dreiecksförmigem Feldverlauf – eine sehr breite Zone für die Aufnahme des elektrischen Felds vorgesehen werden. Die kritische Feldstärke am Durchbruch E_{BD} steigt mit der Dotierung, wie in Abb. 2.2.10 rechts dargestellt ist. Eine niedrige Dotierung führt zu einer niedrigeren kritischen Feldstärke. Den Zusammenhang kann man sich veranschaulichen über den Mechanismus des Lawinendurchbruchs. Die Energie, die ein im Feld beschleunigter Ladungsträger aufnehmen kann, hängt ab von der mittleren freien Weglänge. Bei höherer Dotierung ist die Raumladungszone und besonders das Gebiet hoher Feldstärke dünner, daher wird das Integral in (2.2.35) erst bei einer größeren Feldstärke gleich eins. Die kritische Feldstärke nimmt zu.

Zu beachten ist, dass über Gleichung (2.2.37) die Form des elektrischen Felds in die Berechnung von Durchbruchspannung und Durchbruchfeldstärke eingegangen ist. Diese Betrachtung ist gültig für dreiecksförmigen Feldverlauf. Bei einem anderen, z.B. trapezförmigen Feldverlauf, ist Gleichung (2.2.37) entsprechend zu ändern, was dann zu anderen Ergebnissen führt. Nichtbeachtung dieses Zusammenhangs (was selbst in Lehrbüchern zu finden ist) wird zu beträchtlichen Fehlern in der Berechnung führen.

Die Ionisationsraten von Shields und Fulop liegen, wie schon in Kapitel 2.1 genannt, auch temperaturabhängig vor:

$$\alpha_{eff}(E) = C' \cdot |E(w)|^{b}$$

$$C' = 2 \cdot 10^{-28} \cdot e^{-16,22 \cdot \frac{T}{300K}} \qquad b = 5,8 + 1,2 \cdot \frac{T}{300K} \tag{2.1.52}$$

Damit kann die Weite der Raumladungszone, die kritische Feldstärke und die Sperrspannung für die in der Anwendung relevanten Temperaturen berechnet werden. So folgt für E_{BD} bei in gleicher Weise durchgeführter Lösung des Ionisationsintegrals

$$E_{BD} = -\left(\frac{b+1}{C'}\right)^{\frac{1}{b+1}} \cdot \left(\frac{q \cdot N_D}{\varepsilon}\right)^{\frac{1}{b+1}} \tag{2.2.43}$$

und für U_{BD} folgt

$$U_{BD} = \frac{1}{2} \cdot \left(\frac{b+1}{C'}\right)^{\frac{2}{b+1}} \cdot \left(\frac{q \cdot N_D}{\varepsilon}\right)^{\frac{1-b}{1+b}} \tag{2.2.44}$$

Für 125°C (398K) erhält man damit die Näherung

$$U_{BD} = 8{,}65 \cdot 10^{13} \cdot N_D^{\ -0{,}7617}\ [V] \tag{2.2.45}$$

Den Temperaturverlauf der Sperrspannung nach (2.2.44) für zwei Beispiele zeigt Abb. 2.2.11. Bei dem hier behandelten dreiecksförmigen Feldverlauf verändert sich die Sperrfähigkeit im betrachteten Bereich um 2,2V/K, d. h. für das gewählte Beispiel eines Bauelements mit $N_D = 1 \cdot 10^{14} cm^{-3}$ sollte die Sperrspannung beim Übergang von Raumtemperatur auf obere Betriebstemperatur um 220V ansteigen. Das ist für die Anwendung positiv. Aber man muss beachten, dass bei tieferer Temperatur die Sperrspannung entsprechend sinkt. Die Spezifikation der Bauelemente in den Datenblättern der Hersteller erfolgt in der Regel bei Raumtemperatur, bei einer Anwendung bei –25°C hätte man entsprechend auch 110V weniger Sperrspannung.

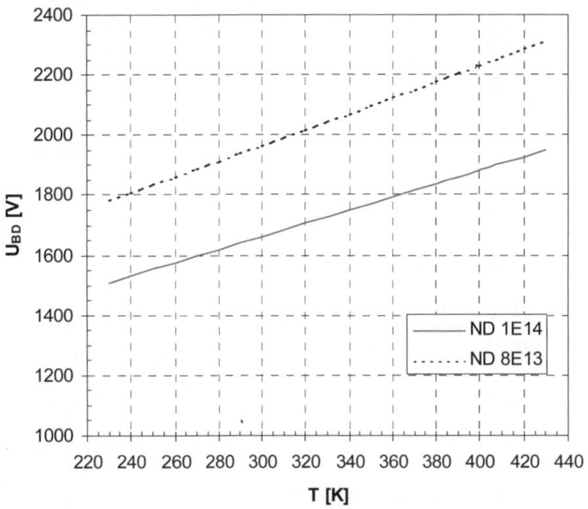

Abb. 2.2.11 Temperaturabhängigkeit der Sperrspannung eines pn-Übergangs mit dreiecksförmigem Feldverlauf

Diese Berechnung gilt so allerdings nur für dreiecksförmigen Feldverlauf. Bei trapezförmigem Feldverlauf, wo sich die Raumladungszone nicht weiter ausbreiten kann, erhält man einen Temperaturkoeffizient von etwa 1,3V/K. Siehe dazu auch Kapitel 3.1., Gleichung (3.1.16).

Sperrfähigkeit bei Halbleiter-Materialien mit hoher Bandlücke

Mit zunehmender Bandlücke steigt die Energie, die aufgebracht werden muss, um ein Elektron aus dem Valenzband ins Leitungsband zu befördern. In der Literatur finden sich Angaben über die kritische Feldstärke, die in Tabelle 3 wiedergegeben sind.

Allerdings ist die kritische Feldstärke nicht eine Materialkonstante, sondern eine Funktion des Feldverlaufs und damit auch eine Funktion der Dotierung, die den Feldverlauf bestimmt. Für Si wurde dies in Gleichung (2.2.28) sowie in Abb. 2.2.10 angegeben. Für E_{BD} von Si finden sich in der Literatur Angaben zwischen 300kV/cm und 100kV/cm, je nachdem wo der jeweilige Autor den wichtigen Bereich gesehen hat. Ebenso finden sich für die Halbleiter höheren Bandabstands auseinandergehende Angaben.

Tabelle 3.: Kritische Feldstärke für Si und Halbleiter höheren Bandabstands

	E_{BD} [V/cm]
Si	$2 \cdot 10^5$
GaAs	$4 \cdot 10^5$
4H-SiC	$2 \cdot 10^6$
GaN	$>3 \cdot 10^6$
C (Diamant)	$5{,}6 \cdot 10^7$

Es ist deswegen aussagekräftiger, wenn eine dotierungsabhängige Beziehung zur kritischen Feldstärke vorliegt. Für 4H-SiC wurde angegeben [Bad97]

$$E_{BD} = -2 \cdot 10^4 \cdot N_D{}^{0{,}131} \; [V/cm] \tag{2.2.46}$$

Aus einer Angabe dieser Form lässt sich auch ein Ansatz für die Ionisierungsraten in Potenzform ableiten, wie er sich bei der Behandlung von Si bewährt hat. Der Vergleich von (2.2.46) mit (2.2.43) führt auf

$$b = 6{,}63 \qquad C' = \frac{b+1}{(2 \cdot 10^4)^{b+1}} \cdot \frac{q}{\varepsilon} \;=\; 2{,}1 \cdot 10^{-39} cm^{5{,}63} V^{-6{,}63} \tag{2.2.47}$$

Die effektive Ionisationsrate α_{eff} ist damit für SiC

$$\alpha_{eff}(E) = 2{,}1 \cdot 10^{-39} cm^{5{,}63} V^{-6{,}63} \cdot |E(w)|^{6{,}63} \tag{2.2.48}$$

Damit lässt sich analog wie bei Si die Sperrfähigkeit des pn-Übergangs mit dreiecksförmigem Feldverlauf ableiten

$$U_{BD} = 1{,}067 \cdot 10^{15} \cdot N_D^{-0{,}738} \tag{2.2.49}$$

Die daraus resultierende Sperrspannung für dreiecksförmigen Feldverlauf ist in Abb. 2.2.12 im Vergleich zu Si dargestellt. Man erkennt, dass man für eine Dotierung $N_D = 1 \cdot 10^{16} cm^{-3}$ bereits eine Sperrspannung von > 1200V zu erwarten hat. In Si waren dazu Dotierungen zwei Zehnerpotenzen darunter notwendig.

Bei der Auslegung von Bauelementen aus SiC geht man heute allerdings davon aus, maximal eine Feldstärke von ca. 1,5MV/cm zu begrenzen. Die Ursache liegt in der noch unzureichenden Qualität der Einkristalle. Daher werden SiC-Bauelemente noch mit niedrigerer Sperrspannung spezifiziert, als von den Materialeigenschaften und der Dimensionierung her möglich wäre.

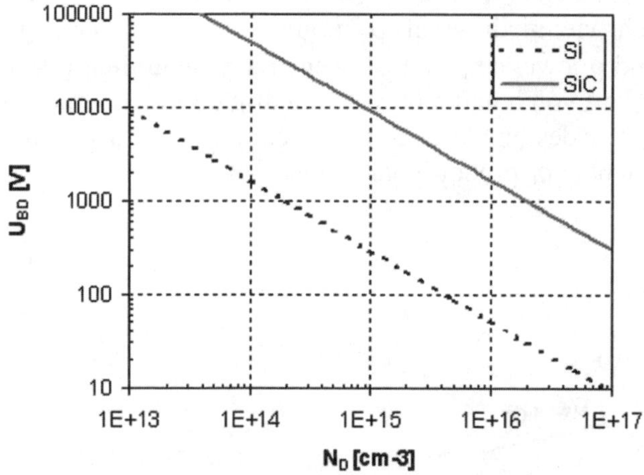

Abb. 2.2.12 Sperrspannung in Si und SiC für einen pn-Übergang mit dreiecksförmigem Feldverlauf

Die bei SiC realisierbare hohe Dotierung führt zu einer sehr viel dünneren Raumladungszone und erlaubt daher, Bauelemente aus SiC sehr viel dünner auszulegen. Daraus resultieren überlegene Eigenschaften von Bauelementen aus SiC. Auf die Bauelementeigenschaften wird später noch eingegangen.

Der pn-Übergang als Emitter

Typisch für Leistungsbauelemente sind pn-Übergänge, bei denen die eine Seite hoch dotiert ist, die andere Seite niedrig dotiert zur Aufnahme eines elektrischen Feldes. Angenommen sei ein abrupter pn-Übergang mit einer hohen Akzeptor-Dotierung N_A auf der einen Seite und einer niedrigen Donator-Dotierung N_D auf der anderen Seite. Bei einem bipolaren Bauelement injiziert der in Vorwärtsrichtung gepolte pn-Übergang Ladungsträger in die niedrig dotierte Mittelzone. Betrachtet wird der Fall der hohen Injektion: Die Ladungsträger überschwemmen das niedrig dotierte n^--Gebiet, ihre Dichte ist sehr viel höher als die Grunddotierung.

Die injizierten Ladungsträger bilden eine Art Plasma in der niedrig dotierten Zone, in diesem Plasma herrscht Neutralität. Die Konzentration freier Ladungsträger sei n und p, die Anzahl negativer Ladungen n muss im niedrig dotierten n-Gebiet gleich der Anzahl aller positiven Ladungen p + N_D sein. Da N_D sehr viel niedriger als p ist, gilt $n \approx p$. Am Übergang zur p-Zone betrage n und p jeweils n_L und p_L, wegen der Neutralität gilt $n_L \approx p_L$. p_L sowie der Verlauf von n und p über der niedrig dotierten Zone hängt sowohl von der Struktur des bipolaren Leistungsbauelements, als auch von der Stromdichte ab, wobei p_L proportional zu j ist.

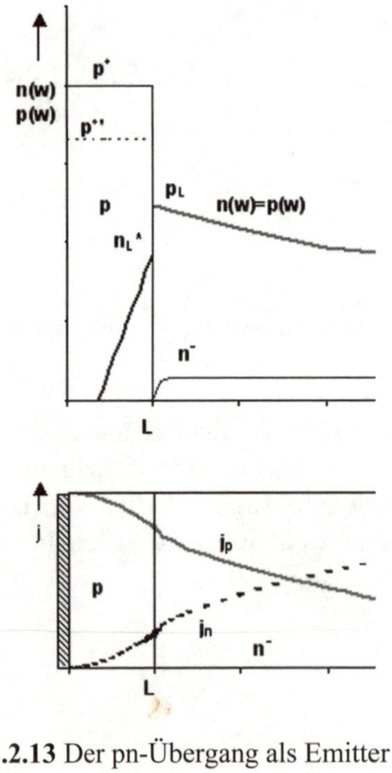

Abb. 2.2.13 Der pn-Übergang als Emitter

Abbildung 2.2.13 zeigt die Verhältnisse am injizierenden pn-Übergang sowie die wichtigsten zur Beschreibung erforderlichen Größen. Ins p-Gebiet diffundieren Elektronen als Minoritätsträger, ihre Dichte auf der p-Seite des pn-Übergangs betrage n_L^*. Die Boltzmann-Beziehungen (2.2.16) und (2.2.17) führen, angewandt auf den pn-Übergang unter diesen Bedingungen, auf

$$\frac{p_L}{p^+} = \frac{n_L^*}{n_L} = e^{-q \cdot U_D / kT} \tag{2.2.50}$$

wobei U_D der Potentialdifferenz am pn-Übergang entspricht. Mit $n_L \approx p_L$ folgt daraus

$$n_L^* = \frac{p_L^2}{p^+} \tag{2.2.51}$$

Die Minoritätsträger n_L^* sind verbunden mit einem Minoritätsträgerstrom im p-Gebiet, für diesen Elektronenstrom $j_n(p)$ gilt

$$j_n(p) = q \cdot D_n \frac{n_L^*}{L_n} \tag{2.2.52}$$

mit (2.2.51) wird daraus

$$j_n(p) = q \cdot \frac{D_n}{p^+ \cdot L_n} \cdot p_L^2 = q \cdot h_p \cdot p_L^2 \tag{2.2.53}$$

wobei die Kenngrößen von Struktur und Materialeigenschaften des p-Emitters zusammengefasst wurden zum Emitter-Parameter h_p [Sco69]

$$h_p = \frac{D_n}{p^+ \cdot L_n} \tag{2.2.54}$$

In (2.2.54) wird dabei vorausgesetzt, dass das hochdotierte Gebiet den gleichen Bandabstand hat wie die niedrig dotierte Basis. Ab einer Dotierung $N_A > 5 \cdot 10^{17}\,\mathrm{cm}^{-3}$ muss das Bandgap-Narrowing berücksichtigt werden.

Mit $L_n = \sqrt{D_n \cdot \tau_n}$ kann (2.2.54) auch ausgedrückt werden mit

$$h_p = \frac{1}{p^+} \cdot \sqrt{\frac{D_n}{\tau_n}} \tag{2.2.55}$$

Der Emitterwirkungsgrad γ ist definiert als Anteil des in die niedriger dotierte Zone injizierten Stroms am gesamten Emitterstrom; für den hier behandelten Fall des p-Emitters gilt

$$\gamma = \frac{j_p}{j_n + j_p} \tag{2.2.56}$$

Mit $j = j_n + j_p$ kann (2.2.56) auch umgestellt werden

$$\gamma = \frac{j - j_n}{j} = 1 - \frac{j_n}{j} \tag{2.2.57}$$

Aus (2.2.57) geht hervor, dass der Emitterwirkungsgrad umso größer ist, je kleiner der in das Emittergebiet eindringende Minoritätsträgerstrom ist. Um den Emitterwirkungsgrad zu steigern ($\gamma \rightarrow 1$), muss j_n klein gemacht werden. Der Minoritätsträgerstrom, der in den Emitter eindringt, soll möglichst klein sein.

Unter Verwendung von (2.2.53) wird aus (2.2.57)

$$\gamma = 1 - q \cdot h_p \frac{p_L^2}{j} \tag{2.2.58}$$

h_p kann reduziert werden, indem p^+ hoch gegenüber p_L gewählt wird. Die Größen p_L und n_L kennzeichnen wiederum die Überschwemmung der Mittelzone mit freien Ladungsträgern. Diese Betrachtung gilt in identischer Weise für einen n-Emitter, der in ein niedriger dotiertes p-Gebiet injiziert. Ebenso ist sie anwendbar für eine hoch n-dotierte Zone eines bipolaren Bauelements, die eine Randzone an einer niedrig n-dotierten Zone bildet.

Bei modernen Leistungsbauelementen werden die Emitter-Eigenschaften zur Einstellung der Bauelement-Eigenschaften benutzt. Grundlegende Literatur dazu findet sich in [Sco69], [Sco79] und [Coo83].

Will man den Emitterwirkungsgrad hoch machen, so sorgt man dafür, dass das Abfließen des Minoritätsträgerstroms erschwert wird. Damit reichert sich vor dem Emitter die Konzentration freier Ladungsträger p_L, n_L an, und damit wird die Leitfähigkeit des Bauelements erhöht und der in Durchlassrichtung entstehende Spannungsabfall wird verringert. Es mag auf den ersten Blick nur schwer einleuchten, dass man einen Spannungsabfall erniedrigt, indem man einen Stromfluss erschwert. Doch dies ist Folge der damit angehobenen Größen p_L, n_L. Dies wird angewandt bei der Einstellung der internen Verteilung freier Ladungsträger bei modernen IGBTs, siehe dazu Kap. 3.6. Will man andererseits die Konzentrationen p_L, n_L herabsetzen – wie das bei der Einstellung der Überschwemmung der Mittelzone bei schnellen Dioden gemacht wird, siehe Kap. 3.1 - so erleichtert man das Abfließen der Elektronen.

Es sollen daher noch zwei Fälle der Auslegung des pn-Übergangs als Emitter diskutiert werden.

Beispiel 1: Schwacher Emitter niedrigen Emitterwirkungsgrades.

Die p-Dotierung sei zu $N_A = 2 \cdot 10^{16}\,cm^{-3}$ gewählt, die Eindringtiefe des p-Emitters betrage 4µm. Der Emitter-Parameter h_p wird nach (2.2.54) berechnet. Die Majoritätsträgerkonzentration p im Emitter kann hier gleich der Dotierkonzentration N_A gesetzt werden. D_n wird über die Einstein-Relation (2.1.25) aus der Beweglichkeit ermittelt, für die gewählte Dotierung ist aus Abb. 2.1.8 die Elektronenbeweglichkeit $\mu_n \approx 1050\,cm^2/Vs$ abzulesen. Die Emitter-Eindringtiefe ist mit 4µm kleiner als die Diffusionslänge, für L_n muss daher die Emitter-Eindringtiefe verwendet werden. Damit ergibt sich

$$h_p = 3{,}4 \cdot 10^{-12}\ cm^4/s$$

Bei einem schwachen Emitter wird bei einer Stromdichte j von 150A/cm² eine Überschwemmung am Rand des Emitters von $p_L = 1 \cdot 10^{16}\,cm^{-3}$ angenommen. Dies ist z. B. bei einer schnellen Diode mit niedrigem Wirkungsgrad des p-Emitters der Fall. Hier soll der Emitter-Wirkungsgrad niedrig sein, um ein Soft-Recovery-Verhalten zu erreichen. Diese Problematik wird später in Kap. 3.1 behandelt. Ein Bild der internen Ladungsträgerverteilung in einer Diode mit schwachem p-Emitter findet sich in Abb. 3.1.32. Unter diesen Bedingungen bestimmt sich der Emitter-Wirkungsgrad nach Gleichung (2.2.58)

$$\gamma = 0{,}64$$

Der auf der p-Seite des pn-Übergangs auftretende Strom $j_n(p)$ ergibt sich damit aus Gleichung (2.2.57) oder aus Gleichung (2.2.53) zu $0{,}36 \cdot j$ bzw. zu 54A. Mehr als ein Drittel des Stroms fließen als Minoritätsträgerstrom über den pn-Übergang. Bei einem $\gamma \to 1$ wäre dieser Strom $j_n(p) = 0$.

Genau genommen muss bei einem Bauelement mit Rekombinationszentren noch ein weiterer Term in $j_n(p)$ eingefügt werden, der proportional zu p_L ist [Coo83], Gleichung (2.2.53) wird dann zu

$$j_n(p) = q \cdot \left(h_p \cdot p_L^{\,2} + s \cdot p_L\right) \tag{2.2.59}$$

$j_n(p)$ wird damit größer, der Emitterwirkungsgrad noch geringer als hier abgeschätzt.

Beispiel 2: Hochdotierter Emitter bei hoher Stromdichte

Bei einer Dotierung $N_A > 5 \cdot 10^{17}\,cm^{-3}$ ist sowohl das Bandgap-Narrowing als auch die Auger-Rekombination im Emitter zu berücksichtigen. Die p-Dotierung sei zu $N_A = 1 \cdot 10^{18}\,cm^{-3}$ gewählt. Vorausgesetzt sei eine hohe Eindringtiefe des p-Emitters. Aus dem Bandgap-Narrowing (2.1.14) ergibt sich im Emitter eine effektive Dotierung p^{+}', die zu ermitteln ist nach

$$p^{+'} = N_A e^{-\Delta W_G/kT} \tag{2.2.60}$$

Bei dem gewählten Beispiel ergibt sich ΔW_G nach (2.1.14) zu 42,4meV und damit eine effektive Emitterdotierung p^{+}' von $1{,}9 \cdot 10^{17}\text{cm}^{-3}$.

Die Auger-Lebensdauer $\tau_{A,n}$ der Elektronen im p^+-Gebiet ermittelt sich nach (2.1.34)

$$\frac{1}{\tau_{A,n}} = c_{A,p} \cdot p^{+2} \tag{2.2.61}$$

mit dem Auger-Koeffizient von $c_{A,p} = 2{,}8 \cdot 10^{-31}\text{cm}^6/\text{s}$ ergibt sich $\tau_{A,n}$ = 3,6µs, mit der Beweglichkeit μ_n von 300cm²/Vs (bei einer Dotierung von $1 \cdot 10^{18}\text{cm}^{-3}$ abgelesen) und unter Verwendung von p^{+}' nach (2.2.60) folgt aus (2.2.55)

$$h_p = 7{,}6 \cdot 10^{-15}\ \text{cm}^4/\text{s}.$$

Für einen durch Auger-Rekombination bestimmten Emitter folgt aus (2.2.55) und (2.2.61) die Gleichung

$$h_p = e^{\Delta W_G/kT} \cdot \sqrt{D_n \cdot c_{A,p}} \tag{2.2.62}$$

die denselben Wert ergibt. Ein kleines h_p entspricht einem niedrigen Elektronenstrom und damit einem starken Emitter. Allerdings liegt bei einer Stromdichte von 150A/cm² z.B. in einer Diode mit starken Emittern am pn-Übergang eine Ladungsträgerkonzentration von $p_L = 9 \cdot 10^{16}\text{cm}^{-3}$ vor, siehe Kapitel 3.1, Abb. 3.1.23. Mit Gleichung (2.2.58) errechnet sich für dieses Beispiel

$$\gamma = 0{,}93$$

was nur einem mäßig guten Emitterwirkungsgrad entspricht. Führt man aber dieselbe Betrachtung für kleineren Strom durch, z. B. 15A/cm², so erniedrigt sich auch p_L proportional zur Stromdichte und man erhält

$$\gamma = 0{,}99$$

Hier ergibt sich ein Emitter hohen Wirkungsgrades. Hohe Emitterwirkungsgrade sind bei hohen Stromdichten schwer zu erreichen, da hier die Rekombination in den Emittergebieten selbst schon eine große Rolle spielt. Auch für npn-Transistoren, bei denen ein n^+p-Übergang die Rolle des Emitters einnimmt, ist eine hohe Stromverstärkung vor allem bei kleinen und mittleren Strömen gegeben, bei hohen Stromdichten nimmt die Stromverstärkung ab.

2.3 Kurzer Exkurs in die Herstellungstechnologie

In den folgenden Abschnitten geht es darum, einzelne Aspekte der Herstellungstechnologie zu beschreiben. Eine tiefer gehende Abhandlung der einzelnen Punkte würde den Umfang eines eigenen Buchs erfordern, darum müssen sich diese Abschnitte auf das Wesentliche beschränken. Die Auswahl erfolgt mit dem Ziel, die Prozesse zu erläutern, die für das Verständnis der damit hergestellten Halbleiter-Leistungsbauelemente von Bedeutung sind.

Kristallzucht

Das Halbleitermaterial für Leistungsbauelemente muss ein Einkristall sein. Zur Herstellung von Einkristallen aus Silizium gibt es zwei wesentliche Verfahren:

Das *Czochalski-Verfahren*. Hier erfolgt die Kristallzucht aus einem Tiegel, in dem das geschmolzene Silizium auf definierter Temperatur gehalten wird. Der einkristalline Keimling wird in Verbindung mit der Schmelze gebracht. Während des Drehens des Keimlings bei gleichzeitigem Drehen des Schmelztiegels scheiden sich auf dem Keimling monokristalline Lagen des Halbleitermaterials ab, der entstehende Stab wird dabei langsam nach oben gezogen.

Mit dem CZ-Verfahren können sehr große Einkristalle gezogen werden, Stäbe einer Länge von mehreren Metern und eines Durchmessers von mehr als 30 cm zur Herstellung von 300mm Wafern werden in industriellem Maßstab beherrscht. Reinheit und Qualität der Kristalle ist beim CZ-Verfahren aber begrenzt, da die Schmelze während des Zuchtvorgangs in Kontakt mit dem Schmelztiegel ist. Der Sauerstoffgehalt in CZ-Silizium ist typisch $> 10^{17}\text{cm}^{-3}$, ebenso liegt der Gehalt von Kohlenstoff als Fremdatom im selben Bereich. Für Leistungsbauelemente weisen CZ-Kristalle nicht ausreichende Qualität auf.

CZ-Wafer werden hauptsächlich als Substrate für Epitaxialwafer eingesetzt.

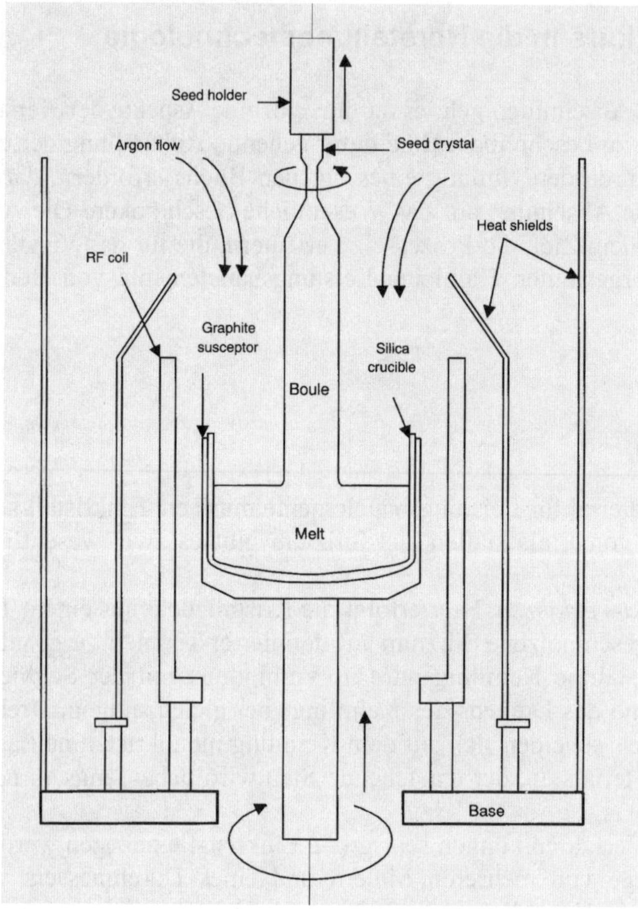

Abb. 2.3.1: Czochalski-Verfahren zur Herstellung von Einkristallen aus Si. Aus [Ben99]

Das *Float Zone (FZ) Verfahren* ist ein tiegelfreies Kristallzuchtverfahren. Als Ausgangsmaterial wird ein Stab aus Poly-Silizium verwendet, der mit einem einkristallinen Keimling in Kontakt gebracht wird. Die Schmelzzone wandert – beginnend an der Grenzfläche zwischen Keimling und Poly-Siliziumstab – durch die Bewegung der Wärmequelle nach oben, schmilzt oberhalb der Zone Polysilizium auf und scheidet unterhalb monokristallines Silizium ab. Durch die Tiegelfreiheit können mit dem FZ-Verfahren Kristalle größerer Reinheit und höherer Qualität hergestellt werden; der Kohlenstoffgehalt ist < $5 \cdot 10^{15}\text{cm}^{-3}$ und der Sauerstoffgehalt ist < $1 \cdot 10^{16}/\text{cm}^3$. Nach dem FZ-Verfahren können Stäbe bis zu einem der Durchmesser von etwas über 15cm in Serie hergestellt werden.

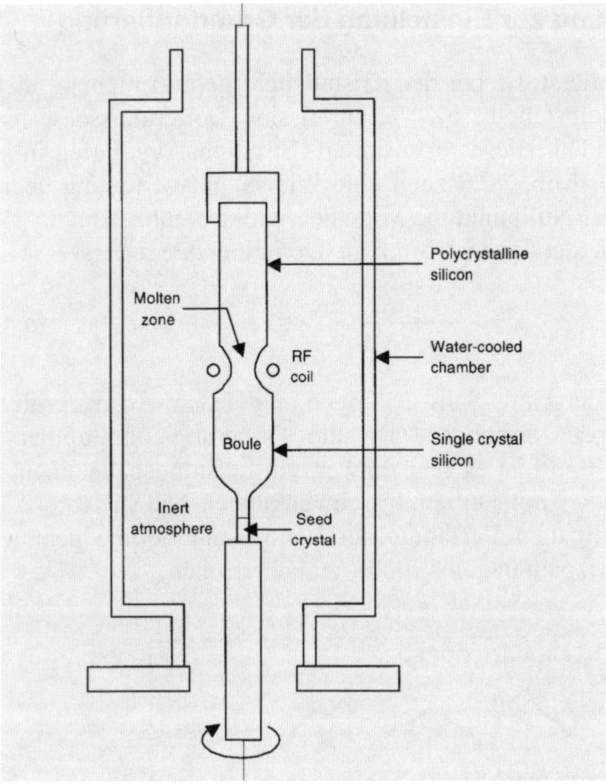

Abb. 2.3.2: Float-Zone (FZ) Verfahren zur Kristallzucht. Aus [Ben99]

Leistungsbauelemente, die das ganze Volumen des Wafers ausnutzen, werden aufgrund der höheren Kristallqualität immer aus FZ-Wafern hergestellt. Nur bei den Leistungsbauelementen, die aus Epitaxialwafern hergestellt werden, kommen CZ-Wafer für die Substrate zum Einsatz.

Sowohl beim FZ- als auch beim CZ-Verfahren erfolgt die Dotierung des Kristalls durch die Beigabe des Dotierstoffs zur Schmelze. Beim FZ-Kristall als Ausgangspunkt eines Leistungsbauelements ist in der Mittelzone zumeist eine niedrige Dotierung notwendig, die Höhe dieser Dotierung richtet sich nach der Sperrspannung, für die das Bauelement ausgelegt werden soll – siehe Gleichung (2.2.37) sowie Abb. 2.2.10.

Nach der Kristallzucht erfolgt das Sägen des Kristalls in einzelne Wafer. Um eine saubere Oberfläche zu erhalten, wird die oberste Schicht abgeläppt, danach wird ein Teil des Siliziums chemisch abgetragen. Für einige Folgeprozesse sind auch Wafer mit einer einseitig polierten Oberfläche notwendig.

Neutronendotierung zur Einstellung der Grunddotierung

Der Einbau des Dotierstoffs bei der Kristallzucht gelingt nicht in idealer Gleichmäßigkeit. Selbst beim FZ-Verfahren sind Dotierungsschwankungen nicht zu vermeiden. Diese sogenannten „Striations" verlaufen in konzentrischen Kreisen. Abb. 2.3.3 zeigt eine Widerstandsverteilung über einen Wafer, wobei der Nullpunkt die Mitte des Wafers kennzeichnet.

Der spezifische Widerstand ist durch die Dotierung gegeben

$$\rho = \frac{1}{q \cdot \mu_n \cdot N_D} \tag{2.3.1}$$

somit sind diese Widerstands-Schwankungen in gleichem Ausmaß mit Dotierungsschwankungen verbunden. Da die Dotierung unmittelbar die Sperrspannung bestimmt, ist es sehr schwer, ein Leistungsbauelement höherer Sperrspannungen mit Dotierungsschwankungen wie in Abb. 2.3.3a herzustellen. Erst mit dem Verfahren der Neutronendotierung gelang es, Thyristoren für Sperrspannungen >2000V zu beherrschen.

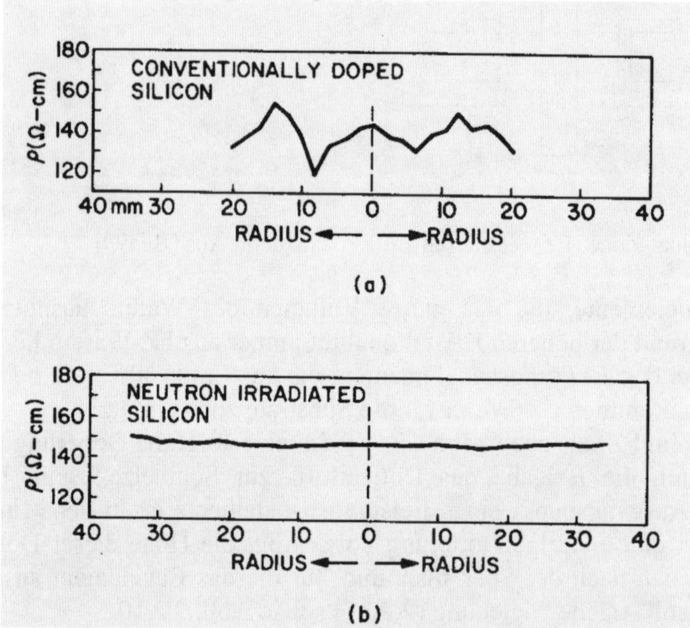

Abb. 2.3.3 Radialer Verlauf des Widerstands bei konventioneller Dotierung (a) und bei Neutronendotierung (b). Aus [Sze89]

Bei diesem Verfahren ist Ausgangspunkt der mittels des FZ-Verfahrens gezogene Kristallstab. Seine Dotierung ist niedrig eingestellt; ρ wird auf >

1000 Ωcm eingestellt. Die Neutronendotierung geschieht durch radioaktive Umwandlung des Isotops ^{30}Si zu Phosphor mittels thermischer Neutronen. In der Natur vorkommendes Silizium besteht aus drei Isotopen, die im natürlichen Vorkommen eine Verteilung von ^{28}Si, ^{29}Si, und ^{30}Si jeweils im Verhältnis von 92,23 %, 4,67 % und 3,1 % aufweisen. Im Fluss thermischer Neutronen in der Nähe eines Reaktorkerns erfolgt die Reaktion

$$^{30}Si + n \rightarrow {}^{31}Si + \gamma$$

wobei ein γ-Quant abgestrahlt wird. Thermische Neutronen weisen eine Eindringtiefe in Si von ca. 1m auf, so dass die Reaktion homogen über einen Einkristall-Stab erfolgt. ^{31}Si wandelt sich um in ^{31}P unter Aussendung eines Elektrons (ß-Quants)

$$^{31}Si \rightarrow {}^{31}P + \beta$$

Die Halbwertszeit dieses β-Zerfalls beträgt 2,63 Stunden. Nach der Neutronendotierung, die einige Wochen in Anspruch nimmt, erfolgt vor der Weiterverarbeitung eine Lagerung ausreichender Dauer.

Da aus Gründen des Schutzes der Umwelt ein Verzicht auf die Technologie von Nuklearreaktoren notwendig wird, ist auch eine Alternative zur Neutronendotierung notwendig. Die Hersteller von Si-Einkristallen sind allerdings seit mehreren Jahren aufgrund der langen Dauer und des hohen Aufwands der Neutronendotierung bestrebt, Verfahren zu finden, bei denen bei der Dotierung während der Kristallzucht Dotierungsschwankungen und Striations reduziert werden und enge Toleranzen eingehalten werden. Es wurden auf diesem Gebiet bereits große Fortschritte gemacht.

Epitaxie

Als Substrat wird ein polierter CZ-Wafer verwendet. Darauf wird eine Schicht höherer Reinheit und höherer Kristallqualität abgeschieden, die in derselben Kristallorientierung wächst wie das Substrat. Der Epitaxieprozess läuft deutlich unter der Schmelztemperatur des Elements ab.

Die Abscheidung von Epitaxieschichten aus Silizium erfolgt in einem Reaktor in der Gasphase. Die dabei verwendbaren chemischen Reaktionen sind [Ben99]:

$$SiCl_4 + 2\,H_2 \rightarrow Si + 4\,HCl$$
bei 1150-1220°C

$$SiHCl_3 + H_2 \rightarrow Si + 3\,HCl$$
bei 1100-1175°C

$$SiH_2Cl_2 \rightarrow Si + 2\,HCl$$
bei 1025-1100°C

$$SiH_4 \rightarrow Si + 2\,H_2$$
bei 1150-1220°C

Vor der Abscheidung erfolgt eine sorgfältige mechanische und chemische Reinigung. Die Substrate werden schließlich noch im Reaktor bei 1140°C bis 1240°C mit HCl geätzt. Der Abscheideprozess erfolgt üblicherweise in einer H_2-Atmosphäre. Die Dotierung der Epitaxieschichten erfolgt durch Zugabe von PH_3 (Phospin) oder B_2H_6 (Diboran).

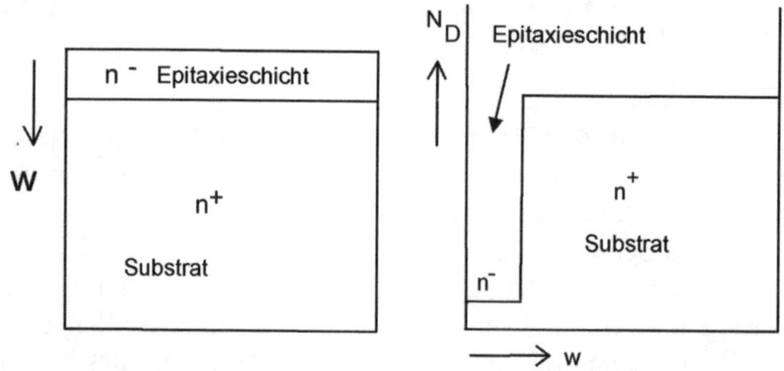

Abb. 2.3.4 Epitaxialwafer, Beispiel n^+-Substrat mit n^--Epitaxieschicht

Epitaxieschichten können mit sehr hoher Reinheit hergestellt werden, insbesondere mit sehr niedrigem Kohlenstoff- und Sauerstoffgehalt.

Sehr aufwendig ist die Herstellung von SiC-Einkristallen. Die Kristallzucht erfolgt bei einer Temperatur von 2300°C. Für SiC-Bauelemente ist immer eine anschließende Epitaxie erforderlich, diese erfolgt bei 1400-1600°C. In den Reaktor werden SiH_4 sowie CH_4 bzw. C_3H_8 eingeleitet, die Epitaxie findet in einer H_2-Atmosphäre statt. Die Wachstumsraten liegen im Bereich von nur 3µm pro Stunde. Dabei pflanzen sich Kristallfehler aus dem Substrat in der Epitaxieschicht fort.

Diffusion

Es liegt ein Gradient der Teilchendichte N vor, siehe Abb. 3.3.5a. Dieser Gradient verursacht einen Teilchenstrom. Die Dichte dieses Teilchenstroms j ist proportional zum Gradienten der Teilchendichte *grad* N, seine Richtung entgegengesetzt zu *grad* N (erste Fick'sche Gleichung):

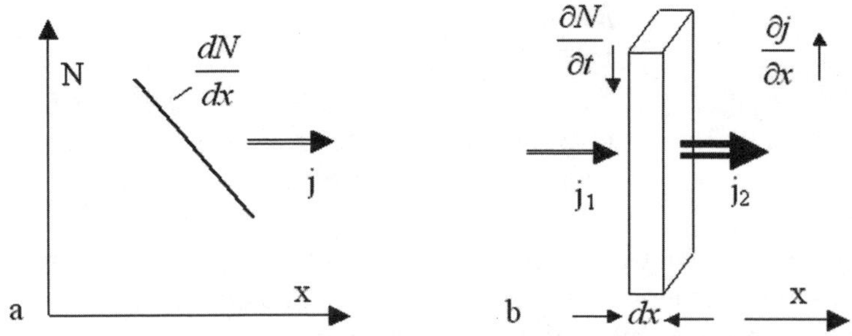

Abb. 2.3.5 Veranschaulichung des Zusammenhangs zwischen a) Konzentrationsgefälle und Teilchenstrom (1. Fick'sche Gleichung) b) Divergenz des Teilchenstroms und zeitliche Änderung der Konzentration (Kontinuitätsgleichung, 2. Fick'sche Gleichung)

$$\vec{j} = -D \cdot grad\ N \tag{2.3.2}$$

in eindimensionaler Darstellung

$$j = -D \cdot \frac{dN}{dx}$$

Die Diffusionskonstante D kennzeichnet diesen proportionalen Zusammenhang zwischen Konzentrationsgradient und Teilchenstrom.

Fließt aus einem Volumenelement der Dicke dx (Abb. 3.3.5b) ein größerer Teilchenstrom heraus als hinein, d.h. ist $\partial j/\partial x > 0$, dann nimmt die Konzentration dieser Teilchen im Volumenelement ab, und zwar ist $-\partial N/\partial t = \partial j/\partial x$. Allgemein formuliert ist

$$-\frac{\partial N}{\partial t} = div\ \vec{j} \tag{2.3.3}$$

Die Quelle dieses Teilchenstroms j, dargestellt als *div j*, besteht in der Abnahme der Konzentration der Teilchen. In gleicher Weise wurde bereits die Kontinuitätsgleichung für Elektronen und Löcher aufgestellt.

(2.3.2) eingesetzt in (2.3.3)) ergibt für konstantes D die zweite Fick'sche Gleichung

$$\frac{\partial N}{\partial t} = div\ (D \cdot grad\ N) \tag{2.3.4}$$

in eindimensionaler Darstellung

$$\frac{dN}{dt} = D \cdot \frac{d^2N}{dx^2}$$

Als Lösung von (2.3.4) ergeben sich die Konzentrationsprofile N(x,t). Für die Diffusion von Dotieratomen im Halbleiter sind zwei Haupttypen zu unterscheiden:

Diffusionsprofil vom Gausstyp. Es entsteht unter der Randbedingung, dass die Gesamtzahl der zur Verfügung stehenden Teilchen zeitlich konstant und gleich der anfänglichen Flächenbelegung S ist

$$\int_0^\infty N(x,t)dx = S = const \tag{2.3.5}$$

wobei x=0 für die Halbleiteroberfläche gilt. Dann ist die Lösung

$$N(x,t) = \frac{S}{\sqrt{\pi \cdot D \cdot t}} \cdot e^{-\frac{x^2}{4 \cdot D \cdot t}} \tag{2.3.6}$$

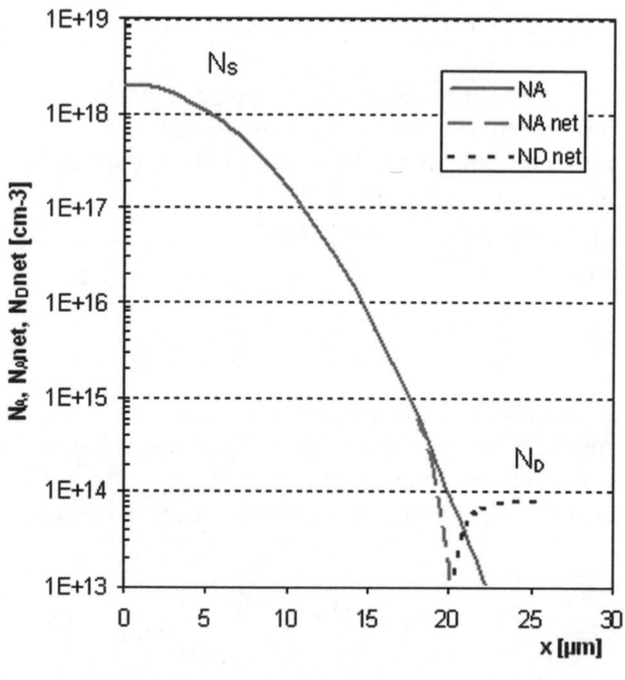

Abb. 2.3.6 Beispiel eines Diffusionsprofils vom Gauss-Typ (p^+n^--Übergang, wie er zum Beispiel bei einer schnellen Diode verwendet wird)

Dieses Diffusionsprofil vom Gauss-Typ entsteht immer dann, wenn während des Diffusionsvorgangs kein Nachschub von Teilchen von außen vorhanden ist. Wenn sich durch die Diffusion die Eindringtiefe erhöht, muss die Dichte an der Oberfläche N_S abnehmen.

$$N_S = \frac{S}{\sqrt{\pi \cdot D \cdot t}} \tag{2.3.7}$$

Mit der Diffusionslänge L_D – die Länge, nach der das Profil auf 1/e von N_S abgesunken ist –

$$L_D = 2 \cdot \sqrt{D \cdot t} \tag{2.3.8}$$

wird aus (2.3.6)

$$N(x,t) = N_0 \cdot e^{-\frac{x^2}{L_D^2}} \tag{2.3.9}$$

Ein Diffusionsprofil vom Gauss-Typ entsteht, wenn nach einer Vorbelegung – diese kann eine ersten Diffusion aus einer Quelle sein, oder eine Ionenimplantation – eine anschließende Diffusion durchgeführt wird, bei der keine äußere Quelle des Dotierstoffs mehr vorhanden ist. Diese Diffusionsprofile sind sehr häufig. Ein Beispiel zeigt Abb. 2.3.6. Es entspricht dem mit Bor hergestellten p-Diffusionsprofil einer schnellen Diode, die Eindringtiefe – die Tiefe, bei der das Profil $N_A(x)$ den Wert der konstanten Grunddotierung N_D erreicht – beträgt 20µm.

Das *Diffusionsprofil vom erfc-Typ* entsteht, wenn während der Diffusion ständig eine Quelle des Dotierstoffs vorhanden ist, es entspricht der Diffusion aus einer unerschöpflichen Quelle. Es ist beschrieben durch

$$N(x,t) = N_S \cdot erfc\left(\frac{x}{2 \cdot \sqrt{D \cdot t}}\right) = N_S \cdot erfc\left(\frac{x}{L_D}\right) \tag{2.3.10}$$

mit der komplementären Fehlerfunktion

$$erfc(u) = \frac{2}{\sqrt{\pi}} \cdot \int_u^\infty e^{-u^2} du \approx e^{-1{,}14 \cdot u - 0{,}7092 \cdot u^{2{,}122}} \tag{2.3.11}$$

Die rechte Seite entspricht einer Näherung für die erfc-Funktion, die einen maximalen Fehler von $2^{\circ}/_{\circ\circ}$ ausmacht.

Beim Diffusionsprofil vom erfc-Typ ist während der Zeit der Diffusion die Konzentration an der Oberfläche N_S konstant. Dieses Profil entsteht z.B. während der Diffusion aus der Gasphase, wobei der Halbleiterwafer einer Atmosphäre ausgesetzt ist, die den Dotierstoff enthält, oder auch wenn der Wafer mit einer den Dotierstoff enthaltenden Schicht belegt wurde, in der die Konzentration des Dotierstoffs sehr viel höher ist, als in der vorgegebenen Zeit in den Halbleiterwafer eindringen kann. N_S ist im Wesentlichen durch die Löslichkeit des Dotierstoffs bei der gegebenen Temperatur bestimmt.

Das Verhalten des jeweiligen Dotierstoffs ist geprägt durch seine Diffusionskonstante und seine jeweilige Löslichkeit. Beide sind Funktionen der Temperatur.

Die Temperaturabhängigkeit der Diffusionskonstante kann in erster Näherung durch eine Arrhenius-Funktion ausgedrückt werden

$$D(T) = D_0 \cdot e^{-\frac{W_A}{k \cdot T}} \tag{2.3.12}$$

wobei W_A die Aktivierungsenergie der Diffusion repräsentiert.

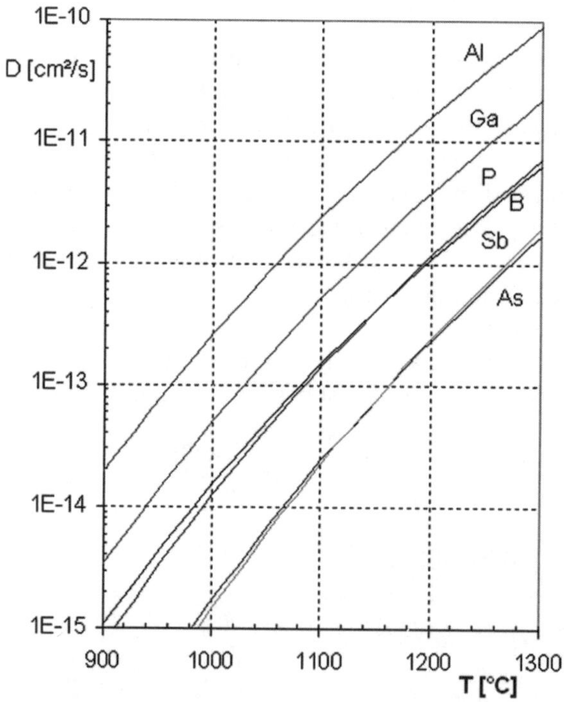

Abb. 2.3.7 Diffusionskonstanten von Dotierstoffen in Silizium

Bild 2.3.7 zeigt die Temperaturabhängigkeit der Diffusionskonstante für die für p- und n-Dotierung verwendeten Dotierstoffe. Bei genauerer Betrachtung ist die Diffusionskonstante noch konzentrationsabhängig, abhängig von der Konzentration anderer Dotierstoffe und in einigen Fällen auch abhängig von der Atmosphäre. Die Beschreibung nach Gleichung (2.3.12) gibt für die meisten Fälle bereits einen guten Anhaltspunkt. Die Angaben in der Literatur gehen teilweise auseinander, bei der Darstellung in Abb. 2.3.7 wurden die Literaturstellen verwendet, die teilweise durch eigene Erfahrung bestätigt wurden.

Tabelle 4: Parameter zur Ermittlung der Diffusionskonstante in Si mit Gleichung (2.3.12)

Element	D_0 [cm²/s]	W_A [eV]	Quelle
B	0,76	3,46	[Sze88]
Al	4,73	3,35	[Kra02]
Ga	3,6	3,5	[Ful56]
P	3,85	3,66	[Sze88]
As	8,85	3,971	[Pic03]
Sb	40,9	4,158	[Pic03]

Die zur Dotierung verwendeten Elemente B, Al, Ga (p-Dotierung) sowie P, Sb, As (n-Dotierung) nehmen beim Einbau in den Kristall und bei der Diffusion jeweils Gitterplätze ein, sie sitzen im Gitter an der Stelle eines Si-Atoms. Ihre Diffusion erfolgt daher relativ langsam. Al ist das am schnellsten diffundierende Element zur Dotierung in Si. Es wird zur Erzeugung sehr tiefer pn-Übergänge in Si angewandt; insbesondere bei Thyristoren, bei denen pn-Übergänge der Tiefe von 70-100µm zum Einsatz kommen. Die Temperatur der Diffusion wird meistens größer 1200°C gewählt, um in vertretbarer Zeit die gewünschte Eindringtiefe zu erreichen.

Allerdings weist Al von allen Elementen die schlechteste Löslichkeit in Si auf. Die Löslichkeit in Abhängigkeit von der Temperatur ist in Abb. 2.3.8 dargestellt. Al reicht daher nicht aus, eine Randkonzentration ausreichend hoher Dotierung herzustellen. Daher werden bei Thyristoren mehre Diffusionsschritte nacheinander angewandt, auf die Al-Diffusion folgt eine Ga-Diffusion und anschließend bei einigen Herstellern noch eine Bor-Diffusion. In Abschnitt 3.4, Abb. 3.4.3. wird ein derart hergestelltes Diffusionsprofil eines Thyristors gezeigt.

Profile vom p-Typ mit steilen Gradienten und einer Eindringtiefe bis 20µm werden bevorzugt mit Bor aufgrund seiner höheren Löslichkeit hergestellt. Profile vom n-Typ werden fast ausschließlich mit P hergestellt, P weist als einziges n-dotierendes Element sowohl eine ausreichende Löslichkeit als auch eine befriedigende Diffusionskonstante auf. Sehr tiefe n-Profile, wie sie beim bipolaren Transistor angewandt werden, bedürfen allerdings hoher Temperatur und langer Diffusionszeit. Für das 120µm tiefe Diffusionsprofil der Kollektorzone eines Bipolartransistors (Abb. 3.3.3) ist eine Zeit im Bereich von 140 Stunden bei einer Temperatur von >1250°C erforderlich.

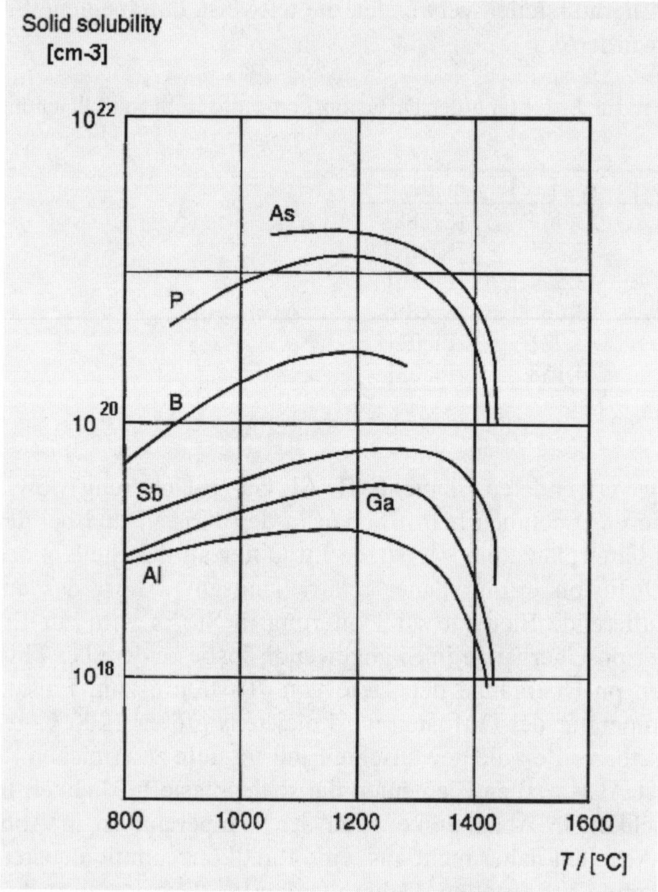

Abb. 2.3.8 Löslichkeit der dotierenden Elemente in Silizium. Nach [Ben99]

Die hohe Löslichkeit von As in Silizium wird für Diffusionsprozesse nicht benutzt. As wird zur Dotierung von Substraten für Epitaxialwafer eingesetzt, hier kann ein besonders niedriger spezifischer Widerstand des Substrats < 5mΩcm eingestellt werden, während mit Sb nur < 15mΩcm erreicht werden. Da bei vertikalen Leistungsbauelementen der Widerstand des Substrats wie ein Vorwiderstand wirkt, ist dies für niedrige Durchlassverluste von Bedeutung.

Andere Atome wie die Schwermetalle Au, Pt, Ni und Ag können sowohl Gitterplätze als auch Zwischengitterplätze einnehmen. Auf Zwischengitterplätzen erfolgt die Diffusion sehr viel schneller. Die Diffusionskonstante von Au bei 900°C liegt 7 Zehnerpotenzen über der von Al bei gleicher Temperatur. Bereits eine Temperatur von 850°C und eine Zeit von 10 Minuten ist bei der Diffusion mehr als genug, um die Rückseite eines 300µm dicken Wafers zu erreichen. Diese Elemente lagern sich ferner bevorzugt in Zonen ein, in denen das Gitter durch die Anwesenheit einer hohen Konzentration von B oder P unter Spannung steht. Ihr Diffusionsmechanismus ist in Wechselwirkung mit vorhandenen Störstellen im Kristall wie Leerstellen und Zwischengitteratomen, sie lagern sich auch bevorzugt an Versetzungen und anderen Störungen an. Es ergibt sich kein Profil mehr vom Gauss-Typ wie in Abb. 3.4.6 oder vom erfc-Typ. Eher entsteht ein „Badewannen-Profil", bei dem die Konzentration auf der anderen Seite des Wafers wieder ansteigt. Auch bei sehr kurzen Diffusionszeiten mit modernen Verfahren des schnellen Aufheizens und Abkühlens konnten keine reproduzierbaren Einbauprofile erreicht werden.

Weitere Atome wie H, Li und Na diffundieren ausschließlich auf Zwischengitterplätzen und sind sehr schnell. Bezüglich der Alkali- und Erdalkali-Elemente ist es notwendig, durch eine sehr saubere Prozessführung eine Kontamination auszuschließen.

Während bei Silizium der Prozess der Diffusion breit eingesetzt wird, ist dies bei SiC nicht möglich. Alle als Dotierstoff in Frage kommenden Elemente haben bei möglichen Arbeitstemperaturen zu niedrige Diffusionskonstanten. Bei SiC ist man, soweit nicht durch Epitaxie ein pn-Übergang erzeugt wird, auf Ionenimplantation angewiesen.

Ionenimplantation

Bei der Ionenimplantation werden die Atome des Dotierstoffs ionisiert und durch ein elektrisches Feld beschleunigt. Der gebündelte Strahl wird über einen Scanner abgelenkt und in einem definierten Raster in den zu implantierenden Wafer geschossen. Die Abbremsung und Streuung der Teilchen erfolgt hauptsächlich durch Zusammenstöße mit Atomkernen der Gitteratome – elastische Kernstöße – sowie durch und Abbremsung in den Elektronenschalen der Gitteratome – elektronische Abbremsung. Die Eindringtiefe in den Halbleiter wird bestimmt durch ihre Energie.

Die Dosis der Implantation und damit die Menge des Dotierstoffs ist sehr exakt kontrollierbar. Leistungshalbleiter mit anspruchsvoller Technologie werden mit Ionenimplantationsverfahren dotiert, dies betrifft alle Bauelemente mit MOS-Strukturen an der Oberfläche – wie den Leistungs-MOSFET und den IGBT.

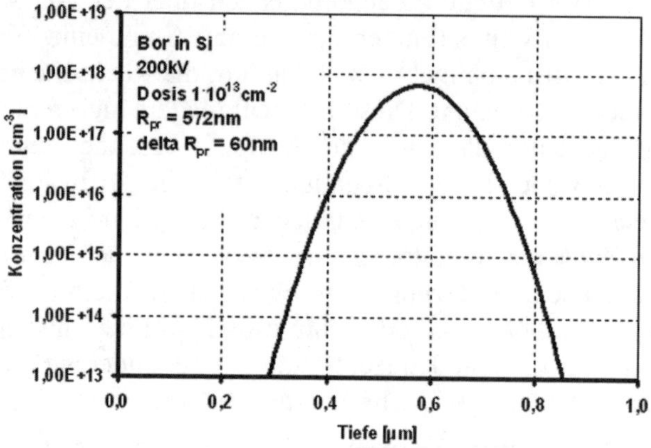

Abb. 2.3.9 Dotierprofil einer Ionenimplantation von Bor in Silizium

Das entstehende Profil des Dotierstoffs kann mit einer Gauss-Funktion beschrieben werden

$$N(x) = \frac{S}{\sqrt{2\pi} \cdot \Delta R_{pr}} \cdot e^{-\frac{(x-R_{pr})^2}{2 \cdot \Delta R_{pr}^2}} \tag{2.3.13}$$

wobei R_{pr}, die projizierte Reichweite, der Tiefe des Scheitelwert des entstandenen Profils entspricht, und ΔR_{pr} der Reichweitestreuung des implantierten Profils. Die integrale Dotierstoffmenge S entspricht der implantierten Dosis.

Die projizierte Reichweite folgt der Implantationsenergie; dieser Zusammenhang ist für Bor in Abb. 2.3.10 dargestellt. Schwerere Ionen führen bei gleicher Energie zu geringerem R_{pr}.

Mit wachsender Energie nimmt der Scheitelwert des Profils entsprechend der größer werdenden Reichweitestreuung ab. Dies ist für Bor in Abb. 2.3.11 gezeigt. Die Darstellung in Abb. 2.3.11 verwendet einen bei Bauelementen selten verwendeten linearen Maßstab. Tabellen für die projizierte Reichweite der Ionen und die Reichweitestreuung finden sich in der Literatur, z. B. in [Rue78].

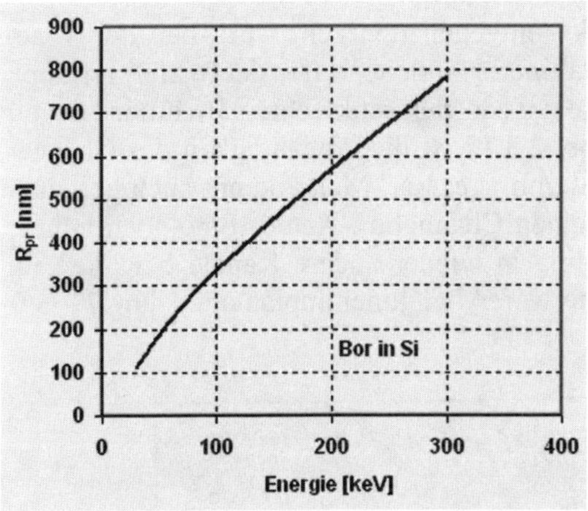

Abb. 2.3.10 Abhängigkeit der projizierten Reichweite R_{pr} von der Energie für eine Bor-Implantation in Silizium

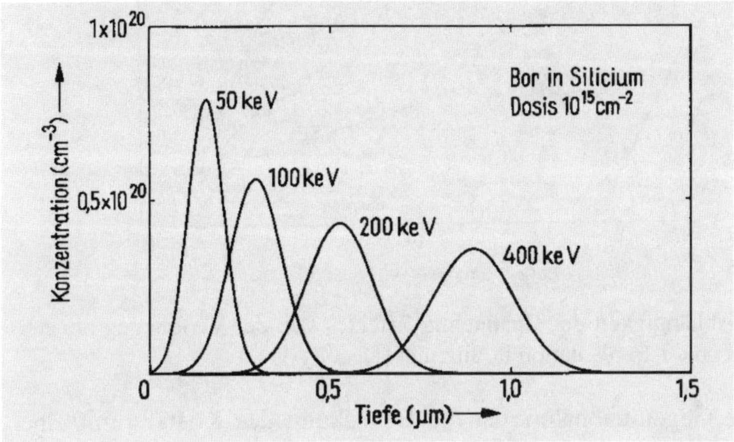

Abb. 2.3.11 Berechnete Dotierprofile nach einer Ionenimplantation in Silizium für verschiedene Energien. Aus Ryssel/Ruge, Ionenimplantation [Rue78]

Die bisher diskutierte Beschreibung hat allerdings einen amorphen Festkörper mit ungeordnet verteilten Atomen vorausgesetzt. Im Einkristall liegt aber eine regelmäßige Anordnung vor. Trifft der eindringende Strahl genau auf eine bestimmte Kristallrichtung, so kann er tiefer eindringen. In den so genannten Kanälen kommt es kaum zu Kernstößen, die Abbremsung erfolgt allein durch die unelastischen Stöße mit den gebundenen Elektronen der Kristallatome durch die elektronische Abbremsung. Die Eindringtiefe in diesen Kanälen kann um den Faktor 10 höher sein als die projizierte Reichweite im amorphen Festkörper.

Um diesem Channeling-Effekt entgegenzuwirken wird bei der Ionenimplantation in einen einkristallinen Halbleiterwafer der Wafer verkippt, so dass die Implantation in einem von der senkrechten Richtung abweichenden Winkel erfolgt. In Abb. 2.3.12 ist die Abhängigkeit des Channeling-Effekts von der Fehlorientierung gezeigt. Man erkennt auch bei einer Fehlorientierung von 8° noch einen Channeling-Anteil. Eine noch höhere Fehlorientierung kann Channeling in wieder andere Kanäle bewirken. In der Regel werden die Halbleiterwafer bei Ionenimplantation um 7° verkippt.

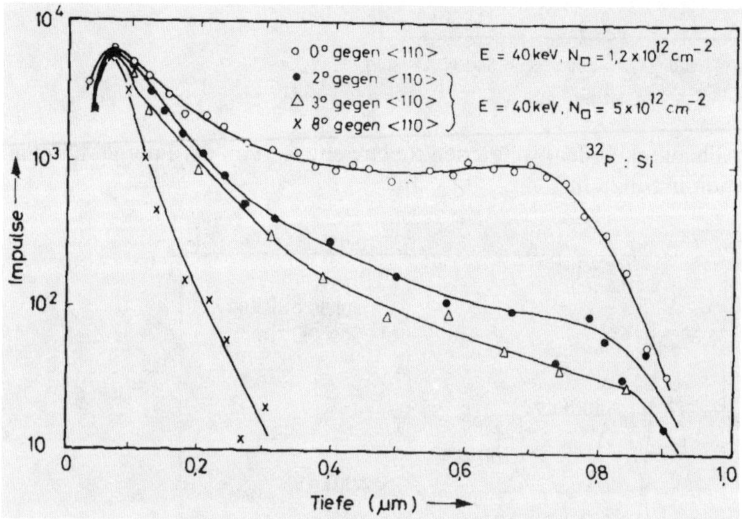

Abb. 2.3.12 Abhängigkeit des Channeling-Effektes von der Verkippung am Beispiel einer Phosphor-Implantation in Silizium [Dea68]

Eine weitere Gegenmaßnahme ist die Bedeckung des Kristalls mit einer amorphen Schicht, wozu SiO_2 eingesetzt wird. In der amorphen Schicht werden die Ionen gestreut und die Anzahl der Ionen verringert, die in die Kanäle eindringen können. Bereits Oxyde einer Dicke von 10 bis 20nm reduzieren wirksam den Channeling-Effekt.

Eine erhöhte Temperatur bewirkt ebenfalls eine Erhöhung der Amplitude der Gitterschwingungen und erhöht die Zahl der Ionen, die an der Oberfläche gestreut werden. Somit nimmt der Channeling-Effekt auch bei erhöhter Substrattemperatur ab.

Allerdings reicht keine der genannten Maßnahmen aus, um den Channeling-Effekt vollständig zu vermeiden [Rue78]. Wirklich vermieden werden kann er nur, wenn eine vorherige amorphisierende Implantation z.B. von Si eine amorphe Schicht an der Oberfläche von ausreichender Dicke erzeugt.

Bei der Ionenimplantation entstehen auf dem Weg des Ions durch die Gitterstöße Strahlenschäden. Das Maximum der Strahlenschäden liegt z.B. bei der Implantation von Bor in Si bei $0{,}8 \cdot R_{pr}$, das Profil der Strahlenschäden reicht bis zur Halbleiteroberfläche. Die Verteilung der Strahlenschäden im Vergleich zur Verteilung der Dotieratome geht aus Abb. 2.3.13 am Beispiel einer As-Implantation in Si hervor.

Ist die Dosis genügend hoch, so kann durch die Strahlenschäden eine amorphe Zone geschaffen werden. Für jedes Ion gibt es eine so genannte Amorphisierungsdosis, die temperaturabhängig ist. Je höher das Atomgewicht des Ion ist, desto niedriger ist die Amorphisierungsdosis. Mit Bor ist bei Raumtemperatur keine Amorphisierung zu erreichen.

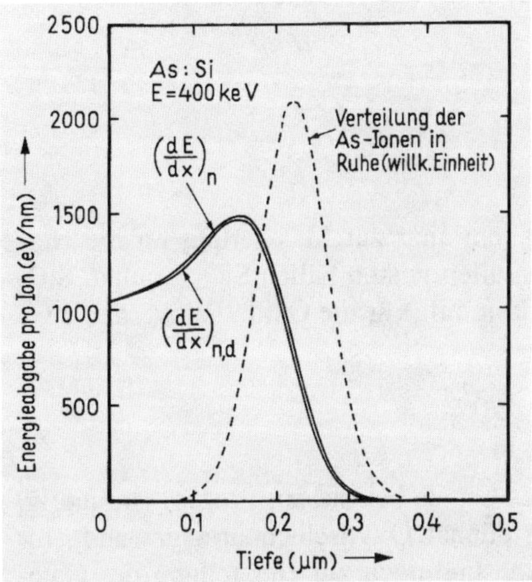

Abb. 2.3.13 Energieabgabe bei einer Arsen-Implantation in Silizium im Vergleich zur Verteilung der Ionen nach Implantation. Das Profil der Strahlenschäden folgt dem Profil der Energieabgabe. Aus [Rue78]

Aus zwei Gründen ist nach der Implantation ein Ausheilschritt erforderlich:

- Die Strahlenschäden müssen wieder ausgeheilt werden.
- Die Dotierstoffatome müssen auf Gitterplätze eingebaut werden, sie sind erst dann elektrisch aktiv.

Das Ausheilen der Strahlenschäden beginnt bereits bei Raumtemperatur, Komplexe höherer Ordnung heilen erst bei hoher Temperatur aus. Am gebräuchlichsten sind schnelle Ausheilverfahren (Rapid Thermal Annealing, RTA) um den Vorgang der Diffusion während des Ausheilens gering zu halten. Bei RTA-Verfahren wird der Wafer durch sehr lichtstarke Lampen in kurzer Zeit auf hohe Temperatur gebracht. Die Temperaturen liegen typisch >1000°C, die Ausheilzeit beträgt teilweise nur einige Sekunden. Anschließend erfolgt eine schnelle Abkühlung. Mit diesem Verfahren sind eine effektive elektrische Aktivierung sowie ein Ausheilen der Strahlenschäden möglich, ohne die Eindringtiefe wesentlich zu erhöhen.

Durch geeignete Ausheilverfahren können auch amorphe Schichten wieder rekristallisiert werden. Optimale Implantations- und Ausheilverfahren sind wesentlich für die Beherrschung von Strukturen der Mikro- und Nanoelektronik. Bei Leistungsbauelementen sind oft höhere Eindringtiefen möglich oder erforderlich. Hier schließt sich an die Ionenimplantation ein Diffusionsschritt an. Das Verfahren der Ionenimplantation wird hier vor allem wegen der Möglichkeit der sehr genauen Einstellung des Profils benutzt.

Oxidation und Maskierung

Für dünne Isolatorschichten, vor allem aber zur Maskierung für die Herstellung von Strukturen wird in den allermeisten Fällen SiO_2 benutzt. SiO_2 weist eine regellose, amorphe Struktur auf. Für die Oxidation werden zwei Verfahren angewandt.

Trockene Oxidation:

$$Si + O_2 \rightarrow SiO_2$$

Die Wachstumsgeschwindigkeit des Oxyds bei diesem Prozess ist niedrig, er wird vor allem zur Herstellung dünner Oxydschichten angewandt, für Streuoxyd bei der Ionenimplantation und auch zur Herstellung des Gate-Oxyds bei feldgesteuerten Bauelementen

Feuchte Oxidation:

$$Si + 2H_2O \rightarrow SiO_2 + 2H_2$$

Die Wachstumsgeschwindigkeit ist bei diesem Prozess höher, er wird zur Herstellung von Oxyden zur Maskierung, aber auch zur Passivierung angewandt. An den feuchten Oxidationsschritt schließt sich dabei am Ende noch ein trockener Oxidationsschritt zur Verbesserung der Oberflächeneigenschaften an.

Für die Oxyddicke gilt

$$d_{ox} = d_0 + A \cdot t \qquad \text{für dünnes Oxyd}$$

$$d_{ox} = B \cdot \sqrt{t} \qquad \text{für dickes Oxyd.}$$

Die Konstanten A und B sind jeweils temperaturabhängig. Eine Oxydschicht der Dicke 1,2μm zur Maskierung wird beispielsweise mit einer feuchten Oxidation bei 1120°C hergestellt, dafür ist eine Zeit t = 3h der feuchten Oxidation notwendig. Anschließend erfolgt noch eine trockene Oxidation für 1h bei derselben Temperatur.

Zur Herstellung von Strukturen wird genutzt, dass die Diffusionskonstanten der Dotierstoffe B, P, As und Sb in SiO_2 um mehrere Zehnerpotenzen niedriger sind als in Si. Dazu wird eine Oxydschicht mittels eines Photolithographieschritts strukturiert, siehe Abb. 2.3.14 a. Die Ätzung von SiO_2 erfolgt in gepufferter Flusssäure. Nach Lackentfernung und Reinigung erfolgt die Phosphor-Diffusion aus der Gasphase. Über die Parameter Temperatur und Zeit wird die Eindringtiefe x_j eingestellt. Die Zeit darf aber nur so hoch gewählt werden, wie die Oxydschicht der Dicke d_{ox} auch maskiert. Während der Diffusion erfolgt an der Oxyd-Oberfläche eine Umwandlung von SiO_2 in Phosphorsilikatglas, gleichzeitig wächst in der oxidierenden Atmosphäre auf der freigelegten Zone des Halbleiters eine Phosphorsilikatglasschicht auf. Diese Schicht wird anschließend entfernt.

Während der Diffusion erfolgt grundsätzlich auch eine Seitendiffusion y_j. Diese ist immer kleiner als x_j und das Verhältnis dieser beiden Werte

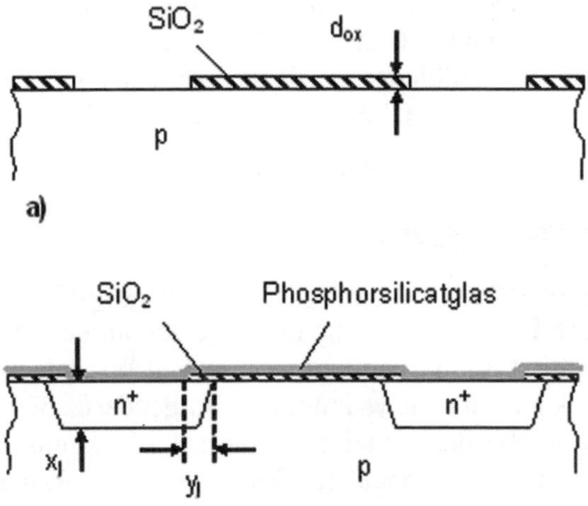

Abb. 2.3.14 Maskierung, Beispiel Herstellung von n^+-Strukturen in einer p-Zone. a) p-Gebiet, SiO_2 strukturiert über einen Photolithographieschritt. b) Phosphor-Diffusion einer Eindringtiefe x_j

liegt im Bereich $y_j/x_j \cong 0,6...0,9$ [Sce83]. In der Praxis verwendet man häufig die Annahme $y_j/x_j \cong 0,7$. Diese Seitendiffusion muss beim Design der Strukturen und der Auslegung der entsprechenden Photomasken berücksichtigt werden.

Eine Maskierung durch SiO_2 ist für die Dotierstoffe Ga und Al nicht möglich, denn bei diesen sind die Diffusionskonstanten in SiO_2 hoch.

Die Ionenimplantation wird ebenfalls zumeist durch SiO_2 maskiert. Die Eindringtiefe in die Deckschicht liegt bei SiO_2 in derselben Größenordung wie in Si, aufgrund der ähnlichen Dichte. Daher ist die Dicke des Oxyds ausreichend zu wählen. Möglich ist aber auch die Verwendung anderer Deckschichten, z. B. Si_3N_4. Daneben sind bestimmte Photolacke verwendbar, solange die Temperatur des zu implantierenden Wafers niedrig gehalten wird.

Randstrukturen

Die eindimensionale Betrachtung des Sperrvermögens in Kap. 2.1 gilt nur, wenn der Halbleiterkörper als unendlich groß angenommen wird. Es muss stets ein geeigneter Abschluss der Halbleiter-Oberfläche erfolgen.

Die Randstrukturen können in zwei Hauptgruppen eingeteilt werden:

1. Randstrukturen, an denen durch eine *Randabschrägung* ein Winkel eingestellt wird, mit dem der pn-Übergang die Halbleiteroberfläche schneidet, und dadurch der Rand von hohen Feldstärken entlastet wird. Eine Übersicht dazu gibt Gerlach [Ger79].
2. Randstrukturen mit ebener Halbleiteroberfläche werden als *planare Randstrukturen* bezeichnet. Eine Übersicht darüber wird in [Fal94] gegeben.

Randstruktur mittels Randabschrägung

Bei der Randabschrägung wird der Rand des Chips angeschliffen, der Winkel α wird in Bezug auf den Übergang von der höher dotierten auf die niedriger dotierte Zone definiert. Eine Randkontur negativen Winkels zeigt Abb. 2.3.15. Die Wirkung kann man sich vereinfacht folgendermaßen erklären: Bei Abwesenheit von Oberflächenladungen müssen die Äquipotentiallinien die Oberfläche senkrecht schneiden. Damit wird die Raumladungszone am Rand verbreitert, die elektrische Feldstärke wird an der Oberfläche herabgesetzt.

Allerdings kommt es bei der Randkontur negativen Winkels zu einer Verdichtung der Feldlinien nahe der Ausstrittsstelle des pn-Übergangs in geringem Abstand zur Oberfläche. Damit ist die Feldstärke an dieser Stelle erhöht. Eine Randkontur negativen Winkels wird deswegen immer mit einem sehr flachen Winkel erzeugt, er liegt zwischen 2° und 4°. In dem Fall ist etwa 90% der Durchbruchspannung im Volumen des Halbleiters erreichbar. Der Durchbruch setzt aber immer zuerst am Rand knapp unter der Halbleiteroberfläche ein an der in Abb. 2.3.15 als Avalanchezentrum gekennzeichneten Stelle.

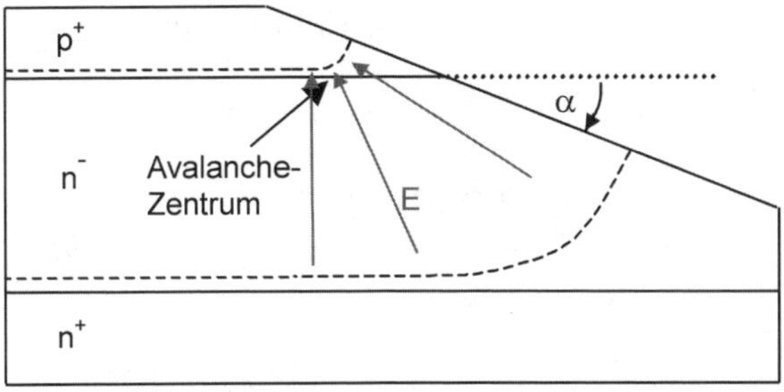

Abb. 2.3.15 Randstruktur negativen Winkels

Bei einer Randkontur positiven Winkels, wie in Abb. 2.3.16 dargestellt, wird ebenfalls die Abstand der Potentiale an der Oberfläche verlängert. Insbesondere werden aber hier in der Nähe des pn-Übergangs, wo die elektrische Feldstärke hoch ist, die Feldlinien am Rand auseinandergezogen. Damit tritt hier kein Avalanchezentrum auf. Mit dieser Randkontur kann 100% der Volumensperrspannung erreicht werden. Der Winkel α kann in einem breiten Bereich zwischen 30° und 80° gewählt werden.

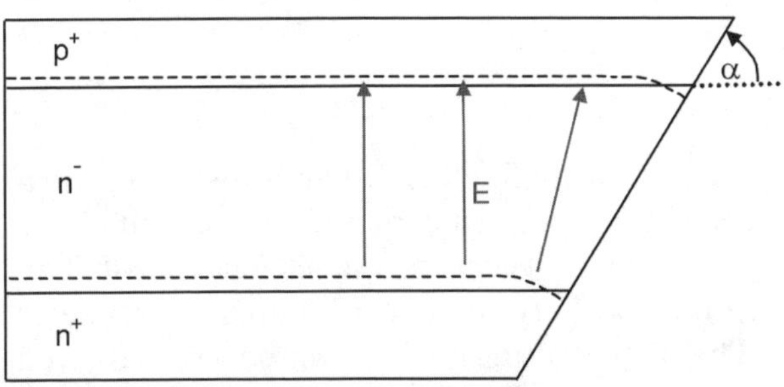

Abb. 2.3.16 Randstruktur positiven Winkels

Die in Abb. 2.3.17 dargestellte ätztechnisch hergestellte Struktur ist ebenfalls eine Randstruktur positiven Winkels. Der Halbleiterwafer wird von der n^+-Seite ausgehend durchgeätzt. Auch hier wird der Durchbruch im Volumen stattfinden, die Sperrspannung ist gegenüber der eindimensionalen Betrachtung nicht vermindert. Dringt allerdings die Raumladungszone in das n^+-Gebiet ein, kann ein Avalanche-Zentrum am nn^+-Übergang an der in Abb. 2.3.17 gekennzeichneten Stelle auftreten.

Sofern ein Avalanche-Zentrum am nn^+-Übergang vermieden wird, erweist sich die Struktur nach Abb. 2.3.17 als unempfindlich gegenüber

Oberflächenladungen. Für die Langzeitstabilität reicht in dem Fall eine organische Passivierung aus. Allerdings ist die Spitze am Rand der anodenseitigen Oberfläche mechanisch sehr empfindlich, denn die Chips können bei Montageprozessen leicht beschädigt werden. Daher ist diese Randkontur für moderne Bauelemente mit geringen Eindringtiefen der p-Zone nicht geeignet.

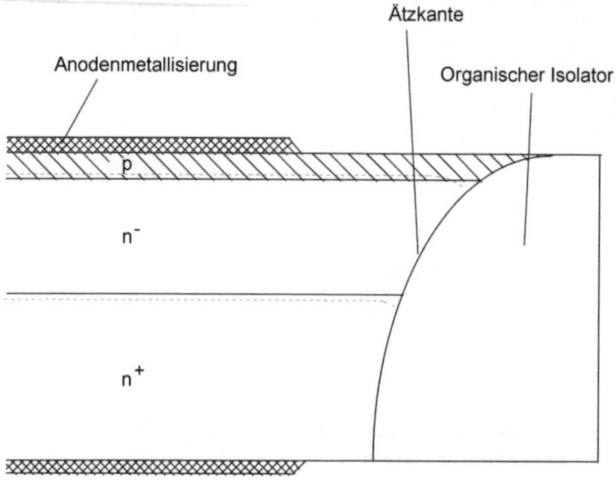

Abb. 2.3.17 Ätztechnisch hergestellte Mesa-Randstruktur mit positivem Winkel am pn-Übergang

Planare Randstrukturen

Planarstrukturen sind mechanisch unempfindlicher. Die Struktur mit floatenden Potentialringen, wie sie in Abb. 2.3.18 dargestellt ist, ist mit einem einzigen Maskenschritt gemeinsam mit der p-Anodenzone herstellbar. Durch die Potentialringe erfolgt eine Aufweitung der Raumladungszone an der Halbleiteroberfläche. Die Potentialringstruktur wurde erstmals von Kao und Wolley [Kao79] vorgeschlagen. Die Feldmaxima liegen an den in Abb. 2.3.18 gekennzeichneten Stellen und können durch die Wahl der Ringabstände beeinflusst werden. Mit numerischer Simulation kann die optimale Anordnung berechnet werden, wie von Brieger und Gerlach in [Bri83] gezeigt wird. Allerdings sind die Feldmaxima nicht vollständig vermeidbar, der Abbruch findet immer im Bereich der Randstruktur statt und man erreicht maximal 85% - 95% der Volumendurchbruchspannung. Ein großer Vorteil der Potentialringstruktur ist, dass kein zusätzlicher Maskenschritt in der Herstellung notwendig ist, sie fällt gemeinsam mit der Herstellung der p-Anodenzone an. Daher ist sie die am meisten verbreitete Randstruktur. Ein Nachteil ist der relativ große Platzbedarf.

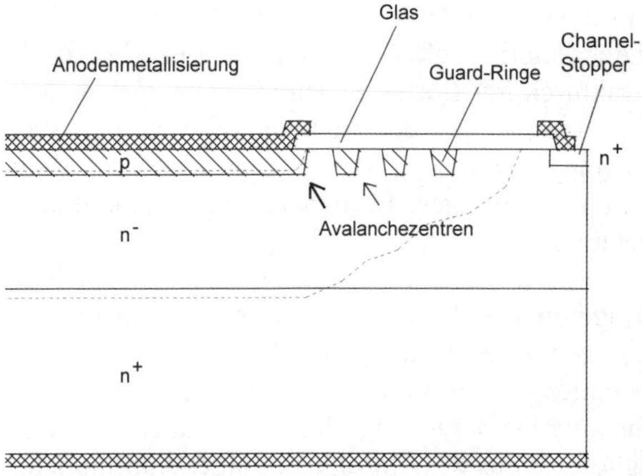

Abb. 2.3.18 Planarstruktur mit floatenden Potentialringen

Durch eine sehr niedrig dotierte p-Zone, der sogenannten Junction Termination Extension (JTE) Struktur, kann bei planaren Strukturen eine weitere Annäherung an den Volumendurchbruch erfolgen. Die in Abb. 2.3.19 gezeigte VLD-Struktur (Variation of Lateral Doping) ist eine mögliche Ausführung der JTE-Struktur und wurde erstmals von Stengl und Gösele [Sten85] vorgeschlagen. An den p-Emitter schließt sich eine p^--Zone an, in der die p-Dotierungskonzentration nach außen abnimmt.

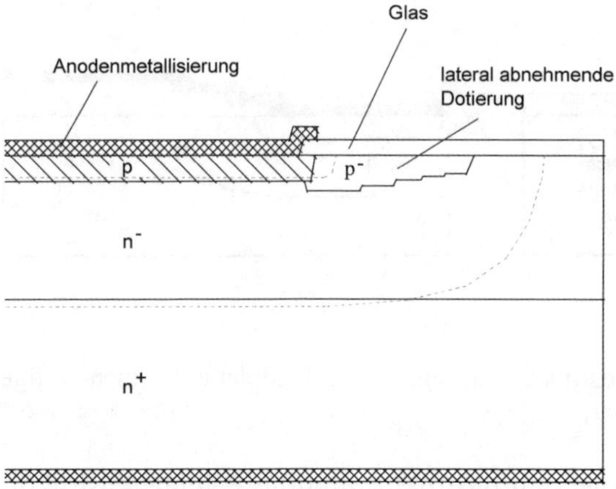

Abb. 2.3.19 Resurf-Randstruktur mit lateral abnehmender Dotierung

Die Herstellung erfolgt dadurch, dass in der Maske zur Herstellung der p-Zone nach außen hin immer schmalere Streifen geöffnet werden. Bei der anschließenden Drive-in-Diffusion wachsen durch die Seitendiffusion die p-Zonen zusammen, es ergibt sich ein Profil abnehmender Dotierungskonzentration und abnehmender Eindringtiefe der p-Zone, wie in Abb. 2.3.19 dargestellt. Realisierte Strukturen mit Bor erreichen 90% des Volumenabbruchs, bei optimaler Auslegung findet der Abbruch im Volumen statt. Realisierte Strukturen mit Implantation von Al erreichten 100% des Volumenabbruchs [Scu89]. Durch die geringere Löslichkeit von Al sind niedrig dotierte Zonen mit Al leichter zu realisieren.

Gegenüber der Struktur mit floatenden Potentialringen zeichnet sich die VLD-Struktur durch geringeren Platzbedarf und durch ihre Unempfindlichkeit gegenüber Oberflächenladungen aus [Scu89]. Technologisch wird aufgrund des engen Toleranzfensters im Randbereich für die Belegung mit Bor oder Al eine Ionenimplantation notwendig. Bezüglich anderer Parametern wie z.B. der Eindringtiefe ist die VLD-Struktur weniger empfindlich.

Bei der Feldplattenstruktur wird die Metallisierung der p-Zone über einer Isolatorschicht in den Rand des Bauelements hinein verlängert. Abb. 2.3.20a zeigt die Wirkung einer einstufigen Feldplatte. Auch hier wird die Raumladungszone am Rand auseinander gezogen. Eine einstufige Feldplatte reicht aber kaum aus, um Spannungen in der Nähe der Volumensperrspannung zu erreichen. In der Fertigung von feldgesteuerten Bauelementen sind jedoch diverse Isolatorlagen in der Zellstruktur notwendig, und damit können verschiedene Stufen am Rand wie in Abb. 2.3.20b realisiert werden. Die Ermittlung der Lage der einzelnen Stufen erfolgt mit numerischer Simulation. Feldplattenstrukturen sind bei MOSFETs und IGBTs vielfach im Einsatz.

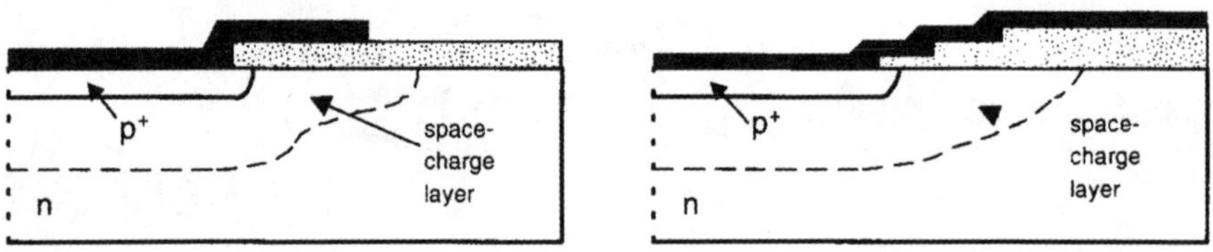

(a) (b)

Abb. 2.3.20 Feldplatten-Randstruktur. a) einstufige Feldplatte b) mehrstufige Feldplattenstruktur. Aus [Ben99]

Es ist auch möglich, die Potentialringstruktur und die Feldplattenstruktur zu kombinieren und damit einzelne Potentialringe einzusparen. Aus wirtschaftlichen Gründen ist es notwendig, den Rand möglichst schmal zu machen, da man mit dem Rand stromführende Fläche verliert. Andererseits sollen möglichst keine zusätzlichen Maskenschritte verwendet werden. Bei einer Reihe von Effekten ist der Rand die schwächste Stelle des Leistungshalbleiter-Chips. Die Schaffung einer geeigneten Randstruktur ist einer der Schlüsselfragen bei der Entwicklung stabiler und robuster Leistungsbauelemente.

Passivierung

Es ist notwendig, an der Randkontur die freien Silizium-Bindungen definiert abzuschließen, zu „passivieren". Daher ist ein geeignetes Medium erforderlich.

Für konventionelle Bauelemente mit Randabschrägung wird häufig eine organische Passivierung verwendet, die auf der Basis von Siliconkautschuk oder Polyimid beruht. Randstrukturen positiven Winkels nach Abb. 2.3.15 oder Abb. 2.3.16 stellen keine allzu hohen Anforderungen an die Passivierungsschicht, da keine Feldspitzen an der Oberfläche auftreten.

Bei Randstrukturen wie der Planarstruktur mit Potentialringen treten Feldspitzen an der Oberfläche auf. Die erreichte Sperrspannung reagiert empfindlich auf Ladungen in der Passivierungsschicht. Der Ladungszustand des passivierenden Mediums ist deshalb in die Berechnung einzubeziehen. In vielen Fällen wird SiO_2 verwendet. Nach den Diffusionsprozessen liegt oft eine oxidierte Halbleiter-Oberfläche vor, und es ist kein zusätzlicher Prozessschritt erforderlich.

Allerdings muss in diesem Fall die Oxydschicht hohen Anforderungen an die Reinheit genügen. Dies wird umso kritischer, je niedriger die Grunddotierung des verwendeten Siliziums ist, denn umso weniger Ladungen sind erforderlich, an der Oberfläche eine Inversionsschicht zu erzeugen.

Anstelle von SiO_2 werden auch diverse Gläser verwendet, wobei es sich um Siliziumdioxyd mit Beimengungen handelt. Ebenfalls sind semiisolierende Schichten möglich, die genau eingestellte geringe elektrische Leitfähigkeit sorgt für einen gleichmäßigen Abfall des Potentials an der Oberfläche.

Kriterium für die Qualität der Passivierungsschicht ist der Heißsperrdauertest (siehe Kap. 4.6), wobei über 1000h bei maximal zulässiger Temperatur die im Dauerbetrieb maximal zulässige Spannung angelegt wird. Sofern im Passivierungsmedium bewegliche Ladungen vorhanden sind, werden sich diese durch das elektrische Feld bewegt. Diese können sich an ungünstigsten Stellen sammeln und es können Inversionskanäle entstehen, über die ein signifikanter Sperrstrom fließt.

Am anspruchsvollsten ist die Passivierung bei hochsperrenden Bauelementen > 5kV bis 10kV, aufgrund der hier erforderlichen sehr niedrigen Dotierung. Hier hat sich als Passivierungsschicht amorpher hydrierter

Kohlenstoff (a-C:H) bewährt. a-C:H weist in Bezug auf die mechanischen und chemischen Eigenschaften diamantähnlichen Charakter auf. Allerdings ist die Bandlücke niederer, im Bereich 1eV bis 1,6eV. In der Bandlücke können sich Spiegelladungen bilden, die in der Lage sind, störende Ladungen zu kompensieren, die sogar Feldspitzen an der Oberfläche reduzieren können.

Rekombinationszentren

Wesentliche Bauelement-Eigenschaften hängen von der Trägerlebensdauer ab. Hier soll auf die Besonderheiten verschiedener Rekombinationszentren eingegangen werden. Insbesondere die Temperaturabhängigkeit der Bauelementeigenschaften muss bei Leistungsbauelementen bekannt und verstanden sein; und hier gibt es gravierende Unterschiede zwischen den einzelnen Technologien.

Gold und Platin als Rekombinationszentren

Gold ist das am frühesten benutzte Rekombinationszentrum in Silizium. Es besitzt ein Akzeptorniveau bei W_c - 0,54eV und ein Donatorniveau bei W_v + 0,35eV in der Bandlücke (siehe Abb. 2.1.12). Die Rekombination erfolgt bei hoher Injektion wesentlich über das Donatorniveau.

Ob ein Niveau Donator- oder Akzeptorcharakter hat, hängt nicht ab von seiner Position in der Bandlücke, sondern von seinem Ladungszustand: Ein Donatorniveau wechselt zwischen dem positiv geladenen Zustand und dem neutralen Zustand. Ein Akzeptorniveau wechselt zwischen dem negativ geladenen Zustand und dem neutralen Zustand. Beide Arten tiefer Störstellen können als Rekombinationszentren wirken, der Donator- oder Akzeptorcharakter kann jedoch für andere Bauelementeigenschaften wesentlich sein.

Platin wird als Rekombinationszentrum seit etwa Mitte der 70er Jahre angewandt als Alternative zur Gold-Diffusion. Platin weist ein Akzeptorniveau bei W_c - 0,23eV und zusätzlich ein Donatorniveau bei W_v + 0,32eV in der Bandlücke auf.

Sowohl Gold als auch Platin werden durch Diffusion in Silizium eingebracht und haben in ihrem Diffusionsmechanismus sehr ähnliche Eigenschaften. Beide liegen in Silizium sowohl auf Zwischengitterplätzen (interstitiell) als auch auf Gitterplätzen (substitutionell) vor, wobei die Löslichkeit des jeweiligen Schwermetalls auf dem substitutionellem Platz wesentlich größer ist. Das interstitielle Schwermetall aber diffundiert schnell gegenüber dem substitutionellen, die Diffusion des substitutionellen Schwermetalls kann vernachlässigt werden. Bei Gold und Platin findet während der Diffusion fortwährend ein Platzwechsel von Zwischengitterplätzen und Gitterplätzen statt. Dies führt dazu, dass die Diffusion sehr schnell ist. Bei einer Temperatur im Bereich von 800°C findet sich bereits bei einer Diffusionszeit von nur 10 Minuten ein großer Teil des Schwermetalls auf der gegenüberliegenden Seite des Halbleiterwafers. Es bildet sich ein U-förmiges oder „badewannenförmiges" Profil mit höheren Konzentrationen nahe den hochdotierten Zonen, somit nahe dem pn- und dem nn^+-Übergang.

Gemeinsam ist beiden Schwermetallen, dass das Einbauprofil kaum zu beeinflussen ist. Wegen der Wechselwirkung mit im Kristall vorhandenen Störstellen ist die Diffusion auch sehr schwer reproduzierbar. Daher mussten über lange Zeit bei Gold- und Platin-diffundierten Bauelementen hohe Streuungen der Eigenschaften und schlechte Ausbeuten in der Fertigung in Kauf genommen werden. In Datenblättern vieler schneller Dioden älterer Generation finden sich aus diesem Grund sehr hohe Abstände zwischen den tatsächlichen Werten und den maximal zulässigen Werten.

Während der Diffusions- und Einbaumechanismus sehr ähnlich ist, sind die Eigenschaften der mit Gold bzw. Platin diffundierten Bauelemente sehr verschieden.

Mit *Gold* lässt sich die beste Relation zwischen Durchlass-Spannung und beim Abschalten extrahierter Ladung einstellen, Gold wird dabei von keinem anderen Rekombinationszentrum übertroffen. Gleichzeitig liegt das Niveau des Rekombinationszentrum fast genau in der Bandmitte. Das hat zur Folge, dass es gleichzeitig sehr effektiv als Generationszentrum wirkt. Dieser Sperrstrom nimmt mit der Temperatur zu. Die Sperrströme bei 130 °C liegen um den Faktor 50 höher als bei Platin-diffundierten Dioden vergleichbarer Eigenschaften. Die Sperrströme verschiedener Rekombinationszentren-Technologien sind in Abb. 2.3.21 verglichen. Bei Verwendung von Gold für Sperrspannungen >1000V und bei einer Temperatur von 150°C treten bei Konzentrationen von Rekombinationszentren, wie sie für schnelle Dioden als Freilaufdioden für IGBTs benötigt werden, so hohe Sperrverluste auf, dass sie zu thermischer Instabilität führen. Gold scheidet daher in diesem Spannungsbereich für die Herstellung von Freilaufdioden aus. Als thermische Grenze in Abb. 2.3.21 ist angenommen, dass die Temperaturerhöhung durch den Sperrstrom maximal $\Delta T = 15K$ betragen darf, bei einer Gleichspannung von 2/3 der spezifizierten Sperrspannung und einem Wärmewiderstand $R_{THJH} = 0{,}021 K/Wmm^2$, wie er z.B. in einem Leistungsmodul auftritt.

Bei Gold-diffundierten Bauelementen wird ab einer Spannung von 1000V aufwärts die maximal zulässige Sperrschichttemperatur begrenzt, typisch auf 125°C, bei Gleichspannungsbelastung bis herunter zu 100°C.

In einer Raumladungszone wirkt das Gold-Zentrum als negativ geladener Akzeptor. Kommt die Konzentration der Gold-Atome in die Größenordung der Grunddotierung – was bei sehr schnellen Dioden der Fall ist – tritt eine Kompensation ein und das Bauelement verhält sich entsprechend einer abgesenkten Grunddotierung [Mil76],[Nov89]. Dies wirkt sich besonders auf das Einschaltverhalten aus. Die beim Übergang in den leitenden Zustand erzeugte Spannungsspitze U_{FRM} ist eine Funktion des Widerstands der n-Basis (siehe Gleichung 3.1.53). Bei Gold-diffundierten Bauelementen kann U_{FRM} das Mehrfache der Spannungsspitze einer Diode ohne Rekombinationszentren oder einer Diode mit anderen Rekombinationszentren betragen.

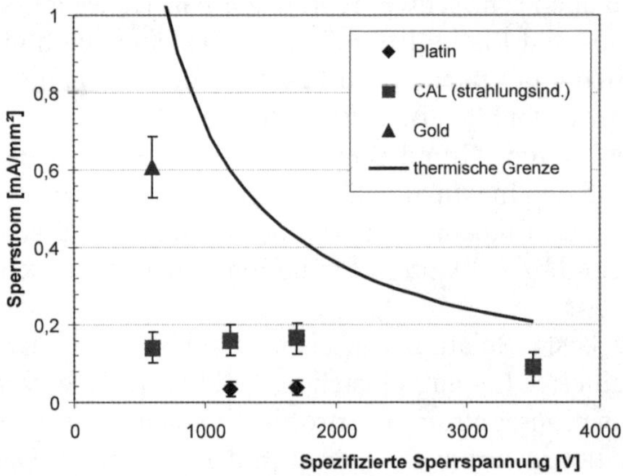

Abb. 2.3.21 Sperrstrom bei verschiedenen Rekombinationszentren über der Spannungsklasse des Bauelements. Die Konzentration der Zentren ist jeweils entsprechend der Spannungsklasse des Bauelements gewählt. T = 150°C. Nach [Lut97]

Die Relation zwischen Durchlass-Spannung und Speicherladung liegt bei *Platin* deutlich ungünstiger als bei Gold. Allerdings liegt bei Platin kein Energieniveau nahe der Bandmitte, der Sperrstrom ist kaum von einem nicht mit Rekombinationszentren versehenen Bauelement zu unterscheiden. Damit können mit Platin höhere Sperrschicht-Temperaturen realisiert werden (150°C bis 175°C).

Bei Platin-diffundierten schnellen Dioden nimmt die Speicherladung mit der Temperatur stark zu. Die Wirkung des Rekombinationszentrums nimmt somit mit zunehmender Temperatur ab. Entsprechend haben Platin-diffundierte Dioden, sofern der p-Emitter hoch dotiert und die Emitter-Rekombination gering ist, einen negativen Temperaturgang der Durchlass-Spannung.

Strahlungsinduzierte Rekombinationszentren

Die Bestrahlung mit Elektronen zur Erzeugung von Gitterfehlern, die als Rekombinationszentren wirken, wurde bereits in den 70er Jahren angewandt. Elektronen liefern ein homogenes Störstellenprofil. Dies ist aber für das Schaltverhalten von Nachteil. Die Implantation von Protonen oder Helium-Kernen erzeugt ein lokales Profil an Rekombinationszentren, dessen Lage durch die Energie der beschleunigten Teilchen eingestellt werden kann. Nachdem auch dieses Verfahren zur Verfügung stand, setzten sich Bestrahlungsverfahren zur Einstellung der Trägerlebensdauer in breitem Umfang durch, siehe dazu auch Abschnitt 3.1. zur CAL-Diode. Bestrahlungsverfahren weisen eine hohe Genauigkeit und hohe Reproduzierbarkeit auf.

Bei der Bestrahlung mit leichten Teilchen – Elektronen, Protonen, Heliumkerne – werden durch Stöße der einfallenden hochenergetischen Teilchen Silizium-Atome aus ihrem Gitterplatz herausgeschlagen. Damit entstehen Leerstellen und Zwischengitteratome, es finden weiterhin Defektreaktionen untereinander sowie mit den im Silizium auch bei hoher Reinheit noch vorhandenen Fremdatomen Kohlenstoff, Sauerstoff und Phosphor statt. Es ist notwendig, an die Bestrahlung einen Ausheilschritt anzufügen, um die instabilen Zentren zu beseitigen und eine Langzeitstabilität der Bauelementeigenschaften zu gewährleisten. Dabei ist zu beachten, dass die Bauelemente noch thermischen Folgeprozessen ausgesetzt sind. Daher werden diese Ausheilprozesse darauf angepasst.

Bauelemente für die Montage in Druckkontakt-Technologie (Scheibenzellen) werden im Bereich von 220°C ausgeheilt. Sie sind nach der Bestrahlung keinem Hochtemperaturprozess mehr ausgesetzt.

Bauelemente, die beim Aufbau einem Lötprozess ausgesetzt werden, sollten bei Temperaturen von mindestens 340°C, besser 350°C ausgeheilt werden, damit bei den nachfolgenden Lötprozessen (deren Temperatur sehr unterschiedlich sein kann) kein nachträgliches Ausheilen mehr stattfindet.

Bild 2.3.22 zeigt die nach Ausheilen >220°C relevanten Zentren [Sie02]. Das OV-Zentrum besteht aus der Anlagerung einer Leerstelle an ein Sauerstoff-Fremdatom. Bei einer Temperatur im Bereich 350°C beginnt es auszuheilen, bei einer Ausheiltemperatur von 400°C ist es fast vollständig verschwunden [Won85]. Dieses Zentrum weist die höchsten Einfangquerschnitte für freie Ladungsträger auf und ist, obwohl es in der Nähe des Leitungsbandes liegt, das effektivste Rekombinationszentrum. Es bestimmt die Trägerlebensdauer bei hoher Injektion. Damit bestimmt es hauptsächlich die Durchlass- und Schalteigenschaften in bipolaren Bauelementen.

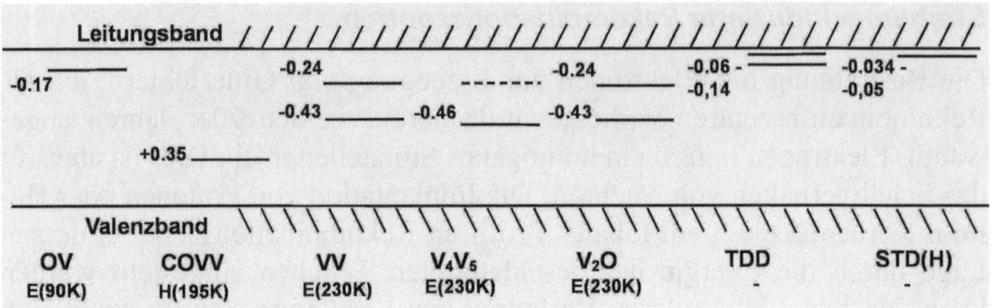

Abb. 2.3.22 Energieniveaus der wichtigsten strahlungsinduzierten Zentren.

Das COVV-Zentrum besteht aus einer Assoziation eines Kohlenstoff-Fremdatoms, eines Sauerstoffatoms und zweier Leerstellen. Es beginnt bei einer Temperatur im Bereich von 370°C – 400°C auszuheilen und ist nach einer Ausheilung > 450°C verschwunden. Es weist niedrige Einfangquerschnitte auf und wirkt als Rekombinationszentrum schwach. Allerdings wird es bei Flutung der Basis mit freien Ladungsträgern – im Durchlasszustand – positiv geladen und nach Umschalten in Sperrrichtung bleibt der positive Ladungszustand noch einige 100ns bis zu einigen µs erhalten. In dieser Zeit kann das COVV-Zentrum als temporärer Donator wirken und im ungünstigen Fall die Sperrfähigkeit für diese kurze Zeitspanne herabsetzen [Lut98]. Auf die daraus hervorgehenden unerwünschten Effekte wird in Kapitel 6.3 weitergehend eingegangen. Die Vermeidung von hohen Konzentrationen von COVV-Zentren bestimmt die maximal erlaubte Dosis der Bestrahlung in einigen Anwendungen.

Die Doppelleerstelle VV weist für 3 verschiedene Ladungsübergänge 3 Niveaus in der Bandlücke auf. Am wichtigsten ist das Energieniveau 0,43eV unter dem Leitungsband. Es wirkt als Rekombinationszentrum, aber aufgrund seiner Nähe zur Bandmitte auch als Generationszentrum. Seine Wirkung als Generationszentrum ist wesentlich schwächer als die von Gold.

Die Doppelleerstellen verschwinden nach Elektronenbestrahlung und Ausheilung bei 350°C. Bei Implantation von Helium werden aber auch nach Ausheilung in diesem Bereich noch Zentren mit vergleichbaren Eigenschaften gefunden. Das verbleibende Zentrum wird den einfach- oder doppelt geladenen Zuständen der V_2O-Störstelle zugeordnet [Mon02]. Eine andere Stelle in der Literatur geht davon aus, dass es sich um eine Assoziation aus 4 oder 5 Leerstellen handelt, einen V_4 oder V_5-Komplex [Gul77]. Aufgrund ihrer niedrigen Konzentration ist der Einfluss der verbleibenden Zentren auf die Hochinjektions-Trägerlebensdauer τ_{HL} gering. Dieses Zentrum ist dafür verantwortlich, dass He-implantierte Bauelemente einen höheren Sperrstrom zeigen als Platin-diffundierte. Die

Sperrstromdichte im Vergleich zu Gold und Platin ist in Abb. 2.3.21 dargestellt. Der Sperrstrom Helium-implantierter Bauelemente liegt bei 20% vergleichbarer Gold-diffundierter Bauelemente und stellt noch kein Problem für die thermische Stabilität dar.

Darüber hinaus zeigen diese Multivakanzen einen deutlichen Effekt der Kompensation der Dotierung in n-dotiertem Silizium, in dem das Fermi-Niveau oberhalb des Zentren-Niveaus bei -0,43 bis -0,46 eV liegt. Nach Ausheilung bei 350°C wird im Bereich der He-Implantation eine Absenkung der effektiven Dotierung gefunden. Dieser Effekt kann angewandt werden, um die Sperrspannung eines Bauelements anzuheben oder zu korrigieren, nachdem die hauptsächlichen Fertigungsschritte schon abgeschlossen sind [Sie06].

Ausheiltemperaturen deutlich über 350 °C können zur Bildung von thermischen Doppeldonatoren TDD führen. Die höchste TDD Konzentration wird nach Ausheilen bei T = 450 °C gefunden. TDDs heben die Dotierung in n-Silizium an und senken die Dotierung in p-Silizium ab. Die thermischen Doppeldonatoren können in n-Silizium zur Erzeugung tiefer vergrabener Buffer-Schichten niedriger Dotierung und flacher Gradienten angewandt werden.

Zusätzlich zu den genannten Zentren entsteht bei Protonenbestrahlung und anschließender Ausheilung ab 200°C aufwärts der flache wasserstoff-assoziierte Donator STD (H) [Won85]. Seine maximale Konzentration liegt im Bereich der Eindringtiefe der Protonen. Er ist einem Zentrum zuzuordnen, an dem Wasserstoff beteiligt ist. Im Gegensatz zum COVV-Zentrum ist die Wirkung als Donator zeitlich unveränderlich. Bei Protonenbestrahlung in die Nähe des pn-Übergangs muss daher die Dosis begrenzt werden, um die Sperrfähigkeit nicht zu beeinflussen. Aber die dotierende Wirkung der Protonen wird heute auch zielgerichtet genutzt: Es kann damit ein „Buffer", eine gezielte höherdotierte Zone am Ende einer Raumladungszone erzeugt werden, um einen trapezförmigen Feldverlauf (PT-Dimensionierung) zu erhalten. Dies wird bei einigen IGBTs der neusten Generation angewandt.

Während strahlungsinduzierte Zentren inzwischen breit eingesetzt werden, ist die Literatur über die konkrete physikalische Beschaffenheit noch keineswegs einheitlich. Eine Übersicht, in der die Zentreneigenschaften ausführlich behandelt werden, findet sich in [Sie06]. Viele der Eigenschaften, insbesondere die Temperaturabhängigkeit betreffend, sind noch Gegenstand der Grundlagenforschung.

3 Halbleiterbauelemente

3.1 pin-Dioden

Bei der pin-Diode steht "i" für intrinsisch. Allerdings kann man diesen intrinsichen Fall (Dotierung im Bereich $<10^{10}cm^{-3}$) technologisch nicht erreichen, darüber hinaus hätte er eine Reihe von Nachteilen – siehe dazu die folgenden Abschnitte über Einschalt- und Ausschaltverhalten. Man wird in der Praxis eine schwache p - oder n - Dotierung erhalten. Da sie gegenüber den Aussenzonen um mehrere Grössenordnungen niedriger ist (n^-, p^-), hat sich dennoch die Bezeichnung „i" eingebürgert. Vor allem aufgrund des Ausschaltverhaltens werden heute nur Mittelgebiete vom n^- Typ realisiert, das sog. „i"-Gebiet ist in Wirklichkeit meist ein n^- - Gebiet.

Von der Anwendung von Leistungsdioden können zwei Haupttypen unterschieden werden:

- *Gleichrichterdioden* für Netzfrequenz 50Hz (Netzdioden): Die Schaltverluste spielen eine untergeordnete Rolle, die Trägerlebensdauer im Mittelgebiet ist hoch.
- *Schnelle Dioden*, die mit einem schaltenden Bauelement als Freilaufdiode zusammenarbeiten oder auch im Ausgangsgleichrichter nach einem mit hoher Frequenz betriebenen Trafo arbeiten. Sie müssen in der Regel Freuquenzen bis 20kHz gewachsen sein, in Schaltnetzteilen bei 50-100kHz und darüber. Bei schnellen Dioden aus Si muss die Trägerlebensdauer in der Mittelzone definiert herabgesetzt sein.

Aufbau der pin-Diode

Von der Struktur her können pin-Dioden in zwei Haupttypen eingteilt werden. Bei pin-Dioden in Epitaxialtechnik (Abb. 3.1.1a) wird zunächst eine n^--Zone auf dem hochdotierten n^+-Substrat abgeschieden (Epitaxie). Anschließend wird die p-Zone diffundiert. Damit können sehr geringe Basisweiten w_B bis herunter zu einigen μm realisiert werden, wobei der Silizium-Wafer dick genug ist, um eine Fertigung mit hoher Ausbeute zu ermöglichen. Durch das Einbringen von Rekombinationszentren (zumeist Gold) kann man sehr schnelle Dioden realisieren; durch das kleine w_B bleibt der ohm'sche Anteil der Durchlaßspannungen niedrig. Der Haupteinsatzbereich der Epitaxial (Epi-)Dioden liegt bei Sperrspannungen zwischen 100V und 600V, manche Hersteller realisieren auch 1200V mit Epi-Dioden.

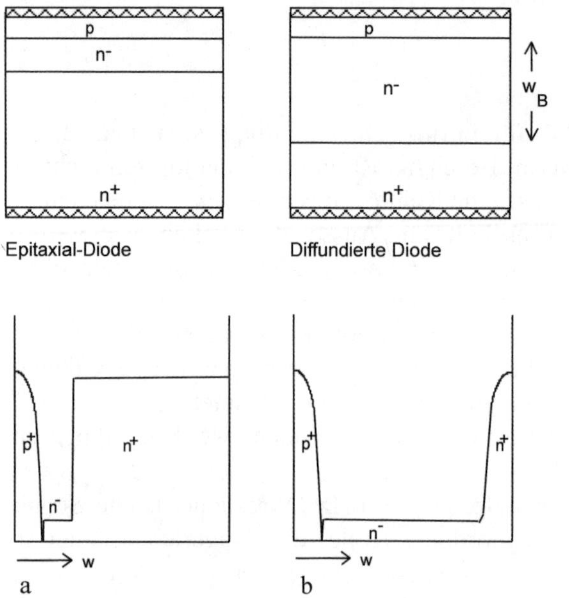

Abb. 3.1.1 Aufbau von pin-Leistungsdioden. a) Epitaxialdiode. b) diffundierte Diode

Bei einer diffundierten pin-Diode (Abb. 3.1.1b) geht man von einem niedrig dotierten Wafer aus, in dem durch Diffusion die p^+-Zone und die n^+-Zone erzeugt werden. Für höhere Sperrspannungen (ab 1200V aufwärts) werden zumeist diffundierte Dioden verwendet. Die Dicke des Wafers ist hierbei mit der Dicke der Mittelzone verknüpft. Durch tiefe n^+ und p^+-Zonen kann die Dicke des Wafers wieder heraufgesetzt werden, allerdings haben tiefe p-Zonen bezüglich des Reverse-Recovery-Verhaltens Nachteile. Von Infineon wurde eine Technolgie zum Handling sehr dünner Wafer entwickelt, bei der Wafer bis hinab zu einer Gesamtdicke von 80µm verarbeitet werden können und damit auch Freilaufdioden für 600V als diffundierte Dioden herstellbar sind.

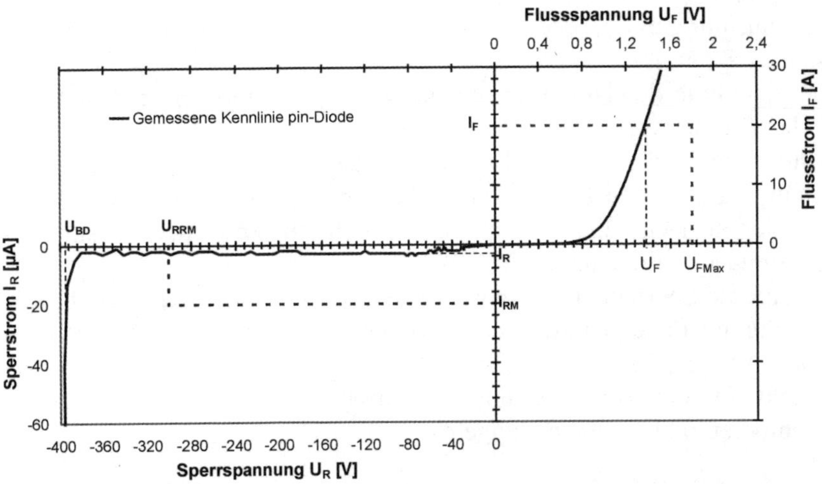

Abb. 3.1.2 Kennlinie einer schnellen pin-Diode sowie einige Definitionen

Kennlinie der pin-Diode

Die Kennlinie einer schnellen 300V-pin-Diode, gemessen bei 25°C, sowie einige Definitionen zur Kennlinie sind in Abb. 3.1.2 zu sehen. Die Darstellung verwendet in Vor- und Rückwärtsrichtung einen unterschiedlichen Maßstab.

In Vorwärtsrichtung wird bei einem definierten Strom I_F der Spannungsabfall U_F abgelesen. Davon zu unterscheiden ist der in Katalogen der Hersteller angegebene maximal zulässige Spannungsabfall U_{Fmax}. U_{Fmax} ist der maximale Spannungsabfall, der bei einer Diode dieses Typs im zulässigen Betriebsbereich auftreten kann. Aufgrund von Toleranzen der Parameter bei der Herstellung – z.B. von w_B, bei einigen schnellen, Gold- oder Platin-diffundierten Dioden und insbesondere auch der Trägerlebensdauer – liegt dieser Wert zumeist deutlich über dem an einem Einzelexemplar gemessenen Wert. Manche Hersteller geben auch typische Werte an, jedoch hat der Anwender dafür keine Gewähr.

In Rückwärtsrichtung ist U_{BD} die physikalische Durchbruchspannung des Einzelelements. I_R ist der bei einer Einzeldiode gemessene Sperrstrom. Davon zu unterscheiden ist U_{RRM}, die maximale wiederholbare Spitzensperrspannung, die im Datenblatt angegeben ist, sowie der im Datenblatt angegebene maximal zulässige Sperrstrom I_{RM}. Aufgrund der vom Hersteller berücksichtigten Streuungen und zum Teil hoher Sicherheitsreserven wird I_R bei einem Einzelelement beträchtlich niedriger und U_{BD} wesentlich höher sein, nur für U_{RRM} bzw. I_{RM} übernimmt der Hersteller jedoch eine Gewähr.

Die Kennlinie der Diode ist sehr stark temperaturabhängig. Mit Erhöhung der Temperatur

- steigt der Sperrstrom I_R. Er kann bei der typischen oberen Betriebstemperatur der Si-Diode von 150°C um Zehnerpotenzen höher sein. In den meisten Fällen ist dies bestimmt durch den Generationsmechanismus nach Gleichung (2.1.38).
- steigt die Sperrspannung entsprechend der Zunahme der Durchbruchspannung für den Lawinendurchbruch, siehe Gleichung (2.2.38) sowie Abb. 2.2.11.
- sinkt die Schleusenspannung, in die nach Gleichung (2.2.14) das stark temperaturabhängige n_i^2 eingeht.

Dimensionierung der pin-Diode

Ein wesentlicher Parameter für alle Eigenschaften der Diode ist die bereits in Abb. 3.1.1 definierte Weite der niedrig dotierten Zone bzw. Basisweite w_B. Sie geht in die Sperrspannung ein. Es können zwei Fälle unterschieden werden (siehe Abb 3.1.2):

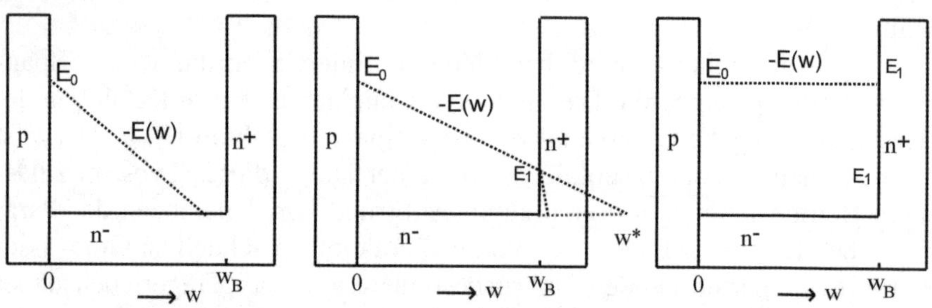

a) Dreiecksförmiger Feldverlauf Non-Punch-Through (NPT)-Diode

b) Trapezförmiger Feldverlauf Punch-Through (PT)-Diode

c) Grenzfall rechteckiger Feldverlauf

Abb. 3.1.3 Dimensionierung der Diode für dreiecksförmigen (a), trapezförmigen (b) und den Grenzfall des rechteckigen Feldverlauf (c)

Ist w_B so gewählt, dass die Raumladungszone nicht in das n^+-Gebiet eindringt (dreiecksförmiger Feldverlauf), wird von Non-Punch-Through Dimensionierung gesprochen [Bal87]. Ist w_B so gewählt, dass die Raumladungszone in das n^+-Gebiet eindringt, ist der Feldverlauf trapezförmig, und die Diode wird als Punch-Through-Diode bezeichnet. Ein echter Punch-

Through, wobei die Raumladungszone ein Gebiet vom anderen Leitungstyp erreicht, liegt natürlich nicht vor. Dennoch hat sich diese Bezeichnung durchgesetzt. Im Folgenden werden jeweils abrupte pn^- und n^-n^+-Übergänge angenommen. Für den Fall der NPT-Dimensionierung ist die Sperrfähigkeit durch die Grunddotierung bestimmt und durch die im Abschnitt pn-Übergänge, Gleichung (2.2.42), hergeleitete Beziehung gegeben. Durch die Grunddotierung wiederum ist nach (2.2.40) die Ausdehnung der Raumladungszone w_{RLZ} bestimmt.

Bei der idealen NPT-Dimensionierung wird w_B so gewählt, dass an dieser Stelle das Ende des dreiecksförmigen Feldverlaufs ist, $w_B = w_{RLZ}$. Damit lässt sich ein Zusammenhang zwischen Basisweite w_B und Sperrfähigkeit angeben, indem (2.2.42) nach N_D umgestellt und in Gleichung (2.2.40) eingesetzt wird:

$$w_B = 2^{\frac{2}{3}} C'^{\frac{1}{6}} U_{BD}^{\frac{7}{6}} \tag{3.1.1}$$

wobei vorausgesetzt ist, dass die Grunddotierung nach (2.2.42) gewählt wird.

Nun darf die Raumladungszone aber in das n^+-Gebiet eindringen, die Feldstärke fällt dort sehr schnell ab wie in Abb. 3.1.3b angedeutet ist. Da die Sperrspannung der Fläche unter der Kurve E(w) entspricht, geht für die nun vorliegende PT-Dimensionierung eine höhere Sperrspannung bei gleichem w_B bereits aus Abb. 3.1.3 hervor. Der Wert der Feldstärke bei Erreichen des nn^+-Übergangs sei gleich E_1. Für die **PT-Dimensionierung** hat der Feldstärkeverlauf über der Basis damit die Form:

$$E(w) = -E_1 + \frac{q \cdot N_D}{\varepsilon}(w - w_B) \tag{3.1.2}$$

Für diesen Fall ist wieder das Ionisationsintegral nach (2.2.36) zu lösen, es wird unter Verwendung der Ionsiationsraten von Shields und Fulop (2.1.51) zu:

$$\Phi = C' \cdot \int_0^{w_B} \left(E_1 - \frac{q \cdot N_D}{\varepsilon}(w - w_B) \right)^7 dw \tag{3.1.3}$$

Integration und Einsetzen der Bedingung für den Lawinendurchbruch, an dem das Ionisationsintegral gleich 1 ist, führt auf die Gleichung

$$\left(E_1 + \frac{q \cdot N_D}{\varepsilon} w_B \right)^8 - E_1^{\ 8} = \frac{8 \cdot q \cdot N_D}{\varepsilon \cdot C'} \tag{3.1.4}$$

Gleichung (3.1.4) ist nur numerisch lösbar. Die Feldstärke am pn-Übergang ist dann

$$E_0 = E_1 + \frac{qN_D}{\varepsilon} w_B \tag{3.1.5}$$

und die Sperrspannung ist

$$U_{BD} = \frac{E_1 + E_0}{2} w_B \tag{3.1.6}$$

Eine analytische Lösung von (3.1.4) ist möglich für den Fall, daß E_1^8 gegenüber E_0^8 vernachlässigbar ist, dies ist der Fall für $E_1^8 << E_0^8$ und damit bereits bei $E_1<E_0/2$. In dem Fall vereinfacht sich (3.1.4) zu

$$\left(E_1 + \frac{qN_D}{\varepsilon} w_B \right)^8 = \frac{8qN_D}{\varepsilon C'} \tag{3.1.7}$$

daraus folgt

$$E_1 = \left(\frac{8qN_D}{\varepsilon C'} \right)^{\frac{1}{8}} - \frac{qN_D}{\varepsilon} w_B \tag{3.1.8}$$

Mit (3.1.5) und (3.1.6) folgt

$$U_{BD} = \left(\frac{8qN_D}{\varepsilon C'} \right)^{\frac{1}{8}} w_B - \frac{1}{2} \frac{qN_D}{\varepsilon} w_B^2 \tag{3.1.9}$$

Diese Beziehung ist nur unter der genannten Näherung gültig. Aus Gleichung (3.1.9) eine optimale Dotierung abzuleiten – was sogar in manchen Lehrbüchern getan wird – ist nicht zulässig. Das ist in Abb. 3.1.4 veranschaulicht. Dort ist der Verlauf der Sperrspannung in Abhängigkeit von N_D in einem Anwendungsbeispiel für ein w_B = 85µm dargestellt. Nach der vereinfachten Gleichung (3.1.9) erhält man ein Maximum für eine bestimmte Dotierung; weitere Absenkung der Dotierung würde danach wieder zu einer Abnahme der Sperrspannung führen. Die numerische Lösung der Gleichung (3.1.4) zeigt, dass für eine weitere Absenkung der Dotierung die Sperrspannung weiter zunimmt. Das Maximum entsteht nur dadurch, daß der Term E_1^8 vernachlässigt wird. Denselben fehlerhaften Zusammenhang erhält man, wenn die für die dreiecksförmige Raumladungszone gültige Beziehung für die kritische Feldstärke (2.2.41) einfach in die Berechnung der Sperrspannung für den trapezförmigen Feldverlauf eingesetzt wird. Wie Abb. 3.1.4 zeigt, ist dies zulässig nur solange E_1^8 vernachlässigt werden kann. Im Beispiel in Abb. 3.1.4 gilt das bis herunter zu einer Dotierung von $6 \cdot 10^{13}$cm^{-3}.

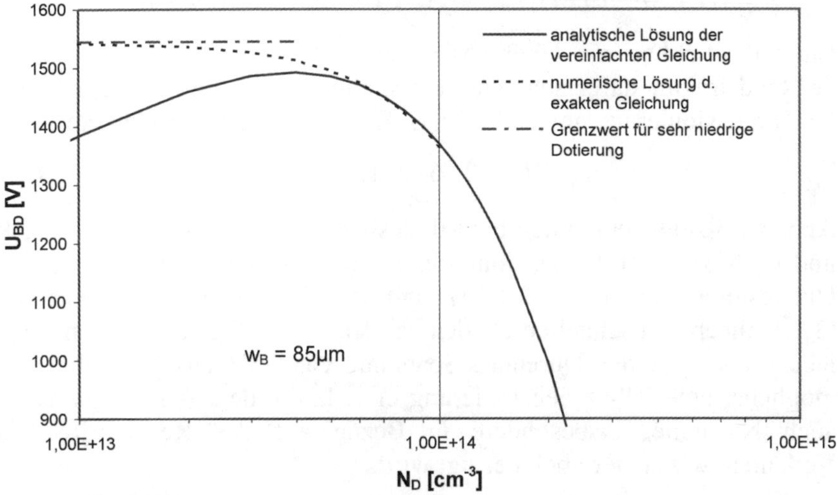

Abb. 3.1.4 Sperrspannung für ein Bauelement mit vorgegebenem w_B in Abhängigkeit von der Dotierung

Der Grenzwert für sehr niedrige Dotierung kann aus dem Ionisationsintegral abgeleitet werden. In dem Fall ist der Feldverlauf rechtecksförmig, $E_1 = E_0$, und die Bedingung für den Lawinendurchbruch (2.2.35) mit dem Potenzgesetz (2.1.51) vereinfacht sich zu

$$\Phi = C' \cdot \int_0^{w_B} {E_0}^7 dw = 1 \tag{3.1.10}$$

und daraus folgt mit $U_{BD} = E_0 \bullet w_B$:

$$U_{BD} = \left(\frac{w_B^6}{C'} \right)^{\frac{1}{7}} \tag{3.1.11}$$

Dieser Grenzwert ist ebenfalls in Abb. 3.1.4 eingezeichnet. Die Sperrspannung nähert sich in diesem Beispiel bereits für Dotierungen im Bereich $2 \cdot 10^{13}$cm^{-3} sehr schnell diesem Grenzwert an.

Die Mindestweite w_B für diesen Grenzfall erhält man durch Umformen von (3.1.11):

$$w_B(PT, Grenzfall) = C'^{\frac{1}{6}} \cdot U_{BD}^{\frac{7}{6}} \tag{3.1.12}$$

Verglichen mit w_B der NPT-Dimensionierung (3.1.1) ist:

$$w_B(PT, Grenzfall) = 2^{-\frac{2}{3}} w_B(NPT) \cong 0{,}63 \cdot w_B(NPT) \tag{3.1.13}$$

Ein hohes Feld am nn^+-Übergang hat aber Nachteile. Technologisch ist eine Randstruktur dafür sehr viel aufwendiger. Man wird nur eine mäßige PT-Dimensionierung anwenden, z. B. $E_1 < ½ E_0$. Damit erhält man

$$w_B(PT) \cong 0{,}66 \cdot w_B(NPT) \tag{3.1.14}$$

Abb. 3.1.5 zeigt schließlich die Mindestweite der Mittelzone nach der PT- und nach der NPT-Dimensionierung. Der Unterschied zwischen der PT-Dimensionierung nach (3.1.14) und der NPT-Dimensionierung nach (3.1.1) macht bei schnellen Dioden bei den notwendigen niedrigen Trägerlebensdauern in der Durchlass-Spannung ca. 0,8V aus. Es sollte daher möglichst eine PT-Dimensionierung erreicht werden. Allerdings hat dies auch Nachteile, insbesondere in Bezug auf das Reverse-Recovery-Verhalten, wie später noch gezeigt wird.

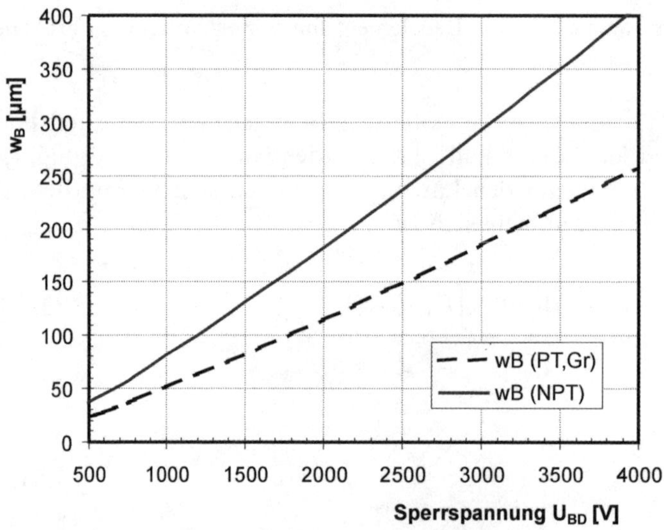

Abb. 3.1.5 Mindestweite der Basis für die Dimensionierung der Diode mit dreiecksförmigem und mit trapezförmigem Feldverlauf

In der Auslegung der Dioden in der Praxis muss man noch weitere Kompromisse eingehen. So sind Toleranzen der Grunddotierung, Toleranzen der Einstellung von w_B und anderes mehr zu berücksichtigen, darüberhinaus ergeben die Randstrukturen in den meisten Fällen nicht 100% der

Sperrspannung im Volumen. Als Erfahrungswert für eine mäßige PT-Dimensionierung kann als Anhaltspunkt gegeben werden:

$$w_B = \chi \cdot U_{BD}^{\frac{7}{6}} \quad \text{mit} \quad \chi = 2{,}3 \cdot 10^{-6} cmV^{-\frac{7}{6}} \tag{3.1.15}$$

Ein Leistungsbauelement wird vorrangig bei höheren Temperaturen eingesetzt. Die Dimensionierung mit trapezförmigem Feldverlauf nach Abb. 3.1.3b, die zu einer Sperrspannung nach (3.1.9) führt, ist sehr häufig gegeben. In temperaturabhängiger Form kann (3.1.9) in analogem Rechenweg abgeleitet werden, man erhält

$$U_{BD} = \left(\frac{(b+1) q N_D}{\varepsilon C'} \right)^{\frac{1}{b+1}} w_B - \frac{1}{2} \frac{q N_D}{\varepsilon} w_B^2 \tag{3.1.16}$$

wobei die temperaturabhängigen Parameter C' und b in (2.1.52) angegeben sind. Die Gleichung (3.1.16) gilt wie Gleichung (3.1.9) dann, wenn eine mäßige PT-Dimensionierung vorgenommen wird. Sie ist auch anwendbar für andere Bauelemente wie Schottky-Dioden, MOSFETs und moderne IGBTs mit der Anode vorgelagerter n-Buffer-Struktur.

Es ist zu beachten, dass bei erhöhter Temperatur die kritische Feldstärke sowie die Sperrspannung ansteigt, eine NPT-Struktur wird für die Raumladungszone mehr Platz brauchen. Eine bei Raumtemperatur vorliegende NPT-Struktur kann sich bei Erhöhung der Temperatur in eine schwache PT-Struktur verwandeln. Sofern trifft Gleichung (3.1.16) häufig zu, die damit ermittelte Temperaturabhängigkeit der Sperrspannung stimmt mit Messwerten sehr gut überein.

Nach Gleichung (3.1.16) steigt die Sperrspannung mit der Temperatur, wie es bereits für die Temperaturabhängigkeit des Lawinendurchbruchs diskutiert wurde. Für den üblichen Einsatz der Bauelemente, die sich im Betrieb erwärmen, ist das günstig. Allerdings kann der Fall auftreten, dass ein Bauelement auch in bestimmten Gebieten und Jahreszeiten bei tiefen Temperaturen eingesetzt wird, und es ist gefährlich, die bei tiefen Temperaturen abnehmende Sperrfähigkeit zu unterschätzen.

Gleichung (3.1.16) lässt sich auch verwenden zur Berechnung der Sperrspannung von Bauelementen mit PT-Dimensionierung aus anderen Halbleitermaterialien, sofern die Koeffizienten b und C' bekannt sind. Für SiC wurden sie in (2.2.47) angegeben.

Durchlassverhalten

Im Durchlassfall wird bei einem bipolaren Bauelement das niedrig dotierte Gebiet ausgehend von den hochdotierten Außenzonen überschwemmt. Die Konzentration freier Ladungsträger ist gegenüber der Grunddotierung um Zehnerpotenzen angehoben (moduliert).

In der Neutralitätsbedingung $n = p + N_D^+$ ist im Durchlassfall N_D^+ vernachlässigbar, und es gilt in der Basis

$$n(w) = p(w).$$

Abb. 3.1.6 zeigt die Überschwemmung n = p in der Mittelzone für eine Stromdichte von 160A/cm² bei einer 1200V Diode. Angenommen ist eine konstante Trägerlebensdauer in der Mittelzone, die Einflüsse der Außenzonen sind vernachlässigt. Die Modulation übersteigt die Grunddotierung um mehr als 2 Zehnerpotenzen. Die gestrichelte Linie erhält man für den Fall gleicher Beweglichkeiten von Elektronen und Löchern. Bei Silizium liegen für die Elektronen sehr viel höhere Beweglichkeiten vor, daraus ergibt sich die asymmetrische Verteilung, die am pn-Übergang angehoben ist.

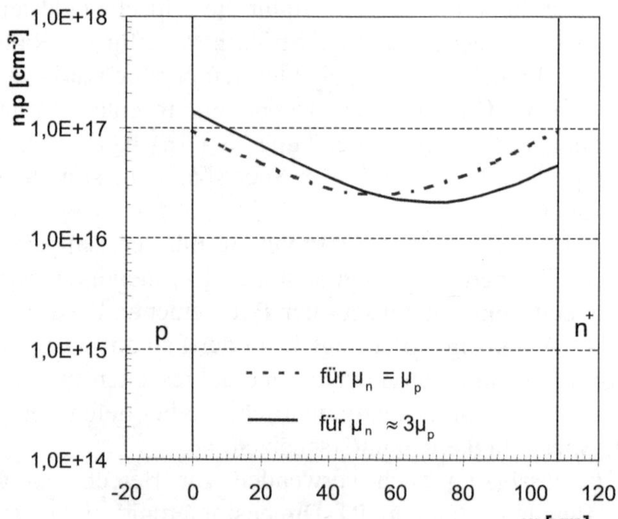

Abb. 3.1.6 Ladungsträgerverteilung in der n^--Zone im Durchlasszustand. Beispiel einer Diode mit $t_{HL} = 0{,}48\mu s$, $w_B = 108\mu m$

Um diese Verteilung herzuleiten wird von den Transportgleichungen (2.1.56) und (2.1.57) ausgegangen, mit n = p werden sie zu

$$j_p = q \cdot \mu_p \cdot p \cdot E - q \cdot D_p \cdot \frac{dp}{dw} \tag{3.1.17}$$

$$j_n = q \cdot \mu_n \cdot p \cdot E + q \cdot D_n \cdot \frac{dp}{dw} \tag{3.1.18}$$

Addition der beiden Gleichungen führt auf

$$j = j_n + j_p = q \cdot (\mu_n + \mu_p) \cdot p \cdot E + q \cdot (D_n - D_p) \cdot \frac{dp}{dw} \tag{3.1.19}$$

Dies führt auf die Beziehung für das elektrische Feld E

$$E = \frac{\frac{j}{q} - (D_n - D_p) \cdot \frac{dp}{dw}}{(\mu_n + \mu_p) \cdot p} \tag{3.1.20}$$

Den auf den Konzentrationsgradienten zurückgehenden Feldanteil nennt man Dember-Feld. Auf diesen Anteil wird später noch Bezug genommen. Gleichung (3.1.20) wird zunächst in (3.1.17) und (3.1.18) eingesetzt, dies führt auf

$$j_p = \frac{\mu_p}{(\mu_n + \mu_p)} \cdot j - q \cdot D_A \cdot \frac{dp}{dw} \tag{3.1.21}$$

$$j_n = \frac{\mu_n}{(\mu_n + \mu_p)} \cdot j + q \cdot D_A \cdot \frac{dp}{dw} \tag{3.1.22}$$

Dabei wurden die Diffusionskonstanten der Löcher D_p und der Elektronen D_n zur ambipolaren Diffusionskonstante D_A zusammengefasst:

$$D_A = \frac{2 \cdot D_n \cdot D_p}{D_n + D_p} \tag{3.1.23}$$

Das Beschreiben der Diffusion der Elektronen und Löcher mit einer gemeinsamen Diffusionskonstante ist aufgrund der Neutralitätsbedingung möglich. Dann ist es auch sinnvoll, für beide Ladungsträger eine gemeinsame Diffusionslänge zu definieren. Die Trägerlebensdauer τ_{HL} im vorausgesetzten Fall der hohen Injektion wurde bereits mit (2.1.43) und (2.1.44) beschrieben. Mit τ_{HL} und D_A wird die ambipolare Diffusionslänge definiert:

$$L_A = \sqrt{D_A \cdot \tau_{HL}} \tag{3.1.24}$$

Weiter wird die Kontinuitätsgleichung (2.1.60) benutzt, unter der Annahme stationären Verhaltens dp/dt=0 und Vernachlässigung der Generation hat sie die Form

$$\frac{dj_p}{dw} = -q \cdot R = -q \frac{p}{\tau_{HL}} \tag{3.1.25}$$

wobei R nach (2.1.43) und (2.1.44) mittels der Hochinjektions-Trägerlebensdauer τ_{HL} ausgedrückt ist. Nun wird (3.1.21) in (3.1.25) eingesetzt. Dabei wird berücksichtigt, dass die Gesamtstromdichte j über die Basis konstant ist, also dj/dw =0 gilt. Dies führt auf die Differentialgleichung für die freien Ladungsträger

$$D_A \cdot \frac{d^2 p}{dw^2} = \frac{p}{\tau_{HL}} \tag{3.1.26}$$

Diese Differentialgleichung hat unter den gewählten Annahmen und Randbedingungen eine Lösung der Form p(w) = a · cosh((w-w_B)/2). Diese Lösung ist in Abb. 3.1.6 eingezeichnet, sie wäre der Fall wenn man symmetrische Beweglichkeiten $\mu_n = \mu_p$ hätte. Die Verteilung besitzt Maxima am pn- und am nn^+-Übergang, in der Mitte weist sie ein Minimum auf. Hier ist aufgrund von Rekombination die Konzentration der Ladungsträger am geringsten. Je niedriger τ_{HL}, umso ausgeprägter der durchhängende Verlauf.

Die Berücksichtigung ungleicher Beweglichkeiten führt auf die Lösung der Form

$$n(x) = p(x) = \frac{j \cdot \tau_{HL}}{2 \cdot q \cdot L_A} \left(\frac{\cosh \frac{x}{L_A}}{\sinh \frac{w_B}{2 \cdot L_A}} - \frac{\mu_n - \mu_p}{\mu_n + \mu_p} \cdot \frac{\sinh \frac{x}{L_A}}{\cosh \frac{w_B}{2 \cdot L_A}} \right) \tag{3.1.27}$$

mit der Hilfsvariable x = w-w_B/2, deren Ursprung in der Mitte der Basis liegt. Diese Funktion entspricht der durchgezogenen Linie in Abb. 3.1.6. Die Verteilung ist asymmetrisch, am pn-Übergang ist sie mehr als den Faktor 2 höher als am nn^+-Übergang (das wird sich später bei der Analyse des Reverse-Recovery-Verhaltens als ungünstig erweisen). Das Minimum hat sich in Richtung nn^+-Übergang verschoben. Der rechte Term in (3.1.27) drückt diese Asymmetrie aus. Der aus den Beweglichkeiten zusammengesetzte Vorfaktor wird für Silizium mit $\mu_n \approx 3 \cdot \mu_p$ etwa 2.

Für den Mittelwert der Ladungsträgerkonzentration erhält man aus Integration von (3.1.27) über der Basis

$$\bar{n} = \bar{p} = \frac{j \cdot \tau_{HL}}{q \cdot w_B} \tag{3.1.28}$$

was sowohl für den Fall gleicher Beweglichkeiten als auch für den Fall ungleicher Beweglichkeiten für Elektronen und Löcher gilt.

Berechnung der Durchlass-Spannung

Die Berechnung der Durchlass-Spannung soll zunächst in der Hall'schen Näherung erfolgen. Als Hall'sche Näherung wird die Annahme bezeichnet, dass nur der Einfluss der Mittelzone zu berücksichtigen ist, die Außenzonen seien als ideale Emitter vorausgesetzt.

Für die Durchlass-Spannung haben wir drei Anteile zu addieren:

$$U_F = U_L + U_{drift} + U_R \tag{3.1.29}$$

Dabei ist U_L der Anteil der Spannung, die am pn-Übergang abfällt, U_{drift} der über dem Mittelgebiet abfallende Anteil der Spannung und U_R der Anteil der Spannung, die am nn^+-Übergang abfällt. Für den stromlosen Fall wurde U_L in Gleichung (2.2.15) behandelt. Nun ist aber die Bedingung der gefluteten Mittelzone zu berücksichtigen, die Konzentration betragen am linken Rand $p_L = n_L$ sowie am rechten Rand $p_R = n_R$ (siehe Abb. 3.1.6). Für den Anteil U_L gilt:

$$U_L = \frac{k \cdot T}{q} \ln \frac{p_L \cdot N_D}{n_i^2} \tag{3.1.30}$$

Für U_R gilt:

$$U_R = \frac{k \cdot T}{q} \ln \frac{n_R}{N_D} \tag{3.1.31}$$

Für das Beispiel in Abb. 3.1.6 ergibt sich $U_L = 0{,}64\text{V}$, $U_R = 0{,}17\text{V}$, $U_L + U_R = 0{,}81\text{V}$.

Nun benötigt man noch den über dem Mittelgebiet abfallenden Anteil der Spannung U_{drift}. Dieser ergibt sich durch Integration der in Gleichung (3.1.20) gegebenen Feldstärke. Gleichung (3.1.20) enthält in ihrem rechten Term das durch den Konzentrationsgradienten hervorgerufene Dember-Feld. Dieser Anteil führt auf die Dember-Spannung U_{Dem}. Unter Verwendung der Einstein-Beziehung (2.1.25) folgt aus (3.1.20)

$$U_{Dem} = \frac{k \cdot T}{q} \cdot \frac{\mu_n - \mu_p}{\mu_n + \mu_p} \cdot \ln \frac{p_L}{p_R} \tag{3.1.32}$$

Bei symmetrischer Verteilung der freien Ladungsträger verschwindet mit $p_L = p_R$ der Spannungsanteil U_{Dem}. Aber auch bei vorliegender Asymmetrie ist U_{Dem} sehr klein. Für das Beispiel in Abb. 3.1.6 ergibt sich U_{Dem} = 14,3mV, was vernachlässigt werden kann.

Somit ergibt sich der über dem Mittelgebiet abfallende Anteil der Spannung aus dem Integral über dem zur Stromdichte j proportionalen Feldanteil in Gleichung (3.1.20):

$$U_{drift} = \frac{j}{q \cdot (\mu_n + \mu_p)} \int_0^{w_B} \frac{1}{p(w)} dw \tag{3.1.33}$$

Bei homogener Verteilung p(w) wäre das Integral gleich w_B/p. Bei nicht zu stark durchhängendem Verlauf kann der Mittelwert von p nach (3.1.27) angenommen werden, damit wird

$$U_{drift} = \frac{j \cdot w_B}{q \cdot (\mu_n + \mu_p) \cdot \overline{p}} \tag{3.1.34}$$

Die Dichte der Ladungsträger entspricht einer gespeicherten Ladung

$$Q_F = q \cdot A \cdot w_B \cdot \overline{p} \tag{3.1.35}$$

und damit wird

$$U_{drift} = \frac{I_F \cdot w_B^2}{(\mu_n + \mu_p) \cdot Q_F} \tag{3.1.36}$$

Solange wir alle anderen Anteile der Rekombination, z.B. in den Randgebieten, vernachlässigen und von einem konstanten τ_{HL} ausgehen, kann Q_F wieder ausgedrückt werden mit

$$Q_F = I_F \cdot \tau_{HL} \tag{3.1.37}$$

und aus (3.1.36) wird damit

$$U_{drift} = \frac{w_B^2}{(\mu_n + \mu_p) \cdot \tau_{HL}} \tag{3.1.38}$$

Benutzt man die in (3.1.24) definierte ambipolare Diffusionslänge L_A, setzt für D_A die Definition nach (3.1.23) ein und benutzt weiter die in Silizium annähernd gültige Näherung $\mu_n \approx 3 \cdot \mu_p$, so wird (3.1.38) zu

$$U_{drift} = \frac{3}{8} \cdot \frac{k \cdot T}{q} \left(\frac{w_B}{L_A} \right)^2 \qquad \text{für } w_B < 2 \cdot L_A \tag{3.1.39}$$

was sich in dieser Form in vielen Lehrbüchern, z. B. [Sze81], findet. Mit der Forderung $w_B < 2 \cdot L_A$ ist eine nicht zu stark durchhängende Verteilung der freien Ladungsträger vorausgesetzt. Für eine stärker durchhängende Verteilung gilt statt (3.1.39) die Gleichung

$$U_{drift} = \frac{3 \cdot \pi}{8} \cdot \frac{k \cdot T}{q} \cdot e^{\frac{w_B}{2 \cdot L_A}} \qquad \text{für } w_B > 2 \cdot L_A \tag{3.1.40}$$

Bei Dioden für Netzanwendungen ist τ_{HL} bzw. L_A hoch, man befindet sich im Bereich der Gültigkeit von (3.1.39) bzw. (3.1.38). Die Durchlass-Spannung $U_F = U_L + U_{drift} + U_R$ liegt bei den in dieser Anwendung vorgesehenen Strömen im Bereich von 0,9...1,5V. Aber auch für die meisten schnellen Dioden ist der quadratische Zusammenhang zu w_B anwendbar.

Bei sehr schnellen Dioden im Spannungsbereich 1200V und darüber, die als Freilaufdioden für IGBTs für Schaltfrequenzen von 20kHz und darüber vorgesehen sind, muss die Trägerlebensdauer sehr niedrig eingestellt werden, so dass man in den Bereich gelangen kann, in dem der exponentielle Zusammenhang (3.1.40) gilt. In jedem Fall sollte die Basisweite w_B niedrig gewählt werden, eine PT-Dimensionierung ist anzustreben. Andererseits erschwert dies die Einstellung eines Soft-Recovery-Verhaltens, wie später noch gezeigt wird. Weiter gehen Streuungen in w_B und in der Einstellung der Trägerlebensdauer sehr stark in die Durchlass-Spannung ein, und Streuungen in der Durchlass-Spannung sind sehr störend, zumal in vielen Anwendungen schnelle Dioden parallel geschaltet werden. Daher ist für die Herstellung hochwertiger schneller Dioden eine sehr exakte Technologie erforderlich.

Nach (3.1.38) – (3.1.40) ist der durch das Mittelgebiet verursachte Spannungsabfall unabhängig vom Strom. Tatsächlich steigt mit zunehmendem Strom proportional zu diesem die Konzentration freier Ladungsträger, und nach (3.1.34) hebt sich die Wirkung auf. Dieser Anteil der Durchlass-Spannung sollte also stromunabhängig sein, und abgesehen vom schwachen Einfluss der Diffusionsspannungen an den Übergängen nach (3.1.30) und (3.1.31) sollte auch die gesamte Durchlass-Spannung kaum stromabhängig sein. Das ist die Wirkung der Leitfähigkeitsmodulation, einem Charakteristikum bipolarer Bauelemente. Es gibt die Möglichkeit, ein breites niedrig dotiertes Mittelgebiete einzuführen, das eine hohe Sperrspannung erlaubt, und trotzdem bei Stromführung in Vorwärtsrichtung die Durchlass-Spannung niedrig zu halten.

Allerdings widerspricht eine nahezu stromunabhängige Durchlass-Spannung in den meisten Fällen dem, was bei der Messung der Kennlinie zu sehen ist (siehe Abb. 3.1.2). Lediglich bei Schweißdioden-Dioden, die mit dünner Mittelzone und sehr hochdotierten Außenzonen auf sehr niedrige Durchlass-Spannung optimiert sind, wird über einen weiten Bereich eine nahezu konstante niedrige Durchlass-Spannung gefunden. Bei genauerer Betrachtung führt aber die erhöhte Stromdichte zu einer starken Abnahme der Beweglichkeiten. Dies ist in Kapitel 2.1, Abb. 2.1.8 dargestellt. Wird diese Abnahme der Beweglichkeiten berücksichtigt, nimmt die Durchlass-Spannung zu.

Doch auch dieser Effekt ist klein und man kann allein damit die in der Kennlinie beobachtete starke Stromabhängigkeit nicht erklären.

Emitter-Rekombination und effektive Trägerlebensdauer

Bisher wurde der Einfluss der Außenzonen vernachlässigt. Dieser spielt aber, je nach Auslegung der Diode, eine sehr große Rolle.

Eine Möglichkeit besteht darin, den Einfluss der Außenzonen durch Einführung einer effektive Trägerlebensdauer τ_{eff} zu berücksichtigen. Dazu geht man von der zeitabhängigen Kontinuitätsgleichung (2.1.60) aus. Die gegenüber dem thermodynamischen Gleichgewicht angehobene Löcherkonzentration sei $\Delta p = p - p_0$. Damit wird (2.1.60) zu

$$-\frac{\partial j_p}{\partial w} = q \cdot \frac{\partial \Delta p}{\partial t} + q \cdot \frac{\Delta p}{\tau_p} \tag{3.1.41}$$

Zur Integration von (3.1.41) werden die Randbedingungen angenommen, wie sie in Abb. 3.1.7 dargestellt sind.

$j_p(w = -\infty) = j$: Tief im p-Gebiet wird der Strom nur von Löchern getragen

$j_p\,(w = \infty) = 0$: Tief im n^+-Gebiet tragen die Löcher nicht mehr zum Stromtransport bei.

Die Integration der linken Seite von (3.1.41) muss damit den Gesamtstrom j ergeben, und es wird

$$j = q \cdot \int_{-\infty}^{\infty} \frac{\Delta p}{\tau_p} dw + q \cdot \frac{d}{dt} \int_{-\infty}^{\infty} \Delta p \cdot dw \tag{3.1.42}$$

Für den mittleren Term, den Rekombinationsterm, wird eine effektive Trägerlebensdauer τ_{eff} definiert durch

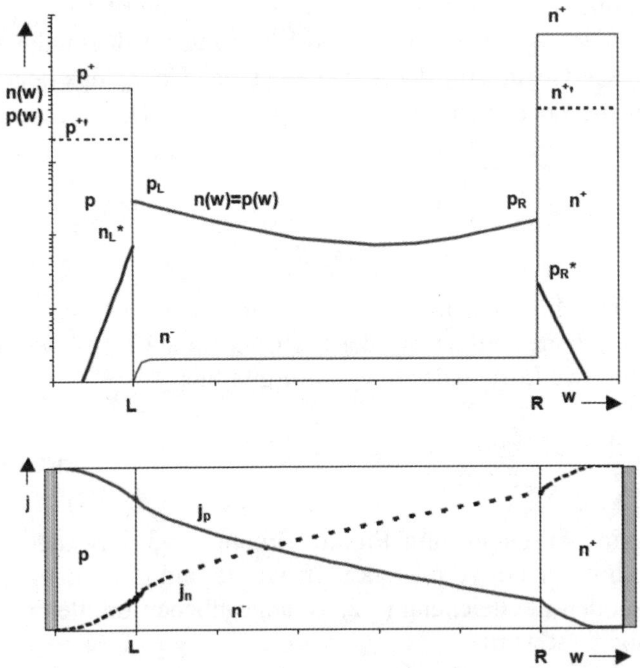

Abb. 3.1.7 pin-Diode mit Berücksichtigung der Rekombination in den Aussenzonen

$$\int_{-\infty}^{\infty} \frac{\Delta p}{\tau_p} dw = \frac{1}{\tau_{eff}} \cdot \int_{-\infty}^{\infty} \Delta p \cdot dw \qquad (3.1.43)$$

wobei das Integral von weit im p-Gebiet (w = $-\infty$) bis weit in das n^+-Gebiet (w = $+\infty$) reicht und alle Einflüsse mitnimmt. Wird dies eingesetzt in (3.1.42) und noch mit der Fläche multipliziert erhält man

$$I_F = \frac{Q}{\tau_{eff}} + \frac{dQ}{dt} \qquad (3.1.44)$$

Diese Gleichung (3.1.44) ist eine allgemein gültige Gleichung der Ladungsdynamik. Bei stationärem Durchlass-Strom I_F folgt $dQ/dt = 0$ und damit

$$Q_F = I_F \cdot \tau_{eff} \qquad (3.1.45)$$

Zum Zustandekommen der effektiven Trägerlebensdauer τ_{eff} muss die die linke Seite von (3.1.43) genauer betrachtet werden. Der in das p-Gebiet eindringende Elektronenstrom wird dort getragen von Minoritätsträgern; die Anhebung ihrer Dichte gegenüber dem pn-Übergang im thermodynamischen Gleichgewicht ist Δn. Auf der n^+-Seite des nn^+-Übergangs liegen als Minoritätsträger die Löcher vor, die durch $p_R{}^*$ und Δp gekennzeichnet sind. Damit wird aus (3.1.43)

$$\int_{-\infty}^{L} \frac{\Delta n}{\tau_n} dw + \int_{R}^{\infty} \frac{\Delta p}{\tau_p} dw + \int_{L}^{R} \frac{\Delta p}{\tau_p} dw = \frac{1}{\tau_{eff}} \cdot \int_{-\infty}^{\infty} \Delta p \cdot dw \tag{3.1.46}$$

Die Konzentration der Minoritätsträger auf der p-Seite des pn-Übergangs beträgt $n_L{}^*$, sie fällt exponentiell ab mit der Diffusionslänge $L_n(p)$, wie in Abb. 3.1.7 dargestellt. Die Lösung des Integrals ergibt hier

$$\int_{-\infty}^{L} \frac{\Delta n}{\tau_n} dw = \frac{L_n(p)}{\tau_n(p)} \cdot n_L{}^* = h_p \cdot p_L{}^2 \tag{3.1.47}$$

wobei $n_L{}^*$ mit der im Abschnitt zum Emitterwirkungsgrad verwendeten Gleichung (2.2.45) mit der Größe p_L verknüpft wurde und die Parameter des p-Emitters durch den in Gleichung (2.2.48) angegebenen Emitterparameter h_p zusammengefasst wurden.

Entsprechend ergibt sich auf der rechten Seite

$$\int_{R}^{\infty} \frac{\Delta p}{\tau_p} dw = \frac{L_p(n)}{\tau_p(n)} \cdot p_R{}^* = h_n \cdot p_R{}^2 \tag{3.1.48}$$

Das Integral über das Mittelgebiet zwischen den Grenzen L und R kann ausgedrückt werden durch

$$\int_{L}^{R} \Delta p dw = \overline{p} \cdot w_B \tag{3.1.49}$$

Der Anteil der in den Randgebieten gespeicherten Ladungsträger an der Speicherladung kann, sofern nicht ein sehr flacher Gradient der Konzentration im Randgebiet vorliegt, vernachlässigt werden. Das Integral von $-\infty$ bis $+\infty$ auf der rechten Seite in (3.1.46) kann dann in Bezug auf die gespeicherte Ladung gleich dem in (3.1.49) gesetzt werden. Damit ergibt sich schließlich, bei Einsetzen von (3.1.47) bis (3.1.49) in (3.1.46)

$$h_p \cdot p_L{}^2 + h_n \cdot p_R{}^2 + \frac{1}{\tau_p} \overline{p} \cdot w_B = \frac{1}{\tau_{eff}} \cdot \overline{p} \cdot w_B \tag{3.1.50}$$

und daraus folgt

$$\frac{1}{\tau_{eff}} = \frac{1}{\tau_p} + \frac{h_p \cdot p_L^{\,2}}{w_B \cdot \overline{p}} + \frac{h_n \cdot p_R^{\,2}}{w_B \cdot \overline{p}} \tag{3.1.51}$$

Der erste Term rechts in (3.1.51) ist ein Maß für die Rekombination in der Basis, der zweite Term für die Rekombination im p-Emitter und der dritte Term für die Rekombination im n-Emitter. Die effektive Trägerlebensdauer τ_{eff} ist damit immer kleiner als die Trägerlebensdauer in der Mittelzone der pin-Diode; sie ist reduziert um den Einfluss der Emitter auf beiden Seiten. Dieser Einfluss kann sehr hoch sein.

Es soll als Beispiel der Einfluss des Emitters auf die effektive Trägerlebensdauer anhand einer Diode abgeschätzt werden, bei der auf der p-Seite ein Emitter niedrigen Emitterwirkungsgrads eingesetzt ist. Im Abschnitt zum Emitterwirkungsgrad am Ende von Kap. 2.2 wurde ein solcher Emitter einer Dotierung $N_A = 2 \cdot 10^{16} cm^{-3}$ behandelt, der Emitter-Parameter h_p nach (2.2.54) ergab sich zu $3{,}4 \cdot 10^{-12}\ cm^4/s$.

Als interne Ladungsträgerverteilung in einer Diode mit schwachem p-Emitter soll das später in Abb. 3.1.32 gezeigte Profil angenommen werden. Bei einer Überschwemmung am Rand des Emitters von $p_L = 1 \cdot 10^{16} cm^{-3}$, einer mittleren Überschwemmung $\overline{p} = 1{,}5 \cdot 10^{16} cm^{-3}$ sowie einer Dicke von 120µm ergibt sich

$$\frac{h_p \cdot p_L^{\,2}}{w_B \cdot \overline{p}} = 1{,}9 \cdot 10^6\, s^{-1}$$

Auf der rechten Seite sei ein n^+-Emitter hoher Dotierung mit $N_D = 1 \cdot 10^{19} cm^{-3}$ eingesetzt, hier ist h_n aus dem Auger-Mechanismus nach Gleichung (2.2.62) zu bestimmen. Nach dem in diesem Zusammenhang beschriebenen Vorgehen errechnet sich h_n zu $2{,}4 \cdot 10^{-14}\ cm^4/s$, und es ergibt sich

$$\frac{h_n \cdot p_R^{\,2}}{w_B \cdot \overline{p}} = 0{,}27 \cdot 10^6\, s^{-1}$$

Nimmt man für diese schnelle Diode ein τ_p von 300ns an, so ergibt sich nach (3.1.51) die effektive Trägerlebensdauer τ_{eff} = 182ns. τ_{eff} ist hier also etwa 60% von τ_p geworden. Betrachtet man die in (3.1.51) eingehenden Beiträge, so ist zu erkennen: Dies ist fast vollständig auf den Einfluss des p-Emitters zurückzuführen, wogegen der hochdotierte n^+ Emitter nur wenig dazu beiträgt.

Insbesondere ist auch die mit (3.1.51) beschriebene effektive Trägerlebensdauer τ_{eff} keine Konstante, sondern stromabhängig. Die eingehenden

Größen p_R, p_L und $\bar{p}$ wachsen jeweils proportional zum Strom, und damit wächst die Emitterrekombination jeweils proportional zum Strom. Auch in der Praxis beobachtet man, dass mit zunehmendem Strom die Speicherladung nicht linear, sondern wesentlich schwächer ansteigt: τ_{eff} sinkt mit zunehmendem Strom.

Anstelle Gleichung (3.1.38) folgt aus (3.1.26) eine allgemeinere Darstellung

$$U_{drift} = \frac{w_B^{\;2}}{(\mu_n + \mu_p) \cdot \tau_{eff}} = \frac{w_B \cdot j}{(\mu_n + \mu_p) \cdot \bar{p}} \tag{3.1.52}$$

denn dabei gilt $Q_F = I_F.\tau_{eff}$, und auch Gleichung (3.1.35) bleibt gültig. Aus einem mit zunehmendem Strom abnehmenden τ_{eff} geht die beobachtete Zunahme von U_{drift} hervor.

Die Emitter-Rekombination hat auch zur Folge, dass die Trägerlebensdauer selbst bei sehr reinen Kristallen nicht beliebig hoch werden kann. Stets geht in Abschätzung von τ_{eff} die Rekombination in den Endgebieten ein. Eine Näherung dafür ist beispielsweise

$$\frac{1}{\tau_{eff}} \approx \frac{1}{\tau_{HL}} + \frac{1}{5\mu s} \tag{3.1.53}$$

Auch wenn man die Trägerlebensdauer τ_{HL} sehr groß macht, wird die effektive Trägerlebensdauer damit nicht über den Wert von 5µs hinaus angehoben, der durch die Rekombination in den Endgebieten gegeben ist.

Emitter-Rekombination und Durchlass-Spannung

Nun soll die Durchlass-Spannung unter Berücksichtigung des Einflusses der Emitterzonen ermittelt werden. In der Hall'schen Näherung wurde davon ausgegangen, dass die gesamte Rekombination im Mittelgebiet stattfindet. Am pn-Übergang war gefordert $j = j_p$, am nn^+-Übergang war vorausgesetzt $j = j_n$. Die Stromanteile für diesen Fall sind im Abb. 3.1.8a dargestellt. Diese Randbedingungen sollen nun an die Ränder des Halbleiters verlagert werden und eine Rekombination in den Außenzonen soll berücksichtigt werden. Abb. 3.1.8b stellt diesen schon aus Abb. 3.1.7 bekannten Fall dar. Ein beträchtlicher Anteil des Stroms rekombiniert bereits im p-Emitter und ein Teil im n^+-Emitter.

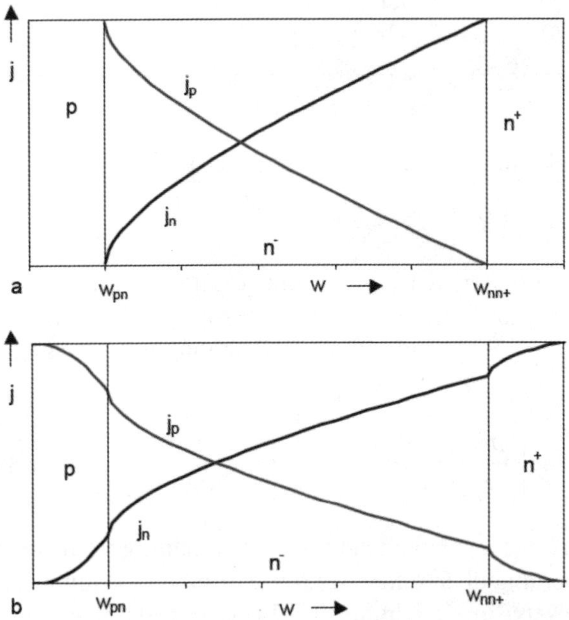

Abb. 3.1.8 Stromanteile in der Leistungsdiode. a) Hall'sche Näherung, Rekombination nur im Mittelge-biet. b) Rekombination in Mittelgebiet und in den Emittern.

Der weiterhin wie in Hall'scher Näherung im Mittelgebiet rekombinierende Strom sei j_H, der in den Emittern rekombinierende Strom sei j_E. Der von der Trägerlebensdauer im Mittelgebiet abhängige Strom ist proportional zur mittleren Überschwemmung $\overline{p}$ (siehe Gleichung 3.1.28). Im p-Emitter rekombinert der Strom $j_E(L)$, im n^+-Emitter rekombiniert $j_E(R)$, der gesamte in den Emittern rekombinierende Strom ist $j_E = j_E(L) + j_E(R)$. Unter Benutzung des in (2.2.53) angegebenen Zusammenhangs, nach dem der in den Emittern rekombinierende Strom ist proportional zum Quadrat der Dichte der Ladungsträger an dem jeweiligen Rand ist, kann j_E angegeben werden:

$$j_E = j_E(L) + j_E(R) = q \cdot \left(h_p p_L^{\ 2} + h_n p_R^{\ 2} \right) \tag{3.1.54}$$

p_L und p_R sind die Konzentration an den Rändern der gefluteten Mittelzone, siehe Abb. 3.1.7. Mit steigendem Strom steigen sowohl p_L und p_R als auch $\overline{p}$, es soll angenommen $p_L = a_p \cdot \overline{p}$ und $p_R = a_n \cdot \overline{p}$, wobei a_p zwischen 0,5 und 3 liegt (für einen stark reduzierten p-Emitter kleiner 1, für einen

Emitter hohen Wirkungsgrads eher bei 3). a_n liegt zwischen 1,5 und 3. Damit wird aus (3.1.54)

$$j_E = q \cdot \overline{p}^2 \left(h_p a_p^2 + h_n a_n^2 \right) = q \cdot H \cdot \overline{p}^2 \tag{3.1.55}$$

wobei die Emittereigenschaften zusammengefasst sind in

$$H = h_p a_p^2 + h_n a_n^2 \tag{3.1.56}$$

Vom Gesamtstrom j rekombiniert der Anteil j_E im Emitter und der Anteil j_H in der Basis. Den in der Basis rekombinierenden Strom j_H erhält man aus Gleichung (3.1.28), mit $j = j_E + j_H$ folgt aus den Gleichungen (3.1.28) und (3.1.55)

$$j = q \cdot \left(\frac{\overline{p} \cdot w_B}{\tau_{HL}} + \overline{p}^2 \cdot H \right) \tag{3.1.57}$$

Dabei sind die Größen a_p und a_n als konstant, d.h. unabhängig vom Strom betrachtet, was als Näherung über einen weiten Strombereich hinreicht. Gleichung (3.1.57) eingesetzt in Gleichung (3.1.34) ergibt als Spannungsabfall

$$U_{drift} = \frac{w_B}{\mu_n + \mu_p} \cdot \left(\frac{w_B}{\tau_{HL}} + \overline{p} \cdot H \right) \tag{3.1.58}$$

Wird noch $\overline{p}$ unter Verwendung von Gleichung (3.1.34) durch U_{drift} ersetzt, so ergibt sich

$$U_{drift} = \frac{w_B}{\mu_n + \mu_p} \cdot \left(\frac{w_B}{\tau_{HL}} + H \frac{w_B \cdot j}{q \cdot \left(\mu_n + \mu_p \right) \cdot U_{drift}} \right) \tag{3.1.59}$$

Gleichung (3.1.59) aufgelöst nach U_{drift} ergibt

$$U_{drift} = \frac{w_B^2}{\left(\mu_n + \mu_p \right) \tau_{HL}} \cdot \left(\frac{1}{2} + \sqrt{\frac{1}{4} + \frac{H}{q} \cdot \frac{\tau_{HL}^2}{w_B^2} j} \right) \tag{3.1.60}$$

Für den Fall vernachlässigbarer Emitterrekombination – also für sehr kleines H – nähert sich Gleichung (3.1.60) wieder der Hall'schen Näherung in Gleichung (3.1.38). Bei Berücksichtigung der Emitterrekombination erhält man den Zusammenhang von U_{drift} zur Wurzel aus der Stromdichte, wie er für die meisten Leistungsdioden gemessen wird.

Gleichung (3.1.59) aufgelöst nach j ergibt

$$j = q \cdot \left(\frac{\mu_n + \mu_p}{w_B} \right)^2 \cdot \frac{U_{drift}}{H} \left(U_{drift} - \frac{w_B^{\,2}}{(\mu_n + \mu_p) \cdot \tau_{HL}} \right) \tag{3.1.61}$$

Der letzte Term in der Klammer $\frac{w_B^{\,2}}{(\mu_n + \mu_p) \cdot \tau_{HL}} = U_H$ entspricht dem Spannungsabfall, der sich für die Hall'sche Näherung in Gleichung (3.1.38) ergeben hatte, er soll im folgenden als U_H abgekürzt werden. Gleichung (3.1.61) gilt für $U_{drift} > U_H$.

Die Beziehung (3.1.61) ermöglicht die Angabe der Durchlasskennlinie. Die über dem Bauelement abfallende Spannung ist $U_F = U_j + U_{drift}$. Ersetzt man nun U_{drift} durch U_F-U_j, so erhält man eine Kennliniengleichung

$$j = q \cdot \left(\frac{\mu_n + \mu_p}{w_B} \right)^2 \cdot \frac{(U_F - U_j)}{H} \left((U_F - U_j) - U_H \right) \tag{3.1.62}$$

für $U_F > U_j + U_H$.

Mit (3.1.62) liegt eine Gleichung vor, die mit dem bei modernen schnellen Dioden sehr häufig beobachteten parabelförmigen Verlauf der Kennlinie übereinstimmt, wie sie z.B. in Abb. 3.1.9 dargestellt ist. Gerade bei modernen schnellen Dioden wird zur Einstellung des Reverse-Recovery-Verhaltens die Emitter-Rekombination genutzt. Abb. 3.1.9 zeigt die Messung einer Kennlinie einer schnellen 600V-Diode und das Ergebnis einer Anpassung nach Gleichung (3.1.62). Zur Hervorhebung der Unterschiede ist eine logarithmische Darstellung gewählt. Die Anpassung stimmt schon ab einer Stromdichte von 30A/cm² gut überein, wenn man für diese spezielle Diode $U_j = 0{,}61$V und $H = 6{,}5 \cdot 10^{-12}$cm⁴/s wählt. Der Nennstrom einer schnellen 600V-Diode liegt typisch bei 200-250A/cm², in diesem Bereich ist die Übereinstimmung sehr gut.

Der gewählte Wert von H entspricht dabei dem Zustand, dass bei Nennstrom mehr als 50% des Rekombinationsvorgangs in den Emittergebieten stattfindet. Demnach überwiegen bei modernen schnellen Dioden die Einflüsse der Emittergebiete. Bei kleinen Stromdichten ist, wie in Abb. 3.1.9 zu sehen, die einfache Anpassung nach (3.1.62) nicht mehr gültig. Denn U_j ist stromabhängig, ebenfalls sind die Beweglichkeiten abhängig von der Höhe der Überflutung des Mittelgebiets und damit vom Strom. Wenn man sich dieser Vereinfachungen bewusst ist, kann man Gleichung (3.1.62) benutzen für die Wiedergabe des parabolischen Verlaufs der Kennlinie einer modernen schnellen Diode einem Schaltkreis-Simulator. Dieser benötigt vereinfachte Modelle für die Kennlinie einer Diode, und die Beschreibung durch eine Parabel kommt den realen Verhältnissen in den meisten Fällen sehr viel näher als die Beschreibung nach der Hall'schen Näherung, in der keine Stromabhängigkeit der Durchlass-Spannung auftritt.

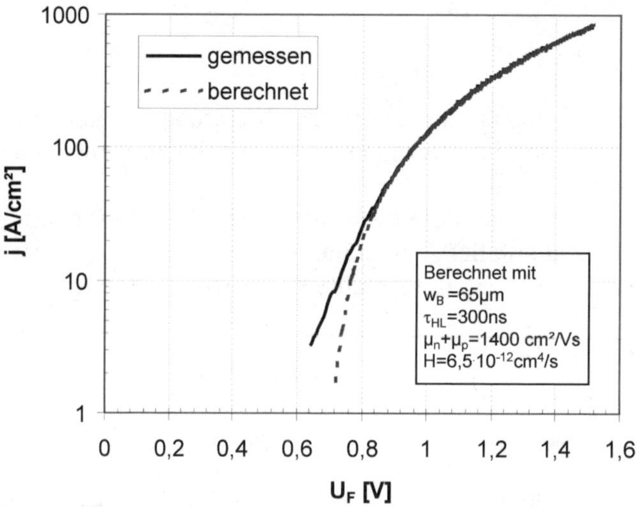

Abb. 3.1.9 Gemessene Durchlasskennlinie sowie Anpassung bei Berücksichtigung der Rekombination in den Emittern

Auch für IGBTs lässt sich für die Beschreibung der Kennlinie im voll durchgesteuerten Zustand Gleichung (3.1.62) benutzen, denn die Durchlasseigenschaften von IGBTs sind maßgeblich von den Emittern bestimmt. Eine derartige Kennlinie findet sich in Abb. 3.6.3. Bei den in IGBTs oft vorliegenden sehr flachen und niedrig dotierten Emittern findet sich allerdings oberhalb des Nennstroms der Übergang zu einem linearen, widerstandsartigen Bereich.

Temperaturabhängigkeit der Durchlasskennlinie

Bei kleinem Strom nimmt die Durchlassspannung mit der Temperatur ab, da der am pn-Übergang abfallende Anteil der Spannung mit der Temperatur nach (3.1.30) mit steigendem n_i^2 abnimmt. Die Diode kann somit bei kleinem Strom als Temperatursensor eingesetzt werden (siehe dazu Kapitel 2, Abb. 2.2.5).

Bei höheren Stromdichten ist die Temperaturabhängigkeit von U_{drift} ausschlaggebend, hier sind entgegengesetzte Gesichtspunkte zu berücksichtigen:

Die Beweglichkeiten nehmen mit der Temperatur ab (siehe Abb. 2.1.9 sowie Anhang A1). Das führt nach (3.1.52) zur Zunahme von U_{drift}.

Die Trägerlebensdauer nimmt mit steigender Temperatur zu. Das führt zur Abnahme von U_{drift}.

Da beide Effekte gegenläufig sind, hängt der schließlich auftretende Verlauf stark von der Technologie, insbesondere von den eingebrachten Rekombinationszentren ab.

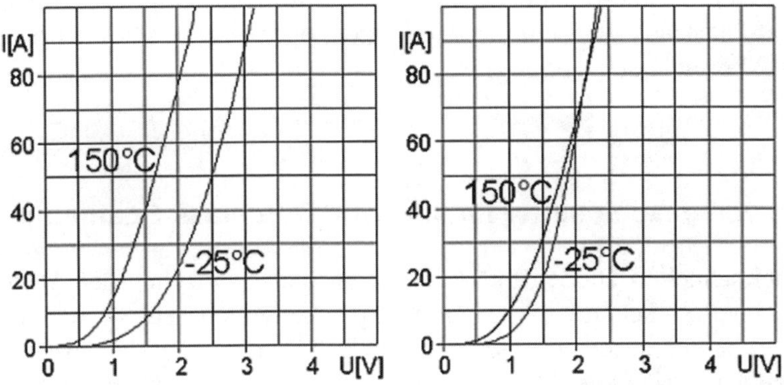

Abb. 3.1.10 Durchlasskennlinien von schnellen 1200V Dioden. Links: Platindiffundierte Diode. Rechts: Diode mit strahlungsinduzierten Rekombinationszentren (CAL-Diode). Aktive Fläche 0,32cm²

Bei Verwendung strahlungsinduzierter Rekombinationszentren wird ein Verlauf wie ein Abb. 3.1.10 rechts beobachtet: Die Durchlasskennlinien schneiden sich bei einem Wert von 150-200A/cm² – einer Stromdichte, wie sie für den Nennstrom bei einer schnellen 1200V Diode typisch ist.

Bei Dioden ohne Rekombinationszentren (Gleichrichterdioden für Netzfrequenz) sowie bei Verwendung von Gold als Rekombinationszentrum wird ebenfalls ein Schnittpunkt beobachtet, aber bei einer etwa dreifach höheren Stromdichte.

Bei Verwendung von Platin in Verbindung mit nicht zu schwach dotierten Außenzonen wird im relevanten Bereich kein Schnittpunkt gefunden. Ein Beispiel zeigt Abb. 3.1.10 links. Hier nimmt die Durchlass-Spannung stark ab. Dies ist zwar von Vorteil für die Verlustleistungsbilanz, aber dieses Temperaturverhalten ist ungünstig für die Parallelschaltung: Herstellungsbedingt liegt eine Streubreite der Durchlass-Spannung vor. Die Diode mit weniger Spannungsabfall wird mehr Strom übernehmen, dadurch noch wärmer werden, wiederum mehr Strom übernehmen, usw. Ein stark negativer Temperaturkoeffizient (>2mV/K) führt zur Gefahr thermischer Instabilität bei Parallelschaltung von Dioden. Eine Diode wie in Abb. 3.1.10 rechts ist dagegen günstig für die Parallelschaltung.

Parallelgeschaltete Dioden sind thermisch miteinander gekoppelt:

- bei Parallelschaltung im Modul über das Substrat
- bei Parallelschaltung von Modulen durch den Kühlkörper.

Diese Kopplung reicht bei schwach negativem Temperaturkoeffizient in der Regel aus, um ein thermisches Weglaufen der Diode mit der niedrigsten Durchlass-Spannung zu vermeiden. Bei Dioden mit negativem Temperaturkoeffizient >2mV/K empfiehlt sich, die Strombelastung niedriger zu wählen, als sich aus der Summe der Einzeldioden ergibt. Dies wird als „Derating" bezeichnet.

Relation von gespeicherter Ladung und Durchlass-Spannung

Gerade bei schnellen Dioden muss ein Kompromiss zwischen der Anforderung schnellen Schaltens – niedrige Speicherladung, etc. – und der Durchlass-Spannung getroffen werden. Senkt man die Trägerlebensdauer, nimmt nach (3.1.41) die Durchlass-Spannung zu. Diese Relation kann durch Einsetzen von (3.1.40) in (3.1.41) und Auflösung nach Q_F ausgedrückt werden mit

$$Q_F = \frac{w_B^{\;2} \cdot I_F}{U_{drift}\left(\mu_n + \mu_p\right)} \tag{3.1.63}$$

Die Durchlass-Spannung hatten wir zerlegt in den über dem Driftgebiet abfallenden Anteil und den Spannungsabfall U_L am pn- und U_R am nn^+-Übergang (siehe 3.1.29). Die beiden letzen sollen zur Schleusenspannung U_j zusammengefasst werden; $U_F = U_j + U_{drift}$, damit wird

$$Q_F = \frac{w_B^{\;2} \cdot I_F}{\left(U_F - U_j\right)\left(\mu_n + \mu_p\right)} \tag{3.1.64}$$

Der hyperbolische Zusammenhang ist in Abb. 3.1.11 gezeigt. Dabei ist Q_F nach (3.1.64) für eine schnelle 600V Diode mit w_B = 65µm aufgetragen. Zum Vergleich sind die Messwerte für Q_{RR} bei einer entsprechend dimensionierten Diode aufgetragen. Q_{RR} unterscheidet sich von Q_F durch die während des Messvorgangs rekombinierende Ladung.

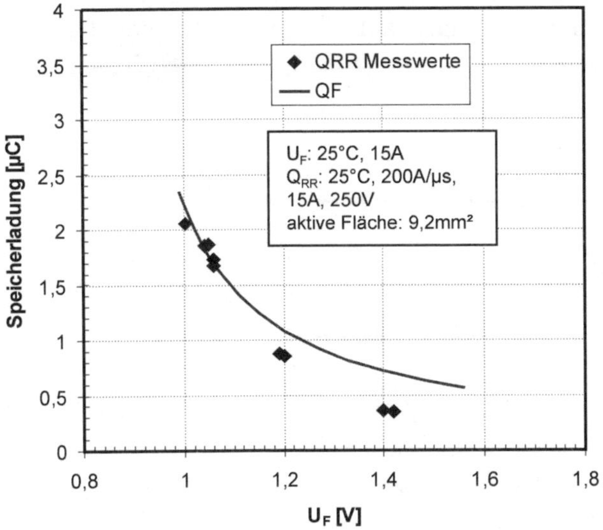

Abb. 3.1.11 Relation gespeicherte Ladung zur Durchlass-Spannung für eine 600V Diode

Zu berücksichtigen ist auch, dass in den Zusammenhang (3.1.64) eine Reihe von Näherungen eingehen. So ist die Emitterrekombination in die effektive Lebensdauer τ_{eff} hineingenommen. Relevant sind die Messwerte.
Der hyperbolische Zusammenhang wie in Abb. 3.1.11 ergibt sich für jede Technologie, wie weit er sich zu niedrigen Werten verschieben kann ist ein Bewertungskriterium für das jeweilige Design. Sowohl in Q_F als auch in U_F geht w_B quadratisch ein, um die Werte zu senken ist demnach w_B unter Berücksichtigung aller Anforderungen so niedrig wie möglich zu wählen.
Damit ist noch nichts ausgesagt über die Form, in der die gespeicherte Ladung beim Reverse-Recovery-Vorgang auftritt. Das ist jedoch von noch größerer Bedeutung. Siehe dazu die folgenden Abschnitte über das Abschaltverhalten. Zunächst soll jedoch das Einschaltverhalten betrachtet werden.

Einschaltverhalten von Leistungsdioden

Beim Übergang der Diode in den leitenden Zustand steigt die Spannung zunächst auf die Einschalt-Spannungsspitze U_{FRM} (FR: Forward Recovery) an, bevor sie auf die Durchlass-Spannung absinkt. Abb. 3.1.12 zeigt die bestehende Definition von U_{FRM} und der Einschaltzeit t_{fr}, wobei t_{fr} definiert ist als Zeit zwischen dem Erreichen von 10% des Vorwärtsstroms und dem Zeitpunkt, an dem die Spannung auf das 1,1-fache der Durchlass-Spannung abgesunken ist.

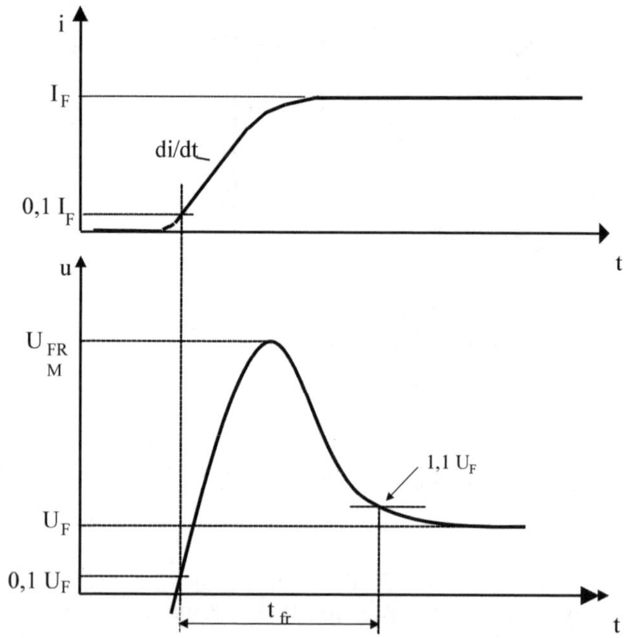

Abb. 3.1.12 Kenngrößen des Einschaltverhaltens von Leistungsdioden

Diese ältere Definition stammt aus der Zeit, als Thyristoren das dominierende Bauelement waren. U_{FRM} lag bei einigen Volt. Diese Definition ist für Freilauf- und Beschaltungsdioden bei IGBTs nur wenig aussagekräftig, denn es treten so hohe Steilheiten des Einschaltstroms di/dt auf, dass U_{FRM} z. B. bei einer ungeeigneten 1700V-Diode 200V bis 300V betragen kann und damit das mehr als 100-fache von U_F. Das Ablesen von 1,1-fachen von U_F ist nicht mehr praktikabel.

Für Beschaltungsdioden ist ein niedriges U_{FRM} eine der wichtigsten Anforderungen, da die Beschaltung erst wirkt, nachdem die Diode eingeschaltet ist.

Auch bei Freilaufdioden, die auf > 1200V Sperrspannung ausgelegt sind, spielt die Einschaltspannungsspitze eine Rolle. Beim Abschalten des IGBT tritt an den parasitären Induktivitäten eine Spannungsspitze auf, der sich U_{FRM} der Freilaufdiode noch überlagert. Die Summe beider Komponenten kann zu kritischen Spannungsspitzen führen.

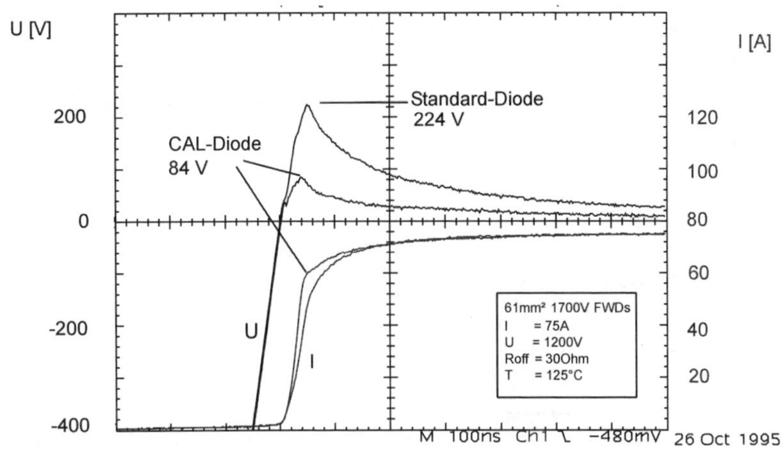

Abb. 3.1.13 Einschaltverhalten zweier Dioden mit unterschiedlicher Weite w_B der niedrig dotierten Zone

Die Messung ist aber keineswegs trivial, da in der anwendungsnahen Chopper-Schaltung die induktive Komponente und U_{FRM} nicht unterschieden werden können. Die Messung ist an einem offenen Aufbau direkt an den Bonddrähten der Diode möglich. Eine solche Messung zeigt Abb. 3.1.13. Hier ist das Einschalten zweier Dioden gezeigt, von denen die eine (Standard-Diode) ein sehr breites w_B aufweist, um ein Soft-Recovery-Abschaltverhalten zu erreichen. Bei der im Vergleich dazu gezeigten CAL-Diode ist w_B möglichst niedrig gehalten. Mit gleicher Ansteuerung des IGBT ergab sich bei der CAL-Diode ein U_{FRM} von 84V, bei der Standard-Diode ein U_{FRM} von 224V.

Analytisch ist eine worst-case Betrachtung möglich. Bei einer stufenförmigen Flanke des Stroms (di/dt = ∞) entspricht die maximal auftretende Spannung dem Widerstand der nicht gefluteten Basis multipliziert mit der Stromdichte:

$$U_{FRM} = \frac{w_B \cdot j}{q \cdot \mu_n \cdot N_D} \tag{3.1.65}$$

Da mit Auslegung der Diode auf höhere Spannung sowohl die Dotierung N_D niedriger als auch w_B höher gewählt werden muss, nimmt die mögliche Spannungsspitze stark zu. Abb. 3.1.14 zeigt die Resultate nach (3.1.65), wobei N_D und w_B für schnelle Dioden verschiedener spezifizierter Sperrspannung eingesetzt wurden und die Beweglichkeit μ_n für T = 400K aus Abb. 2.1.9 benutzt wurde.

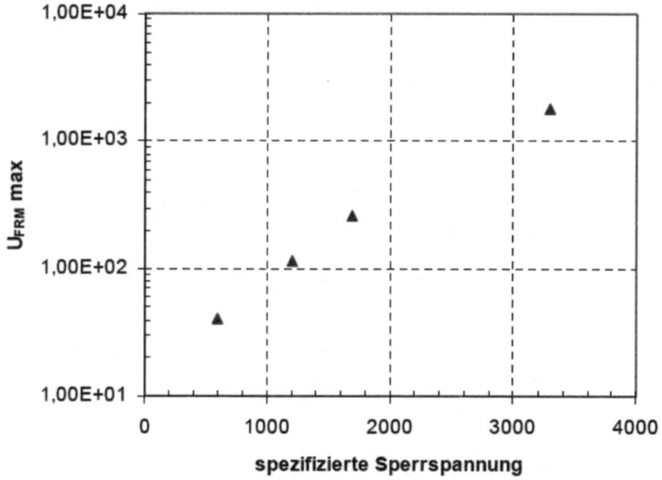

Abb. 3.1.14 Worst-Case –Spannungsspitze beim Einschalten von Dioden. T = 125°C. Kompensationseffekte sind nicht berücksichtigt

Bei einer auf 600V ausgelegten Diode können also nur wenige 10V Spannungsspitze auftreten, bei einer auf 1700V ausgelegten Diode schon über 200V und bei einer Diode der Spannungsklasse >3000V schon über 1000V. Dabei sind hier Effekte der Rekombinationszentren nicht berücksichtigt: So ist vom Rekombinationszentrum Gold eine kompensierende Wirkung bekannt: Das Niveau bei W_C - 0,54eV hat den akzeptorischen Charakter. Es kompensiert in einem niedrig dotierten n-Gebiet einen Teil der Grunddotierung. Die daraus resultierende verminderte effektive Dotierung ist in (3.1.65) einzusetzen, die Spannungsspitze kann dann noch beträchtlich höher werden. In der Praxis liegen zwar keine stufenförmigen Stromverläufe vor, aber Abb. 3.1.13 zeigt, dass Schaltflanken mit di/dt im Bereich von >2000A/µs durchaus zu erwarten sind.

Die Probleme beim Einschalten von Freilaufdioden wurden lange Zeit unterschätzt. Erst als mit der Einführung hochsperrender IGBTs >3000V Ausfälle in der Anwendung auftraten, wurde die zum IGBT antiparallel liegende Diode als eine Ursache erkannt: Erzeugt sie eine hohe Einschalt-Spannungsspitze, so wird der IGBT in Rückwärtsrichtung mit dieser Spannung beaufschlagt. Die Rückwärts-Sperrfähigkeit ist bei den üblichen IGBT-Typen nicht gewährleistet, da der an der Kollektorseite liegende pn-Übergang nicht mit einem definierten Randabschluss versehen ist. Um diese Gefahr zu eliminieren, wird dem Einschaltverhalten von Freilaufdioden wieder mehr Aufmerksamkeit gewidmet.

Für die Verlustbilanz in der Diode spielt das Einschalten keine Rolle. Auch bei auftretenden hohen Spannungsspitzen sind die Einschaltvorgänge sehr schnell und die Einschaltverluste betragen nur wenige Prozent der Abschalt- und Durchlassverluste. Sie können vernachlässigt werden.

Definitionen zum Ausschaltverhalten von Leistungsdioden

Beim Übergang vom leitenden in den sperrenden Zustand muss die in der Diode gespeicherte Ladung abgebaut werden. Sie bewirkt einen Stromfluss in Rückwärtsrichtung der Diode. Das Reverse-Recovery-Verhalten charakterisiert den zeitlichen Verlauf dieses Stroms.

Die einfachste Schaltung zur Messung dieses Vorgangs ist die Schaltung nach Abb. 3.1.15. S stellt einen idealen Schalter, I_F eine ideale Stromquelle, U_{bat} eine ideale Spannungsquelle und L eine Induktivität dar. Nach Schließen des Schalters S tritt bei einer Soft-Recovery-Diode der Strom und Spannungsverlauf nach Abb. 3.1.16 auf. Abb. 3.1.16 ist gleichzeitig ein Beispiel mit Soft-Recovery-Verhalten der Diode, Abb. 3.1.17 zeigt zwei Beispiele des Stromverlaufs von Dioden mit snappigem Schaltverhalten.

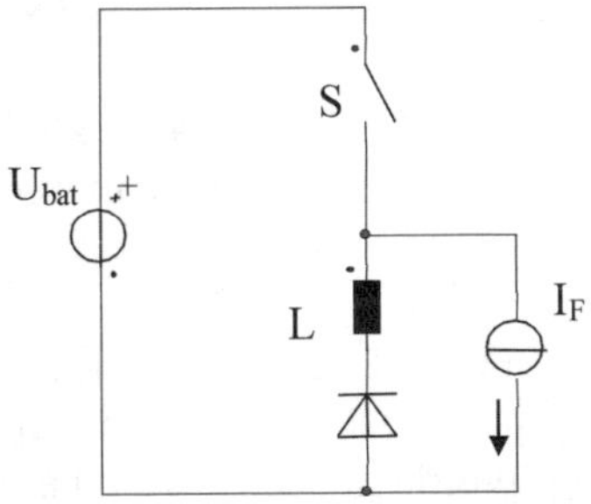

Abb. 3.1.15 Schaltkreis zur Bestimmung des Reverse-Recovery-Verhaltens

Zunächst sollen die Definitionen anhand Abb. 3.1.16 erläutert werden. Die Kommutierungsgeschwindigkeit di/dt wird bestimmt durch Spannung und Induktivität:

$$-\frac{di}{dt} = \frac{U_{bat}}{L} \tag{3.1.66}$$

Bei t_0 erfolgt der Nulldurchgang des Stroms. Bei t_w beginnt die Diode Spannung aufzunehmen, zu diesem Zeitpunkt wird der pn-Übergang in der Diode frei von Ladungsträgern. Im Stromverlauf spricht man zu diesem Zeitpunkt von einem Wendepunkt. Bei t_{irm} erreicht der Rückstrom sein Maximum.

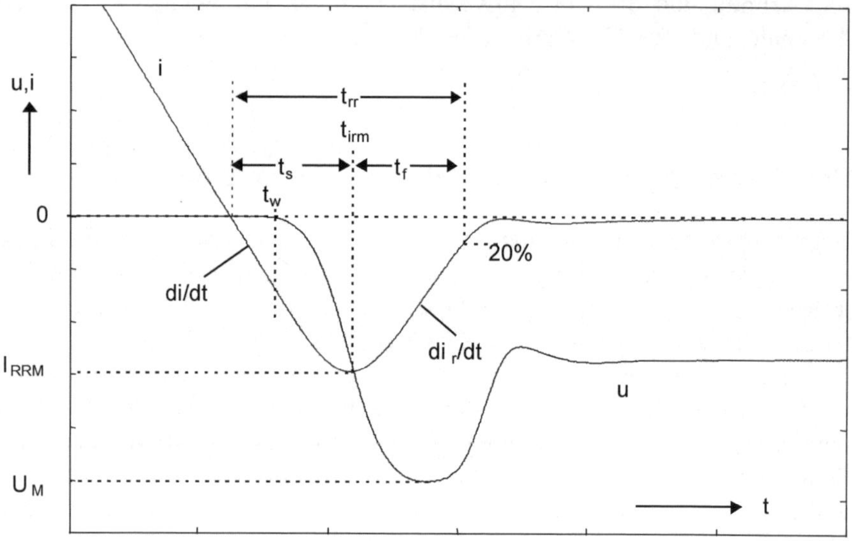

Abb. 3.1.16 Strom- und Spannungsverlauf einer Soft-Recovery-Diode beim Reverse-Recovery-Prozeß in einer Schaltung nach Abb. 3.1.11 sowie Definition der Kenngrößen des Schaltverhaltens

Nach t_{irm} klingt der Strom auf den Sperrstrom ab. Der Verlauf hängt allein von der Diode ab. Ist dieser Abfall steil, spricht man von einem snappigen Schaltverhalten. Ist dieser Abfall langsam, spricht man von einem soften Schaltverhalten.

Die Schaltzeit t_{rr} ist definiert als Zeit zwischen t_0 und dem Zeitpunkt, wo der Strom auf 20% des Maximums I_{RRM} abgefallen ist. Mit der in Abb. 3.1.16 gezeigten Unterteilung von t_{rr} in t_f und t_s wurde zunächst als quantitative Kenngröße für das Recovery-Verhalten der Softfaktor s definiert:

$$s = \frac{t_f}{t_s} \tag{3.1.67}$$

wobei s > 0,8 eine „softe" Diode kennzeichnet.

Diese Definition ist jedoch unzureichend. Nach ihr wäre ein Stromverlauf wie in Abb. 3.1.17a zwar als snappig, aber ein Stromverlauf wie in Abb. 3.1.17b als soft eingestuft. Während beim Verlauf nach Abb. 3.1.17b ein $t_f > t_s$ besteht, existiert in einem Teil des Rückstromverlaufs eine steile Flanke. Besser ist die folgende Definition des Softfaktors

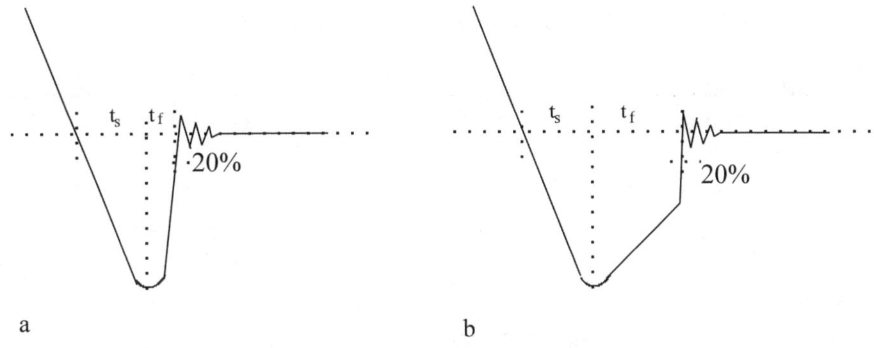

Abb. 3.1.17 Stromverlauf für zwei verschiedene Möglichkeiten eines snappigem Reverse-Recovery-Verhaltens

$$s = \left| \frac{-\left.\frac{di}{dt}\right|_{i=0}}{\left(\frac{di}{dt}\right)_{\max}} \right| \tag{3.1.68}$$

wobei die Messung bei weniger als 10% und bei 200% des spezifizierten Stroms durchzuführen ist. Für Soft-Recovery wird wiederum s > 0,8 gefordert. Damit wird auch ein Verhalten nach Abb. 3.1.17b als snappig erfasst.

Zusätzlich wird man damit der Beobachtung gerecht, dass kleine Ströme besonders kritisch für das Reverse-Recovery-Verhalten sind.

$\frac{di_r}{dt}$ bestimmt die auftretende Überspannung nach dem Induktionsgesetz

$$U_{ind} = -L \cdot \left(\frac{di_r}{dt} \right)_{\max} \tag{3.1.69}$$

Daher kann man auch die unter bestimmten Messbedingungen auftretende Überspannung U_{ind} bzw. die auftretende Spitzenspannung $U_m = U_{bat} + U_{ind}$ als Maß für das Recovery-Verhalten definieren. Dazu ist U_{bat} und das angelegte di/dt mit anzugeben.

Aber auch diese Definition ist unzureichend, denn es gehen noch mehr Parameter ein:

1. Die Temperatur: Meist sind hohe Temperaturen für das Recovery-Verhalten kritischer. Bei bestimmten schnellen Dioden wird aber bei Raumtemperatur und darunter das Recovery-Verhalten schlechter.

2. Die angelegte Spannung: Höhere Spannung führt zu schlechterem Reverse-Recovery-Verhalten.
3. Die Höhe der Induktivität L. Nach (3.1.69) kommt mit höherem L zu einer höheren Spannung an der Diode, was die Bedingungen verschärft.
4. Die Kommutierungssteilheit di/dt: Eine Erhöhung von di/dt führt zu einer größeren Gefahr von Oszillationen und zum Abriss des Rückstroms. Das Schaltverhalten tendiert zu mehr snappigem Charakter.

Alle diese Einflüsse lassen sich nicht durch eine einfache quantitative Definition erfassen. Die Schaltung nach Abb. 3.1.15 und die Definition nach (3.1.67) oder (3.1.68) kann nur benutzt werden, um den Einfluss einzelner Herstellungsparameter zu zeigen. Eine Beurteilung des Reverse-Recovery-Verhaltens muss anhand der Strom- und Spannungsverläufe erfolgen, die unter anwendungsnahen Bedingungen aufgenommen werden.

Die anwendungsnahe Doppelpuls-Messschaltung ist in Abb. 3.1.18 dargestellt. Gegenüber der Schaltung Abb. 3.1.15 ist der ideale Schalter durch einen realen Schalter ersetzt. Die Stromquelle ist zur ohm'sch-induktiven

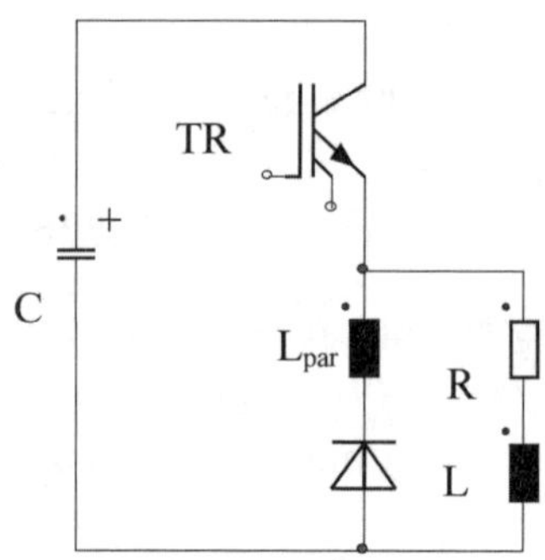

Abb. 3.1.18 Anwendungsnahe Doppelpuls-Schaltung zur Messung des Reverse-Recovery-Verhaltens

Last aus R und L geworden. Die Kommutierungssteilheit di/dt wird durch den Transistor vorgegeben – beim IGBT ist sie einstellbar durch den Widerstand R_{on}, siehe dazu später Kapitel 3.6. U_{bat} ist die Zwischenkreisspannung. Die Leitungen zwischen Kondensator, IGBT und Diode bilden eine parasitäre Induktivität L_{par}. In Abb. 3.1.19 sind im Doppelpulsbetrieb die Steuersignale am IGBT, der Stromverlauf im IGBT und der Stromverlauf in der Diode dargestellt. Durch Abschalten des IGBT wird der Laststrom von der Freilaufdiode übernommen. Mit dem nächsten Einschalten des IGBT wird die Diode kommutiert, an dieser Stelle wird das erfolgt das charakteristische Recovery-Verhalten. Der IGBT übernimmt beim Einschalten zusätzlich den Rückstrom der Freilaufdiode.

Dieser Vorgang ist in höherer Zeitauflösung in Abb. 3.1.20 für eine Soft-Recovery-Diode dargestellt. Abb. 3.1.20a zeigt den Strom- und Spannungsverlauf im IGBT sowie die Verlustleistung beim Einschaltvorgang. Abb. 3.1.20b zeigt den Strom- und Spannungsverlauf in der Freilaufdiode, sowie die freigesetzte Verlustleistung.

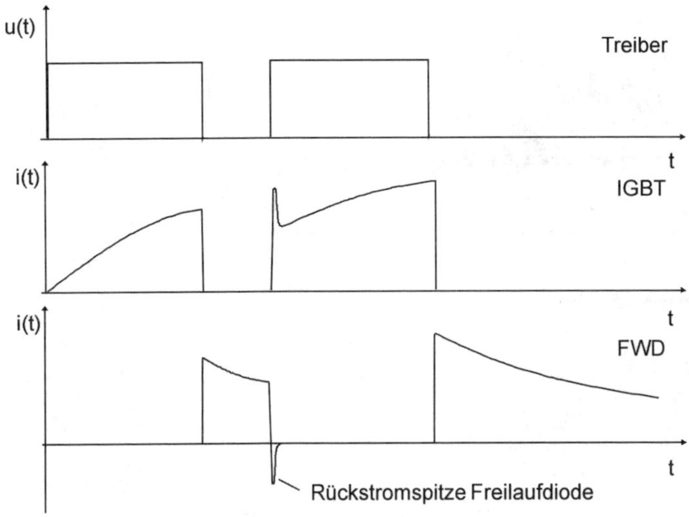

Abb. 3.1.19 Signalverlauf im Treiber, Stromverlauf in IGBT und Freilaufdiode (FWD) in der Schaltung nach Abb. 3.1.18

Während der IGBT die Rückstromspitze übernimmt, ist die über ihm abfallende Spannung noch im Bereich der Zwischenkreisspannung (1200V in Abb. 3.1.20a). Zu diesem Zeitpunkt fällt das Maximum der Einschaltverluste im IGBT an.

Der Rückstromverlauf in der Diode kann in zwei Phasen aufgeteilt werden:

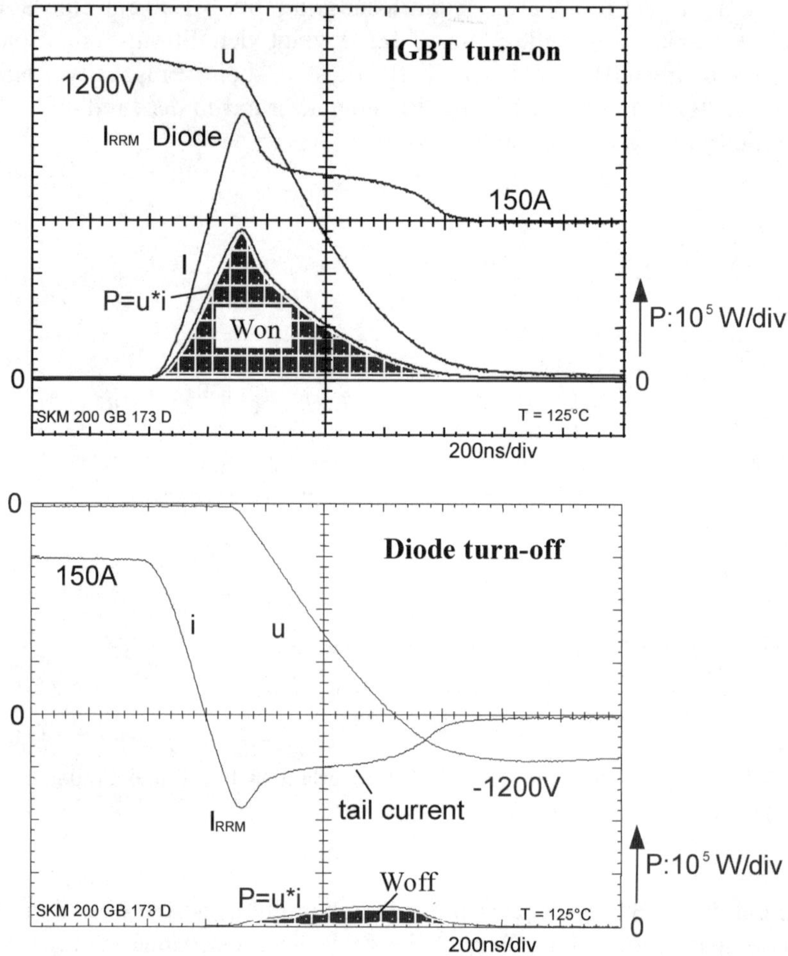

Abb. 3.1.20 Strom, Spannung und Verlustleistung beim Einschalten des IGBT (a) und beim Ausschalten der Diode (b) bei der Messung des Recovery-Verhaltens in einer Doppelpuls-Schaltung nach Abb. 3.1.18

1. Der Verlauf bis zur Rückstromspitze und der anschließende Abfall des Rückstroms mit di_r/dt. $|di_r/dt|$ liegt bei einer Soft-Recovery-Diode im Bereich von $|di/dt|$. Die Rückstromspitze I_{RRM} belastet das schaltende Bauelement am meisten.
2. Die Tailphase, in welcher der Rückstrom langsam ausläuft. Ein t_{rr} lässt sich hier nicht mehr sinnvoll definieren. Die Tailphase verursacht die Hauptverluste in der Diode, da hier bereits an der Diode Spannung anliegt. Eine snappige Diode ohne Tailstrom hätte weniger

Schaltverluste in der Diode zur Folge, sie ist aber für die Anwendung unbrauchbar. Für den IGBT ist die Tailphase weniger belastend, da zu diesem Zeitpunkt die hier anliegende Spannung bereits zurückgegangen ist.

Die Dioden-Schaltverluste (in Abb. 3.1.20b im selben Maßstab dargestellt wie für den IGBT in Abb. 3.1.20a) sind im Anwendungsfall klein gegenüber den Schaltverlusten im IGBT. Für die Verlustbilanz von IGBT und Diode zusammen ist es daher wichtig, die Rückstromspitze klein zu halten und dafür zu sorgen, dass der Großteil der Speicherladung in der Tailphase abgebaut wird. Die Grenze dafür ist durch die Schaltverluste gegeben, welche die Diode maximal abführen kann.

Wichtigste Kenngröße für die Diode bezüglich ihres Beitrags zu den Gesamtverlusten ist daher eine möglichst kleine Rückstromspitze I_{RRM}.

Bei einer typischen Anwendung, in welcher der Gleichstromsteller in einem Halbleitermodul aufgebaut ist, liegt die parasitäre Induktivität L_{par} beispielsweise im Bereich 40nH. Dies reduziert die auftretende Überspannung. Da wir keinen idealen Schalter haben, fällt während der Reverse-Recovery-Phase der Diode noch ein Teil der Spannung am IGBT ab. Die gemessene Spannung an der Diode wird zu

$$u(t) = -U_{bat} - L_{par} \cdot \frac{di_r}{dt} + u_C(t) \tag{3.1.70}$$

wobei $u_C(t)$ die zum jeweiligen Zeitpunkt am Schalter noch anstehende Spannung ist. Für Soft-Recovery-Dioden ist typisch, dass bei moderaten Steilheiten bis 1500A/µs und minimierten parasitären Induktivitäten die Spannung u(t) kleiner U_{bat} ist und keine Spannungsspitze auftritt.

Sofern die Schaltung nach Abb. (3.1.18) verwendet und die parasitäre Induktivität L_{par} niedrig gehalten wird, kann mit folgender Definition gearbeitet werden:

Eine Diode zeigt ein Soft-Recovery-Verhalten, wenn unter allen für die Anwendung relevanten Bedingungen in einer anwendungsnahen Schaltung keine Überspannung auftritt, die durch einen Rückstromabriss der Diode verursacht wird.

Die relevanten Bedingungen sind der gesamte Strombereich, alle in der Anwendung sinnvollen Kommutierungsgeschwindigkeiten und ein Temperaturbereich von -50°C bis zu +150°C.

Die Definition gilt, solange nicht zu hohe Kommutierungssteilheiten (>6kAµs) oder hohe parasitäre Induktivitäten (>50nH) auftreten. Wird L_{par} erhöht und nähert sich das Schaltverhalten des IGBT dem des idealen Schalters – $u_C(t)$ strebt gegen Null – dann nähert sich die Schaltung nach

Abb. 3.1.18 der Schaltung nach Abb. 3.1.15 an. In dem Fall sind auch bei Soft-Recovery-Dioden Spannungsspitzen unvermeidlich.

Bei Hochleistungs-Modulen von 1200A aufwärts sind 24 und mehr einzelne IGBT-Chips und Dioden-Chips parallel geschaltet. In diesen großvolumigen Modulen und bei der Verschaltung dieser Module zu einer Drehstrombrücke ist es sehr schwierig, die parasitären Induktivitäten niedrig zu halten. Hier hat es seine Berechtigung, die Charakterisierung der Diode mit erhöhter parasitärer Induktivität durchzuführen. In dem Fall wird untersucht, ob es Betriebsbedingungen gibt, bei denen ein Rückstromabriss auftritt. Bei einem Rückstromabriss unter diesen Bedingungen ist der Kurvenverlauf fast immer ähnlich dem in Abb. 3.1.17b dargestellten Verlauf. Der Rückstromabriss kann sogar erst relativ spät, am Ende des Tailstroms, auftreten.

Durch Leistungsdioden erzeugte Schaltverluste

Die Ausschaltverlustenergie der Diode ist allgemein (siehe Abb. 3.1.20):

$$W_{off} = \int_{t_s+t_f} u(t) \cdot i(t) dt \tag{3.1.71}$$

Eine vereinfachte Abschätzung kann für zwei Fälle vorgenommen werden. Zunächst sei dies behandelt für den Fall der Schaltung nach Abb. 3.1.15 und den Verlauf nach Abb. 3.1.16. Dieser Verlauf ist stark vereinfacht in Abb. 3.1.21 dargestellt.

Während der Zeit bis zum Stromnulldurchgang und während der Zeit t_s wird die Spannung vereinfachend zu $u_F = 0$ angenommen. Für $t > 0$ nimmt die Diode Sperrspannung auf; angenommen sei ein linearer Abfall von i_F während t_f:

$$i_F = -I_{RRM} + \frac{I_{RRM}}{t_f} \cdot t \tag{3.1.72}$$

$$u = -U_{bat} - L \cdot \frac{di_r}{dt} = -U_{bat} - L \cdot \frac{I_{RRM}}{t_f} = const. \tag{3.1.73}$$

damit wird

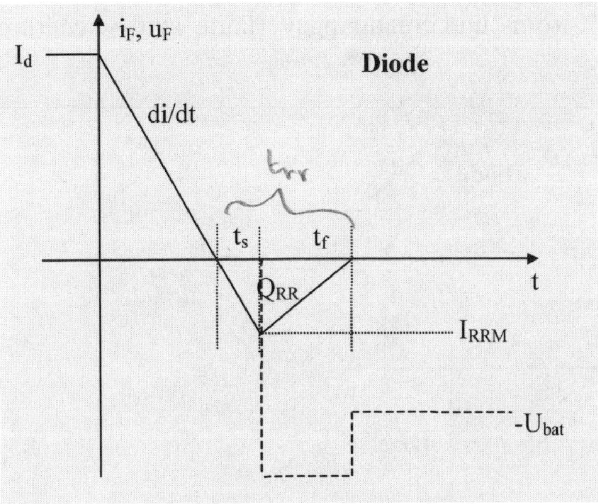

Abb. 3.1.21 Vereinfachte Verläufe von Strom und Spannung in Diode beim Ausschalten in der Schaltung nach Abb. 3.1.15.

$$W_{off} = \frac{1}{2} \cdot L \cdot I_{RRM}^{\;2} + \frac{1}{2} \cdot U_{bat} \cdot I_{RRM} \cdot t_f \tag{3.1.74}$$

Der erste Term auf der rechten Seite von (3.1.74) kann unter Benutzung von (3.1.66) umgestellt werden, danach ist $L = -\frac{U_{bat}}{di/dt}$, ebenso folgt aus Abb. 3.1.21 $-di/dt = \frac{I_{RRM}}{t_s}$, damit wird aus (3.1.74)

$$\begin{aligned} W_{off} &= \frac{1}{2} \cdot U_{bat} \cdot I_{RRM} \cdot t_s + \frac{1}{2} \cdot U_{bat} \cdot I_{RRM} \cdot t_f \\ &= \frac{1}{2} \cdot I_{RRM} \cdot t_{rr} \cdot U_{bat} = Q_{RR} \cdot U_{bat} \end{aligned} \tag{3.1.75}$$

Die Schaltverluste sind somit unmittelbar proportional zu Q_{RR}.

Diese vereinfachte Betrachtung ist an die induktivitätsbestimmte Schaltung nach Abb. 3.1.15 gebunden. Auch für die zweite Vereinfachung, die anwendungsnahe Schaltung nach Abb. 3.1.18 mit den Kurvenverläufen nach Abb. 3.1.20, ist eine Abschätzung möglich. Die Kurven aus Abb. 3.1.20 sind sehr schematisiert in Abb. 3.1.22 dargestellt. Die parasitäre Induktivität L_σ ist dabei vernachlässigt, der Spannungsanstieg an der Diode wird allein durch den Spannungsverlauf $U_{tr}(t)$ bestimmt. Die Spannungs-Fallzeit t_{fv} des Transistors wird der Rückstromfallzeit t_f der Diode als gleich angenommen. Die Strom- und Spannungsverläufe sind wiederum durch Geraden idealisiert.

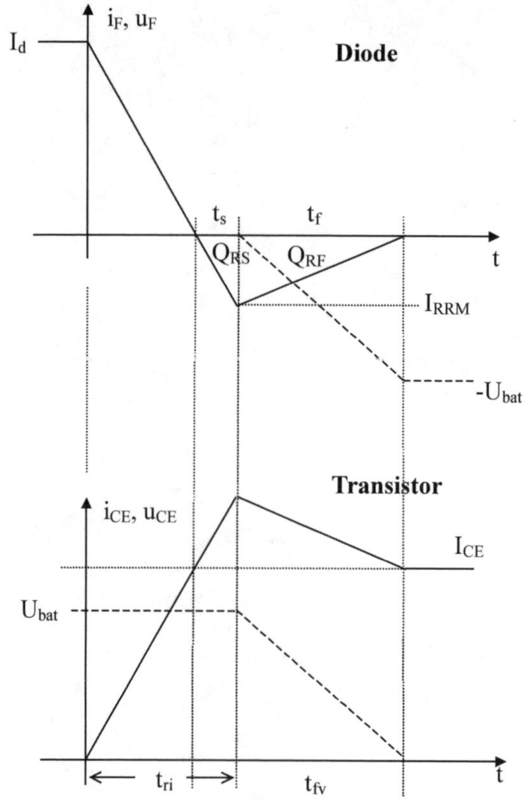

Abb. 3.1.22 Vereinfachte Verläufe von Strom und Spannung in Diode und Transistor in der Schaltung nach Abb. 3.1.18

Die Speicherladung Q_{RR} der Diode ist unterteilt in die während der Spannungs-Nachlaufzeit t_s anfallende Ladung Q_S und in die während Rückstromfallzeit t_f auftretende Ladung Q_F. Es gilt $Q_{RR} = Q_{RS} + Q_{RF}$. Die Abschaltenergie in der Diode ist dann

$$W_{off} = \frac{1}{2} Q_{RF} \cdot U_{bat} \tag{3.1.76}$$

In den Datenblättern von gut spezifizierten modernen Freilaufdioden finden sich die Größen Q_{RR} und I_{RRM} bei jeweils spezifizierten di_F/dt und U_{bat}. Aus I_{RRM} und di_F/dt lässt sich zunächst Q_{RS} ermitteln

$$Q_{RS} = \frac{1}{2} t_s \cdot I_{RRM} = \frac{1}{2} \cdot \frac{I_{RRM}}{di_F / dt} \cdot I_{RRM} = \frac{1}{2} \cdot \frac{I_{RRM}^2}{di / dt} \tag{3.1.77}$$

und wegen $Q_{RF} = Q_{RR} - Q_{RS}$ folgt

$$W_{off} = \frac{1}{2} U_{batt} \cdot \left(Q_{RR} - \frac{1}{2} \cdot \frac{I_{RRM}^2}{di / dt} \right) \tag{3.1.78}$$

Vergleicht man dieses Ergebnis mit (3.1.75), dem Fall des induktivitätsbestimmten Abschaltens, so ist zu erkennen: Die Abschaltverlustenergie beträgt weniger als die Hälfte der Abschätzung in Gleichung (3.1.75). Der Transistor hat durch die an ihm beim Einschalten noch anstehende langsam fallende Spannung $u_C(t)$ die Diode entlastet.

Allerdings hat für diese geringere in der Diode anfallende Verlustleistung der schaltende Transistor beim Einschalten den Preis zu zahlen. Aus derselben vereinfachten Betrachtung in Abb. 3.1.22 kann abgeleitet werden: Mit einer Freilaufdiode ohne Rückstromspitze – und demzufolge ohne Speicherladung – wäre die idealisierte Einschaltverlustenergie im Transistor

$$W_{on}(Tr, id) = \frac{1}{2} \cdot (t_{ri} - t_s) \cdot I_{CE} \cdot U_{bat} + \frac{1}{2} \cdot t_{fv} \cdot I_{CE} \cdot U_{bat} \tag{3.1.79}$$

Durch die Freilaufdiode kommt zusätzlich dazu

- die Verlustenergie während der um t_s verlängerten Strom-Anstiegszeit – hier ist sowohl Strom als auch Spannung hoch
- die Verlustenergie durch Q_{RS}
- die Verlustenergie durch Q_{RF}

Dies führt auf zusätzliche Verluste ΔW_{on} – in der Reihenfolge der Aufzählung:

$$\Delta W_{on} = t_s \cdot I_F \cdot U_{bat} + Q_{RS} \cdot U_{batt} + \frac{1}{2} \cdot Q_{RF} \cdot U_{bat} \tag{3.1.80}$$

Vergleicht man dies mit Gleichung (3.1.76) so ist festzustellen, dass die durch die Diode im Transistor hervorgerufenen Verluste um die beiden ersten Terme höher sind als die Verluste in der Diode selbst. Die Einschaltverluste des Transistors betragen $W_{on}(tr) = W_{on}(tr,id) + \Delta W_{on}$. Die Summe der durch die Diode verursachten Verluste in Transistor und Diode ist

$$W_{off} + \Delta W_{on} = t_s \cdot I_F \cdot U_{bat} + Q_{RR} \cdot U_{bat} \tag{3.1.81}$$

Dies ist deutlich größer als die Abschätzung in Gleichung (3.1.75), und damit wurde für die Entlastung der Diode ein überhöhter Preis bezahlt!

Daraus geht wiederum hervor, dass es vor allem notwendig ist, Dioden mit möglichst niedriger Rückstromspitze – und damit möglichst kleinem t_s – zur Verfügung zu haben.

In realen Schaltungen ist eine parasitäre Induktivität zu berücksichtigen. Dadurch wird die Diode mit zusätzlichen Verlusten belastet. Ist die parasitäre Induktivität bestimmend und die Entlastung durch den Spannungsabbau am Transistor vernachlässigbar, nähert man sich bei der Diode wieder den Verhältnissen nach Gleichung (3.1.75) an. Relativ hohe parasitäre Induktivitäten liegen z. B. in einigen Traktionsanwendungen vor.

In der Anwendung kann man weder einen idealen Schalter, noch einen induktivitätslosen Aufbau voraussetzen, daher muss bei genauerer Bestimmung der Schaltverluste nach Gleichung (3.1.71) vorgegangen werden. Die Verläufe i_F und u_F werden mit einem Oszilloskop aufgenommen, miteinander multipliziert und über den Zeitraum des Schaltens integriert. Mit einer Abschätzung nach Gleichung (3.1.78) kann man in niederinduktiven Aufbauten die Messwerte auf ± 20% treffen.

Vorgang beim Abschalten von Leistungsdioden

In Abb. 3.1.6 wurde für den Durchlassfall die Flutung der Basis der Leistungsdiode mit freien Ladungsträgern gezeigt. Das Reverse-Recovery-Verhalten wird davon bestimmt, in welchem zeitlichen Verlauf die in der Diode gespeicherte Ladung abgebaut wird. Zunächst soll dies qualitativ betrachtet werden. Abb. 3.1.23 zeigt die Simulation dieses Vorgangs in einer snappigen, Abb. 3.1.24 in einer Soft-Recovery-Diode.

Die n^--Zone der Diode ist bei Durchlassbelastung mit Elektronen und Löchern im Bereich 10^{16}cm^{-3} überschwemmt, die Konzentration der Elektronen n und der Löcher p kann als gleich angenommen werden. Nach Kommutierung steht zwischen t_2 und t_4 der Ladungsträgerberg in der n^--Zone, in ihm ist ebenfalls $n \approx p$. Der Abbau der Ladungsträger erfolgt zur Kathode durch den Elektronenstrom und zur Anode durch den Löcherstrom, was im äußeren Kreis als Rückstrom auftritt. Im Fall der snappigen Diode in Abb. 3.1.23 ist kurz nach t_4 der Ladungsträgerberg erschöpft. Zwischen t_4 und t_5 kommt es zu einem sprunghaften Übergang der Diode von einem Zustand mit Ladungsträgerberg zu einem Zustand ohne

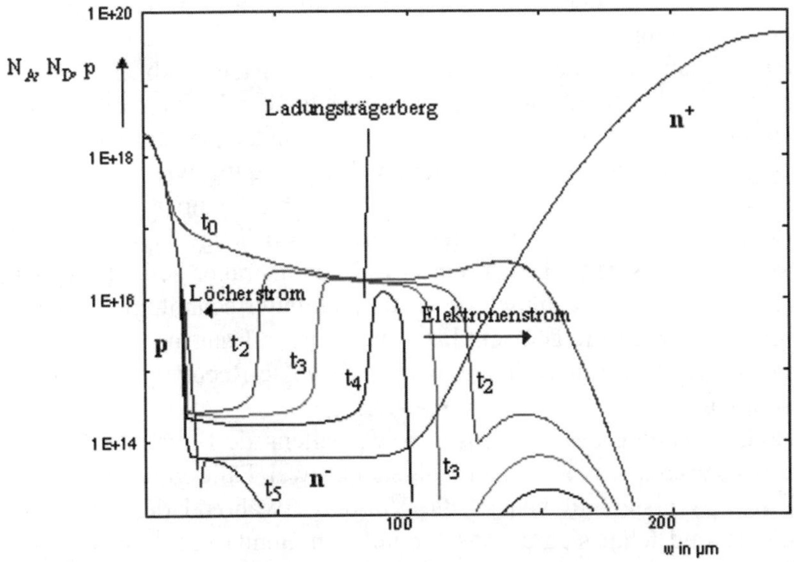

Abb 3.1.23 Diffusionsprofil und Verlauf des Abbaus der Ladungsträger (Löcherdichte) in einer snappigen Diode (ADIOS-Simulation)

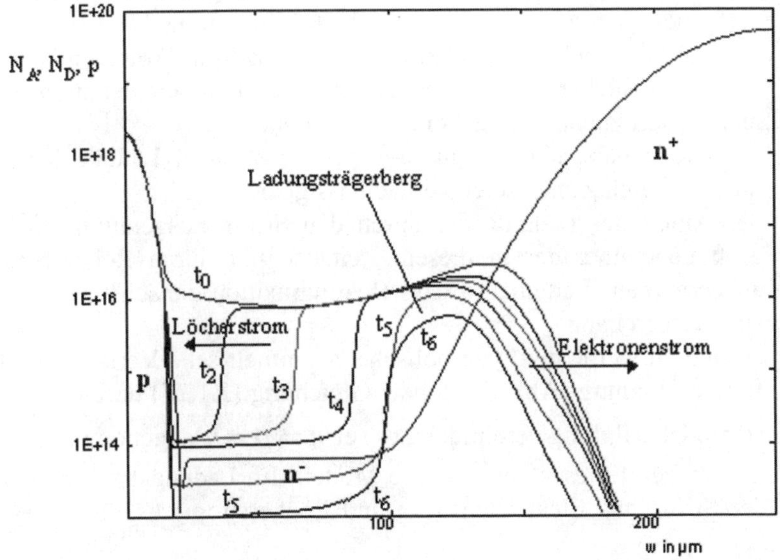

Abb. 3.1.24 Diffusionsprofil und Verlauf des Abbaus der Ladungsträger (Löcherdichte) in einer Soft-Recovery-Diode (ADIOS-Simulation).

Ladungsträgerberg, der Rückstrom reißt abrupt ab. Das Schaltverhalten der Diode ist snappig.

Der Vorgang in einer Soft-Recovery-Diode ist in Abb. 3.1.24 dargestellt. Es bleibt während des ganzen Vorgangs ein Ladungsträgerberg erhalten, der den Rückstrom speist. Zum Zeitpunkt t_5 hat die Diode bereits die angelegte Spannung aufgenommen. Ein Vorgang wie in Abb. 3.1.24 führt zu einem Tailstrom, wie er in Abb. 3.1.20b erkennbar ist.

Ob ein Soft-Recovery-Verhalten erreicht wird hängt davon ab, wie die Beherrschung des zeitlichen Abbaus der Ladungsträger gelingt. Strukturen an der Oberfläche – bezüglich derer die Halbleitertechnologie große technologische Fortschritte gemacht hat – haben darauf nur indirekte Wirkung. Es dauerte deshalb relativ lange, bis das Reverse-Recovery-Verhalten beherrscht wurde.

Zur Betrachtung des dynamischen Verhaltens der Ladungsträger während des Abschaltens sollen im folgenden zwei Fälle genauer betrachtet werden. Der erste Fall betrifft die Vorgänge während des Aufbaus der Spannung und lehnt sich an das Modell von Benda und Spenke [Ben67] an. Dieses Modell untersucht, unter welchen Bedingungen in ein Rückstromabriss oder ein soft-recovery-Verhalten zu erwarten ist. Danach soll noch eine weitere Analyse erfolgen für den Fall, dass ein Bauelement den Vorgang mit einem Soft-Recovery-Verhalten durchgemacht hat, die Spannung aufgenommen hat, es aber am Ende des Tailstroms (Tailstrom: siehe Abb. 3.1.20b) dennoch zu einem Abriss des Rückstroms kommen kann.

Für die Untersuchung der Vorgänge im ersten Fall, angelehnt an Benda und Spenke, soll zunächst angenommen werden:

- die Diode habe abrupte pn- und nn^+-Übergänge, Ladungen in den hochdotierten Zonen seien vernachlässigbar,
- der Anteil der Ladung, der durch den Strom ausgeräumt wird, sei groß gegenüber der in diesem Zeitabschnitt durch Rekombination ausgeräumten Ladung, so dass Rekombination zunächst vernachlässigt werden kann
- zusätzlich werde der hyberbolische, asymmetrische Verlauf der überfluteten Ladung (Abb. 3.1.6 bzw Gleichung (3.1.27) durch eine konstante Überflutung vereinfacht, es sei $n = p = \bar{n}$ angenommen.

Abb. 3.1.25 zeigt dieses vereinfachte Modell. Im Ladungsträgerberg setzt sich der Strom aus Elektronenstrom und Löcherstrom zusammen, es gilt $j = j_n + j_p$ mit

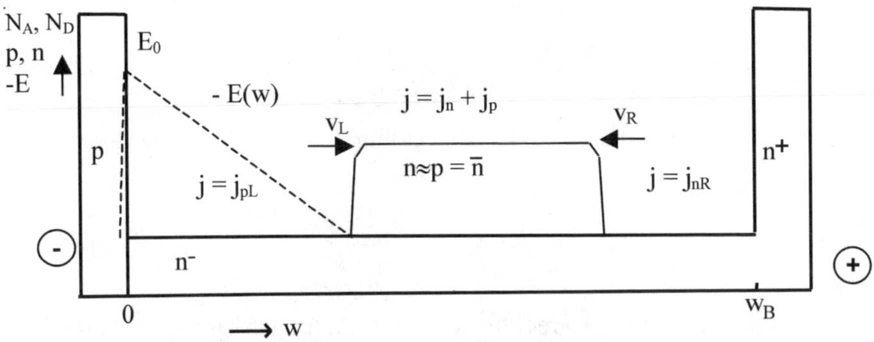

Abb. 3.1.25 Vereinfachte Darstellung des Abbaus der gespeicherten Ladung.

$$j_p = \frac{\mu_p}{\mu_n + \mu_p} j$$
$$j_n = \frac{\mu_n}{\mu_n + \mu_p} j \qquad (3.1.82)$$

Auf der linken, dem pn-Übergang zugewandten Seite des Ladungsträgerbergs, ist die n^--Zone freigeworden, der Strom fließt hier als Löcherstrom $j = j_{pL}$. Aus der Stetigkeit des Stroms am Übergang vom Ladungsträgerberg und freigewordener Zone folgt

$$j_{pL} = j_n + j_p \qquad (3.1.83)$$

Für die Differenz des Löcherstroms gilt also an dieser Stelle

$$j_{pl} - j_p = \Delta j_p = j_n \qquad (3.1.84)$$

Unter Benutzung von (3.1.82) folgt

$$\Delta j_p = \frac{\mu_n}{\mu_n + \mu_p} j \qquad (3.1.85)$$

Beide Seiten mit einem Zeitintervall dt multipliziert führt auf eine differentielle Ladung

$$\Delta j_p \cdot dt = \frac{\mu_n}{\mu_n + \mu_p} j \cdot dt \qquad (3.1.86)$$

Diese differentielle Ladung entspricht der in einem Volumenelement dw gespeicherten Ladung $q \cdot \bar{n} \cdot dw$, der Ladungsträgerberg wird um dw verkürzt. Damit wird (3.1.86) zu

$$q \cdot \bar{n} \cdot dw = \frac{\mu_n}{\mu_n + \mu_p} j \cdot dt \tag{3.1.87}$$

und für die Geschwindigkeit der Bewegung des Ladungsträgerbergs nach rechts folgt damit

$$|v_L| = \frac{dw}{dt} = \frac{\mu_n}{\mu_n + \mu_p} \cdot \frac{j}{q \cdot \bar{n}} \tag{3.1.88}$$

Analog kann dies für die rechte Seite des Ladungsträgerbergs betrachtet werden. Aus der Stetigkeit des Stroms am Übergang vom Ladungsträgerberg und freigewordener Zone folgt

$$j_{nR} = j_n + j_p \tag{3.1.89}$$

und dies führt auf

$$|v_R| = \frac{\mu_p}{\mu_n + \mu_p} \cdot \frac{j}{q \cdot \bar{n}} \tag{3.1.90}$$

Für Silizium gilt $\mu_n \approx 3\mu_p$, woraus $v_L \approx 3v_R$ folgt, der Ladungsträgerberg wird von der Seite des pn-Übergangs etwa mit dreifacher Geschwindigkeit als von der Seite des nn^+-Übergangs abgebaut. Bei der angenommenen örtlich konstanten Verteilung der freien Träger würden sich die beiden Ladungsträgerfronten schließlich treffen bei

$$w_x = \frac{v_L}{v_L + v_R} \cdot w_B = \frac{3}{4} w_B \tag{3.1.91}$$

Für die Aufnahme des elektrischen Feldes steht die freigewordene Mittelzone bis zum Ladungsträgerberg zur Verfügung. In den Ladungsträgerberg kann das Feld nicht eindringen, denn im Ladungsträgerberg herrscht Neutralität. Der Feldverlauf ist somit zwangsläufig dreiecksförmig. Die aufgenommene Spannung entspricht der Fläche unter der Kurve E(w) in Abb. 3.1.25. Der rechts frei gewordene Teil trägt zunächst nicht wesentlich zur Aufnahme der Spannung bei.

Demnach kann das Bauelement, bevor es zum Rückstromabriss kommt, so viel Spannung aufnehmen, wie es die Weite $w = w_x$ erlaubt. Diese Spannung soll als Übergangsspannung zum snappigen Schaltverhalten U_{sn} bezeichnet, bei dem vorliegenden dreiecksförmigen Feld entspricht diese Spannung der Fläche unter der Kurve E(w)

$$U_{sn} = \frac{1}{2}\frac{q \cdot N_D}{\varepsilon} w_x^{\ 2} \tag{3.1.92}$$

Nun fließt aber durch diese vom elektrischen Feld erfüllte Zone der Strom als Löcherstrom, die Löcher haben dieselbe Polariät wie die positiv geladenen Donator-Rümpfe der Grunddotierung. Dies erhöht den Gradienten des elektrischen Felds und damit die Fläche unter der Kurve E(w). Das Bauelement kann also mehr Spannung aufnehmen. Im höchsten Fall ist dies allerdings die Spannung, bei der Lawinenendurchbruch einsetzt. Für diesen Fall kann auch die maximale Spanung für einen dreiecksförmigen Feldverlauf durch Umformung der Gleichung (3.1.1) angebeben werden:

$$U_{sn} = \left(\frac{w_x^{\ 6}}{2^4 \cdot C'} \right)^{\frac{1}{7}} \tag{3.1.93}$$

Mit (3.1.93) erhält man einen deutlich höheren Wert für U_{sn} als mit (3.1.92), der Abriss ist in einem Bereich zwischen (3.1.92) und (3.1.93) zu erwarten. U_{sn} ist stets deutlich kleiner als die Sperrspannung U_{BD} des Bauelements. Da bei einem breiteren w_B auch w_x ansteigt, verschiebt dies den Abriss des Rückstroms zu höheren Spannungen.

Einige Vorschläge, um bei einer schnellen Diode Soft-Recovery-Verhalten zu erreichen, gingen von der genannten Ausdehnung der Plasma-Fronten aus [Mou88], auch neuere Vorschläge [Pen97] greifen darauf zurück: Die Diode ist für einen dreiecksförmigen Feldverlauf zu dimensionieren (NPT-Diode), w_x nach Gleichung (3.1.1) festzulegen, die Dotierung so hoch wie möglich für die jeweilige Sperrspannung zu wählen (nach Gleichung 2.2.37) und anschließend zu w_x noch 1/3 zu addieren.

Wie am Anfang von Kapitel 3 in den Betrachtungen über die Dimensionierung gezeigt, ist nach (3.1.14) die Mindestweite der n^--Zone einer NPT-Diode das 1,5-fache der Mindestweite der n^--Zone einer PT-Diode, der Diode mit kleinstmöglicher Weite der n^--Zone für die erforderliche Sperrspannung. Gemessen an der Mindestweite $w_{Bmin} = w_{B(PT,Grenzfall)}$ nach (3.1.12) führt dies auf

$$w_B = \frac{1}{0{,}66} \cdot \frac{4}{3} w_{B\min} \cong 2 \cdot w_{B\min} \tag{3.1.94}$$

Dies hat aber eine gravierende Erhöhung der Durchlaß-Spannung zur Folge, in die w_B quadratisch oder exponentiell eingeht. Um diesen Effekt zu eliminieren muss zum Ausgleich die Trägerlebensdauer erhöht werden, was aber gerade der Anforderung, eine schnelle Diode herzustellen, widerspricht. Aber selbst wenn man diese Nachteile in Kauf nimmt, sind zum

Erreichen von Soft-Recovery-Verhalten unter der Bedingung schneller Schaltvorgänge mit IGBTs weitergehende Maßnahmen erforderlich.

Bisher wurde die Ladungsverteilung als homogen angenommen, was aber der Realität widerspricht. Auch für eine inhomogene Verteilung lässt diese vereinfachte Betrachtung Schlußfolgerungen zu. Nach Abb. 3.1.6 bzw. Gleichung (3.1.27) ist die Ladungsträgerverteilung am pn-Übergang angehoben aufgrund der unterschiedlichen Beweglichkeiten. Diese Verteilung sei vereinfacht durch die Konzentrationen $\bar{n}_L$ auf der Seite des pn-Übergangs und $\bar{n}_R$ auf der Seite des nn$^+$-Übergangs. Division von (3.1.90) durch (3.1.88) führt auf

$$\frac{v_R}{v_L} = \frac{\mu_p}{\mu_n} \cdot \frac{\bar{n}_L}{\bar{n}_R} \tag{3.1.95}$$

Weiter sollen die schon in Gleichung (3.1.55) eingeführten Größen ap und an benutzt werden, es sei vereinfacht angenommen $\bar{n}_L = \bar{p}_L = a_p \cdot \bar{p}$ und $\bar{n}_R = \bar{p}_R = a_n \cdot \bar{p}$. Eingesetzt in (3.1.91) ergibt sich

$$w_x = \frac{1}{1 + \dfrac{\mu_p a_p}{\mu_n a_n}} \cdot w_B \tag{3.1.96}$$

Stellen wir die Verteilung in Abb. 3.1.6 vereinfacht dar mit $a_p = 2 \cdot a_n$, so folgt aus (3.1.96)

$$w_x = \frac{3}{5} \cdot w_B \tag{3.1.97}$$

Die Diode würde also bei niedrigerer Spannung abreißen, oder – um einen Abriss des Rückstroms zu vermeiden – müsste also eine Diode, die ideale abrupte Außenzonen und eine homogene Verteilung der Trägerlebensdauer aufweist, noch dicker gemacht werden als nach (3.1.94)!

Gelingt es aber andererseits, die Verteilung nach Abb. 3.1.6 zu invertieren und somit eine höhere Konzentration am nn$^+$-Übergang als am pn-Übergang zu erzeugen, werden die Verhältnisse günstiger. Es sei beispielsweise $a_p = 1/3 \cdot a_n$, dann führt (3.1.96) auf $w_x = 0{,}9 \cdot w_B$, und w_B müsste sehr viel weniger verbreitet werden, um ein ausreichendes w_x zu erhalten. So eine Invertierung der Verteilung kann erreicht werden, wenn mann die p-Zone sehr viel niedriger dotiert als die n$^+$-Zone oder durch ein Profil der Trägerlebensdauer, bei dem die Trägerlebensdauer am pn-Übergang sehr viel niedriger ist als in der Tiefe der Basis. Solche Maßnahmen machen sich Konzepte für moderne schnelle Dioden zu nutze – siehe dazu das folgende Kapitel.

Damit sind bereits einige Merkmale entwickelt, dic das geforderte Soft-Recovery-Verhalten erwarten lassen. Es ist jedoch zu beachten, dass sich die realen Vorgänge von den getroffenen Vereinfachungen unterscheiden:

- Der Ladungsträgerberg läuft nicht gleichzeitig von beiden Seiten los, sondern am pn-Übergang früher als am nn^+-Übergang. Damit werden die Verhältnisse etwas günstiger.
- Die Außenzonen sind nicht abrupt, sondern weisen ein Diffusionprofil auf. Damit ist auch Ladung in den Aussenzonen gespeichert. Für das Recovery-Verhalten ist es günstig, wenn der pn-Übergang möglichst abrupt ist (zu Erreichen durch eine niedirge Eindringtiefe) und in der p-Zone wenig Ladung gespeichert ist, der nn^+-Übergang aber einen flachen Gradienten aufweist.
- Es können keine beliebig steile Gradienten des Ladungsträgerbergs bestehen. Damit wird mehr Ladung aus dem Ladungsträgerberg entfernt, das macht die Verhältnisse wieder ungünstiger.
- Moderne schnelle Schalter kommutieren mit steilen Flanken di/dt, so dass in der Diode *dynamischer Avalanche* auftritt. Dieser beschleunigt den Abbau der gespeicherten Ladung. Darauf wird später noch eingegangen.

Nun soll noch der zweite Fall betrachtet werden: Das Bauelement hat Bereich der Spannungsaufnahme erfolgreich durchlaufen, das Reverse-Recovery-Verhalten in dieser Phase war soft. Das Bauelement hat die angelegte Spannung bereits aufgenommen, aber vom Abbau des Ladungsträgerbergs fließt noch ein Tailstrom. Dieser Tailstrom fließt durch die Raumladungszone als Löcherstrom j_p. Unter hohen Feldern bewegen sich die Löcher mit der Geschwindigkeit $v_{d(p)}$, die sich der Sättigungs-Driftgeschwindigkeit nähert. Daraus ergibt sich eine Löcherdichte p

$$p = \frac{j}{q \cdot v_{sat}} \tag{3.1.98}$$

Damit gilt für den Gradienten des elektrischen Feldes

$$\frac{dE}{dw} = \frac{q}{\varepsilon}\left(N_D + p\right) \tag{3.1.99}$$

Dieser Zusammenhang ist in Abb. 3.1.26 dargestellt. Die Spannung kann in der Phase bereits als konstant angenommen werden. Dabei muss p immer so groß sein, dass die Spannung in der freigewordenen Zone aufgenommen werden kann. Diese Spannung entspricht der Fläche unter der

Kurve E(w), bei gegebenem u und einem dreiecksförmigen Feldverlauf wird eine Löcherdichte notwendig und es muss ein Strom fließen.

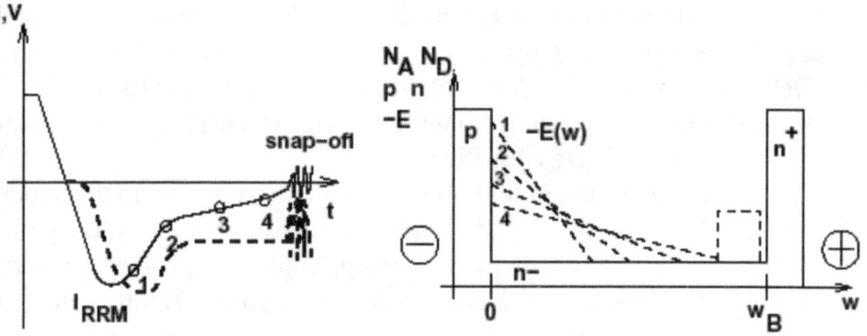

Abb. 3.1.26 Rückstromabriss am Ende des Tailstroms. Links: Verlauf von Strom und Spannung. Rechts: Elektrisches Feld zu verschiedenen Zeitpunkten

Der Löcherstrom führt zum Abbau des Ladungsträgerbergs, unter Benutzung von (3.1.98) wird aus (3.1.88)

$$|v_l| = \frac{dw}{dt} = \frac{\mu_n}{\mu_n + \mu_p} \cdot \frac{p \cdot v_{sat}}{\bar{n}} \tag{3.1.100}$$

mit Anwachsen von w_x sinkt der notwendige Löcherstrom. Ist nun aber das Ende der n^--Zone erreicht während noch ein signifikanter Strom fließt, so ist der Ladungsträgerberg als Quelle des Stroms plötzlich erschöpft und es kommt zum Abriss des Rückstroms. Das elektrische Feld springt vom dreiecksförmigen auf einen trapezförmigen Verlauf.

Damit dieser Zustand vermieden wird, muss das Bauelement bei einer gegebenen Zwischenkreisspannung die Raumladungszone auch bei einen Löcherstrom von j = 0 aufnehmen können, ohne dass die Raumladungszone am nn^+-Übergang anstößt. Der Grenzwert, bei welcher Spannung bei vorgegebenem N_D und w_B die Raumladungszone anstößt, lässt sich angeben aus der Fläche unter E(w)

$$U_{sn} = \frac{1}{2} \frac{q \cdot N_D}{\varepsilon} w_B{}^2 \tag{3.1.101}$$

Solange man sich mit der Zwischenkreisspannung unterhalb von U_{sn} bewegt, wird es nicht zum Rückstromabriss kommen. Im statischen Fall oder als Spannungsspitze kann die Diode sehr viel höhere Spannungen aufnehmen, da sich eine trapezförmige Raumladungszone ausbilden kann.

Der Mechanismus des Rückstromabriss aus dem Tailstrom kann vor allem bei auf höhere Spannungen (>2000V) ausgelegten Dioden auftreten, wenn sie mit relativ langsamer Kommuitierung, dafür aber mit hoher parasitärer Induktivität betrieben werden. Dies ist für einige Anwendungen bei Steuerung sehr hoher Leistungen der Fall. In der Regel ist hier die Zwischenkreisspannung begrenzt auf maximal 66% der Sperrspannung, auf die das Bauelement ausgelegt ist. Um nicht zu niedrige Werte von U_{sn} zu erhalten, darf die Dotierung nicht zu niedrig gewählt werden. Das steht im Widerspruch zu Anforderungen der Höhenstrahlungsfestigkeit. Hier ist ein geeigneter Kompromiss zu finden.

Moderne schnelle Dioden mit optimiertem Schaltverhalten

Alle schnellen Dioden sind mit Rekombinationszentren versehen. Mit der Konzentration der Rekombinationszentren wird die Trägerlebensdauer und damit die Speicherladung Q_{RR} gesenkt. Es besteht jedoch kein unmittelbarer Zusammenhang zwischen der Konzentration der Rekombinationszentren – sofern nicht auch deren axiale Verteilung beeinflusst wird – und dem Verlauf des Rückstroms, d.h. es ist daraus nicht abzuleiten, ob ein softes oder snappiges Verhalten vorliegt. Die modernen Konzepte zielen darauf ab, ein Soft-Recovery-Verhalten einzustellen. Es wurde bereits gezeigt, dass man Soft-Recovery-Verhalten erreichen kann, wenn man die Weite w_B der niedrig dotieren Zone nur groß genug wählt. Allerdings führt dies zu sehr hohen Durchlass- bzw. Schaltverlusten, die meist nicht in Kauf genommen werden können.

Dioden mit Dotierungsstufe in der niedrig dotierten Zone

Um die Erhöhung von w_B und die damit verbundenen Nachteile in Grenzen zu halten, wurde 1981 von Wolley und Bevaqua eine zweistufige n^--Zone vorgeschlagen [Wol81]. Der Aufbau dieser Diode ist in Abb. 3.1.27 dargestellt. Die Basis weist etwa ab ihrer Mitte eine um den Faktor 5 – 10 höhere Dotierung auf. Die Herstellung erfolgt mit einem zweistufigen Epitaxieprozess.

Erreicht beim Aufbau der Raumladungszone das Feld die höherdotierte Zone n_2, so fällt es dort mit einem steileren Gradienten ab. Der Ladungsträgerberg steht am Ende in der Zone n_2. Die Spannung, die das Bauelement aufnehmen kann, entspricht der Fläche unter E(w). Diese Fläche ist höher als bei dreieckförmigem Verlauf, der Wert der Spannung, bei dem ein Stromabriss auftritt, hat sich zu höheren Werten verschoben.

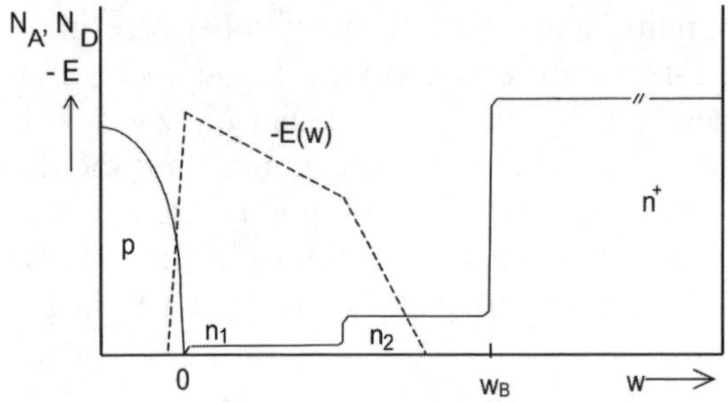

Abb. 3.1.27 Diode mit zweistufiger n^--Zone

Diese Maßnahme wird heute vielfach für in Epitaxialtechnik hergestellte Dioden im Spannungsbereich bis 600V verwendet. Bei höheren Spannungen, insbesondere über 1200V, wird die Herstellung der Epitaxieschicht entsprechender Dicke zu aufwändig. Für ein Soft-Recovery-Verhalten unter allen Bedingungen reicht diese Maßnahme noch nicht aus, sie wird in der Regel mit einem der folgenden Verfahren kombiniert.

Dioden mit Anodenstrukturen zur Verbesserung des Abschaltverhaltens

Es wurde gezeigt, dass die Ladungsträgerverteilung bei der pin-Diode mit stark dotierten Außenzonen am pn-Übergang höher ist als am nn^+-Übergang (Abb. 3.1.6), dies ist für das Reverse-Recovery-Verhalten ungünstig. Daher werden Maßnahmen getroffen, diese Verteilung zu invertieren; sie soll am nn^+-Übergang höher sein als am pn-Übergang. Dieses Wirkprinzip wurde bereits in [Sco89] dargelegt, und es gab eine Reihe verschiedener Ansätze, dieses Prinzp durch Einbringen von Strukturen in den p-Zone zu verwirklichen.

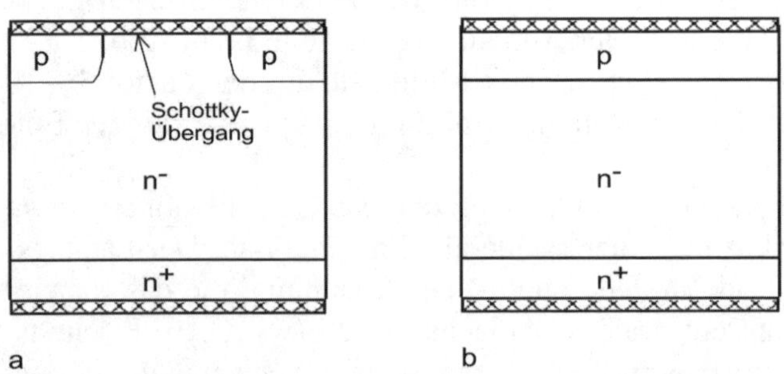

Abb. 3.1.28 p-Emitter zur Verbesserung des Soft-Recovery-Verhaltens: a) Emitterstrukturen, z. B. die Merged Pin/Schottky Diode b) durchgehende reduzierte p-Dotierung, hohe Emitter-Rekombination

So können beispielsweise Schottky-Übergänge keine Löcher injizieren. Daher lag die Maßnahme des Einbringens von Schottky-Übergängen nahe, und sie ist in der Literatur vielfach diskutiert.

Die "Merged Pin-Schottky" (MPS) Diode besteht aus einer Folge von p-Zonen und Schottky-Regionen [Bal98] (Abb. 3.1.28a). Der Abstand der p-Zonen ist so klein gewählt, dass im Sperrfall der Schottky-Übergang vom elektrischen Feld abgeschirmt wird und dort nur eine niedrige Feldstärke auftritt. Damit wird der hohe Sperrstrom des Schottky-Übergangs vermieden.

Abbildung 3.1.29 zeigt die mit dem Bauelement-Simulator DESSIS berechnet Durchlass-Kennlinie einer MPS-Diode ähnlich zu [Bal98]. Die Struktur ist mit w_B = 65µm auf die Spannungsklasse 600V ausgelegt. Gegenüber gestellt sind die Kennlinie der pin-Region und der Schottky-Region. Die Kennlinie MPS-Diode nähert sich bei kleinen Strömen der Kennlinie der Schottky-Diode an. Beim Nennstrom im Bereich von 200A/cm² ist der Gewinn durch die Schottky-Regionen nur noch gering, bei hohen Strömen weist die MPS-Diode durch den Flächenverlust an p-Emitter-Zonen eine höhere Durchlass-Spannung auf.

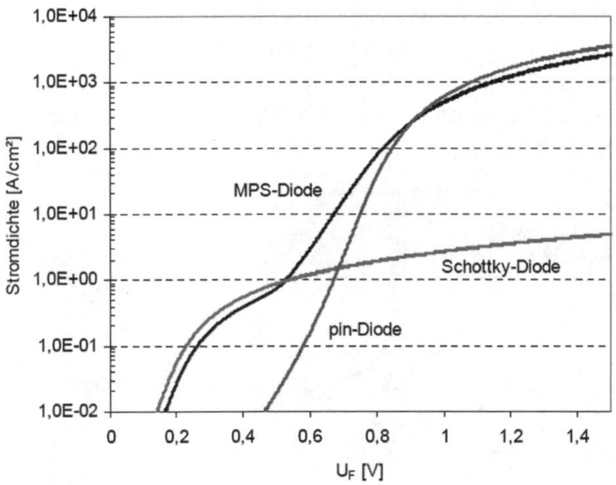

Abb. 3.1.29 Kennlinie einer MPS-Diode mit 50% Schottky-Fläche. Im Vergleich dazu die Kennlinie der pin-Region und der Schottky-Region. Simuliert mit DESSIS

Legt man die MPS-Diode auf Sperrspannungen von 1000V und darüber aus, so wandert der Bereich niedrigeren Spannungsabfalls zu kleineren

Strömen, denn es überwiegt dann der Spannungsabfall in der niedrig dotierten Mittelzone. Was allerdings bleibt, ist die Verringerung der Fläche der p-Zone und damit die Herabsetzung der Injektion von Ladungsträgern auf der Anodenseite, es bildet eine invertierte Verteilung, siehe Abb. 3.1.30 rechts.

Da man die p-Zonen in engem Abstand anordnen muss, um die Schottky-Regionen vom elektrischen Feld abzuschirmen, kann man ihren Anteil an der Anodenfläche nicht beliebig verkleinern. Eine Weiterentwicklung der MPS-Diode ist die von Fuji vorgestellte „Trench Oxide Pin Schottky" (TOPS) Diode [Nem01], deren Aufbau in Abb. 3.1.30 dargestellt ist. Die p-Anodenbereiche befinden sich unten in den Trench-Zellen. Die Halbleiteroberfläche ist mit einem Schottky-Kontakt versehen. Löcherinjektion findet nur in den p-Zonen statt, die über den Vorwiderstand des Poly-Si im Trench angeschlossen sind. Die integrale Löcherinjektion über der Fläche ist damit stark herabgesetzt. Es resultiert daraus das Ladungsträgerprofil im Durchlasszustand, das in Fig. 3.1.30 rechts dargestellt ist und das eine noch stärkere Invertierung der Ladung erreicht. Dieses Trägerprofil lässt ein Soft-Recovery-Verhalten erwarten. Die p-Gebiete der Trenches schirmen wiederum im Sperrfall die Zone des Schottky-Kontakts vom elektrischen Feld ab, so dass bei enger Anordnung der Trenches der Sperrstrom niedrig bleibt. Es gibt eine Reihe weiterer Konzepte mit Strukturen an der Anodenseite, darunter auch Strukturen eindiffundierter p^+- und n^+-Zonen. Gemeinsam ist all diese Strukturen die Reduzierung der Fläche Ladungsträger injizierender Bereiche und damit das Absenken der Konzentration freier Ladungsträger am pn-Übergang.

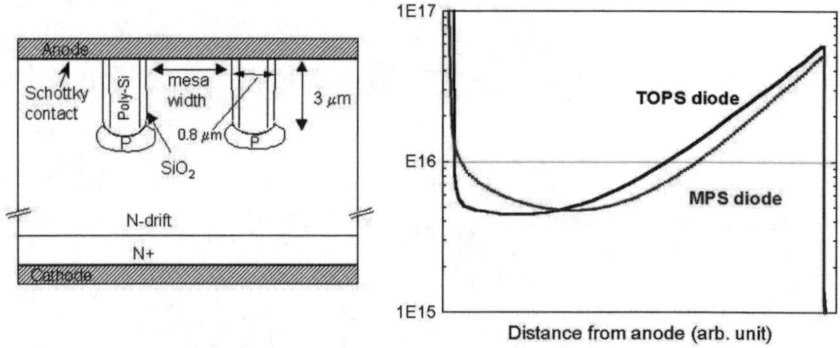

Abb. 3.1.30 Trench Oxide Pin Schottky (TOPS) Diode. Struktur (links), Vertikale Verteilung der Löcher im Durchlasszustand (rechts). Aus [Nem01]

Die EMCON-Diode

Anstelle der Reduzierung der Fläche durch Emitterstrukturen kann auch durch eine durchgehende p-Zone hoher Emitter-Rekombination (Abb. 3.1.28b) die beabsichtigte invertierte Verteilung der Ladungsträger erreicht werden. Dieses Konzept verfolgt die „Emitter Controlled“ (Emcon) Diode [Las00]. Sie ist technologisch mit weniger Aufwand zu realisieren als die MPS- oder die TOPS-Diode.

Die Emcon-Diode benutzt einen p-Emitter niedrigen Emitterwirkungsgrads. In Gleichung (2.2.54) wurde der Emitter-Parameter h_p eingeführt, in Verbindung mit (2.2.60) kann er für einen nicht zu hoch dotierten p-Emitter formuliert werden mit

$$h_p = \frac{D_n}{p^+ \cdot L_n} \tag{3.1.102}$$

Um den Emitterwirkungsgrad γ nach Gleichung (2.2.58) niedrig zu machen, muß h_p einen möglichst großen Wert annehmen. Nach Gleichung (3.1.102) kann dies geschehen, indem die Dotierkonzentration des Emitters p^+ niedrig gewählt wird, sowie auch dadurch, dass die effektive Diffusionslänge L_n auf einen niedrigen Wert eingestellt wird. Beides wird bei der EMCON-Diode angewandt. p^+ muss aber noch ausreichend hoch sein, um einen Durchgriff des elektrischen Feldes zur Oberfläche auch bei hohen Stromdichten zu vermeiden. L_n ist bei einem dünnen p-Gebiet annähernd gleich der Eindringtiefe der p-Zone w_p, und auch diese ist bei der Emcon-Diode niedrig. In dem Fall wird

$$h_p = \frac{D_n}{p^+ \cdot w_B} = \frac{D_n}{G_n} \tag{3.1.103}$$

Wobei mit $G_n = p^+ \cdot w_B$ bei einem abrupten Emitter Gummel-Zahl des Emitters bezeichnet wird [Sze81]. G_n stellt die Anzahl der Dotieratome pro Fläche dar. Für den vorliegenden diffundierten Emitter der Emcon Diode wird diese exakter ausgedrückt mit

$$G_n = \int_0^{w_p} p(w)dw \tag{3.1.104}$$

Die Verwendung der Gummelzahl nach (3.1.104) erhöht h_p noch weiter. Hohes h_p und damit niedriges γ führt zu einem abgesenkten p_L, wie es zur Erzeugung der invertierten Verteilung notwendig ist. Nach (3.1.51) ist h_p bestimmender Faktor für die Emitter-Rekombination, hohes h_p bedeutet, dass ein beträchtlicher Anteil an der Gesamtrekombination im p-Emitter stattfindet.

An der Kathodenseite der Emcon-Diode wird ein Emitter hoher Dotierung und hohen Wirkungsgrades hergestellt; damit ist das Profil freier Träger an dieser Seite angehoben.

Abbildung 3.1.31 zeigt das Abschalten einer Emcon-HE-Diode. Das gemessene Abschaltverhalten ist mit einer numerischen Bauelement-Simulation verglichen. Die simulierte Kurve stimmt mit der experimentell ermittelten gut überein. Die Numerische Simulation erhellt die Vorgänge im Bauelement. Die simulierte Verteilung freier Ladungsträger zu den markierten Zeitpunkten in Abb. 3.1.31 zeigt Abb. 3.1.32.

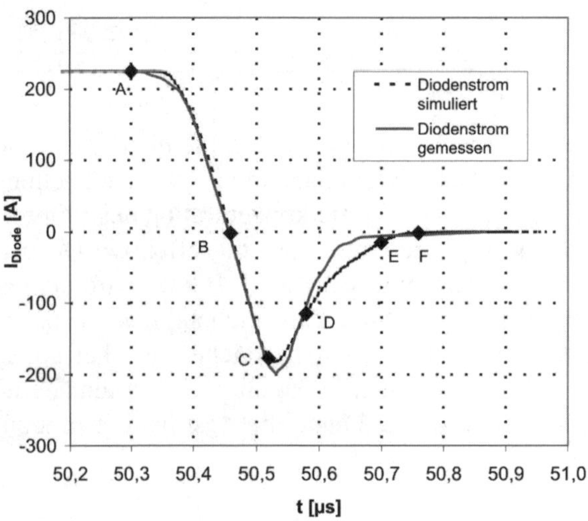

Abb. 3.1.31 Schaltverhalten einer 1200V EMCON-HE-Diode, gemessen und simuliert bei 600V, 25°C, 225A/cm²

Im Durchlassfall wird die Diode mit Ladungsträgern überschwemmt. In Abb. 3.1.32 findet sich die mittels interner IR-Laser-Ablenkung [Deb96] gemessene Verteilung der freien Ladungsträger für die Diode im leitenden Zustand (rautenförmige Punkte). Die vom Bauelement-Simulator gezeigte Verteilung der freien Löcher (Kurve A in Abb. 3.1.32 für Zeitpunkt A in Abb. 3.1.31) stimmt gut mit der gemessenen Verteilung überein. Die Löcherdichte repräsentiert die Ladungsträgerdichte, es gilt $n \approx p$ für die Bereiche hoher Überschwemmung unterhalb der Kurven A B, C usw. Bei der Ausgangsverteilung ist in diesem Fall $a_p \approx \frac{1}{4}\, a_n$, dies wird erreicht durch eine starke Emitterrekombination an der Anode.

Bei Kommutierung und Umkehr der Spannung über der Diode (C, D, E in Abb. 3.1.31) fließt zur nun negativ gepolten Anode (links) der Löcherstrom und zur positiv gepolten Kathode der Elektronenstrom. Der Abbau der gespeicherten Ladung erfolgt wie in Abb. 3.1.32 für die Zeitpunkte B, C, D, E dargestellt. Zum Zeitpunkt C hat die Diode den maximalen Rückstrom erreicht. Danach kann durch Ausräumen des noch vorhandenen Ladungsträgerbergs noch Strom fließen, so dass ein Soft-Recovery-Verhalten gewährleistet ist.

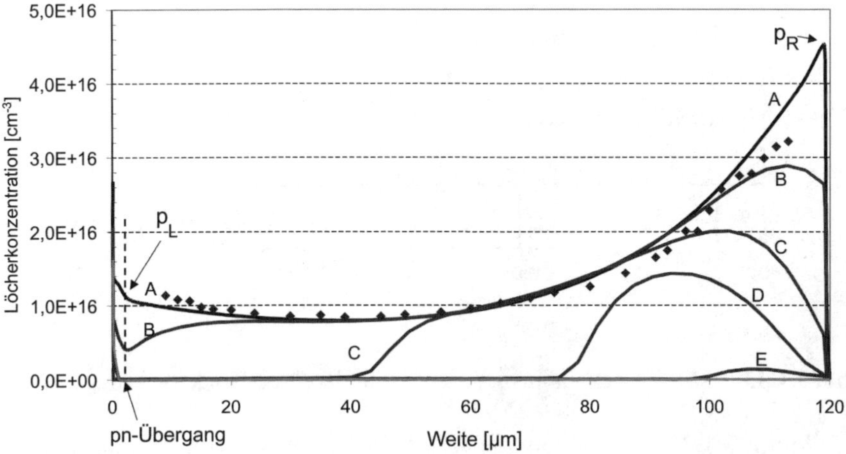

Abb. 3.1.32 Interne Vorgänge in einer EMCON-Diode bei Kommutierung. Gemessene Ladungsträgerverteilung im Durchlasszustand (Rauten), simulierte Löcherverteilung im Durchlasszustand (A), Abbau der Löcherverteilung bei Kommutierung (B, C, ...)

Die CAL-Diode

Bei den bisher behandelten schnellen Dioden wird zur Einstellung der Trägerlebensdauer zumeist eine Platin-Diffusion angewandt, wobei das vertikale Profil der Rekombinationszentren kaum zu beeinflussen ist. Der Vorteil eines Profils von Rekombinationszentren, erzeugt durch Implantation leichter Ionen, wurde schon frühzeitig erkannt [Sil85]. Doch zunächst war diese Technologie, die Teilchenbeschleuniger der Energie im Bereich 10MeV erfordert, nur für Forschungszwecke verfügbar. Ab Anfang der 90er Jahre änderte sich die Situation. Das Interesse der Grundlagenforscher war in den GeV-Bereich gewandert und mittlere Teilchenbeschleuniger konnten Kapazitäten verfügbar machen.

Die erste Diode, die mit dieser Technologie Serienreife erlangte, war 1994 die auf 1200V ausgelegte „Controlled Axial Lifetime“ (CAL) Diode [Lut94]. Inzwischen wird von mehreren Herstellern dieses Konzept angewandt; bis hinauf zu Spannungen von 9kV wurden Bauelemente verwirklicht.

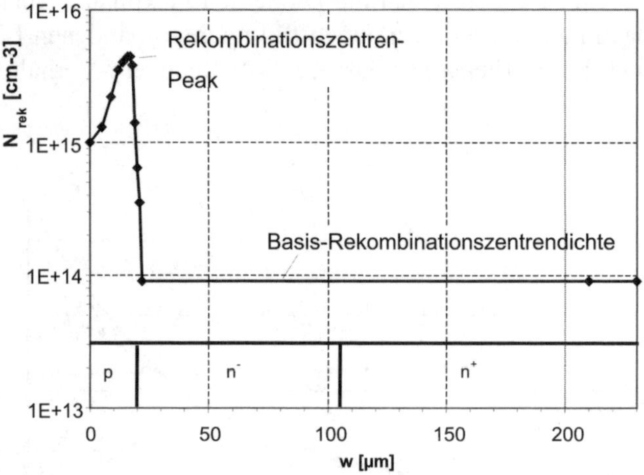

Abb. 3.1.33 Profil der Rekombinationszentren in der CAL-Diode (schematisch)

Abbildung 3.1.33 zeigt schematisch das Profil der Rekombinationszentren in der CAL-Diode. Der Rekombinationszentren-Peak wird mit Implantation von He^{++}-Ionen erzeugt. Seine Eindringtiefe ist zu steuern über die Energie der Helium-Implantation, seine Höhe über die Dosis. In Kombination mit dieser Implantation erfolgt die Einstellung der Basis-Rekombinationszentrendichte vorzugsweise mit Elektronenbestrahlung. Damit stehen drei Freiheitsgrade zur Einstellung des Reverse-Recovery-Verhaltens zur Verfügung.

Am günstigsten ist es, den Rekombinationszentren-Peak nahe an den pn-Übergang zu legen. Es kommt vor allem auf eine niedrige Rückstromspitze an, dazu muss der pn-Übergang möglichst frühzeitig frei werden. Die Relation zwischen Rückstromspitze und Durchlass-Spannung wird um so besser, je näher die Anordnung des Rekombina-tionszentren-Peaks am pn-Übergang ist. Bei der CAL-Diode wird wie in Abb. 3.1.33 der Peak strahlungsinduzierter Rekombinationszentren in die p-Zone dicht an den pn-Übergang gelegt: Damit ist der Großteil der als Generationszentren wirkenden Multivakanzen außerhalb der Raumladungszone und die Anordnung führt zu niedrigeren Sperrströmen.

Mit dieser Anordnung des Rekombinationszentren-Peaks erhält man im Durchlassfall eine invertierte Ladungsträgerverteilung. Die in Abb. 3.1.23 gezeigte Ladungsträgerverteilung im Durchlassfall ist mit einem Rekombinationszentrenprofil entsprechend Abb. 3.1.33 gerechnet.

Das Reverse-Recovery-Verhalten der CAL-Diode wurde bereits in Abb. 3.1.19b gezeigt. Durch die Höhe des Rekombinationszentren-Peaks – Einzustellen über die Dosis der He^{++}-Implantation – kann die Rückstromspitze reduziert werden und der Löwenanteil der Speicherladung tritt im Tailstrom auf. Der Tailstrom selbst lässt sich durch die Basis-Rekombinationszentrendichte steuern. Ihre Erhöhung verkürzt die Zeit des Tailstroms, aber zu Lasten der Durchlass-Spannung der Diode. Mit den beiden Parametern Grundlebensdauer und Dosis der He^{++}-Implantation lässt sich das Recovery-Verhalten über weite Bereiche steuern. Es kann erreicht werden, dass die Diode unter allen relevanten Bedingungen, insbesondere auch bei kleinen Strömen, ein Soft-Recovery-Verhalten aufweist.

Die Hybrid-Diode

Mit den genannten Konzepten für moderne schnelle Dioden wurde schon eine weitgehende Optimierung erreicht. So unterscheiden sich in der Spannungsklasse 1200V die CAL-Diode und die EMCON-HE-Diode in der Relation zwischen Durchlass-Spannung und Speicherladung nur noch unwesentlich [Lut00]. Es gibt Anzeichen, dass man sich langsam der Grenze der möglichen Optimierung einer schnellen Diode auf Basis von Si annähert. Man kann aber diese für ein einzelnes Bauelement gegebene Grenze durch Maßnahmen der Parallel- und Serienschaltung in gewissem Rahmen noch weiter hinausschieben.

Die Hybrid-Diode [Lut02] ist in Abb. 3.1.34a dargestellt. Sie besteht aus der Parallelschaltung einer snappigen Diode einerseits, deren niedrig dotierte Mittelzone so dünn wie möglich gemacht ist – auch als „Punch-Through" (PT)-Diode bezeichnet – und andererseits einer Soft-Recovery-Diode. Man erhält bei richtiger Abstimmung damit in der Parallelschaltung die niedrige Durchlass-Spannung einer PT-Diode bei gleichzeitigem Soft-Recovery-Verhalten.

Die Funktionsweise zeigt Abb. 3.1.34b. Die snappige Diode D_E trägt den größeren Teil des Durchlass-Stroms. Die Diode D_S trägt den kleineren Teil. Der Strom I_{DS} durch die Diode D_S erreicht als erster den Nulldurchgang und zum Zeitpunkt t_1 seinen Rückstromwendepunkt. Die Diode D_E ist zu dem Zeitpunkt noch von Vorwärtsstrom durchflossen. Bei t_1 wird der pn-Übergang der Diode D_S frei. Die Diode D_E wird nun mit erhöhter Steilheit kommutiert. Der Gesamtstrom ist noch durch die äußere Schaltung eingeprägt.

Zum Zeitpunkt t_2 wird der pn-Übergang von D_E frei. Zwischen t_2 und t_3 erfolgt in D_E der schroffe, snappige Rückstromabriss. Mit derselben Steilheit steigt der Rückstrom in der Diode D_S, die noch nicht von Ladungsträgern frei ist, wieder an. Der Gesamtstrom zeigt keinen Rückstromabriss.

Es wird demzufolge auch keine hohe Spannungsspitze induziert. Zwischen t_3 und t_4 werden die Ladungsträger in der Diode D_S abgebaut. Das Verhalten der kombinierten Anordnung ist soft.

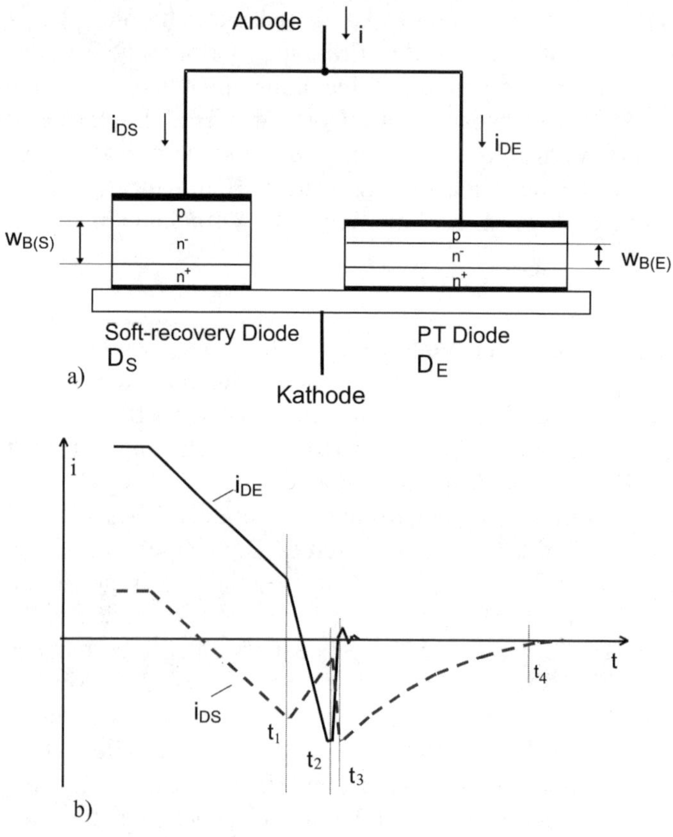

Abb. 3.1.34 Hybrid-Diode. a) Aufbau. b) Stromverlauf in den beiden Teildioden während der Kommutierung.

Für die effektive Funktion der Hybrid-Diode muss die Diode D_S auch nach dem Rückstromabriss von D_E noch ausreichend Ladung bereitstellen. Dazu muss die softe Teildiode D_S zwischen 10% und 25% des Durchlass-Stroms übernehmen. Die Durchlass-Spannung ist daher aufeinander abzustimmen. In der Realisierung wird als Diode D_E eine sehr schnelle Epitaxialdiode mit dünner Mittelzone verwendet. Die Durchlass-Spannung liegt bei 1,1V. Parallel dazu wird als Diode D_S eine CAL-Diode von etwa 1/6 der Fläche geschaltet. Diese verfügt über etwa die doppelte Weite der Mittelzone, aber ihre Durchlass-Spannung wird durch eine niedrige Basis-Rekombinationszentrendichte bei gleicher Stromdichte in denselben Bereich wie die der Epitaxialdiode eingestellt. D_S weist einen sehr hohen Tailstrom auf, ist aber damit in der Lage, den Rückstromabriss der Epitaxialdioden der 6-fachen Fläche sicher aufzufangen.

Die Hybrid-Diode hat sich bewährt in der Steuerung von Gabelstaplern und anderen Elektrofahrzeugen. Hier ist die Zwischenkreisspannung typisch im Bereich von 80V. Die Gleichstromsteller werden mit MOSFETs realisiert. Um niedrige Verluste zu erhalten, soll der MOSFET auf möglichst niedrige Spannung - 160V bis 200V - ausgelegt werden. Für die induzierte Spannungsspitze nach Gleichung (3.1.57) stehen also nur ca. 80V zur Verfügung. Der gesteuerte Strom ist dabei relativ hoch, im Bereich zwischen 200A und 700A. Hohe Ströme führen zu entsprechender Größe der Module und eine beträchtliche parasitäre Induktivität L_{par} lässt sich nur schwer vermeiden. Darum ist di_r/dt, die Steilheit der nach der Rückstromspitze abfallenden Flanke, niedrig zu halten, damit das Produkt

$$L_{par} \cdot \frac{di_r}{dt}$$

im Bereich der niedrigen Reserve zur Aufnahme von Spannungsspitzen bleibt. Unter diesen Anforderungen bewährt sich die Hybrid-Diode.

Die Tandem-Diode

Die Tandem-Diode besteht aus einer Serienschaltung von schellen Dioden im gleichen Gehäuse. Ein Beispiel [IXY00] gibt Abb. 3.1.35. Die Konfiguration ist bereits vorgesehen für eine Anwendung als Hochsetzsteller zur Power-Factor-Corretion. Das Konzept der Tandem-Diode zielt darauf ab, Dioden mit möglichst geringer Speicherladung für Anwendung bei sehr hohen Schaltfrequenzen bereit zu stellen.

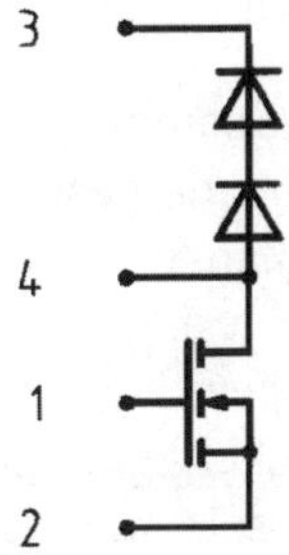

Abb. 3.1.35 Konfiguration aus einer Tandem-Diode und einem MOSFET, vorgesehen für eine Anwendung als Hochsetzsteller

In Gleichung (3.1.36) wurde ein Zusammenhang zwischen Speicherladung und Basisweite der Diode hergestellt. Die Basisweite ist aber durch die Sperrspannung bestimmt. Legt man nun die Basisweite so niedrig wie möglich aus und setzt eine Abschätzung für den realistischen Fall (3.1.15)

$$w_B = \chi \cdot U_{BD}^{\frac{7}{6}} \text{ mit } \chi = 2{,}3 \cdot 10^{-6} cmV^{-\frac{7}{6}}$$

in Gleichung (3.1.36) ein, so erhält man

$$Q_F = I_F \frac{\chi^2}{U_{drift}(\mu_n + \mu_p)} \cdot U_{BD}^{\frac{7}{3}} \tag{3.1.105}$$

Dies ist zwar nur als Näherung zu betrachten, wie die Diskussion von Gleichung (3.1.36) zeigt. Aber man kann schlussfolgern, dass bei Verwendung von 2 Dioden, also Halbierung von U_{BD}, nur etwa 20% der Speicherladung zu erwarten ist. Allerdings nimmt man die doppelte Schleusenspannung in Kauf.

Der im Mittelgebiet auftretende Spannungsabfall für n Dioden in Serie kann ausgedrückt werden mit

$$U_{drift} = \frac{U_F}{n} - U_j \tag{3.1.106}$$

Einsetzen in (3.1.105) ergibt für n Dioden in Reihe mit einer Gesamtsperrspannung von U_{BD} eine Speicherladung

$$Q_F = I_F \cdot \frac{\chi^2}{(\mu_n + \mu_p)} \cdot \frac{\left(\frac{U_{BD}}{n}\right)^{\frac{7}{3}}}{\left(\frac{U_F}{n} - U_j\right)} \tag{3.1.107}$$

Die Relation zwischen gespeicherte Ladung zur Durchlass-Spannung für eine einzelne und für eine Tandem-Diode ist in Abb. 3.1.36 dargestellt. Erst ab einer Durchlass-Spannung größer ca. 1,9V kann man mit einer Tandem-Diode eine günstigere Relation zwischen U_F und gespeicherter Ladung erwarten. Die vorgesehene Anwendung – Dioden spezifiziert für eine Spannung von 600V mit relativ niedriger Stromtragfähigkeit, aber geeignet für sehr hohe Schaltfrequenzen – verlangt vor allem sehr niedrige Schaltverluste. Erlaubt man eine Durchlass-Spannung von 3V, so kann die Tandem-Diode eine wesentlich niedrigere Speicherladung erreichen. Die Durchlassverluste teilen sich auf zwei Bauelemente auf, was für das thermische Verhalten günstig ist.

Bei der gewählten PT-Dimensionierung der Teildioden ist kein Soft-Recovery-Verhalten zu erwarten. Allerdings werden in der skizzierten Anwendung die Schaltungen sehr kompakt aufgebaut. Es können niedrige parasitäre Induktivitäten erreicht werden. In Verbindung mit niedrigen Strömen können Abstriche beim Soft-Recovery-Verhalten gemacht werden zugunsten der Minimierung der Schaltverluste. Auch auf ein RC-Netzwerk zur Symmetrierung der Spannungsaufteilung kann bei modernen Bauelementen in diesem Spannungsbereich verzichtet werden. In Anwendungen bei sehr hohen Schaltfrequenzen steht die Tandem-Diode in Wettbewerb zu Schottky-Dioden aus GaAs und SiC.

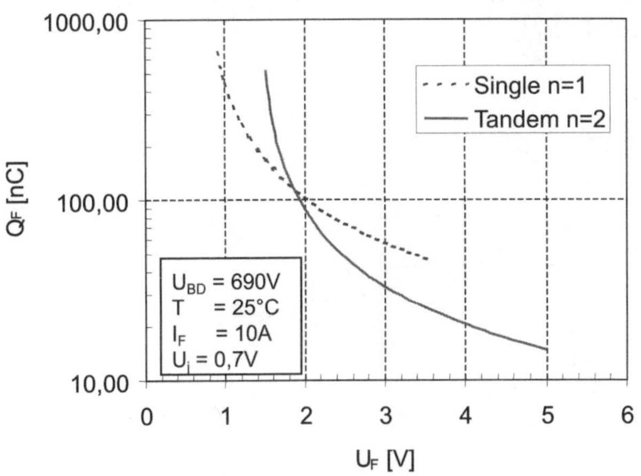

Abb. 3.1.36 Relation gespeicherte Ladung zur Durchlass-Spannung für einzelne Diode und eine Tandem-Diode

MOS-gesteuerte Dioden

Die Idee der MOS-gesteuerten Diode (MOS Controlled Diode, MCD) ist ein möglicher weiterer Schritt zur Optimierung von schnellen Dioden. Die MCD weist in ihrer Grundform die gleiche Struktur wie ein MOSFET auf und besitzt wie dieser einen Steueranschluss. Jeder MOSFET enthält strukturbedingt in Rückwärtsrichtung (3. Quadrant der Kennlinie) eine Diode, die durch den Anschluss der p-Wanne an die Source-Metallisierung entsteht. Parallel zu dieser Diode liegt der MOS-Kanal. Die Grundstruktur ist Abbildung 3.1.37 dargestellt [Hua94], das Ersatzschaltbild ist in derselben Abbildung rechts dargestellt.

Die Wirkungsweise soll anhand der Grundstruktur behandelt werden. In Abb. 3.1.37 rechts ist zu erkennen, dass durch Öffnen des Kanals des MOSFETs mit einer positiven Gate-Spannung ein Strompfad parallel zum pn-Übergang der Diode geschaffen wird. Bei einer Durchlassspannung kleiner als die Schleusenspannung von ca 0,7V (Raumtemperatur) fließt der gesamte Strom durch den Kanal und es liegt ein unipolares Bauelement vor. Bei Kommutierung dieser unipolaren Diode entfällt die Speicherladung der injizierten Ladungsträger. Diese Betriebsweise des MOSFET wurde als synchroner Gleichrichter [Bal87] bezeichnet. Ab einem Spannungsabfall größer als die Schleusenspannung werden vom pn-Übergang Ladungsträger injiziert; diese Betriebsweise wird beim synchronen Gleichrichter jedoch vermieden [Bal87].

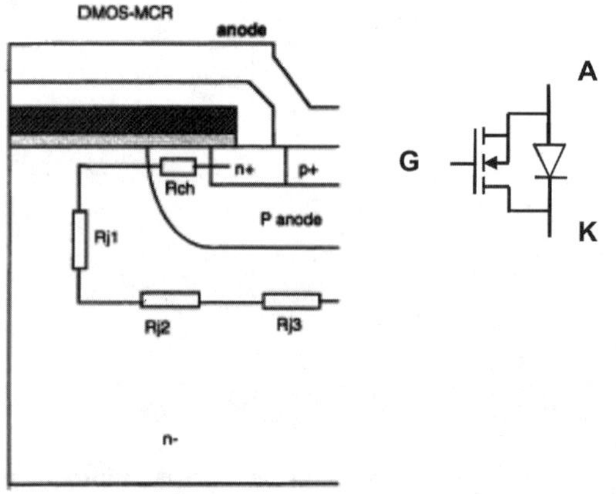

Abb. 3.1.37 Grundstruktur der MOS Controlled Diode (MCD) sowie Schaltbild. Aus [Hua94]

Die MCD unterscheidet sich vom synchronen Gleichrichter jedoch in der Betriebsweise. Im Durchlasszustand ist der Kanal geschlossen, die MCD arbeitet als pin-Diode. Einige Zeit vor Kommutierung wird der Kanal geöffnet. Durch das Abfließen der Elektronen über den Kanal wird die Injektion von Löchern durch den Anoden-Emitter unterbindet, das Elektronen-Loch-Plasma wird auf der Anodenseite stark abgesenkt. Wenngleich es nicht gelingt, die Speicherladung vollständig zu eliminieren, so kann doch eine drastische Reduzierung der Speicherladung erreicht werden.

Bereits bei bestimmten konventionellen MOSFETs kann dieser Effekt gezeigt werden. So ist in Abb. 3.1.38 die Kennlinie des 1000V MOSFETs IXFX21N100Q des Herstellers IXYS im 3. Quadranten dargestellt. Für geschlossenen Kanal (U_G=0V) erkennt man die bekannte Diodenkennlinie mit einer Schleusenspannung bei ca. 0,7V. Bei Öffnen des Kanals (U_G = 5V bzw. 10V) findet sich für den Bereich der Flussspannung < 0,7V zunächst die erwartete Widerstandskennlinie, wobei der Widerstand mit steigender Gatespannung fällt. Hier liegt der Betriebsweise des synchronen Gleichrichters vor. Im Bereich größer ≈0,7V liegt bei geöffnetem Kanal, wie vor allem bei U_G = 10V zu erkennen, eine gegenüber dem ungeöffneten Kanal (U_G=0V) deutlich erhöhte Durchlass-Spannung vor. Im MCD-Betrieb wird die Diode in diesen Zustand versetzt.

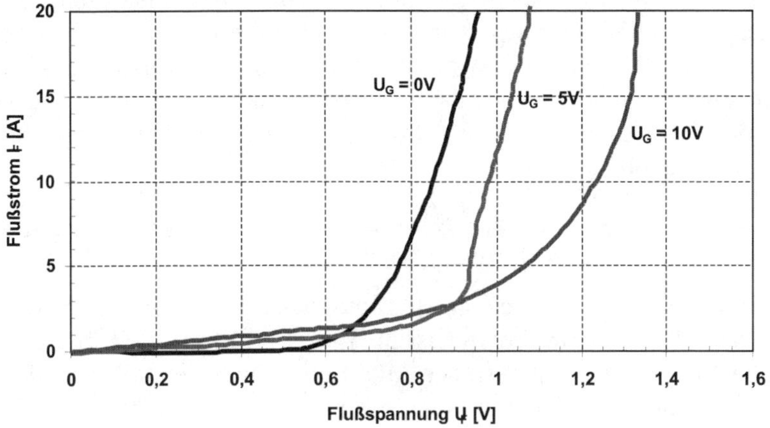

Abb. 3.1.38 Kennlinie des 1000V MOSFETs IXFX21N100Q im 3. Quadranten

Die Wirkungsweise des MOSFET im 3.Quadranten als MCD kann durch den in Gleichung (2.2.57) beschriebenen Emitterwirkungsgrad γ erklärt werden:

$$\gamma = 1 - \frac{j_n}{j} \tag{3.1.108}$$

Der Strom j_n entspricht in Bezug auf den Emitter dem Minoritätsträgerstrom. Wird j_n durch Öffnen des Strompfad über den Kanal kurz vor der Kommutierung erhöht, so verringert sich γ. Damit wird die Verteilung freier Ladungsträger auf der Anodenseite abgesenkt. Eine kleinere Konzentration freier Ladungsträger auf der Anodenseite hat zur Folge, dass die Ladungsträgerverteilung invertiert wird mit dem Ergebnis eines Soft-Recovery-Verhaltens.

Durch die Schaffung eines zusätzlichen Strompfads in der MCD wird zwar ein Elektronenstrom fließen, aber dieser hat die Absenkung der Konzentration freier Ladungsträger in der Basis zur Folge. Dieser Effekt überwiegt im Beispiel in Abb. 3.1.38 und damit kommt es zu einer Erhöhung der Durchlass-Spannung bei erhöhtem Elektronenstrom durch den Kanal.

Es wird später in den Abschnitten zum IGBT noch gezeigt werden, dass man diesen Effekt auch in umgekehrter Weise nutzen kann. Reduziert man dort einen Minoritätsträgerstrom über den Kanal, so kann man die Durchlass-Spannung auch senken. Auf der Steuerung der Ladungsträgerverteilung mittels des Minoritätsträgerstroms im Emitter beruht die Optimierung moderner Leistungsbauelemente. Bei der Behandlung des IGBT werden wir darauf wieder zurückkommen. Abb. 3.1.38 ist ein schöner Beweis, dass diese Maßnahme wirkt.

Für die Wirkungsweise als MCD ist zu beachten, dass die Summe aus dem Spannungsabfall über dem Kanal sowie über die in Abb. 3.1.37 links eingezeichneten Widerstände R_{j1} bis R_{j3} kleiner sein muss als die Schleusenspannung des pn-Übergangs, damit der Strom durch den Kanal fließt,. Dies ist der Fall bis zum kritischen Strom I_{crit}, für den bei Raumtemperatur näherungsweise gilt

$$I_{crit} = \frac{0{,}7V}{R_{CH} + R_{j1} + R_{j2} + R_{j3}} \tag{3.1.109}$$

Der kritische Strom I_{crit} soll bei der MCD möglichst groß sein. Ein Beispiel für eine darauf optimierte Struktur ist in Abb. 3.1.39 dargestellt [Hua94]. Durch die Verwendung einer Trench-MOSFET Struktur entfallen die Widerstände R_{j1} und R_{j2}. Weiterhin kann das n-Gebiet unmittelbar unter der p-Zone höher dotiert werden. Dazu wird ein n-Gebiet eingebracht, das in Abb. 3.1.39 als n-buffer bezeichnet wird. Damit wird der Widerstand R_{j3} verkleinert.

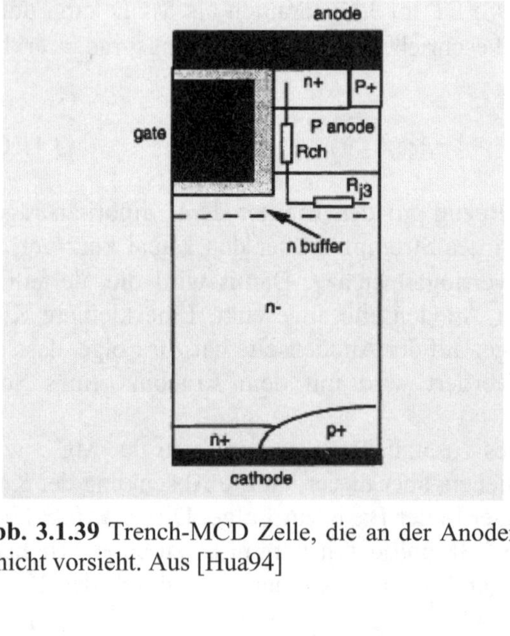

Abb. 3.1.39 Trench-MCD Zelle, die an der Anodenseite eine zusätzliche Bufferschicht vorsieht. Aus [Hua94]

Allerdings wird ein n-Buffer an dieser Stelle die Sperrfähigkeit reduzieren, was die hier erlaubte Buffer-Dotierung begrenzt.

Die Trench-MCD muss vom Zustand einer voll gefluteten Basis, bei dem keine Spannung am Gate anliegt, zum Zustand des abgesenkten Plasmas durch Einprägen einer Spannung am Gate gebracht werden. Dazu muss die gespeicherte Ladung abgebaut werden. Erfolgt dieser Vorgang durch Rekombination, so ist von einigen 10µs auszugehen, was in der Praxis zu lange dauert. Ein n-Buffer erschwert zusätzlich die Möglichkeit für den Abfluss der Löcher. Daher wird auf der Kathodenseite eine zusätzliche p-Zone angebracht, welche den Abfluss von Löchern zur negativ gepolten Kathode erleichtert.

Mit diesen Maßnahmen lässt sich die Speicherladung vor der Kommutierung drastisch reduzieren, in Bauelementsimulationen wurde eine Reduzierung um den Faktor 20 bis 40 gezeigt [Hua94]. Allerdings lässt sich die Speicherladung nicht ganz auf Null herunterfahren.

Der grundsätzliche Nachteil aller bisher gezeigten Varianten ist, dass vor Anlegen einer Sperrspannung der Kanal wieder geschlossen werden muss. Abb. 3.1.40 zeigt eine MCD als Ersatz für die Diode in einem IGBT-Kommutierungskreis. Der Strom fließt im Freilaufkreis, bevor durch Wiedereinschalten des IGBT die Diode vom leitenden in den sperrenden Zustand kommutiert wird. Ist zum Zeitpunkt des Anlegens der Spannung an die Diode der Kanal geöffnet, so fließt der Strom nicht über die Last, sondern über den Kanal, es tritt ein Brückenkurzschluss auf. Daher muss der Kanal rechtzeitig wieder geschlossen werden, dieser Zeitpunkt muss auf etwa 100ns genau getroffen werden. Dies ist mit einer Ansteuerschaltung nur schwer sicherzustellen. Vor allem dieser Nachteil, dass bei Anlegung einer Steuerspannung keine Sperrfähigkeit gewährleistet ist, verhindert bisher den Einsatz von MCD und Trench-MCD.

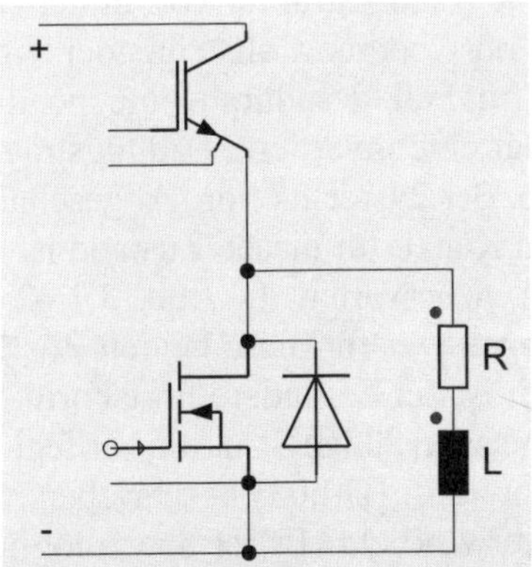

Abb. 3.1.40 MCD in einem Kommutierungszweig mit IGBT als Schalter

Ein Beispiel einer abgewandelten Lösung, die diesen grundsätzlichen Nachteil nicht aufweist ist die Emitter Controlled Diode (ECD), die in Abb. 3.1.41 dargestellt ist [Dru01]. Hier schließt sich an die p^+-Zone eine durchgehende niedrig dotierte p-Zone an. In die p^+-Zone ist eine hochdotierte n^+-Zone eingebracht, der Pfad zur niedrig dotierten p-Zone wird durch einen MOS-Kanal gesteuert. Der Kanal kann durch eine sehr flache n^+-Schicht über der niedrig dotierten p-Zone noch verlängert werden. Die Geometrie und die Dotierungen der einzelnen Bereiche wird so ausgelegt, dass bei durch eine positive Steuerspannung geöffnetem Kanal der Strom den Weg über die niedrig dotierte p-Zone nimmt. Dazu muss die Summe aus Spannungsabfällen längst dieses Weges – der Schleusenspannung am pn^--Übergang, dem Spannungsabfall im Kanal und weitere ohm'sche Anteile im Pfad – kleiner sein als die Schleusenspannung am p^+n^--Übergang.

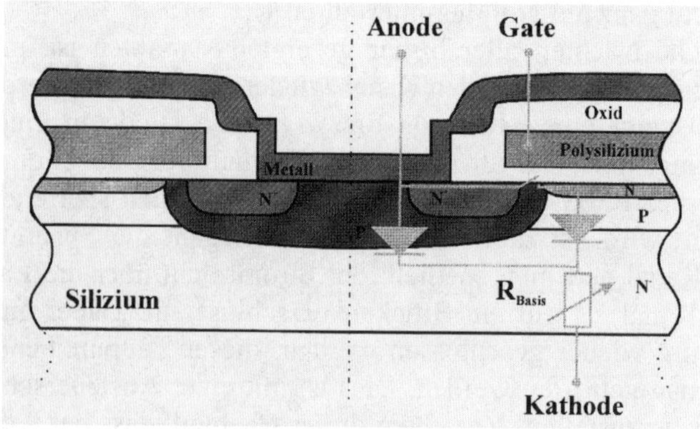

Abb. 3.1.41 Emitter Controlled Diode (ECD). Aus [Dru03]

Ohne positive Spannung am Gate liegt eine $p^+n^-n^+$-Struktur vor, in der eine Ladungsträgerverteilung mit stark zum pn-Übergang ansteigender Konzentration auftritt, ähnlich Abb. 3.1.6. Im Fall des durch eine positive Spannung am Gate geöffneten Kanals liegt eine invertierte Ladungsträgerverteilung ähnlich Abb. 3.1.31 oder Abb. 3.1.29 rechts vor. Abgeschaltet wird nur aus dem Zustand mit geöffnetem Kanal, für diesen Zustand ist ein Abschalten mit Soft-Recovery-Verhalten zu erwarten. In Abb. 3.1.42 ist diese interne Verteilung der freien Ladungsträger für diese beiden Zustände nochmals gegenübergestellt. Und dabei ist der besondere Fortschritt der ECD, dass auch bei geöffnetem Kanal eine sperrfähige Struktur vorliegt.

Die ECD ist ausführlich in [Dru01] sowie in [Dru03] beschrieben. Sie wurde bisher noch nicht in der Praxis verwirklicht. Es ist aber möglich, dass für künftige Optimierung von Dioden im Spannungsbereich >3kV diese oder ähnliche Ideen als Grundlage verwendet werden. Der erforderliche Aufwand scheint auf den ersten Blick hoch. Es ist aber zu bedenken, dass heute bei IGBTs in diesem Spannungsbereich die möglichen Schaltfrequenzen insbesondere durch das Rückstromverhalten der Dioden begrenzt werden. Ein Fortschritt bei Dioden ergibt Systemvorteile, die den zusätzlichen Aufwand rechtfertigen können.

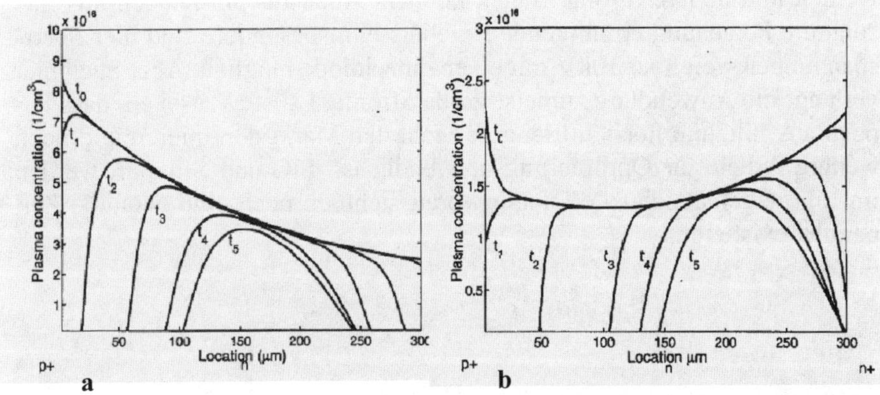

Abb. 3.1.42 Ladungsträgerverteilung während des Reverse-Recovery-Vorgangs bei einer ESD. a) U_G=0, geschlossener Kanal b) durch eine positive Gatespannung geöffneter Kanal. Entnommen aus [Dru01]

Ausblick

Für das Soft-Recovery-Verhalten von schnellen Dioden konnten im Spannungsbereich kleiner 2000V recht gute Lösungen gefunden werden, und es gibt Anzeichen, dass man sich in diesem Bereich bereits auf die Grenzen des in Silizium Möglichen zu bewegt. Noch nicht ausgeschöpft ist aber das Potenzial hybrider Optimierungen.

Für den Spannungsbereich 3000V aufwärts ist auch heute noch Beträchtliches zu tun, um auch für Anwendungen sehr hoher Leistungen Dioden mit zufrieden stellendem Schaltverhalten zu entwickeln. Diese Anwendungen verbinden Schaltflanken, die gegenüber den früher verwendeten Thyristoren und GTOs wesentlich höher sind, mit beträchtlichen Induktivitäten im Kommutierungskreis. Auf diese Anforderungen sind Bauelemente noch zu optimieren, um auch unter diesen Bedingungen Spannungsspitzen und Oszillationen zu vermeiden. Hier spielt ferner die dynamische Robustheit eine wichtige Rolle, auf den in einem späteren Abschnitt dieses Buchs (Kapitel 5.4) noch eingegangen wird.

Für Anwendungen mit hohen Schaltfrequenzen sind Schottky-Dioden die bessere Wahl, und Schottky-Dioden aus GaAs werden für den Bereich bis 600V optimiert werden können. Schottky-Dioden aus SiC haben sich im Bereich 600V und 1200V etabliert, sie können auch für höhere Spannungen zur Verfügung gestellt werden. Ob sie für den Anwendungsbereich der Motorsteuerungen breit eingesetzt werden, wird vor allem auch davon abhängen, dass sie kommerziell zu größeren Bauformen weiterentwickelt werden und höhere Ströme tragen können. Auch für pin-Dioden aus SiC zeigt die Forschung ermutigende Ergebnisse, insbesondere sind hier Sperrspannungen weit über 10kV mit einer Einzeldiode möglich. Aber auch hier verlangt die Anwendung zumeist große Ströme. Es ist abzusehen, dass Dioden aus Silizium noch auf längere Sicht den Markt dominieren und noch weitere Arbeit zur Optimierung notwendig ist. SiC und Silizium werden im Einsatzgebiet schnelle Dioden voraussichtlich noch eine geraume Zeit parallel existieren.

3.2 Schottky-Dioden

Schottky-Dioden sind unipolare Bauelemente: Für den Stromtransport steht nur eine Sorte von Ladungsträgern zur Verfügung. Legt man sie auf höhere Spannungen aus, nimmt daher der Widerstand der Mittelzone stark zu, wie im Folgenden gezeigt wird. Aber Schottky-Dioden haben wieder eine hohe Bedeutung erlangt:

- Schottky-Dioden aus Si im Spannungsbereich bis etwa 100V als Freilaufdioden für MOSFETs. Ihre Vorzüge sind dabei die niedrige Schleusenspannung sowie die nicht vorhandene Speicherladung. Beim Umschalten vom leitenden zum sperrenden Zustand ist bei Schottky-Dioden nur die kapazitive Umlandung der Sperrschicht zu berücksichtigen. Das macht sie für sehr hohe Schaltfrequenzen einsetzbar.
- Schottky-Dioden aus Halbleitermaterialien mit höherem Bandabstand. Damit sind sehr viel höhere Sperrspannungen möglich. Der höhere Bandabstand führt bei einem Bauelement mit pn-Übergang zu einer hohen Schleusenspannung (siehe Abb. 2.2.8). Bei einem Schottky-Übergang tritt eine im Vergleich zum pn-Übergang sehr viel niedrigere Schleusenspannung auf.

Zur Physik des Metall-Halbleiter-Übergangs

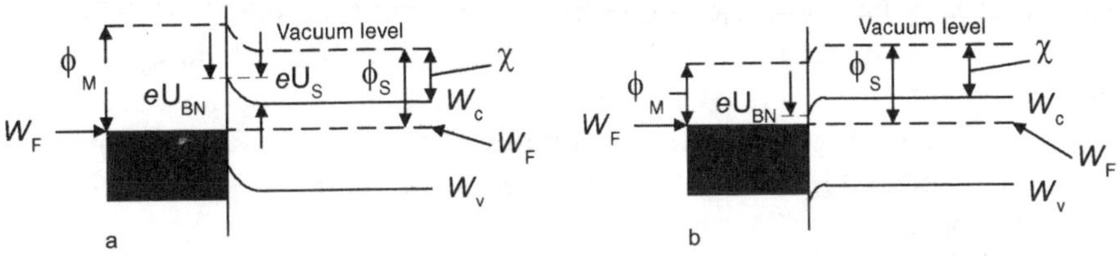

Abb. 3.2.1 Metall-Halbleiter-Übergang, n-Halbleiter. a) Schottky-Übergang b) Ohm´scher Übergang.

Abbildung 3.2.1 zeigt die Bandstruktur. Es seien zunächst Metall und Halbleiter betrachtet. Es sei:

Φ_M : *Austrittsarbeit des Metalls*

Die Energie, die einem Elektron zugeführt werden muß, um den Festkörper zu verlassen (Differenz zwischen Fermi-Niveau, das im Metall im Leitungsband liegt, und Vakuum-Niveau). Im Halbleiter sei entsprechend:

Φ_S : *Austrittsarbeit des Halbleiters*

Das Fermi-Niveau eines Halbleiters liegt, wenn man vom sehr hoch dotierten Halbleiter absieht, zwischen Valenz- und Leitungsband. Es wird daher zusätzlich definiert

χ : *Elektronen – Affinität Halbleiter*

Energie, die notwendig ist, um ein an der Unterkante des Leitungsbands befindliches Elektrons aus dem Halbleiter zu entfernen (vom Leitungsband zum Vakuum-Niveau)

Werden nun Halbleiter und Metall in Kontakt gebracht, und es sei $\Phi_M > \Phi_S$ (Abb. 3.2.1a), so verlassen Elektronen den Halbleiter, bis wieder die Bedingung des thermodynamischen Gleichgewichts erfüllt ist. Im Halbleiter wird sich eine an Elektronen verarmte Schicht bilden, d. h. eine Raumladung.

Auf der Seite des Metalls lässt sich die Barrierenhöhe angeben:

$$eU_{BN} = \Phi_M - \chi \qquad (3.2.1)$$

auf der Seite des Halbleiters entsprechend

$$eU_K = \Phi_M - \left(\chi + (W_C - W_F)\right) \qquad (3.2.2)$$

wobei U_K die Kontaktspannung ist. Im Halbleiter verbleibt eine verarmte Zone, in der eine Raumladung an positiven Donatorrümpfen gebildet wird. Der Übergang hat gleichrichtende Eigenschaften: Eine negative Spannung am Metall gegenüber dem Halbleiter verbreitert die Raumladung, der Metall-Halbleiter-Übergang ist in Sperrrichtung gepolt. Eine positive Spannung am Metall gegenüber dem Halbleiter verringert die Raumladungszone und setzt U_K herab: der Metall-Halbleiter-Übergang ist in Durchlasspolung.

Im Fall in Abb. 3.2.1b bildet sich an der Oberfläche keine Verarmungszone, sondern eine Anreicherungszone an Elektronen, die Barriere wird abgesenkt. Bei $\Phi_M = \chi + (W_C - W_F)$ sollte die Barriere verschwinden und für genügend kleines Φ_M sollte ein freier Fluss von Elektronen durch die Oberfläche möglich sein. In der Praxis aber bilden sich durch die Unterbrechung des Kristallgitters eine Vielzahl von Oberflächenzuständen. Zur Bildung guter Ohm'scher Kontakte ist im Allgemeinen ein hochdotierter Halbleiter der Dotierung > $10^{18}cm^{-3}$ notwendig. In diesem Fall werden Barrieren so klein, dass sie durchtunnelt werden können.

Kennliniengleichung des Schottky-Übergangs

Die gleichrichtenden Eigenschaften des Schottky-Übergangs lassen sich analog zur Strom-Spannungs-Kennlinie des pn-Übergangs (2.2.18) durch eine Diodengleichung beschreiben

$$j = j_s \cdot \left(e^{\frac{q \cdot U}{k \cdot T}} - 1 \right) \tag{3.2.3}$$

mit

$$j_s = A^* \cdot T^2 \cdot e^{-\frac{q \cdot U_{BN}}{kT}} \tag{3.2.4}$$

Der Sättigungssperrstrom j_s unterscheidet sich dabei von dem des pn-Übergangs. A* ist die Richardson-Konstante.

Tabelle 5. Richardson-Konstante A* für verschiedene Halbleiter-Materialien

Si	120 A/cm²K²	[Sze81]
GaAs	8 A/cm²K²	[Sze81]
SiC	400 A/cm²K²	[Tre01]

Gleichung (3.2.4) ist aber nur in erster Näherung und für den Bereich kleiner Spannungen und Ströme gültig. So muss als einer der Korrekturterme die Bildkraft $\Delta\Phi$ eingeführt werden. Sie entspricht der herabgesetzten Austrittsarbeit an einer Metalloberfläche unter der Bedingung eines angrenzenden hohen elektrischen Feldes [Pau76]. Damit wird (3.2.3) zu

$$j_s = A^* \cdot T^2 \cdot e^{-\frac{q \cdot (U_{BN} - \Delta\Phi)}{kT}} \qquad (3.2.5)$$

mit

$$\Delta\Phi = \sqrt{\frac{q \cdot E}{4 \cdot \pi \cdot \varepsilon}} \qquad (3.2.6)$$

Die Bildkraft $\Delta\Phi$ ist spannungsabhängig, sie ist wesentliche Ursache der „weichen" Kennlinie bei Schottky-Dioden, die bei höherer Spannung nahe dem Lawinendurchbruch einen ansteigenden Sperrstrom zeigt. Dies fällt bei großen Barrierenhöhen weniger ins Gewicht, ist aber insbesondere bei Schottky-Dioden niedrigerer Barrierenhöhe deutlich bemerkbar. Ebenso bewirkt in Durchlassrichtung die Bildkraft durch die Potentialumkehr eine Anhebung der Barriere und damit eine erhöhte Durchlassspannung, die sich bei hohen Stromdichten von 200-300 A/cm² bemerkbar macht. Übliche Größen der Bildkraft liegen bei 15-30mV. Außer der Bildkraft sind noch weitere Einflüsse zu berücksichtigen, dazu sei auf [Pau76] verwiesen.

Die genannten Korrekturterme werden teilweise in einer neuen Richardson-Konstante A** zusammengefasst, die etwa 10% bis 20% unter A* liegt. Ebenfalls wird zur besseren Anpassung an experimentell bestimmte Werte ein Idealitätsfaktor n in Gleichung (3.2.3) eingeführt

$$j = j_s \cdot \left(e^{\frac{q \cdot U}{n \cdot k \cdot T}} - 1 \right) \qquad (3.2.7)$$

wobei n zwischen 1 und 2 liegt, für gute Schottky-Dioden wird ein Wert von 1,02..1,06 erreicht.

Abbildung 3.2.2 zeigt die nach (3.2.3) berechnete ideale Kennlinie einer Schottky-Diode in sehr kleinem Strommaßstab. Gegenüber der Gleichung des pn-Übergangs unterscheidet sie sich durch einen um mehrere Größenordnungen höheren Sättigungssperrstrom j_s, der in dem Fall bereits 6,2µA/cm² beträgt. Der reale Sperrstrom ist, wie bei allen Leistungsbauelementen, oft durch Effekte der Technologie und des Randabschlusses noch wesentlich höher.

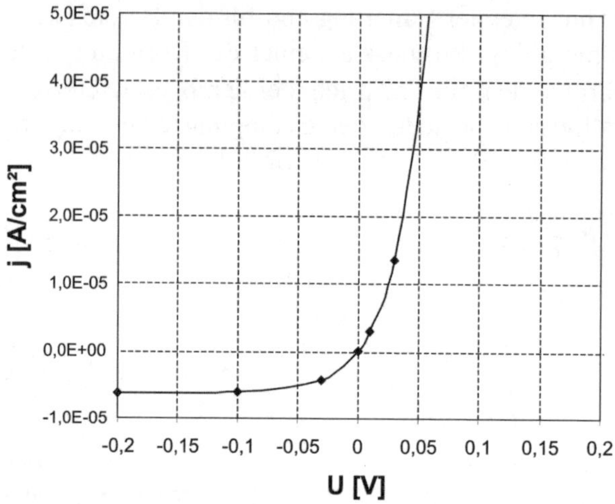

Abb. 3.2.2 Berechnete Kennlinie der Schottkydiode. Beispiel Pd_2Si auf Si, Barrierenhöhe 0,73eV, 300K

Für verschiedene Kontaktmaterialien sind die Potentialbarrieren in der Tabelle in Abb. 3.2.3 angegeben. Die damit berechneten Kennlinien sind in Abb. 3.2.3 in höherem Strommaßstab dargestellt.

Man erkennt für die jeweiligen Kontaktmaterialien eine jeweils unterschiedliche Schleusenspannung, für Cr_2Si liegt sie bei nur 0,22V (abgelesen bei einer Stromdichte von $10A/cm^2$). Allerdings hat man bei dieser Barriere bereits einen Sperrstrom von $2mA/cm^2$ bei Raumtemperatur zu erwarten, der mit der Temperatur noch ansteigt, siehe Gleichung (3.2.4). Diese Barriere ist also für sehr niedrige Spannungen geeignet, z.B. für Schaltnetzteile für kleine Spannungen. Für eine 100V-Schottky-Diode wird typischerweise eine Barriere aus PtSi verwendet. Zur Feinabstimmung und Optimierung werden auch Mischsilizide verwendet.

Die Kennlinie ist sehr stark temperaturabhängig ($j_S \sim T^2$), auch die Schleusenspannung sinkt mit der Temperatur. In der idealisierten Gleichung (3.2.3) ist allerdings der Serienwiderstand vernachlässigt.

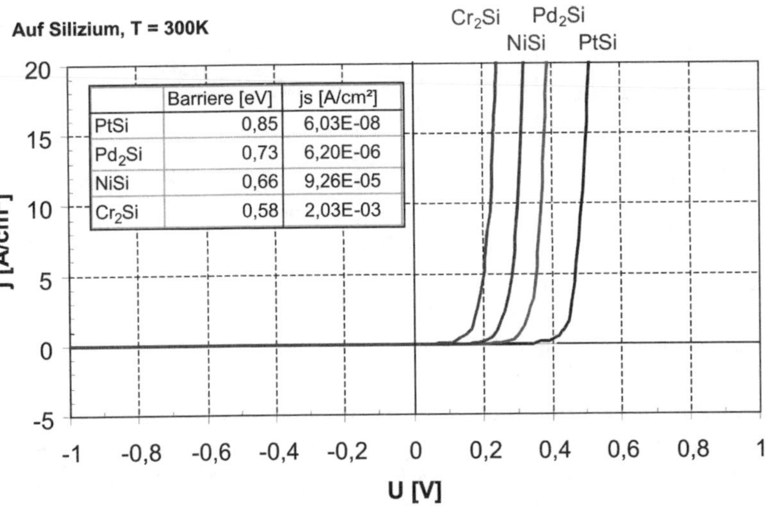

Abb. 3.2.3 Berechnete Kennlinien für Schottky-Dioden aus Si für verschiedene Kontaktmaterialien. Daten von G. Berndes, IXYS, 1997 [Ber97]

Bei der Durchlasskennlinie der Schottky-Diode ist noch der Spannungsabfall über der niedrig dotierten Mittelzone zu addieren, der im Fall des idealen unipolaren Bauelements ein Ohm'scher Spannungsabfall ist:

$$U_F = U_S + R_{diff} \cdot I_F = U_S + R_{\Omega} I_F \tag{3.2.8}$$

R_Ω einer Schottky-Diode ist aber, da es sich um ein unipolares Bauelement handelt und die Mittelzone nicht moduliert wird, bei gleicher Dicke der Mittelzone wesentlich höher.

Aufbau von Schottky-Dioden

Abbildung 3.2.4 zeigt schematisch den Aufbau einer Schottky-Diode. Für Leistungsdioden ist praktisch nur n-Material im Einsatz, aufgrund der höheren Beweglichkeit der Elektronen. Üblicherweise wird epitaktisches Silizium verwendet, das aus einem hochdotierten Substrat und der niedrig dotierten n^- -Schicht besteht. Reale Schottky-Dioden benötigen für den sperrenden pn-Übergang ebenfalls eine Randstruktur, die in Abb. 3.2.4 nicht dargestellt ist. Zum Einsatz kommen Feldplatten, oder die Diffusion eines Potentialrings, oder eine JTE-Struktur, oder auch Kombination von Feldplatten mit Potentialring bzw. JTE-Struktur (siehe Abschnitt Technologie).

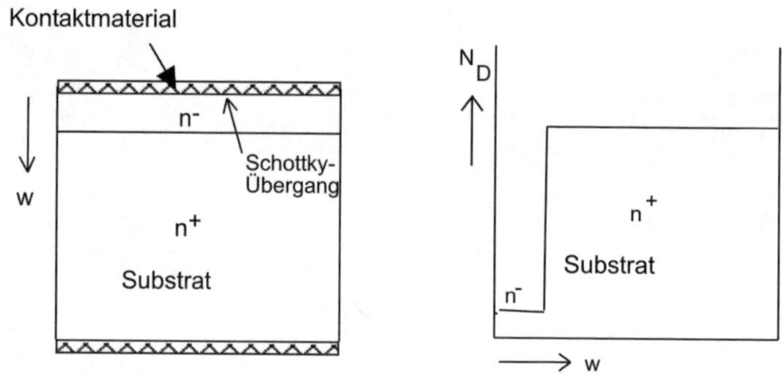

Abb. 3.2.4 Aufbau von Schottky-Dioden (schematisch)

Die niedrig dotierte Zone muss die Sperrspannung aufnehmen. Da es sich bei der Schottky-Diode um ein unipolares Bauelemcnt handelt, geht ihre Weite w_B linear in den Ohm´schen Spannungsabfall in Durchlassrichtung ein.

Ohm'scher Spannungsabfall des unipolaren Bauelements

Der Widerstand der Mittelzone berechnet sich bei einem unipolaren Bauelement nach

$$R_\Omega = \frac{w_B}{q \cdot \mu_n \cdot N_D \cdot A} \tag{3.2.9}$$

Es gehen nur die Weite der Zone, die Dotierung (die der Zahl der freien Elektronen entspricht) und die Beweglichkeiten ein.

Zur Aufnahme der Sperrspannung U_{BD} bedarf die Mittelzone einer Auslegung bezüglich der Weite und Dotierung, wie es schon in Kapitel 2.2 behandelt wurde. Es soll am Beispiel eines dreiecksförmigen Feldverlaufs gezeigt werden. Für Silizium ergibt sich die höchstmögliche Dotierung N_D aus Umstellen von Gleichung (2.2.42) nach N_D:

$$N_D = 2^{-\frac{1}{3}} \cdot C'^{-\frac{1}{3}} \cdot \frac{\varepsilon}{q} \cdot U_{BD}^{-\frac{4}{3}} \tag{3.2.10}$$

Die Weite w_B sei gerade so groß gewählt, dass sie w_{RLZ} entspricht. Durch Einsetzen von (3.2.10) in (2.2.40) erhält man

$$w_B = 2^{\frac{2}{3}} \cdot C'^{\frac{1}{6}} \cdot U_{BD}^{\frac{7}{6}} \tag{3.2.11}$$

(3.2.10) und (3.2.11) in (3.2.9) eingesetzt ergibt

$$R_\Omega = \frac{2 \cdot C'^{\frac{1}{2}} \cdot U_{BD}^{\frac{5}{2}}}{\mu_n \cdot \varepsilon \cdot A} \tag{3.2.12}$$

Gleichung (3.2.12) gibt uns einen ersten Anhaltspunkt für den zu erwartenden Widerstand der Mittelzone. Dabei wird ein dreiecksförmiger Feldverlauf (NPT-Dimensionierung) zugrunde gelegt. Bei Übergang zu einer PT-Dimensionierung, wie bei den Abschnitten zur pin-Diode in Abb. 3.1.3 gezeigt und im Zusammenhang mit den Gleichungen (3.1.2) bis (3.1.9) beschrieben, wird sowohl die Dotierung N_D abgesenkt als auch die Weite der Mittelzone w_B verkürzt. Beide Maßnahmen wirken in Gleichung (3.2.9) gegeneinander. Es wird ein Minimum geben, das bei einer schwachen PT-Dimensionierung liegt [Dah01].

Eine Abschätzung kann erfolgen, indem die für schwache PT-Dimensionierung anwendbare Gleichung (3.1.9) zu einer quadratischen Gleichung für w_B umgestellt wird

$$\frac{1}{2}\frac{qN_D}{\varepsilon} w_B^2 - \left(\frac{8qN_D}{\varepsilon C'}\right)^{\frac{1}{8}} w_B + U_{BD} = 0 \tag{3.2.13}$$

Die Lösung dieser Gleichung ist

$$w_B = \frac{\varepsilon}{qN_D}\left(\left(\frac{8qN_D}{\varepsilon C'}\right)^{\frac{1}{8}} \pm \sqrt{\left(\frac{8qN_D}{\varepsilon C'}\right)^{\frac{1}{4}} - 2 \cdot \frac{qN_D}{\varepsilon} \cdot U_{BD}}\right) \tag{3.2..14}$$

wobei nur das negative Vorzeichen vor der Klammer physikalisch sinnvoll ist. Zu beachten ist, dass (3.2.14) für den Übergang zur NPT-Dimensionierung als auch für zu starke PT-Dimensionierung in Richtung auf einen rechteckigen Feldverlauf ihre Gültigkeit verliert. Setzt man (3.2.14) in (3.2.9) ein, so erhält man einen Zusammenhang zwischen R_Ω und N_D, wie er in Abb. 3.2.5 am Beispiel eines auf 240V ausgelegten Bauelements dargestellt ist.

Danach ergibt sich der niedrigste Widerstand im Minimum der Kurve R_Ω für eine Dotierung zwischen $1{,}1 \cdot 10^{15}$ cm^{-3} und $1{,}3 \cdot 10^{15}$ cm^{-3}. Die Dicke liegt im Bereich zwischen 11µm und 13µm und damit unterhalb der Dicke eines Bauelements mit NPT-Dimensionierung von 15µm. Der Verlauf des elektrischen Felds wird so deutlich trapezförmig, ähnlich Abb. 3.1.3b. Der Widerstand R_Ω lässt sich für ein Bauelement der Fläche 1mm^2 zu minimal 0,45 Ω angeben, für den NPT-Fall ergibt sich aus Gleichung (3.2.12) der

Wert 0,5 Ω, der für den sich aus Gleichung (3.2.10) ergebenden Wert $N_D = 1{,}34 \cdot 10^{15}$ cm^{-3} ebenfalls in Abb. 3.2.5 abgelesen werden kann. Eine Abschätzung für andere Spannungen führt auf eine vergleichbare Relation. Damit kann Gleichung (3.2.12) genauer gefasst werden zu

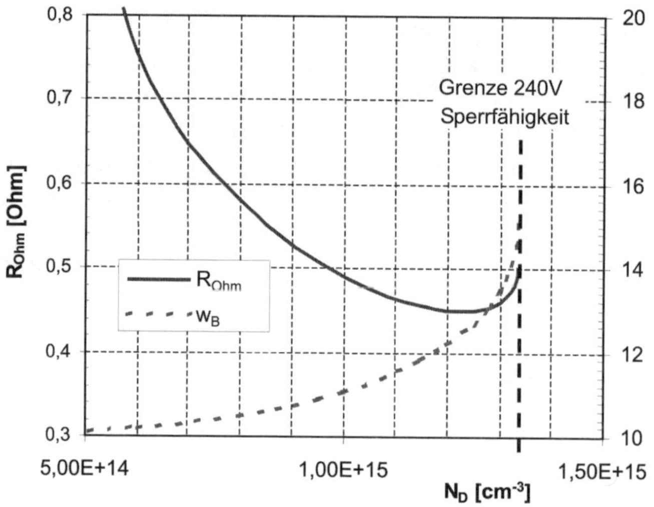

Abb. 3.2.5 Errechneter Widerstand R_Ω einer 240V Silizium Schottky-Diode in Abhängigkeit von der Grunddotierung. Fläche 1mm².

$$R_{\Omega,\min} = 0{,}9 \cdot \frac{2 \cdot C'^{\frac{1}{2}} \cdot U_{BD}^{\frac{5}{2}}}{\mu_n \cdot \varepsilon \cdot A} \tag{3.2.15}$$

Abbildung 3.2.6 zeigt die Weite der Mittelzone (für trapezförmigen Feldverlauf) in Abhängigkeit von der Spannung U_{BD} und dazu den Widerstand R_Ω der Mittelzone eines unipolaren Bauelements nach (3.2.15). Für die Beweglichkeit μ_n wurde die Näherung von Schlangenotto – siehe Anhang A1 – benutzt. Aus Abb. 3.2.6 geht hervor, dass der Widerstand mehr als quadratisch mit der Spannungsauslegung anwächst, denn es geht nicht nur die Dicke ein, sondern es muss auch mit zunehmender Spannung die Dotierung abgesenkt werden. Damit werden unipolare Bauelemente mit zunehmender Spannung einen überhöhten Widerstand zeigen.

Allerdings werden bei Schottky-Dioden aus Silizium oft weitgehende Abweichungen von diesem Bahnwiderstand beobachtet. So muss zur Aufnahme der Sperrspannung am Rand ein Potentialring angebracht werden, ähnlich in Abschnitt 2.3 Abb. 2.3.18 gezeigt. Damit liegt ein pn-Übergang parallel zum Schottky-Übergang, und bei Durchlass-Spannungen im Bereich der Diffusionsspannung des pn-Übergangs beginnt dieser Ladungsträger zu injizieren. Damit kann der Bahnwiderstand des Mittelgebiets wesentlich niedriger ausfallen als nach Gleichung (2.3.15). Ebenfalls sollte nach Gleichung (2.3.15) der Bahnwiderstand mit zunehmender Temperatur aufgrund der sich mit der Temperatur verschlechternden Beweglichkeit der Elektronen zunehmen,. Dies wird aber oft nicht beobachtet.

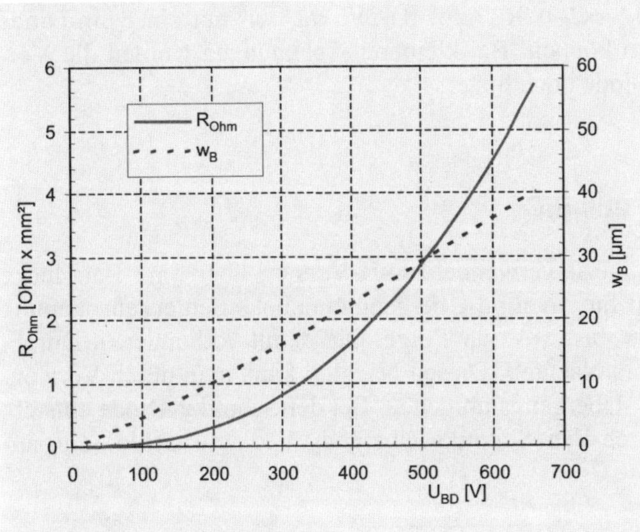

Abb. 3.2.6 Weite der Mittelzone und Widerstand der Mittelzone in Abhängigkeit von der Spannungsauslegung

Bei Schottky-Dioden aus SiC zeigt der Bahnwiderstand sehr schön den nach Gleichung (3.2.15) zu erwartenden Verlauf, siehe dazu später, Abb. 3.2.10.

Beispiel: Eine Schottky-Diode aus Si soll auf 200V ausgelegt werden. Aufgrund von Toleranzen der Messtechnik (typisch 10%) sowie des Materials und der Prozesse (weitere 10%) erfolgt die Berechnung für eine Spannung U_{BD} von 240V. Aus Gleichung (3.2.15) ergibt sich $R_\Omega \cdot A$ zu 0,45 Ohm·mm². Bei einer Stromdichte von 1,5A/mm² (eine typische Stromdichte bei Nennstrom) ergibt sich ein Spannungsabfall von 0,68V. Als Barriere kommt PtSi in Frage, was auf eine Schleusenspannung von 0,5V führt. Es müsste also eine Durchlassspannung $U_F = U_S + R_\Omega \cdot A \cdot j = 1{,}18$V erwartet werden.

In der Praxis wird < 0,9V gemessen. Dies lässt sich wie oben gesagt durch einen bipolaren Anteil erklären.

Im Vergleich dazu kann eine schnelle pin-Epitaxialdiode im Spannungsbereich 200V mit einer so niedrigen Speicherladung hergestellt werden, dass sie der kapazitiven Ladung der Schottky-Diode vergleichbar wird. Und trotz einer Schleusenspannung des pn-Übergangs im Bereich 0,7 bis 0,8V erreichen derartige pin-Epitaxialdioden eine Durchlassspannung von <1V bei der in diesem Beispiel angenommenen Stromdichte.

Legen wir dagegen die Schottky-Diode auf 100V aus, so führt die gleiche Überlegung auf $R_\Omega \cdot A$ = 0,082Ohmmm². Bleiben wir bei der Platin-Barriere, so folgt $U_F = U_S + R_\Omega \cdot A \cdot j$ = 0,62V, was wir mit einer pin-Diode nicht mehr erreichen können. Bei kleineren Spannungen werden die Vorteile der Schottky-Diode noch höher.

Schottky-Dioden aus SiC

SiC verfügt in der meist verwendeten 4H-Version über eine Bandlücke von 3,26eV. Das hat für einen pn-Übergang eine hohe Schleusenspannung im Bereich von 2,6V bis 2,8V zur Folge. Die damit verbundenen Durchlassverluste wären ein Nachteil. Diesen Nachteil kann man durch Verwendung eines Schottky-Übergangs umgehen. Bei der Schottky-Diode entsteht eine niedrigere, durch den Schottky-Übergang bedingte Schleusenspannung.

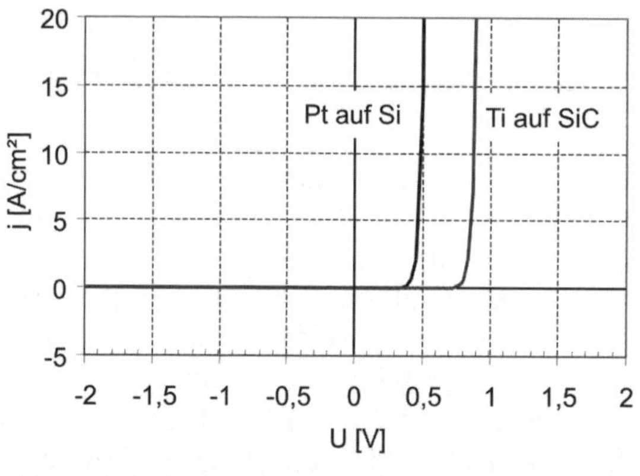

Abb. 3.2.7 Schleusenspannung für Schottky-Dioden aus Si und aus SiC

Aus Gleichung (3.2.3) erhält man unter Verwendung der unterschiedlichen Richardson-Konstanten für SiC und Si bei Raumtemperatur die Kennlinien, wie sie in Abb. 3.2.7 für PtSi auf Si mit der Barrierenhöhe U_{BN} = 0,85eV und Ti auf SiC mit U_{BN} = 1,27eV verglichen sind. Bei 10A/cm² findet sich für diesen idealisierten Fall für die SiC Schottky-Diode eine Schleusenspannung von ca. 0,9V, was akzeptabel wird.

Nun weist SiC gegenüber Si eine um den Faktor 10 höheren Durchbruch-Feldstärke auf. Analog zu Si lässt sich die Auslegung der Mittelzone berechnen. Für den Zusammenhang zwischen Lawinendurchbruch und Dotierung ergibt sich für 4H-SiC aus Gleichung (2.2.49)

$$N_D = 2{,}31 \cdot 10^{20} \cdot \left(\frac{U_{BD}}{V} \right)^{-1{,}355} cm^{-3} \qquad (3.2.16)$$

Siehe dazu auch Abschnitt 2.2. Die Weite der Raumladungszone ergibt sich wieder aus der Poisson-Gleichung, es lässt sich Gleichung (2.2.28) verwenden. Für SiC ist entsprechend die relative Dielektrizitätskonstante $\varepsilon_r = 9{,}66$ einzusetzen. Die Weite der Raumladungszone für Si und SiC in Abhängigkeit von der Sperrspannung bei dreiecksförmigem Feldverlauf ist in Abb. 3.2.8 dargestellt. Es ist zu erkennen, dass in SiC das Bauelement um den Faktor 10 dünner gemacht werden kann. Dazu kommt eine sehr viel höhere mögliche Dotierung N_D. Nach Gleichung (3.2.12) lässt sich ein sehr viel niedrigerer Widerstand R_Ω erwarten.

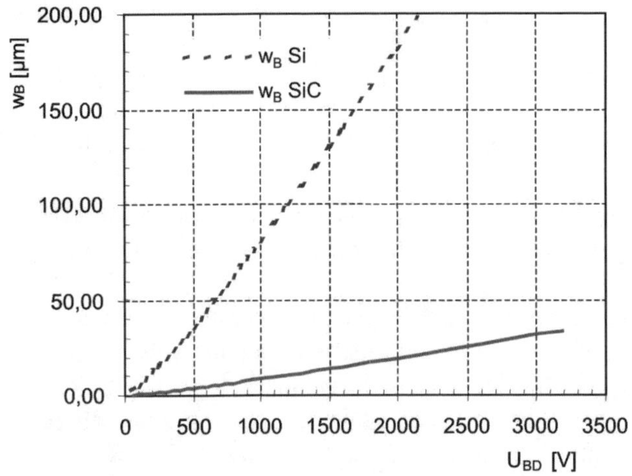

Abb. 3.2.8 Weite der Raumladungszone für Si und SiC

Abbildung 3.2.8 gibt die Weite der Raumladungszone für die NPT-Dimensionierung an. Auch bei SiC lässt sich, analog zu Si, abschätzen, dass eine schwache PT-Dimensionierung im Hinblick auf den niedrig möglichsten Widerstand R_Ω am günstigsten ist. Dazu ist jetzt von der Gleichung (3.1.16) für die PT-Dimensionierung auszugehen. Die für SiC geeigneten Konstanten b und C finden sich in Gleichung (2.2.47).

Für die Berechnung von R_Ω werden jetzt noch die Beweglichkeiten in SiC in Abhängigkeit von der Dotierung benötigt. Die Beweglichkeiten in

SiC sind anisotrop, parallel zur c-Achse höher als senkrecht zur c-Achse. Diese Asymmetrie wird heute in der Regel vernachlässigt und es wird das so genannte „analytische Modell" verwendet, wie es im Anhang A2 angegeben ist. Für die hier benötigte Beweglichkeit von Elektronen in n-dotiertem SiC ergibt sich bei 25°C [Scr94]

$$\mu_n = \frac{947}{1+\left(\dfrac{N_D}{1{,}94\cdot 10^{17}\,cm^{-3}}\right)^{0{,}61}}\frac{cm^2}{Vs} \tag{3.2.17}$$

Die Elektronenbeweglichkeit μ_n ist bei SiC im relevanten Bereich niedriger als bei Si und die Dotierungsabhängigkeit stärker ausgeprägt. Die Dotierungsabhängigkeit führt dazu, dass in einem PT-dimensionierten Bauelement mit niedrigerer Grunddotierung eine etwas günstigere Beweglichkeit vorliegt. Dasselbe Vorgehen wie zur Herleitung von Gleichung (3.2.15) führt für SiC auf ein „SiC unipolar limit"

$$R_{\Omega,\min} = 0{,}88\cdot\frac{2\cdot C'^{\frac{1}{2}}\cdot U_{BD}^{\frac{5}{2}}}{\mu_n\cdot\varepsilon\cdot A} \tag{3.2.18}$$

Der so ermittelte Widerstand $R_{\Omega,\min}$ ist in Abb. 3.2.9 wiedergegeben. Die Kurven in Abb. 3.2.9, die in doppelt-logarithmischer Darstellung in etwa einen linearen Verlauf ergeben, werden auch als „Silicon unipolar limit" und „SiC unipolar limit" bezeichnet. Der spezifische Widerstand ist bei SiC damit bei gleicher Spannungsauslegung etwa um den Faktor 500 geringer. Bei gleichem R_Ω kann eine um eine Zehnerpotenz höhere Sperrspannung erzielt werden.

Die Kurven für das „unipolar limit" sind in der Literatur etwas unterschiedlich, manche Autoren berücksichtigen nicht die Abhängigkeit der kritischen Feldstärke vom Verlauf des elektrischen Feldes. Die Feldabhängigkeit ist hier durch die Verwendung des jeweiligen Ansatzes für die Ionisationsraten – Gleichung (2.1.51) für Si und Gleichung (2.2.48) für SiC – berücksichtigt.

Bei realen Bauelementen sind immer Toleranzen einzubeziehen, so dass man sich den entsprechenden Limits nur annähern kann. Bei SiC ist vor allem die noch unzureichende Kristallqualität zu berücksichtigen, aus diesem Grund kann die hohe kritische Feldstärke noch nicht voll ausgenutzt werden. Die Dotierung wird eher niedriger und die Weite der Mittelzone höher gewählt, um bei der spezifizierten Spannung das elektrische Feld auf Werte unter 1,5MV/cm zu begrenzen.

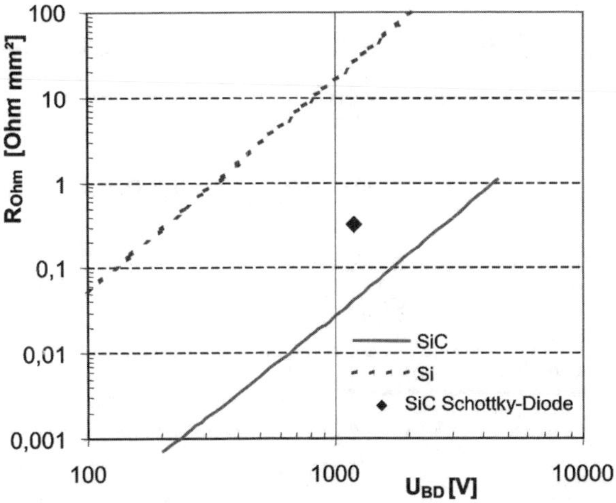

Abb. 3.2.9 Unipolarer Widerstand $R_{\Omega,min}$ für Si und SiC in Abhängigkeit von der Spannungsauslegung

In Abb. 3.2.10 ist die Kennlinie einer 1200V SiC Schottky-Diode dargestellt. Der aus der Kennlinie abzulesende Wert des spezifischen Widerstands bei Raumtemperatur ist auch in Abb. 3.2.9 übernommen. Zu erkennen ist, dass das „Silizium-Limit" um Zehnerpotenzen übertroffen wird. Dennoch besteht noch ein beträchtliches Potential zur Optimierung.

Die ersten SiC-Schottky-Dioden wurden von SiCED zur Serienreife entwickelt und von Infineon auf den Markt gebracht. Sie sind als Sereinprodukt erhältlich auf Sperrspannungen zwischen 300V und 600V spezifiziert. Die bei der Kommutierung auftretende Ladung in Rückwärtsrichtung ist kapazitiv bedingt. Sie ist temperaturunabhängig. Die SiC-Schottky-Dioden sind in Anwendungen, die sehr hohe Schaltfrequenzen erfordern (Schaltnetzteile, Leistungsfaktorkorrektur), allen Lösungen mit schnellen bipolaren Si-Dioden überlegen [Zve01]. Der höhere Aufwand und Preis einer SiC Diode lässt sich durch andere mögliche Vereinfachungen im Schaltkreis wieder kompensieren, so dass SiC Dioden ihren Markt finden.

Die verwendete Ti-Barriere ließe sich aber für Bauelemente bis zu einer Sperrspannung von 3000V noch einsetzen. Abb. 3.2.10 aus [Pet01] zeigt die Kennlinie einer SiCED Schottky-Diode für 1200V bei einer aktiven Fläche von $10mm^2$ bei 25°C und bei 125°C. Bei 25°C erkennt man die mit Abb. 3.2.7 übereinstimmende Schleusenspannung. Bei höherer Temperatur nimmt der differentielle Widerstand aufgrund der mit der Temperatur sinkenden Beweglichkeiten zu.

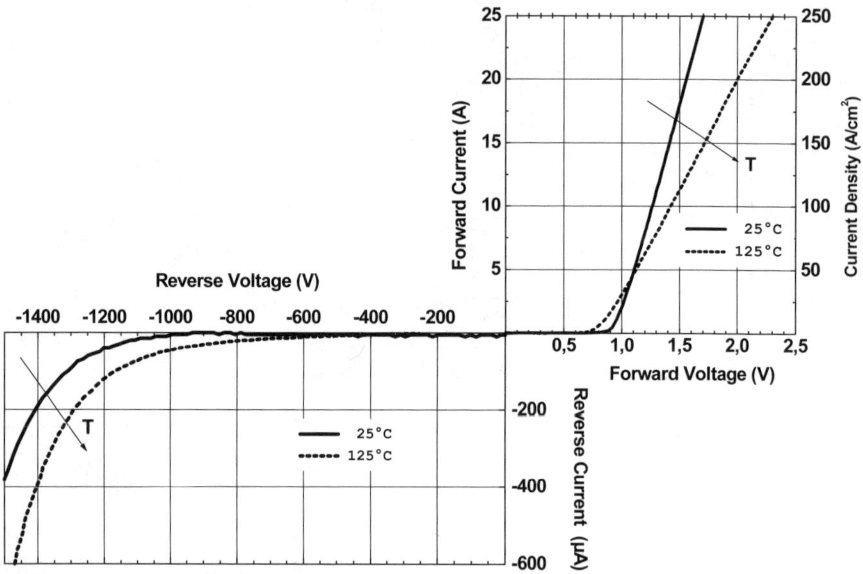

Abb. 3.2.10 Kennlinie einer 1200V SiC-Schottkydiode bei 25°C und bei 125°C . Die aktive Fläche beträgt 10mm². Aus [Pet01]

In Sperrrichtung erkennt man den mit der Temperatur zunehmenden Sperrstrom. Allerdings sollte auch die Sperrspannung zunehmen. Die in Abb. 3.2.9 mit der Temperatur abnehmende Sperrspannung sowie die verrundete Charakteristik der Sperrkennlinie ist vermutlich auf Kristallfehler oder Oberflächendefekte zurückzuführen.

Die SiC-Bauelemente stehen heute erst am Anfang ihrer Entwicklung. Es gibt noch ein beträchtliches Potenzial an Optimierung. Es könnten verschiedene Barrieren für die jeweilige Spannungsanforderung entwickelt werden, wie das auch bei Si durchgeführt wurde. Für höhere Sperrspannungen gibt es das Konzept der Merged-pin-Schottky (MPS) Diode, bei der schmale p-Zonen den Durchgriff des Felds zum Schottky-Kontakt verhindern [Sin00]. Die Struktur ist ähnlich der MPS-Diode aus Silizium, siehe Abb. 3.1.28. Weiterhin sind auf Basis von SiC schaltende Bauelemente mit drastisch reduzierter Durchlassspannung möglich. Insbesondere ist es aufgrund der Halbleitereigenschaften möglich, Bauelemente für Sperrschicht-Temperaturen deutlich oberhalb von 200°C herzustellen und damit die Leistungsdichten in Leistungsbauelementen noch wesentlich zu erhöhen. Um das auch in der Anwendung zu nutzen, müssen aber neue Lösungen der Aufbau- und Verbindungstechnik gefunden werden.

3.3 Bipolare Transistoren

Der Bipolartransistor wurde 1947/48 von Bardeen, Brattain und Shockley erfunden. Als Bauelement der Leistungselektronik sind Strukturen im Bereich 30µm erforderlich, was ab den 70er Jahren beherrscht wurde. Der bipolare Transistor aus Si wurde zeitweise zum wichtigsten schaltenden Bauelement der Leistungselektronik. Bereits Ende der 80er Jahre begann seine Ablösung durch den IGBT (siehe Kapitel 3.6), heute werden keine neuen Stromrichter mehr mit Bipolartransistoren ausgerüstet. In jüngerer Zeit zielen einige Forschungsarbeiten auf Bipolartransistoren aus SiC ab.

Funktionsweise des Bipolartransistors

Der Bipolartransistor hat eine npn- oder pnp-Schichtenfolge. Er weist somit zwei aufeinanderfolgende pn-Übergänge auf. Der Leistungstransistor hat, abgesehen vom Spannungsbereich unter 200V, immer eine npn-Schichtenfolge.

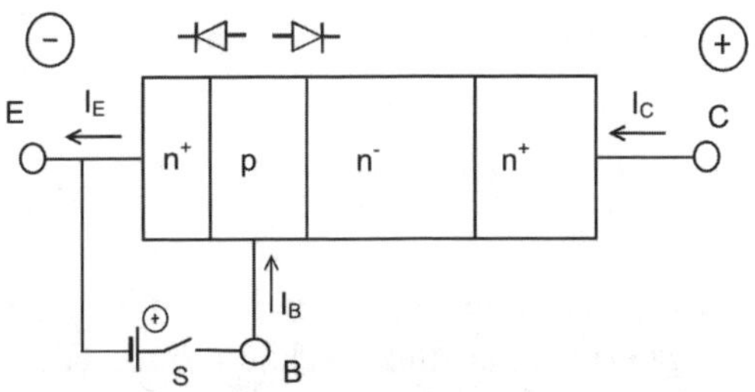

Abb. 3.3.1 npn-Leistungstransistor, schematisch

Am Kollektor liegt die positive Spannung an, der pn-Übergang zwischen Basis und Kollektor ist in Sperr-Richtung gepolt und der pn-Übergang zwischen Basis und Emitter in Durchlassrichtung. Bei offener Basis ist in der Basiszone die Elektronenkonzentration gering, aufgrund ihrer p-Dotierung im Bereich 10^{16} bis 10^{17}cm^{-3} erhalten wir aus der Beziehung (2.1.7) eine Konzentration $n_{p0} = n_i^2/p$ im Bereich von 10^4 cm^{-3}. Trotz einer hohen Spannung am Kollektor C führt der Transistor nur einen keinen Strom, er ist im Sperrzustand.

Bei Schließen des Schalters S und Einspeisung eines positiven Stroms am Basisanschluss wird der n^+p-Übergang in Durchlassrichtung gepolt, die Basis wird damit mit Elektronen geflutet. Mit dem Basisstrom I_B wird nicht nur der Emitterstrom erhöht. Die Elektronen im p-Gebiet weisen nun ein hohes Konzentrationsgefälle zum sperrenden Basis-Kollektor-Übergang auf, sie diffundieren dorthin und in das niedrig dotierte n^--Gebiet. Beim Aufbau eines Elektrischen Felds im n^--Gebiet werden sie durch das Feld zum Kollektor hin beschleunigt.

Man definiert den Stromverstärkungsfaktor α in Basisschaltung durch

$$I_C = \alpha \cdot I_E + I_{CB0} \tag{3.3.1}$$

wobei mit I_{CB0} der bei offenem Emitter gemessene Sperrstrom zwischen Basis und Kollektor bezeichnet wird. Weiter wird ein Stromverstärkungsfaktor ß in Emitterschaltung definiert durch

$$I_C = \beta \cdot I_B + I_{CE0} \tag{3.3.2}$$

wobei mit I_{CE0} der bei offener Basis gemessene Sperrstrom zwischen Emitter und Kollektor bezeichnet wird. Entsprechend Abb. 3.3.1 ist I_C der zu schaltende Laststrom, ß ist somit der Verstärkungsfaktor des Laststroms in Bezug auf den steuernden Basisstrom.

Benutzt man die aus Abb. 3.3.1 hervorgehende Beziehung

$$I_E = I_C + I_B \tag{3.3.3}$$

vernachlässigt die Sperrströme I_{CE0} und I_{BE0}, stellt (3.3.2) nach β um und setzt (3.3.3) ein, so folgt

$$\beta = \frac{I_C}{I_B} = \frac{I_C}{I_E - I_C} = \frac{I_C/I_E}{1 - I_C/I_E} = \frac{\alpha}{1-\alpha} \tag{3.3.4}$$

Auch bei Verwendung der exakten Definitionen (3.3.1) und (3.3.2) erhält man dasselbe Ergebnis, wobei die Sperrströme umzurechnen sind. Gleichung (3.3.4) kann umgestellt werden nach α und man erhält

$$\alpha = \frac{\beta}{\beta + 1} \tag{3.3.5}$$

Je näher α an 1 kommt, umso größer wird die Wirkung des Verstärkungsfaktors ß auf den Kollektorstrom. Für α = 0.95 ergibt sich ß = 19.

Aufbau des Leistungstransistors

Abbildung 3.3.2 zeigt schematisch den Aufbau eines Leistungstransistors. Die Emitterregionen sind zumeist streifenförmig ausgebildet, die Breite der Emitterstreifen liegt bei Leistungstransistoren typisch im Bereich 200µm. Basis- und Emitterbereiche greifen kammartig ineinander.

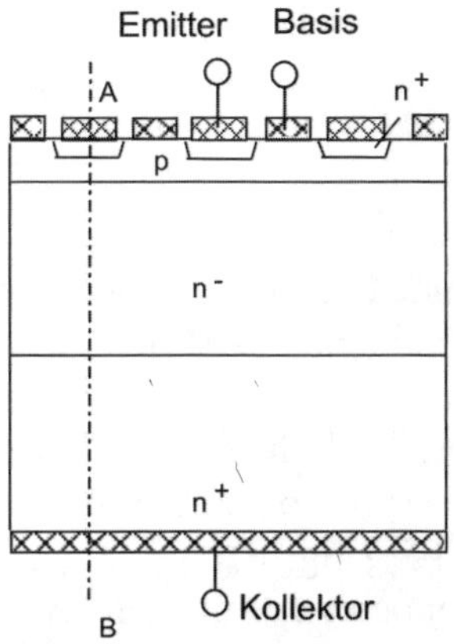

Abb. 3.3.2 Aufbau eines Leitungstransistors.

Die Kollektorzone ist in eine niedrig dotierte n^--Schicht zur Aufnahme des elektrischen Feldes und eine höher dotierte n^+-Schicht unterteilt. Das Diffusionsprofil eines Bipolartransistors entlang der vertikalen Linie A - B unter einem Emitterbereich zeigt Abb. 3.3.3. Ein Diffusionsprofil dieser Art weist der dreifach diffundierte (tripple diffused) Transistor auf.

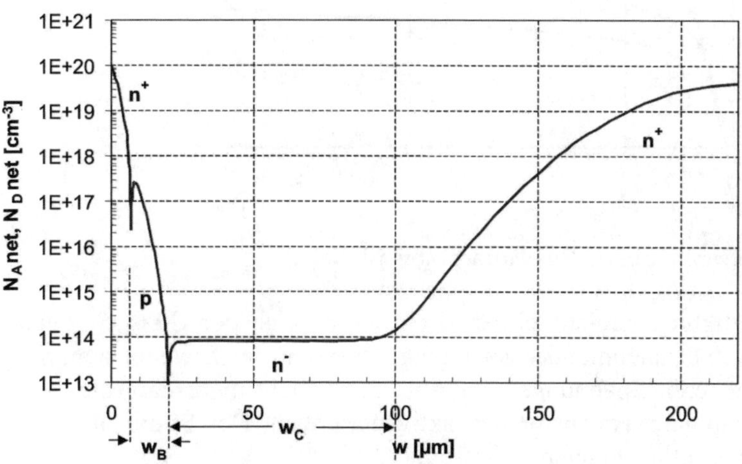

Abb. 3.3.3 Dotierprofil eines 1200V Leistungstransistors

Die n^+-Schicht ist hier eine tief diffundierte Schicht mit Gauss-förmigem Profil. Anstelle dieser tief diffundierten Schicht kann auch hochdotiertes

Substrat stehen, dann liegt ein Transistor aus einem Epitaxialwafer vor. Allerdings weist ein abrupter Übergang von der n^+-Schicht zur n^- -Schicht Nachteile auf, siehe dazu die Ausführungen zum zweiten Durchbruch.

Kennlinie des Leistungstransistors

Die Messung des Kennlinienfelds eines Leistungstransistors zeigt Abb. 3.3.4. Bereits bei einer sehr kleinen Kollektorspannung – z.B. bei 0,4V – werden relativ hohe Stromdichten erreicht, was bei einer Diode aufgrund der Schleusenspannung des pn-Übergangs nicht möglich ist. Beim Bipolartransistor sind in diesem Betriebszustand beide pn-Übergänge in Flussrichtung gepolt und die Spannung am pn^--Übergang ist der am n^+p-Übergangs entgegengerichtet. Dieser Kennlinienbereich mit sehr niedrigem Spannungsabfall wird als Sättigungsbereich bezeichnet.

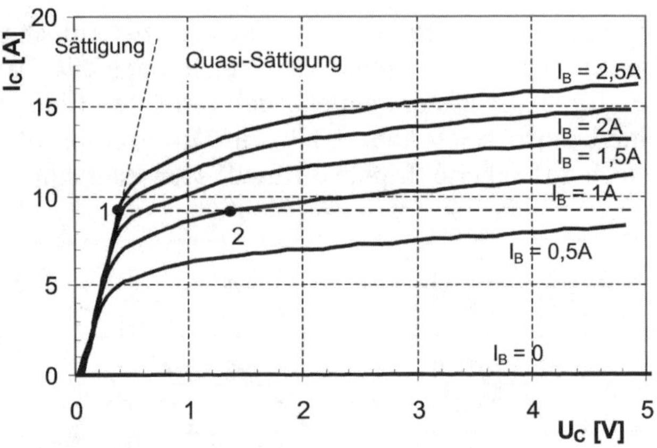

Abb. 3.3.4 Kennlinie eines Bipolartransistors BUX 48A

An den Sättigungsbereich schließt sich der Bereich der Quasi-Sättigung an, in dem mit zunehmender Spannung der Strom noch weiter zunimmt. Bei noch höheren Spannungen (in Abb. 3.3.4 nicht mehr dargestellt) erreicht der bipolare Transistor den aktiven Bereich. Der Strom bleibt bei gegebenem Basisstrom nahezu konstant.

Aus diesem Verlauf der Kennlinie ergibt sich die Kurzschlussfestigkeit des Transistors. Der Strom wird begrenzt, auch wenn ein Kurzschluss an der Last auftritt. Tritt in der Grundschaltung nach Abb. 3.1.18 ein Kurzschluss anstelle der aus R und L bestehenden Last auf, so steigt die Spannung über dem Transistor so lange an, bis die angelegte Spannung U_{bat} über dem Transistor abfällt. Die Höhe des Kurzschlussstroms ist durch den Basisstrom und die Kennlinie des Transistors bestimmt. An diesem Arbeitspunkt entstehen sehr hohe Verluste, aber sofern der Kurzschluss in einigen µs durch die Treiberelektronik erkannt und abgeschaltet wird, überlebt das Bauelement den Vorgang.

Sperrverhalten des Leistungstransistors

In Gleichung (3.3.1) war I_{CB0} der zwischen Basis und Kollektor gemessene Sperrstrom. Zur Ermittlung des Sperrstroms zwischen Kollektor und Emitter bei offener Basis kann von (3.3.1) ausgegangen werden. Bei offener Basis ist $I_C = I_E = I_{CE0}$, damit wird (3.3.1) zu

$$I_{CE0} = \alpha \cdot I_{CE0} + I_{CB0} \tag{3.3.6}$$

umgestellt nach I_{CE0}:

$$I_{CE0} = \frac{I_{CB0}}{1-\alpha} \tag{3.3.7}$$

Der Sperrstrom zwischen Kollektor und Emitter ist also immer größer als der Sperrstrom zwischen Kollektor und Basis. Bei $\alpha = 0{,}9$ ist I_{CE0} um den Faktor 10 größer als I_{CB0}.

Auch der Wert des Lawinendurchbruchs ist für die mit offener Basis belastete Kollektor-Emitter-Strecke gegenüber der Kollektor-Basis-Strecke herabgesetzt. Zur Berechung muss (3.3.1) um die Avalanche-Multiplikation erweitert werden. Dabei ist M der Multiplikationsfaktor. Siehe dazu die Abschnitte zur Lawinenmultiplikation – Gleichung (2.2.33):

$$I_C = M \cdot \alpha \cdot I_E + M \cdot I_{CB0} \tag{3.3.8}$$

Bei offener Basis gilt wieder $I_C = I_E$, und daraus ergibt sich für den Kollektorstrom

$$I_C = \frac{M \cdot I_{CB0}}{1 - M \cdot \alpha} \tag{3.3.9}$$

Der Kollektorstrom geht somit bereits gegen unendlich für $M \cdot \alpha = 1$ bzw. für

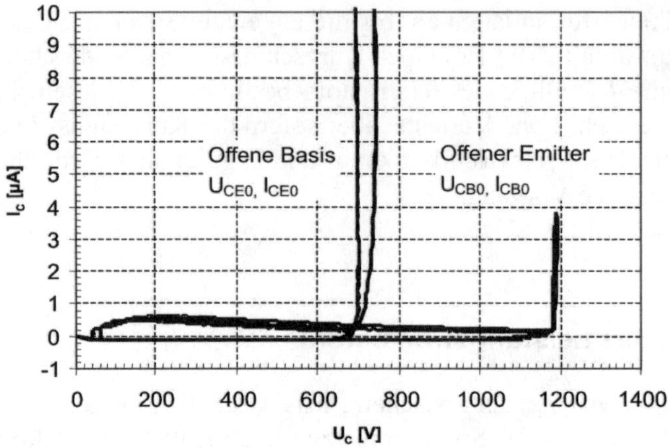

Abb. 3.3.5 Sperrkennlinie eines Transistors BUX 48A mit offener Basis und mit offenem Emitter.

$$M = \frac{1}{\alpha} \tag{3.3.10}$$

während der Lawinendurchbruch der Basis-Kollektorstrecke erst bei M gegen unendlich einsetzt. Für hohe Stromverstärkungsfaktoren (α nahe 1) ist also die Sperrfähigkeit bei offener Basis stark herabgesetzt. Für α = 0,9 genügt als Bedingung für den Lawinendurchbruch, dass der Multiplikationsfaktor zu 1/0,9 = 1,11 wird.

Benutzt man als Bedingung des Lawinendurchbruch das Ionisationsintegral nach (2.2.35), so folgt dass für den Lawinendurchbruch des Transistors mit offener Basis die Bedingung

$$\Phi = 1 - \alpha \tag{3.3.11}$$

ausreicht. Unter Verwendung von (3.3.11) und des Ansatzes für eine effektive Ionisationsrate von Shields und Fulop nach Gleichung (2.1.51) kann analog zum Vorgehen in Kapitel 2.2, Gleichungen (2.2.36) bis (2.2.42) die Durchbruchspannung U_{CE0} für den Transistor mit offener Basis berechnet werden. Man erhält

$$U_{CE0} = (1-\alpha)^{\frac{1}{4}} \cdot U_{CB0} \tag{3.3.12}$$

U_{CB0} ist die zwischen Basis und Kollektor gemessene Sperrspannung, bei Messung von U_{CB0} ist der Emitteranschluss offen. Für einen Transistor mit α = 0,9 wird damit die Sperrspannung bei offener Basis nur 56% der

Sperrspannung, die eine Diode aus der Basiszone und Kollektorzone des Transistors aufweisen würde.

In der Literatur findet sich die allgemeinere Beziehung

$$U_{CE0} = (1-\alpha)^{\frac{1}{n}} \cdot U_{CB0} \tag{3.3.13}$$

wobei n zwischen 3 und 6 liegt [Ben99]. Mit dem Ansatz von Shields und Fulop ergibt sich n = 4. Ebenfalls wird ein allgemeiner Ansatz für den Multiplikationsfaktor für eine Spannung $U < U_{CE0}$ angegeben, er ergibt sich aus Einsetzen von (3.3.10) in (3.3.13) und wird z.B. in [Sze81] angegeben mit

$$M = \frac{1}{1-(U/U_{CB0})^n} \tag{3.3.14}$$

wobei U eine angelegte Spannung kleiner U_{CB0} ist. Für U_{CE0} findet sich auch die Näherung für einen Transistor typischen Aufbaus [Ben99]

$$U_{CE0} = K_1 \cdot w_C \tag{3.3.15}$$

wobei w_C die in Abb. 3.3.3 definierte Weite der niedrig dotierten Zone des Kollektors ist und K_1 mit 10^5V/cm angegeben wird.

Der Unterschied von Sperrspannung und Sperrstrom mit offener Basis zur Sperrspannung eines pn-Übergangs spielt bei den Bauelementen mit mehreren pn-Übergängen eine große Rolle. Auch bei der praktischen Verwendung des Bipolartransistors ist er sehr wichtig, denn wird die Basis bei Anlegen einer Spannung offen gelassen, so geht das Bauelement frühzeitig in den Durchbruch und es wird möglicherweise zerstört. Wird die Basis dagegen mit negativer Spannung gegenüber dem Emitter beaufschlagt, so sind beide pn-Übergänge des Transistors in Sperr-Richtung gepolt. Der Sperrstrom beider pn-Übergänge wird als Basisstrom abgeführt, die pn-Übergänge haben keine Wechselwirkung mehr. In dem Fall entspricht die Sperrfähigkeit der Kollektor-Emitter-Strecke annähernd derjenigen der Kollektor-Basis-Strecke. Ähnliches gilt schon, wenn der Basis- und Kollektoranschluss durch einen Kurzschluss verbunden werden. In der praktischen Anwendung wird an den Transistor bei Anlegen der Sperrspannung eine negative Spannung an die Basis angelegt, bzw. der Transistor wird bereits während des Ausschaltens mit negativer Spannung an der Basis beaufschlagt.

Stromverstärkung des Bipolartransistors

Nach Definition (3.3.1) ist

$$\alpha = \frac{j_C - j_{CB0}}{j_E} \tag{3.3.16}$$

Gleichung (3.3.16) wird im Zähler sowie im Nenner multipliziert mit j_{nB}, dem in die Basis injizierten Elektronenstrom

$$\alpha = \frac{j_{nB}}{j_E} \cdot \frac{j_C - j_{CB0}}{j_{nB}} = \gamma \cdot \alpha_T \tag{3.3.17}$$

Der erste Term in (3.3.17) entspricht dem Emitterwirkungsgrad γ, der bereits in Kap. 2.2 mit Gleichung (2.2.56) eingeführt wurde und für einen n-Emitter formuliert werden kann mit

$$\gamma = \frac{j_{nB}}{j_{nE} + j_{pE}} \tag{3.3.18}$$

Für einen n-Emitter ist diese Definition der Anteil des in die p-Basis injizierten Elektronenstroms j_{nB} am gesamten Emitterstrom.

Der zweite Term in (3.3.17) wird bezeichnet als der Transportfaktor α_T

$$\alpha_T = \frac{j_C - j_{CB0}}{j_{nB}} \tag{3.3.19}$$

Für den npn-Transistor entspricht dies dem Anteil des vom Emitter injizierten Elektronenstroms, der den Kollektor erreicht. Für $j_C = j_{CB0}$ ist $\alpha_T = 0$, nur der Sperrstrom erreicht den Kollektor. Für einen npn-Transistor hoher Stromverstärkung soll sowohl γ als auch α_T möglichst nahe an eins liegen, so dass α nahe an eins herankommt.

Nun sei der Emitterwirkungsgrad γ genauer betrachtet. Dazu soll die Rekombination im pn-Übergang zwischen Emitter und Basis vernachlässigt werden, was bei Stromdichten größer 1mA/cm² zulässig ist. Der Elektronenstrom auf beiden Seiten dieses pn-Übergangs wird daher gleichgesetzt, $j_{nE} = j_{nB}$. Dann ist

$$\gamma = \frac{j_{nB}}{j_{nB} + j_{pE}} = \frac{1}{1 + \dfrac{j_{pE}}{j_{nB}}} \tag{3.3.20}$$

Der in den Emitter eindringende Minoritätsträgerstrom i_{pE} kann ausgedrückt werden durch

$$j_{pE} = q \cdot \frac{D_p}{L_p \cdot N_E} \tag{3.3.21}$$

und der in die Basis eindringende Elektronenstrom ist unter der Bedingung der schwachen Injektion

$$j_{nB} = q \cdot \frac{D_n}{L_n \cdot N_B} \tag{3.3.22}$$

Gleichungen (3.3.21) und (3.3.22) werden eingesetzt in (3.3.20). Für den Fall der niedrigen Injektion, d.h. dass die Überschwemmung mit freien Ladungsträgern kleiner als die Dotierung der Basis N_B ist, kann der Emitterwirkungsgrad γ ausgedrückt werden durch

$$\gamma = \frac{1}{1 + \frac{D_p}{D_n} \cdot \frac{N_B}{N_E} \cdot \frac{w_B}{L_p}} \tag{3.3.23}$$

Dabei wurde L_n, die Diffusionslänge der Elektronen in der Basis, gleich der Weite der Basis w_B gesetzt, denn bei der in Bipolartransistoren üblichen hohen Trägerlebensdauer ist w_B immer kleiner als L_n. Der dominierende Term in (3.3.23) ist der Quotient N_B/N_E. Um γ möglichst nahe an eins zu erreichen, muss die Dotierung des Emitters N_E sehr viel größer als die Dotierung der Basis N_B sein. Gleichung (3.2.23) ist geeignet, für diesen in der Auslegung des Transistors wichtigen Zusammenhang einen ersten Anhaltspunkt zu geben.

Gleichung (3.3.23) gilt für den Fall der niedrigen Injektion. Ebenfalls wurde in (3.3.23) das Bandgap-Narrowing nicht benutzt, d.h. es wurde eine nicht zu hohe Dotierung des n-Emitters vorausgesetzt.

Außerdem enthält die Beschreibung des Emitterwirkungsgrads in (3.3.23) nicht die Stromabhängigkeit des Emitterwirkungsgrads. Aufbauend auf Kapitel 2.2 kann der Emitterwirkungsgrad genauer betrachtet werden. Der n-Emitter wird gekennzeichnet durch den Emitterparameter h_n, für den n-Emitter hoher Dotierung ist Auger-Rekombination und Bandgap-Narrowing bestimmend, es gilt analog (2.2.62)

$$h_n = e^{\Delta W_G/kT} \cdot \sqrt{D_p \cdot C_{A,n}} \tag{3.3.23}$$

mit dem Auger-Koeffizient von $C_{A,p} = 2{,}8 \cdot 10^{-31}\text{cm}^6/\text{s}$ und mit der Beweglichkeit μ_p von $79\text{cm}^2/\text{Vs}$ (für eine Dotierung von $1 \cdot 10^{19}\text{cm}^{-3}$ abgeschätzt) und unter Verwendung des Bandgap-Narrowing nach Slotboom und De-Graaf (2.1.14) ergibt sich

$$h_n \approx 2 \cdot 10^{-14}\ cm^4/s.$$

Erfahrungen mit der Herstellung von bipolaren Transistoren zeigen, dass der Parameter h_n auch für Emitterdotierungen bis $5 \cdot 10^{19} cm^{-3}$ im Bereich zwischen $1 \cdot 10^{-14}\ cm^4/s$ und $2 \cdot 10^{-14}\ cm^4/s$ liegt und erst bei höheren Dotierungen ansteigt, als sich aus (3.3.23) unter Benutzung des Bandgap-Narrowing nach (2.1.14) ergibt.

Der Emitterwirkungsgrad γ kann analog (2.2.58) ausgedrückt werden durch

$$\gamma = 1 - q \cdot h_n \frac{p_L^{\ 2}}{j} \tag{3.3.24}$$

Um γ abzuschätzen, wird jetzt die Dichte der Ladungsträger p_L im Transistor am Übergang vom Emitter zur p-Basis benötigt.

Bei einem Leistungstransistor, dessen Aufbau schematisch noch einmal in Abb. 3.3.6 oben gezeigt ist, schließt sich an die Basis eine niedrig dotierte Kollektorzone der Dicke w_C an. Diese ist für die Aufnahme der Sperrspannung zuständig. Um im Durchlassfall einen niedrigen Spannungsabfall zu erzeugen, muss sie mit Ladungsträgern geflutet werden.

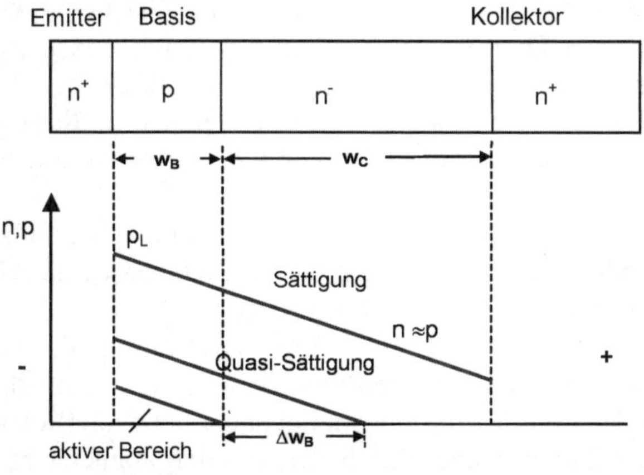

Abb. 3.3.6 Dichte freier Ladungsträger in einem Bipolartransistor – variierter Basisstrom bei konstantem Kollektorstrom.

Bei hohem Basisstrom und kleiner Spannung U_{CE} befindet sich der Transistor im Zustand der Sättigung, auf der Kennlinie in Abb. 3.3.4 ist dieser mit 1 gekennzeichnet. Die in die Basis eingespeisten Löcher diffundieren auch in das niedrig dotierte Kollektorgebiet, es bildet sich eine leitfähigkeitsmodulierte Zone in der n ≈ p gilt. Der Verlauf der Ladungsträgerkonzentration am Punkt 1 ist in Abb. 3.3.6 mit der Kurve für den Fall der Sättigung dargestellt. Sowohl Basis als auch niedrig dotierte Kollektorzone sind gleichermaßen mit freien Ladungsträgern überschwemmt. Der Stromtransport vom Emitter zum Kollektor kann als ausschließlich durch Elektronen getragen betrachtet werden, denn der Diffusion der Löcher wirkt das Feld entgegen, während die Diffusion der Elektronen durch das elektrische Feld unterstützt wird.

Die Dichte freier Ladungsträger fällt vom Emitter hin zum Kollektor ab. Für die Verteilung über der Basis gilt auch hier Gleichung (3.1.26). Diese Gleichung führt auf eine durchhängende Verteilung. Der Grad der Abweichung vom linearen Verlauf ist durch die Trägerlebensdauer bestimmt – sie fällt umso stärker aus, je kleiner die Trägerlebensdauer ist. In guten Bipolartransistoren ist die Trägerlebensdauer hoch und der Rekombinationsverlust ist gering, daher ist dieses Durchhängen in Abb. 3.3.6 vernachlässigt

Ausgehend von Gleichung (3.1.21) wird mit $j_p = 0$, $j = j_C$, sowie mit dem vereinfacht angenommenen Zusammenhang

$$\frac{dp}{dw} = \frac{p_L}{w_B + w_C} \tag{3.3.25}$$

was dem Punkt des Übergangs von der Sättigung in die Quasi-Sättigung entspricht – siehe Abb. 3.3.6 – für den Kollektorstrom die Beziehung gefunden

$$j_C = \frac{\mu_n + \mu_p}{\mu_p} \cdot q \cdot D_A \cdot \frac{p_L}{w_B + w_C} \tag{3.3.26}$$

Mit (3.1.23) sowie den Einstein-Beziehungen (2.1.25) wird daraus

$$j_C = 2 \cdot q \cdot D_n \cdot \frac{p_L}{w_B + w_C} \tag{3.3.27}$$

Aufgelöst nach der Konzentration freier Träger am Emitter-Basis-Übergang folgt

$$p_L = \frac{j_C \cdot (w_B + w_C)}{2D_n \cdot q} \tag{3.3.28}$$

Gleichung (3.3.28) eingesetzt in (3.3.24) erlaubt nun die Abschätzung des Emitterwirkungsgrads. Für einen Transistor mit beispielsweise $w_C = 50\mu m$ und $w_B = 10\mu m$ ergibt sich bei einer Stromdichte von $30 A/cm^2$ ein p_L von $2 \cdot 10^{16} cm^{-3}$. Der Emitterwirkungsgrad γ ergibt sich zu $\gamma = 0{,}96$. Bei

10A/cm² ergibt sich $\gamma = 0{,}99$. Der Emitterwirkungsgrad ist stark abhängig von der Stromdichte. Mit zunehmendem Kollektorstrom sinkt die Stromverstärkung, was man bei allen Leistungstransistoren beobachtet.

In die Stromverstärkung α ging nach Gleichung (3.3.17) auch der Transportfaktor α_T ein; für diesen kann abgeleitet werden

$$\alpha_T = 1 - \frac{w_B{}^2}{2 \cdot L_n{}^2} \tag{3.3.29}$$

wobei L_n die Diffusionslänge der Elektronen in der Basis repräsentiert, die nach (2.2.25) mit der Trägerlebensdauer verbunden ist. Um α_T nahe an eins zu erreichen, muss also w_B möglichst klein und L_n möglichst groß gemacht werden: Es ist eine möglichst kurze Basis anzustreben und die Trägerlebensdauer in der Basis ist möglichst hoch zu wählen.

Der Stromverstärkungsfaktor des Bipolartransistors ist temperatur- und stromabhängig. Anhand des Stromverstärkungsfaktors ß ist dies in Abb. 3.3.7 dargestellt.

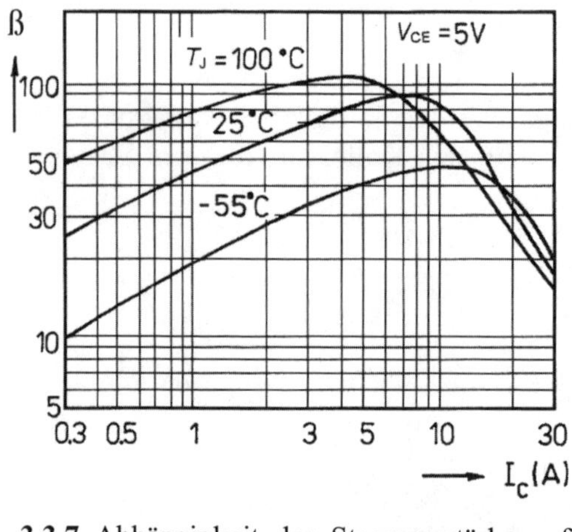

Abb. 3.3.7 Abhängigkeit des Stromverstärkungsfaktors b vom Kollektorstrom sowie von der Temperatur. Aus M. Otsuka, Developement of High Power Transistors for Power Use, Toshiba 1975. Wiedergegeben nach [Ben99]

Für sehr kleine Ströme ist ß klein; der über die Basis eingespeiste Strom rekombiniert zum größten Teil im Basisgebiet. ß erreicht ein Maximum, um danach für den Fall der hohen Injektion wieder zu fallen, wobei hier der mit Gleichung (3.3.24) beschriebene sinkende Emitterwirkungsgrad seinen Einfluss ausübt. Ebenfalls ist die Temperaturabhängigkeit zu berücksichtigen. Aufgrund der mit steigender Temperatur zunehmenden Trägerlebensdauer nimmt ß für kleine und mittlere Ströme zu, um jedoch bei hohem Strom früher zu sinken.

Beim Nennstrom des bipolaren Leistungstransistors ist man typischerweise im Bereich, in dem ß und α bereits wieder absinken.

Basisaufweitung, Feldumverteilung und zweiter Durchbruch

Wird nun der Basisstrom bei gleich bleibendem Kollektorstrom gesenkt, wandert man in den Bereich der Quasi-Sättigung (Punkt 2 in Abb. 3.3.4). Nun ist die niedrig dotierte Kollektorzone nur noch bis Δw_B mit freien Ladungsträgern geflutet. Im frei gewordenen Teil w_C - Δw_B tragen nur Elektronen den Strom, aufgrund der niedrigen Dotierung entsteht ein signifikanter Ohm'scher Spannungsabfall, der analog zu (3.2.4) angegeben werden kann als

$$\Delta U_{CE} = \frac{j_C \cdot (w_C - \Delta w_B)}{q \cdot \mu_n \cdot N_D} \tag{3.3.30}$$

Wird weiterhin der Kollektorstrom konstant gehalten und der Basisstrom gesenkt – wie dies in Abb. 3.3.6 dargestellt ist – so sinkt Δw_B. Für $\Delta w_B = 0$ ist nur noch die Basis w_B mit freien Ladungsträgern geflutet, der aktive Bereich ist erreicht. Für einen 600V Transistor mit w_C = 60µm und der Grunddotierung $N_D = 1 \cdot 10^{14}$cm^{-3}, j_C = 50A/cm² und μ_n = 1400cm²/Vs erhält man für diesen Fall ΔU_{CE} = 13,4V.

Nun ist der pn-Übergang zwischen Basis und Kollektor frei geworden. Wird im aktiven Bereich die Spannung erhöht, so bildet sich eine Raumladungszone aus. Für eine kleine Spannung ist dies in Abb. 3.3.8 in Kurve 2 gezeigt. Die überschwemmte Zone wird entsprechend der Ausbildung des Feldes und dem Eindringen des Feldes weiter in die p-Basis zurückgedrängt. Für eine Spannung nahe der im aktiven Bereich maximal zulässigen Spannung U_{CE0} ist dies in Abb. 3.3.8 Kurve 2 dargestellt. Dann ist über die ganze Zone w_C die Raumladungszone ausgebildet.

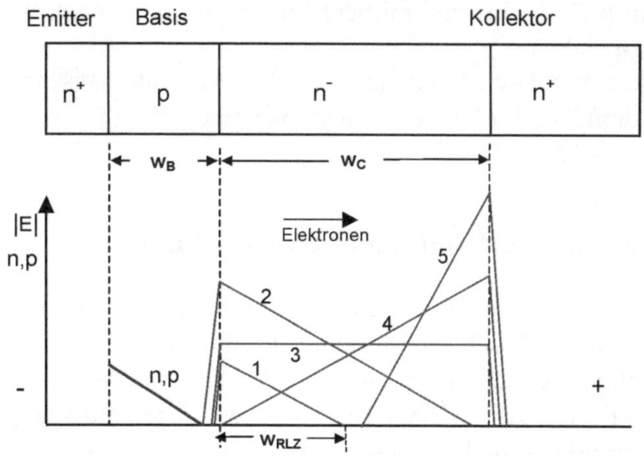

Abb. 3.3.8 Entwicklung des elektrischen Felds im aktiven Bereich des Bipolartransistors. 1→2: ansteigende Spannung U_{CE}. 2→3,4,5: konstante Spannung, ansteigender Strom I_C.

Durch die Raumladungszone fließt der Kollektorstrom als Elektronenstrom. Es liegt die Bedingung eines hohen Feldes vor und die Elektronen bewegen sich fast im gesamten Bereich von w_C mit der Driftgeschwindigkeit $v_d \approx v_{sat}$. Es gilt

$$n = \frac{j}{q \cdot v_{sat}} \tag{3.3.31}$$

Die Form der Kurve 2 in Abb. 3.3.8 ist nur gegeben, solange die Dichte der durch die Basis fliesenden Elektronen noch klein ist gegenüber der Grunddotierung N_D. Die negativ geladenen Elektronen wirken der Grunddotierung entgegen, und nach der Poisson-Gleichung gilt

$$\frac{dE}{dw} = \frac{q}{\varepsilon}(N_D - n) \tag{3.3.32}$$

Wird der Kollektorstrom erhöht, so tritt die Bedingung ein, dass die Dichte der durch das Feld fließenden Elektronen gleich der Grunddotierung ist

$$\frac{j}{q \cdot v_{sat}} = N_D \tag{3.3.33}$$

In diesem Fall gilt dE/dw = 0, und ein nahezu rechteckförmiges elektrisches Feld der Form der Kurve 3 in Abb. 3.3.8 liegt vor. Für einen Transistor der Grunddotierung $N_D = 1 \cdot 10^{14}\text{cm}^{-3}$ ist (3.3.33) mit v_{sat} von 10^7cm/s für eine Stromdichte von etwa 160A/cm² erfüllt.

Wird nun der Kollektorstrom durch einen höheren Basisstrom weiter erhöht, so ist $n > N_D$, und der Gradient des elektrischen Feldes wechselt das Vorzeichen (Kurve 4). Das elektrische Feld wird umverteilt, das Feldmaximum ist vom pn-Übergang an den nn^+-Übergang gewandert. Weiterer Stromanstieg führt dazu, dass am nn^+-Übergang das Feld anwächst und schließlich am nn^+-Übergang Lawinendurchbruch einsetzt.

Damit tritt der zweite Durchbruch auf. Dieser Effekt wurde erstmals 1970 von Phil Hower geklärt [How70]. Der zweite Durchbruch ist zerstörerisch: Die am nn^+-Übergang durch Avalanche erzeugten Löcher werden durch die Zone w_C beschleunigt; am vorderen Teil ist der Transistor im aktiven Bereich und er wird durch den zusätzlichen Löcherstrom weiter aufgesteuert, generiert mehr Elektronen usw. Es liegt eine positive Rückkopplung vor. Mechanismen dieser Art sind zerstörend.

Zur Begrenzung wird für einen Transistor ein sicherer Arbeitsbereich (Safe Operating Area) definiert, und zwar sowohl für den Fall positiv gepolter Basis (FBSOA, forward biased SOA), wie auch für den Fall negativ gepolter Basis (RBSOA, reversed biased SOA). Insbesondere der Abschaltvorgang ist in dieser Beziehung kritisch: Beim Abschalten eines Transistors unter induktiver Last muss zuerst die Spannung steigen, bevor der Strom sinken kann. Der Transistor durchläuft in diesem Fall den aktiven Bereich des Kennlinienfelds. Durch Definition einer RBSOA wird begrenzt, gegen welche Spannung der Transistor noch abgeschaltet werden kann. Ein Beispiel zeigt Abb. 3.3.9.

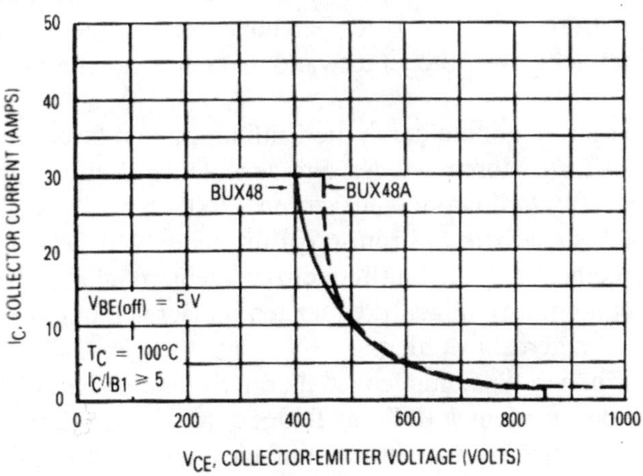

Abb.3.3.9 RBSOA des Motorola-Transistors BUX 48

Der Abschaltvorgang ist auch aus dem Grunde kritisch, weil der Stromfluss unter einem Emitterfinger immer von außen nach innen abgeschaltet wird. Bei induktiver Last verbleibt am Ende in der Mitte des Emitterfingers ein kleiner Bereich, der noch den Gesamtstrom führt. Damit wird die Stromdichte lokal erhöht und der Mechanismus nach Gleichung (3.3.26) bis (3.3.28) wird frühzeitig ausgelöst. Um die SOA zu erhöhen, sind Gegenmaßnahmen möglich. So kann die Struktur verfeinert und die Breite der Emitterfinger reduziert werden. Weiterhin wurden Emitterstrukturen erprobt, bei denen der Stromfluss am Rande festgehalten wird, wie z.B. die Ring-Emitter-Struktur.

Ferner erschwert ein flacher Gradient am nn^+-Übergang wie in Abb. (3.3.3) die Ausbildung einer Feldspitze am nn^+-Übergang. Hier kann das elektrische Feld beträchtlich in die n^+-Zone eindringen und es kann eine deutlich höhere Spannung aufgebaut werden, bevor die Bedingung des Lawinendurchbruchs erreicht wird. Mit einem Diffusionsprofil ähnlich Abb. 3.3.3 konnten brauchbare Transistoren im Bereich 1000V – 1400V gefertigt werden.

Grenzen des Bipolartransistors

Legt man den Transistor auf höhere Spannungen aus, so muss die niedrig dotierte Kollektorzone w_C verbreitert werden. Da aber die Funktion des Transistors auf Diffusion der Löcher in diese niedrig dotierte Kollektorzone aufbaut, sinkt mit zunehmendem w_C die Stromverstärkung. Bereits bei dem Motorola-Transistor in Abb. 3.3.5 findet man ein ß von 10 nur noch bis zu einem Kollektorstrom von etwa 10A. Der hohe notwendige Basisstrom bedeutet einen beträchtlichen Steueraufwand und beträchtliche Steuerverluste.

Der notwendige Basisstrom konnte durch die Einführung von zwei- und dreistufigen Darlington-Transistoren wieder auf akzeptable Werte reduziert werden, und es waren Darlington-Transistoren 1200V bis 1400V erhältlich mit bis zu 100A steuerbarem Strom pro Einzelchip. Mit Darlington-Transistoren sind keine hohen Schaltfrequenzen mehr möglich, aber den für die Motorsteuerung notwendigen Frequenzen im Bereich um 5kHz konnten diese Transistoren gerecht werden.

Eine Ausweitung auf höhere Spannungen ist aber in Silizium nicht möglich. Insbesondere wurde mit dem IGBT ein feldgesteuertes Bauelement gefunden, das in der Ansteuerung wesentlich einfacher und verlustärmer ist. Daher wurde der Bipolartransistor vom Markt der Leistungsbauelemente verdrängt. Die Kenntnis der Effekte des Biopolartransistors ist aber für ein vertieftes Verständnis von komplexeren Bauelementen unverzichtbar.

3.4 Thyristoren

Der Thyristoren war lange Zeit das vorherrschende Schaltelement der Leistungselektronik. Er wurde bereits in den 50er Jahren beherrscht. Ein Thyristor kann auch ohne feine Strukturen und ohne hochgenaue Photolithographie hergestellt werden. Der Thyristor ist weit verbreitet bei Anwendungen mit niedrigen Schaltfrequenzen: gesteuerte Eingangsgleichrichter, die mit Netzfrequenz von 50Hz betrieben werden. Ein weiterer Einsatzbereich des Thyristors ist die Leistungsklasse, die von anderen Bauelementen noch nicht erreicht wird – der Bereich sehr hoher Spannungen und Ströme.

Aufbau und Funktionsweise

Abbildung 3.4.1 zeigt eine vereinfachte Darstellung des Aufbaus eines Thyristors. Das Bauelement aus vier Schichten weist drei pn-Übergänge auf. An die p-dotierte Anodenzone schließt sich die n-Basis, daran die p-Basis und schließlich die n^+-dotierte Kathodenzone an.

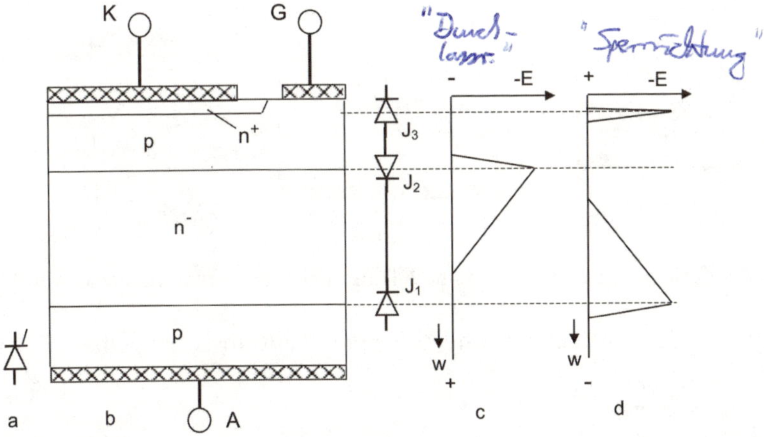

Abb. 3.4.1 Thyristor. a) Symbol b) vereinfachte Darstellung des Aufbaus c) Verlauf des elektrischen Felds bei Vorwärtspolung d) Verlauf des elektrischen Felds bei Polung in Rückwärtsrichtung.

Das Bauelement weist 4 Schichten und damit 3 pn-Übergänge auf, die in Abb. 3.4.1 durch Diodensymbole angedeutet sind. Bei Anlegen einer

Spannung in Vorwärtsrichtung sind die Übergänge J_1 und J_3 in Durchlassrichtung und der mittlere Übergang J_2 in Sperr-Richtung gepolt. Über ihm bildet sich ein elektrisches Feld aus, das in Abb. 3.4.1a dargestellt ist. Es dringt weit in die niedrig dotierte n^--Zone ein. Bei Anlegen einer Spannung in Sperrrichtung ist J_2 in Durchlassrichtung, J_1 und J_3 gesperrt. Aufgrund der hohen Dotierung auf beiden Seiten des Übergangs J_3 kann sich hier nur eine Sperrspannung von etwa 20V ausbilden. Der wesentliche Teil der Spannung wird am Übergang J_1 aufgenommen, der Feldverlauf ist in Abb. 3.4.1d dargestellt. Da die gleiche Mittelzone die Spannung aufnimmt und auch die obere und untere p-Zone in der Regel in einem simultanen Diffusionsschritt hergestellt werden, ist die Sperrfähigkeit des Thyristors in beiden Richtungen annähernd gleich, es liegt ein „symmetrisch sperrendes" Bauelement vor.

Abbildung 3.4.2 zeigt die Zerlegung des Thyristors in zwei Teiltransistoren, einen pnp- und einen npn-Teiltransistor. Der pnp-Teiltransistor habe den Stromverstärkungsfaktor in Basisschaltung α_1 und der npn-Teiltransistor habe den entsprechenden Stromverstärkungsfaktor α_2.

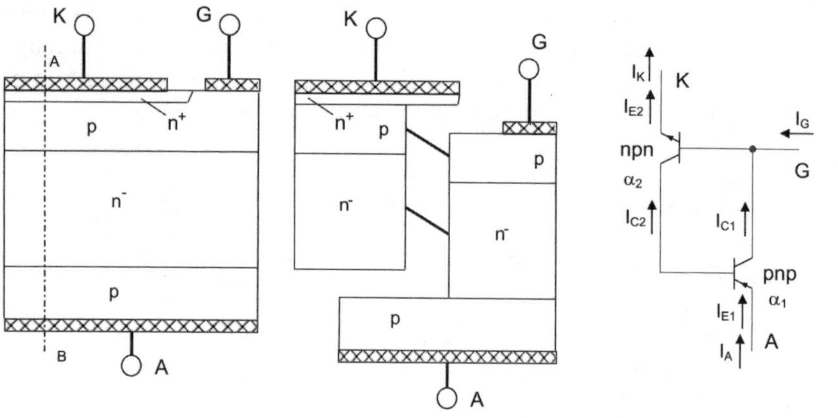

Abb. 3.4.2 Zerlegung des Thyristors in 2 Teiltransistoren sowie Ersatzschaltbild.

Dann gilt für den Kollektorstrom I_{C1} des pnp-Teiltransistors gemäß (3.3.1)

$$I_{C1} = \alpha_1 \cdot I_{E1} + I_{CB0} = \alpha_1 \cdot I_A + I_{CB0} \tag{3.4.1}$$

wobei I_{CB0} der Sperrstrom über der mittleren niedrig dotierten n^--Zone ist. Ebenso gilt am npn-Teiltransistor

$$I_{C2} = \alpha_2 \cdot I_{E2} + I_{CB0'} = \alpha_2 \cdot I_K + I_{CB0'} \tag{3.4.2}$$

Der Anodenstrom I_A kann über den Pfad I_{C1} und I_{C2} fließen, es gilt also

$$I_A = I_{C1} + I_{C2} = \alpha_1 \cdot I_A + \alpha_2 \cdot I_K + I_{CB0} + I_{CB0'} \tag{3.4.3}$$

Aus der Bilanz des in das Bauelement hinein- und herausfließenden Stroms folgt ferner

$$I_K = I_A + I_G \tag{3.4.4}$$

(3.4.4) eingesetzt in (3.4.3) führt auf

$$I_A = \alpha_1 \cdot I_A + \alpha_2 \cdot I_A + \alpha_2 \cdot I_G + I_{CB0} + I_{CB0'} \tag{3.4.5}$$

(3.4.5) aufgelöst nach I_A ergibt für den Anodenstrom die Gleichung

$$I_A = \frac{\alpha_2 \cdot I_G + I_{CB0} + I_{CB0'}}{1 - (\alpha_1 + \alpha_2)} \tag{3.4.6}$$

Aus Gleichung (3.4.6) geht hervor: I_A strebt gegen unendlich, wenn der Nenner in (3.4.6) gegen 0 strebt. Nun sind die Stromverstärkungsfaktoren α_1 und α_2 selbst stromabhängig, bei kleinen Strömen sind sie nahezu null und nehmen mit dem Strom zu. Die Zündbedingung lautet daher

$$\alpha_1 + \alpha_2 \geq 1 \tag{3.4.7}$$

Bei Erreichen der Zündbedingung geht somit das Bauelement in einen neuen Zustand über. Zwischen den beiden Teiltransistoren liegt eine innere Schleifenverstärkung bzw. Rückkopplung vor. Bei Vorliegen der Zündbedingung sucht der Anodenstrom über alle Grenzen zu streben, dies gilt selbst wenn in (3.4.6) der Gatestrom $I_G = 0$ ist. Der Thyristor bleibt auch ohne Gatestrom im Zustand „ein".

Das Diffusionsprofil eines Thyristors entlang der Schnittlinie A-B in Abb. 3.4.2 zeigt Abb. 3.4.3. Ausgangspunkt der Herstellung ist ein niedrig dortiertes n^--Substrat. Beim gezeigten Ausführungsbeispiel werden die p-Zonen beidseitig simultan hergestellt, für die tiefen pn-Übergänge bietet sich Al als Dotierstoff an. Zur Einstellung der benötigten Dotierung am n^+p-Übergang J_3, sowie zur Einstellung einer hohen p^+-Dotierung auf der Anodenseite erfolgen zusätzliche p-Diffusionen, wodurch sich in den p-Gebieten mehrere Gauss-Profile überlagern. Die beiden mittleren pn-Übergäne J_1 und J_2 weisen flache Gradienten auf. Die Basis des pnp-Transistors mit der Dicke w_B sowie ihre Dotierung bestimmt das Sperrvermögen in beiden Richtungen.

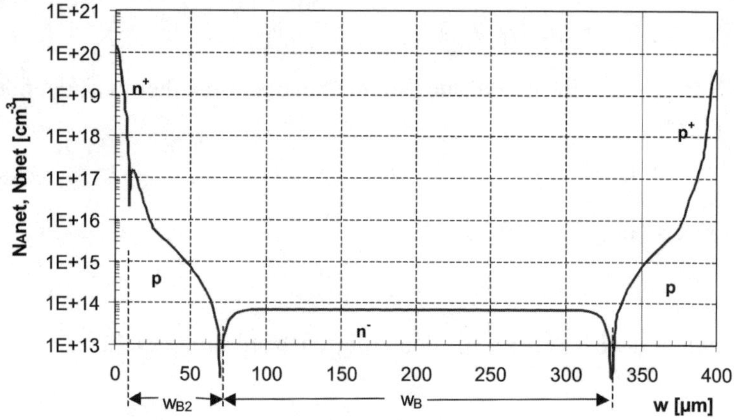

Abb. 3.4.3 Diffusionsprofil eines auf 1600V ausgelegten Thyristors.

Kennlinie des Thyristors

Aufgrund der symmetrischen Übergänge J_1 und J_2 ist das Sperrverhalten des Thyristors symmetrisch in beiden Richtungen. In Vorwärtsrichtung bestehen zwei Äste der Kennlinie: Für den Vorwärts-Sperrfall und für den Durchlassfall. Eine schematische Darstellung der Kennlinie gibt Abb. 3.4.4.

Für den Sperrfall ist in Vorwärtsrichtung die maximal zulässige Spannung U_{DRM} definiert bei einem Sperrstrom I_{DD}. In Rückwärtsrichtung ist die Spannung U_{RRM} angegeben bei einem maximal zulässigen Strom I_{RD}.

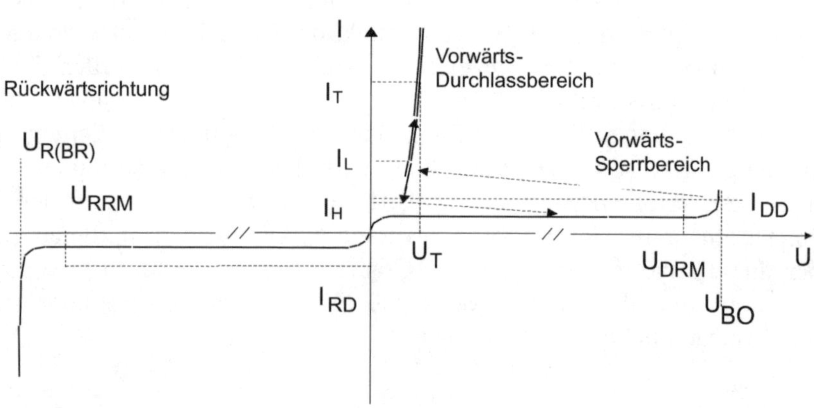

Abb. 3.4.4 Kennlinie eines Thyristors (schematisch) und einige wichtige Kenngrößen.

Wie schon bei der Diodenkennlinie unterscheiden sich die Datenblattangaben erheblich von den tatsächlichen Werten. In Rückwärtsrichtung ist die Sperrfähigkeit durch $U_{R(Br)}$ begrenzt. In Vorwärtsrichtung ist die Sperrfähigkeit begrenzt durch die Kippspannung U_{BO} (BO: break over). Bei Überschreiten der Kippspannung springt das Bauelement auf den Durchlasszweig. Diese Zündart (Überkopfzünden) wird bei Leistungsthyristoren aber vermieden, besonders bei großflächigen Thyristoren kann sonst das Bauelement durch unkontrollierte lokale Stromführung überlastet und zerstört werden. Sonderformen des Thyristors, wie der SIDACTOR nutzen aber gerade diese Fähigkeit aus, um als Bauelemente zur Spannungsbegrenzung eingesetzt zu werden: Parallel zu einem zu schützenden Bauelement oder Schaltkreis zünden sie bei Spannung größer U_{BO} durch und schützen andere Schaltungsteile vor Überspannung. Die Spannungsklasse dieser Bauelemente ist aber auf den mittleren Bereich (200V...800V) begrenzt.

Im Vorwärts-Durchlassbereich ist bei einem definierten Strom I_T der Spannungsabfall U_T definiert. Der Kennlinienast für höhere Ströme gleicht der Kennlinie einer Leistungsdiode, die Mittelzone des Bauelements ist von Ladungsträgern geflutet und es können dieselben Stromdichten erreicht werden. Wie bei der Leistungsdiode enthält der in Datenblättern angegebene maximale Spannungsabfall U_{Tmax} gegenüber dem realen Bauelement Sicherheitsreserven.

Weitere kennzeichnende Punkte auf der Vorwärtskennlinie sind:

Der *Einraststrom* I_L (L: Latching): Der Mindeststrom, der nach dem Zünden fließen muss, damit der Thyristor im Zustand „ein" bleibt und nicht von selbst wieder erlischt. I_L liegt auf dem ansteigenden Ast der Kennlinie.

Der *Haltestrom* I_H: Der Strom, der bei durchgeschaltetem Bauelement bei Betrieb in Durchlassrichtung nicht unterschritten werden darf, damit das Bauelement im Zustand „ein" bleibt und nicht erlischt. I_H liegt auf dem abfallenden Ast der Kennlinie.

Da beim Einrasten in einen Zustand geschaltet wird, in dem das Bauelement noch nicht vollständig geflutet ist, gilt immer $I_L > I_H$, zumeist liegt der Einraststrom etwa beim Doppelten des Haltestroms.

Sperrverhalten des Thyristors

Der Lawinendurchbruch als Grenze der Sperrfähigkeit ist bereits aus den Abschnitten zu Dioden und Transistoren bekannt. Beim Thyristor ist die Grenze der Sperrfähigkeit noch durch eine zweite Grenze gegeben, den Punch-Through-Effekt: Die über dem n^--Gebiet aufgenommene Raumladungszone kann das Gebiet entgegen gesetzter Dotierung erreichen. Bereits bei Dioden wurde der Begriff „Punch-Through" für das Eindringen des elektrischen Feldes in ein n^+-Gebiet verwendet, er ist aber dort streng genommen nicht richtig. Eine über einem n^--Gebiet aufgebaute Raumladungszone kann in ein n^+-Gebiet eindringen, die Sperrfähigkeit steigt weiter an. Eine ausgehend von einem pn-Übergang über einem n^--Gebiet aufgebaute Raumladungszone kann aber nicht in ein gegenüberliegendes p-Gebiet eindringen.

Es sei vereinfachend angenommen, es liege ein dreiecksförmiger Feldverlauf über dem n^--Gebiet vor, wie in Abb. 3.4.1c oder d, und das Eindringen der Raumladungszone in das p-Gebiet wird zunächst vernachlässigt. Für einen Feldverlauf analog zu Abb. 2.2.9 ist die Abhängigkeit der Durchbruchspannung des Lawinendruchbruchs von der Dotierung bereits in Gleichung (2.2.42) behandelt worden, der Verlauf über der Dotierung ist in Abb. 3.4.5 als Linie (1) eingezeichnet. Er ist gleich dem in Abb. 2.2.10 dargestellten Verlauf.

Auch die Weite der Raumladungszone wurde bereits in Gleichung (2.2.28) behandelt. Umstellung von (2.2.28) nach der Spannung führt auf

$$U_{PT} = \frac{1}{2}\frac{q \cdot N_D}{\varepsilon} w_B{}^2 \tag{3.4.8}$$

wobei bei Erreichen des Gebiets entgegen gesetzter Dotierung an der Stelle $w = w_B$ die Spannung $U_R = U_{PT}$ gesetzt wurde. Für ein w_B von 250µm ist der Verlauf von U_{PT} in Abb. 3.4.5 als Linie (2) eingezeichnet, für ein w_B von 450µm als Linie (3).

Für die Dimensionierung eines Thyristors für die Spannungsklasse 1600V wird man sich also in die Nähe des Schnittpunkts der Linien (1) und (2) begeben. Senkt man die Dotierung weiter ab, so nimmt zwar die Spannung für den Lawinendurchbruch zu, aber der Punch-Through begrenzt die Sperrfähigkeit und die Sperrspannung nimmt ab. Will man eine höheren Sperrspannung erreichen, muss w_B erhöht werden.

Nun ist noch zu untersuchen, wie weit man sich den durch Lawinendurchbruch und Punch-Through gegebenen Grenzen annähern kann.

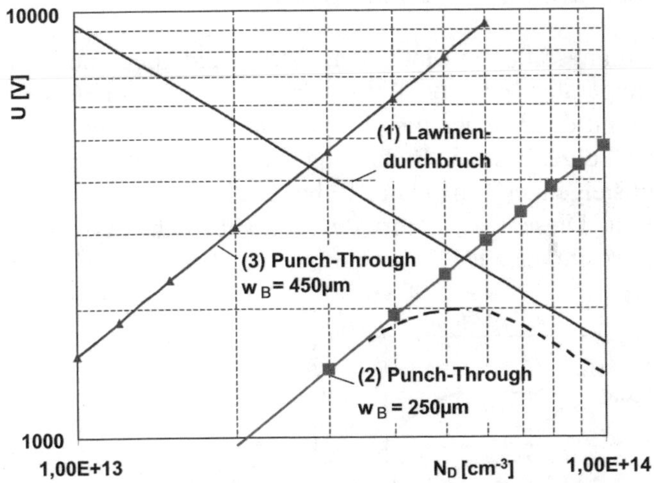

Abb. 3.4.5 Sperrfähigkeit eines Thyristors: Verlauf des Lawinendurchbruchs und des Punch-Through für zwei verschiedene Weiten der n⁻-Zone.

In Rückwärtsrichtung entsprechen die Verhältnisse am sperrenden Übergang J_1 den Verhältnissen in einem pnp-Transistor mit offener Basis. Nach (3.3.9) ist für ihn die Sperrfähigkeit herabgesetzt, der Lawinendurchbruch setzt bereits ein, wenn $M \cdot \alpha_1 = 1$ wird, bzw.

$$M = \frac{1}{\alpha_1} \tag{3.4.9}$$

Nur für $\alpha_1 = 0$ würde der Wert des Lawinendurchbruchs des unbeeinflussten pn-Übergangs erreicht. Aufgrund der weiten Basis des pnp-Transistors ist α_1 nicht sehr hoch, die Reduzierung der Durchbruchspannung ist in Abb. 3.4.4 in der gestrichelten Linie wiedergegeben.

In Vorwärtsrichtung ist der sperrende Übergang J_2. Hier wird die Kippspannung bereits erreicht wenn

$$M = \frac{1}{\alpha_1 + \alpha_2} \tag{3.4.10}$$

erfüllt ist. Der npn-Teiltransistor hat aber nicht so eine weite Basis wie der pnp-Teiltransistor, daher reagiert die Vorwärts-Kippspannung sehr empfindlich auf α_2. Insbesondere sind die Stromverstärkungsfaktoren temperaturabhängig. Um die Sperrfähigkeit des Thyristors bei höherer Temperatur zu gewährleisten, muss α_2 herabgesetzt werden. Das geschieht durch Einführung von Emitterkurzschlüssen.

Die Funktion von Emitter-Kurzschlüssen

Die Stromverstärkungsfaktoren eines Transistors sind nicht nur strom-, sondern auch temperaturabhängig. Bei niedrigen Temperaturen sind sie klein und steigen mit der Temperatur an, siehe dazu auch Kapitel 3.3 Abb. 3.3.6. Das hat zur Folge, dass die Bedingung des Lawinendurchbruchs bei offener Basis mit steigender Temperatur früher erreicht wird und die Kippspannung abnimmt. Dieser Fall ist in Abb. 3.4.6 für den Thyristor ohne Emitterkurzschlüsse dargestellt.

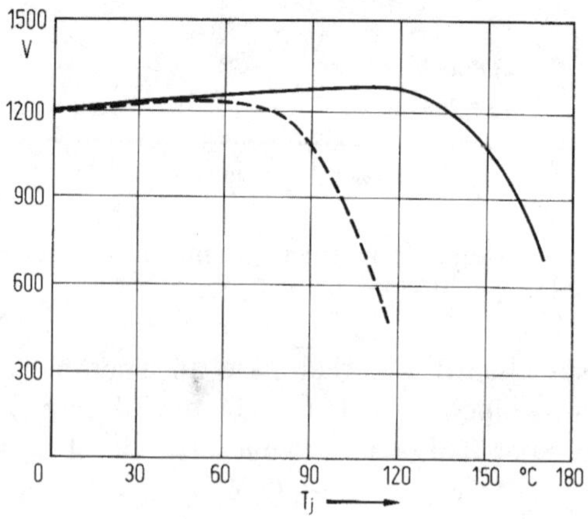

Abb. 3.4.6 Temperaturabhängigkeit der Kippspannung U_{BO} eines Thyristors. Gestrichelte Linie: Ohne Emitterkurzschlüsse. Durchgezogene Line: Mit Emitterkurzschlüssen. Aus [Ger79]

Durch die Einführung von Emitterkurzschlüssen auf der Kathodenseite - siehe Abb. 3.4.7 - besteht zwischen Basis und Emitter des npn-Teiltranistors ein Kurzschluss, sein Basisstrom wird über den Widerstand des Kurzschlusses abfließen. Erst wenn der Strom über den Kurzschluss so groß ist, dass der Spannungsabfall über den Widerstand ausreichend hoch wird, setzt merkliche Stromverstärkung des npn-Transistors ein. Die Anordnung der Emitterkurzschlüsse und ihr Widerstand wird derart gewählt, dass bei der oberen Arbeitstemperatur - typisch 125°C - mindestens dieselbe Sperrfähigkeit wie bei Raumtemperatur gegeben ist. Dies ist in Abb. 3.4.6 für den Thyristor mit Emitterkurzschlüssen dargestellt. Bei richtiger Wahl der Emitterkurzschlüsse weist der Thyristor auch bei höheren Temperaturen dieselbe Sperrfähigkeit in Vorwärts- und Rückwärtsrichtung auf.

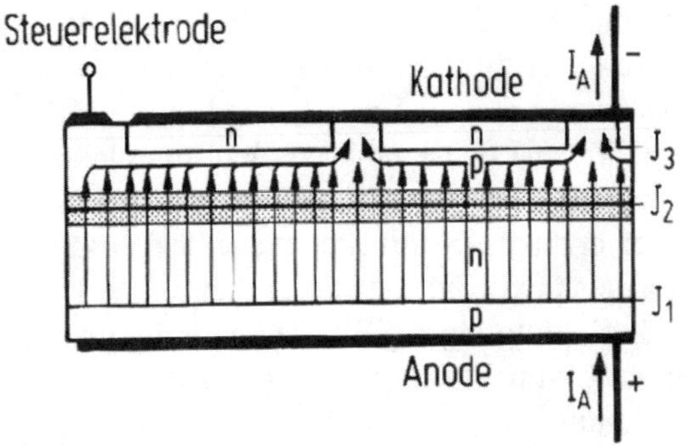

Abb. 3.4.7 Anordnung von Emitterkurzschlüssen auf der Kathodenseite. Aus [Ger79]

Trotz der Einführung von Emitterkurzschlüssen bleibt die Problematik bestehen, dass aufgrund der Temperaturabhängigkeit der Stromverstärkungsfaktoren der Thyristor empfindlich auf Temperaturerhöhung reagiert. Bei den meisten Thyristoren wird die obere Arbeitstemperatur T_{vjmax} daher auf 125°C begrenzt, in einigen Fällen etwas darüber.

Zündarten des Thyristors

Ein Thyristor kann gezündet werden

1. Durch einen *Gatestrom* I_G. Dies ist die häufigste vorgesehene Zündart. Für die technische Anwendung gelten die Kenngrößen
   I_{GT}, U_{GT}: Mindeststrom und Mindestspannung, die ein Ansteuergerät liefern muss, um einen Thyristor sicher zu zünden.
   I_{GD}, U_{GD}: Größter Strom und größte Spannung am Gate, bei der der Thyristor sicher nicht zündet. Zur Vermeidung unerwünschter Zündvorgänge durch Störsignale in Gate-Zuleitungen oder Ansteuereinheiten ist diese Eigenschaft von Bedeutung.

2. Durch *Überschreiten der Kippspannung* U_{BO} (siehe oben)

3. Durch eine *Spannungsflanke* du_D/dt in Vorwärtsrichtung oberhalb des Schwellwertes du_D/dt_{cr}. Im Falle einer Spannungsflanke wird die Sperrschichtkapazität des pn-Übergangs J_2 geladen, ist du/dt groß genug, kann der dabei erzeugte Verschiebungsstrom ausreichen, den Thyristor zu zünden. Die du/dt-Zündung ist ein unerwünschter Zündvorgang; für den technischen Einsatz wird daher ein maximal zulässiges du/dt definiert.

4. Durch *Licht*, das in die über J_2 aufgebaute Raumladungszone eingestrahlt wird. Ist die Energie der eingestrahlten Photonen groß genug ($h \cdot f > W_G$) werden Elektronen aus dem Valenz- ins Leitungsband gehoben, die erzeugten Elektron-Loch-Paare werden im elektrischen Feld unmittelbar getrennt, die Elektronen fließen zur Anode, die Löcher zur Kathode ab. Der erzeugte Strom hat dieselbe Wirkung wie ein über das Gate eingespeister Strom. Ist die eingestrahlte Leistung groß genug, wird die Zündbedingung erfüllt. Lichtzündung wird bevorzugt bei Reihenschaltung von Thyristoren eingesetzt, was in Anwendungen zur Hochspannungs-Gleichstrom-Übertragung bis zu einigen 100kV notwendig ist. Die Möglichkeit zur Zündung über eine Glasfaserleitung ist wegen der Potentialtrennung ein großer Vorteil.
5. Durch Temperaturerhöhung.

Zündausbreitung

Durch den eingespeisten Zündstrom wird im Thyristor nur der Bereich in unmittelbarer Nähe des Gates gezündet, die gezündete Front reicht nur Bruchteile von mm unter die Kathodenzone. Die Situation unmittelbar nach Zündung ist in Abb. 3.4.8 dargestellt.

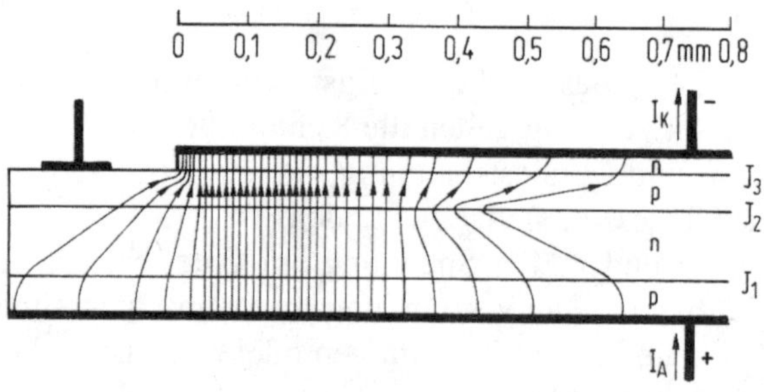

Abb. 3.4.8 Stromverteilung im Thyristor unmittelbar nach Zündung. Aus [Ger79]

Die Ausbreitung des gezündeten Bereichs geschieht für elektronische Vorgänge sehr langsam mit etwa 50-100µm/µs bzw. 50-100m/s. Es dauert demnach 100-200µs, bis ausgehend von einem primär gezündeten Bereich die Zündfront eine Strecke von 1cm in einem Thyristor zurückgelegt hat. Diese langsame Zündausbreitung ist eine Beschränkung für die Anwendbarkeit des Thyristors, insbesondere für die zulässige Anstiegsgeschwindigkeit des Stroms und damit für die di/dt-Belastbarkeit.

Die Zündausbreitung ist in etwa proportional zur Wurzel aus der Stromdichte

$$v_z \sim \sqrt{j} \tag{3.4.11}$$

und wird weiterhin durch Emitterkurzschlüsse reduziert, im Bereich der Kurzschlüsse sinkt sie stark ab. Durch die Emitterkurzschlüsse wird bei einem Strom von 100 A/cm² die Ausbreitungsgeschwindigkeit auf etwa 30µm/µs reduziert. Ebenfalls wirkt sich die Trägerlebensdauer aus. Bei einer Reduzierung der Trägerlebensdauer durch Gold-Diffusion bei einem schnellen Thyristor und bei in diesem Fall besonders notwendigen Emitterkurzschlüssen treten Ausbreitungsgeschwindigkeiten bis herab zu 10µm/µs bzw. 10m/s auf – was im Bereich der Geschwindigkeit eines 100m-Läufers bei der Olympiade liegt.

Zusätzlich nimmt mit zunehmender Sperrspannung des Thyristors und damit zunehmender Weite der n-Basis die Zündausbreitungsgeschwindigkeit ab. Bei einem Thyristor für 4,5kV liegt sie, auch wenn er eine hohe Trägerlebensdauer aufweist, im Bereich von 20µm/µs. Für die Ausbreitungsgeschwindigkeit gilt

$$v_z \sim \frac{L_A}{w_B} \tag{3.4.12}$$

wobei L_A die Diffusionslänge ist. Aus dieser niedrigen Zündausbreitung folgt die Gefahr der Überlastung des Thyristors durch eine überhöhte lokale Stromdichte in der Nähe der Gate-Elektrode. Daher sind Maßnahmen zur Erhöhung der di/dt-Belastbarkeit erforderlich.

Folgezündung – Amplifying Gate

Thyristoren für Netzanwendungen – hohe Trägerlebensdauer und große Diffusionslänge L_A – werden für einen Strombereich bis etwa 100A in der bisher beschriebenen Struktur gefertigt, sie erreichen eine di/dt-Festigkeit von 150A/µs, was für Netzanwendungen ausreichend ist. Für Thyristoren höherer Leistung wäre es möglich, den Gate-Bereich zu vergrößern und damit den primären Zündbereich zu vergrößern. Aber damit erhöht sich der Zündstrom und der Aufwand für Steuergeräte steigt. Für diesen Fall hat sich das Prinzip der Folgezündung durchgesetzt. Es wird zunächst ein Hilfsthyristor gezündet, der dann seinerseits den Hauptthyristor zündet. Damit wird die für die Zündung notwendige Leistung nicht dem äußeren

Steuerkreis entnommen, sondern sie wird durch eine vorgeschaltete Stufe aus dem Lastkreis entnommen.

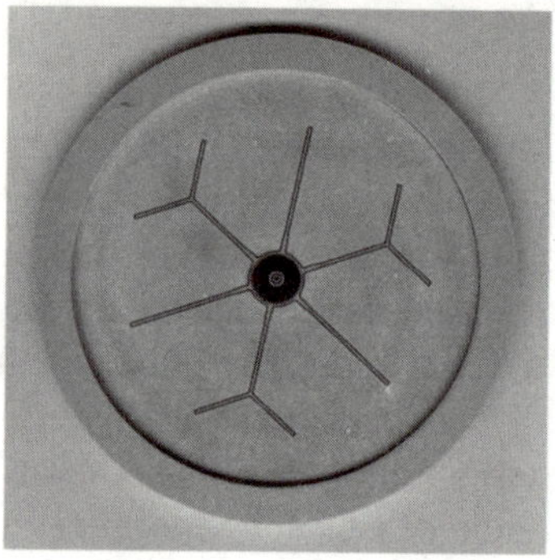

Abb. 3.4.9 Gatestruktur eines lichtzündbaren Thyristors von Infineon. Durchmesser 119mm

Das in der Regel verwendete Prinzip für die Auslegung des Hilfsthyristors ist das „Amplifying Gate", der Hilfsthyristor wird in Streifenform in den Hauptthyristor integriert. Abb. 3.4.9 zeigt die Struktur eines großflächigen Thyristors, wie er für die Anwendungen in der Hochspannungs-Gleichstrom-Übertragung eingesetzt wird. Der Hilfsthyristor ist in verzweigten Ästen ausgeführt. Eine solche Struktur erreicht zulässige di/dt-Werte von 300 A/µs.

Löschen des Thyristors und Freiwerdezeit

Nur bestimmte Konfigurationen des Thyristors – die später behandelten GTO-Thyristoren – sind über das Gate abschaltbar. Die übliche Art des Ausschaltens eines Thyristors geschieht durch das Umpolen der treibenden Spannung. Im Durchlassfall ist die Mittelzone des Thyristors überschwemmt, ähnlich der Überschwemmung einer Diode. Bei Kommutierung des Thyristors tritt deswegen zunächst ein Strom in Rückwärtsrichtung auf, es wird eine gespeicherte Ladung frei. Das Verhalten bei diesem Vorgang ist ähnlich dem Abschalten einer Diode. Damit der Thyristor wieder in Vorwärtsrichtung mit Spannung belastet werden kann, muss diese Speicherladung bis auf eine kleine Restladung ausgeräumt sein. Die Zeit, die das Bauelement bis dahin braucht und die mindestens eingehalten werden muss, um ein unvorhergesehenes Zünden zu vermeiden, ist die Freiwerdezeit t_q.

Abb. 3.4.10 zeigt die Definition der Freiwerdezeit. Die Kommutierungssteilheit des Anodenstroms ist vom äußeren Kreis bestimmt, es gilt wie bei der Diode die Definition (3.1.54). Der Anodenstrom erreicht den Nulldurchgang und es tritt eine Rückstromspitze und eine Speicherladung in Erscheinung.

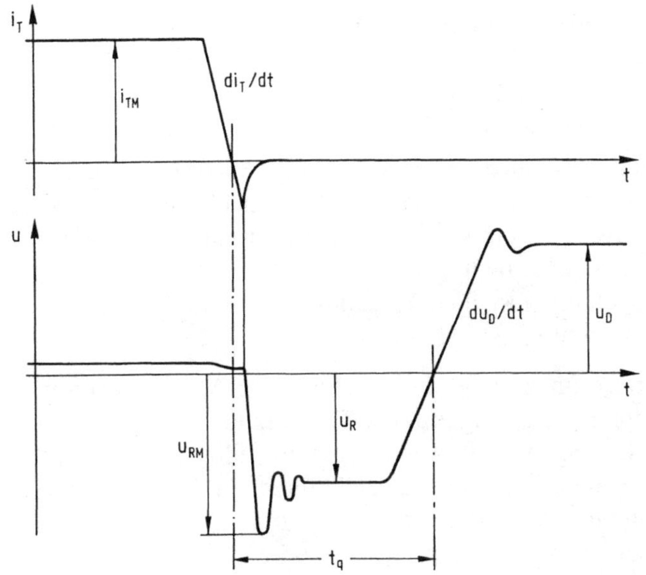

Abb. 3.4.10 Definition der Freiwerdezeit eines Thyristors. Aus [Mic03]

In einem gewöhnlichen Thyristor wird zunächst der Übergang J_3 frei, der aber aufgrund der hohen Dotierung der p-Basis nur eine Spannung von ca. 20V aufnehmen kann. Der Rückstrom fließt nahezu unverändert weiter, bis der Übergang J_1 von Ladungen frei geworden ist. Erst dann beginnt der Thyristor die in Rückwärtsrichtung angelegte Spannung U_R aufzunehmen, etwa zum selben Zeitpunkt ist die Rückstromspitze erreicht.

Nach der Rückstromspitze sinkt der Rückstrom ab, wie beim Kommutieren einer Diode wird in diesem Zeitpunkt eine Spannungsspitze U_{RM} erzeugt. Aufgrund der bei Thyristoren typischen hohen Basisweite w_B ist bei Thyristoren zumeist das Abschaltverhalten nicht so kritisch wie bei modernen schnellen Dioden, zumeist klingt der Rückstrom sehr langsam aus und in dieser Phase wird ein Tailstrom beobachtet. In dieser Zeit sind in der Nähe des Übergangs J_2 immer noch Ladungen gespeichert.

Nun wird die Spannung auf eine in Vorwärtsrichtung angelegte Spannung U_D umgepolt, die mit einer definierten Steilheit du_D/dt angelegt wird. Bei dieser Spannung soll der Thyristor nicht zünden. Die Zeitspanne zwischen dem Nulldurchgang des Stroms i_T und dem Nulldurchgang der in Vorwärtsrichtung angelegten Spannung u_D, die minimal eingehalten werden muss, um ein Wiederzünden des Thyristors zu vermeiden, bezeichnet man als Freiwerdezeit t_q.

Die Freiwerdezeit eines Thyristors ist sehr viel größer als die Schaltzeit einer Diode. Für den Fall des Ausräumens ohne Spannung in Rückwärtsrichtung – unter Vernachlässigung von U_D – lässt sich nach [Ger79] abschätzen

$$t_q \approx 10 \cdot \tau \tag{3.4.13}$$

wobei τ die Trägerlebensdauer in der n-Basis ist. Auch wenn mit angelegter Spannung U_R kommutiert wird, kann diese Abschätzung als Obergrenze für das zu erwartende t_q verwendet werden. Für angelegte Spannung in Rückwärtsrichtung wird in dem Teil der Basis, in dem sich die Raumladungszone ausbreitet, die gespeicherte Ladung durch die Spannung ausgeräumt. Die Freiwerdezeit t_q ist abhängig

- vom Vorwärtsstrom, t_q steigt mit zunehmendem Vorwärtsstrom
- von der Temperatur, t_q steigt mit der Temperatur
- von du_D/dt. Die Spannungs-Anstiegsgeschwindigkeit muss in jedem Fall kleiner sein als die kritische Steilheit du/dt_{cr}, die eine unerwünschte Zündung auslöst. Je näher du_D/dt an du/dt_{cr}, desto weniger Restladung ist zulässig und umso größer wird t_q.

Bei einem 100A-1600V-Thyristor, der ohne weitere Strukturen über ein in der Mitte liegendes Gate gezündet wird, liegt t_q in der Größenordnung von 200µs. Bei einem Hochleistungsthyristor für 8kV liegt t_q bei 550µs.

Die Freiwerdezeit begrenzt die maximale Frequenzbelastbarkeit des Thyristors. Durch Diffusion mit Gold kann die Freiwerdezeit herabgesetzt werden, ebenso durch höhere Dichte der Kathoden-Shorts. Schnelle golddiffundierte Thyristoren erreichten Freiwerdezeiten von 10 - 20µs. Angesichts moderner abschaltbarer Bauelemente haben schnelle Thyristoren ihre Bedeutung verloren. Für den hohen Spannungsbereich > 3kV ist es nie gelungen, brauchbare schnelle Thyristoren herzustellen.

Der Triac

Bei einem Triac sind zwei Thyristoren in antiparalleler Anordnung in einem Chip integriert. Abb. 3.4.11 zeigt den Aufbau.

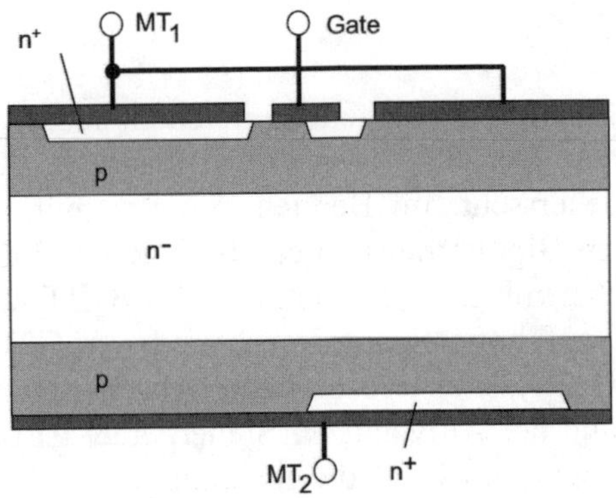

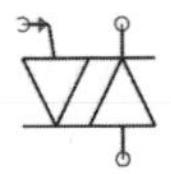

Abb. 3.4.11 Triac. Struktur und Symbol

Da nun nicht mehr zwischen Anode und Kathode unterschieden werden kann, werden die Bezeichnungen „Main Terminal 1" (MT_1) und MT_2 verwendet.

Der Triac kann über ein gemeinsames Gate in beide Richtungen gezündet werden. Er verfügt im ersten und im dritten Quadranten der Kennlinie über eine Durchlass- und eine Sperrcharakteristik. Somit kann man mit einem Triac z. B. in einem Wechselstromsteller zwei Thyristoren ersetzen, aber nur bedingt.

Der Triac ist ausführlicher in [Ger79] beschrieben. Die Problematik der Anwendung besteht darin, dass beim Nulldurchgang des Stromes in einem Wechselstromkreis der Triac in Rückwärtsrichtung sperren muss. Bei der Stromführung in Vorwärtsrichtung war jedoch das Bauelement mit freien Ladungsträgern geflutet. Wird zu schnell kommutiert, so ist auch beim Nulldurchgang noch ein Teil der gespeicherten Ladungsträger vorhanden. Liegt nun nach dem Nulldurchgang des Stroms eine Spannung mit zu hohem du/dt an, so kommt es zu einer unerwünschten Rückzündung. Das Element sperrt in Rückwärtsrichtung nicht, und die Steuerfähigkeit geht verloren.

Daher sind beim Triac die zulässigen Stromsteilheiten di/dt und Spannungssteilheiten drastisch eingeschränkt – di/dt auf einige 10A/µs und du/dt auf den Bereich bis 100V/µs. Das macht den Einsatz des Triac nur für niedrige Ströme und Spannungen möglich. Dort findet er auch heute noch viele Anwendungsfelder. Ein Beispiel ist der Einsatz als Wechselstromschalter für die Heizspirale eines Durchlauferhitzers.

Sobald Ströme >50A gesteuert werden sollen, werden anstelle eines Triacs zwei Thyristoren verwendet, die antiparallel geschaltet sind.

Der abschaltbare Thyristor (GTO)

Um aus dem Thyristor ein abschaltbares Bauelement zu machen, bedarf es einer Reihe besonderer Maßnahmen. Der Gate-Turn-Off-Thyristor (GTO) wurde erst in den 80er Jahren beherrscht. Im Bereich von Spannungen größer 1400V erwiesen sie sich den Bipolartransistoren überlegen, mit denen sie in Konkurrenz standen. Aber mit dem Aufkommen des IGBT und dessen Fähigkeit zur Auslegung auf hohe Spannungen wird der GTO-Thyristor verdrängt, denn ein GTO-Thyristor erfordert zum Abschalten einen hohen negativen Gatestrom, und der Aufwand für Steuergeräte ist beträchtlich. Der GTO-Thyristor ist heute noch für die Spannungen im Einsatz, die vom IGBT nicht erreicht werden. Mit dem Gate Commutated Thyristor (GCT) wurde er in Bezug auf Robustheit und Betriebssicherheit weiterentwickelt.

Bei der Herleitung der Zündbedingung wurde mit Gleichung (3.4.6) eine Bedingung für den Anodenstrom unter Berücksichtigung der Stromverstärkungsfaktoren der beiden Teiltransistoren hergeleitet. Aus dieser Gleichung lässt sich auch eine Bedingung für die Abschaltbarkeit ableiten. Werden in (3.4.6) die Sperrströme der Teiltransistoren vernachlässigt und die rechte Seite von (3.4.6) im Zähler und Nenner mit (-1) multipliziert, so ist

$$I_A = \frac{-\alpha_2 \cdot I_G}{(\alpha_1 + \alpha_2) - 1} \qquad (3.4.14)$$

Zum Abschalten wird ein negativer Gatestrom $-I_G$ benötigt. In ähnlicher Weise wie beim Stromverstärkungsfaktor ß des Bipolartransistors wird für den Abschaltvorgang des GTO-Thyristors eine Abschaltverstärkung β_{off} definiert

$$\beta_{off} = \frac{I_A}{-I_G} \qquad (3.4.15)$$

Die Abschaltverstärkung folgt somit aus (3.4.14)

$$\beta_{off} = \frac{I_A}{-I_G} = \frac{\alpha_2}{(\alpha_1 + \alpha_2) - 1} \qquad (3.4.16)$$

Eine hohe Abschaltverstärkung erfordert also einerseits eine hohe Stromverstärkung α_2 des npn-Teiltransistors, andererseits soll $(\alpha_1 + \alpha_2 - 1)$ gegen Null streben. Der Überschuss der Summe der beiden Stromverstärkungsfaktoren $\alpha_1 + \alpha_2$ über eins soll also möglichst klein sein. Das aber bedeutet höheren Zündstrom I_{GT}, höheren Einraststrom I_L, sowie eine höhere Durchlass-Spanunung des Thyristors. Das Streben nach einer hohen Abschaltverstärkung steht also der Anforderung nach geringen Durchlassverlusten entgegen. In der Praxis realisierte GTOs weisen eine Abschaltverstärkung β_{off} zwischen 3 und 5 auf. Das bedeutet beispielsweise, dass eine Ansteuereinheit einen Strompuls von –1000A liefern muß, um einen 3000A-GTO-Thyristor abzuschalten.

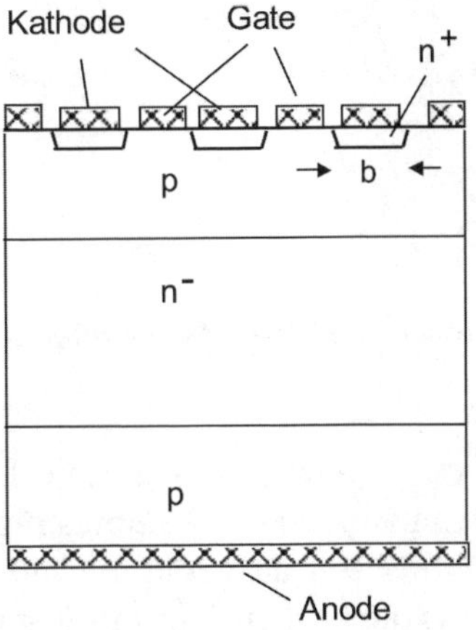

Abb. 3.4.12 Gate-Turn-Off (GTO) Thyristor

Das Einhalten dieser Bedingung reicht aber für die Abschaltbarkeit eines Thyristors nicht aus. Vom konventionellen Thyristor unterscheidet sich der GTO-Thyristor durch eine Emitterstruktur, die aus einzelnen Fingern besteht, siehe Abb. 3.4.12. Die Weite b der Finger muss so gewählt werden, dass der Durchgriff des Gatestroms unter die Emitterfinger gewährleistet ist, die Breite der Finger liegt zwischen 100µm bis 300µm. Das GTO-Bauelement setzt sich aus einer Vielzahl einzelner Finger zusammen. Da GTO-Thyristoren heute fast ausschließlich im hohen Strombereich zum Einsatz kommen, wird ein GTO-Thyristor aus einem kompletten Wafer hergestellt. Abb. 3.4.13 zeigt einen GTO-Chip. Der Gate-Anschluss ist ringförmig ausgeführt, damit der Spannungsabfall in der Gate-Metallisierung zu den entfernen Emitterfingern nicht zu groß wird.

Abb. 3.4.13 Anordnung der Emitterfinger bei einem 4.5kV-GTO. Durchmesser des Bauelements 82mm. Bild: Infineon

Beim Abschalten werden durch die negative Spannung am Gate die Löcher zum Gate geführt. Die den Anodenstrom tragenden Ladungsträger werden vom Rand des Emitterfingers zur Mitte hin ausgeräumt, wie in Abb. 3.4.14 dargestellt. Der Löcherstrom muss quer unter dem Emitterfinger fließen. Bevor der Anodenstrom abklingt, führt ein schmaler Bereich in der Mitte des Fingers den Strom – das ist die Schwachstelle des GTO-Thyristors. Um einen hohen Strom sicher abschalten zu können, ist es entscheidend, dass der Widerstand der p-Basis unter dem Emitterfingers nicht zu hoch ist.

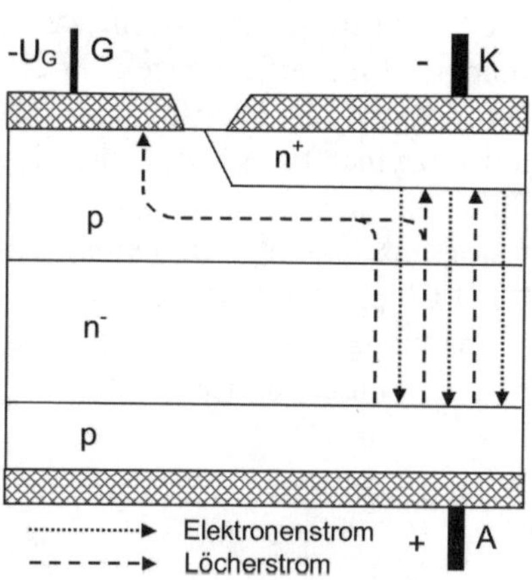

Abb. 3.4.14 Stromfluss in einem Finger des GTO-Thyristors beim Abschalten

Der maximal abschaltbare Strom ist bestimmt durch die Durchbruchspannung des pn-Übergangs zwischen Gate und Kathode $U_{GK(BD)}$ sowie durch den Querwiderstand der p-Basis unter dem Emitterfinger R_p

$$I_{A\max} = \beta_{off} \cdot \frac{U_{GK(BD)}}{R_p} \tag{3.4.17}$$

und für R_p gilt

$$R_p \sim \rho \cdot b \tag{3.4.18}$$

wobei ρ der spezifische Widerstand der p-Basis unter dem Emitterfinger ist. Bei einem GTO-Thyristor der Fingerbreite von 300µm muss ρ unter dem Emitterfinger viermal niedriger sein als bei einem konventionellen Thyristor. Dies setzt hier eine ausreichend hohe Dotierung N_A voraus. Gleichzeitig wird aber eine ausreichende Sperrfähigkeit des n^+p-Übergangs zwischen Kathode und Gate $U_{GK(BD)}$ benötigt. Diese ergibt sich wie für den pn-Übergang hergeleitet aus Gleichung (2.2.29), nur ist hier die ausschlaggebende Dotierung die Dotierung N_A der p-Basis. Daher darf N_A nicht zu hoch sein. Gewählt wird eine Dotierung um $10^{17}cm^{-3}$, die Sperrspannung $U_{GK(BD)}$ liegt typischerweise bei 20 - 24V. Die Steuerspannung beim Abschalten beträgt –15V.

Mit diesen Maßnahmen wurde zunächst nur die p-Basis des GTO-Thyristors ausgeräumt. Es verbleibt noch das Plasma an Ladungsträgern in der weiten n^--Zone. Hier sind Maßnahmen zu treffen, die das Ausräumen dieser Ladungsträger erleichtern. Bei den ersten GTO-Thyristoren wurde dazu eine Gold-Diffusion angewandt, um die Trägerlebensdauer zu verkürzen. Allerdings ist die Gold-Diffusion technologisch schwer zu beherrschen, siehe dazu Abschnitt 2.3.7.

Wirkungsvoll erwies sich die Einführung von Kurzschlüssen auf der Anodenseite. Die Struktur eines GTO-Thyristors mit Emitterkurzschlüssen auf der Anodenseite zeigt Bild 3.4.15. Über das Gate wird der Löcherstrom ausgeräumt und damit die Injektion von Elektronen aus dem n^+-Emitter unterbunden. Die Elektronen in der n^--Basis werden jetzt über die anodenseitigen Kurzschlüsse ausgeräumt, hier liegt positives Potential an. Die Injektion des Anoden-Emitters wird unterbunden, die Ladungsträger werden effektiv ausgeräumt.

Ein GTO-Thyristor mit anodenseitigen Emitterkurschlüssen verliert die Sperrfähigkeit in Rückwärtsrichtung. In den allermeisten Anwendung ist dies nicht von Nachteil, den im Schaltkreis wird über den GTO-Thyristor eine inverse Freilaufdiode geschaltet.

In modernen GTO-Thyristoren werden Anodenshorts und Trägerlebensdauer-Verkürzung kombiniert. Bevorzugt wird zur Einstellung der Trägerlebensdauer eine Implantation von Protonen oder Helium-Kernen angewandt. Die Zone hoher Dichte an Rekombinationszentren wird kurz vor der p^+-Anodenzone angeordnet, hier ist die Wirkung auf die gespeicherte Ladung besonders effektiv.

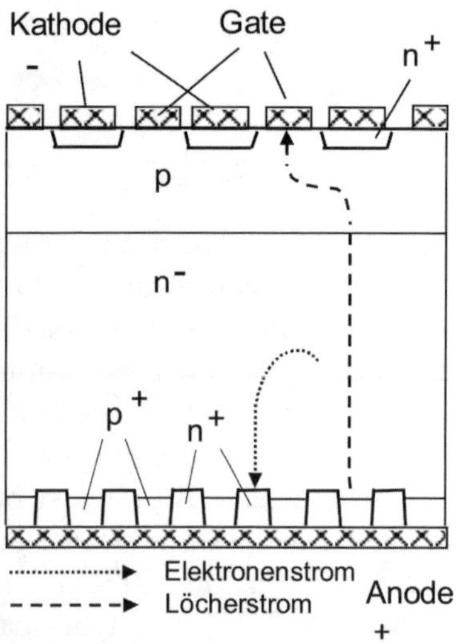

Abb.3.4.15 GTO-Thyristor mit Emitterkurzschlüssen auf der Anodenseite

Trotz dieser Maßnahmen muss beim GTO-Thyristor beim Abschalten der Anstieg der wiederkehrenden Spannung begrenzt werden. Das geschieht durch eine RCD-Beschaltung (auch „snubber“ genannt“) die in Abb. 3.4.16 gezeigt ist. Durch den Kondensator C wird die Steilheit du/dt der ansteigenden Spannung begrenzt.

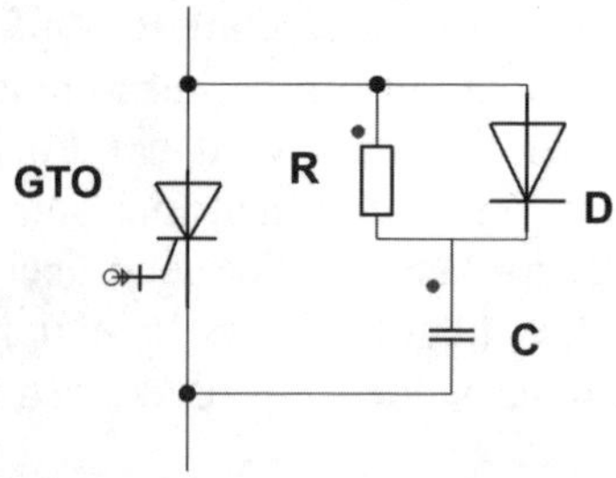

Abb. 3.4.16 RCD-Beschaltung für einen GTO-Thyristor

Abbildung 3.4.17 zeigt schließlich den Vorgang beim Abschalten des GT0-Thyristors.

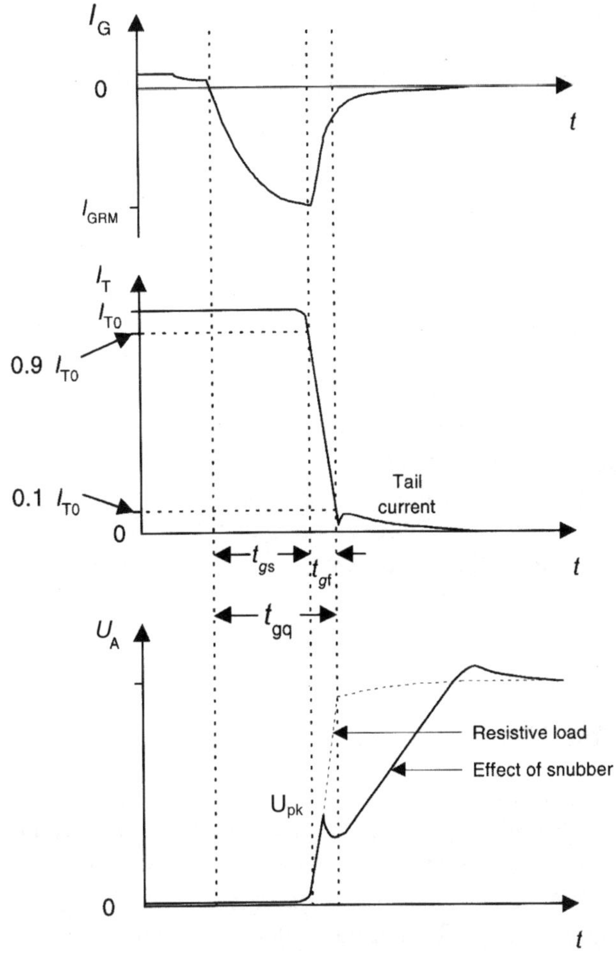

Abb. 3.4.17 Abschalten eines GTO-Thyristors. Nach [Ben99]

Der negative Gatestrom steigt an auf den auf den Wert I_{GRM}, dann erst beginnt der Strom zu fallen. Bis zu dem 90%-Wert des Anodenstroms ist die Abschalt-Verzugszeit t_{gs} definiert. Der Anodenstrom fällt danach steil ab in der Fallzeit t_{gf} In der wiederkehrenden Spannung tritt zunächst die Spannungsspitze U_{pk} auf. Die Höhe von U_{pk} ist durch die Induktivität im Snubber-Kreis, vor allem aber durch die Einschalt-Spannungsspitze U_{FRM} der Snubber-Diode D (siehe Abb. 3.4.16) bestimmt. Erst nach U_{pk} beginnt die Wirkung des Snubbers. Die Steilheit der wiederkehrenden Spannung wird durch den Kondensator C begrenzt.

Beim GTO-Thyristor schließt sich nach dem Abfall des Stroms ein Schweifstrom (tail current, Tailstrom) an. Dieser Schweifstrom ist jetzt durch den Abbau der in der n-Basis gespeicherten Ladung bestimmt. Er dauert mehrere Mikrosekunden an, und er verursacht den Großteil der Schaltverluste. Die Einführung effektiver Anodenkurzschlüsse (Abb. 3.4.16) und die Trägerlebensdauerverkürzung reduzieren den Schweifstrom.

Es gibt – neben dem hohen Steueraufwand – vor allem 2 Nachteile, welche die Einsatzfähigkeit des GTO-Thyristors erschweren:

1. Die Notwendigkeit der RCD-Beschaltung. Namentlich für hohe Spannungen > 3kV wird ein Kondensator voluminös und teuer, insbesondere wenn ihn noch die Anforderung gestellt wird, dass er induktivitätsarm sein muss.
2. Wie bereits gezeigt wurde, werden die Emitterfinger von außen nach innen ausgeräumt, und vor der Hauptstrom abklingt, bleibt ein schmaler Bereich in der Mitte des Fingers, der den Gesamtstrom trägt. Dazu kommt, je größer das Bauelement, umso schwieriger ist es eine gleichmäßige Operation aller Finger zu erreichen, und es kann auftreten, dass einige wenige die letzten sind. Dies ist die Schwachstelle des GTO.

Der Gate Commutated Thyristor (GCT)

Das Wirkprinzip des GCT ist, eine Ansteuereinheit zu schaffen, die in der Lage ist in sehr kurzer Zeit den gesamten Hauptstrom in das Gate zu übernehmen. Der GCT wird mit einer Abschaltverstärkung $G_{off} = 1$ betrieben.

Dazu muss eine Ansteuereinheit in der Lage sein, diesen Strom innerhalb einer Mikrosekunde zur Verfügung zu stellen, was sehr hohe Anforderungen stellt, insbesondere müssen sowohl der Widerstand als auch die parasitäre Induktivität im Ansteuerkreis sehr niedrig sein. Im Ansteuerkreis gilt die Differentialgleichung [Lin06]

$$L_G \cdot \frac{di_G}{dt} + R_G \cdot i_G = U_G \tag{3.4.19}$$

Die Lösung dieser Gleichung ist

$$i_G(t) = \frac{U_G}{R}\left(1 - \exp\left(-\frac{R_G}{L_{par}} \cdot t\right)\right) \tag{3.4.20}$$

Als U_G steht die Spannung zur Verfügung, die von der Gate-Kathodenstrecke aufgenommen werden kann. Die Forderung ist, dass der Gatestrom innerhalb von t_{gs} auf den Hauptstrom I_A ansteigen muss. Dann folgt für die maximal zulässige Induktivität L_G

$$L_G = -\frac{R_G \cdot t_{gs}}{\ln\left(1 - \frac{R_G}{U_G} \cdot I_A\right)} \tag{3.4.21}$$

Für die Bedingungen $U_G = 20V$, abzuschaltender Strom $I_A = 4000A$, zulässiges $t_{gs} = 1\mu s$ ist die zulässige Induktivität L_G in Abb- 3.4.19 in Abhängigkeit vom Gate-Widerstand R_G dargestellt. Widerstand R_G und parasitäre Induktivität L_G müssen extrem klein gemacht werden, damit der GCT funktioniert. Für $R_G > 5$mOhm findet sich keine Lösung mehr, mit der die Forderungen erfüllt werden. Zu beachten ist, dass sowohl L_G als auch R_G nicht nur aus den externen Zuleitungen bestehen. In R_G geht der Widerstand R_{on} der MOSFETs, der Zuleitungen sowie der interne Anschlusswiderstand im Gehäuse und in der Gate-Metallisierung des GCT ein. Die MOSFETs müssen nur auf etwas über 20V Sperrspannung ausgelegt sein, für diese Anwendung stehen heute sehr niederohmige MOSFETs zur Verfügung.

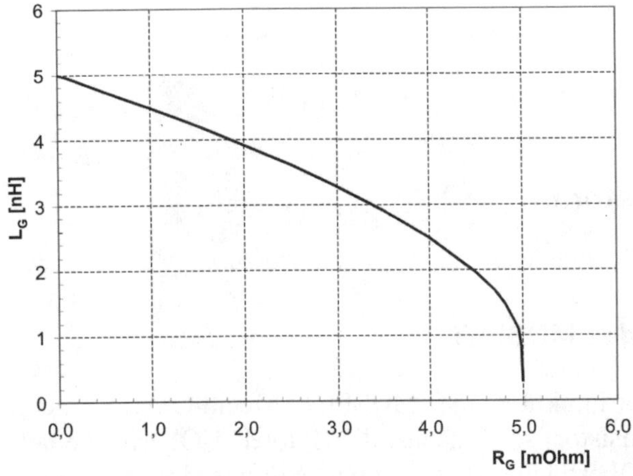

Abb. 3.4.19 Maximal zulässige parasitäre Induktivität im Steuerkreis eines 4000A GCTs. Bild nach [Lin06]

Mit dieser Betriebsweise wird der npn-Teiltransistor abrupt außer Betrieb genommen. Zwar erfolgt immer noch die Ausräumung der Gebiete unter dem Emitter von außen nach innen, aber die Gefahr der Filamentbildung während des Abschaltens ist entschärft. Der GCT kann ohne eine RCD-Beschaltung betrieben werden. Beim GCT wird auf eine Sperrfähigkeit in Rückwärtsrichtung verzichtet. Damit ist es auch möglich, vor der Anodenzone eine n-buffer-Schicht anzubringen, das Bauelement kann auf schwach trapezförmigen Feldverlauf (PT-Dimensionierung) ausgelegt werden. Damit kann bei gleicher Sperrspannung die Basis dünner ausgelegt werden, Durchlass- und Schaltverluste werden reduziert.

Eine Ansteuerung, die einen Strom so groß wie der zu steuernde Strom liefern muss, ist ohne Zweifel ein hoher Aufwand. Aber die Steuerleistung, welche die Steuereinheit liefern muss, ist nicht größer als bei einem GTO-Thyristor vergleichbaren abschaltbaren Stroms. Im Gegenteil. Beim GCT steigt die negative Gatespannung sehr schnell an und der hohe Strom liegt nur sehr kurz an. Die über das Gate abgeführte Ladung ist beim GCT sogar kleiner als bei einem GTO-Thyristor, denn im GTO-Thyristor werden noch Ladungsträger nachgeschoben, während der negative Gatestrom ansteigt.

Der GCT ist somit, obwohl das eigentliche Silizium-Chip gegenüber den GTO nur wenig verändert wurde, eine wesentliche Weiterentwicklung, die beim GTO aufgezeigten Schwachpunkte sind damit weitgehend behoben.

3.5 MOS Transistoren

Funktionsweise des MOSFET

Zum Verständnis der Funktion eines MOSFET (Metall Oxyd Semiconductor Field Effect Transistor) sei zunächst die Halbleiter-Oberfläche betrachtet. Die Halbleiter-Oberfläche ist immer eine Störung des idealen Gitters, da ein Nachbaratom fehlt. Es wird sich daher an der Oberfläche immer ein dünnes Oxyd bilden oder andere Atome und Moleküle werden adsorbiert. Diese Oberflächenschichten sind daher in der Regel elektrisch geladen.

Als Beispiel sei ein p-Halbleiter behandelt, an der Oberfläche befinde sich positive Ladung (Abb. 3.5.1):

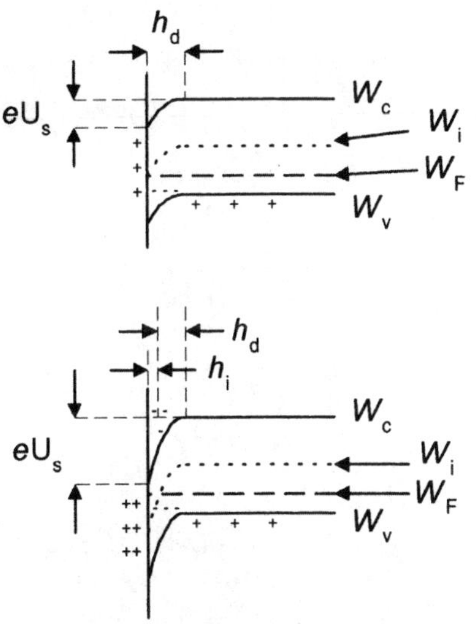

Abb. 3.5.1 Halbleiter-Oberfläche. p-Halbleiter, positive Ladung

Für eine kleine positive Ladung gilt

$$|eU_S| < W_i - W_F :$$

Die Löcher-Konzentration an der Oberfläche wird reduziert. Leitungs- und Valenzband werden nach unten gebogen. Es bildet sich eine Verarmungszone der Dicke h_d.

Für größere positive Ladung ergibt sich

$$|eU_S| > W_i - W_F :$$

Leitungs- und Valenzband werden noch stärker gebogen, das Fermi-Niveau ist in einem schmalen Bereich näher am Leitungsband als am Valenzband. Es bildet sich eine Inversionsschicht der Dicke h_i, in der Elektronen die Majoritätsträger sind.
Daran anschließend liegt die Verarmungszone der Dicke h_d, welche die Inversionsschicht vom p-leitenden Gebiet trennt.

Bei einer negativen Ladung auf dem p-Halbleiter bildet sich eine Akkumulationsschicht (Anreicherungszone). Entsprechend sind die Verhältnisse im n-Halbleiter: Bei positiver Ladung bildet sich die Akkumulationsschicht, bei negativer Ladung die Verarmungszone, bei größerer negativer Ladung die Inversionsschicht.

Nehmen wir eine dünne Oxydschicht auf dem p-Halbleiter und bringen darüber eine Metallisierung an. An die Metallisierung wird eine positive

Spannung gelegt. Zwei n^+-Gebiete sind als Source- und Drain-Zone eingebracht und kontaktiert. Wir haben den einfachsten Fall eines lateralen MOS Feld-Effekt Transistors.

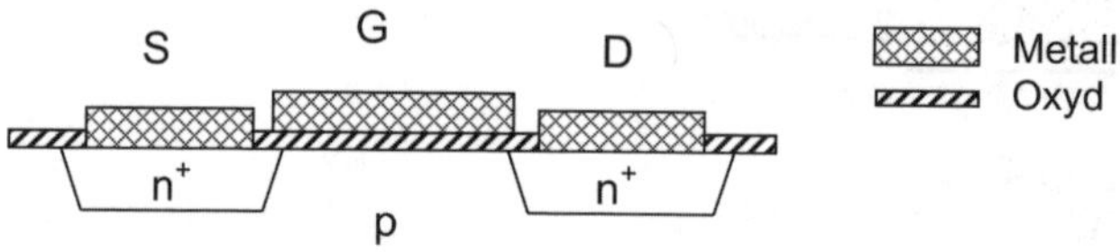

Abb. 3.5.2 Lateraler n-Kanal MOSFET

Bezeichnungen:

S Source
G Gate
D Drain

Eine positive Spannung hat dieselbe Wirkung wie die positiven Oberflächenladungen: Bei einer ausreichend positiven Spannung am Gate sind die beiden n-Gebiete durch die Inversionsschicht verbunden. Durch eine Gatespannung $U_G > U_T$ kann ein Strom zwischen Drain und Source fließen.

Gate-Source Threshold-Spannung U_T (n-Kanal-MOSFET):

Die Threshold-Spannung ist die Gatespannung, bei der die erzeugte Elektronenkonzentration gleich der Akzeptorkonzentration ist

Zu unterscheiden ist:

n-Kanal-MOSFET: In einem p-Gebiet wird ein n-leitender Kanal gebildet.

p-Kanal-MOSFET: In einem n-Gebiet wird ein p-leitender Kanal gebildet.

Bei genauerer Betrachtung muss man zusätzlich berücksichtigen, dass das Oxyd positive Ladungen an der Grenzfläche zum Halbleiter enthält, die in der Größenordnung zwischen $5 \cdot 10^9$ und $1 \cdot 10^{11} \mathrm{cm}^{-2}$ liegen. Ferner ist bei Leistungs-MOSFETs der Gate-Bereich aus einer stark n-dotierten Poly-Silizium-Schicht gebildet (siehe Abb. 3.5.4 und 3.5.5) und es besteht schon eine eingeprägte Potentialdifferenz zwischen Gate und Halbleiter durch die unterschiedliche Lage des Fermi-Niveaus im n^+-dotierten Poly-Silizium und im p-Halbleiter (im Fall des n-Kanal-MOSFETs). Beides wirkt wie eine äußere positive Gate-Spannung und hat eine Reduktion der Schwell-Spannung U_T zur Folge. Im Fall des n-Kanal-MOSFETs ist bei geringer Dotierung der p-Zone und hoher Oxydladung U_T negativ, d.h. auch ohne Gate-Spannung ist dann schon ein Kanal vorhanden. Die oben genannte Definition der Threshold-Spannung bleibt aber gültig.

Zu unterscheiden ist:

Verarmungstyp (depletion type): $U_T < 0$. Das Bauelement ist selbstleitend (normally on) und sperrt erst ab einer negativen Gate-Source-Spannung $U_G < U_T$.

Anreicherungstyp (enhancement type): $U_T > 0$. Ein n-Kanal entsteht erst ab $U_G > U_T$ (normally off).

In der Leistungselektronik verwendet man im Allgemeinen wegen der Normally-Off-Eigenschaft nur MOSFETs vom Anreicherungstyp. Weiterhin werden fast immer n-Kanal-MOSFETs verwendet, aufgrund der höheren Beweglichkeit der Elektronen (siehe Kap. 2.1) vorteilhafter. Die Threshold-Spannung wird auf 2 bis 4 V eingestellt.

Aufbau von Leistungs-MOSFETs

Die Struktur in Abb. 3.5.2 wird nur wenig Spannung aufnehmen können, deshalb verwendet man ab 100V eine Struktur nach Abb. 3.5.3, die als DMOS (D: doppelt diffundiert) bezeichnet wird. Das Drain-Gebiet hat ein vorgelagertes n^--Gebiet, das Drain-Extension-Gebiet, welches die Spannung aufnimmt.

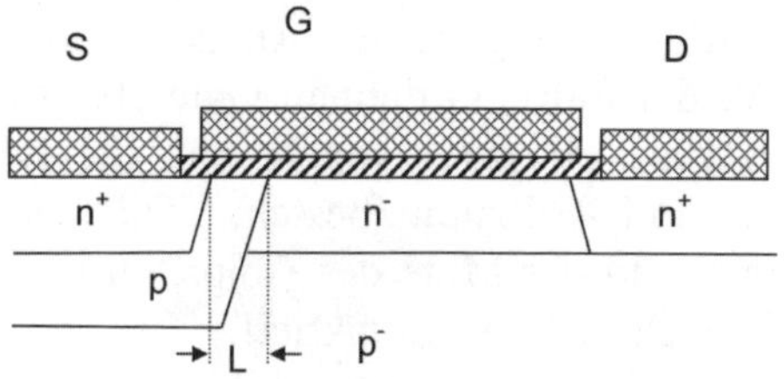

Abb. 3.5.3 Lateraler DMOS

Laterale DMOS Transistoren werden sehr häufig bei Leistungs-ICs bzw. monolithisch integrierten Leistungshalbleiter-Schaltungen („smart power") eingesetzt. Sie haben jedoch den Nachteil einer geringen Stromtragfähigkeit, denn die n^--Zone beansprucht einen großen Teil der Halbleiter-Oberfläche. Soll wirkliche „Leistung" gesteuert werden, so wird ein vertikaler MOSFET realisiert, in dem die Zone für die Aufnahme des elektrischen Felds vertikal angeordnet ist (Abb. 3.5.4). Damit wird das Volumen des Halbleiters ausgenutzt, und die Oberfläche kann für die Ausbildung der Zellen benutzt werden.

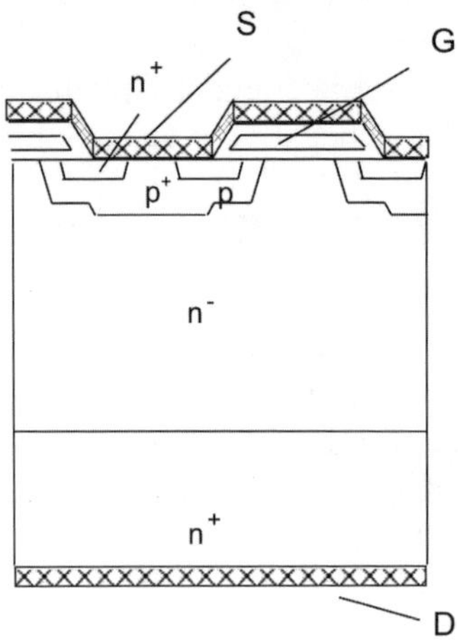

Abb. 3.5.4 Vertikaler DMOS Transistor. Die Gate-Elektrode ist i. A. Poly-Si

An der Halbleiter-Oberfläche werden die einzelnen Zellen gebildet, die aus p-Wannen und eindiffundierten n^+ Source Gebieten bestehen, der Querschnitt einer Zelle ist in Abb. 3.5.4 dargestellt. Die p-Wanne ist ebenfalls mit der Source-Metallisierung kontaktiert, so dass der parasitäre npn-Transistor kurzgeschlossen wird. Damit dieser Kurzschluss sehr niederohmig ist, wird an dieser Stelle die Dotierung durch eine zusätzliche p^+-Implantation mit anschließender Diffusion angehoben. An den Rändern der Wanne befindet sich der Kanal, der mit dem dünnen Gate-Oxyd bedeckt ist. Über dem Oxyd ist die Gate-Elektrode angebracht, die typischerweise aus hochdotiertem n^+ Poly-Silizium besteht. Die Gate-Elektrode wird an einer Stelle, zumeist in der Mitte des Chips, an die Oberfläche geführt und dort durch einen Bonddraht kontaktiert.

Da der Strom durch den Inversionskanal fließen muss, bildet man viele Einzelzellen, um die gesamte Weite des Kanals groß zu machen. Ein Beispiel ist in Abb. 3.5.5 dargestellt. Hier sind die Zellen quadratisch und in einem quadratischen Raster angeordnet. Noch besser nutzt man die Fläche aus bei einem hexagonalen Raster, wo auch die Einzelzellen hexagonal sind (HEXFET).

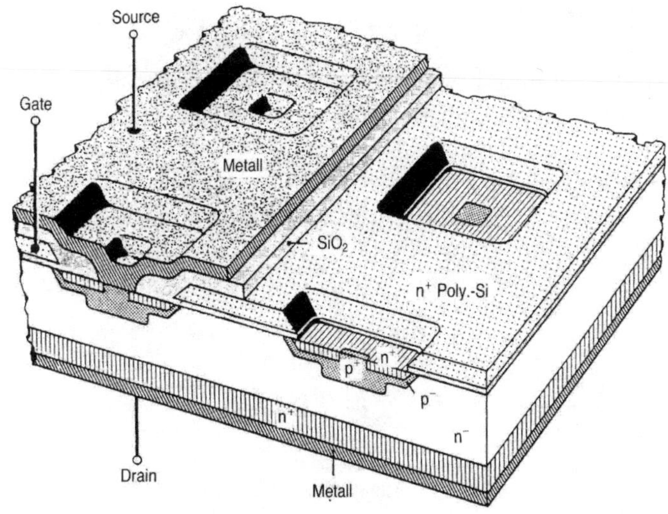

Abb. 3.5.5 Zellenstruktur eines vertikalen DMOS. Aus [Ste92]

Die vertikalen DMOS (auch VDMOS genannt) Transistoren haben eine große Verbreitung gefunden. Seit etwa 1997 ist mit dem Trench-MOS eine weitere Verbesserung eingeführt, bei der auch das Kanalgebiet vertikal angeordnet ist (Abb. 3.5.6) Dabei kann besonders im unteren Spannungsbereich < 100V eine große Verbesserung des Widerstands im eingeschalteten Zustand erreicht werden.

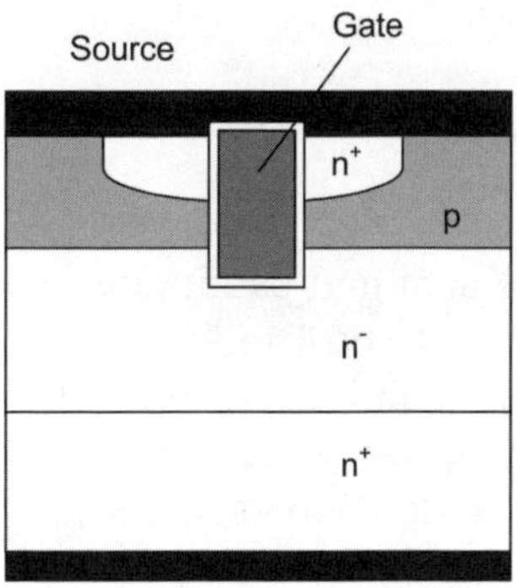

Abb. 3.5.6 Vertikaler Trench-MOSFET

Kennlinienfeld des MOS-Transistors

Das Kennlinienfeld des MOSFET zeigt Abb. 3.5.7. Für eine positive Spannung U_D zwischen Drain und Source befindet man sich auf der Sperrkennlinie, solange U_G kleiner der Threshold-Spannung U_T ist. Die Sperrspannung des MOSFETs ist begrenzt durch den Lawinendurchbruch. Da der npn-Transistor durch einen niederohmigen Kurzschluss außer Kraft gesetzt ist, entspricht die Sperrspannung des MOSFET der Sperrspannung der aus p-Wanne, niedrig dotiertem Mittelgebiet und n^+-Zone gebildeten Diode.

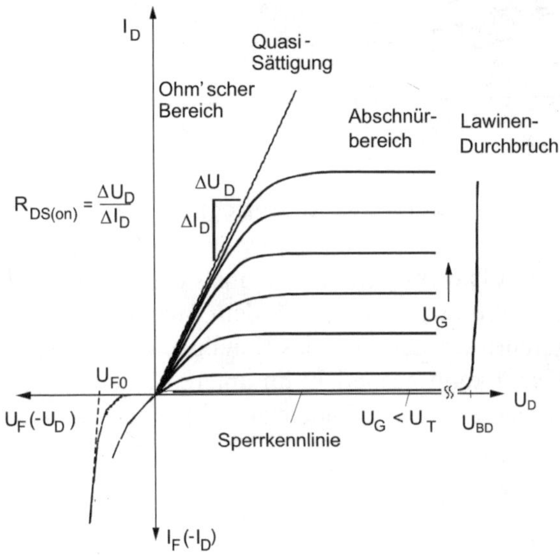

Abb. 3.5.7 Kennlinienfeld des MOSFET

Für $U_G > U_T$ bildet sich ein stromführender Kanal und damit das Kennlinienfeld. Hier wird ähnlich der Stromverstärkung von Bipolartransistoren eine Übertragungssteilheit (Transconductance) definiert. Im Bereich kleiner Spannungen U_D verläuft die Kennlinie in Form einer Widerstandsgeraden, bei einer definierten Gate-Spannung U_G ist der Widerstand $R_{DS(on)}$ angegeben.

Zwischen dem Ohm'schen Bereich und dem Bereich der Sättigung bildet sich ein Übergangsbereich, der Bereich der Quasi-Sättigung, der durch einen parabolischer Verlauf der Kennlinie beschrieben wird.

In Rückwärtsrichtung des MOSFET liegt eine Diode in Durchlass-Polung vor. Hier kann wie bei der Leistungsdiode die Durchlasskennlinie angenähert werden durch eine Schleusenspannung U_{F0} und einen differentiellen Widerstand.

Kennliniengleichung des MOSFET-Kanals

Über dem Kanal wird durch die Gate-Oxydschicht und Gate-Elektrode ein Kondensator gebildet, dessen flächenspezifische Kapazität mit

$$C_{ox} = \frac{\varepsilon_0 \cdot \varepsilon_r}{d_{ox}} \tag{3.5.1}$$

beschrieben wird. Dabei ist d_{ox} die Oxyddicke (z. B. 100nm), im Oxyd ist $\varepsilon_r = 3{,}9$ (für SiO_2). Bei einer Gate-Spannung U_G größer als die Threshold-Spannung U_T bildet sich der Inversionskanal, wie in Abb. 3.5.8a skizziert. Solange der Spannungsabfall durch Stromtransport im Kanal noch vernachlässigbar ist, gilt für die Ladung des Inversionskanals

$$Q_s = C_{ox} \cdot (U_G - U_T) \tag{3.5.2}$$

Die Ladungsträger, die diese Ladung bilden, stehen im Inversionskanal für den Stromtransport zur Verfügung. Solange man eine Einschnürung des Kanals vernachlässigen kann, ist der Widerstand des Kanals

$$R_{ch} = \frac{L}{W \cdot \mu_n \cdot Q_s} = \frac{L}{W \cdot \mu_n \cdot C_{ox} \cdot (U_G - U_T)} = \frac{1}{\kappa \cdot (U_G - U_T)} \tag{3.5.3}$$

Dabei ist L die Kanallänge (z.B. 2µm, siehe Abb. 3.5.3) und W ist die gesamte Weite des Kanals. In Abb. 3.5.3 steht W senkrecht zur Zeichenebene und entspricht dem Umfang der Einzelzelle multipliziert mit der Anzahl der Zellen (siehe Abb. 3.5.5). Bei hoher Zelldichte erreicht man ein hohes W und somit einen niedrigen Kanalwiderstand. W kann bei modernen Bauelementen mehrere 100m pro cm^2 Chipfläche betragen. Die geometrieabhängigen Parameter sind zusammengefasst in

$$\kappa = \frac{W \cdot \mu_n \cdot C_{ox}}{L} \tag{3.5.4}$$

und Gleichung (3.5.3) gilt für den Ohm'schen Bereich der Kennlinie, also für den Bereich, in dem der durch einen Stromfluss hervorgerufene Spannungsabfall im Kanal in seiner Rückwirkung auf Q_S noch vernachlässigt werden kann.

Über (3.5.3) geht die Beweglichkeit in den Kanalwiderstand ein. In Kap. 2.1 wurde gezeigt, dass die Beweglichkeit μ_p für p-Leitung nur etwa ein Drittel von μ_n beträgt. Dies ist der Grund, warum in der Leistungselektronik – wann immer möglich – der n-Kanal-MOSFET benutzt wird.

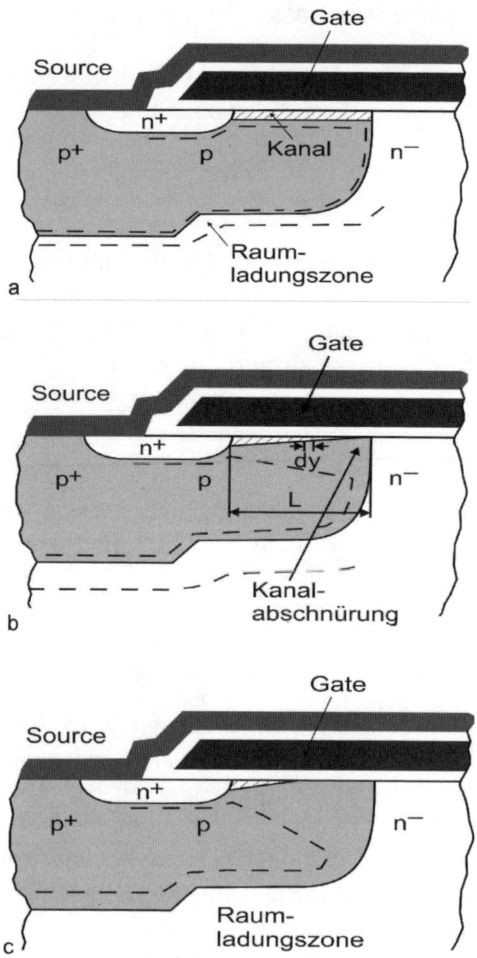

Abb. 3.5.8 Kanal eines MOSFETs. a) Ohm'scher Bereich, $U_D << U_G\text{-}U_T$ b) Kanal-Abschnürung, $U_D = U_G\text{-}U_T$ (c) Kanallängen-Verkürzung, $U_D >> U_G\text{-}U_T$

Mit zunehmendem Strom entsteht über dem Kanal ein Spannungsabfall U(y). Damit wird der Kanal verengt, siehe Abb. 3.5.8b. Über der Länge y steht nun eine Ladung Q(y), für ein Element dR des Widerstands R_{CH} wird aus (3.5.3)

$$dR = \frac{dy}{W \cdot \mu_n \cdot Q(y)} \tag{3.5.5}$$

mit

$$Q(y) = C_{ox} \cdot (U_G - U_T - U(y)) \tag{3.5.6}$$

In einem Segment dR ist der Spannungsabfall

$$dU = I_D dR \tag{3.5.7}$$

(3.5.6) und (3.5.5) in (3.5.7) eingesetzt ergibt

$$I_D = W \cdot \mu_n \cdot C_{ox} \cdot (U_G - U_T - U(y)) \cdot \frac{dU}{dy} \tag{3.5.8}$$

Die Spannung U_D fällt ab zwischen den Grenzen y = 0 und y = L:

$$\int_0^L I_D \cdot dy = W \cdot \mu_n \cdot C_{ox} \cdot \int_0^{U_D} (U_G - U_T - U(y)) \cdot dU \tag{3.5.9}$$

Ausführung der Integration führt auf die Kennliniengleichung

$$I_D = \kappa \cdot \left((U_G - U_T) \cdot U_D - \frac{1}{2} U_D{}^2 \right) \tag{3.5.10}$$

für $U_D \leq U_G - U_T$. Sie entspricht dem parabolischen Teil (Quasi-Sättigung) in Abb. 3.5.7. Für kleines U_D geht sie über in

$$I_D = \kappa \cdot (U_G - U_T) \cdot U_D \tag{3.5.11}$$

und entspricht dem Ohm'schen Bereich, wie schon in (3.5.3) angegeben. Der Übergang in den Abschnürbereich folgt aus Gleichung (3.5.10) für $dI_D/dU_D = 0$, der Kanal ist danach abgeschnürt (pinch-off) für

$$U_D = U_G - U_T \tag{3.5.12}$$

Für größeres U_D folgt der Abschnürbereich, und (3.5.12) eingesetzt in (3.5.10) ergibt die Kennlinie im Abschnürbereich. Der Strom bleibt auch bei erhöhter Spannung U_D nahezu konstant

$$I_{Dsat} = \frac{\kappa}{2} \cdot (U_G - U_T)^2 \tag{3.5.13}$$

Die Übertragungssteilheit (Transconductance) ist definiert durch:

$$g_{fs} = \frac{\Delta I_D}{\Delta U_G} \Big|_{U_D = const} \tag{3.5.14}$$

durch Differenzieren von (3.5.13) ergibt sich

$$g_{fs} = \kappa \cdot (U_G - U_T) \qquad (3.5.15)$$

Der Strom ist nach (3.5.15) unabhängig von U_D. Allerdings dringt bei starker Erhöhung von U_D das elektrische Feld auch in die p-Zone ein (siehe Abb. 3.5.8c) und es verkürzt sich der Kanal. Diese Kanallängen-Verkürzung hat einen schwachen Anstieg des Stroms bei höheren Spannungen zur Folge.

Die Kennliniengleichung (3.5.10) findet sich in dieser Form in vielen Lehrbüchern. Allerdings ist sie, vergleicht man die Ergebnisse mit praktisch realisierten Bauelementen, sehr unbefriedigend. So wurde in der Herleitung nicht berücksichtigt, dass sich unter dem Kanal eine Verarmungszone bzw. Raumladungszone ausbildet. Diese weitet sich mit Verengung des Kanals aus, wie das auch in Abb. 3.5.8b angedeutet ist. Eine Herleitung der Kennliniengleichung unter Berücksichtigung der Raumladung findet sich in [Gra89], dies führt auf

$$I_D = \kappa \cdot \left((U_G - U_T) \cdot U_D - \frac{1}{2}\left(1 + \frac{C_D}{C_{ox}}\right) U_D{}^2 \right) \qquad (3.5.16)$$

mit der flächenspezifischen Kapazität der Raumladungszone

$$C_D = \sqrt{\frac{\varepsilon_0 \cdot \varepsilon_r \cdot q \cdot N_D}{2 \cdot \Delta U_T}} \qquad (3.5.17)$$

wie das bereits bei der Behandlung des pn-Übergangs mit Gleichung (2.2.19) hergeleitet wurde. Die hier eingehende Spannung ΔU_T entspricht der Spannung, die notwendig ist, eine Raumladungszone in der p-dotierten Wanne der Dotierung N_A auszubilden:

$$\Delta U_T = 2 \cdot \frac{k \cdot T}{q} \cdot \ln\left(\frac{N_A}{n_i}\right) \qquad (3.5.18)$$

Bei einer Dotierung der p-Wanne von $1 \cdot 10^{17}\text{cm}^{-3}$ folgt ein ΔU_T von ca. 0,81V. Bei Berücksichtigung der Raumladung ändert sich bei sehr kleinen Spannungen U_D wenig, die Näherung für den Ohm'schen Bereich in Gleichung (3.5.11) bleibt unverändert. Es ändert sich aber I_{Dsat} und g_{fs}. Gleichung (3.5.16) gilt, solange der Spannungsabfall über dem Kanal kleiner ΔU_T ist, d.h. $U_D < \Delta U_T$.

Darüber hinaus ist auch die reduzierte Beweglichkeit im Kanal zu berücksichtigen. Auch ohne das ein laterales elektrisches Feld aufgebaut wird, ist die Beweglichkeit bereits gegenüber den in Abschnitt 2.1 Abb. 2.1.8 angegebenen Werten reduziert, was auf den Einfluss der Halbleiter-

Oberfläche zurückgeht. Baut sich nun eine Spannung U(y) über dem Kanal auf, so entsteht ein signifikantes elektrisches Feld in lateraler Richtung. Für die Geschwindigkeit der Elektronen ist nun Gleichung (2.1.22) heranzuziehen. Für die Elektronenbeweglichkeit folgt dann

$$\mu_e = \frac{\mu_{e0}}{1 + \theta \cdot (U_G - U_T)} \tag{3.6.19}$$

wobei in [Gra89] eine brauchbare Übereinstimmung mit der Praxis erreicht wird, wenn für μ_{e0} und θ die Werte 600cm²/Vs und $0{,}02V^{-1}$ verwendet werden.

Der Ohm´sche Bereich

Beim Ohm´schen Anteil ist nicht nur der Kanalwiderstand zu beachten. Schon ab einer Spannung von 50V dominiert der Widerstand der niedrig dotieren Mittelzone. Da diese Schicht beim vertikalen MOSFET mit Epitaxie hergestellt wird, ist die Bezeichnung R_{epi} gebräuchlich. Abb. 3.5.9 zeigt die Struktur des MOSFET mit eingezeichnetem Pfad der Ladungsträger (Elektronen) und mit den verschiedenen Anteilen des Widerstands.

$$R_{DS(on)} = R_{S*} + R_{n+} + R_{ch} + R_a + R_{epi} + R_s \tag{3.5.20}$$

Bei MOSFETs für Sperrspannungen < 50V muss man vor allem den Kanalwiderstand klein machen und die oberflächennahen Anteile reduzieren, wie das mit erhöhter Zelldichte (größeres W, siehe Gleichung (3.5.1)), am besten jedoch mit der Trench-Zelle (Abb. 3.5.5) erreicht wird.

In der folgenden Tabelle sind die Anteile der jeweiligen Komponenten des Widerstands für einen 30V vertikalen MOSFET mit planaren Zellen und entsprechenden 600V MOSFET aufgeführt:

Tabelle 6. Zusammensetzung des Widerstands $R_{DS(on)}$ bei MOSFETs verschiedener Sperrspannung. Werte aus [Lor99]

		U_{DS} = 30V	U_{DS} = 600V
R_S*	package	7%	0,5%
R_{n^+}	source layer	6%	0,5%
R_{CH}	channel	28%	1,5%
R_a	accumulation layer	23%	0,5%
R_{epi}	n^--layer	29%	96,5%
R_{Sub}	substrate	7%	0,5%

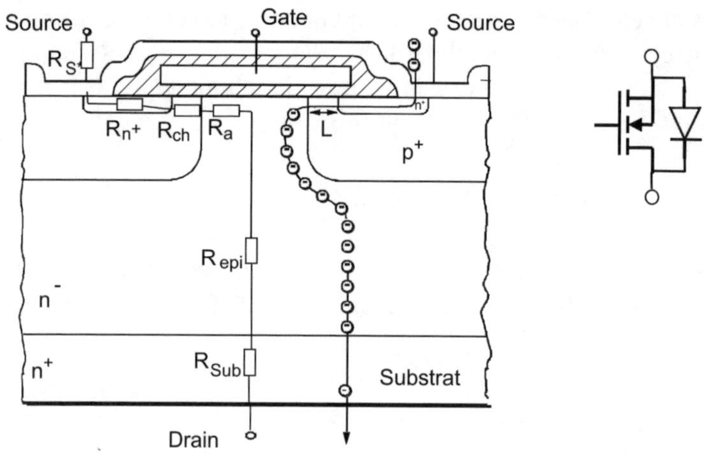

Abb. 3.5.9 Strompfad und Komponenten des Widerstands in einem MOSFET

Der Widerstand der niedrig dotierten Zone R_{epi} ist identisch dem Spannungsabfall über dem niedrig dotierten Mittelgebiet eines unipolaren Bauelements, der bereits im Kapitel Schottky-Dioden mit Gleichung (3.2.9) angebeben wurde:

$$R_{epi} = \frac{w_B}{q \cdot \mu_n \cdot N_D \cdot A} \tag{3.5.21}$$

Wird das Bauelement auf höhere Spannung ausgelegt, muss nun sowohl w_B größer als auch N_D kleiner gewählt werden. Bei einem konventionellen MOSFET lässt sich dieser Widerstand in Abhängigkeit von der Spannung, für die das Bauelement ausgelegt ist, nach dem dort gezeigten Vorgehen berechnen. Der niedrigste Widerstand ergibt sich für eine schwache PT-Dimensionierung, wie in Gleichungen (3.2.10) bis (3.2.15) gezeigt wurde:

$$R_{epi,\min} = 0{,}9 \cdot \frac{2 \cdot C^{\frac{1}{2}} \cdot U_{BD}^{\frac{5}{2}}}{\mu_n \cdot \varepsilon \cdot A} \tag{3.5.22}$$

Der Widerstand wächst also mehr als mit dem Quadrat der Sperrspannung, nämlich mit $U_{BD}^{2,5}$, an. Dieses mit (3.5.22) angegebene „unipolar limit“ kann aber durch das Prinzip des Superjunctions umgangen werden.

Superjunction-MOSFETs

Ein großer Fortschritt ist hier die Einführung des Superjunction-Prinzips, das als erstes von Infineon 1999 unter der Bezeichnung „COOL MOS" erfolgte und inzwischen auch von anderen Herstellern verfolgt wird. Abb. 3.5.10 zeigt das Bild eines Superjunction-MOSFET in Gegenüberstellung zu einem konventionellen MOSFET.

In die Mittelzone sind p-dotierte Säulen eingebracht. Die Dotierung der p-Säulen ist genau so bemessen, dass sie die n-Dotierung kompensieren. Daraus resultiert eine sehr niedrige effektive Dotierung.

Man erhält damit einen nahezu rechteckförmigen Feldverlauf, wie in Abb. 3.5.10 unten gezeichnet. Damit kann bei vorgegebener Dicke die höchste Spannung aufgenommen werden. Die Dotierung der n-Schicht lässt sich jetzt so weit anheben, wie es technologisch gelingt, sie durch gleich große p-Dotierung zu kompensieren. Dabei ist zu beachten, dass die Fläche der n-Zone verringert wird.

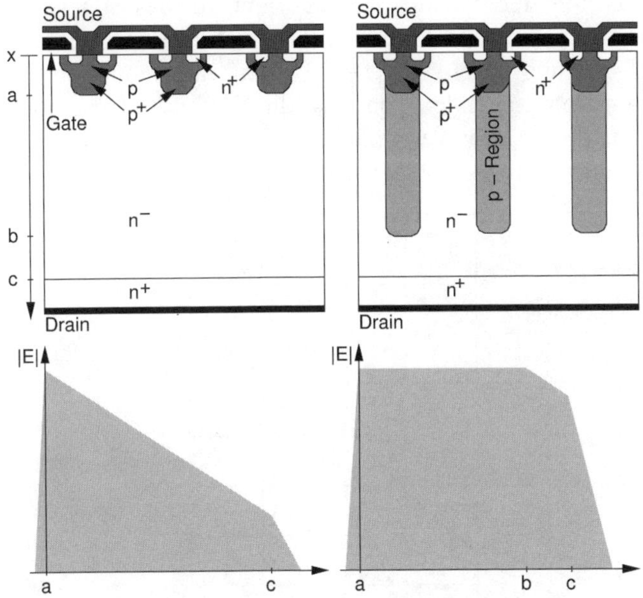

Abb. 3.5.10 Standard-MOSFET und Superjunction MOSFET

Durch dieses Kompensationsprinzip wird die Kopplung der Sperrspannung an die Dotierung durchbrochen und Freiheit bei der Einstellung der n-Dotierung gewonnen. Da nach (3.5.21) beim unipolaren Bauelement die n-Dotierung den Widerstand bestimmt, kann der Widerstand drastisch gesenkt werden.

Für den Fall des rechteckförmigen Feldverlaufs lässt sich aus dem Ionisationsintegral mit dem Potenzansatz von Shields und Fulop berechnen (siehe die Abschnitte zur PT-Diode, Gleichung 3.1.12), dass für den Lawinendurchbruch gilt

$$w_B = C^{\frac{1}{6}} \cdot U_{BD}^{\frac{7}{6}} \quad mit \;\; C = 1{,}8 \cdot 10^{-35}\, cm^6 V^{-} \tag{3.5.23}$$

und eingesetzt in (3.5.21) ergibt sich

$$R_{epi} = \frac{2 \cdot C^{\frac{1}{6}} \cdot U_{BD}^{\frac{7}{6}}}{q \cdot \mu_n \cdot N_D \cdot A} \tag{3.5.24}$$

Der Faktor 2 im Zähler von (3.5.24) kommt durch die vereinfachende Annahme, dass die Breite der p-Säulen gleich der Breite der n-Zonen sei. Nur die n-Gebiete leiten; damit steht nur die halbe Fläche zur Verfügung.

Abbildung 3.5.11 stellt jetzt den Zusammenhang von R_{epi} zur Sperrspannung nach konventioneller Bauweise (3.5.22) und für das Superjunction-Bauelement (3.5.24) gegenüber. Für das Superjunction-Bauelement ist in Abb. 3.5.11 die Dotierung zu $N_A = N_D = 2 \cdot 10^{15} cm^{-3}$ angenommen und für die den Elektronenstrom tragenden Zonen ist die Hälfte der Gesamtfläche angenommen. Für diesen sehr vereinfachten Fall lassen sich die folgenden Konsequenzen ableiten.

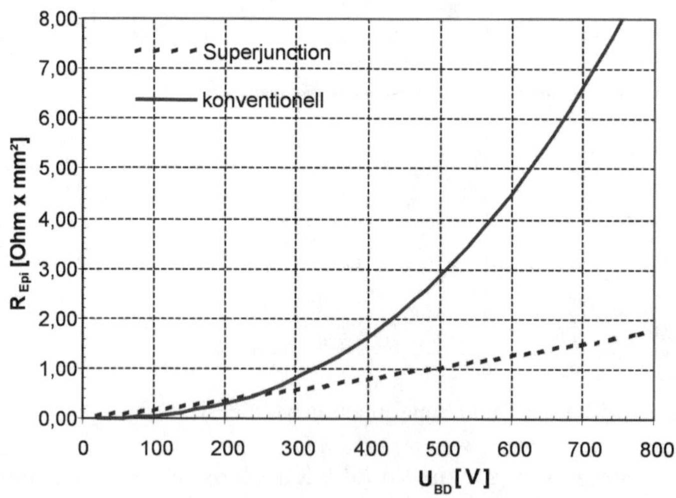

Abb. 3.5.11 Widerstand R_{epi} in Abhängigkeit von der Sperrspannung für den konventionellen MOSFET und für ein Superjunction Bauelement

Bei Ausbildung einer Spannung in Sperrrichtung dringt die Raumladungszone zunächst lateral in das n- und das p-Gebiet ein. Dies ist in Abb. 3.5.12 gezeichnet. In Abb. 3.5.12 ist wieder angenommen, dass p- und n-Gebiet gleich dotieret sind, das p-Gebiet mit der Dotierung N_A, die n-Säule mit der Dotierung N_D, und es sei $N_A = N_D$. Ferner sollen sie gleiche Breite aufweisen, die in Abb. 3.5.12 jeweils $2 \cdot x_L$ beträgt. Legt man eine Spannung in Sperrrichtung an, so dringt die Raumladungszone zunächst nur lateral in die Säulen ein. An einem Schnitt in lateraler Richtung im Bereich der Säulen ist in Abb. 3.5.12b mit der gestrichelten Linie der Verlauf des Betrags der Feldstärke für kleine Spannung gezeichnet. Erhöht man die Spannung, so werden schließlich die vom Feld ausgeräumten Zonen in der Mitte der jeweiligen Säulen zusammentreffen, wie mit der durchgezogenen Linie in Abb. 3.5.12b gezeigt. Nun sind alle Akzeptoren und Donatoren vollständig ionisiert.

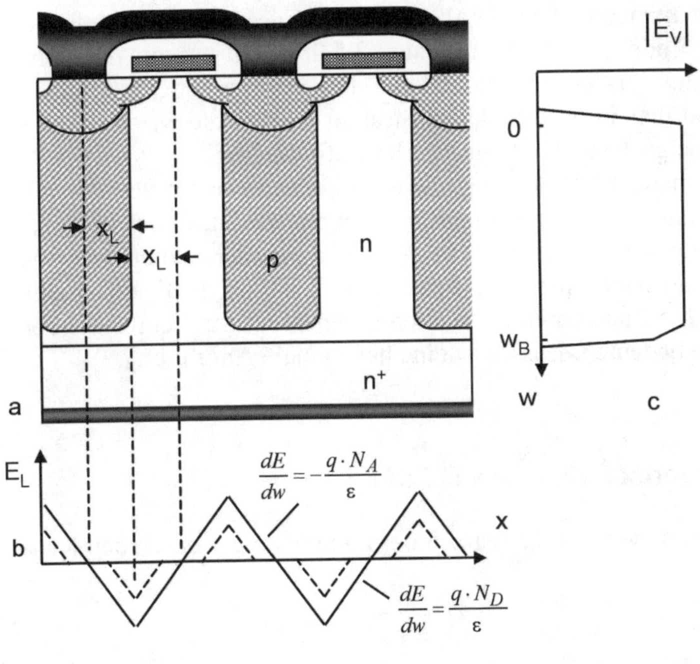

Abb. 3.5.12 Superjunction-MOSFET. a) vereinfachte Struktur b) Feldverlauf in lateraler Richtung im Bereich der Säulen c) Feldverlauf in vertikaler Richtung

Bei weiterer Erhöhung der Spannung wird die gesamte zickzackförmige Linie in Abb. 3.5.12b nach oben angehoben, es ergibt sich eine Struktur ähnlich eines Wellblechdaches. In vertikaler Richtung erhält man den Verlauf nach Abb. 3.5.12c.

Die jeweiligen p- und n-Zonen müssen vollständig in lateraler Richtung vom Feld erfüllt sein. Die Ausdehnung des elektrischen Felds beim Lawinendurchbruch in eine n-Zone der Dotierung N_D wurde in Gleichung (2.2.40) gegeben. Die dort angegebene Weite w_{RLZ} sei eine die halbe Breite einer n-Zone x_L. Es ergibt sich für eine Dotierung von $N_D = 2 \cdot 10^{15} cm^{-3}$ ein x_L von 11µm. Die Breite der p- sowie der n-Gebiete muss kleiner $2 \cdot x_L$ sein, sonst erfolgt der Durchbruch in lateraler Richtung. Damit ist nun die Dotierung in Gleichung (3.5.24) mit der Breite der Säulen verbunden, eine höhere Dotierung N_D fordert kleineres x_L. Gleichung (2.2.40) umgestellt nach N_D und eingesetzt in Gleichung (3.5.24) ergibt

$$R_{epi} = \frac{2 \cdot 2^{-\frac{3}{7}} C^{\frac{13}{42}} \cdot x_L^{\frac{8}{7}} \cdot U_{BD}^{\frac{7}{6}}}{\varepsilon \cdot \mu_n \cdot A} \tag{3.5.25}$$

Analoge Überlegungen führen in [Zin01] zu einem ähnlichen Ergebnis. Damit ist man mit dem in Abb. 3.5.11 dargestellten Verlauf noch lange nicht am Ende des Möglichen, aus (3.5.25) geht hervor, dass der Widerstand weiter verkleinert werden kann. Das erfordert aber ein immer kleineres x_L, und dies in der vertikalen Struktur einer Tiefe $w_B >> x_L$ zu realisieren ist eine große technologische Herausforderung.

Eine genauere Betrachtung, die auch Feldspitzen am Source- und Drainseitigen Rand der Raumladungszone mit einbezieht, findet sich in [Che01]. Dort werden auch verschiedene Anordnungen der Säulen untersucht. Die Betrachtung nach Abb. 3.5.10 und 3.5.12 würde, realisiert einem dreidimensionalen Bauelement, von oben gesehen ein Streifenmuster der p- und n-Gebiete bedeuten. Besser ist eine hexagonale Anordnung.

Schalteigenschaften des MOSFET

Geht man aus von der Transitzeit der Ladungsträger durch den Kanal:

$$\tau_t = \frac{L}{v_d} \tag{3.5.26}$$

wird daraus mit $v_d = \mu_n \cdot E$ und $E = U / L$

$$\tau_t = \frac{L^2}{\mu_n \cdot U_{CH}} \tag{3.5.27}$$

Für beispielsweise d = 2µm erhält man mit μ_n = 500cm²/Vs bei U_{CH} von beispielsweise 1V die Transitzeit τ_t ≈80ps, das entspricht einer Transitfrequenz

$$f_t \approx 12{,}5\text{GHz}$$

Dies ist praktisch für einen Leistungs-MOSFET nicht erreichbar, denn es bestehen parasitäre Kapazitäten, deren Zeitkonstanten die Grenzfrequenz bestimmen:

$$f_{co} = \frac{1}{2\pi \cdot C_{iss} \cdot R_G} \tag{3.5.28}$$

mit $C_{iss} = C_{GS} + C_{GD}$ und $R_G = R_{G\text{int}} + R_{Gext}$

C_{iss} sowie der empfohlene Gatewiderstand R_{ext} ist in den Datenblättern zu finden, der interne Gatewiderstand muss beim Hersteller erfragt werden.

Beispiel: IXYS XFH 67 N10
C_{iss} = 4500pF
$R_{ext} = 2\Omega$, $R_{int} \approx 1\ \Omega$ (angeommen)
⇒ f_{co} = 12MHz

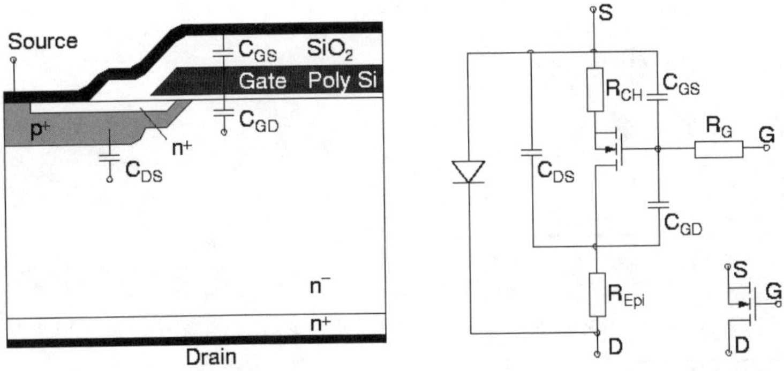

Abb. 3.5.13 MOSFET mit parasitären Kapazitäten, Struktur und Ersatzschaltbild. Nach [Mic03]

Abbildung 3.5.13 zeigt nochmals den Aufbau des MOSFET, wobei die parasitären Kapazitäten eingezeichnet sind. Auf der rechten Seite ist das Ersatzschaltbild des MOSFET mit den parasitären Kapazitäten gezeigt, ebenfalls dargestellt sind die inverse Diode sowie einige der Widerstände, wobei hier nur R_{CH} und R_{epi} eingezeichnet sind.

Der Ein- und Ausschaltvorgang soll nun unter der Bedingung induktiver Last behandelt werden, da in der Praxis in den allermeisten Fällen eine induktive Last vorliegt. Der Schaltkreis entspricht dem in Abb. 3.1.18 anhand der Dioden behandelten Schaltkreis. Den Einschaltvorgang mit induktiver Last zeigt Abb. 3.5.14. Als Kenngrößen des Einschaltens sind gegeben:

t_d: *Turn-on delay-time (Einschaltverzögerungszeit)*
Zeit bis U_{GS} die Threshold-Spannung $U_{GS(th)}$ erreicht

$$t_d \sim R_G \cdot (C_{GS} + C_{GD})$$

t_{ri}: *Rise-time (Stromanstiegszeit)*
Während dieser Zeit steigt der Strom an.

$$t_{ri} \sim R_G \cdot (C_{GS} + C_{GD})$$

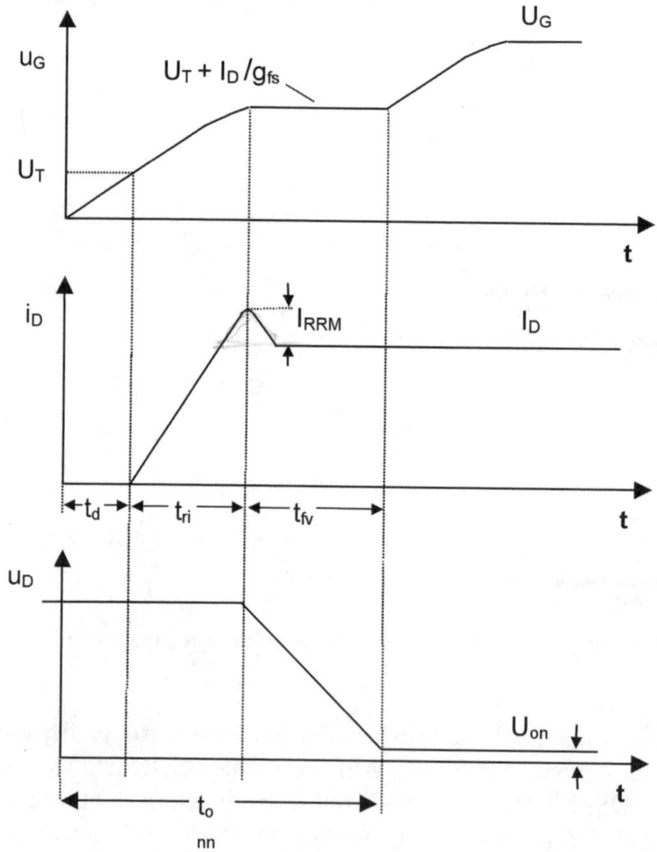

Abb. 3.5.14 Einschalten des MOSFET bei induktiver Last

Aufgrund der Freilaufdiode über der induktiven Last tritt zusätzlich die Rückstromspitze I_{RRM} der Freilaufdiode auf, siehe dazu auch Abb. 3.1.19. Während dieser Zeit ist die Spannung noch nahezu unverändert hoch.

t_{fv}: *Voltage fall time (Spannungs-Fallzeit)*

Jetzt übernimmt die Freilaufdiode Spannung und die Spannung am MOSFET fällt. Die Kapazität C_{GD} (Miller-Kapazität) wird geladen.

$$t_{fv} \sim R_G \cdot C_{GD}$$

In dieser Phase bleibt die Gate-Spannung auf dem Wert

$$U_G = U_T + I_D/g_{fs}$$

Die Spannung U_D sinkt ab auf den Wert der Durchlass-Spannung

$$U_{on} = R_{on} \cdot I_D$$

Die gesamte Einschaltzeit t_{on} beträgt

$$t_{on} = t_d + t_{ri} + t_{fv}$$

Den *Abschaltvorgang* unter der Bedingung induktiver Last zeigt Abb. 3.5.15. Kenngrößen des Abschaltvorgangs sind:

t_s *(Speicherzeit)*

Im Treiber wird das Spannungssignal auf 0, bzw. auf einen negativen Wert zurückgestellt. Aber das Gate muss erst entladen werden bis auf den Wert, an dem die Gate-Spannung dem Wert entspricht, an dem der Durchlassstrom I_D gleich dem Sättigungsstrom ist, d. h. dass gilt

$$U_G = U_T + I_D/g_{fs}$$

Zu entladen sind die Kapazitäten C_{GS} und C_{GD}, die parallel zum Kanal liegen (siehe Abb. 3.5.12), und für die Speicherzeit folgt:

$$t_s \sim R_G \cdot (C_{GS} + C_{GD})$$

t_{rv} *(Spannungs-Anstiegszeit)*

Die Spannung steigt an auf den vom Schaltkreis vorgegebenen Wert. Der Strom bleibt konstant auf dem Ausgangswert. Die Spannung am Gate bleibt auf dem Miller-Plateau. Es ist die Miller-Kapazität C_{GD} zu entladen, und dafür ist

$$t_{rv} \sim R_G \cdot C_{GD}$$

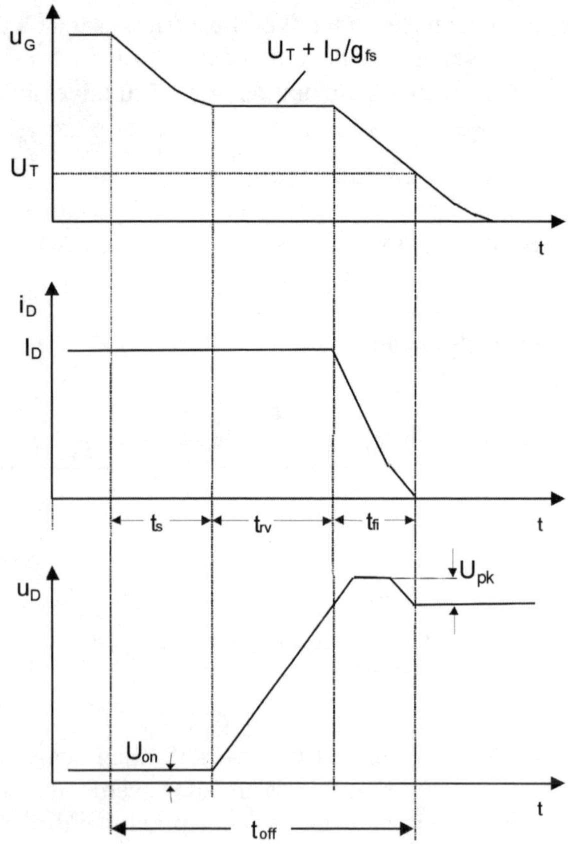

Abb. 3.5.15 Abschalten des MOSFET bei induktiver Last

t_{fi} *(Strom-Fallzeit)*

Die Gate-Kapazität $C_{GS} + C_{GD}$ wird entladen und der Strom fällt. Der Strom wird 0 (bzw. er erreicht den Wert des Sperrstroms), wenn U_{GS} auf U_T gefallen ist.

$$t_{fi} \sim R_G \cdot (C_{GS} + C_{GD})$$

Zur angelegten Spannung addiert sich in dieser Phase eine Spannungsspitze U_{pk}, die sich zusammensetzt aus

- der durch die Stromflanke di/dt an der parasitären Induktivität L_{par} erzeugten induktive Spannung
- der Einschalt-Spannungsspitze U_{FRM} der Diode

Es gilt $U_{pk} = \left| L_{par} \cdot \frac{di}{dt} \right| + U_{FRM}$, L_{par} ist in Abb. 3.1.17 angegeben.

Die gesamte Ausschaltzeit ist

$$t_{off} = t_s + t_{rv} + t_{fi}$$

Die Schaltflanken des Ein- und Ausschaltens lassen sich unter den beschriebenen Bedingungen über den Gate-Widerstand steuern. Mit kleinerem R_G lassen sich die Schaltzeiten verkürzen und damit auch die Schaltverluste senken, siehe unten.

Aus den Schaltzeiten lässt sich eine Grenzfrequenz angeben

$$f_{\max} = \frac{1}{\left(t_{on} + t_{off}\right)} \tag{3.5.29}$$

Nimmt man für den oben schon genannten MOSFET IXYS IXFH 67 N10 die Datenblattwerte und addiert alle Schaltzeiten, erhält man typ. 220ns ... 340ns, was einer Frequenz von 3 bis 4MHz entspricht, also deutlich ist niedriger als f_{co}. Aber das Beispiel hinkt, denn die Schaltzeiten sind in den Datenblättern zumeist für eine Ohm'sche Last angegeben, was in der Praxis kaum vorkommt.

Schaltverluste des MOSFET

Tatsächlich ist die Frequenzbelastbarkeit eines Leistungs-MOSFET gegeben durch die Schaltverluste. Die Verlustarbeit pro Puls berechnen sich wie bei anderen Bauelementen aus dem Integral des Produkts von u(t) · i(t) beim Ein- und Ausschalten. Beim Einschaltvorgang gilt

$$W_{on} = \int_{t_{on}} u(t) \cdot i(t) dt \tag{3.5.30}$$

In der Praxis bestimmt man die Verlustarbeit pro Puls aus dem Oszillogramm, moderne Oszilloskope können das Produkt aus dem Strom- und Spannungsverlauf bilden und über die vorgegebene Zeit integrieren. Ein Beispiel anhand eines IGBT ist in 3.1.20 gegeben. Zur Abschätzung kann Abb. 3.5.14 benutzt werden, aus der hervorgeht

$$W_{on} = \frac{1}{2} \cdot U_D \cdot \left(I_D + I_{RRM}\right) \cdot t_{ri} + \frac{1}{2} \cdot U_D \left(I_D + \frac{1}{2} I_{RRM}\right) \cdot t_{fv} \tag{3.5.31}$$

wobei angenommen wurde, dass die durch die Diode verursachte Rückstromspitze I_{RRM} etwa in der Zeit t_{fv} abklingt.

Beim Abschalten gilt

$$W_{off} = \int_{t_{off}} u(t) \cdot i(t)dt \tag{3.5.32}$$

was nach Abb. 3.5.15 ebenfalls abgeschätzt werden kann mit

$$W_{off} = \frac{1}{2} \cdot U_D \cdot I_D \cdot t_{ri} + \frac{1}{2} \cdot \left(U_D + U_{pk}\right) \cdot I_D \cdot t_{fv} \tag{3.5.33}$$

Die gesamten Schaltverluste sind dann bestimmt nach

$$P_{on} + P_{off} = f \cdot \left(W_{on} + W_{off}\right) \tag{3.5.34}$$

Zu den Schaltverlusten kommen noch die Verluste in der Leitphase und in der Sperrphase. Beim Leistungs-MOSFET ist die Höhe des Sperrstroms im µA-Bereich, so dass die Sperrverluste vernachlässigt werden können, nicht jedoch die Leitverluste. Es sei der duty-cycle d der Anteil pro Periode, in der der MOSFET eingeschaltet ist. Dann wird

$$P_{Leit} = d \cdot U_{on} \cdot I_D = d \cdot R_{on} \cdot I_D^{\,2} \tag{3.5.35}$$

Für die Gesamtverluste gilt dann

$$P_V = P_{Leit} + P_{on} + P_{off} = d \cdot R_{on} \cdot I_D^{\,2} + f \cdot \left(W_{on} + W_{off}\right) \tag{3.5.36}$$

Diese Verluste müssen über das Gehäuse abgeführt werden. Welcher maximale Verlust zulässig ist, ergibt sich aus den Kühlbedingungen, dem zulässigen Temperaturhub und dem Wärmewiderstand. Näheres dazu in Kap. 4 (Aufbau- und Verbindungstechnik).

Für den bisher als Beispiel behandelten MOSFET IXYS IXFH 67 N10 lässt sich aus dem Datenblatt abschätzen, dass ein Betrieb bis zu ca. 300kHz Schaltfrequenz möglich ist. Der MOSFET ist als unipolares Bauelement der schnellste zur Verfügung stehende Schalter.

Welche Schaltfrequenz möglich ist, ergibt sich neben den thermischen Parametern auch wesentlich aus den anderen Komponenten in der Schaltung. Der gesamte Schaltkreis ist entsprechend zu optimieren. Aus (3.5.26) und (3.5.28) geht hervor, dass die Schaltverluste von den Schaltzeiten abhängen, und durch Reduzierung der Schaltzeiten durch kleinere Gate-Widerstände R_G können die Schaltverluste reduziert werden. Andererseits ist man begrenzt in der Wahl der Steilheiten

- durch Motorwicklungen etc., die man nicht mit zu hohem du/dt belasten darf
- oft noch stärker durch Freilaufdioden, die in induktiven Schaltkreisen notwendig sind. Ungeeignete Freilaufdioden führen bei erhöhtem

di/dt zu snappigem Schaltverhalten, Spannungsspitzen und Oszillationen.

Sicherer Arbeitsbereich des MOSFET

Die Struktur des MOSFET enthält zwischen Source und Drain einen parasitären bipolaren npn-Transistor, der parallel zum MOS-Kanal liegt. Dies ist in Abb. 3.5.16 dargestellt. Dieser parasitäre npn-Transistor würde eine Reihe von Problemen erzeugen:

- die Sperrspannung würde bei einem Transistor mit offener Basis herabgesetzt
- bei Anlegen einer Spannung mit hohem du/dt könnte durch das Aufladen der Sperrschicht des Basis-Kollektor-Übergangs ein Verschiebungsstrom erzeugt werden, der den Transistor aufsteuert
- schließlich ist der sicher Arbeitsbereich eines Transistors durch den 2. Durchbruch begrenzt.

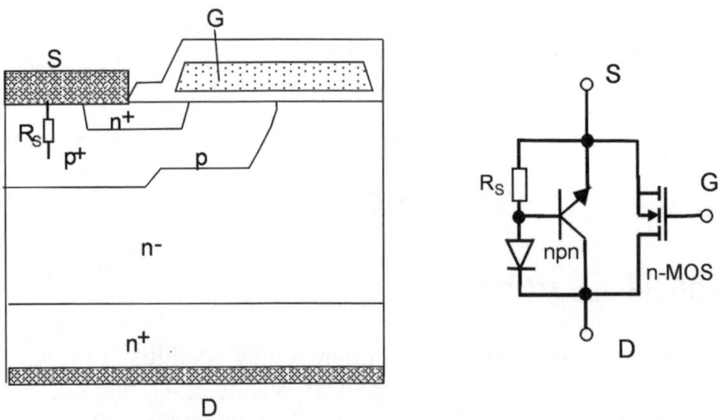

Abb. 3.5.16 MOSFET mit Ersatzschaltbild, das den parasitären npn-Transistor und die parasitäre Diode enthält

Daher muss der Basis-Emitter-Übergang des npn-Transistors durch einen niederohmigen Widerstand R_S kurzgeschlossen werden. Dieser Widerstand wird möglichst klein gewählt, indem die Dotierung in diesem Bereich durch eine zusätzliche p^+-Ionenimplantation angehoben wird (p^+-Dotierung) und indem auch die Länge des n^+-Source-Gebiets so kurz gewählt wird, wie es die Photolithographie zulässt.

Bei heutigen MOSFETS wird damit der parasitäre Transistor wirksam außer Betrieb gesetzt. Damit wird erreicht, dass der sicher Arbeitsbereich (Safe Operating Area) nicht durch den zweiten Durchbruch begrenzt wird. Die Safe Operating Area eines heutigen MOSFET ist rechteckig, wie in Abb. 3.5.17 gezeigt. Sie ist nur durch die Sperrspannung und die auftretenden Verluste begrenzt. Die Kurven in Abb. 3.5.18 sind begrenzt durch die maximal mögliche Verlustleistung, bei der die Sperrschichttemperatur unterhalb von 150°C bleibt.

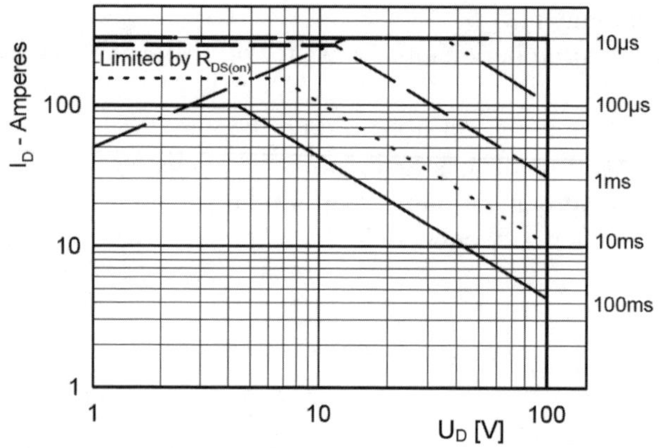

Abb. 3.5.17 Sicherer Arbeitsbereich (SOA) eines MOSFET. Beispiel IXYS IXFH 67 N10

Die inverse Diode des MOSFET

Durch die Kontaktierung der p-Wanne mit der Source-Metallisierung entsteht im MOSFET eine pin-Diodenstruktur aus p-Wanne, n^--Gebiet und n^+-Substrat, wie in Abb. 3.5.16 gezeigt. Für den Einsatz in einer Brückenschaltung ist damit eine Freilaufdiode intrinsisch vorhanden. Die Kennlinie dieser Diode findet sich im Kennlinienfeld des MOSFET in Abb. 3.5.7. Durch Öffnen des Kanals kann man auch bei kleinen Strömen die Durchlass-Spannung der Diode reduzieren, da nun der Kanal parallel liegt. Allerdings ist diese Diode in ihren Abschalteigenschaften ungeeignet.

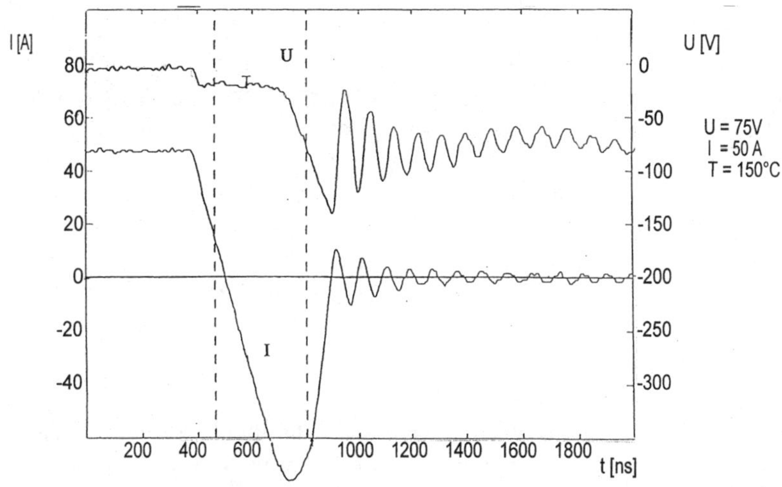

Abb. 3.5.19 Schaltverhalten der inversen Diode eines 200V MOSFETs mit hochfrequenten LC-Schwingungen

Zunächst führt die bei MOSFETs angewandte Fertigungstechnologie zu hoher Trägerlebensdauer und damit zu hoher Speicherladung und hoher Rückstromspitze der Diode. Eine Einstellung der Trägerlebensdauer muss als zusätzlicher Schritt erfolgen. Der Einbau von Rekombinationszentren in der n^--Zone beeinträchtigt die Eigenschaften des MOSFET in erster Näherung nicht, denn der MOSFET ist ein unipolares Bauelement. Es kann im leitenden Zustand des MOSFET keine Rekombination stattfinden, der Widerstand R_{on} sollte unbeeinträchtigt bleiben. Allerdings sind sekundäre Effekte zu beachten, denn zur Verkürzung der Trägerlebensdauer eingebrachte Zentren können gleichzeitig auf die Dotierung zurückwirken.

So scheidet die Verwendung von Gold aus, denn Gold wird durch den akzeptorischen Charakter die Grunddotierung kompensieren und den Widerstand R_{on} anheben. Bei Verwendung von Platin und bei Elektronenbestrahlung tritt dieser Effekt nicht auf. Bei Elektronenbestrahlung muss wiederum beachtet werden, dass diese auch auf die Ladungen im Gate-Oxyd wirkt. Elektronenbestrahlung senkt die Threshold-Spannung U_T. Durch geeignete Ausheilverfahren kann diese teilweise wiederhergestellt werden.

MOSFETs mit Platin-Diffusion oder mit Elektronenbestrahlung zur Verringerung der Speicherladung der inversen Diode sind auf dem Markt, teilweise unter der Bezeichnung „FREDFET“ (Fast Recovery Diode Field Effect Transistor). Die Speicherladung der inversen Diode ist hier reduziert, das Reverse-Recovery-Verhalten ist etwas verbessert, so dass diese

Dioden in niederinduktiv aufgebauten Schaltkreisen verwendet werden können.

Vor allem aber ist das Reverse-Recovery-Verhalten problematisch. Zwar ist die Fläche der p-Zone deutlich kleiner als die Kathodenzone – eine Maßnahme, wie sie auch bei der MPS-Diode angewandt wird um ein Soft-Recovery-Verhalten zu erreichen. Aber wesentliche Anforderungen an den MOSFET widersprechen dem, was zum Erreichen eines Soft-Recovery-Abschaltverhaltens notwendig ist:

- um R_{on} niedrig zu halten, ist die Basis des MOSFET so dünn wie möglich auszulegen.
- um einen wirksamen Kurzschluss R_S zu erhalten, wird die p^+-Dotierung möglichst hoch gewählt.

Diese beiden Maßnahmen wirken sich dahingehend aus, dass das Schaltverhalten snappig wird. Es ist nur begrenzt möglich, sowohl den MOSFET, als auch die Diode zu optimieren.

Vielfach sind die inversen Dioden unbrauchbar. Sie werden auch als parasitäre Dioden bezeichnet. Sie können durch Einfügung einer Schottky-Diode in Reihe zum MOSFET und entgegen der Polung der inversen Diode außer Kraft gesetzt werden und eine optimierte Soft-Recovery-Diode kann parallel geschaltet werden. Durch die Schleusenspannung eines zusätzlichen Übergangs entstehen aber wiederum zusätzliche Verluste.

Ausblick

Der MOSFET ist ein unipolares Bauelement. In Durchlassrichtung tritt keine Schleusenspannung auf, und der MOSFET bietet weitere Vorteile: Er ist einfach und leistungsarm anzusteuern. Die Schaltflanken sind über Gate-Widerstände steuerbar. Beim Abschalten besteht kein Tailstrom, der MOSFET weist geringe Schaltverluste auf und hohe Schaltfrequenzen sind möglich. Dazu ist er kurzschlussfest und verfügt über einen rechteckigen sicheren Arbeitsbereich.

Man wird in der Anwendung daher immer, wo es möglich ist, einen MOSFET einsetzen. MOSFETs lassen sich unproblematisch parallel schalten. Auch die Reihenschaltung ist möglich. Selbst Anwendungen mit höchsten Leistungen (50kV, einige kA), bei denen es auf die guten Schalteigenschaften ankommt und die Kosten keine Rolle spielen, wurden mit Parallel- und Reihenschaltung von MOSFETs realisiert.

Was dem MOSFET als Nachteil bleibt, ist die inverse Diode mit unzureichenden Eigenschaften.

Bei Auslegung auf höhere Sperrspannung nimmt der Widerstand R_{on} sehr stark zu. Einen sehr wichtigen Fortschritt stellt aber die Einführung des Superjunction-Prinzips dar, das diese Gesetzmäßigkeit umgeht. Superjunction-MOSFETS sind heute für 600V und 800V erhältlich, auch 1000V Bauelemente sind prinzipiell möglich. Aber der technologische Aufwand wird immer höher. Daher werden die Anwendungen bei höheren Spannungen heute von bipolaren Bauelementen dominiert.

Es ist zu erwarten, dass Superjunction-Bauelemente im Bereich 600V noch niedrigeren Widerstand R_{on} erreichen werden.

Im Bereich niedriger Spannungen (<100V) bewirkt die Trench-Technologie eine Reduzierung des Widerstands R_{on}. Mit weiterem Fortschritt in der Mikroelektronik werden immer feinere Strukturen und damit eine immer höhere Zelldichte möglich, was die Verluste im eingeschalteten Zustand weiter reduziert. Gleichzeitig werden Maßnahmen zur Reduzierung der Kapazitäten ergriffen, wodurch die Schaltverluste verringert werden.

Feldgesteuerte Bauelemente aus SiC stehen heute als Junction-Field-Effekt-Transistoren (JFET) zur Verfügung. Sie erreichen aufgrund der möglichen sehr dünnen Driftzone und der realisierbaren höheren Dotierung der Basis einen sehr viel niedrigeren Widerstand R_{epi}, siehe dazu Abbildung 3.2.9. JFETs aus SiC wurden bereits bis zu Spannungen von 1400V auf den Markt gebracht. Allerdings hat der JFET den Nachteil, dass er im Zustand ohne angelegte Gatespannung leitend ist, und ein „normally on" Bauelement ist für viele Anwendungen unerwünscht. An MOSFETs auf der Basis von SiC wird in der Forschung intensiv gearbeitet. Diese würden bis hin zu Spannungen von 3kV und darüber den idealen Schalter für sehr viele Anwendungen der Leistungselektronik darstellen.

3.6 IGBTs

Funktionsweise

Der Insulated Gate Bipolar Transistor (IGBT) wurde im Dezember 1979 von Frank Wheatley und Dr. Hans Becke in den USA erfunden. Spätestens Ende der 80er Jahre waren die Bauelemente so weit ausgereift, dass sie sich auf breiter Front durchzusetzen und durch ihre überlegenen Eigenschaften den bipolaren Transistor ablösten.

In der einer stark vereinfachten Betrachtung kann man sich den IGBT als einen MOSFET vorstellen, bei dem die n^+-Zone auf der Drain-Seite durch eine p-Zone ersetzt wurde. Abb. 3.6.1 zeigt den Aufbau des IGBT.

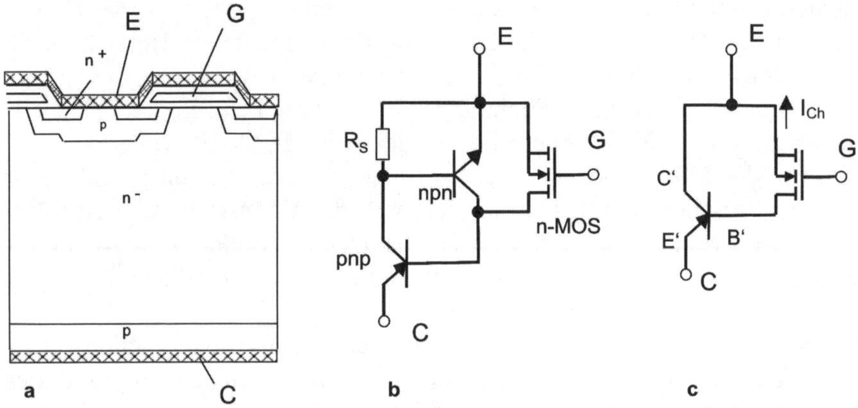

Abb. 3.6.1 IGBT a) vereinfachter Aufbau b) Ersatzschaltbild mit parasitärem npn-Transistor und Widerstand R_S c) vereinfachtes Ersatzschaltbild

Liegt am IGBT eine positive Spannung vom Kollektor C zum Emitter E an, so ist das Bauelement im Sperrzustand. Wird nun eine Spannung U_G größer als die Threshold-Spannung U_T am Gate angelegt, entsteht ein n-Kanal; die Elektronen fließen zum Kollektor. Am kollektorseitigen pn-Übergang entsteht eine Spannung in Flussrichtung und es erfolgt eine Injektion von Löchern aus der p-Kollektorzone in die niedrig dotierte Mittelzone. Die erhöhte Ladungsträgerdichte setzt den Widerstand der Mittelzone herab; ihre Leitfähigkeit wird moduliert. Der IGBT wurde daher anfänglich auch als COMFET (Conductivity Modulated FET) bezeichnet, auch die Bezeichnung IGT (Insulated Gate Transistor) wurde verwendet. Wie beim MOSFET geschieht das Ein- und Ausschalten des IGBT durch Erzeugung bzw. Entfernung eines n-Kanals durch Anlegen einer Gatespannung. Für die Schwellspannung und den Kanalwiderstand gilt die in Kap. 3.5 ausgeführte Betrachtung.

Abbildung 3.6.1b zeigt das Ersatzschaltbild der 4-Schicht-Struktur. Man erkennt mit pnp- und npn-Teiltransistor eine parasitäre Thyristorstruktur. Durch den Widerstand R_S wird der Emitter des npn-Teilstransistors mit seiner Basis kurzgeschlossen. Damit wird der Stromverstärkungsfaktor im npn-Teiltransistor sehr klein. Bei zu großem Strom jedoch kann der npn-Transistor aufgesteuert werden und über die Wechselwirkung der pn-

Übergänge kann wie in Kapitel 3.4 beschrieben der parasitäre Thyristor in den durchgeschalteten Zustands gelangen. Dieser Effekt wird Einrasten (latch-up) genannt: Das Bauelement kann jetzt nicht mehr über das MOS-Gate kontrolliert werden. Einrasten (Latchen) des parasitären Thyristors ist ein zerstörender Vorgang.

Für hinreichend kleines R_S kann der npn-Teiltransistor vernachlässigt werden und man erhält das vereinfachte Ersatzschaltbild nach 3.6.1c, welches das wichtigste Ersatzschaltbild zum Verständnis des IGBT darstellt. Für den pnp-Teiltransistor sind dessen Anschlüsse mit C', E' und B' bezeichnet. Der Kollektor C des IGBT ist der Emitter E' des pnp-Transistors, physikalisch handelt es sich um einen Emitter.

Durch eine Gatespannung U_G größer als die Threshold-Spannung wird der Kanal erzeugt und im Basisanschluss des pnp-Teiltransistors fließt der Kanalstrom I_{Ch}. Für den Strom $I_{C'}$ bei C' gilt dann

$$I_{C'} = \beta_{pnp} \cdot I_{CH}$$

bzw. mit der im Abschnitt zu Transistoren besprochenen Beziehung $\beta = \frac{\alpha}{1-\alpha}$

$$I_{C'} = \frac{\alpha_{pnp}}{1-\alpha_{pnp}} \cdot I_{CH} \tag{3.6.1}$$

Für den Kollektorstrom des IGBT gilt

$$I_C = I_{C'} + I_{CH} = \frac{\alpha_{pnp}}{1-\alpha_{pnp}} \cdot I_{CH} + I_{CH} = \frac{1}{1-\alpha_{pnp}} \cdot I_{CH} \tag{3.6.2}$$

Der Kollektorstrom des IGBT ist damit immer größer als der Kanalstrom. Auch der Sättigungsstrom I_{Csat} ist größer als beim MOSFET. Mit dem beim MOSFET in Gleichung 3.5.4 definierten Parameter der Leitfähigkeit des Kanals κ ergibt sich für den IGBT

$$I_{Csat} = \frac{1}{1-\alpha_{pnp}} \frac{\kappa}{2} \cdot (U_G - U_T)^2 \tag{3.6.3}$$

Allerdings muss, um das Einrasten des parasitären Thyristors auf einen sehr hohen Stromwert zu verschieben, auch α_{pnp} klein gemacht werden, wozu im Design des IGBT verschiedene Maßnahmen angewandt werden, auf die im folgenden noch eingegangen wird.

Die Kennlinie des IGBT

Das Kennlinienfeld eines IGBT in Vorwärtsrichtung zeigt Abb. 3.6.2. Die Kennlinie gleicht der Kennlinie eines MOSFET. Für eine Gatespannung U_G oberhalb der Threshold-Spannung U_T wird der Kanal geöffnet. Vom MOSFET unterscheidet sich die IGBT-Kennlinie durch die Schleusenspannung des zusätzlichen pn-Übergangs. Als Leistungsbauelement wird der IGBT, wie schon der MOSFET und der bipolare Transistor, im voll durchgesteuerten Bereich betrieben, der Arbeitspunkt liegt auf dem Kennlinienast für $U_G = 15V$. Auf diesem Kennlinienast wird im Betrieb bei gegebenem Strom I_C der dabei entstehende Spannungsabfall U_C abgelesen.

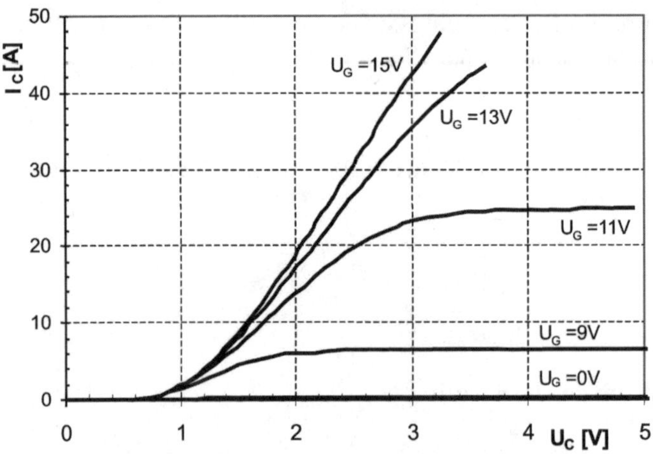

Abb. 3.6.2 Kennlinie eines 20A-600V-IGBT

Abbildung 3.6.3 vergleicht die Kennlinie eines IGBT für $U_G = 15V$ mit der eines Bipolartransistors, ebenfalls bei voller Durchsteuerung. Beide Bauelemente sind auf 600V ausgelegt und haben vergleichbare Fläche. Man erkennt beim IGBT die Schleusenspannung des rückwärtigen pn-Übergangs. Bei niedrigen Stromdichten hat der bipolare Transistor die geringere Durchlass-Spannung, denn bei ihm tritt nur eine vernachlässigbare Schleusenspannung auf. Allerdings wird bei höheren Stromdichten – ab 14A – der Spannungsabfall des IGBT sehr viel niedriger als beim Bipolartransistor. Der gezeigte IGBT ist auf den Nennstrom von 20A ausgelegt, was mit dem verwendeten bipolaren Transistor auch bei großem Basisstrom nicht erreicht wird.

Ein Vergleich von Leistungsschaltern höherer Sperrspannungsklasse würde noch drastischer ausfallen.

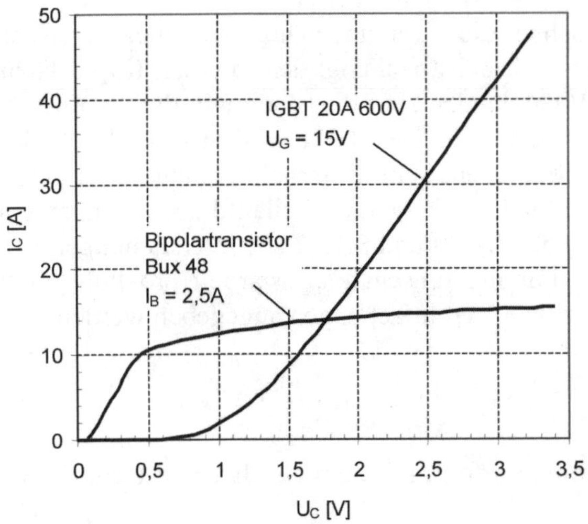

Abb. 3.6.3 Durchlasskennlinie eines IGBT im Vergleich zum Bipolartransistor

Insbesondere lässt sich der IGBT auch auf höhere Spannungen auslegen, er ist nicht wie der MOSFET durch physikalische Mechanismen eingeschränkt. Darauf wird im Folgenden noch genauer eingegangen. Inzwischen wurden IGBTs bis 8kV hergestellt, kommerziell verfügbar (Stand 2005) sind IGBTs bis 6.5kV.

Das Schaltverhalten des IGBT

Die Bestimmung des Schaltverhaltens des IGBT erfolgt mit induktiver Last in einer Schaltung nach Abb. 3.6.4. Die Zeitkonstante der Last $\tau = L/R$ ist so hoch gewählt, dass Verläufe von Spannung und Strom vor dem Schaltvorgang als konstant angenommen werden können.

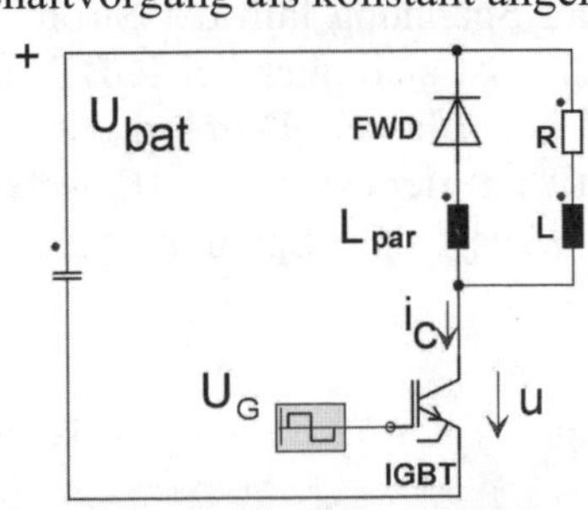

Abb. 3.6.4 Schaltung zur Bestimmung des Schaltverhaltens eines IGBT

Der Einschaltvorgang eines feldgesteuerten Bauelements wurde bereits beim MOSFET besprochen, die Zusammenhänge zwischen der Anstiegszeit des Stroms, der Fallzeit der Spannung, den internen Kapazitäten und den gewählten Gate-Widerständen sind dieselben wie die im Zusammenhang mit Abb. 3.5.15 diskutierten. Der IGBT wird in fast allen Fällen mit einer pin-Freilaufdiode betrieben; beim Einschaltvorgang hat er zusätzlich Rückstromspitze und Speicherladung der Freilaufdiode zu übernehmen. Die Vorgänge sind in Abb. 3.1.20 und 3.1.22 sowie Gleichungen (3.1.81) bis (3.1.83) behandelt. Für die Einschaltverlustarbeit pro Puls im IGBT kann unter denselben starken Vereinfachungen angegeben werden

$$W_{on} = \frac{1}{2} \cdot U_{bat} \cdot \left(I_C + I_{RRM}\right) \cdot t_{ri} + \frac{1}{2} \cdot U_{bat} \left(I_C + \frac{1}{2} I_{RRM}\right) \cdot t_{fv} \tag{3.6.4}$$

Eine genauere Bestimmung erfolgt mit dem Oszilloskop, siehe Gleichung (3.5.30).

Beim Abschalten des IGBT wird die positive Gate-Spannung auf Null oder einen negativen Wert gesetzt, es treten zunächst ähnliche Vorgänge auf wie beim MOSFET im Zusammenhang mit Abb. 3.5.16 beschrieben auf. Es gelten dieselben Zusammenhänge zwischen der Anstiegszeit der Spannung, den internen Kapazitäten und den gewählten Gate-Widerständen. Die Gate-Kapazität wird entladen und der Kanalstrom wird damit unterbrochen. Beim Einsatz in einem Kreis mit induktiver Last fließt der Strom im IGBT noch unverändert weiter, bis die Spannung am IGBT den Wert der äußeren Spannungsquelle U_{bat} übersteigt. Während der Spannungsanstiegszeit bis zum Abfall des Stroms ist daher der Löcherstrom in der p-Basis gleich dem Gesamtstrom, d.h. gegenüber dem stationären Fall um I_{CH} erhöht. Die Gefahr des Einrastens (latch-up) des IGBT ist daher während des Abschaltens am größten. Die Bedingung des Nicht-Einrastens bestimmt den maximal abschaltbaren Strom und die Kurzschlussfestigkeit.

Der erhöhte Löcherstrom führt zum Ausräumen der Ladungsträger aus der n-Basis und damit zum Aufbau der Raumladungszone und zum Aufnehmen der Spannung. Nach Aufnahme der Spannung fällt der Strom ab. Die Steilheit des abfallenden Stroms di_c/dt lässt sich aber bei IGBTs nur noch begrenzt durch den Gate-Widerstand beeinflussen. Durch di_c/dt wird eine induktive Spannungsspitze erzeugt, zu der sich die Einschalt-Spannungsspitze U_{FRM} der Freilaufdiode addiert. Die Spannungsüberhöhung beträgt

$$\Delta U = L_{par} \cdot \frac{di_c}{dt} + U_{FRM} \tag{3.6.5}$$

Bei Verwendung von Bauelementen im Spannungsbereich > 1700V kann der Anteil von U_{FRM} beträchtlich sein.

Im wesentlichen Unterschied zum MOSFET und zum Bipolartransistor weist der IGBT beim Abschalten einen Schweifstrom (Tailstrom) auf. Eine Messung des Abschaltens des IGBT unter Einbeziehung des Tailstroms ist in Abb. 3.6.5 dargestellt.

Der Strom fällt zunächst auf den Wert I_{Tail}, um dann langsam während der Zeit t_{tail} abzuklingen. Die Bestimmung des Endes des Tailstroms ist messtechnisch schwierig, da er sehr langsam ausklingt. Die Länge des Tailstroms wird durch Rekombination der Ladungsträger bestimmt. Bei hohen Trägerlebensdauern im NPT-IGBT kann t_{tail} einige µs betragen, während t_{rv} im Bereich einiger 100ns und t_{fi} im Bereich von 100ns liegt.

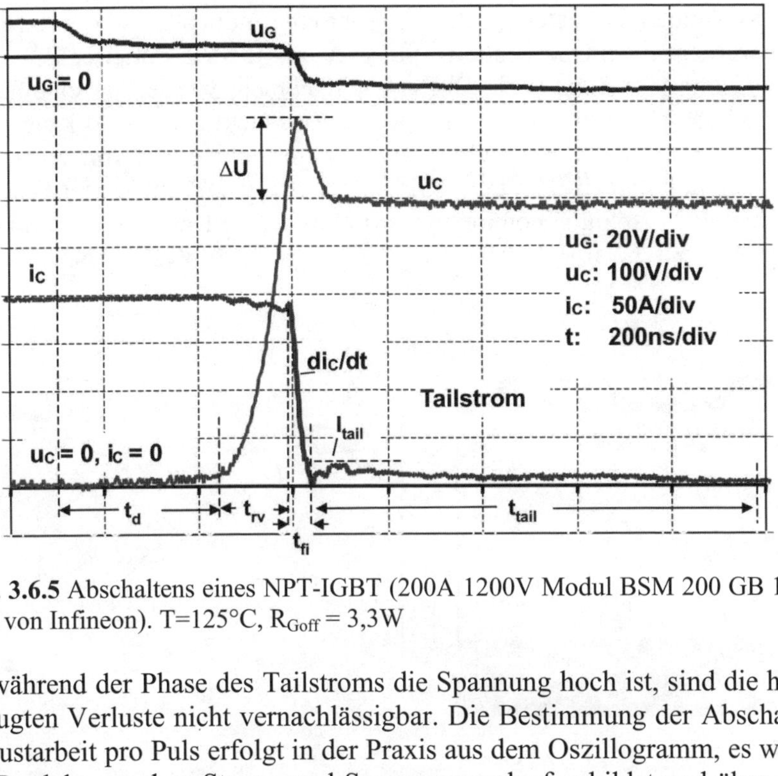

Abb. 3.6.5 Abschaltens eines NPT-IGBT (200A 1200V Modul BSM 200 GB 120 DN2 von Infineon). T=125°C, R_{Goff} = 3,3W

Da während der Phase des Tailstroms die Spannung hoch ist, sind die hier erzeugten Verluste nicht vernachlässigbar. Die Bestimmung der Abschalt-Verlustarbeit pro Puls erfolgt in der Praxis aus dem Oszillogramm, es wird das Produkt aus dem Strom- und Spannungsverlauf gebildet und über die vorgegebene Zeit integriert. Eine vereinfachte Abschätzung kann gegeben werden mit

$$W_{off} = \frac{1}{2} \cdot U_{bat} \cdot I_D \cdot t_{rv} + \frac{1}{2} \cdot (U_{bat} + \Delta U) \cdot I_D \cdot t_{fi} + \frac{1}{2} I_{tail} \cdot U_{bat} \cdot t_{tail} \qquad (3.6.6)$$

In der üblichen Anwendung von IGBTs in Brückenschaltungen wird meistens mithilfe einer negativen Gatespannung ausgeschaltet. Während der Sperrphase wird am IGBT eine Spannung von –15V, teilweise auch eine kleinere negative Spannung von –8V angelegt. An der vereinfachten Darstellung in Abb. 3.6.5 ändert sich, außer dem Verlauf der Gatespannung, die auf den negativen Endwert abklingt, wenig.

Die Grundtypen PT-IGBT und NPT-IGBT

Bei den ersten IGBT-Strukturen wurde das n^+-Substrat des MOSFETs durch ein p^+-Substrat ersetzt. Diese Strukturen waren gegen das Einrasten des parasitären Thyristors (Latch-up) sehr empfindlich. Das konnte verbessert werden, indem zwischen p^+-Substrat und niedrig dotierter Zone eine höher dotierte n-Zone – ein Buffer – eingebracht wurde, der eine ausreichend hohe Dotierung aufweist [Nak85]. Das elektrische Feld kann in die n-Zone eindringen, es liegt ein trapezförmiger Feldverlauf vor, woraus die Bezeichnung Punch Through IGBT bzw. *PT-IGBT* entstand (diese Bezeichnung ist streng genommen nicht richtig, siehe Kap. 3.1). Die Struktur ist in Abb. 3.6.6 dargestellt

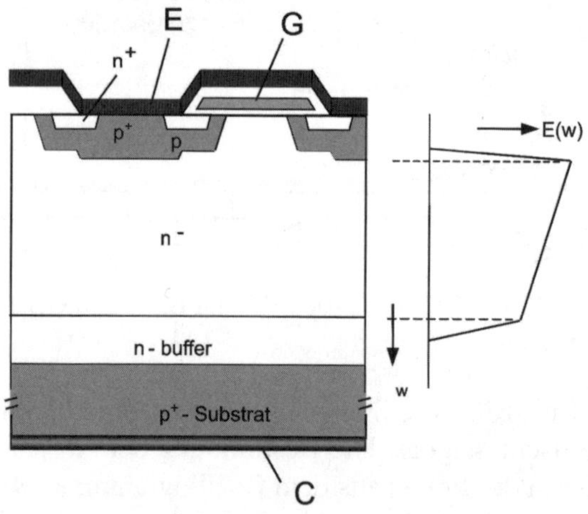

Abb. 3.6.6 PT-IGBT, Struktur und Feldverlauf

Wie eingangs ausgeführt, muss α_{pnp} herabgesetzt werden. Darauf hat die Anhebung der Dotierung des Buffers einen Einfluss. Beim Abschnitt zum bipolaren Transistor wurde bereits α zusammengesetzt aus

$$\alpha = \gamma \cdot \alpha_T \tag{3.6.7}$$

Für die Abschätzung des Emitterwirkungsgrads γ kann Gleichung (3.3.23) herangezogen werden, für den Fall des p-Emitters kann sie dargestellt werden als [Mil89]

$$\gamma = \frac{1}{1 + \frac{\mu_n}{\mu_p} \cdot \frac{N_{buf}}{N_{sub}} \cdot \frac{L_p}{L_n}} \tag{3.6.8}$$

Da L_p, die Diffusionslänge der Löcher im Buffer, und L_n, die Diffusionslänge der Elektronen im Substrat von vergleichbarer Größenordnung sind und μ_n/μ_p etwa drei beträgt, ist es schwierig, den Nenner in Gleichung (3.3.8) deutlich größer als eins zu machen, wenn nicht die Dotierung des Buffers N_{buf} fast die Größenordnung der Dotierung des p^+-Substrats Substrats N_{sub} erreicht. Daher erfolgt beim PT-IGBT die Einstellung von α_{pnp} vor allem vermittels des Transportfaktors α_T, in den nach Gleichung (3.3.29) die Weite der n^--Zone sowie die Diffusionslänge L_p in der n^--Zone eingehen

$$\alpha_T = 1 - \frac{w_B^{\ 2}}{2 \cdot L_p^{\ 2}} \tag{3.6.9}$$

und L_p wurde bereits in Gleichung (2.2.24) gegeben

$$L_p = \sqrt{D_p \cdot \tau_p} \tag{3.6.10}$$

Durch eine niedrige Trägerlebensdauer wird L_p, damit α_T und schließlich α_{pnp} herabgesetzt. Dazu werden die in Abschnitt 2.3 beschriebenen Technologien der Erzeugung von Rekombinationszentren eingesetzt. Je nach Hersteller oder Bauelementgeneration werden Platin-Diffusion, Elektronenbestrahlung, Bestrahlung mit Protonen bzw. He^{++}-Ionen oder eine Kombination zweier dieser Verfahren eingesetzt. Die Bauelemente weisen damit niedrige Schaltverluste auf.

Die Herstellung des Basismaterials für PT-IGBTs erfolgt mittels Epitaxie: Auf einem p^+-Substrat werden n-Buffer und n^--Zone abgeschieden. Diese Technologie ist im Spannungsbereich bis 600V gut beherrschbar, sie wird bei 1200V aber aufgrund der dicken Epitaxieschicht bereits aufwendig. Die PT-IGBTs dominierten lange Zeit in Anwendungen bis 600V Sperrspannung.

Als alternatives Konzept wurde der so genannte *NPT-IGBT* (Non Punch Through IGBT) eingeführt. Er geht auf eine Idee von Jenö Tihanyi zurück

[Tih88] und wurde zuerst von Siemens (heute Infineon) realisiert [Mil89]. Die Struktur ist in Abb. 3.6.7 dargestellt. Die Raumladungszone ist dreiecksförmig, das Bauelement muss also bei gleicher Sperrspannung, gegeben durch die Fläche unter der Kurve E(w), wesentlich dicker ausgelegt werden. Bei den ersten Typen wurde zusätzlich zwischen dem Ende der Raumladungszone und der p-Kollektorzone eine relativ hoher Abstand gewählt: Die höhere Weite w_B der Mittelzone des pnp-Teiltransistors setzt, wie in Gleichung (3.6.9) ausgedrückt, α_T und damit α_{pnp} herab.

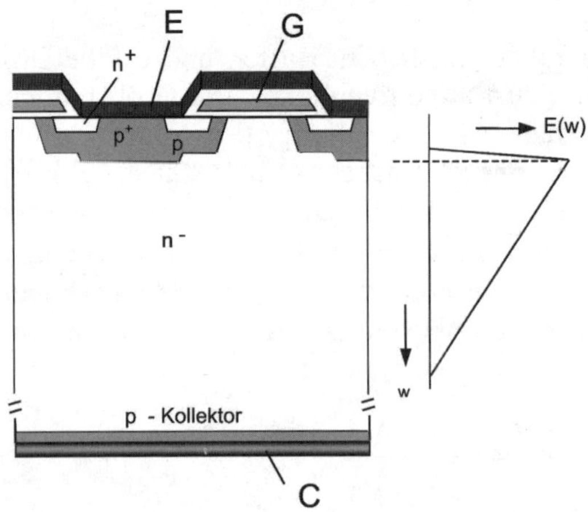

Abb. 3.6.7 NPT-IGBT. Struktur, Feldverlauf

Dazu ist die p-Kollektorzone niedrig dotiert und in ihrer Eindringtiefe sehr flach, so dass ein niedriger Emitterwirkungsgrad erreicht wird. Für den Emitterwirkungsgrad des p-Emitters wurde in Abschnitt 2.2 die Gleichung (2.2.58) abgeleitet

$$\gamma = 1 - q \cdot h_p \frac{p_L^{\ 2}}{j} \tag{3.6.11}$$

Für herabgesetztes γ muss der Emitterparameter h_p groß sein. Für den vorliegenden Fall lässt er sich mit Gleichung (2.2.54) angeben

$$h_p = \frac{D_n}{p^+ \cdot L_n} \tag{3.6.12}$$

Mit niedrigem p^+ und kleinem L_n, das im vorliegenden Fall durch die sehr flache Eindringtiefe des p-Emitters (<1 µm) gegeben ist, wird γ klein. Dies ist gleichbedeutend mit einem sehr hohen Anteil der Emitterrekombination an der Gesamtrekombination; auf Maßnahmen zur Reduzierung der Trägerlebensdauer kann verzichtet werden.

Der NPT-IGBT erweist sich als besonders robust gegen Latch-up und zeigt eine hohe Kurzschlussfestigkeit. Dazu kommt, dass bei dieser Auslegung die Temperaturabhängigkeit der Durchlass-Spannung günstig ist: Die Spannung U_C bei einem konstanten Strom I_C in der Nähe des Arbeitspunkts und bei konstantem U_G nimmt mit der Temperatur zu.

Der Spannungsabfall über dem Mittelgebiet wurde bei der pin-Diode in Gleichung (3.1.52) abgeschätzt zu

$$U_{drift} = \frac{w_B^{\ 2}}{(\mu_n + \mu_p) \cdot \tau_{eff}} \tag{3.6.13}$$

mit der effektiven Trägerlebensdauer

$$\frac{1}{\tau_{eff}} = \frac{1}{\tau_p} + \frac{h_p \cdot p_L^{\ 2}}{w_B \cdot \overline{p}} + \frac{h_n \cdot p_R^{\ 2}}{w_B \cdot \overline{p}} \tag{3.6.14}$$

wobei in Gleichung (3.6.14) die beiden letzten Terme auf der rechten Seite dem Einfluss der Emittergebiete entsprechen. Gegenüber pin-Dioden liegt bei den IGBT-Grundtypen ein anderes Profil der Ladungsträger vor, es ist in Abb. 3.6.8 dargestellt. Aber Gleichung (3.6.13) kann für eine Abschätzung benutzt werden. Beim PT-IGBT dominiert die Trägerlebensdauer τ_p die effektive Trägerlebensdauer τ_{eff}. τ_{eff} nimmt mit der Temperatur zu. In Abhängigkeit von den gewählten Rekombinationszentren steigt τ_p zwischen 25°C und 125°C um den Faktor 2 bis 4. Der Einfluss von τ_{eff} dominiert in Gleichung (3.6.13), U_{drift} und damit U_C nimmt mit steigender Temperatur ab.

Beim NPT-IGBT wird die Trägerlebensdauer τ_p im Mittelgebiet hoch gewählt und die Terme der Emitterrekombination dominieren in τ_{eff}. Mit erhöhter Temperatur steigt τ_p, aber das ist von wenig Einfluss auf τ_{eff}, denn die Emitter-Terme sind bestimmend und diese sind nur schwach temperaturabhängig. Die Spannung über dem Driftgebiet nach (3.6.13) ist dominiert von den Beweglichkeiten, die mit der Temperatur abnehmen. U_{drift} und damit U_C nimmt mit steigender Temperatur zu.

Diese Temperaturabhängigkeit im NPT-IGBT, auch als „positiver Temperaturkoeffizient von U_C" bezeichnet, führt zwar zu einer Zunahme der Durchlassverluste mit der Temperatur, aber sie ist sehr günstig, wenn einzelne Bauelemente parallel geschaltet werden: Übernimmt ein Bauelement durch eine herstellungsbedingte Streuung mehr Strom, so wird es wärmer. Da mit steigt U_c und der Strom wird im betreffenden Bauelement reduziert, was in Form einer negativen Rückkopplung das System stabilisiert.

Der NPT-IGBT ist in der Herstellung leichter beherrschbar, die Einstellung des Emitterwirkungsgrads auf der Kollektorseite war mit modernen Technologien gut beherrschbar. Der NPT-IGBT gilt als besonders robust. Diese Eigenschaft, sowie das günstige Verhalten bei der Parallelschaltung führten dazu, dass der NPT-IGBT zum dominierenden Bauelement wurde. Auch für 600V wurden NPT-IGBTs auf den Markt gebracht.

Im Schaltverhalten weist der NPT-IGBT einen langen Tailstrom auf (siehe Abb. 3.6.5), der PT-IGBT einen kürzeren, dafür aber höheren Tailstrom. Dies wird durch Betrachten der internen Ladungsträgerverteilung verständlich.

Ladungsträgerverteilung im IGBT

Anhand eines NPT-IGBTs sei die Verteilung der Ladungsträger im Durchlassfall behandelt. Abb. 3.6.8 zeigt eine Simulation dieser Ladungsträgerverteilung für einen auf 1200V ausgelegten NPT-IGBT für verschiedene Stromdichten. Die n-Basis des IGBT wird mit freien Ladungsträgern überschwemmt. Aufgrund der Neutralität gilt beim bipolaren Bauelement $n \approx p$, die Löcherverteilung in n^--Zone hat nahezu identischen Verlauf. Links in Abb. 3.6.8 befinden sich die Zellstrukturen, die vertikale Koordinate w entspricht der Darstellung in Abb. 3.6.7. Die rechts angeordnete p-Kollektorzone weist beim NPT-IGBT eine Eindringtiefe im Bereich von 1µm auf und ist in Abb. 3.6.8 nicht aufgelöst.

Gegenüber der Ladungsträgerverteilung einer Diode – Abb. 3.1.6 – ist die Ladungsträgerverteilung im konventionellen IGBT auf der Seite der Zellstrukturen stark abgesenkt. Sie entspricht der Ladungsträgerverteilung in einem pnp-Transistor, wobei der Kollektor des IGBT der Emitter des pnp-Transistors ist (siehe Abb. 3.6.1). In der Transistorstruktur liegt typisch die vom Emitter zum Kollektor fallende Verteilung der freien Ladungsträger vor, vergleiche dazu auch Abb. 3.3.6.

Für die Spannung 1200V ist das Bauelement mit einer Basisweite von 250µm sehr dick ausgelegt –nach Gleichung (3.1.1) bzw. nach Abb. 3.1.5 würde auch für einen dreiecksförmigen Feldverlauf eine Weite von etwa 110µm ausreichen. Aber die sehr weite n-Basis war für die ersten Generationen von NPT-IGBTs typisch.

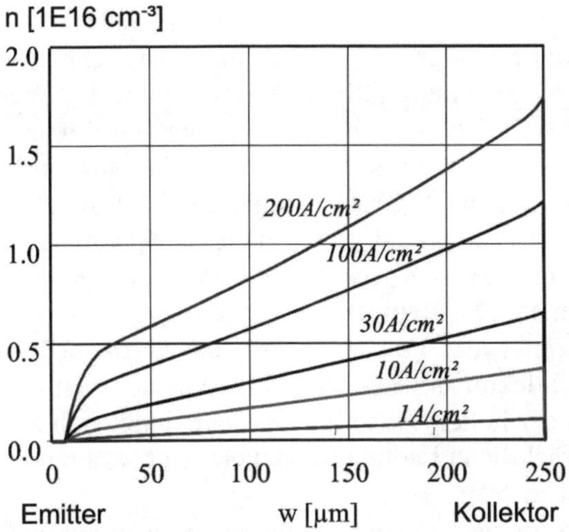

Abb. 3.6.8 Elektronenkonzentration im Durchlassfall, 1200V NPT-IGBT. Aus [Net99]

Beim Abschaltvorgang mit induktiver Last muss das Bauelement zuerst die Spannung aufnehmen, während der Strom noch unverändert fließt. Den Vorgang beim Abschalten zeigt Abb. 3.6.9.

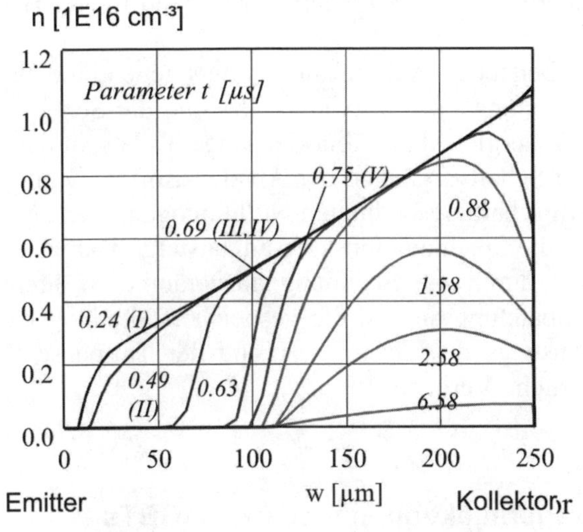

Abb. 3.6.9 Elektronenkonzentration beim Abschalten eines Stroms von 80A/cm², 1200V NPT-IGBT. Zeitpunkt (III;IV): Das Bauelement hat die Spannung übernommen, der Strom sinkt. Bild aus [Net99]

Bis zu t = 0,69μs hat das Bauelement die Spannung aufgenommen. Dabei wird durch den Aufbau der Spannung dieser Teil der Basis schnell ausgeräumt. Nach Aufnahme der Spannung fällt der Strom ab auf den Wert des Tailstroms (siehe Abb. 3.6.5). Der ausgeräumte Teil der Basis reicht etwa bis zu w = 90μm. Ab t = 0,75μs wird der verbleibende Ladungsträgerberg im hinteren Teil der Basis abgebaut. Dieser Vorgang erfolgt in Abb. 3.6.9 nicht mehr durch ein elektrisches Feld. Die angelegte Spannung beträgt 600V, die Raumladungszone hat sich jetzt bis ca. 100μm ausgedehnt und die Spannung aufgenommen. Die Raumladungszone dehnt sich im weiteren Verlauf nur wenig weiter aus. Für den Abbau der verbleibenden Ladungsträger nahe dem Kollektor ist die Rekombination der bestimmende Mechanismus. Aufgrund der hohen Trägerlebensdauer findet sich auch für t = 6,58μs noch eine beträchtliche Ladung im Bauelement, während dieser gesamten Zeit fließt der Tailstrom.

In der Zeit des Tailstroms liegt die Spannung am Bauelement auf dem Wert der Zwischenkreisspannung. Daher entsteht ein großer Teil der Schaltverluste in der Phase des Tailstroms.

Der PT-IGBT zeigt aufgrund seiner kürzeren Weite der Mittelzone einen zeitlich schneller abklingenden Tailstrom. Allerdings weisen PT-IGBTs aufgrund der durch die abgesenkte Trägerlebensdauer stärker durchhängenden Verteilung der Ladungsträger eine noch niedrigere Ladungsträgerdichte an der Emitterseite als in Abb. 3.6.8 auf, an der Kollektorseite dafür eine höhere. Als Folge ist der Tailstrom in PT-IGBTs zwar kürzer, dafür höher.

Während des bisher behandelten Abschaltvorgangs gegen eine angelegte Spannung („hard switching" wie in Abb. 3.6.5) sind die Schaltverluste im PT- und NPT-IGBT vergleichbar. Aber der lange Tailstrom des NPT-IGBT ist ungünstig bei Schaltvorgängen der Art des „soft switching", bei denen im oder nahe am schaltungsbedingten Nulldurchgang der Spannung ausgeschaltet wird und die Spannung nur langsam ansteigt. Damit wird am Anfang wenig Ladung durch die Spannung ausgeräumt. Während des Tailstroms steigt die Spannung an und die gespeicherte Ladung kann zu einem zusätzlichen Anstiegs des Stroms während der Tailphase führen. Damit entstehen zusätzliche Verluste.

Erhöhte Ladungsträgerinjektion in modernen IGBTs

Aufgrund der durch den pnp-Transistor geprägten Verteilung der internen Ladungsträger, wie sie in Abb. 3.6.8 gezeigt ist, wurde lange Zeit angenommen, dass der IGBT auf ähnliche Grenzen stoßen werde wie der Bipolartransistor: Hoher Spannungsabfall U_C im leitenden Zustand und kaum geeignet für hohe Spannungen größer 1700V.

Abbildung 3.6.9 zeigt, dass die emitterseitig im IGBT gespeicherte Ladung während der Spannungsaufnahme sehr schnell über das elektrische Feld ausgeräumt wird. Die bisher gezeigte Verteilung der freien Ladungsträger – hoch am Kollektor, niedrig am Emitter, siehe Abb. 3.6.8 – führt dazu, dass der Großteil der Ladungsträger erst in der Tailphase ausgeräumt wird. An der Emitterseite könnte die Konzentration der Ladungsträger noch deutlich angehoben werden, ohne die Abschaltverluste stark zu erhöhen. Die höhere Konzentration freier Ladungsträger hat dann eine Reduzierung der über dem Mittelgebiet abfallenden Spannung U_{drift}, und damit eine Absenkung des Spannungsabfalls U_C zur Folge. Um dies zu realisieren, wurde lange Zeit davon ausgegangen, dass man ein neues Bauelement braucht, und Forschung- und Entwicklungsarbeiten zu MOS-gesteuerten Thyristoren (MCT) und ähnlichen Bauelemente wurden aufgenommen. Allerdings stellte sich heraus, dass der IGBT auch zu dieser angestrebten internen Verteilung der Ladungsträger in der Lage ist und die neuen Bauelemente nicht notwendig sind.

Der Effekt der angehobenen Ladungsträgerdichte im IGBT wurde von Kitagawa et al. 1993 gezeigt, sie bezeichneten ein solches Bauelement als „Injection Enhanced Insulated Gate Bipolar Transistor (IEGT) [Kit93]. Kitagawa et al. entdeckten den Effekt an einem auf 4,5kV ausgelegten Trench-IGBT, der eine an der Emitterseite angehobene Ladungsträgerverteilung aufwies und einen überraschend niedrigen Durchlass-Spannungsabfall zeigte. Das Wirkprinzip kann auch bei einem planaren IGBT angewandt und erklärt werden.

Abbildung 3.6.10 zeigt einen Ausschnitt aus der IGBT-Struktur. In einer vereinfachten ersten Betrachtung kann der IGBT in zwei Regionen unterteilt werden: Einen Bereich des pnp-Bipolartransistors und eine pin-Diode.

Im *Transistorbereich* verhält sich der IGBT wie ein pnp-Transistor im aktiven Bereich. Die Kollektorseite des IGBT ist die Emitterseite des pnp-Transistors (siehe Abb. 3.6.1). Die Verteilung freier Ladungsträger ist am Übergang J_1 hoch und fällt zur Seite des Übergangs J_2 ab, am Übergang J_2 geht sie gegen Null. Siehe dazu auch Kapitel 3.3, Abb. 3.3.6 und die dazugehörige Beschreibung. Daraus folgt eine Ladungsträgerverteilung wie in Abb. 3.6.9 mit dem Übergang J_2 bei ca. 7µm – sofern die Ladungsträgerverteilung vom pnp-Transistor bestimmt ist.

Im *Diodenbereich* unter dem Gate liegen im IGBT ähnliche Bedingungen vor wie in einer pin-Diode. Die Elektronen werden durch den MOS-Kanal eingespeist. Der MOS-Kanal verhält sich als idealer Emitter, denn der Gesamtstrom an dieser Stelle ist reiner Elektronenstrom. An der Oberfläche zwischen den Zellen entsteht, erzeugt durch die positive Spannung am Gate, eine Akkumulationsschicht aus Elektronen. Löcher, die vom Übergang J_1 kommen, finden an dieser Stelle keinen Pfad. Die innere Ladungsträgerverteilung nähert sich der Verteilung der pin-Diode, wie sie in Kapitel 3.1 im Zusammenhang mit Abb. 3.1.6 behandelt wurde.

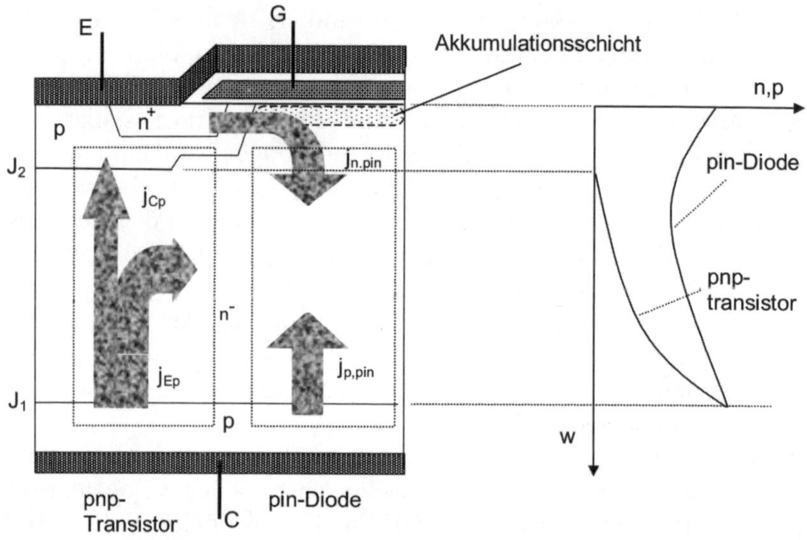

Abb. 3.6.10 Aufteilung des IGBT in einen pnp-Transistorbereich und einen pin-Diodenbereich, sowie Vorgänge in beiden Bereichen

Der Spannungsabfall im Diodenbereich, der in erster Näherung dem Spannungsabfall U_C des IGBT in Durchlassrichtung entspricht, ist nun

$$U_C = U_{Ch} + U_{drift} + U_{J1} \tag{3.6.15}$$

wobei U_{Ch} der Spannungsabfall über den Kanal, U_{drift} der Spannungsabfall über dem Mittelgebiet und U_{J1} die Diffusionsspannung am pn-Übergang J_1 ist. Um U_{drift} klein zu machen, sollte das Verhältnis von Diodenfläche zu Transistorfläche möglichst groß sein. Das kann erreicht werden, indem man die Zellen weiter auseinanderrückt, U_{drift} nimmt mit höherem Abstand zwischen den Zellen ab. Damit nimmt aber auch die Zelldichte ab, und es steigt, wie bei den Abschnitten zum MOSFET behandelt, der Spannungsabfall im Kanal U_{CH}. Für den planaren IGBT nach Abb. 3.6.11 findet sich ein Zellabstand, bei dem U_C ein Minimum aufweist.

In einer genaueren Betrachtung, wie in [Omu97] ausgeführt, wird der ganze obere Bereich der Zellstruktur als ein n-Emitter aufgefasst. Im Bereich zwischen den p-Wannen unter dem Gate-Oxyd bildet sich eine Akkumulationsschicht aus freien Elektronen, hervorgerufen durch die positive Spannung am Gate. Diese wird mit der Zellstruktur zu einem n-Emitter zusammengefasst. Es gilt, einen n-Emitter hohen Wirkungsgrades zu erzeugen.

Dazu muss dieser Emitter einen hohen Elektronenstrom injizieren. Für den n-Emitterwirkungsgrad ergibt sich analog (2.2.56)

$$\gamma = \frac{j_n}{j} \tag{3.6.16}$$

Dabei ist j_n der durch den Kanal gelieferte Elektronenstrom. Mit $j = j_n + j_p$ kann (3.6.16) auch umgestellt werden

$$\gamma = \frac{j - j_p}{j} = 1 - \frac{j_p}{j} \tag{3.6.17}$$

Um γ groß zu machen, muss man

a) die Zellen weiter auseinanderrücken. In [Omu97] wird gezeigt, dass Anteil von j_n am Gesamtstrom mit zunehmendem Zellabstand zunimmt
b) dafür sorgen, dass j_p einen möglichst kleinen Anteil an der Gesamtstromdichte j beträgt. Der Löcherstrom j_p fließt über die p-Wanne ab, siehe dazu Abb. 3.6.11. Wenn der Flächenanteil dieser p-Zonen reduziert wird, wird auch j_p reduziert. Bei der planaren Struktur in Abb. 3.6.11 erfolgt das durch Verkleinerung der p-Wannenbereiche.

Es gelingt also, durch Erschweren des Abflusses eines Stroms – des Löcherstroms j_p – die Konzentration freier Ladungsträger anzuheben und damit den Spannungsabfall U_{drift} zu senken. Bei der MOS-gesteuerten Diode war in Abb. 3.1.38 zu sehen, wie durch die Beeinflussung des Emitterwirkungsgrads der Spannungsabfall über der Driftzone gesteuert werden kann. Dort wurde der Emitterwirkungsgrad herabgesetzt, indem der Minoritätsträgerstrom aus dem Emitter erhöht wurde. Nun wird derselbe Effekt in umgekehrter Richtung benutzt. Der Minoritätsträgerstrom aus dem Emitter wird reduziert, damit erhöht sich die Überschwemmung mit freien Ladungsträgern unter dem Emitter. Als Folge stehen mehr Ladungsträger für den Stromfluss in der Mittelzone zur Verfügung und der Spannungsabfall U_C sinkt.

Diese Maßnahme kann verwirklicht werden bei der planaren Struktur und bei der Trench-Struktur, wobei die Trench-Struktur noch besondere Vorteile bietet. Ein Beispiel dafür ist der Infineon Trench-IGBT. Seine Trench-Zelle ist in Abb. 3.6.11 gezeigt. Source-Gebiete und Kanalgebiete sind jeweils nur in der Mitte der Zelle, zwischen den beiden Trench-

Gräben, angeordnet. Auf den Außenseiten der Zelle befindet sich ein Gebiet, das nicht kontaktiert ist. Man vergleiche die Trench-Zelle des IGBT mit der des MOSFET aus Abb. 3.5.5. Die Wirkung des Trenches beim IGBT und beim MOSFET ist verschieden. Beim MOSFET musste ein möglichst großer Anteil der Halbleiterfläche mit n-Kanälen versehen werden, um den Kanalwiderstand klein zu machen, denn dieser bestimmt einen Großteil des Spannungsabfalls. Beim IGBT spielt der Kanalwiderstand eine untergeordnete Rolle. Entscheidend ist es, für eine Anhebung der Ladungsträgerkonzentration im Mittelgebiet zu sorgen, denn der IGBT ist ein bipolares Bauelement. Hier wird j_p wird verringert und γ heraufgesetzt. Die Höhe der Konzentration freier Ladungsträger an der Emitterseite wird erhöht.

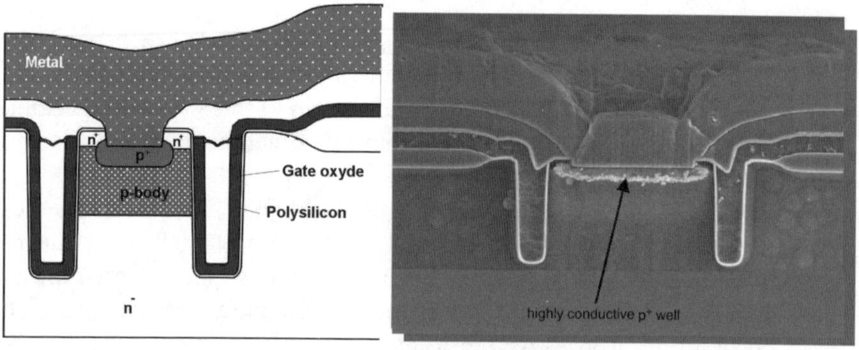

Abb. 3.6.11 IGBT Trench-Zelle. Strukturzeichnung (links), Aufnahme eines Querschnitts der Zelle am Rasterelektronenmikroskop (rechts). Bilder von T. Laska, Infineon

Der Vergleich der Ladungsträgerverteilung im Trench-IGBT mit dem konventionellen NPT-IGBT nach Abb. 3.6.8 ist in Abb. 3.6.12 wiedergegeben [Las00b]. In Abb. 3.6.12 befindet sich links die Emitterseite und rechts die Kollektorseite. Die Anhebung der Ladungsträgerkonzentration an der Emitterseite in Richtung der Verteilung einer pin-Diode ist deutlich zu sehen.

Es wurde in [Tak98] sogar gezeigt, dass der Spannungsabfall im IGBT sinkt, wenn man einzelne Zellen nicht kontaktiert. Die Ladungsträgerdichte steigt zunächst in dem Maße, wie der Anteil kontaktierter Zellen verringert wird. U_C wird reduziert, denn der Effekt der Anreicherung wirkt viel stärker als die Erhöhung des Spannungsabfalls im Kanal.

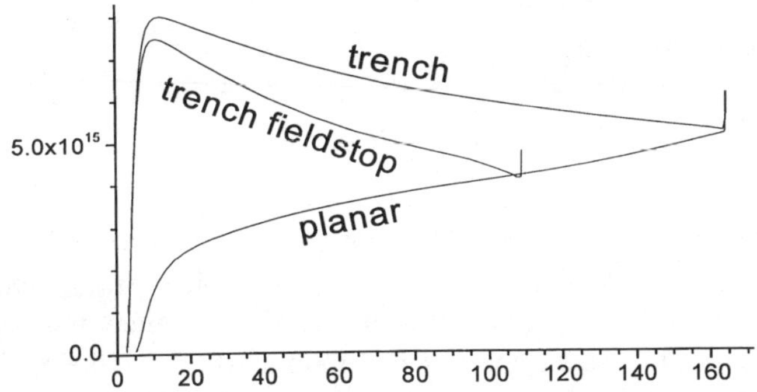

Abb. 3.6.12 Ladungsträgerverteilung im konventionellen IGBT (planar), im Trench-IGBT und im Trench-Fieldstop-IGBT. Quelle: Infineon

Wesentlich für die modernen IGBTs ist, dass die Festigkeit gegen Einrasten des parasitären Thyristors vorliegt, auch beim Abschalten gegen eine angehobene Dichte freier Ladungsträger. Dazu muss die Zelle eine geeignete Struktur aufweisen. Abb. 3.6.13 zeigt einen Ausschnitt aus einer Trench-Zelle. Der Löcherstrom fließt aufgrund der Bedingung der Neutralität zum großen Teil in der Nähe des Elektronenstroms. Damit fließt er in der Nähe des Kanals und im weiteren Verlauf zum p^+-Anschluss muss er damit unter dem n^+-Source Bereich fließen. Der n^+p-Übergang ist in Vorwärtsrichtung gepolt. Erreicht der Spannungsabfall, den der Löcherstrom unter dem n^+-Bereich der Länge L hervorruft, die Größenordnung der Diffusionsspannung dieses pn-Übergangs, so wird die n^+-Zone Elektronen injizieren. Dann wird das Bauelement einrasten, wodurch die Steuerbarkeit verloren geht, und die Zerstörung des IGBTs ist die Folge.

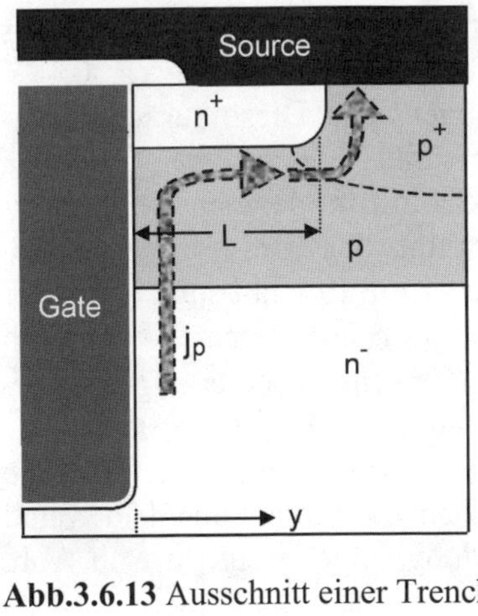

Abb.3.6.13 Ausschnitt einer Trench-Zelle

Für die vereinfachte Darstellung in Abb. 3.6.13 berechnet sich dieser Spannungsabfall U_p nach [Ogu04]

$$U_p = \int_0^L \rho \cdot j_p \cdot y \cdot dy = \frac{1}{2} \cdot \rho \cdot j_p \cdot L^2 \tag{3.6.18}$$

wobei ρ der Schichtwiderstand der p-Zone unter der n^+-Source in Ω/□ ist und L die Länge der Source-Zone. Um U_p auch bei hohen Stromdichten klein gegenüber der Diffusionsspannung von ca. 0,7V zu halten, muss vor allem L klein gemacht werden, aber auch ρ möglichst niedrig sein. Wie auch in Abb. 3.6.11 zu sehen, wird L in modernen Trench-IGBTs sehr klein gehalten, dazu wird auch das p^+-Gebiet möglichst weit unter das Source-Gebiet gezogen. So wird das zerstörende Einrasten auch bei sehr hohen Stromdichten vermieden. In Kapitel 5 wird darauf noch näher eingegangen werden . Bei Bauelementen hoher Sperrspannung tritt beim Abschalten ein Betriebszustand des dynamischen Avalanche mit lokal erhöhter Stromdichte und mit zusätzlich generiertem Löcherstrom auf, auch diese Belastung überstehen IGBTs mit geeignet ausgelegten Zellstrukturen.

Die Wirkung der „Löcherbarriere"

Die Möglichkeit, die Ladungsträgerkonzentration unter den Emitterzellen anzuheben, erreicht man auch durch die Einfügung einer zusätzlichen n-dotierten Zone. Dies wurde von [Tai96] an einem Trench IGBT vorgestellt, die Struktur wird als „Carrier Stored Trench Gate Bipolar Transistor" (CSTBT) bezeichnet. Die Wirkung wird in [Tai96] damit erklärt, dass sich am erzeugten n^-n^+-Übergang ein Diffusionspotential von ca. 0,17V bildet, das dem Abfluss von Löchern entgegensteht. Diese zusätzliche n-Zone wird als daher als Löcherbarriere bezeichnet

Diese n-dotierte Zone unter der p-Wanne wirkt in gleicher Weise in einem planaren IGBT, wie in Abb. 3.6.14 gezeigt. In einem n-dotierten Gebiet ist der Löcherstrom der Minoritätsträgerstrom. Er sinkt stark ab, bevor er in die p-Wanne eindringt. Dies reduziert j_p in Gleichung (3.6.17) und setzt damit γ des n-Emitters herauf, mit der Konsequenz einer angereicherten Ladung, wie in Abb. 3.6.14 rechts dargestellt.

Mit der Löcherbarriere wird der Abfluss von Löchern erschwert. Um die Bedingung der Neutralität einzuhalten, werden Elektronen aus dem Kanal nachgeliefert. Die Konzentration freier Ladungsträger steigt, wie in Abb. 3.6.14 rechts gezeigt.

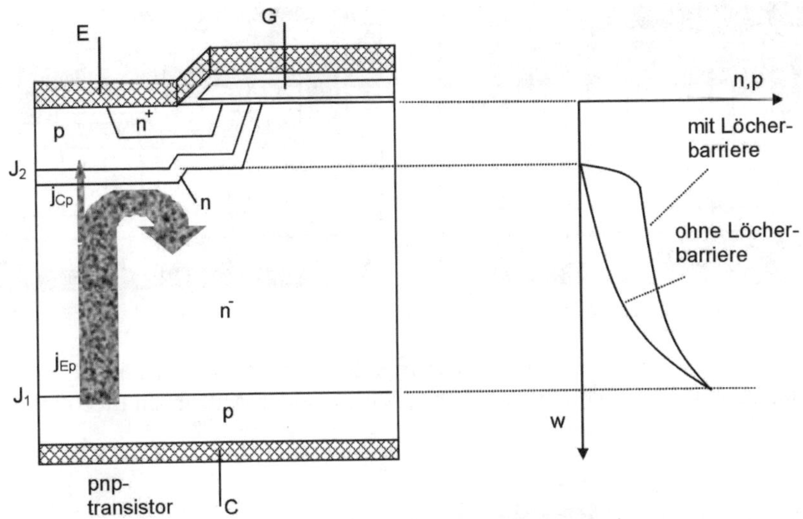

Abb. 3.6.14 Anhebung der Konzentration freier Ladungsträger durch eine Löcherbarriere

Ein Nachteil dieser Maßnahme ist, dass die Anhebung der Dotierung unter dem sperrenden Übergang J_2 die Sperrfähigkeit herabsetzt. Dies muss durch eine etwas dickere n-Basis des IGBT ausgeglichen werden, was die Durchlassspannung erhöht. Ein Teil des erreichten Vorteils geht damit wieder verloren.

Die Kombination der Löcherbarriere mit der Trench-Struktur erfolgt beim "Carrier Stored Trench Gate Bipolar Transistor" (CSTBT) von Mitsubishi, der in Abb. 3.6.15 dargestellt ist. Die n-Schicht als Löcherbarriere findet sich unter der p-Zone innerhalb der Trench-Struktur. Unterhalb der Löcherbarriere reichern sich Löcher an, die Elektronen werden sehr effektiv aus dem Kanal nachgeliefert. Die Konzentration freier Ladungsträger ist lokal erhöht.

Die Löcherbarriere lässt sich mit dem vorher beschriebenen Effekt der Erhöhung der Abstände zwischen den Zellen und der Verkleinerung der p-Bereiche kombinieren. Beim Trench-IGBT kann das auch einfach dadurch erfolgen, dass man einen Teil der Zellen nicht kontaktiert, diese werden als „plugged cells", verstöpselte Zellen bezeichnet [Yam02]. In diesen Zellen wird das Poly-Silizium, das den Gate-Bereich bildet, mit der Emitter-Metallisierung kurzgeschlossen und die Zelle damit für die Bildung eines Kanals außer Betrieb gesetzt. Diese Maßnahme hat gleichzeitig den Vorteil, dass der Kurzschluss-Sättigungsstrom reduziert wird.

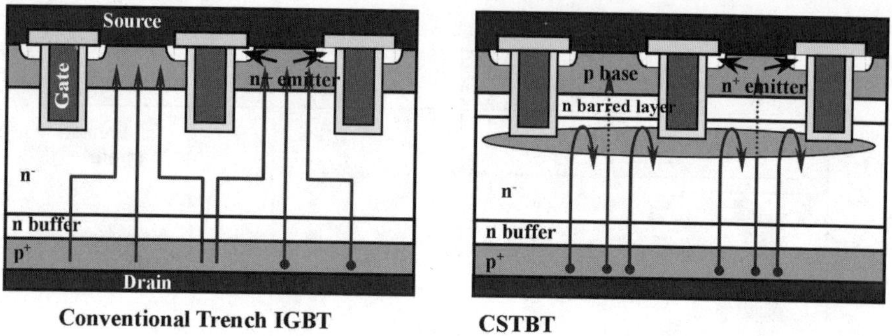

Abb. 3.6.15 Carrier Stored Trench Gate Bipolar Transistor (rechts) in Gegenüberstellung zu einem konventionellen Trench-IGBT. Bilder: Mitsubishi Electronics

Kollektorseitige Buffer-Schichten

Jeder moderne IGBT macht sich über die angehobene Ladungsträgerverteilung hinaus noch den Effekt zu nutze, die Dicke der Mittelzone zu verkürzen und von einem dreieckigen auf einen trapezförmigen Verlauf des elektrischen Felds überzugehen. Dies wird erreicht mit einer der p-Kollektorzone vorgelagerten n-Zone erhöhter Dotierung. Die Bezeichnung ist bei den einzelnen Hersteller unterschiedlich: „Fieldstop", „Soft Punch Through", „Light Punch Through", usw.

Bereits in Abb. 3.6.12 die Ladungsträgerverteilung für den „Trench Fieldstop" IGBT dargestellt. Beim Trench-Fieldstop-IGBT ist die Weite der Basis verkürzt. Abb. 3.6.16 zeigt die Struktur.

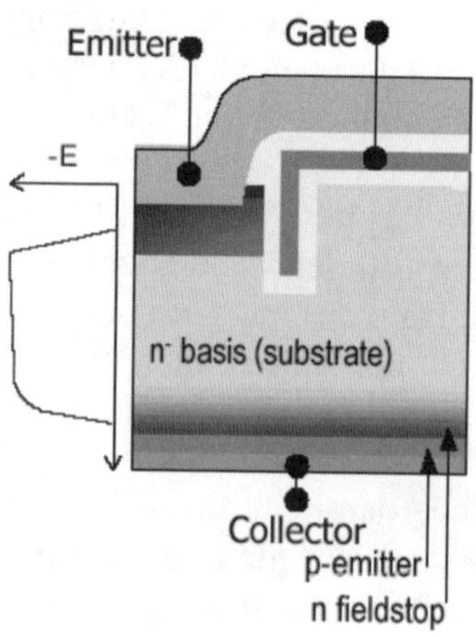

Abb. 3.6.16 Aufbau des Trench-Fieldstop-IGBT von Infineon

Vor der Kollektorzone ist die Dotierung angehoben (n-Fieldstop), bei Anlegen einer Spannung nahe der spezifizierten Sperrspannung des Bauelements ist die Raumladungszone trapezförmig, dies ist in Abb. 3.6.16 links angedeutet. In der Realität ist das Trapez nur schwach ausgeprägt, es ist fast noch ein Dreieck und nicht nahezu ein Rechteck, wie Abb. 3.6.16 nahe legt. Von der Feldverteilung gleicht der Fieldstop-IGBT einem PT-IGBT. Bei gleicher Sperrspannung wie beim NPT-IGBT ist bei einem mit kollektorseitiger Buffer-Schicht versehenen IGBT w_B deutlich verkürzt. Nach Gleichung (3.6.13) ist die über dem Mittelgebiet abfallende Spannung U_{drift} proportional zu w_B^2. Somit kann mit dieser Maßnahme der Spannungsabfall U_C deutlich abgesenkt werden.

Damit sind aber schon die Gemeinsamkeiten mit dem PT-IGBT erschöpft. Der Trench-Fieldstop-IGBT wird nicht wie der PT-IGBT auf einem p-Substrat mit n-Epitaxieschicht, sondern aus einem homogenen Wafer hergestellt. Die Einstellung eines Anoden-Emitters niedrigen Wirkungsgrades erfolgt ähnlich dem NPT-IGBT [Las00b]. α_{pnp} wird durch den Emitterwirkungsgrad eingestellt, ein Emitter niedriger Eindringtiefe und niedriger Dotierung wird gewählt. Eine Verkürzung der Trägerlebensdauer erfolgt nicht. Die Temperaturabhängigkeit von U_C bei I_C im Bereich des Nennstroms ist ähnlich der des NPT-IGBT, der gewünschte „positive Temperaturkoeffizient“ bleibt erhalten.

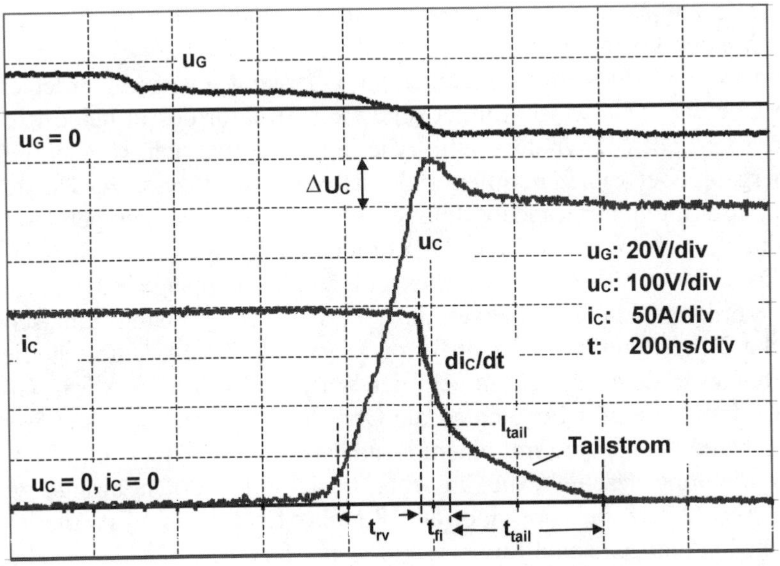

Abb. 3.6.17 Abschalten des Trench-Fieldstop-IGBT (FF200R12KE3 von Infineon, 200A 1200V Modul). T=125°C, $R_{Goff} = 5\Omega$

Abbildung 3.6.17 zeigt das Abschaltverhalten des Trench Fieldstop IGBT. Vergleicht man dieses Bild mit dem des NPT-IGBT in Abb. 3.6.5, so ist ein deutlich verkürzter Tailstrom zu erkennen. Ebenfalls ist die Fallzeit des Stroms t_{fi} angestiegen und di_C/dt ist erniedrigt, was eine kleinere Spannungsspitze ΔU_C hervorruft.

Die Verkürzung des Tailstroms kommt dadurch zustande, dass ein geringerer Teil der gespeicherten Ladung an der Kollektorseite stehen bleibt. Das Ausräumen der Ladung erfolgt jetzt zum großen Teil während der Spannungs-Anstiegszeit. Wird die angelegte Spannung U_{bat} über die in Abb. 3.6.17 verwendeten 600V hinaus weiter gesteigert, so wird der Tailstrom weiter verkürzt, um schließlich ganz zu verschwinden. Dann erfüllt die Raumladungszone bereits voll das Mittelgebiet des Bauelements. Wird U_{bat} weiter erhöht, kommt es in der fallenden Flanke des Stroms zu einem Stromabriss ähnlich dem Vorgang bei snappigen Dioden, dieser Stromabriss erzeugt hohe Überspannung.

Der beidseitig sperrfähige IGBT

Für einige Anwendungen der Leistungselektronik, z.B. für den Matrix-Umrichter, wird ein beidseitig sperrendes Bauelement benötigt. Die IGBT-Struktur enthält auf ihrer Rückseite ein p-Gebiet. Die Grundstruktur wie sie in Abb. 3.6.1a gezeichnet ist, hat die Möglichkeit zur Aufnahme eines elektrischen Feldes am rückseitigen pn^--Übergang sowie am vorderseitigen n^-p-Übergang, sie weist Ähnlichkeiten zur Struktur des in beide Richtungen sperrenden Thyristors auf. Allerdings verfügt der rückseitige pn^--Übergang über keinen definierten Randabschluss. Prozesse zur Herstellung von Strukturen für Randabschlüssen sind im Umfeld heutiger moderner Halbleitertechnologie nur von der Vorderseite des Wafers möglich.

Daher ist es notwendig, den rückseitigen pn-Übergang an die Vorderseite zu bringen. Eine Möglichkeit dazu ist die Trenndiffusion. Eine schematische Darstellung der Trenndiffusion zeigt Abb. 3.6.18. Durch die tiefe p-Diffusion in dem Bereich, in dem der Wafer später zerteilt wird, wird der kollektorseitige pn-Übergang an die Oberfläche gebracht. Nun ist es möglich, beide Richtungen mit einem Randabschluss zu versehen. In der Vorwärtsrichtung geschieht dies in Abb. 3.6.18 durch Potentialringe wie sie aus Abb. 2.3.18 bekannt sind. Die Randkontur für die Vorwärtsrichtung reicht bis zum Channel-Stopper. Für den Randabschluss der Rückwärtsrichtung ist in Abb. 3.6.18 eine Feldplatte vorgesehen.

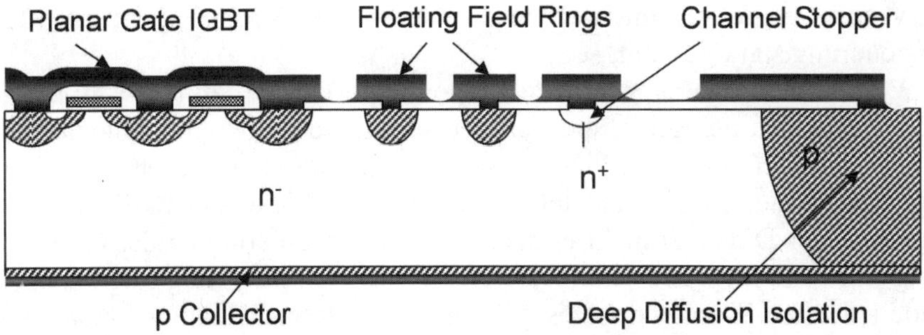

Abb. 3.6.19 Beidseitig sperrfähiger IGBT mit Trenndiffusion. Aus [Ara05]

Das Bauelement sperrt damit in beiden Richtungen wie ein Thyristor. Von seiner Dimensionierung muss der beidseitig sperrfähige IGBT ein NPT-Typ sein. Eine buffer-Zone an der Kollektorseite würde die Sperrfähigkeit in Rückwärtsrichtung beseitigen.

Die tiefe p-Diffusion in Abb. 3.6.18 rechts hat allerdings auch eine Seitendiffusion zur Folge, die etwa den Faktor 0,8 der Diffusionstiefe beträgt. Damit wird bei einer Waferdicke im Bereich von > 100µm dieses tiefe p-Gebiet sehr breit. Die Folge ist ein Verlust an Fläche für die Strom führenden Strukturen, ein Verlust an aktiver Fläche und ein hoher Anteil an Randkontur, die zur Stromführung nicht genutzt werden kann. Hier wird an verbesserten Verfahren gearbeitet [Ara05].

Ausblick

Es hat sich gezeigt, dass der IGBT die optimale „thyristorartige“ Verteilung der internen Ladungsträger erreichen kann. Damit hat sich der IGBT auch den Bereich hoher Spannungen erobert, der bislang Thyristoren vorbehalten war. IGBTs sind heute bis 6.5kV kommerziell erhältlich. An IGBTs für Anwendungen bis 8 bzw. 10kV wird im Entwicklungsstadium gearbeitet. Die Arbeiten an Bauelementen mit neuen Strukturen als IGBT-Nachfolger wurden weitgehend eingestellt, da diese sich als nicht notwendig herausstellten. Die erforderlichen Vorteile können auch mit dem IGBT erreicht werden.

An der Optimierung des IGBT zur Senkung der Schalt- und Durchlassverluste wird intensiv gearbeitet. Für die in der Anwendung am meisten verbreiteten Spannungsklasse von 1200V sind für 2006 IGBTs angekündigt, deren Durchlassspannung bei Nennstrom bei nur noch ca. 1,7V liegt. Weiter wird angestrebt, in einigen Jahren Durchlassspannungen kleiner

1,5V zu erreichen. Damit werden die Verluste in Stromrichtern zur Motorsteuerung stark gesenkt.

Weiterhin wird daran gearbeitet, neue Funktionen in den IGBT zu integrieren. Auf den beidseitig sperrfähigen IGBT wurde bereits eingegangen. Ein weiteres Entwicklungsziel ist es, die Freilaufdiode in den IGBT zu integrieren [Ara05]. Damit entsteht ein bidirektional leitender IGBT. Die Integration der Diode ist nicht einfach, da sich Anforderungen der Optimierung des IGBT und Anforderungen der Optimierung der Diode widersprechen. Dennoch ist es gelungen, im Bereich kleiner Leistungen akzeptable Kompromisse zu finden. Diese Anwendungen zielen z.B. auf Klimaanlangen und andere Massenprodukte im Bereich kleiner Leistung ab. Bei sehr kleinen Chips bestehen z.B. keine so hohen Anforderungen an das Soft-Recovery-Verhalten einer Diode, denn bei kleinem Strom ist die in der parasitären Induktivität gespeicherte Energie klein. Es ist möglich, dass mittels dieser und ähnlicher Ideen der Integration brauchbare Produkte zu niedrigen Kosten entstehen.

Mit dem Fortschritt der Entwicklung des IGBT gelingt es, immer größere Leistung auf kleiner Fläche zu steuern. Damit wachsen aber auch die pro Fläche abzuführenden Verluste. Damit steigen die Anforderungen an die Aufbau- und Verbindungstechnik.

4 Aufbau- und Verbindungstechnik von Leistungsbauelementen

4.1 Problematik der Aufbau- und Verbindungstechnik

Der Einsatz eines Leistungsbauelements führt zu Verlusten. In einem vereinfachten Anwendungsbeispiel soll die Größenordnung abgeschätzt werden:

> IGBT Modul BSM50GB120DLC (Infineon), auf luftgekühltem Kühlkörper
> Betriebsbedingung: $I_C = 50A$, $U_{bat} = 600V$, $R_G = 15\Omega$, $T_j = 125°C$, $f = 5kHz$, duty cycle $d = 0{,}5$
> Aus dem Datenblatt ist dafür zu entnehmen:
> Durchlass-Spannungsabfall: $U_C = 2{,}4V$
> Einschaltverlust-Arbeit pro Puls: $W_{on} = 6{,}4mWs$
> Ausschaltverlust-Arbeit pro Puls: $W_{off} = 6{,}2mWs$

Für die im Bauelement anfallende Verlustleistung ermitteln ist zu ermitteln:

$$P_V = P_{leit} + P_{on} + P_{off} = d \cdot I_F \cdot U_C + f \cdot W_{on} + f \cdot W_{off} \tag{4.1.1}$$

was für das gewählte Beispiel auf 123W führt. Gemessen an der gesteuerten Leistung (30kW) bleiben diese Verluste gering. Für die Abschätzung des Wirkungsgrads ist noch die dazugehörige Freilaufdiode zu berücksichtigen, darüber hinaus liegt in den meisten Fällen der Anwendung eine Brückenschaltung mit 2 Bauelementen in Reihe vor. Dennoch bleibt es bei einem Wirkungsgrad in der Größenordnung von 98%.

Allerdings sind die 123W Verlustleistung aus einem IGBT-Chip der Größe von ca. $1cm^2$ abzuführen, d. h. der Wärmefluss pro Fläche beträgt $123W/cm^2$ bzw. $1{,}23MW/m^2$. Bei einer Anwendung auf einem wassergekühlten Kühlkörper und voller Ausreizung der Möglichkeiten des Moduls wird der Wärmefluss sogar 2-3 mal so hoch sein. Abb. 4.1.1 vergleicht diesen Wärmefluss mit dem anderer Wärmequellen.

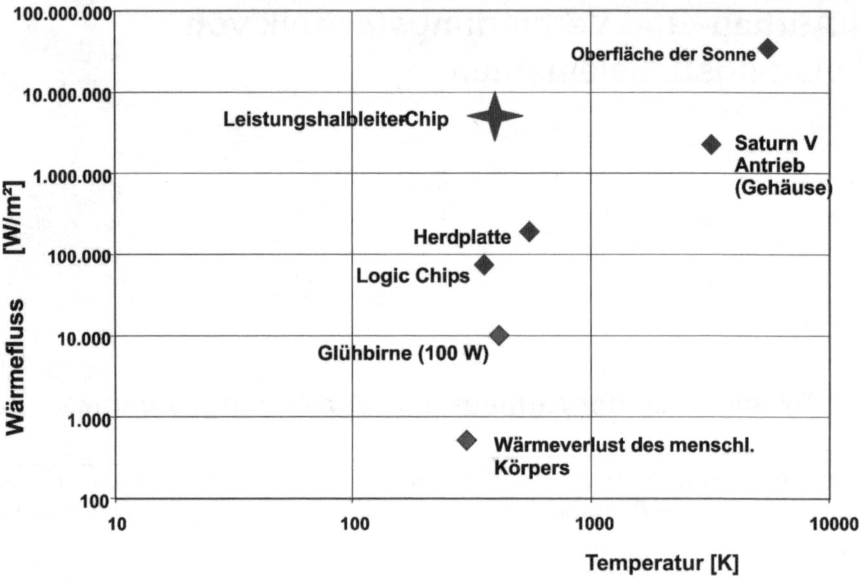

Abb. 4.1.1 Wärmeflussdichte verschiedener Wärmequellen. Bild von Dr. W. Tursky, Semikron

Die Wärmeflussdichte in einem Leistungsmodul liegt somit eine Zehnerpotenz über der einer Kochplatte. Dabei hat die Aufbau- und Verbindungstechnik aber nicht nur die dafür erforderliche hohe Wärmeleitfähigkeit zu gewährleisten, es sind noch eine Reihe weiterer Anforderungen zu erfüllen:

- Hohe Zuverlässigkeit, d. h. eine zu erwartende lange Lebensdauer und damit eine hohe Beständigkeit unter der Bedingung wechselnder Belastung (Lastwechselfestigkeit)
- Hohe elektrische Leitfähigkeit der Komponenten, geringe unerwünschte (parasitäre) elektrische Eigenschaften (parasitäre Induktivitäten, parasitäre Kapazitäten)
- Bei Modulen kommt dazu noch die Anforderung der dielektrischen Isolation.

Die Lösung dieser Problematik ist keineswegs trivial und heute eine der interessantesten ingenieurtechnischen Aufgaben. Module sind die am meisten verwendeten Gehäuseformen und werden daher in den folgenden Abschnitten ausführlich behandelt.

4.2 Gehäuseformen

Ein wesentliches Kriterium für die Wahl einer geeigneten Gehäuseform ist die Leistungsklasse des Bauelements. Abb. 4.2.1 gibt dazu einen Überblick.

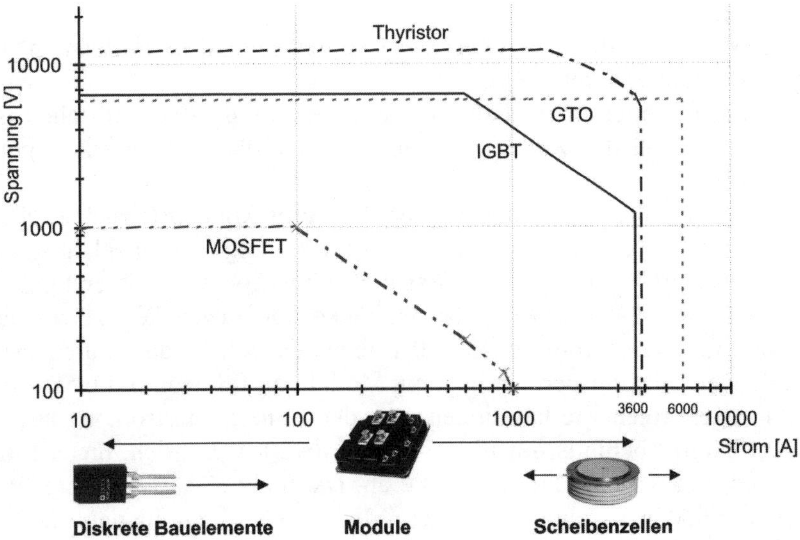

Abb. 4.2.1 Leistungsklasse moderner Bauelemente (Stand 2006) und die vorherrschenden Gehäuseformen

Im Bereich kleiner Leistungen sind diskrete Bauelemente vorherrschend. Diese Bauelemente werden anschließend auf beschichtete Leiterplatten (PCBs) aufgelötet. Die Anforderungen an die abzuführende Kühlleistung ist im allgemeinen noch gering. In den meisten Fällen liegt keine innere Isolation vor. Am meisten verbreitet ist die TO-Familie.

Der diskrete Aufbau, in dem zumeist nur ein einzelner Leistungsschalter integriert ist, muss folgende Funktionen erfüllen:

- Zuführung von Laststrom + Steuersignalen
- Abführung der Wärme
- Kapselung des Halbleiters gegen Umgebungseinflüsse

Ebenfalls diskret aufgebaut sind die Scheibenzellen, sie werden verwandt im Leistungsbereich, der von Modulen noch nicht erreicht wird. Scheibenzellen verfügen über keine innere Isolation. Sie sind beidseitig kühlbar. Im Höchstleistungsbereich wird ein Chip aus einem Wafer gefertigt, der Chip ist rund und die Scheibenzelle die geeignete Bauform.

In Scheibengehäusen liegt ein Thyristor von Mitsubishi vor, der bis 12kV und 1,5kA spezifiziert ist. Von Infineon sind Thyristoren bis an die 3kA und 8,2kV spezifiziert sowie 3,8kA und 5,4kV. Der „Chip" dieser Bauelemente wird aus einem kompletten 125mm Silizium-Wafer gefertigt.

Von Mitsubishi wird ein abschaltbarer Thyristor (GTO) angeboten, dessen Chip aus einem 150mm Wafer gefertigt ist und mit 6kV/6kA spezifiziert ist.

Leistungsmodule sind über die Merkmale diskreter Aufbauten hinaus gekennzeichnet durch

- einen isolierten Aufbau, bei dem die Komponenten im elektrischen Kreis von der wärmeabführenden Grundfläche dielektrisch getrennt sind,
- sie enthalten entweder mehrere Einzelfunktionen (Brückenschaltung bzw. Halbbrücke) oder eine Parallelschaltung von Einzelchips.

Im niedrigen Leistungsbereich ist die Integration sehr vieler Funktionen (komplette 3phasige Wechselstrombrücke und mehr) kennzeichnend, ab einem mittleren Strom von ca. 10A beginnen sich Module durchzusetzen. Im hohen Leistungsbereich liegt ein Modul von Infineon mit 6,5kV IGBTs und zugehörigen Freilaufdioden vor, der Dauergrenzstrom ist auf 900A spezifiziert. Ebenfalls mit IGBTs, aber im 1200V Bereich, bietet Infineon ein auf 3,6kA spezifiziertes Modul an. Darin sind 24 IGBT-Chips und 12 Freilaufdioden parallel geschaltet. Module sind weit in den früher von Scheibenzellen dominierten Bereich vorgedrungen, der Trend setzt sich fort.

Scheibenzellen

Abbildung 4.2.2 zeigt eine Scheibenzelle (engl. press-pack, auch hockeypuck) und ihren inneren Aufbau in vereinfachter Darstellung.

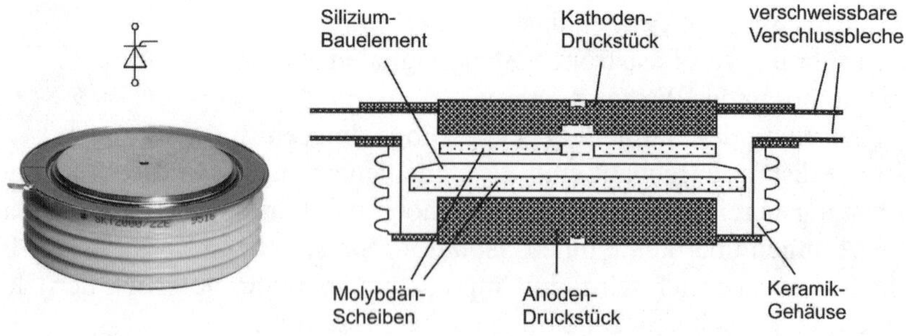

Abb. 4.2.2 Aufbau einer Scheibenzelle (vereinfacht)

Zur Homogenisierung des Drucks und zur besseren Anpassung der thermischen Ausdehnungskoeffizienten ist das Silizium-Bauelement (Thyristor) zwischen zwei Molybdänscheiben eingelegt. In dem Beispiel in Abb. 4.2.2 ist es anodenseitig auf eine Molybdän-Scheibe vormontiert. In Abb. 4.2.2 sind aus Gründen der Übersichtlichkeit Zentriereinrichtungen nicht aufgenommen, auch nicht die Gate-Kontaktierung, die durch eine Aussparung im Kathoden-Druckstück über eine Feder in die Mitte des Bauelements geführt wird. Nach Verschweißen der beiden Verschlussbleche ist das Gehäuse hermetisch dicht verschlossen.

Der elektrische und thermische Kontakt ist erst hergestellt, wenn das Gehäuse einem definierten Druck ausgesetzt wird, der typischerweise bei 10-20N/mm^2 liegt.

Die gewählte Verbindung zwischen Halbleiter und Molybdän ist bei verschiedenen Herstellern unterschiedlich. Für kleinere Durchmesser bis etwa 5 cm kommt Löten in Betracht, allerdings ist zu beachten, dass ein Lot gewählt wird, das unter hohem Druck nur geringe Fließeigenschaften besitzt. Für größere Durchmesser kommen Legierungsverfahren in Betracht. Auch ein Aufbau, bei dem auf jede stoffschlüssige Verbindung verzichtet wird, und die Komponenten nur durch Druckkontakt verbunden sind, wird eingesetzt. Eine moderne Technologie für die Verbindung von Silizium und Molybdän ist das Diffusionssintern: Beide zu verbindenden Partner sind mit einer Edelmetall-Oberfläche versehen, ein Pulver aus Silberpartikeln wird zwischen die Flächen gebracht und unter hohem Druck wird bei 250°C eine sehr zuverlässige Verbindung hergestellt.

In Scheibenzellen werden zumeist konventionelle Bauelemente eingesetzt: Dioden, Thyristoren, GTOs und die aus dem GTO abgeleiteten GCTs. Vorteile der Scheibenzelle sind:

- Kompakt, sehr hoher Anteil der Halbleiterfläche an der Gehäusefläche
- Beidseitig kühlbar
- Keine Bondverbindungen – Bonddrähte sind immer ein die Zuverlässigkeit einschränkender Faktor
- Wenige oder keine starren Verbindungen zwischen Materialien unterschiedlicher thermischer Ausdehnung.

Aus den beiden letzten Faktoren lässt sich eine hohe Zuverlässigkeit erwarten. Nachteil der Scheibenzelle sind

- Keine dielektrische Isolation. Für die dielektrische Isolation muss der Anwender sorgen.
- Höherer Aufwand in der Montage der Umrichter. Der Druck muss definiert eingestellt werden und uniaxial gerichtet sein.

Aufgrund der genannten Vorteile wurden auch Scheibenzellen mit IGBTs realisiert. Angesichts der hohen Zelldichte können jedoch IGBTs nur in kleinerer Chipfläche herbestellt werden, um Probleme mit der Ausbeute in der Fertigung zu vermeiden. Die größten kommerziell realisierten Chips liegen bei Flächen um 300mm². Die Anordnung dieser quadratischen Chips in „Presspack-IGBTs" ist allerdings technologisch sehr aufwendig. Ein Beispiel für einen Presspack-IGBT zeigt Abb. 4.2.3. Die kollektorseitig mit Molybdän-Plättchen versehenen Chips werden auf einer runden Molybdän-Scheibe angeordnet, durch eine Justierung auf Abstand gehalten. Auf die Chips wird jeweils eine weitere Molybdän-Scheibe mit Aussparung für die Gate-Kontaktierung aufgelegt. Die Gate-Kontaktierung erfolgt über Federn, die in einer weiteren Justieranordnung geführt werden. Das obere Druckstück hat die Aufgabe, jedes Chip mit einem gleichmäßigen Druck zu belasten. Das erfordert sehr exakte Einhaltung der Maße im gesamten System, denn alle 21 parallelgeschalteten IGBT-Chips müssen mit gleichem Druck belastet werden.

Im oberen Druckstück findet sich eine Leiterplatte, auf die in SMD-Technik Vorwiderstände für die einzelnen Gates aufgelötet sind. Der komplexe Aufbau eines Presspacks mit IGBTs stellt im Vergleich zu einem Leistungsmodul an die Montagetechnik sehr viel höhere Anforderungen hinsichtlich der zulässigen Toleranzen. Ob die zu erwartende höhere Zuverlässigkeit (Lastwechselfestigkeit) die Nachteile bei der Herstellung und Anwendung des Press-Pack-Moduls übertreffen wird und andere Bauformen verdrängen kann, ist heute noch nicht absehbar.

Abb. 4.2.3 Presspack IGBT. Emitter-Druckstück (links), Anordnung der Chips (rechts)

Die TO-Familie und ihre Verwandten

Im unteren Leistungsbereich sind ebenfalls diskrete Bauelemente weit verbreitet. Sie werden heute dominiert durch die TO-Familie. Den Grundtyp zeigt Abb. 4.2.4

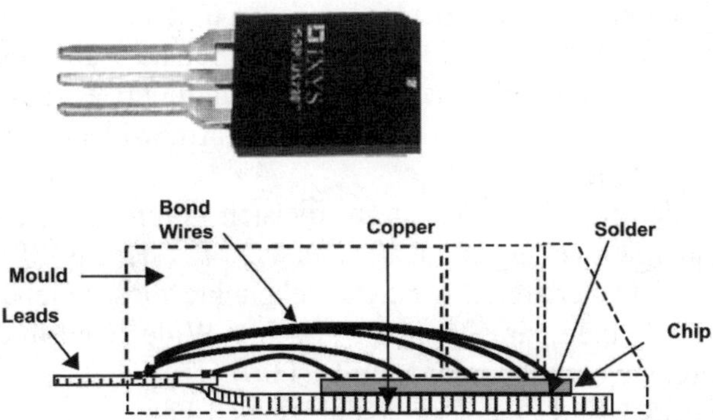

Abb. 4.2.4 TO-Gehäuse, Grundtyp

Die Zuleitungen (engl. „leads“, auch als „legs“ - Beine bezeichnet) sind mit dem Kupfer-Grundkörper stoffschlüssig verbunden. Das Halbleiterchip ist direkt auf den Kupfer-Grundkörper aufgelötet, der Aufbau ist nicht isoliert. Die Bonddrähte führen auf die gegen in Abb. 4.2.4 unten versetzten Anschlüsse.

Die Verbindung Si-Cu mit sehr unterschiedlichen thermischen Ausdehnungskoeffizienten ist ein Nachteil dieser Bauform, der die Zuverlässigkeit einschränkt.

Eine Verbesserung in der Beziehung ist das von IXYS eingeführte ISOPLUS Gehäuse, in dem der Kupfer-Grundkörper durch ein Keramik-Substrat ersetzt ist (Abb. 4.2.5) und das in der Bauform bereits einem Modul gleicht. Es verfügt gegenüber dem Standard-Gehäuse über die Vorteile

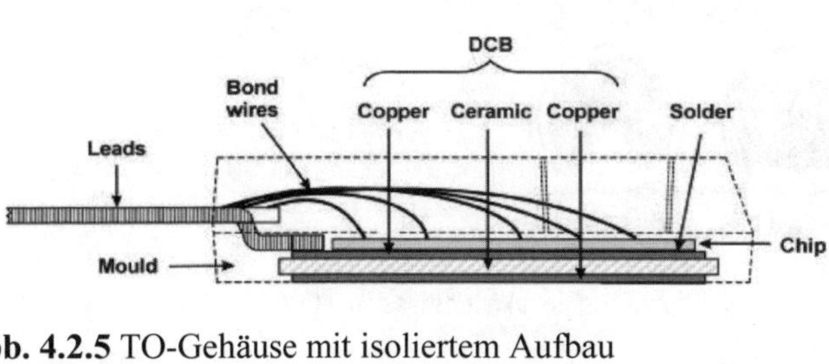

Abb. 4.2.5 TO-Gehäuse mit isoliertem Aufbau

- bessere Anpassung der thermischen Ausdehnungskoeffizienten und höhere Zuverlässigkeit
- isolierter Aufbau
- geringere parasitäre Kapazitäten im Vergleich zu Aufbauten von Standardgehäusen mit Polyimid-Folie (siehe dazu Abschnitt 4.5)

Ein Nachteil ist auf den ersten Blick der gegenüber Cu schlechtere Wärmewiderstand der Keramik. Sollen jedoch mehrere Schalter auf unterschiedlichen Potentialen auf dem gleichen Kühlkörper montiert werden, so ist die keramische Isolation meist günstiger für den Wärmewiderstand als extern eingesetzte Isolierfolien.

MOSFETs sind in derartigen Gehäusen am meisten verbreitet. Gerade im unteren Leistungsbereich gelang es, den Widerstand R_{on} der MOSFETs drastisch zu reduzieren. Daher treten die Schwachpunkte dieser Gehäuse hervor: Das Gehäuse hat einen parasitären elektrischen Widerstand in derselben Größenordnung wie ein moderner MOSFET!

Die Zuleitungen (leads) sind einer der begrenzenden Faktoren. Für ihren Widerstand gilt

$$R_Z = \rho \cdot \frac{l}{A} \tag{4.2.1}$$

Bei einer Kupfer-Zuleitung von 0,5mm² Querschnitt und zwei Zuleitungen der Länge von jeweils 5mm errechnet sich mit dem spezifischen Widerstand von Cu von ρ=1,69μΩcm ein Widerstand von 0,34mΩ. Bei einem mittleren Strom von 50A ergibt sich mit

$$P_Z = R_Z \cdot I^2 \tag{4.2.2}$$

eine Verlustleistung von ca. 0,85W. Aber die Zuleitungen werden schlecht gekühlt. Durch ohmsche Verluste heizen sie sich auf und können Temperaturen in der Nähe des Schmelzpunkts der Lötstellen an den Leiterplatten erreichen [Swa00]. Dies schädigt diese Lötstellen und setzt die Zuverlässigkeit herab.

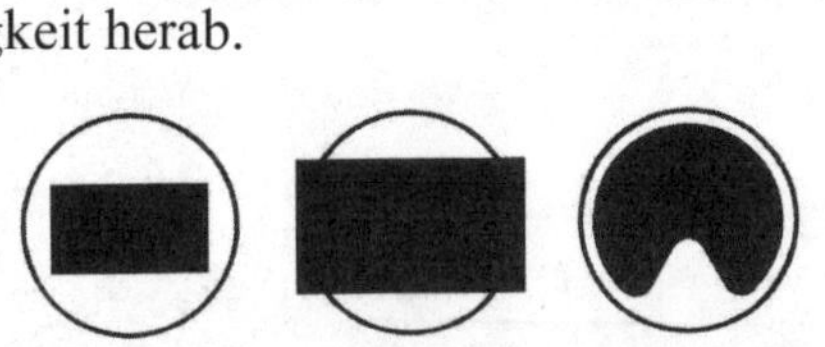

Abb. 4.2.6 Verringerung des Widerstands der Anschlüsse in TO-Gehäusen. Aus [Swa00]

Da die in Leiterplatten vorgesehenen Durchführungen heute standardisiert sind, können die Anschlüsse nicht ohne weiteres vergrößert werden (Abb.

4.2.6). Es gelang allerdings, durch eine Variation der Form der Anschlüsse wie in Abb. 4.2.6 rechts die Stromtragfähigkeit desselben Gehäuses um 16% zu erhöhen. Diese Variante des TO 247 wird vom Hersteller als „Super-247“ bezeichnet.

Eine weitere Schwachstelle sind die Bonddrähte. Durch dickere Bonddrähte und/oder Erhöhung der Zahl der Bonddrähte wird an dieser Schwachstelle gearbeitet. Hier ist insbesondere nicht nur der ohmsche, sondern auch der induktive Einfluss der Bonds zu berücksichtigen.

Abbildung 4.2.7 zeigt eine für Surface Mounted Devices (SMD) vorgesehene Bauform. Die Technologie ist für Multilayer-Leiterplatten geeignet. In der „Super“-Bauform sind nicht nur die Anschlüsse so kurz wie möglich ausgeführt, sondern zusätzlich wurde die Bondverbindung optimiert. Nach [Swa00] konnte die parasitäre Induktivität dadurch um 33 % verringert werden.

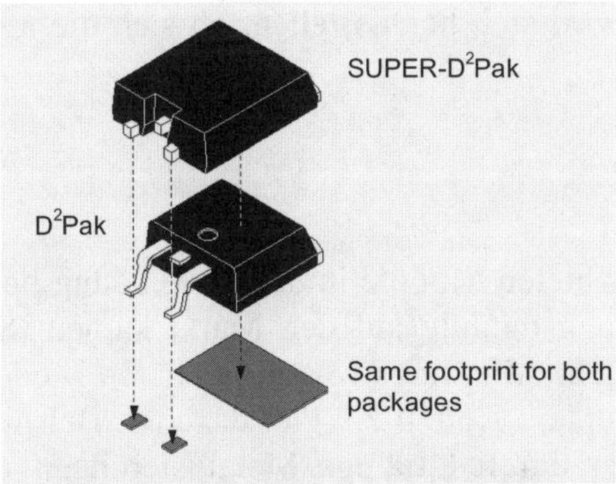

Abb. 4.2.7 Für SMD-Technik optimierte Bauform. Aus [Swa00]

Eine radikale Lösung, in der die problematischen Anschlüsse und Bonddrähte vollständig eliminiert werden, ist die von der US-amerikanischen Firma International Rectifier eingeführte DirectFET-Technologie, die in Abb. 4.2.8 dargestellt ist. Das Chip ist an den Gate-Anschlüssen und Emitter- bzw. Source-Anschlüssen mit einer lötfähigen Metallisierung versehen. Auf der Drain-Seite ist ein „Drain Clip“ angebracht. In dieser Form wird der Chip direkt auf die vorgesehenen Pads der Leiterbahn aufgelötet.

Neben dem sehr geringen Aufwand für die Montagetechnik besteht der Vorteil dieses Konzepts darin, dass keine Begrenzung der Stromtragfähigkeit durch Zuleitungen (Leads) und Bonddrähte gegeben sind und parasitäre Induktivität dieser Komponenten ebenfalls beseitigt ist. Darüber hinaus ist eine beidseitige Kühlung möglich, wobei über den Drain-Clip wesentlich mehr Wärme abgeführt werden kann als über die Leiterplatte.

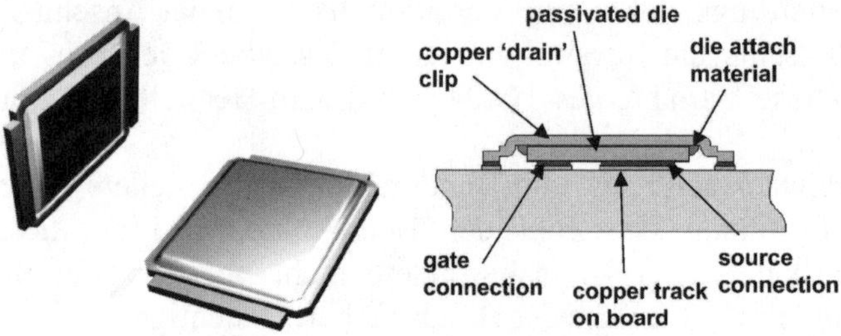

Abb. 4.2.8 DirectFET Technologie

Allerdings wird gleichzeitig auf eine Kapselung des Bauelements verzichtet, was gleichzeitig der Verzicht auf Schutz vor Feuchtigkeit aggressiver Atmosphäre bedeutet. Ferner ist die Qualität der Lötstellen einer optischen Inspektion nicht mehr zugänglich, was die Qualitätskontrolle in der Leiterplattenbestückung erschwert. Es wird sich herausstellen, ob sich die neue Idee durchsetzt.

Module

Aufgrund ihres isolierten Aufbaus bieten Module in der Anwendung hohe Vorteile. Sobald die ersten Leistungsmodule auf den Markt kamen (Semikron 1975), setzten sie sich durch. Allerdings waren die ersten Module in ihrem inneren Aufbau sehr komplex. Abb. 4.2.9 gibt dazu ein Beispiel. Das Thyristor-Bauelement ist hier durch lötfähige Metallisierungen auf Anode, Kathode und Gate mit den Anschlüssen verbunden. Auf der Kathode wird ein Verbundmaterial eingesetzt, das auf ähnliche thermische Ausdehnung wie Silizium eingestellt ist. Auf der Anodenseite ist Silizium durch Lötung mit Molybdän verbunden. Dieses Molybdän-Plättchen ist notwendig, da der thermische Ausdehnungskoeffizient von Silizium zu Kupfer sich stark unterscheidet. Das Molybdän-Plättchen ist auf die Kupfer-Anschlussschiene gelötet, die Kupferschiene führt den Anodenstrom zu. Darauf folgt eine weitere Lötung zum keramischen Substrat (DCB), das die elektrische Isolation bewirkt. Daran schließt sich die Kupfer-Grundplatte an. Der Aufbau enthält fünf Lotschichten. Trotz seiner Komplexität kann er heute in hohen Stückzahlen automatisiert gefertigt werden.

Der Aufbau zeigt, dass der Wärmestrom in diesem Modul vom Silizium-Chip zur Grundplatte und schließlich zu dem in Abb. 4.2.9 nicht mehr dargestellten Kühlkörper viele Schichten zu überwinden hat. Dazu enthält jede Lötverbindung die Gefahr von Lunkern (Gaseinschlüssen), und die Vielzahl der Lötverbindungen erhöht die Zahl der potentiellen Fehlerquellen.

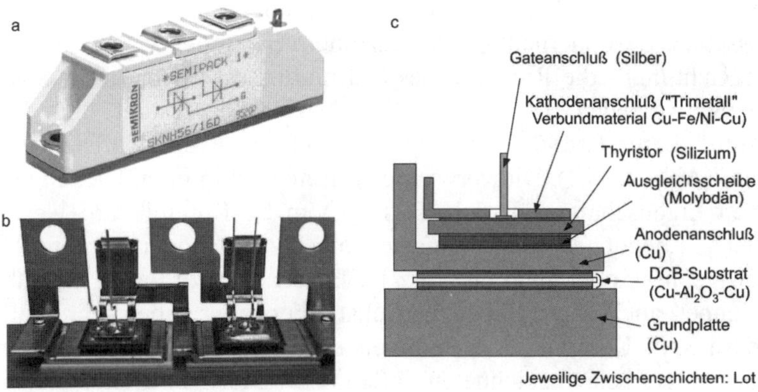

Abb. 4.2.9 Aufbau eines klassischen Thyristor-Moduls. Außenansicht (a), innerer Aufbau (b) und Schichtfolge (c)

Mit der Verwendung von IGBTs und MOSFETs haben sich heute neue Aufbaukonzepte durchgesetzt.. Ein Beispiel zeigt Abb. 4.2.10. Die oberen Anschlüsse sind durch Bonddrähte ersetzt. Die Ausgleichsscheibe und die untere Anschluss-Schiene entfallen, der untere Anschluss erfolgt durch die obere Cu-Metallisierung der DCB-Keramik. Es ist eine große Anzahl von Chips in verschiedenen Schaltungskonfigurationen und optional auch Sensoren in einem Modul integriert. In Abb. 4.2.10 findet sich links die Eingangsbrücke für ein einphasiges Wechselstromnetz, rechts die Drehstrom-Brückenschaltung, die einen Frequenzumrichter für die Motorsteuerung realisiert.

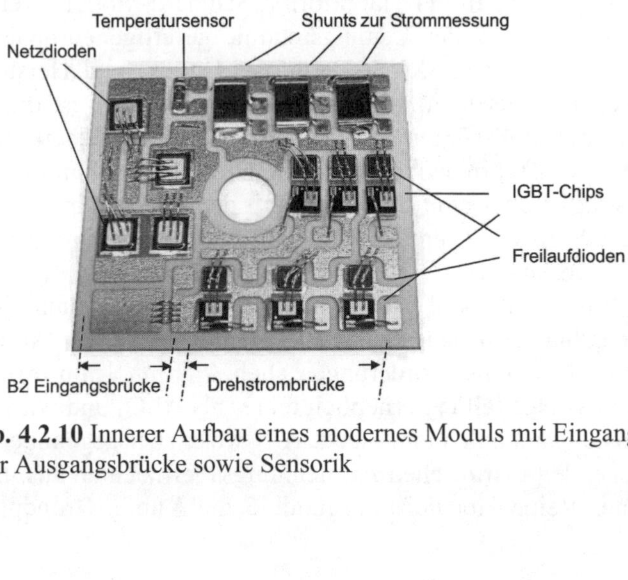

Abb. 4.2.10 Innerer Aufbau eines modernes Moduls mit Eingangsbrücke, dreiphasiger Ausgangsbrücke sowie Sensorik

Trotz dieser Vielzahl realisierter Schaltungstopologien und der Fülle von technologischen Besonderheiten der einzelnen Hersteller lassen sich in vertikaler Richtung – die Richtung des Wärmeflusses – heute zwei Standards angeben, die den Bildern 4.2.11 und 4.2.12 dargestellt sind: Ein Leistungsmodul mit Grundplatte (Abb. 4.2.11) sowie ein Aufbau ohne Grundplatte (Abb. 4.2.12). Die verwendeten Lote sind in ihren Dicken und thermischen Eigenschaften ähnlich. Das System Cu-Keramik-Cu (wegen der am meisten benutzten Verbidnungstechnik Direct Cooper Bonding oft auch DCB-Keramik oder auch nur kurz DCB genannt) wird auch als Substrat bezeichnet, auch unterschiedliche Substrathersteller haben sehr ähnliche Standards. Als Keramik ist in den meisten Fällen Al_2O_3 im Einsatz, in einigen, besonders gekennzeichneten Fällen AlN. Die Grundplatte besteht in den meisten Fällen aus Cu, in einigen speziellen Hochleistungsmodulen aus dem Verbundwerkstoff AlSiC.

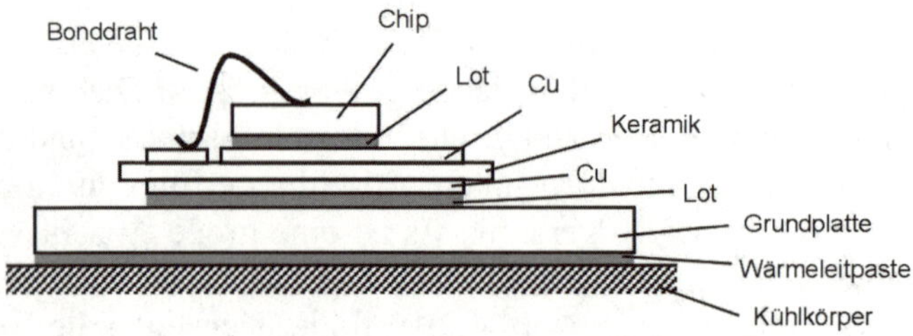

Abb. 4.2.11 Standardmodul mit Grundplatte

In Tabelle 7 sind die Schichtdicken des Standardmoduls mit Grundplatte aus Abb. 4.2.11 dargestellt. In der Hauptform „Standard-Modul" werden heute zwischen 70 und 80% der Leitungsmodule gefertigt, europäische Hersteller (Infineon, Semikron, IXYS, Dannfoss, Dynex) und Hersteller aus Fernost verwenden denselben Aufbau. In älteren Modulen ist die Dicke der Al_2O_3 Keramik mit 0,63mm spezifiziert, in neueren Generationen ist zur Verringerung des Wärmewiderstands die Dicke auf 0,38mm herabgesetzt. Das Substrat ist über eine Lotschicht mit der Cu-Grundplatte verbunden. Unterschiede in der Lotdicke von 0,07 bis 0,1mm sind für den Wärmeübergang unwesentlich.

Für bessere Wärmeleitfähigkeit und für höhere Isolationsspannung wird AlN eingesetzt, der Standard liegt heute bei 0,63mm, wobei für Anwendungen mit höheren Isolationsanforderungen auch AlN mit 1mm im Einsatz ist. AlN ist in der Herstellung erheblich teurer als Al_2O_3 und wird vor allem bei Hochleistungsmodulen eingesetzt. AlN weist aber gegenüber Cu eine stark abweichenden thermischen Ausdehnungskoeffizienten aus. Darum wurde in einer Reihe Hochleistungsmodule die Kupfer-Grundplatte durch eine Grundplatte aus AlSiC ersetzt. AlSiC ist ein vor kurzer Zeit eingeführter Verbundwerkstoff, er besteht aus einer SiC-Matrix, die mit Al verfüllt ist.

Tabelle 7. Schichtdicken in Modulen mit Grundplatte

	Standard-Modul Al_2O_3-basiert d [mm]		Hochleistungsmodul AlN-Cu-basiert d [mm]		Hochleistungsmodul AlN/AlSiC-basiert d [mm]	
Lot	0,05		0,05		0,05	
Kupfer	0,3		0,3		0,3	
Keramik	Al_2O_3	0,381 0,63	AlN	0,63 1	AlN	1
Kupfer	0,3		0,3		0,3	
Lot	0,1 0,07		0,1		0,1	
Grundplatte	Cu	3	Cu	5	AlSiC	5
Wärmeleitpaste	0,05		0,04		0,04	

Module ohne Grundplatte nach Abb. 4.2.12 werden realisiert in der SKiiP-MiniSKiiP-Semitop-Reihe von Semikron sowie in der EasyPIM Reihe von Infineon. In Modulen von IXYS wird diese Aufbauart bereits seit längerem verwendet. Dieselbe Schichtfolge liegt in isolierten Aufbauten im TO247-Gehäuse vor. Bei diesen Modulen entfällt der gelötete Übergang zwischen Substrat und Grundplatte, es verbleibt nur noch ein gelöteter Übergang zwischen Chip und Kühlkörper.

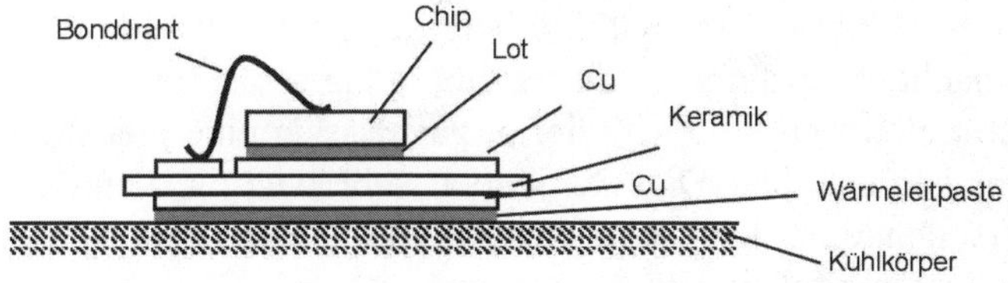

Abb. 4.2.12 Modul ohne Grundplatte

Die Schichtfolge und die Schichtdicken in Modulen ohne Grundplatte sind in Tabelle 8 dargestellt. In der überwiegenden Mehrheit werden diese Module mit Al_2O_3-Keramik aufgebaut. Bei Al_2O_3 sind 2 Standards bezüglich der Schichtdicken im Einsatz. Auch AlN wird in Aufbauten ohne Grundplatte eingesetzt.

Tabelle 8. Schichtdicken in Modulen ohne Grundplatte

	Al_2O_3-basiert d [mm]		AlN-basiert d [mm]	
Lot	0,05		0,05	
Kupfer	0,3		0,3	
Keramik	Al_2O_3	0,381 0,635	AlN	0,635
Kupfer	0,3		0,3	
Wärmeleitpaste	0,06		0,04	

Bei dieser Variante ohne Grundplatte ist nicht nur der Aufwand am geringsten, auch die Zahl möglicher Fehlerquellen in Verbindungen ist am geringsten. Sollen aber großflächige Module realisiert werden, so ist ein Aufwendiges System von Druckplatten und/oder Druckstücken notwendig, um den Wärmeübergang auf großen Flächen sicherzustellen. Vorzugsweise werden in dieser Technik kleinflächige Halbleiterchips verarbeitet. Allerdings entfällt mit der Grundplatte auch die Wärmekapazität der Grundplatte und die thermische Impedanz bei Kurzzeitbelastung wird verschlechtert.

Eine gemeinsame Problematik aller Aufbauten ist der Übergang vom Modul zur Grundplatte, wo eine Übergangsschicht aus Wärmeleitpaste eingebracht ist. Diese Wärmeleitpaste hat von allen verwendeten Materialien die schlechtesten thermischen Eigenschaften. In SKiiP-Modulen der Firma Semikron, die vom Halbleiterhersteller auf Kühlkörper montiert ausgeliefert werden, wird dieser Wärmeübergang vom Hersteller mit spezifiziert. Bei Modulen mit Grundplatte wird typischerweise ein Wärmewiderstand vom Chip zum Gehäuse angegeben, dazu ein „typischer" Wärmewiderstand vom Gehäuse zum Kühlkörper, der noch einmal ca. 50% des ersteren ausmacht. Allerdings ist dieser Übergang sehr problematisch, es ist bei der Wärmeleitpaste sehr schwierig, zuverlässig eine gleichmäßige dünne Schicht herzustellen. Dies ist jedoch sehr wichtig, denn diese schwer zu beherrschende Schicht prägt wesentlich die thermischen Eigenschaften des Leistungsmoduls in der Anwendung.

4.3 Physikalische Eigenschaften der Materialien

Die in Modulen verwendeten Materialien sind bestimmend für ihre Eigenschaften. Es spielt nicht nur die Wärmeleitung eine Rolle, sondern insbesondere auch die thermische Ausdehnung. Daher ist es notwendig, die Eigenschaften der Materialien zu kennen, um die Vor- und Nachteile ihrer Verwendung zu beurteilen.

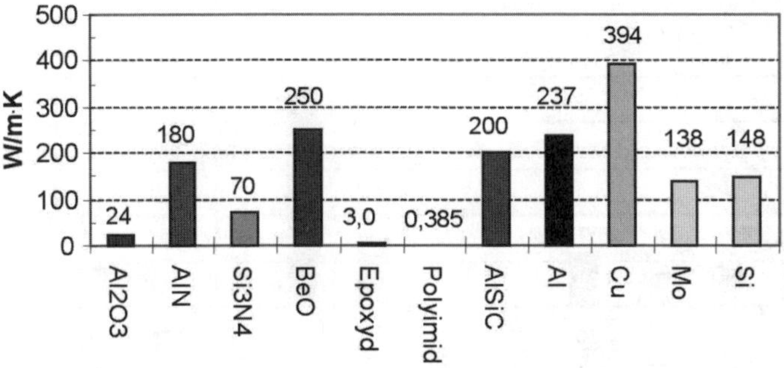

Abb. 4.3.1 Wärmeleitfähigkeit verschiedener Materialien der Aufbau- und Verbindungstechnik

Abbildung 4.3.1 zeigt zunächst die Wärmeleitfähigkeit verschiedener Materialien. Einige für die Isolation in Frage kommenden keramischen Werkstoffe liegen in ihrer Wärmeleitfähigkeit in der Nähe der Metalle. BeO wurde in den Anfangszeiten als Keramik verwendet, ist aber in modernen Modulen nicht mehr eingesetzt, da die bei seiner Verarbeitung anfallenden Stäube stark toxisch sind und es sowohl bezüglich der Fertigung als auch in der Entsorgung einen sehr hohen Aufwand verursacht. Die zweitbeste Wärmeleitfähigkeit der keramischen Werkstoffe in dieser Zusammenstellung weist AlN auf. Allerdings ist es gegenüber Al_2O_3 noch ein Mehrfaches teurer und wird nur dort verwendet, wo es aufgrund der hohen Leistungsdichte unverzichtbar ist. Die organischen Isolatoren Epoxyd und Polyimid (Capton) weisen demgegenüber eine sehr viel schlechtere Wärmeleitfähigkeit auf.

Im Betrieb des Leistungshalbleiters sind wechselnde Lasten typisch, die Temperaturzyklen erzeugen. Die unterschiedlichen thermischen Ausdehnungen belasten die Materialen. Um die zwischen verschiedenen Schichten auftretenden Spannungen gering zu halten, sollen die thermischen Ausdehnungskoeffizienten möglichst nahe beieinander liegen. Aus Abb. 4.3.2 geht hervor, dass der thermische Ausdehnungskoeffizient von Cu sich von Si stark unterscheidet. Es ist daher ungünstig, diese beiden Schichten zu verbinden, wie es in den Standard-TO-Aufbauten (Abb. 4.2.4) der Fall ist.

Von der thermischen Ausdehnung passt die Keramik AlN gut zum Halbleiter Si. Wird AlN verwendet, so besteht aber ein großer Unterschied im thermischen Ausdehnungskoeffizienten zu Cu. Aus diesem Grund wird in Modulen für sehr hohe Leistung das Material AlSiC eingesetzt (siehe Tabelle 3). Da bei AlSiC das Mischungsverhältnis zwischen Al und SiC variiert werden kann, lässt sich der Ausdehnungskoeffizient so einstellen dass es für die Kombination mit AlN optimal angepasst ist. Allerdings ist dann, wie Abb. 4.3.1 zeigt, eine schlechtere Wärmeleitfähigkeit in Kauf zu nehmen.

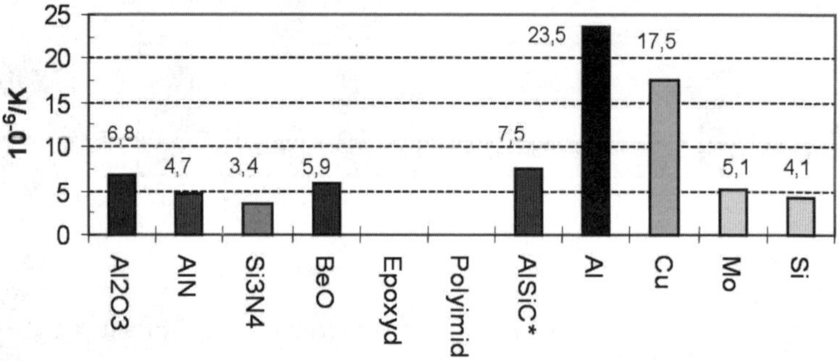

Abb. 4.3.2 Thermischer Ausdehnungskoeffizient verschiedener Materialien der Aufbau- und Verbindungstechnik. *: Abhängig von der Zusammensetzung

Die in den meisten Fällen als Chipträger eingesetzte Keramik Al_2O_3 ist von der thermischen Fehlanpassung her ungünstiger als AlN, auf der anderen Seite passt Al_2O_3 besser zu einer Cu-Grundplatte.

Die organischen Isolatoren Epoxyd und Polyimid (Capton) sind plastisch verformbar, daher ist ihre thermische Ausdehnung in Abb. 4.3.2 nicht berücksichtigt. Allerdings weisen die organischen Isolatoren eine sehr viel höhere Durchschlagsfestigkeit auf (siehe dazu Anhang, Tabelle A4) und können darum in sehr viel dünneren Schichten eingesetzt werden. Bei den Herstellern der Substrate für die Aufbau- und Verbindungstechnik haben sich Standards durchgesetzt, die in Tabelle 9 zusammengefasst sind. So wird für eine vergleichbare Durchbruchfestigkeit ein Isolator aus Polyimid um den Faktor 10 dünner gemacht.

Trotz der sehr viel geringeren Schichtdicke weisen die Substrate mit organischen Isolatoren eine schlechtere Wärmeleitung auf als die Substrate mit keramischen Isolatoren. Zusätzlich verursacht die geringe Schichtdicke eine wesentlich größere Kapazität, die sich als parasitäre Kapazität nachteilig auswirkt.

Tabelle 9. Standarddicken von Isolatoren und die daraus hervorgehenden Eigenschaften

Material	Standard-dicke [µm]	Wärme-leitung [W/Kcm²]	Kapazität pro Fläche [pF/cm²]	Dielektrischer Durchbruch [kV]
Al_2O_3	381	6,3	22,8	5,7
AlN	635	28,3	12,5	12,7
Si_3N_4	635	11,0	12,8	8,9
BeO	635	39,4	11,8	6,4
Epoxyd	120	2,5	52,4	7,2
Polyimid	25	1,5	138,1	7,3

Vergleicht man die Gesamteigenschaften der Isolatoren und sieht von dem aufgrund der toxischen Eigenschaften nicht verwendbaren BeO ab, so stellt sich AlN als die beste Wahl für einen Isolator für Leistungsbauelemente dar. Es weist die beste Wärmeleitfähigkeit auf, und wenn bei Modulen im Spannungsbereich > 3kV hohe Isolationsspannungen gefordert werden, ist AlN aufgrund der hohen Durchbruchfestigkeit unverzichtbar. In einer industriellen Fertigung von Modulen stellt AlN aber aufgrund seiner spröderen Eigenschaften und größeren Bruchgefahr auch höhere Anforderungen.

4.4 Thermisches Ersatzschaltbild und thermische Simulation

Transformation zwischen thermodynamischen und elektrischen Größen

Die physikalischen Differentialgleichungen, die die Wärmeleitung beschreiben, haben die gleiche Form wie die Gleichungen zur Beschreibung der elektrischen Leistung. Daher kann man durch einen Austausch der korrespondierenden Größen ein thermische Problem als ein elektrisches Problem auffassen und umgekehrt. Da für die Simulation elektrischer Schaltungen heute viele Programme verfügbar sind, behandelt man thermische Probleme häufig im elektrischen Ersatzschaltbild.

Zur Beschreibung des thermischen Verhaltens erfolgt die Übertragung der thermodynamischen in elektrische Größen. Das damit erstellte Netzwerk wird berechnet, wobei heute auf ausgereifte Netzwerksimulatoren zugegriffen werden kann. Schließlich erfolgt die Rücktransformation der Ergebnisse in das thermische System. Die korrespondierenden Größen, die dem zugrunde liegen, sind in Tabelle 10 zusammengefasst [Lap91].

Tabelle 10. Transformation zwischen elektrischen und thermodynamische Größen

Elektrisch	Thermodynamisch
Spannung U [V]	Temperaturdifferenz ΔT [K]
Strom I [A]	Wärmestrom P [W]
Ladung Q [C]	Thermische Energie Q_{th} [J]
Widerstand R [Ω]	Wärmewiderstand R_{th} [K/W]
Kapazität C [F]	Thermische Kapazität C_{th} [J/K]

Diese Analogie zwischen den Gleichungen für elektrische und thermische Leitungsvorgänge erlaubt die Übertragung von Methoden aus dem einen Gebiet auf das andere. Weiterhin kann man zur Simulation von thermischen Leitungsvorgängen innerhalb stoffschlüssig verbundener Schichtsysteme die sehr effizienten Algorithmen zur Berechnung der Eigenschaften elektrischer Netzwerke nutzen.

Mit diesen Analogien kann der Wärmewiderstand R_{th} definiert werden

$$R_{th(a-b)} = \frac{T_a - T_b}{P_v} = \frac{\Delta T}{P_v} \tag{4.4.1}$$

Dabei gibt es jedoch einige physikalische Besonderheiten, die mit diesen Vereinfachungen nicht berücksichtigt werden.

Im elektrischen Kreis wurde der ohmsche Widerstand dadurch definiert, dass er eine von der Spannung unabhängige Größe ist. Bei Übertragung auf den Wärmewiderstand trifft dies strenggenommen nicht mehr zu. Der Wärmewiderstand ist temperaturabhängig [Scn06].

Die Temperaturabhängigkeit der spezifischen Wärmeleitfähigkeit von Silizium, Aluminium und Kupfer nach [eFu99] zeigt Abb. 4.4.1. Für Si kann sie zwischen -75°C und + 325°C in Anlehnung an [Poe04] angenähert werden durch die Beziehung

$$\lambda = 24 + 1{,}87 \cdot 10^6 \cdot T^{-1{,}69} \quad [W/mK] \tag{4.4.2}$$

Zur Gültigkeit von (4.4.1) müsste λ eine temperaturunabhängige Konstante sein. Dies ist für Al, Cu und andere Materialien im Bereich zwischen -50°C und +150°C annähernd der Fall. Der Wärmewiderstand von Si stellt in den meisten Fällen nur 2-5% des gesamten Wärmewiderstands, so dass eine Vernachlässigung seiner Temperaturabhängigkeit zumeist zulässig ist. Darüber hinaus ist es in Bauelementsimulatoren auch möglich, einen spannungsabhängigen Widerstand in Analogie zu einem temperaturabhängigen Wärmewiderstand einzugeben.

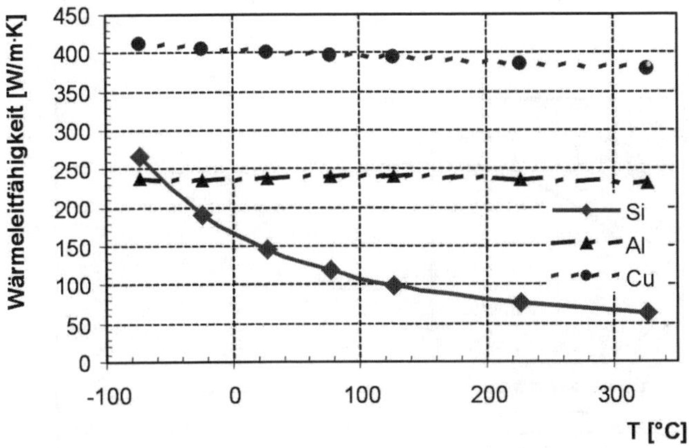

Abb. 4.4.1 Temperaturabhängigkeit der Wärmeleitfähigkeit von Si, Al und Cu. Daten nach [EFU99], Durchgezogene Linie für Si nach Gleichung (4.4.2)

Die zweite Problematik betrifft die Behandlung der Temperaturen. Als Bezugspunkte dienen die Umgebungstemperatur T_a, die Kühlkörpertemperatur T_h (h: heatsink), in einigen Fällen auch die Temperatur der Gehäuse-Grundplatte T_c, sowie die virtuelle Sperrschichttemperatur T_{vj}. Dabei kann sowohl bei T_h und insbesondere auch bei T_c von keiner gleichmäßigen Temperatur im ganzen Kühlkörper bzw. über die gesamte Grundplatte ausgegangen werden.

Insbesondere gilt diese Problematik für T_{vj}. Da eine Messung in einem gehäusten Bauelement nicht möglich ist, wird T_{vj} indirekt aus elektrischen Messungen geschlossen. Bereits in Kapitel 2.2 wurde die Durchlass-Spannung eines pn-Übergangs bei kleinen Strömen als Parameter zur Temperaturermittlung vorgestellt. Hat man diese Abhängigkeit für ein Bauelement wie in Abb. 2.2.5 kalibriert, so ergibt sich eine messtechnisch einfache Methode zur Temperaturbestimmung. Diese ist anwendbar bei Dioden und IGBTs. Bei Thyristoren kann man den pn-Übergang zwischen Gate und Kathode verwenden und bei MOSFETs kann die inverse Diode zur Ermittlung von T_{vj} benutzt werden.

Allerdings wird in der Realität keine gleichmäßige Temperatur zumindest über die Fläche eines größeren Chips vorliegen, denn aufbaubedingt hat der Bereich des Rands des Chips, wie aus den Bildern 4.2.11 und

4.2.13 günstigere Bedingungen: Der Wärmestrom kann nicht nur senkrecht nach unten, sondern auch im Substrat zur Seite fließen (Wärmespreizung). Eine Bereichung des Einflusses zeigt Abb. 4.4.2. In diesem Bild wird in einem IGBT Chip der Größe 12,5 x 12,5 mm² eine Verlustleistung von 200W erzeugt. Aus der Berechung der Temperaturverteilung ergibt sich, dass die Temperatur am Rand um etwa 20°C geringer ist als in der Mitte des Chips.

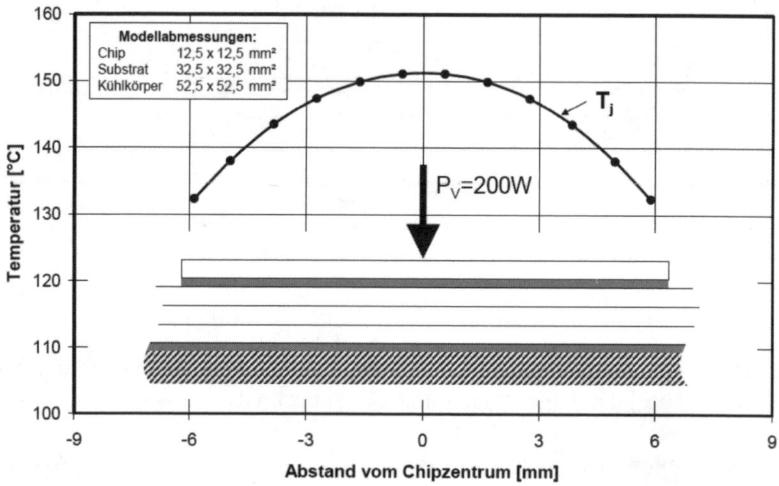

Abb. 4.4.2 Berechnete Temperaturverteilung in einem IGBT-Chip. Schichtfolge nach Abb. 4.2.12. Bild aus [Scn06]

Eine Messung mittels eines in [Ham98] vorgestellten Messverfahrens, in dem die Temperatur mittels eines Messfühlers ermittelt wird, auf dem eine Phosphoreszenzstrahlung mit einem Laser angeregt wird, zeigt Abb. 4.4.3. Die mittels des Mess-Sensors ermittelte Temperatur ist mit der aus der Durchlass-Spannung bei 100mA ermittelten Temperatur T_{vj} verglichen. Es ergibt sich bei oberer Strombelastung ebenfalls eine Abweichung zwischen Rand und Mitte von etwa 20°C. Aus diesem Bild geht hervor, dass mit T_{vj} eine Mittlung der Temperaturen über die Fläche des Chips erfolgt, wobei das wärmere Chipzentrum stärker gewichtet wird.

Die Ursache für diese stärkere Gewichtung der heißen Chipmitte liegt in Temperaturabhängigkeit der Durchlass-Spannung des hier eingehenden rückseitigen pn-Übergangs des IGBT (Übergang J1, siehe Abb. 3.6.11) bei kleinen Strömen begründet. Selbst wenn bei Nennstrom der Temperaturkoeffizient des IGBT positiv ist, wird bei kleinen Strömen die Temperaturabhängigkeit durch die Physik des pn-Übergangs bestimmt, und die Durchlass-Spannung ist in wärmeren Zonen niedriger. Dadurch wird der

Stromtransport vor allem von den heißeren Chipgebieten übernommen und es kommt zu einer höheren Gewichtung der Bereiche mit höherer Temperatur. Dieses Verhalten ist wünschenswert, da der Wärmewiderstand meist als Abschätzung der maximalen Grenzschichttemperatur herangezogen wird und eine stärkere Gewichtung der Gebiete mit höherer Temperatur den Fehler verringert. Dennoch muss man bedenken, dass gerade in Chips größerer Fläche die im Zentrum auftretenden maximalen Temperaturen deutlich höher sein können, als der gemittelte Wert der virtuelle Grenzschichttemperatur angibt.

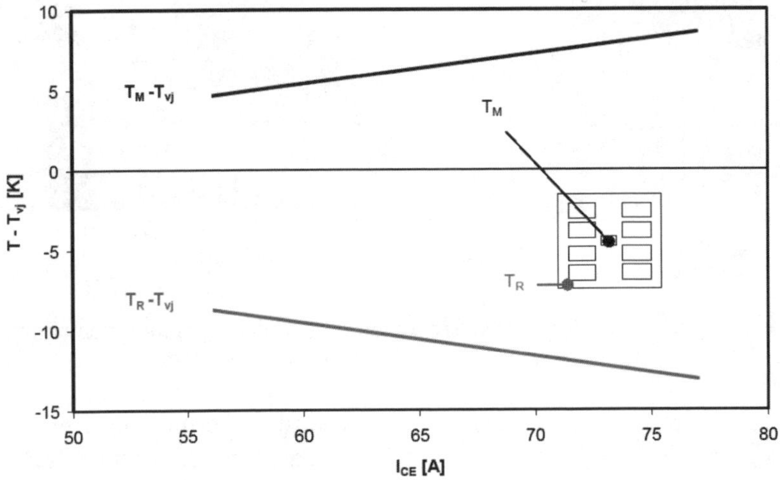

Abb. 4.4.3 Vergleich der Oberflächentemperatur eines Chips mit der virtuellen Sperrschichttemperatur T_{vj} nach [Ham98]

Ebenfalls nicht trivial ist die messtechnische Bestimmung der Referenzpunkte T_{vj} und T_h. Bei einem Modul mit Grundplatte wird zur Bestimmung des häufig verwendeten Referenzpunkts T_c eine Bohrung im Kühlkörper angebracht, diese wird zentral unter der Stelle des die Verlustleistung erzeugenden Halbleiterbauelements angebracht, wie in Abb. 4.4.4 gezeigt. Dies setzt die Kenntnis der Lage der Chips im Modul voraus. Die angebrachte Bohrung stört den Wärmefluss gerade an der Stelle der Messung. Allerdings ist durch die Wärmespreizung in Modulen mit Grundplatte der Messfehler $\leq 5\%$.

Bei Modulen ohne Grundplatte ist durch die fehlende Spreizwirkung der Grundplatte bei Anbringen dieser Bohrung die Kühlbedingung an dieser Stelle erheblich beeinträchtigt. Daher wird in [Hec01] vorgeschlagen, die Bohrung im Kühlkörper nur bis 2 mm unter der Kühlkörperoberseite zu führen. Dieses Verfahren hat den Vorteil, dass die thermische Grenzfläche zwischen Modul und Kühlkörper im Messwert enthalten ist. Es ist für alle

Bauformen anwendbar. Der so definierte Referenzpunkt wird Kühlkörpertemperatur oder "heat sink temperature" T_h genannt.

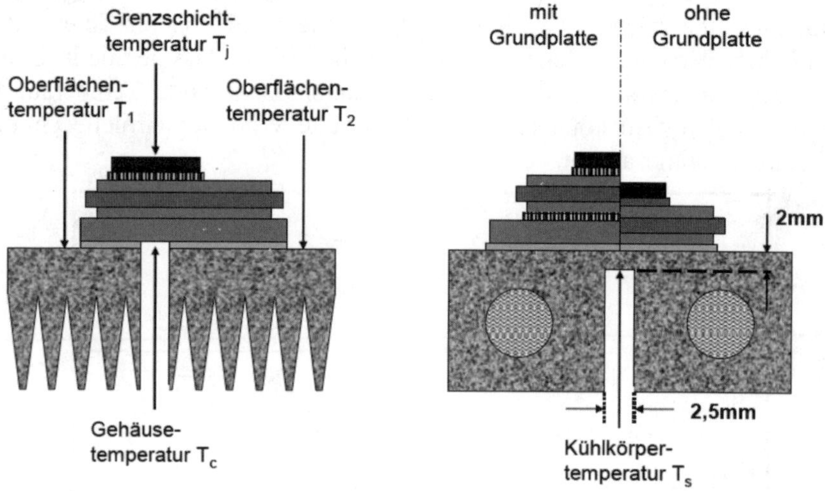

Abb. 4.4.4 Bestimmung der Gehäusetemperatur T_c und der Kühlkörpertemperatur T_h

Aus diesen Betrachtungen geht hervor, dass bei den thermischen Verhältnissen weder die Berechnung noch die Messung trivial sind und es einer Fülle Überlegungen bedarf, um jeweils das richtige Modell zu wählen und die Berechung zu interpretieren. Auch ist die jeweilige Messung kritisch zu betrachten. Nur bei umsichtiger Anwendung ist die thermische Simulation ein sehr effektives Werkzeug.

Eindimensionale Ersatzschaltbilder

Im eindimensionalen Ersatzschaltbild wird die Wärmeeinspeisung P_v durch eine Stromquelle dargestellt, die über ein Netzwerk aus den Wärmekapazitäten C_{th} und den Wärmewiderständen R_{th} mit dem durch die Masse dargestellten Bezugspunkt (Umgebungstemperatur) verbunden ist [Jae01]. Beim sogenannten Leitungs-Ersatzschaltbild (Cauer-Modell) sind die Kapazitäten zwischen den Knotenpunkten und dem Bezugspotential eingefügt. Wird nun eine Verlustleistung eingeprägt, so steigt die Temperatur an den Knoten und es wird eine Wärmeenergie in den thermischen Kapazitäten gespeichert. Die gespeicherte Energie ist proportional der Temperaturdifferenz zum Zustand vor der Einprägung einer Verlustleistung, daher ist das Leitungs-Ersatzschaltbild das physikalisch richtige Modell.

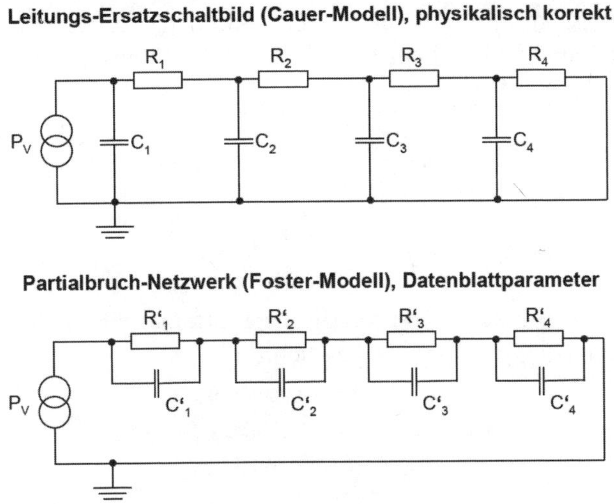

Abb. 4.4.5 Eindimensionale thermische Ersatzschaltbilder

Im Partialbruch-Netzwerk (Foster-Modell) sind dagegen die Kapazitäten parallel zu den thermischen Widerständen geschaltet. Während im Leitungs-Ersatzschaltbild die Knoten geometrischen Orten zuzuordnen und die Widerstände und Kapazitäten aus den Materialparametern zu berechnen sind, ist dies beim Partialbruch-Netzwerk nicht möglich. Das erkennt man bereits an der Vertauschbarkeit von zusammengehörigen Paaren aus Widerstand und Kapazität. Im Partialbruch-Netzwerk lässt sich die Anordnung der Paare beliebig vertauschen, ohne dass sich das dynamische Verhalten des Gesamtsystems ändert. Im Leitungs-Ersatzschaltbild ist dies nicht möglich. Obwohl diese Überlegungen alle für die Verwendung des Leitungs-Ersatzschaltbildes sprechen, erlaubt das Partialbruch-Netzwerk die verhältnismäßig einfache Berechnung der Temperaturänderung aufgrund zeitlich veränderlicher Verlustleistungen, hier gilt für die thermische Impedanz Z_{th}

$$Z_{th} = R_{th}(t) = \sum_{v=1}^{n} R_{thn} \cdot \left[1 - \exp\left(-\frac{t}{\tau_v} \right) \right] \quad \text{mit } \tau_v = R_{thv} \cdot C_{thv} \qquad (4.4.3)$$

dabei können R_v und C_v bei einfachen Modellen aus der logarithmischen Auftragung gemessenen Abkühl- oder Aufheizkurven näherungsweise entnommen werden. In Datenblättern finden sich vielfach Angaben zu Parametern nach dem Partialbruch-Netzwerk. Diese Angaben sind für die thermische Auslegung nützlich. Allerdings ist zu beachten, dass die hier erhaltenen Knoten keine physikalische Zuordnung zu der Geometrie des Aufbaus aufweisen.

Im Leitungs-Ersatzschaltbild (Cauer-Modell) können die einzelnen Wärmewiderstand R_{thv} und Wärmekapazität C_{thv} aus physikalischen Materialkonstanten abgeleitet werden:

$$R_{th} = \frac{1}{\lambda} \cdot \frac{d}{A} \tag{4.4.4}$$

$$C_{th} = c \cdot \rho \cdot d \cdot A \tag{4.4.5}$$

mit d = Dicke Schicht, A = Fläche, λ = spezifische Wärmeleitfähigkeit, c = spezifische Wärmekapazität, ρ = spezifische Dichte.

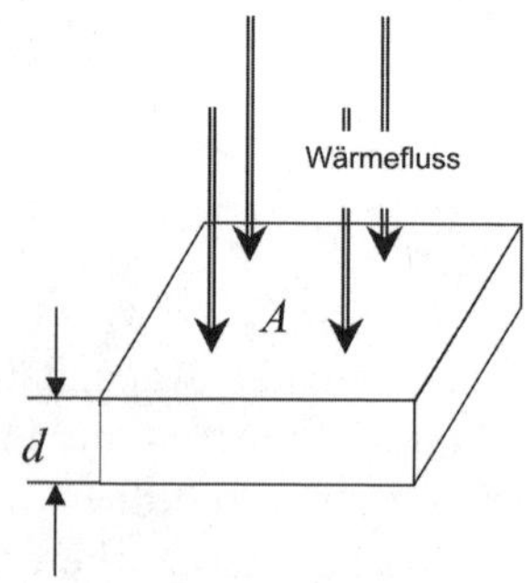

Abb. 4.4.6 Bestimmung von R_{th} und C_{th} aus Geometrie und Materialparametern

Damit ist eine Modellierung aus Geometrie und Materialdaten des behandelten Systems möglich.

Dreidimensionales Netzwerk

Die Geometrien innerhalb von Leistungsmodulen sind komplex, die verschiedenen Schichten haben unterschiedliche Abmessungen (siehe dazu Abschnitt 4.2, insbesondere die Abbildungen 4.2.11 und 4.2.12). Die Cu-Schichten weisen einen niedrigen spezifischen Wärmewiderstand auf und erweitern oberhalb von Schichten mit hohem Wärmewiderstand (Keramik, Wärmeleitpaste) die wärmeführende Fläche. Die Struktur kann nun aufgeteilt werden in ein Gitter aus einzelnen Quadern (Abb. 4.4.7), die untereinander durch Widerstände verbunden sind.

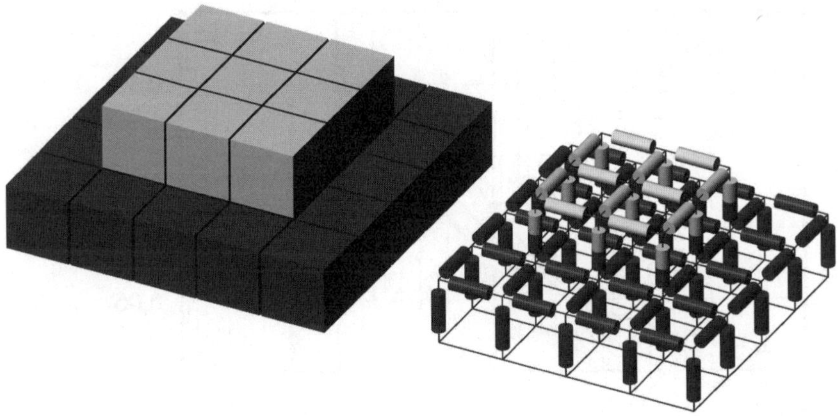

Abb. 4.4.7 Rechengitter für eine einfache Struktur und Ersatzschaltbild für den thermischen Widerstand, nach [Scn06]

In Abbildung 4.4.7 liegen die Kontenpunkte des Netzwerks jeweils im Mittelpunkt der Quader. Die Widerstände zum benachbarten Quader werden jeweils anteilig vom Material des jeweiligen Quaders bestimmt, bei einem Material-Übergang besteht der Widerstand also jeweils aus beiden Materialien und wird aus beiden Komponenten zusammengesetzt.

Abbildung 4.4.7 zeigt gleichzeitig, obwohl nur 2 Schichten berücksichtigt sind, dass das Netzwerk bereits komplex wird. Es sind bereits 34 Knoten und 36 Widerstände entstanden. Dabei wären noch zusätzlich die Wärmekapazitäten nach dem Cauer-Modell zu berücksichtigen. Es versteht sich, dass bei dieser Komplexität die Verhältnisse nur noch mit einem leistungsfähigen Netzwerksimulator zu berechnen sind. Die Simulation ergibt aber Auskunft über die Temperatur in Schichten, die der Messung nicht zugänglich sind. Wie bereits diskutiert, sind auch Messungen der Temperatur nicht trivial [Hec01] und die Simulation erweist sich oft als zuverlässiger als die einzelne Messung.

Der transiente thermische Widerstand

Der mit einem 3dimensionalen Modell berechnete Verlauf des transienten, zeitabhängigen thermischen Widerstands Z_{th} (thermische Impedanz) wird in Abb. 4.4.8 gezeigt. Verglichen sind jeweils AlN-basierte Module, dabei zwei Aufbauten mit Grundplatte nach Abb. 4.2.11 mit den Schichtdicken in Tabelle 3 und ein Modul ohne Grundplatte nach Abb. 4.2.12 mit den Schichtdicken in Tabelle 4.

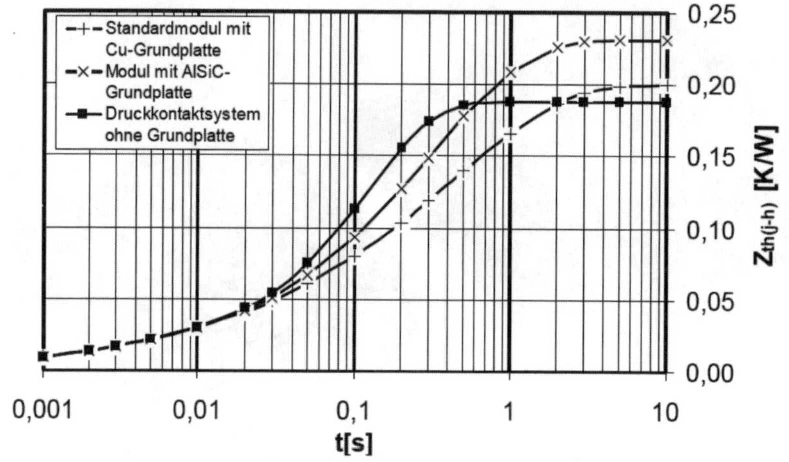

Abb. 4.4.8 Modellrechnung des transienten thermischen Widerstands für Systeme mit AlN-Substraten im Vergleich. Nach [Scn99]

Für sehr kleine Pulsdauern < 0,005s ist die thermische Impedanz klein und unterscheidet sich nicht für die verschiedenen Aufbauten, die Wärme wird fast ausschließlich von der Wärmekapazität des Silizium-Chips aufgenommen. Für große Zeiten strebt die thermische Impedanz zu ihrem Grenzwert für den stationären Fall, dem stationären thermischen Widerstand R_{th}. In diesem Fall ist zu sehen, das der Wärmewiderstand des Moduls ohne Grundplatte etwas niedriger ausfällt als der des Moduls mit Cu-Grundplatte, aufgrund des fehlenden Wärmewiderstands der Grundplatte. Bei dem Modul mit AlSiC Grundplatte ist der Wärmewiderstand deutlich höher auf Grund der schlechteren Wärmeleitfähigkeit von AlSiC. Dieser verschlechterte stationäre Wert für AlSiC verschiebt die Z_{th}-Kurve auch für mittlere Pluslängen von 0,05 bis 0,5s nach oben. Allerdings ist in diesem Bereich Z_{th} beim System ohne Grundplatte am höchsten, hier wirkt sich der fehlende Wärmespeicher der Grundplatte aus. Somit enthält das System ohne Grundplatte weniger Reserven für kurzzeitige Überlastfälle.

4.5 Parasitäre elektrische Elemente in Leistungsmodulen

In jedem Leistungsmodul finden sich durch interne Leitungen parasitäre Widerstande und Induktivitäten sowie durch die dielektrischen Schichten verursachte parasitäre Kapazitäten. Insbesondere bei schnellen Schaltvorgängen ist deren Einfluss nicht zu vernachlässigen.

Parasitäre Widerstände

Bereits in Abschnitt 4.2 wurde der signifikante Beitrag der äußeren und inneren Zuleitungen zum auftretenden Spannungsabfall bei diskret aufgebauten Bauelementen behandelt. Abb. 4.5.1 zeigt am Beispiel des Herstellers IR die Entwicklung der Gehäusetypen, Tabelle 11 gibt die dafür charakteristischen Parameter an.

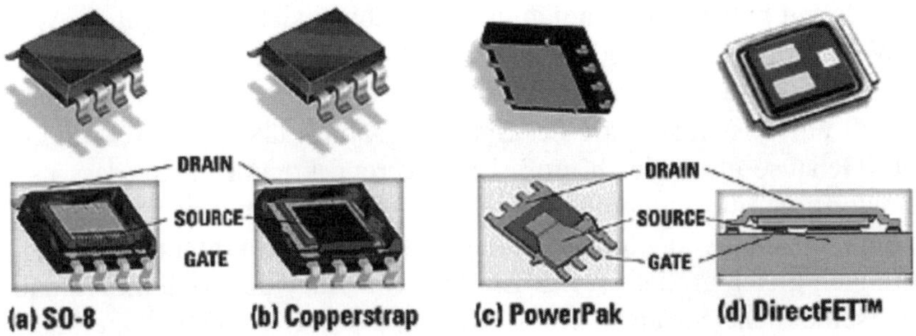

Abb. 4.5.1 Optimierung von diskreten Gehäusen zur Reduzierung parasitären Widerstände und Induktivitäten, sowie des Wärmewiderstands. Nach [Zhg04]

Tabelle 11. Parameter parasitärer Komponenten der Gehäuse in Abb. 4.5.1. Nach [Zhg04]

Bauform	Widerstand des Gehäuses (mΩ)	Induktivität des Gehäuses (nH)	R_{th} Junction-PCB (K/W)	R_{th} Junction-Case Oberseite (K/W)
SO-8	1.6	1.5	11	18
Copperstrap	1	0.8	10	15
PowerPak	0.8	0.8	3	10
DirectFET	0.15	<0.1	1	1.4

Das Ersetzen der Bonddrähte durch einen Kupferstreifen beim Übergang vom SO-8 zum Copperstrap (Kupferstreifen)-Gehäuse reduziert den inneren Widerstand und die parasitäre Induktivität. Da bei einem typischen 40V MOSFET der Widerstand R_{on} durch Fortschritte in der Chip-Technologie bereits im Bereich von 1mΩ angekommen ist, wurden diese Arbeiten unbedingt erforderlich. Beim Übergang zum Power-Pak Gehäuse wird Epoxydharz durch eine fast die Gesamte Grundfläche ersetzende Cu-Grundplatte ersetzt, die gleichzeitig den Drain-Kontakt darstellt. Den größten Fortschritt ergibt das DirectFET-Gehäuse, bei dem nahezu alle parasitären Komponenten minimiert wurden.

Auch bei Modulen sind die parasitären Widerstände beträchtlich. Der Hersteller Infineon gibt inzwischen in seinen Datenblättern den durch das Modul verursachten Widerstand an. Für das Hochleistungsmodul FZ3600R12KE3 - ein 1200V 3600A IGBT-Modul - werden 0,12mΩ spezifiziert [INF01]. Beim Nennstrom von 3600A errechnet sich damit für das Gehäuse ein Spannungsabfall von 0,43 V. Der Spannungsabfall der IGBTs bei diesem Strom beträgt typisch U_{CEsat} =1,7V. Damit verursacht das Gehäuse bereits etwa 20% des gesamten Spannungsabfalls. Auch für andere Module mit hoher Stromtragfähigkeit errechnen sich vergleichbare Werte.

Würden in diesem Modul die 36 IGBT-Chips, die jeweils auf 100A spezifiziert sind, durch 75V 100A MOSFETs ersetzt, die einen R_{on} von typ. 4,9mΩ aufweisen, so wäre der Spannungsabfall über den MOSFETs und dem Gehäuse etwa gleich groß. Erschwerend kommt hinzu, dass es sehr schwierig ist, die Zuleitungen in einem Modul symmetrisch zu führen, d. h. eine Vielzahl von Chips so anzuordnen, dass die Widerstände ihrer Zuleitungen gleich groß sind. Der Einfluss von Unsymmetrien im Aufbau auf unterschiedliche Stromaufteilung wird umso gravierender, je geringer die über jedem einzelnen Halbleiterchip abfallende Spannung ist.

Dieser Vergleich zeigt, dass es eine besonders anspruchsvolle Aufgabe ist, für Anwendungen bei niedriger Spannung und hohem Strom geeignete Bauformen in Modulen zu finden. Noch gravierender wirkt sich aber hierbei die Problematik interner Induktivitäten aus.

Parasitäre Induktivitäten

Jede Zuleitung stellt gleichzeitig eine Induktivität dar. Als Faustregel für die Abschätzung der Größenordung kann dienen

$$L_{par} \approx 10nH/cm \tag{4.5.1}$$

eine Regel, die oft zur Abschätzung von Leitungsinduktivitäten benutzt wird. Durch parallele Führung der plus- und der Minus-Zuleitung kann die Induktivität gesenkt werden, dies wird in einigen Modulen so weit als möglich gemacht. Typische Modulinduktivitäten liegen bei Modulen älterer Bauart im Bereich 50nH, bei modernen Modulen im Bereich 10-20nH. In einem Kommutierungskreis gehen die Induktivitäten ein, die Abb. 4.5.2 zeigt.

Abb. 4.5.2 enthält die elektrischen Komponenten, die in den Kommutierungskreis eingehen:

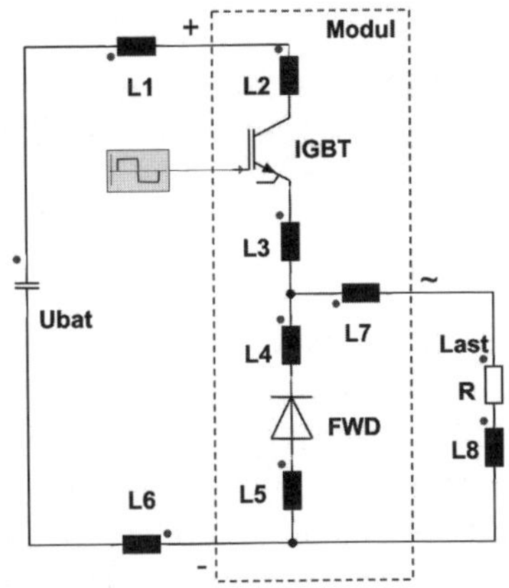

Abb. 4.5.2 Parasitäre Induktivitäten in einem Kommutierungskreis

L1 und L6 repräsentieren die Induktivität der Zwischenkreiskondensatoren sowie die Induktivitäten der Zuleitungen

L2 stellt die Induktivität des Plus-Anschlussstücks, der Zuleitungen auf dem Substrat bis zum auf der Kollektorseite aufgelöteten IGBT-Chip dar.

L3 wird durch die Bonddrähte auf dem Emitter des IGBT sowie durch die Substrat-Leiterbahnen zum Wechselanschluss verwirklicht.

L4 stellt die Induktivität der Zuleitung vom Wechselanschluss zur kathodeseitig aufgelöteten Freilaufdiode dar.

L5 besteht aus den anodenseitigen Bonddrähten, der Zuleitung auf dem Substrat sowie dem Minus-Anschlussstück.

L8 repräsentiert in dieser Anordnung die Induktivität der Last, die für die Kommutierung als Stromquelle wirkt. Ihre Induktivität sowie die in Reihe zu ihr liegende Induktivität des Wechselanschlusses L7 gehen nicht in den Kommutierungskreis ein. Die wirksamen parasitären Induktivitäten sind alle in Reihe geschaltet, so dass sie zusammengefasst werden können zur parasitären Modulinduktivität L_{pm}

$$L_{pm} = L2 + L3 + L4 + L5 \tag{4.5.2}$$

sowie zur gesamten parasitären Induktivität L_{par}

$$L_{par} = L_{pm} + L1 + L6 \tag{4.5.3}$$

Die Auswirkung dieser parasitären Induktivität soll anhand zweier Beispiele abgeschätzt werden. Im ersten Fall sei ein Frequenzantrieb für einen Drehstrom-Motor betrachtet, ausgestattet mit 3 IGBT- Halbbrücken, die Bauelemente seien spezifiziert auf einen Nennstrom von 800A bei einer Spannungsklasse von 1200V. Die oberste in der Anwendung auftretende Zwischenkreisspannung sei U_{bat} = 800V, die parasitäre Induktivität des verwendeten modernen Moduls betrage L_{par} = 20nH, die höchste Stromflanke sei bei der Kommutierung einer Diode di_r/dt = 5000A/µs. In Abschnitt 3.1 wurde für diesen Fall die Gleichung (3.1.58) für den Spannungsverlauf angegeben

$$U(t) = -U_{bat} - L_{par} \cdot \frac{di_r}{dt} + U_{tr}(t)$$

Die induktive Spannungsspitze beträgt 100V. Somit wäre maximal mit einer Spannungsspitze von 900V zu rechnen, was sicher innerhalb der Spezifikation des Bauelements liegt. Darüber hinaus ist bei IGBTs typisch, dass die Spannung $U_{tr(t)}$ nicht abrupt abklingt, sondern nach dem Einschalten erst langsam ausklingt. $U_{tr(t)}$ hat ein der induktiv erzeugten Spannung entgegengesetztes Vorzeichen. In dem Fall wird in der Messung keine Spannungsspitze > 800V gefunden, ein Beispiel dafür gibt Abb. 3.1.20.

Im zweiten Beispiel sei ein Halbbrücken-Modul für den Starter-Generator bei einem anvisierten 42V Bordnetz eines Autos betrachtet, jeder aus MOSFETs bestehende Schalter sei auf 700A ausgelegt bei einer Spannungsklasse von 75V. Wieder liege L_{par} = 20nH und di_r/dt = 5000A/µs vor. Die induzierte Spannung ist jetzt ebenfalls 100V, und so müsste nach (4.5.4) mit einer Spannungsspitze von 142 V gerechnet werden. Bei MOSFETs klingt beim Einschalten die Spannung sehr abrupt ab, so dass $U_{tr}(t)$ vernachlässigt werden kann und die Spannungsspitze nicht reduziert wird. Mit 142V wäre aber die für die Bauelemente spezifizierte Sperrspannung überschritten!

Damit sind wiederum gerade im Anwendungsbereich niedriger Spannungen und hoher Ströme die höchsten Anforderungen aufgetreten. Dazu kommt noch das Problem der Symmetrierung.

Wiederum in einer Anwendung im 1200V Bereich zeigt Abb. 4.5.3a das Beispiel einer Parallelschaltung von 5 IGBTs und einer dazugehörigen Freilaufdiode auf dem DCB-Substrat. Die Positionen der zugehörigen Anschlüsse sind symbolisiert. Das Ersatzschaltbild dieser Anordnung zeigt Abb. 4.5.3b. Die Zuleitungen auf dem Substrat werden durch die Induktivitäten L1 bis L9, die Bonddrähte durch L10 bis L15 dargestellt. Während sich im Kreis zum Chip IGBT3 4 parasitäre Einzelinduktivitäten in Reihe finden, finden sich zum Chip IGBT1 8 Induktivitäten in Reihe. Somit ist mit einem Unterschied in den parasitären Induktivitäten um den Faktor 2 zu rechnen. Bei Kommutierung wird sich die angelegte Stromflanke di/dt unterschiedlich auf die Chips aufteilen. Zusätzlich besteht die Gefahr von internen Schwingungen zwischen den Chips. Darauf wird in Kap. 6 noch eingegangen.

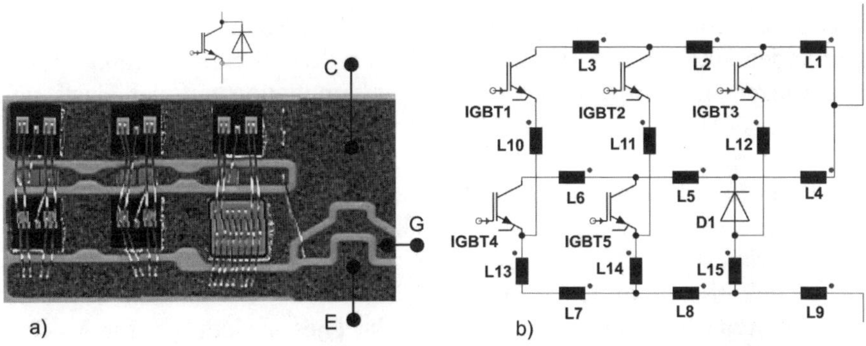

Abb. 4.5.3 a) IGBT-Freilaufdioden-Einheit, realisiert durch 5 parallelgeschaltete IGBT-Chips und ein antiparalleles Diodenchip. b) Ersatzschaltbild der Bauelemente und der von den Zuleitungen gebildeten parasitären Induktivitäten.

Eine symmetrische Anordnung in einem großflächigen Modul mit zahlreichen parallelgeschalteten Chips zu finden ist sehr schwierig, Abb. 4.5.3 ist noch eine der besseren Lösungen. Insbesondere sind die Lösungen kritisch, in denen bei Parallelschaltung ein Zweig einen kurzen Weg hat, dazu parallel Chips mit langen Wegen angeordnet sind. Bei Messung der Induktivität dominiert die kleine Induktivität, ein kleiner Wert wird gemessen, während intern beträchtliche Wege bestehen.

Für kleine Spannungen und hohe Ströme wurden inzwischen Lösungen erarbeitet, die einen großen Fortschritt darstellen [Mou02]. Ein Beispiel zeigt Abb. 4.5.4.

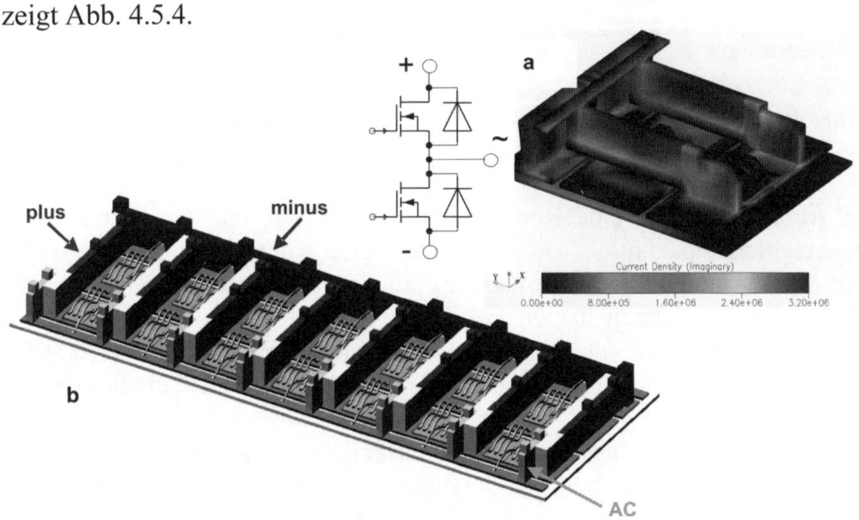

Abb. 4.5.4 Mit MOSFETs realisierte Halbbrücke. a) Einzelzelle, parasitäre Induktivität simuliert zu 1,9 nH. b) Symmetrische Parallelschaltung von 7 Einzelzellen zu einer 700A Halbbrücke. Nach [Mou02]

Die Einzelzelle stellt eine Halbbrücke aus zwei MOSFETs dar, die Freilaufdioden sind jeweils die internen Dioden des MOSFET (Abb. 4.5.4a). Die Einzelzelle wurde durch numerische Simulation auf der Basis des Fast-Henry-Algorithmus [Kam93] optimiert, dabei wurde die dynamische Stromverteilung in der dreidimensionalen Anordnung unter Berücksichtigung von Skin-Effekt und Wirbelströmen berechnet. Die optimale Anordnung ergab eine Induktivität der Einzelzelle von 1,9nH, durch symmetrische Parallelschaltung von 7 Einzelzellen und die Anordnung des Zwischenkreises unmittelbar über den Plus-Minus-Anschlüssen wurde eine Induktivität im Sub-nH Bereich erreicht. Dieses Modul ist für Anwendungen in der oben beschriebenen Anwendung zur Steuerung eines Starter-Generators geeignet.

Parasitäre Kapazitäten

In der Umgebung eines auf ein keramisches Substrat montierten Chips (Abbildung 4.5.1) finden sich parasitäre Kapazitäten.

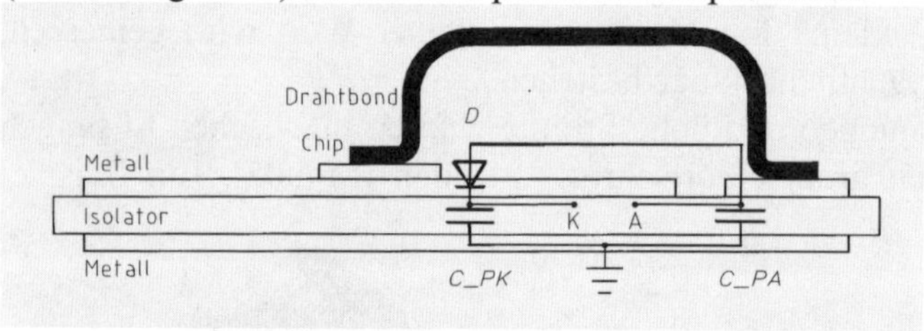

Abb. 4.5.5 Parasitäre Kapazitäten eines auf Keramiksubstrat montierten Chips am Beispiel einer Diode. Nach [Lin02]

In Abb. 4.5.5 liegt eine Reihenschaltung aus C_{PA} und C_{PK} parallel zur Sperrschichtkapazität C_J vor, diese bildet eine Koppelkapazität gegen das auf Masse-Potential liegende Gehäuse, und darüber besteht eine kapazitive Kopplung zu anderen Teilen der Schaltung. Die entstehende parasitäre Kapazität hängt nun von Dicke und Materialeigenschaften des Verwendeten Isolators ab. Die Daten dazu wurden in Abschnitt 4.3, Tabelle 9 angegeben.

Aufgrund ihrer schlechten Wärmeleitfähigkeit, aber gleichzeitig hohen Durchbruchfeldstärke werden Isolatoren aus Epoxyd und Polyimid sehr dünn gemacht. Das führt zu einer hohen Kapazität pro Fläche und schränkt den Einsatz solcher Komponenten (IMS-Substrate) für sehr schnell schaltende Bauelemente ein.

In einem isolierten TO 220 Gehäuse – Grundfläche der Metallisierung unter der Kathode des Chips 8mm x 12,5mm, Isolator Al_2O_3 der Dicke 0,63mm, $\varepsilon_r = 9{,}8$ – errechnet sich die Kapazität unter der Kathode C_{pk}

$$C_{PK} = \varepsilon_0 \cdot \varepsilon_r \cdot \frac{A}{d} \tag{4.5.4}$$

Dies führt in dem Beispiel auf 14pF, bei einer dünneren Keramik von 0,38mm Dicke auf 23pF. Wird als Diode beispielsweise die GaAs Schottky-Diode DGS10-018A verwendet, so ist die (spannungsabhängige) Sperrschichtkapazität C_J (100V) = 22pF zu ermitteln [Lin02]. Von dieser Sperrschichtkapazität wird erwartet, dass sie die Schalteigenschaften bestimmt, aber die durch den Aufbau bedingte Kapazität liegt in derselben Größenordnung und ist keineswegs mehr zu vernachlässigen.

Im genannten Beispiel ist die Situation dadurch zu entschärfen, dass in der Reihenschaltung von C_{PK} und C_{PA} die in C_{PA} eingehende Fläche sehr viel kleiner gemacht wird. Für die gesamte parallel zur Sperrschicht liegende Kapazität C_{PG} gilt

$$C_{PG} = \frac{C_{pk} \cdot C_{pa}}{C_{pk} + C_{pa}} \tag{4.5.5}$$

Liegt C_{PA} bei 1/5 von C_{PK}, so ist damit die Gesamtkapazität C_G auf 1/6 reduziert. Diese günstige Situation liegt in Gehäusen der TO-Familie, einzeln betrachtet, im Allgemeinen vor.

Nun seien aber zur Erhöhung der Spannungsbelastbarkeit 2 Dioden in Reihe geschaltet. Der Aufbau entspräche jeweils dem in Abb. 4.5.5. Das Ersatzschaltbild dafür zeigt Abb. 4.5.6.

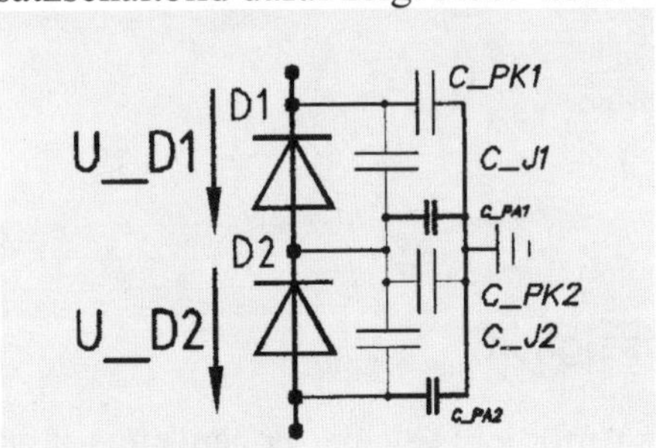

Abb. 4.5.6 Parasitäre Kapazitäten bei Reihenschaltung zweier TO 220 Gehäuse. Aus [Lin01]

Über Diode D1 liegt C_{PK1} und dazu in Reihe die Parallelschaltung aus C_{PA1}und C_{PK2}. Mit zwei identischen Gehäusen ergibt sich die über D1 liegende Gesamtkapazität zu 6/11 bzw. 0,54C_{PK1}.
Über Diode D2 liegt die kleinere Kapazität C_{PA2} und dazu in Reihe die Parallelschaltung aus C_{PK2} und C_{PA1}. Dafür ergibt sich die auf diese Diode entfallende Kapazität zu 0,17 C_{PK1}.

Somit bilden die parasitären Kapazitäten einen asymmetrischen kapazitiven Spannungsteiler. Von der Aufteilung der Spannung bei Schaltvorgängen wäre aber eine symmetrische Aufteilung der Spannung notwendig. Dieses Beispiel soll zeigen, dass Situationen auftreten können, die auf den ersten Blick nicht erwartet werden.

Bei Verwendung nicht isolierter TO-Gehäuse werden diese vielfach mit Polyimid-Folien vom Kühlkörper isoliert. Auch dieser Übergang stellt eine parasitäre Kapazität dar, entsprechend Tabelle 9 ist dann noch mit einer sehr viel größeren parasitären Kapazität zu rechnen.

Während in den genannten Beispielen die Verhältnisse noch mittels analytischer Betrachtung ermittelt werden können, erreichen Multichip-Aufbauten mit zahlreichen verschalteten Einzelchips, Leiterbahnen usw. eine hohe Komplexität und sind analytisch nicht mehr zu beschreiben.

Insbesondere liegen im Allgemeinen parasitäre Widerstände, Induktivitäten und parasitäre Kapazitäten und Sperrschichtkapazitäten gemeinsam vor. Es können Schwingkreise auftreten, die zu Oszillationen führen [Gut01]. Auf der Basis des genannten Fast-Henry Algorithmus ist eine Analyse und Optimierung von Systemen in dieser Beziehung heute möglich und auch für die Zuverlässigkeit leistungselektronischer Systeme dringend erforderlich.

4.6 Zuverlässigkeit

Anforderungen an die Zuverlässigkeit

An Leistungsbauelemente steht die Anforderung einer hohen Zuverlässigkeit. Zu ihrer Prüfung sind Tests vorgeschrieben, die in Tabelle 12 am Beispiel des Herstellers Infineon zusammengefasst sind.

Jeder Halbleiterhersteller hat eigene Qualitätsstandards. Für moderne Bauelemente (MOS/IGBT Produkte in Tabelle 12) sind diese jedoch weitestgehend einheitlich bei den verschiedenen internationalen Herstellern. Es ist ersichtlich, dass mit Einführung der modernen Bauelemente die Zuverlässigkeitsanforderungen verschärft wurden. So wird der Heißsperrdauertest jetzt bei 100% der spezifizierten Sperrspannung durchgeführt, es werden 20 000 statt 10 000 Lastwechsel vorgeschrieben, usw.

Tabelle 12. Zuverlässigkeits-Standards von Leistungsbauelementen am Beispiel des Herstellers Infineon

Typ	Bezeichnung	Bedingungen	Normen
HTRB	Heißsperrdauertest	MOS/IGBT: 1000h, T_{vjmax}, V_{CEmax} ($\leq$ 2.0 kV), 0.8*V_{CEmax} (>2.0 kV) Konv.; 1000h, T_j = 125°C, V_{RM}=0.9*V_{RRM}, V_{RM}/V_{DM}=0.8*V_{RRM}/V_{DRM} [a]	IEC 60747-2/6 Kap. V IEC 60747-9: 1998
HTGS	Hochtemperatur-Gatestresstest	1000h, ±V_{GEmax}, T_j = 125°C	IEC 60747-9: 1998
H3TRB	Feuchte Wärmelagerung unter Spannung	1000h, 85°C, 85%RH, V_{CE} = 0.8*V_{CEmax}, aber max. 80 V, V_{GE}= 0V V_D, V_R = 0V	IEC 60749: 1996
TST	Thermischer Schock	T_{stgmin} - T_{stgmax}, typ. –40°C to +125°C, aber ΔT_{max} ≤165K $t_{storage} \geq$ 1h, $t_{change} \leq$ 30 s Hochleistung (Standard): 20 Wechsel Hochleistung (Traktion): 100 Wechsel; Mittlere Leistung: 50 Wechsel, Konv.: 25 Wechsel [a]	IEC 60749: 1996
TC	Temperaturwechsel	Externes Heizen und Kühlen 2 min. < $t_{cycl.}$ < 6 min; ΔT_C= 80K, T_{cmin} = 25°C Hochleistung (Standard): 2 000 Wechsel; Mittlere Leistung: 5 000 Wechsel Konv.: 5000 Wechsel [a]	IEC 60747-2/6 Kap. IV IEC 60747-9: 1998
PC	Lastwechsel	Internes Heizen und externes Kühlen 0.5 < t_{cycl} < 10 sec; ΔT_j = 60K, T_{jmax} = 125°C, 130 000 Wechsel.	IEC 60747-9: 1998
RS	Temperaturbeständigkeit Gehäuse [b]	260 °C ± 5 °C, Puls 10 s ± 1 s	IEC 60749: 1996
S	Lötbarkeit [b]	235 °C ± 5 °C, Alterung 3	IEC 60749: 1996
V	Vibration (optional)	Nach Standard 50 Hz, 98 m/s^2 = 10g	IEC 60749: 1996

[a] konventionelle Bauelemente - Thyristoren, Dioden
[b] wenn Weiterverarbeitung durch Löten vorgesehen

Für die „alten“ Bauelemente (Thyristor/Diode Produkte in Tabelle 12) können die gestellten Anforderungen von Hersteller zu Hersteller sehr verschieden sein. Zwar beziehen sich alle Tests auf Normen. Diese legen jedoch oft nur das Testverfahren fest und nicht die konkreten Bedingungen. Es empfiehlt sich bei diesen Bauelementen, bei der Auswahl des Herstellers die spezifizierte Zuverlässigkeit zu hinterfragen. Es ist auch möglich, dass Abstriche an der Zuverlässigkeit gemacht werden, um mit einer einfachen Technologie einen sehr niedrigen Marktpreis anbieten zu können. Daher sind gewisse Kenntnisse über die Testbedingungen und deren Auswirkungen für den Ingenieur, der Bauelemente und Hersteller auswählt, notwendig. Von leistungselektronischen Anlagen hängt in vielen Fällen die Sicherheit von Menschen ab, in diesen Fällen sollten keinesfalls Abstriche an der Zuverlässigkeit zugunsten niedrigerer Kosten gemacht werden.

Einige der aufgeführten Tests, z. B. der Vibrationstest, sind für Leistungsbauelemente erst im eingebauten Zustand kritisch. Leistungsbauelemente selbst sind im allgemeinen kompakt aufgebaut, diese Tests beziehen sich mehr auf die elektronischen Anlagen, die mechanisch schwingfähige Einzelteile haben können. Auf die wichtigsten Tests wird im folgenden noch eingegangen. Insbesondere der Lastwechseltest legt die zu erwartende Lebensdauer in der Anwendung fest.

Heißsperrdauertest und Gate-Stress-Test

Heißsperrdauertest und Gate-Stress-Test testen die in den Leistungsbauelementen eingesetzten Halbleiter-Chips. Im Heißsperrdauertest wird das Bauelement entsprechend seiner Spannungsklasse mit Gleichspannung belastet und der maximal erlaubten Temperatur (Tabelle 12) ausgesetzt. Im Volumen des Si-Chips können bei diesen Temperaturen im Allgemeinen noch keine Veränderungen entstehen. Dieser Test zielt darauf ab, Schwachstellen in der Randkontur und in der Passivierungsschicht aufzudecken.

Sind in der Passivierungsstruktur vom Herstellungsprozess bedingt Kontaminationen durch metallische und andere Ionen vorhanden, und besteht bei dieser Temperatur auch nur eine schwache Beweglichkeit der Ionen, so setzt eine Wanderung der Ionen im elektrischen Feld ein. An der Halbleiteroberfläche ist, auch bei durch geeignete Randkontur aufgeweitete Raumladungszone, mit Feldern zwischen 100kV/cm und 150kV/cm zu rechnen. Bewegliche Ionen können sich zu Oberflächenladungen anreichern. Wo die niedrig dotierten Zonen an die Halbleiteroberfläche gelangen, können sich Inversionskanäle bilden, die den pn-Übergang kurzschließen. Auch wenn sie zunächst noch eine sehr niedrige Stromtragfähigkeit aufweisen mögen, machen sie sich im Anstieg des Sperrstroms bemerkbar.

Während der Testdauer von 1000h wird der Sperrstrom überwacht. Kriterien für die Erfüllung des Tests sind

- kein signifikanter Anstieg des Sperrstroms während des Tests
- Nach Testende und Abkühlen des Bauelements wird der Sperrstrom bei Raumtemperatur nachgemessen, er darf gegenüber der Messung vor Beginn des Tests nur im Rahmen eines genau definierter Grenzwerts angestiegen sein.

Abbildung 4.6.1 zeigt ein Beispiel eines Heißsperrdauertests. Aufgetragen ist für acht im Test befindliche Bauelemente die Höhe des Sperrstroms über der Testdauer. Die Bauelemente in diesem Test sind zunächst stabil, aber nach 200 Stunden ein Anstieg des Sperrstroms bei einigen Bauelementen zu sehen. Nach ca. 920 Stunden wurde aufgrund des hohen Anstiegs des Sperrstroms einiger Bauelemente der Test abgebrochen, diese Bauelemente haben den Test nicht bestanden. Die angewandte Passivierung war für diese Bauelemente nicht geeignet.

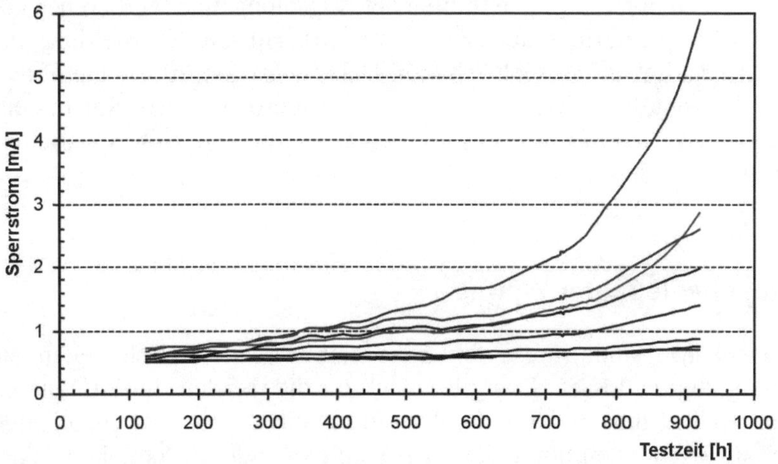

Abb. 4.6.1 Verlauf eines Heißsperrdauertests - Beispiel eines nicht bestandenen Tests

Vom Halbleiterhersteller wird ein Bauelement erst dann freigegeben, wenn die Prototypen den Heißsperrdauertest bestanden haben.

Zu diesem Test ist aber anzumerken, dass er gegenüber der typischen Anwendung sehr hohe Anforderungen stellt. In der Praxis liegen am Leistungsbauelement nur die Zwischenkreisspannung (typ. 50-67% der spezifizierten Sperrspannung) an, nur kurzzeitige Spannungspulse sind höher. Und in kaum einer Anwendung liegt an einem MOSFET oder IGBT eine Gleichspannung an. Im Test wird das Bauelement höher belastet als in der

Anwendung, allerdings ist der Test nach etwa 6 Wochen abgeschlossen, während Leistungsbauelemente in der Anwendung oft 20 Jahre und mehr im Betrieb sind.

Beim Gate-Stress-Test liegen zwar nur 20V als Gleichspannung an, aber diese liegen über dem Gate-Oxyd mit einer Dicke im Bereich von 100nm. Damit liegt eine Feldstärke im Bereich von 2MV/cm über dem Gate an. Zum Bestehen dieser Anforderung muss das Oxyd fehlerfrei sein und darf nur eine sehr niedrige Dichte an Grenzflächenladungen aufweisen. Durchführung und Beurteilung des Gate-Stress-Tests erfolgen ähnlich wie beim Heißsperrdauertest.

Heißlagerung, Tieftemperaturlagerung

Diese Tests zielen vor allem auf die Beurteilung der Gehäuse ab. Kunststoffe dürfen sich bei der spezifizierten Temperatur auch bei langer Zeit nicht verformen und die Eigenschaften der Kapselung nicht verlieren.

Die Tieftemperaturlagerung zielt ebenfalls auf die Beurteilung der Langzeitbeständigkeit des Gehäuses ab. Dabei wird geprüft, ob die Elastizität der Kunststoffelemente, bei Modulen insbesondere des Silicongels, auch bei tiefen Temperaturen noch erhalten bleiben, oder ob Spannungsrisse auftreten.

Sperrtest bei feuchter Wärme

Scheibengehäuse sind, sofern fehlerfrei montiert, hermetisch gegen die Umgebung abgeschlossen. Das gilt jedoch für die meisten Bauformen von Modulen nicht. Chips und Bonddrähte sind in ein Silicon-Gel eingebettet, das für Luftfeuchtigkeit durchlässig ist. Somit kann die Feuchtigkeit in der langen Zeit auch an die Passivierungsschicht gelangen. Daher zielt dieser Test auf das System ab und kann auch Schwachstellen in einer Passivierungsschicht aufdecken.

Bei modernen Bauelementen wie MOSFET und IGBT wird dieser Test darüber hinaus bei angelegter Sperrspannung betrieben. Um die Umgebung des Chips nicht durch die von Sperrströmen erzeugte Verlustleistung zu erwärmen und damit lokal die relative Feuchte zu reduzieren, wird die angelegte Spannung für hoch sperrende Bauelemente auf 80V begrenzt, bei MOSFETs niedrigerer Sperrspannungsklasse auf 80% der spezifizierten Sperrspannung.

Temperaturwechseltest

Beim Temperaturwechseltest werden die Bauelemente abwechselnd zwischen maximal zulässiger Lagertemperatur (diese kann kleiner als die maximale Sperrschichttemperatur sein) und minimal zulässiger Lagertemperatur bewegt. Zumeist wird ein Klimaschrank verwendet, der diese Temperaturzyklen durchfährt. Die Verweildauer auf der oberen und unteren Temperatur muss lange genug sein, damit das Bauelement bei den Ecktemperaturen ins thermische Gleichgewicht mit der Umgebungstemperatur gelangt. Eine Belastung mit Strom oder Spannung findet während dieses Tests in der Regel nicht statt.

Vor der Temperaturwechselprüfung und nachher werden elektrische und thermische Parameter (Sperrspannung, Durchlass-Spannung, Isolationsspannung) gemessen. Nach den Temperaturwechseln darf keine Veränderung der Parameter vorliegen, insbesondere muss die Isolationsfestigkeit voll intakt sein.

Der Temperaturwechseltest gibt Aufschluss über die Qualität der Verbindungen im Gehäuse. Liegen große Unterschiede im thermischen Ausdehnungskoeffizienten von miteinander verbunden Materialien vor, so können diese reißen, sofern die Spannungen nicht durch weichere Zwischenschichten abgebaut werden. Aber auch ungeeignete Materialien, z. B. Verbundwerkstoffe mit eingebauten Spannungen, können durch den Temperaturwechseltest aufgedeckt werden.

Einfache Bauformen wie die TO-Familie erreichen eine hohe Anzahl von Temperaturwechseln, für komplexer aufgebaute Module ist eine hohe Zahl von Temperaturwechsel eine Herausforderung.

Lastwechseltest

Während beim Temperaturwechseltest die Erwärmung des Bauelements passiv erfolgte, wird sie beim Lastwechseltest aktiv durch im Bauelement erzeugte Verlustleistung bei Belastung mit Strom eingeprägt. Dabei bilden sich im Gegensatz zum Temperaturwechsel, wo ein thermisches Gleichgewicht angestrebt wird, beim Lastwechsel erhebliche Temperaturgradienten im Bauteil aus.

Bei dieser Prüfung wird durch Stromfluss im verpackten Bauelement eine Verlustleistung freigesetzt und die Temperatur des Bauelements dadurch bis zu einer oberen Temperaturgrenze erhöht. In Abb. 4.6.2 ist der Temperaturverlauf bei einer Lastwechselprüfung wiedergegeben.

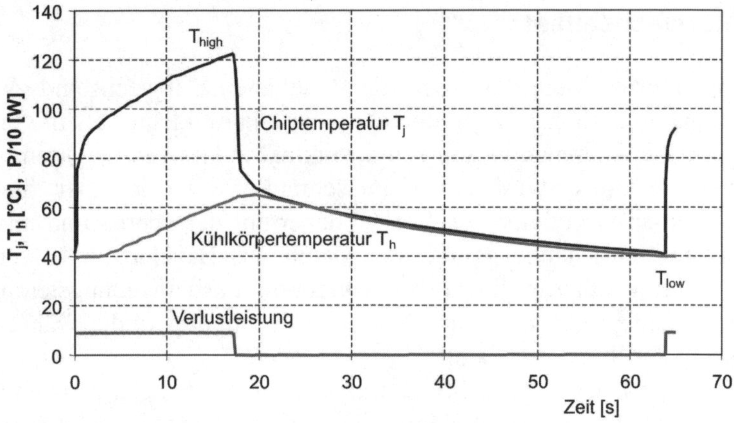

Abb. 4.6.2 Temperaturverlauf bei einem Lastwechseltest

Geregelt wird über die Kühlkörpertemperatur, bei Erreichen des oberen Grenzwertes wird der eingespeiste Strom abgeschaltet und die Kühlung zugeschaltet. Die Temperatur sinkt. Ist am Kühlkörper eine untere Temperaturgrenze erreicht, wird der Strom wieder zugeschaltet. Der charakteristischer Parameter für die Lastwechsel-Prüfung, der Temperaturhub ΔT_j besteht aus der Temperaturdifferenz zwischen der maximalen Sperrschichttemperatur T_j am Ende der Heizphase und der minimalen Sperrschichttemperatur am Ende der Kühlphase:

$$\Delta T_j = T_{high} - T_{low} \tag{4.6.1}$$

In Abb. 4.6.2 ist ΔT_j zu 82°C abzulesen.

Ein weiterer charakteristischer Parameter für den Lastwechseltest ist die mittlere Temperatur T_m

$$T_m = \frac{T_{high} + T_{low}}{2} \tag{4.6.2}$$

Auch die Zeitdauer eines Lastwechsels ist von Bedeutung. Eine lange Zykluszeit (64s in Abb. 4.6.2) ist eine stärkere Belastung für die Bauelemente.

Durch die unterschiedlichen thermischen Ausdehnungskoeffizienten der Materialien bei der Erwärmung entstehen Spannungen an den Grenzflächen. Dieser thermische Stress führt auf die Dauer zur Ermüdung der Materialien und Verbindungen. Abb. 4.6.3 zeigt den Verlauf eines Lastwechseltests an einem Standard-Modul. Während des Tests wird die Durchlass-Spannung U_C eines IGBT-Chips verfolgt. Weiterhin ist es möglich, unmittelbar nach Abschalten des Laststroms einen Messstrom von einigen mA einzuspeisen und den Spannungsabfall zu messen, vermittels einer Kalibrierungskurve kann damit die obere Temperatur T_{high} bestimmt werden. Die eingespeiste Verlustleistung P_V wird ebenfalls online gemessen, aus der Temperatur T_{high}, und der oberen Kühlkörpertemperatur wird nach Gleichung (4.4.1) der thermische Widerstand ermittelt.

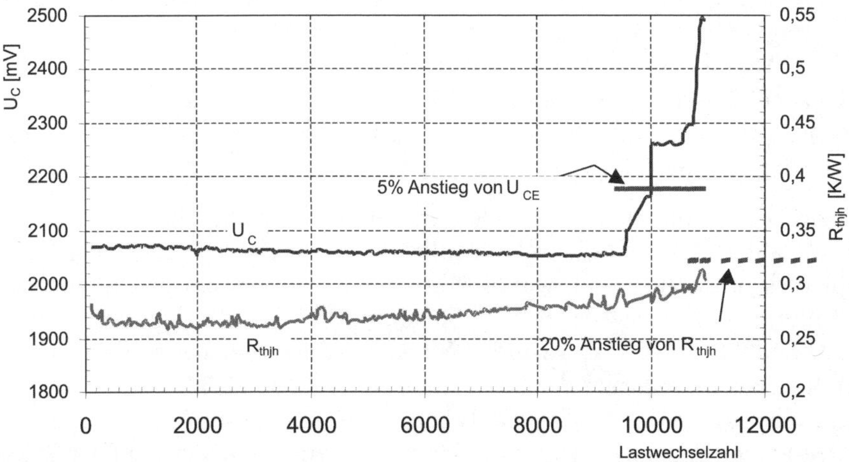

Abb. 4.6.3 Verlauf der Durchlassspannung sowie des thermischen Widerstands bei einem Lastwechseltest mit $\Delta T = 123K$

In Abb. 4.6.3 ist zu erkennen, wie der Spannungsabfall über dem IGBT zunächst konstant bleibt, während der Wärmewiderstand langsam ansteigt. Nach mehr als 9.000 Zyklen ist ein Sprung im Verlauf von U_C zu sehen, der mit dem Abgang eines Bonddrahts erklärt werden kann. Bald darauf findet sich der nächste Sprung statt, nach etwa 11 000 Wechseln sind alle Bonddrähte abgelöst, die Verbindung offen, eine Fortführung des Tests nicht mehr möglich.

Das Versagen von Bondverbindungen und die Ermüdung von Lotschichten sind die wesentlichen Ausfallmechanismen bei Standard-Modulen. Es ist allerdings aus einem Verlauf wie in Abb. 4.6.3 schwierig zu bewerten, welcher Mechanismus der primäre ist. Denn ein Anwachsen der Durchlass-Spannung in Folge geschädigter Bondverbindungen hat bei konstantem Strom eine höhere Verlustleistung und damit eine höhere Temperatur zur Folge, was je nach Gewichtung zwischen beiden Größen wiederum Auswirkungen auf den Wärmewiderstand hat. Ebenso führt eine Ermüdung von Lotschichten, schlechterer Wärmewiderstand zu einer höheren Temperatur T_{high} und damit zum schnelleren Ausfall von Bondverbindungen.

Das Lebensdauerende (end-of-life test) gilt als erreicht, wenn eines der folgenden Merkmale zutrifft:

- Erhöhung der Durchlass-Spannung U_C um 5% oder um 20%, verschieden bei einzelnen Herstellern und abhängig von der Messgenauigkeit für U_C. Dieser Unterschied ist aber nicht sehr wesentlich. In der Regel versagt kurz darauf die Bondverbindung vollständig, wie auch in Abb. 4.6.3 zu sehen.
- Erhöhung des Wärmewiderstands R_{th} um 20%.
- Ausfall der Funktion des Chips, z.B. Verlust des Schaltvermögens oder der Sperrfähigkeit.

Da sich beim Aufbau von Modulen mit Grundplatte eine Standardtechnologie etabliert hat und die Schichtaufbauten auch bei verschiedenen Herstellern sehr ähnlich sind, wurde Mitte der 90er Jahre ein Programm zur Ermittlung der Lebensdauer von Standard-Modulen durchgeführt – das sog. LESIT-Projekt. Dabei wurden Module von verschiedenen Herstellern getestet, gemeinsam war der Standard-Aufbau Abb. 4.2.11 unter Verwendung einer Al_2O_3-Keramik nach Tabelle 7, linke Spalte. Abb. 4.6.4 zeigt die erzielten Ergebnisse [Hel97] in Form der Darstellung der Zahl der Zyklen bis zum Ausfall in Abhängigkeit von ΔT_j sowie für verschiedene mittlere Temperatur T_m.

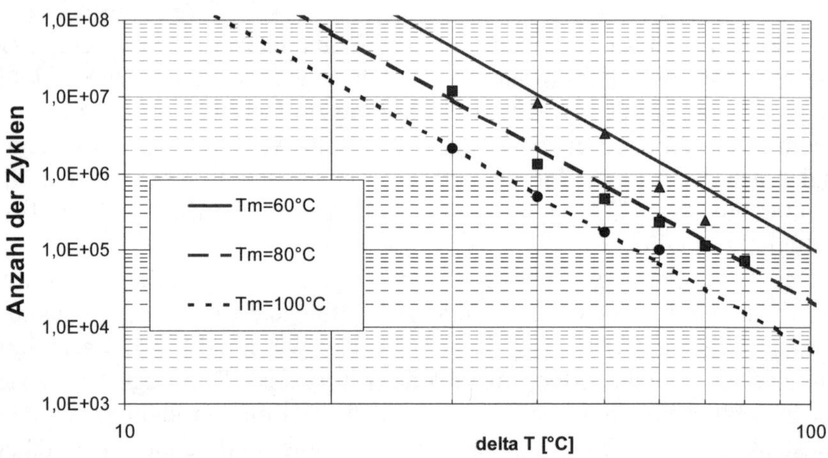

Abb. 4.6.4 Lesit-Ergebnisse

Die Linien in Abb. 4.6.4 entsprechen einer Anpassung von [Scn02b],

$$N_f = A \cdot \Delta T^{\alpha} \cdot \exp\left(\frac{E_a}{k_B \cdot T_m}\right) \qquad (4.6.3)$$

dabei bedeutet k_B die Boltzmann-Konstante ($1{,}380 \cdot 10^{-23}$ JK^{-1}), der Parameter E_a = Aktivierungenergie = $9{,}89 \cdot 10^{-20}$J sowie die Konstanten $A = 302500\ K^{-\alpha}$ sowie $\alpha = -5{,}039$ kennzeichnen die vorgenommene Anpassung [Scn05].Mit Gleichung (4.6.3) ist es somit möglich, für bekannte Werte von ΔT_j und T_m die nach den Lesit-Ergebnissen zu erwartende Zyklenzahl zu berechnen. Sind die typischen Zyklen in der Anwendung bekannt, so ermittelt sich daraus die für das Modul zu erwartende Lebensdauer.

Eine Bewertung von Lastwechselergebnissen mit der Weibull-Statistik ermöglicht eine Einschätzung der Lebensdauer eines Serienprodukts. Die Weibull-Statistik ist speziell für Aufgabenstellungen der Zuverlässigkeit geeignet. Sie ist anwendbar, wenn der Ausfallmechanismus durch Alterungsmechanismen geprägt ist. Ein Beispiel dafür ist in Abb. 4.6.5 dargestellt. Hier wurde ein Lastwechseltest so lange durchgeführt, bis 5 von 6 Prüflingen ausgefallen waren. Die Werte der Ausfälle sind markiert. Die Weibull-Verteilung wird beschrieben durch die akkumulierte Wahrscheinlichkeit

$$F(x,\alpha,\beta) = 1 - \exp\left(-\left(\frac{x}{\beta}\right)^{\alpha}\right) \qquad (4.6.4)$$

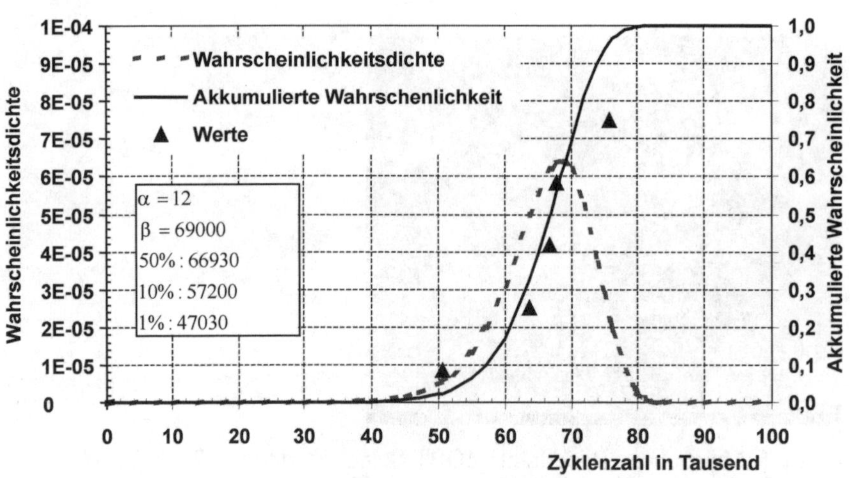

Abb. 4.6.5 Weibull-Auswertung eines Lastwechseltests

Diese entspricht dem Anteil der Teile, die bereits ausgefallen sind. Bei der Auswertung eines Lastwechselzyklus entspricht x der Zahl der Zyklen. ß entspricht der Reichweite der Verteilung, ist x = ß, so ist noch der Anteil 1/e der Teile nicht ausgefallen. Ist F = 1, sind alle Teile ausgefallen. α charakterisiert die Schärfe der Verteilung, je größer α ist, umso dichter liegen die Zyklenzahlen bei Ausfall beieinander. Die Ableitung dF/dx = f entspricht der Wahrscheinlichkeitsdichte, diese kennzeichnet die Wahrscheinlichkeit, dass der Ausfall beim Wert x (Lastwechsel Nr. x) eintritt:

$$f(x,\alpha,\beta)=\frac{\alpha}{\beta^{\alpha}}x^{\alpha-1}\exp\left(-\left(\frac{x}{\beta}\right)^{\alpha}\right) \tag{4.6.5}$$

Die statistische Analyse ermöglicht schon bei relativ wenigen Prüflingen eine Abschätzung über die zu erwartende Lebensdauer eines Serienprodukts.

Ein typisches Ausfallbild, wie es nach dem Lastwechsel eines Standard-Moduls mit Grundplatte auftritt, zeigt Abb. 4.6.6. Hier sind von einem IGBT-Chip alle Bonddrähte abgelöst. Der hintere Bonddraht löste sich als letzter ab, der Strom floss hier noch für kurze Zeit über einen Lichtbogen, der einen Krater unter diesem Bonddraht erzeugt hat. Weiterhin typisch an diesem Bild sind die Bonddraht-Rückstände auf der Metallisierung unter dem vorderen abgelösten Bonddraht. Die Trennung erfolgt nicht an der Grenzfläche Bonddraht-Metallisierung, sondern teilweise im Inneren des Bonddrahts. Zu erkennen sind Rückstände des Bondmaterials auf der Metallisierung.

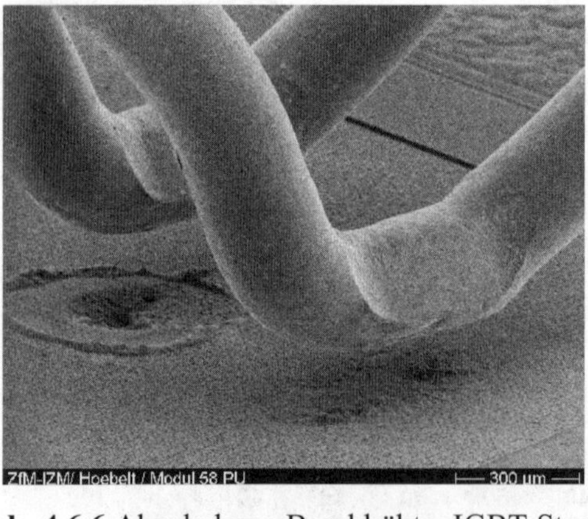

Abb. 4.6.6 Abgehobene Bonddrähte. IGBT Standard-Modul, ΔT 100K. Ausgefallen zwischen 10791 und 13000 Wechseln

Nach Lastwechseln mit T_{high} deutlich über 100°C wird Rekonstruktion des Kontaktmaterials beobachtet. Abb. 4.6.7 zeigt ein Bild der Oberfläche des Kontakts eines IGBT, zu sehen sind die einzelnen Zellen [Ham01]. Während des Lastwechsels erfolgt eine Veränderung des Gefüges im Al-Kontakt. Es bilden sich ausgeprägte Körner und Lücken in der Metallisierung. Der Widerstand der Kontaktschicht nimmt zu, nach dem Lastwechsel findet sich die veränderte Oberfläche wie in Abb. 4.6.7 b.

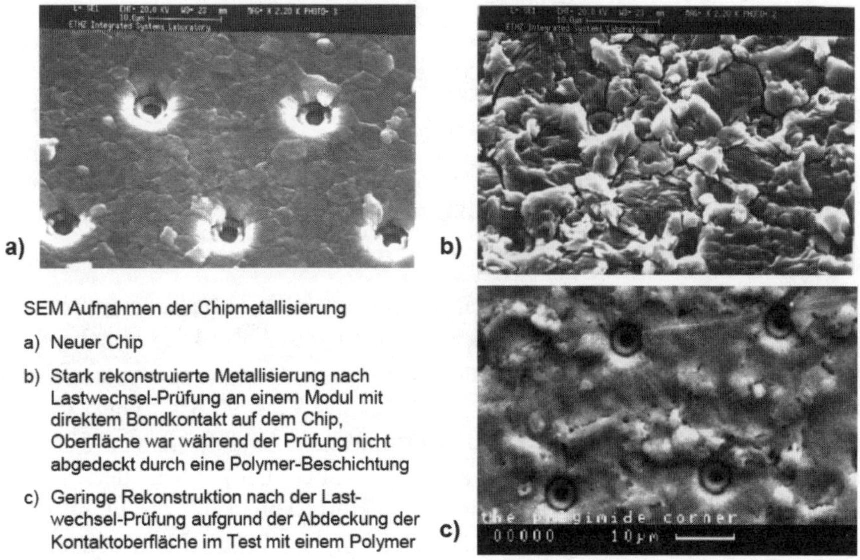

Abb. 4.6.7 Rekonstruktion des Al-Kontakts bei Lastwechseln. Rasterelektronenmikroskop-Aufnahme der Kontakt-Oberfläche eines IGBT-Chips. Bilder aus [Ham01]

Die Rekonstruktion der Metallisierung kann durch eine Abdeckung der Bonddrähte und Kontaktschicht mit einem speziellen Polyimid behindert werden. Abb. 4.6.7 c zeigt eine im Vergleich zu Abb. 4.6.7 b wesentlich bessere Oberfläche des Kontakts. Abb. 4.6.8 zeigt die Veränderung der Durchlass-Spannung von IGBT-Chips bei einem Lastwechsel [Cia01]. Ohne zusätzliche Abdeckung ist früh ein Anstieg der Durchlass-Spannung zu erkennen. Mit zusätzlicher Abdeckung erfolgt der Anstieg der Durchlass-Spannung sehr viel langsamer. Es wird eine höhere Zyklenzahl erreicht.

Abbildung 4.6.8 zeigt auch, dass die Lastwechselfestigkeit eines Moduls gegenüber der an dem Standard-Modul ermittelten Lesit-Ergebnissen in Abb. 4.6.4 deutlich erhöht werden kann. An der Erhöhung der Lastwechselfestigkeit wird von allen Herstellern von Leistungsmodulen gearbeitet.

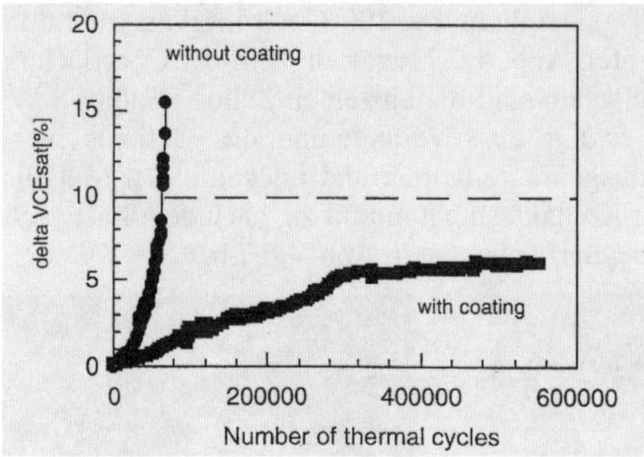

Abb. 4.6.8 Einfluss der Abdeckung. Verlauf eines Lastwechsels mit ΔT = 60K T_m= 95°C t_{on} = 0,8s t_{off} = 0,8s. Bild von Mauro Ciappa, ETH Zürich. Nach [Cia01].

Eine erhöhte Lastwechselfestigkeit weisen auch DCB-basierte umpresste TO-Gehäuse auf, wie sie in Zusammenhang mit Abb. 4.2.5 beschrieben wurden [Amr04]. Abb. 4.6.5 zeigte die Ergebnisse eines Lastwechselversuchs an diesen Gehäusen bei ΔT = 105°C und T_m = 92,5°C. Die Zyklenzahl, bei der nach der Weibull-Auswertung eine Ausfallrate von 50% zu erwarten ist, liegt etwa den Faktor 10 über dem nach den Lesit-Ergebnissen in Abb. 4.6.4 zu erwartenden Wert. Abb. 4.6.9 zeigt eine Aufnahme der Bonddrähte bei einem Bauelement, das 75000 Lastwechsel unter dieser Bedingung überstanden hat. An der dunklen Stelle im Vordergrund befand sich ehemals der Fuß eines Bonddrahts. Im noch vorhandenen Bonddraht ist deutlich ein Querriss zu erkennen.

Abb. 4.6.9 Abdruck eines abgelösten Bonddrahts (vorn links). Querriss (Heel-Crack) in einem weiteren Bond. Diode im TO-Gehäuse, DCB-basiert, umpresst, ΔT 105K, 75000 Wechsel

Die steife Vergussmasse wirkt hier ähnlich einer zusätzlichen Abdeckung und verhindert zudem ein Ablösen der Bonddrähte. Weiterhin besteht in diesem Aufbau eine geringe thermische Fehlanpassung zwischen dem Al_2O_3-Substrat und dem Halbleitermaterial Si.

TO-Gehäuse, die Cu-basiert sind, weisen eine hohe thermische Fehlanpassung zwischen Kupfer und Silizium auf. Zumindest oberhalb einer bestimmten Chipgröße ist damit die Lastwechselfestigkeit stark verschlechtert [Amr04]. Im Lastwechseltest wurde an 2 von 6 Chips nach 3800 Wechseln bei $\Delta T_j = 110°C$ und $T_m = 95°C$ ein Verlust der Sperrfähigkeit beobachtet. Nach anschließender Öffnung des Gehäuses und Ablösung der Vergussmasse wurden bei den betroffenen Chips Risse im Silizium gefunden. Abb. 4.6.10 zeigt ein Beispiel eines Risses durch den Si-Chip.

Abb. 4.6.10 Riss im Chip. Diode im TO-Gehäuse, Cu-basiert, umpresst, ΔT 110°C 3800 Wechsel

Bei Fortführung des Tests mit den nicht ausgefallenen Bauelementen trat bis zum 10fachen der ersten Ausfallzyklenzahl kein weiterer Ausfall auf. Bei den Ausfällen mit Riss im Silizium handelt es sich um Frühausfälle. Die Weibull-Statistik ist für diesen Ausfallmechanismus nicht anwendbar. Offensichtlich ist der verwendete Chip der Größe $63mm^2$ für diese Aufbautechnik nicht geeignet. Bei kleineren Chips wurden diese Ausfälle nicht gefunden.

Ausblick

Die Aufbau- und Verbindungstechnik ist zum Schlüssel für den Forschritt bei leistungselektronischen Bauelementen geworden. Es sind im Wesentlichen drei Aufgabenstellungen zu bewältigen:

1. Die Stromdichte im Leistungsbauelement steigt. Bereits heute stellt der Spannungsabfall in den Zuleitungen im Gehäuse schon einen wesentlichen Anteil des gesamten Spannungsabfalls beim Einsatz eines Moduls dar. Daher werden Konzepte für Zuleitungen mit möglichst niedrigem Widerstand gebraucht.
2. Mit den Fortschritten in den Bauelementen steigt auch die pro Bauelement bzw. pro Fläche abzuführende Verlustleistung. Es müssen Technologien zur besseren Wärmeableitung entwickelt werden.
3. Die Physik der Bauelemente ermöglicht für einige Anwendungen aus Si auch Sperrschichttemperaturen bis 200°C. Es ist absehbar dass in Bezug auf die auftretenden Sperrströme und die Zuverlässigkeit der Passivierung MOSFETs, IGBTs und Freilaufdioden im Spannungsbereich bis 600V bei einer Sperrschichttemperatur T_j = 200°C eingesetzt werden können. Damit muss aber auch die Zuverlässigkcit, vor allem die Lastwechselfestigkeit bei diesen hohen Temperaturen und Temperaturzyklen, sichergestellt werden. Die bisher etablierten Standardtechnologien werden den Anforderungen nicht gerecht. Es sind neue Materialien und Verbindungstechnologien notwendig.
4. Die parasitären Induktivitäten und Kapazitäten sind zu minimieren oder zu beherrschen, d.h. sie sind von einem unerwünschten Hindernis in ein funktionales Element des leistungselektronischen Schaltkreises zu verwandeln.

An der Lösung dieser Aufgabenstellungen wird in der Forschung und Entwicklung intensiv gearbeitet. Als Ersatz für die Bonddrähte wird z.B. vom "Center for Power Electronics Systems" (CPES) ein dünnes Kupferblech vorgeschlagen, das auf die Chipoberseite gelötet wird und einen möglichst großen effektiven Kontaktquerschnitt bereitstellt [Wen01]. Mit dem Chip ist es nur an einzelnen Punkten über „Solder-Balls" verbunden (Dimple-Array Technik). Allerdings ist diese Technik bisher noch nicht in breitem Umfang eingesetzt worden und ihre Lastwechselfestigkeit ist noch nicht nachgewiesen.

Zur Verbesserung der Wärmeabfuhr gibt es Konzepte, eine Wasserkühlung in die Grundplatte zu integrieren. Damit entfällt der durch die Wärmeleitpaste bestimmte Übergang, der in Standard-Aufbauten einen großen Anteil am Wärmewiderstand stellt. Noch einen Schritt weiter geht das Konzept, die Kühlung direkt in das DCB-Substrat zu integrieren [Scz00]. Damit entfällt auch noch die Verbindung zwischen Substrat und einer Grundplatte, indem das Substrat gleichzeitig die Funktion der Isolation, der Montageplatte und des Kühlkörpers übernimmt. Es ist hier aber zu gewährleisten, dass es nicht zur Ausbildung einer Dampfschicht im Kühlpfad kommt, denn das würde den Wärmewiderstand in kürzester Zeit deutlich anheben, was zu einer schlagartigen Erhöhung der Bauelementtemperatur und somit zu einer Schädigung, möglicherweise sogar zum Ausfall des Bauelements führt. Weiterhin wird zur Verbesserung der Wärmeabfuhr am Einsatz von Heat-Pipes gearbeitet.

Die wichtigste der genannten Aufgabenstellungen ist die Erreichung der Lastwechselfestigkeit bei hohen Sperrschichttemperaturen T_j. Hier ist die Niedertemperaturverbindungstechnik (NTV) sehr erfolgversprechend. Bei diesem Verfahren handelt es sich um ein Diffusionssinterverfahren. Dazu wird ein Pulver aus Silberpartikeln zwischen die zu verbindenden Flächen gebracht, anschließend werden diese Flächen unter hohem Druck zusammengepresst. Um ein Versintern der Partikel bei der Lagerung zu verhindern, werden diese beim Herstellungsprozess mit einer organischen Schutzschicht passiviert. Diese Schutzschicht wird während des NTV-Prozesses bei Temperaturen um 250°*C* verdampft und das Silberpulver so aktiviert.

Durch die Verdichtung der Pulverschicht unter dem hohen Druck entsteht eine stoffschlüssige Verbindung mit hoher Zuverlässigkeit [Mer02]. Der Schmelzpunkt der NTV-Schicht liegt bei 961°C, ihre Wärmeleitfähigkeit beträgt das 4-fache einer Lotschicht, ebenso ist ihre elektrische Leitfähigkeit sehr gut.

Mitte der 90er Jahre wurde diese Technologie für den Aufbau von modernen Leistungsbauelementen wie IGBTs und MOSFETs auf Keramiksubstraten weiterentwickelt [Kla96]. Abb. 4.6.11 zeigt ein Beispiel eines auf DCB-Substrat montierten Chips, bei dem die Lotschicht durch eine NTV-Schicht ersetzt wurde. Es ist auch möglich, eine Vielzahl von Chips in einem Druckprozess zu verbinden und das Verfahren wirtschaftlich zu machen [Scn97].

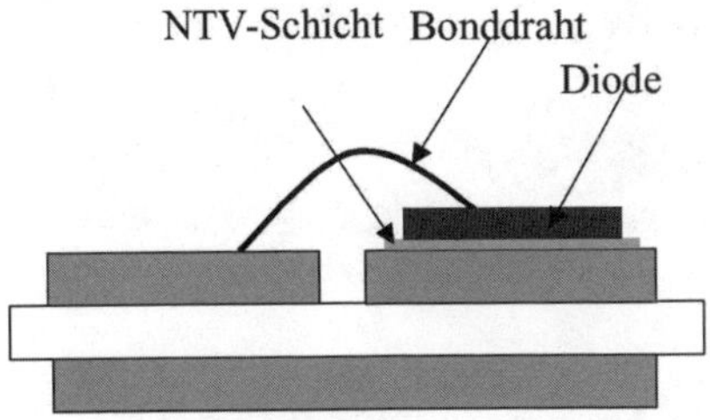

Abb. 4.6.11 Ersatz der Lotschicht durch eine NTV-Schicht

Mit dieser Technologie wird eine sehr hohe Lastwechselfestigkeit erreicht. Bei einem Test mit $\Delta T = 130K$ wurde mit 30 000 erreichten Lastwechseln die Voraussage nach der Lesit-Extrapolation in Gleichung (4.6.3) um mehr als das 20-fache übertroffen [Amr05]. Die Technologie scheint sehr vielversprechend zu sein auch für Lastwechsel mit ΔT = 160K zu Chiptemperaturen T_j von 200°C [Amr06], wie sie für Anwendungen in hoher Umgebungstemperatur, z. B. im Motorraum eines Automobils, gefordert werden.

Mittels der NTV-Technik können auch die Bonddrähte ersetzt werden, indem Silberstreifen auf der Oberseite des Chips mittels NTV verbunden werden. Dies ist in Abb. 4.6.12 gezeigt. Damit wird auch die zweite Schwachstelle der Aufbau- und Verbindungstechnik, der Bonddraht, durch eine zuverlässige Technologie ersetzt. Die Lastwechselfestigkeit wird weiter erhöht [Amr05]. Gleichzeitig weisen diese Silberstreifen einen geringeren elektrischen Widerstand auf.

Abb. 4.6.12 Beidseitig NTV verbundenes Chip. Bild: TU Braunschweig

Es ist wichtig die genannten Aufgabenstellungen in ihrem Zusammenhang zu beachten. Insbesondere dürfen auch die parasitären Komponenten nicht vergessen werden. Auf diesen Zusammenhang wird in Abschnitt 7 - leistungselektronische Systeme - nochmals Bezug genommen werden.

5 Zerstörungsmechanismen in Leistungsbauelementen

In diesem Abschnitt werden einige Ausfallmechanismen behandelt und dazu jeweils charakteristische Bilder gezeigt. Ausfallanalyse erfordert sehr viel Erfahrung, insbesondere sind die Bedingungen im Schaltkreis während des Ausfalls einzubeziehen. Auch können sich die Bilder gleichen und es sei davor gewarnt, nur anhand von Detailbildern Schlüsse zu ziehen. Allerdings steht in der praktischen Anwendung der Ingenieur sehr oft vor dem Problem der Fehlersuche, und dafür können die folgenden Ausführungen hilfreich sein.

5.1 Der thermischer Durchbruch - Ausfälle durch Übertemperatur

In Abschnitt 2.1 wurde die intrinsische Ladungsträgerdichte n_i behandelt, sie ist temperaturabhängig wie in Gleichung (2.1.8) beschrieben. Für Silizium beträgt sie bei Raumtemperatur etwa 10^{10}cm^{-3} und ist vernachlässigbar gegenüber der Grunddotierung. Jedoch steigt n_i sehr schnell mit zunehmender Temperatur. Bei sehr hohen Temperaturen wird die thermische Generation zum dominierenden Mechanismus der Erzeugung von Ladungsträgern.

Mit der Angabe einer intrinsischen Temperatur T_{int} ähnlich [Gha77] kann abgeschätzt werden, wann bei einem Bauelement durch die Temperaturerhöhung das Inkrafttreten anderer Mechanismen zu erwarten ist. T_{int} ist die Temperatur, bei der die durch thermische Generation erzeugte Dichte der Ladungsträger n_i der Grunddotierung N_D entspricht. Sie ist in Abb. 5.1.1 über N_D dargestellt. Unterhalb von T_{int} ist die Ladungsträgerkonzentration nur wenig temperaturabhängig. Oberhalb von T_{int} steigt die Ladungsträgerkonzentration nach (2.1.8) exponentiell mit der Temperatur. Aus Abb. 5.1.1 geht hervor, dass T_{int} für ein hochsperrendes Bauelement, das ein N_D im Bereich 10^{13}cm^{-3} erfordert, sehr viel früher erreicht wird als für ein Bauelement der niedrigeren Spannungsklasse, bei dem N_D in den Bereich von 10^{14}cm^{-3} gelegt wird.

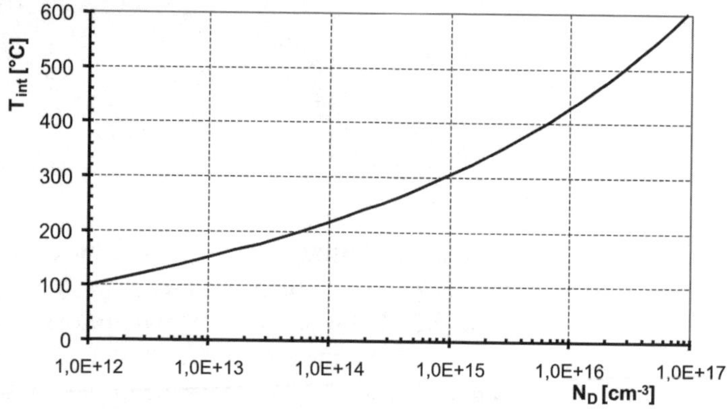

Abb. 5.1.1 Intrinsische Temperatur in Silizium in Abhängigkeit von der Grunddotierung

Allerdings ist diese Betrachtung etwas zu einfach, denn es ist auch zu beachten, in welchem Betriebszustand und durch welchen Effekt eine lokal erhöhte Temperatur erreicht wird. Liegt ein bipolares Bauelement im Durchlasszustand vor, z.B. bei einer Stoßstrombelastung, so ist es mit Ladungsträgern der Dichte im Bereich 10^{16} bis 10^{17} cm^{-3} geflutet. Erst wenn durch thermische Generation eine Ladungsträgerdichte in diesem Bereich erreicht wird, wird sie zum dominierenden Mechanismus. Daher können hier kurzzeitig sehr hohe Temperaturen auftreten, ohne dass das Bauelement ausfällt.

Im Sperrfall würden wir demnach für ein mit 10^{14}cm^{-3} dotiertes Bauelement ein T_{int} von ca. 220°C erwarten, im Fall der Stoßstrombelastung ein T_{int} im Bereich von 600°C.

Nun ist noch der Mechanismus zu diskutieren, durch den eine hohe Temperatur erreicht wird. Für die Betrachtung der Stabilität zu beachten, wie die Temperaturabhängigkeit des auslösenden elektrische Mechanismus verläuft.

Wird die Erwärmung durch hohen Sperrstrom erzeugt, so steigt in Bereichen höherer Temperatur der Sperrstrom weiter an. Damit werden diese noch wärmer, der Sperrstrom wiederum erhöht. Dieses Verhalten soll als *Mitkopplung* bezeichnet werden. Kann die erhöhte Verlustleistungsdichte nicht durch die Kühlung rechtzeitig abgeführt werden, so wird das Bauelement unweigerlich zerstört.

Befindet man sich bei angelegter Spannung im Zustand des Lawinendurchbruchs, so steigt mit der Temperatur der Wert von U_{BD}. Der Bereich des Lawinendurchbruchs wird in kältere Gebiete verdrängt. Selbst wenn elektrische Mechanismen zu Filamenten führen, führt die Temperaturerhöhung zu einer *Gegenkopplung*.

Hat man aber T_{int} erreicht, wird der Effekt der thermischen Generation dominierend und die Temperaturerhöhung wirkt als eine Mitkopplung. Auch geringe Inhomogenitäten werden sich schnell verstärken. Ist die Fläche des Chips ausreichend groß, werden sich allein durch diesen Effekt Filamente bilden.

Letzten Endes erfolgt die Zerstörung eines Bauelements immer durch die Temperatur, es werden im Ausfallbild lokale Aufschmelzungen gefunden; bei sehr punktförmigen schnellen Temperaturerhöhungen werden Risse im Kristallgitter erzeugt. Allerdings ist zu unterscheiden, wodurch diese erhöhte Temperatur erzeugt wurde. Einige Effekte werden im Folgenden einzeln behandelt.

Als ein einfaches Beispiel zeigt Abb. 5.1.2 einen durch zu hohe Verlustleistung ausgefallenen IGBT-Chip. Der IGBT wurde nur durch Vorwärtsstrom belastet, der Ausfall wurde durch eine zu geringe Gate-Spannung U_G erzeugt. Zu erkennen ist eine relativ großflächige (>1mm) Aufschmelzung im Emitterbereich, die typischerweise nahe dem Zentrum und in der Nähe der Bonddrähte auftritt.

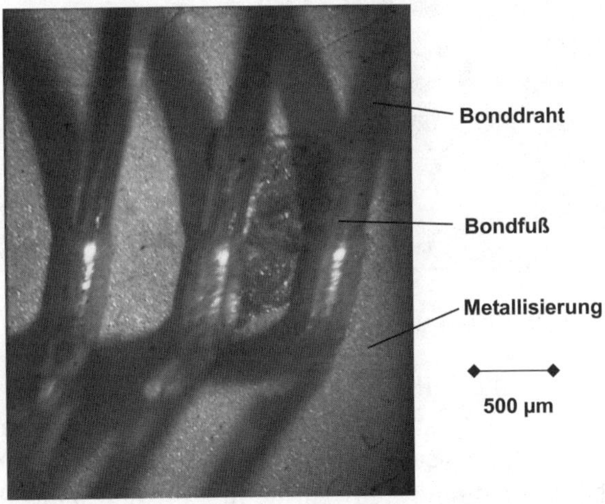

Abb. 5.1.2 Durch Übertemperatur zerstörtes IGBT-Chip

Tritt Übertemperatur in einer Anwendung auf, in der das Bauelement zwischen sperrendem und leitendem Zustand hochfrequent getaktet wird, so ist das Ausfallbild verändert. Bei Erhöhung der Temperatur geht zuerst die Sperrfähigkeit verloren. Der Durchbruch setzt bei fast allen planaren Bauelementen zuerst am Rand ein, daher findet sich die Ausfallstelle in dem

Fall nahe dem Rand oder bezieht zumindest einen kleinen Abschnitt des Rands ein.

5.2 Überschreiten der Sperrfähigkeit

Bei Bauelementen mit planarem Randabschluss begrenzt der Rand die maximal mögliche Sperrspannung, der Lawinendurchbruch tritt hier zuerst auf. Typisch für den Ausfall durch Überspannung ist, dass der Rand in die Zerstörung mit einbezogen ist. Abb. 5.2.1 zeigt ein Ausfallbild einer 1700V Diode. Dargestellt ist der Übergang von der aktiven Fläche zur Randstruktur, von der drei Potentialringe zu erkennen sind. Der Ausfallpunkt liegt zwischen Rand der aktiven Fläche und erstem Potentialring und damit an der Stelle der maximalen Feldstärke einer Potentialringstruktur, wie sie in Abb. 2.3.18 dargestellt wurde.

Abb. 5.2.1 Durch Überspannung zerstörte 1700V-Diode

Das Auftreten eines solchen Fehlerbilds zeigt, dass der Ausfall durch Spannung verursacht wurde. Dabei erlaubt Abb. 5.2.1 aber noch keine Entscheidung, ob eine anwendungsbedingte Überspannung vorlag oder das Bauelement eine herstellungsbedingte Schwachstelle am Rand hatte. Ein Ausfallbild wie in Abb. 5.2.1 entsteht auch nur dann, wenn über die zerstörte Stelle kein hoher Strom floss. Ein Bild eines zerstörten Halbleiters, bei dem nach Ausfall ein hoher Strom floss, zeigt Abb. 5.2.2. Ein Teil des Rands und ein großer Teil der aktiven Fläche sind verdampft. Hier kann davon ausgegangen werden, dass die Zerstörung am Rand einsetzte und sich danach zu den Bonddrähten hin fortpflanzte.

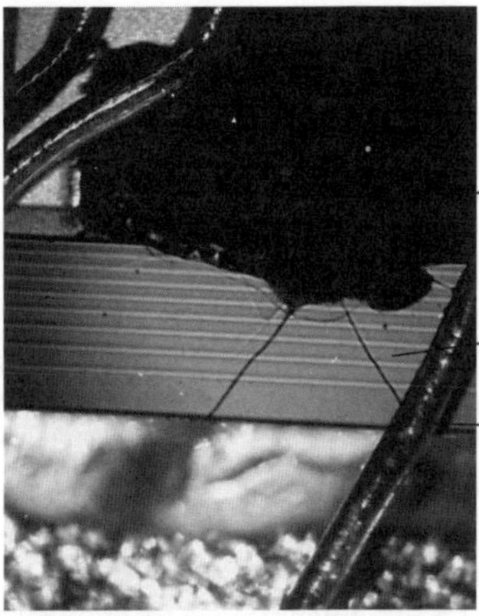

Abb. 5.2.2 Möglicherweise durch Überspannung zerstörte 3.3kV-Diode

Untypisch sind allerdings die Risse in der Kristallstruktur, die eine sehr hohe lokale Erwärmung an einer nahezu punktförmigen Stelle anzeigen. Solche Ausfallbilder sind auch bei sehr starkem dynamischen Avalanche zu finden (dynamischer Avalanche dritten Grades, siehe dazu auch Abschnitt 5.4). Insofern ist das Ausfallbild hier nicht eindeutig.

5.3 Stoßstrom

Bei Anwendung einer Diode im Gleichrichterbetrieb können kurzzeitige hohe Überströme auftreten. Daher wird bei einer Netzdiode und bei einer schnellen Diode der mögliche Stoßstrom bestimmt. In der Qualifizierung wird dazu eine Halbwelle des Netzstroms in Durchlassrichtung auf die Diode gegeben. Abb. 5.3.1 zeigt eine Messung des Stoßstroms einer schnellen 1200V Diode der Fläche 7 · 7mm², dargestellt ist der Verlauf von Spannung und Strom, sowie der Leistung $p = u \cdot i$ über der Zeit.

Bedingt durch die Schleusenspannung der gemessenen Diode selbst sowie die Schleusenspannung eines Thyristors im Messplatz liegt der Strompuls nicht 10ms, sondern nur etwa 7,5ms an. In Abb. 5.3.2 ist die i-u-Kennlinie der Messung aus Abb. 5.3.1 dargestellt. Da eine hohe Temperatur im Chip erreicht wird, spaltet sich die Kennlinie in einen aufsteigenden und in einen fallenden Ast auf. Im fallenden Ast ist der Spannungsabfall deutlich niedriger.

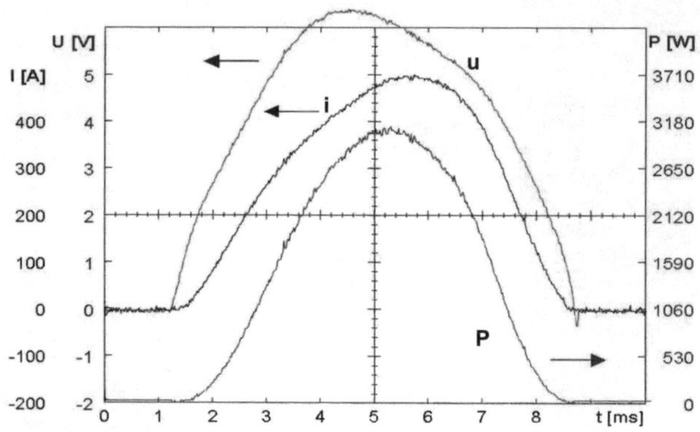

Abb. 5.3.1 Stoßstrombelastung einer schnellen Diode. Spannung, Strom und Leistung über der Zeit

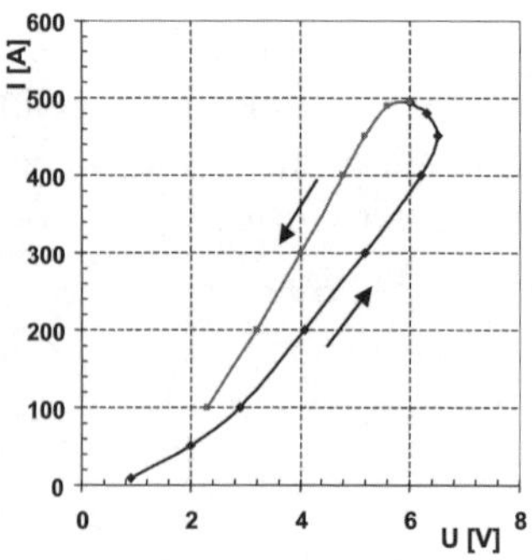

Abb. 5.3.2 I-U-Kennline der Stoßstrommessung in Abb. 5.3.1

Der Verlauf der Temperatur über der Zeit ist mit einer thermischen Simulation mit Simplorer in Abb. 5.3.3 abgeschätzt. Dabei ist ein Aufbau der Diode wie in Abb. 4.1.12 zugrunde gelegt, die Dicke der Al_2O_3-Keramik beträgt 0,63mm. Der Wärmestrom wird mit einer Sinusquadrat-Funktion der Länge 7,5ms und der Amplitude 3060W eingespeist, entsprechend der Messung in Abb. 5.3.1. Weiterhin ist die Temperaturabhängigkeit der Wärmeleitfähigkeit von Si nach Gleichung (4.4.2) berücksichtigt, denn diese bestimmt bei den hier zu erwartenden hohen Temperaturdifferenzen maßgeblich das Ergebnis. Bei der Abschätzung in Abb. 5.3.3 steigt die Temperatur in der die Verluste erzeugenden n^--Zone des Chips (Si aktiv) auf 382 °C an.

Abbildung 5.3.2 zeigt eine starke Veränderung der Durchlassspannung im sinkenden gegenüber dem ansteigenden Ast. In diese Veränderung gehen ein

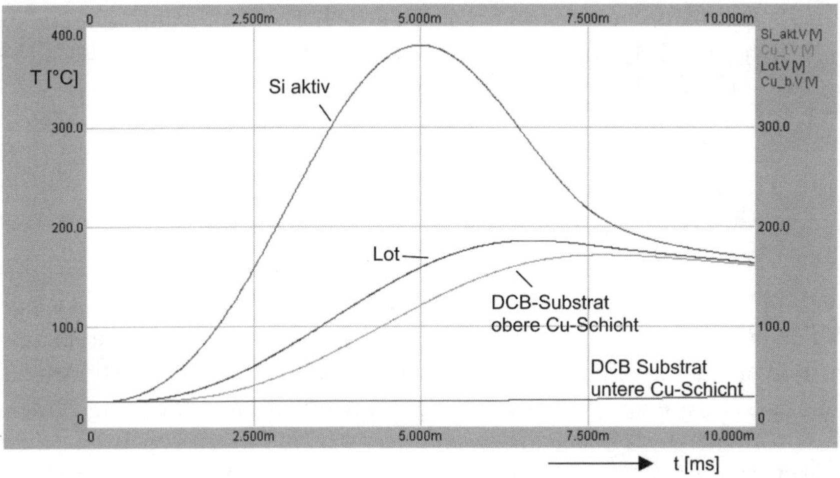

Abb. 5.3.3 Simulation der Temperaturen bei der Stoßstrombelastung in Abb. 5.3.1

- die Trägerlebensdauer: Sie nimmt mit der Temperatur zu, die Durchlass-Spannung nimmt damit ab
- die Emitter-Rekombination: Bei dieser spielt die Auger-Rekombination eine große Rolle, ebenfalls ist in vielen modernen Bauelementen die Emitter-Eindringtiefe kleiner der Diffusionslänge, und die Emitter-Eindringtiefe geht damit in die Emitter-Parameter ein. Somit ist für die Emitter-Rekombination keine starke Temperaturabhängigkeit zu erwarten.
- die Beweglichkeiten: Diese nehmen mit der Temperatur stark ab. Damit ist eine Zunahme der Durchlass-Spannung verbunden.
- die Temperaturabhängigkeit des spezifischen Widerstands von Metallisierung und Bonddrähten: Der Widerstand steigt mit zunehmender Temperatur
- schließlich die Konzentration freier Ladungsträger: n_i ist stark temperaturabhängig. Stellt n_i einen signifikanten Beitrag zur Dichte freier Ladungsträger – die bei hoher Stoßstrombelastung im Bereich $10^{17}cm^{-3}$ liegt – so ist eine signifikante Abnahme der Durchlassspannung zu erwarten.

Das Verhalten der Kennlinie kann daher für Dioden verschiedener Technologie sehr unterschiedlich sein, ein Verhalten wie in Abb. 5.3.2 findet man für bestimmte schnelle Dioden. Zum Ausfall schließlich können folgende Mechanismen führen

(a) Aufschmelzung der Metallisierung: Dies kommt besonders für gebondete Dioden in Leistungsmodulen in Betracht.

(b) Mechanische Zerstörung durch sehr hohe Temperatur und aus der thermischen Ausdehnung resultierende hohe mechanische Spannungen

(c) wird schließlich n_i dominierend, so erreicht man das Verhalten eines Widerstands mit negativem Temperaturkoeffizient [Sil73], die Durchlassspannung sinkt stark ab. Es ergibt sich eine positive Rückkopplung. Es ist nun eine Einschnürung des Stroms auf Kanäle hoher Stromdichte zu erwarten.

In [Sil73] wird abgeschätzt, dass der negative Temperaturkoeffizient des Widerstands nach Mechanismus (c) einsetzt, wenn das temperaturabhängige n_i etwa 0,3 $\bar{n}$ erreicht. Erfahrungen mit modernen schnellen Dioden zeigen, dass auch eine Flächenabhängigkeit der Stoßstrombelastung besteht: Aus großflächigen Dioden ausgeschnittene kleine Proben von 1mm x 1mm können eine um mehr als den Faktor 2 höhere Stromdichte vor Zerstörung ertragen. Bei Proben kleiner Fläche gibt es weniger Möglichkeiten der Filamentbildung.

Erfolgt der Ausfall nach (c), so findet er sich typischerweise in der Nähe des Rands der aktiven Fläche des Bauelements, da hier die höchsten Stromdichten auftreten.

Eine Stoßstrombelastung unterhalb der Zerstörungsgrenze führt im Halbleiter noch nicht zu irreversiblen Veränderungen. Steigert man die Strombelastung weiter als in Abb. 5.3.1, so spaltet sich die Kennlinie noch weiter auf und es werden höhere Temperaturen erreicht. Schließlich kommt es zur Zerstörung des Bauelements.

Aber bereits in der Abschätzung in Abb. 5.3.3 erreicht die Temperatur der Lotschicht 186°C. Bei diesen Temperaturen ist bereits die Nähe der Erweichungstemperatur von Lotschichten erreicht. Daher können bereits irreversible Veränderungen in den Lotschichten, aber auch in Metallisierung und Bonddrähten entstehen. Die Stoßstrombelastung ist für einmalige Überlastfälle vorgesehen und keinesfalls für ein regelmäßiges Auftreten im Betrieb des Halbleiters.

Die Temperatur der unteren Cu-Schicht ist gerade auf 27°C angestiegen, ihr Einfluss ist vernachlässigbar. Daher ist der Einfluss weiterer Komponenten des Aufbaus für die Betrachtung des Stoßstroms ebenfalls vernachlässigbar, die Vorgänge spielen sich im Halbleiter und den unmittelbar benachbarten Schichten ab.

Die Stoßstrombelastbarkeit einer schnellen Diode liegt typischerweise beim 10-12fachen des Nennstroms. Die Stoßstrombelastbarkeit einer Netzdiode oder eines Thyristors liegt typischerweise beim 20fachen des Nennstroms, da bei diesen Bauelementen mit hoher Trägerlebensdauer der Spannungsabfall geringer ist.

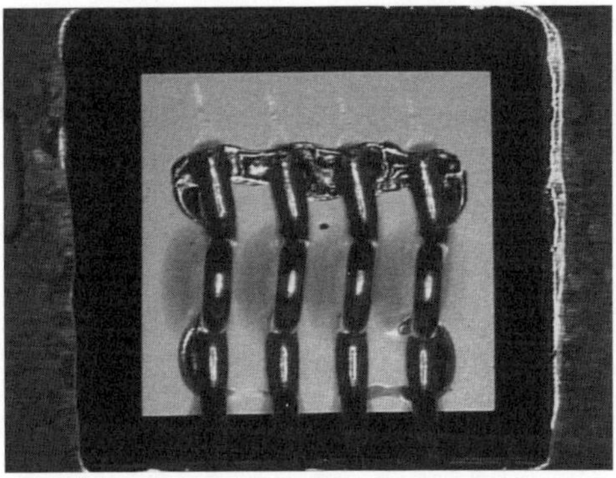

Abb. 5.3.4 Durch Stoßstrom ausgefallene Diode

Eine durch Stoßstrom ausgefallene Freilaufdiode zeigt Abb. 5.3.4. Typisch ist die Aufschmelzung der Metallisierung in der Nähe der Bondfüße. Der Ausfallmechanismus ist in diesem Falle nach (a). Der Aufschmelzbereich ist immer in der aktiven Fläche. Stoßstromausfälle können oft von den Qualitätsabteilungen der Bauelementhersteller sehr eindeutig identifiziert werden.

Der Ausfall in der Anwendung muss nicht durch einen sinusförmigen Puls entstehen, der Puls kann eine andere Form haben. Entscheidend ist die übermäßige Erwärmung des Bauelements durch Überstrom und das Einsetzen der besprochenen Mechanismen.

5.4 Dynamischer Avalanche

Dynamischer Avalanche in bipolaren Bauelementen

Beim Schaltvorgang aller bipolaren Bauelemente beginnt die Aufnahme der Spannung zu einem Zeitpunkt, in dem noch ein großer Teil der freien Ladungsträger vorhanden ist, die den Vorwärtsstrom getragen haben. Diese Ladung fließt durch die sich bildende Raumladungszone als Löcherstrom.

Abbildung 5.4.1 zeigt schematisch den Vorgang. Der pn-Übergang an der Stelle w =0 ist der sperrende pn-Übergang eines bipolaren Bauelements. Zwischen ihm und w_{sc} hat sich die Raumladungszone ausgebildet, über der die Spannung aufgenommen wird. Zwischen w_{sc} und dem Ende der niedrig dotierten Zone steht noch der Ladungsträgerberg, in dem $n \approx p$ gilt. Die Vorgänge an der rechten Seite seien zunächst vernachlässigt. Hier kann sich der nn^+-Übergang einer Diode oder die Kollektorzone eines IGBT befinden, zunächst wird an dieser Stelle keine Spannung aufgenommen.

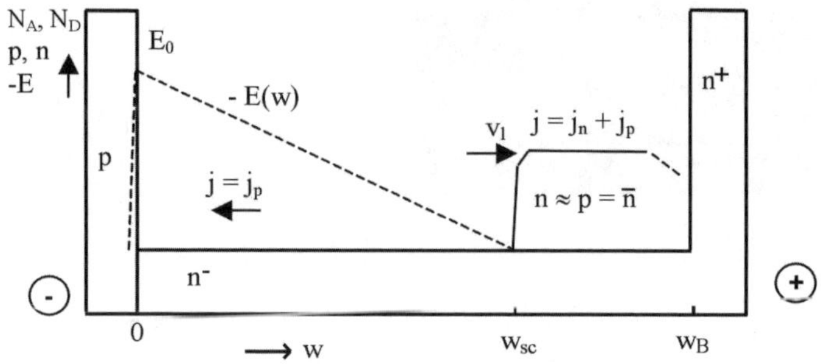

Abb. 5.4.1 Bipolares Halbleiter-Bauelement während des Abschaltvorgangs

Durch die Raumladungszone fließt der Strom als Löcherstrom, $j = j_p$. Die Dichte p lässt sich direkt aus der zu der Zeit fließenden Stromdichte ableiten

$$p = \frac{j}{q \cdot v_{sat(p)}} \tag{5.4.1}$$

Dabei ist $v_{sat(p)}$ die Sättigungs-Driftgeschwindigkeit der Löcher unter hohen Feldern, die in Silizium annähernd $1 \cdot 10^7$cm/s beträgt und etwa mit der Sättigungs-Driftgeschwindigkeit der Elektronen $v_{sat(n)}$ übereinstimmt. Bei einem Strom j von 100A/cm² in Sperrrichtung folgt $p=8{,}2 \cdot 10^{13}$cm^{-3}, was bereits im Bereich der Grunddotierung eines 1200V-Bauelements liegt. Die Löcherkonzentration p ist also keineswegs mehr zu vernachlässigen.

Freie Löcher haben dieselbe Polarität wie die positiv geladenen Donatorrümpfe, ihre Dichte p addiert sich zur Grunddotierung zu einer effektiven Dotierung N_{eff}:

$$N_{eff} = N_D + p \tag{5.4.2}$$

Über die Poisson-Gleichung bestimmt N_{eff} den Gradienten des elektrischen Feldes,

$$\frac{dE}{dw} = \frac{q}{\varepsilon}\left(N_D + p\right) \tag{5.4.3}$$

dE/dw wird damit erhöht. Damit wird das Feld steiler, d.h. E_0 steigt an und die in der frei gewordenen Raumladungszone der Weite w_{sc} aufgenommene Spannung wird zunächst erhöht. Allerdings kann E_0 die Höhe der Avalanche-Feldstärke erreichen, diese wird nun bei angelegten Spannungen weit unterhalb der spezifizierten Spannung des Bauelements erreicht. Dieser Zustand, der nun von den freien Ladungsträgern dominiert wird, wird als dynamischer Avalanche bezeichnet.

Dieser Vorgang tritt beim Abschalten von Dioden, GTOs und IGBTs auf, bei dem weiteren Ablauf sind allerdings die besonderen physikalischen Gegebenheiten im jeweiligen Bauelement zu berücksichtigen.

Dynamischer Avalanche in schnellen Dioden

Bei dem in Abb. 5.4.1 gezeigten Zustand ist die Raumladungszone erzwungener maßen dreiecksförmig, denn in den Ladungsträgerberg kann keine Raumladungszone eindringen. Für ein dreiecksförmiges Feld ist die Beziehung zwischen Avalanche-Spannung U_{av} und Dotierung gegeben durch

$$U_{av} = \frac{1}{2} \cdot \left(\frac{8}{C}\right)^{\frac{1}{4}} \cdot \left(\frac{q \cdot N_{eff}}{\varepsilon}\right)^{-\frac{3}{4}} \tag{5.4.4}$$

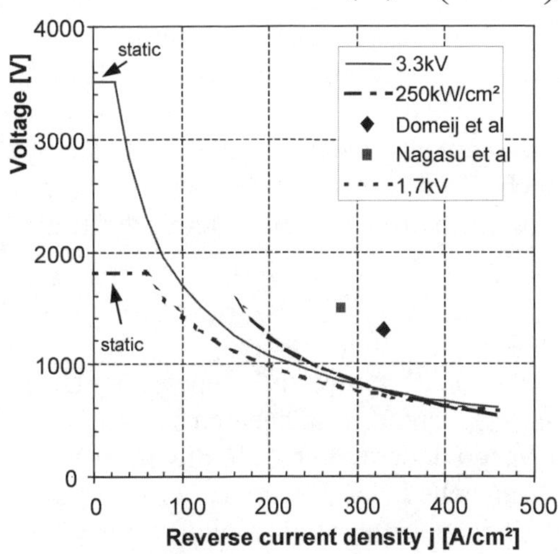

Abb. 5.4.2 Einfluss einer Stromdichte in Rückwärtsrichtung auf die Sperrfähigkeit eines pn-Übergangs

wenn für die Ionisationsraten der Ansatz von Shields und Fulop mit $C = 1{,}8 \cdot 10^{-35} \mathrm{cm}^6 \mathrm{V}^{-7}$ bei Raumtemperatur verwendet wird [Ful67]. Die Herleitung dieser Gleichung findet sich in Abschnitt 2.2, Gleichungen (2.2.34) bis (2.2.42). Eine ähnliche Gleichung findet man in zahlreichen Fachbüchern. Setzt man nun (5.4.1) und (5.4.2) in (5.4.4) ein, so erhält man einen Zusammenhang zwischen dem Einsetzen des Avalanche-Effekts und der Stromdichte in der Raumladungszone, wie er in Abb. 5.4.2 dargestellt ist. Als Grunddotierung N_D sind dabei jeweils typische Werte für ein 1700V Bauelement und ein 3300V Bauelement (N_D = $4.3 \cdot 10^{13} cm^{-3}$ bzw. $1.7 \cdot 10^{13} cm^{-3}$) eingesetzt.

Aus Abb. 5.4.2 ist zu erkennen, dass für ein höher sperrendes Bauelement die Sperrfähigkeit sehr schnell abnimmt. Bei einer 3,3kV-Diode setzt der dynamische Avalanche bereits bei einer Stromdichte von 30A/cm² ein. Für eine Rückstromdichte von 200A/cm² liegt die Einsatzgrenze des dynamischen Avalanche bereits bei 1100V und damit kaum über der Einsatzgrenze eines 1700V Bauelements. Die ursprüngliche Dotierung des Bauelements spielt nur noch eine sekundäre Rolle, die Vorgänge werden durch die freien Ladungsträger dominiert.

Dynamischer Avalanche erster Art

Zunächst hielt man das Erreichen dieser Kurve für die Grenze, die zum Ausfall führt [Por94]. Es wurde sogar von einem „silicon limit“ bei einer Leistungsdichte von 250kW/cm² [Sit02] gesprochen. Multipliziert man Spannung und Strom, erhält man eine Leistung, und das angebliche „Limit“ ist in Abb. 5.4.2 ebenfalls eingezeichnet.

Allerdings war Schlangenotto [Sco89b] anderer Auffassung. Denn ein moderater dynamischer Avalanche – dynamischer Avalanche der ersten Art – ist unkritisch. Die erzeugten Elektronen fließen durch die Raumladungszone, und damit wird

$$N_{eff} = N_D + p - n_{av} \tag{5.4.5}$$

und somit wird die erhöhte Löcherdichte teilweise kompensiert. Der dynamische Avalanche ist selbst-stabilisierend. Das hat sich bestätigt, schon bald wurden schnelle Soft-Recovery-Dioden vorgestellt, die mit beträchtlichem Strom im dynamischen Avalanche belastet werden konnten [Lut97]. Messungen an einer für 3.3kV ausgelegte Dioden von Nagasu et al [Nag98] und von Domeij et al. [Dom99] bestätigten dies, sie liegen etwa beim 1,7-fachen der angeblichen Grenzbelastbarkeit. Sie sind in Abb. 5.4.2 eingezeichnet.

Die Leistungsdichte kann in diesem Zusammenhang bestenfalls ein Maß zur Abschätzung der Belastung des Bauelements sein und nicht eine Ausfallgrenze. Die hohe Leistungsdichte liegt nur einige 10ns im Bauelement vor. Die umgesetzte Energie ist gering und der Temperaturanstieg ist, sofern es sich um ein einmaliges Ereignis handelt, vernachlässigbar.

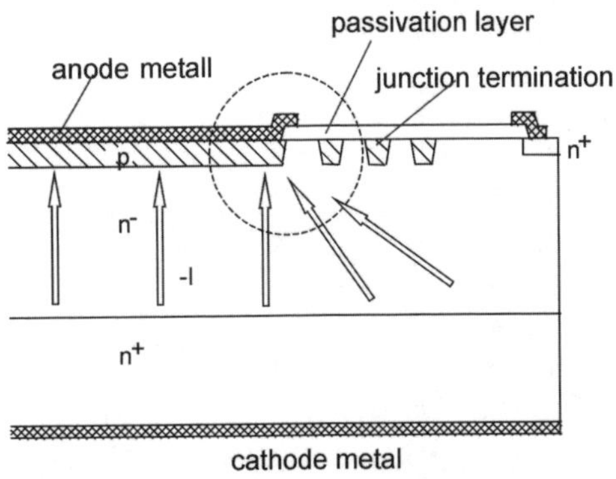

Abb. 5.4.3 Planare Randstruktur einer Diode. Erhöhte Stromdichte am Rand der aktiven Fläche

Voraussetzung ist allerdings, dass keine Schwachstellen im Design des Chips vorliegen, z.B. erhöhte Stromdichten an den Rändern der aktiven Fläche. So ist in einer realen Diode der Stromverlauf von Anfang an inhomogen, da sie eine Randstruktur aufweist und am Rand ein zusätzlicher Stromanteil aus der gegenüberliegenden Kathode auftritt (siehe Abb. 5.4.3). Beim Abschaltvorgang ist von Anfang an eine Filamentierung zu beobachten. Dies kann reduziert werden durch Einfügen einer Widerstandszone [Tom96], wie in Abb. 5.4.4 gezeigt wird. Die p-Zone ist hier um die Strecke R verlängert unter die Passivierungsschicht gezogen. Da p-Gebiete in Soft-Recovery-Dioden nur mäßig stark dotiert sind, wirkt der Bereich R für einen Strom an der Kante der p-Zone wie ein Vorwiderstand und setzt die Stromdichte an der Kante herab.

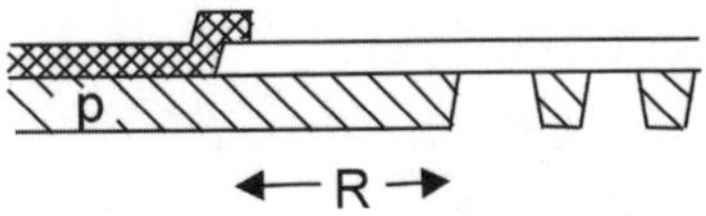

Abb. 5.4.4 Widerstandszone zur Reduzierung der Stromdichte am Anodenrand

Dynamischer Avalanche 2. Art

Wird allerdings die Stromdichte im dynamischen Avalanche erhöht, so findet man einen Bereich mit einem schwach negativen differentiellen Widerstand, es setzt dynamischer Avalanche der 2. Art ein: Im Bauelement bilden sich Filamente, d.h. Teilbereiche sehr hoher Stromdichte. Diesen von Sittig und Oetjen beschriebenen Vorgang [Oet00] soll anhand von Abb. 5.4.5 diskutiert werden.

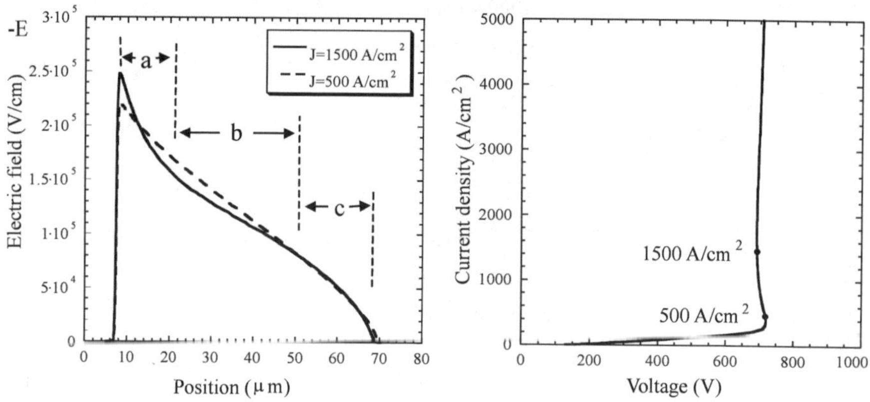

Abb. 5.4.5 Dynamischer Avalanche bei erhöhten Stromdichten. Feldverlauf (links), Kennlinie (rechts)

Abbildung 5.4.5 entspricht einem Ausschnitt aus Abb. 5.4.1, allerdings unter der Bedingung des dynamischen Avalanche und einer beträchtlichen durch Avalanche erzeugten Stromdichte. Das Feld hat am pn-Übergang (hier bei w = 8μm) die Avalanche-Feldstärke erreicht. Der Feldverlauf für j = 500A/cm² ist noch etwa dreiecksförmig. Es werden im Bereich der Zone hohen Feldes durch Avalanche Elektron-Loch-Paare generiert. Die Generation findet aber nicht lokal statt, sondern über eine bestimmte Strecke in vertikaler Richtung. Die Löcher fließen nach links, die Elektronen nach rechts ab. Das führt dazu, dass direkt am pn-Übergang – im Bereich a – die Löcherdichte p um die durch Avalanche generierten Löcher p_{av} erhöht ist. Unmittelbar am pn-Übergang gilt:

$$\frac{dE}{dw} = \frac{q}{\varepsilon}\left(N_D + p + p_{av}\right) \tag{5.4.5}$$

Damit ist der Gradient des elektrischen Feldes dE/dw an dieser Stelle sehr steil geworden, dieser Fall ist für die hohe Stromdichte j = 1500A/cm² dargestellt. Weiter weg vom pn-Übergang fließen die durch dynamischen Avalanche generierten Elektronen nach rechts. Dazu kommen auch hier generierte Löcher, deren Zahl aber bereits geringer ist.

$$\frac{dE}{dw} = \frac{q}{\varepsilon}\left(N_D + p + p_{av} - n_{av}\right) \tag{5.4.6}$$

Im Bereich b kommt es zu einer teilweisen Kompensation der generierten Elektronen und der generierten Löcher – p_{av} nimmt nach rechts ab, n_{av} nimmt zu – und der Gradient des elektrischen Feldes dE/dw wird flacher. Am Übergang zum Ladungsträgerberg muss aber wieder E=0 gelten. Im Bereich c muss der Gradient des elektrischen Felds daher wieder steiler werden. Das gelingt nur wenn ein hoher Löcherstrom aus dem Ladungsträgerberg entnommen wird. Der Ladungsträgerberg wird also an dieser Stelle schneller abgebaut.

Die aufgenommene Spannung entspricht der Fläche unter der Kurve E(w). Diese Fläche ist für j = 1500A/cm² etwas kleiner als für j=500A/cm². Dies führt zu einer Kennlinie mit schwach negativem differentiellen Widerstand (Abb. 5.4.5 rechts). Eine solche Charakteristik muss, zumindest ab einer gewissen Stromdichte, zum Zerfall der einheitlichen Stromführung in Bereiche mit niedriger und in Filamente mit hoher Stromdichte führen.

In Bauelement-Simulationen treten in Filamenten Stromdichten von etwa 1000-2000A/cm² auf. Allerdings gibt es Mechanismen, die einer Zerstörung entgegenwirken:.

- der differentielle Widerstand ist nur schwach negativ, bei höheren Stromdichten steigt die Spannung wieder, die Stromdichte im Filament ist begrenzt
- im Filament steigt die Temperatur, was die Avalanche-Spannung anhebt und dem Mechanismus entgegenwirkt
- das Filament führt zu einem schnellen, lokalen Ausräumen des Ladungsträgerbergs an dieser Stelle, was der Ursache des Avalanche entgegenwirkt.

Es ist also ein Zustand wieder erlöschender, springender oder wandernder Filamente zu erwarten, aber eine Diode sollte diesen Zustand überstehen können. Wandernde und springende Filamente werden auch in 2-dimensionaler Bauelement-Simulation beobachtet. Allerdings ergeben sich noch eine Reihe von Fragen. So ist der Vorgang in der Realität 3-dimensional, und bis zum Zeitpunkt des Verfassens dieses Abschnitts war es noch nicht möglich, diesen komplexen Vorgang in drei Dimensionen in vertretbarer Rechenzeit zu simulieren. Ebenfalls ist bei den zugrunde gelegten Simulationen die Temperaturabhängigkeit der Bauelementparameter, insbesondere der Avalanche-Koeffizienten, noch nicht berücksichtigt. Die Darstellung ist hier insofern vorläufig. Die Vorgänge der Filamentierung sind zur Zeit Gegenstand der Forschung.

Bei weiterer Steigerung der Belastung im dynamischen Avalanche kann allerdings ein Zustand auftreten, bei dem auch der nn^+-Übergang frei wird, während am pn-Übergang noch dynamischer Avalanche herrscht. Wird auch am nn^+-Übergang ein elektrisches Feld aufgebaut und dort die Avalanche-Bedingung erreicht, so setzt dynamischer Avalanche von beiden Seiten ein. Dieser Zustand – dynamischer Avalanche der 3. Art – ist sehr kritisch.

Dynamischer Avalanche der dritten Art

Bei noch höherer Belastung kann sich am Ende der Filamentierungsphase ein Feld am nn^+-Übergang ausbilden. Dies ist in Abb. 5.4.6 dargestellt. Bei x = 3200 hat sich ein Filament im Strom gebildet (Abb. 5.4.6 links), im Feldverlauf an dieser Stelle sind Feldmaxima am pn-Übergang und am nn^+-Übergang erkennbar, siehe Abb. 5.4.6 rechts.

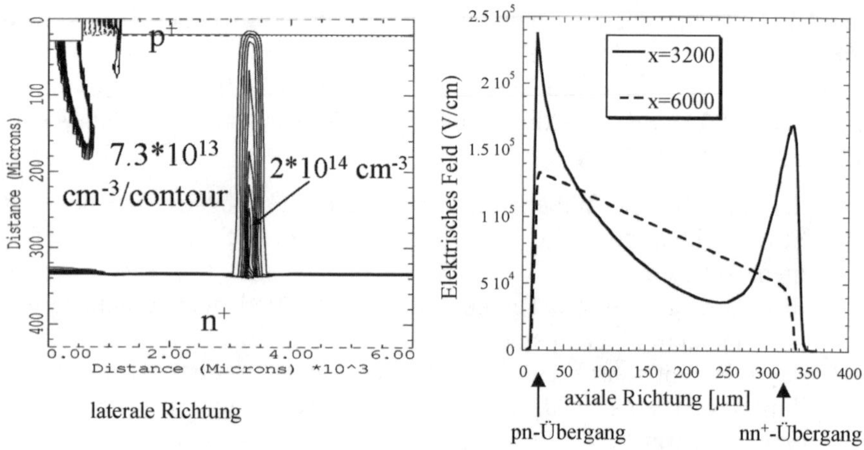

Abb. 5.4.6 Vorgänge bei sehr starkem dynamischen Avalanche. Links: Bei x = 3200 hat sich ein Filament hoher Stromdichte gebildet. Rechts: Feldverlauf im Filament (x=3200) und in einem Bereich, in dem das Bauelement bereits von Ladungsträgern frei ist (x=6000). Bei x=3200 hat sich eine Raumladungszone mit Feldspitzen an pn- und an nn^+-Übergang ausgebildet.

Der invertierte Gradient des elektrischen Felds kann nur auftreten, wenn die Dichte der Elektronen so hoch ist, dass sie die positiv geladene Grunddotierung überkompensiert:

$$\frac{dE}{dw} = \frac{q}{\varepsilon}\left(n + n_{av} - N_D\right) \tag{5.4.7}$$

Diese hängemattenförmige Feldverteilung weist Ähnlichkeiten zum zweiten Durchbruch auf, wie er für bipolare Transistoren bekannt ist. Auch dort tritt ein Feldmaximum am nn^+-Übergang auf. Anhand des statischen Verhaltens von Dioden mit sehr niedrig dotierter Mittelzone stellte Egawa [Ega66] diesen Mechanismus als zerstörerisch heraus. Es kommt zu einer Avalanche-Injektion von beiden Seiten.

Auch mit einer Stabilitätsbetrachtung ähnlich Wachutka [Wac91] kann gezeigt werden, dass dynamischer Avalanche am nn^+-Übergang instabil ist [Dom03]. Es genügt hier, dass das Ionisationsintegral Φ (siehe Gleichung 2.2.22) den Wert von 0,3 erreicht. Die Stromdichte in eine Störung wird mit einer Zeitkonstante von wenigen Nanosekunden exponentiell anwachsen [Dom03].

Wird angenommen, dass die Zerstörung einer Diode einsetzt, wenn ein Egawa-artiges Feld größer einer bestimmten Feldstärke am nn^+-Übergang (Abb. 5.4.6 rechts) auftritt, kann man eine experimentell gefundene Ausfallgrenzen erklären. Abb. 5.4.7 zeigt den Ausfall eines für 3.3kV ausgelegten Bauelements bei sehr steiler Kommutierung. Die Rückstromspitze bei 360A entspricht einer Stromdichte von 400A/cm². Das Bauelement wird sehr schnell mit Spannung beaufschlagt. Durch eine zusätzliche Gate-Kapazität von 22 nF, die im Modul vor jedem schaltenden IGBT-Chip eingebaut war, wurde erreicht, dass die Spannung von 2000V bereits 200ns nach der Rückstromspitze über der Diode anliegt. Kurz nach Erreichen des Spannungsmaximums wird die Diode zerstört.

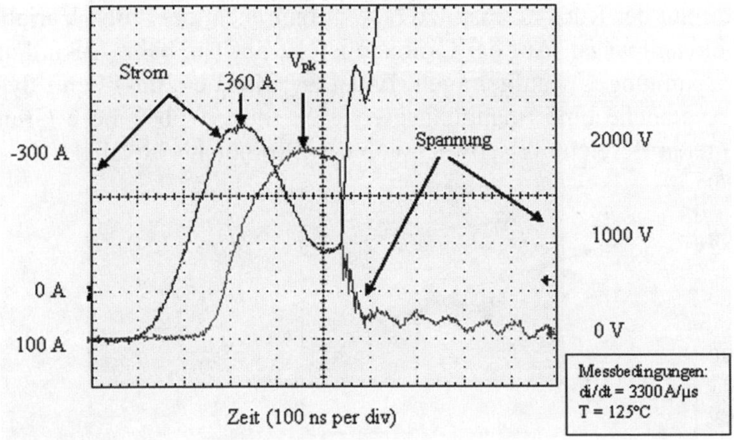

Abb. 5.4.7 Ausfall einer 3300V-Diode während eines extrem starken dynamischen Avalanche

Sofern der eingesetzte IGBT es schafft, den bei Kurzschluss der Diode auftretenden Strom zu begrenzen und abzuschalten, ist bei den zerstörten Dioden ein charakteristisches Ausfallbild zu sehen, das Abb. 5.4.8 zeigt.

An einer Stelle der aktiven Fläche ist ein Aufschmelzkanal zu finden, im Falle des dynamischen Avalanche 3. Art wurden davon ausgehend Risse im Winkel von 60° beobachtet. Das Ausfallbild entspricht der Zerstörung eines 111-orientierten Wafers durch eine punktförmige Stressquelle. Auch dieses deutet auf ein Stromfilament sehr hoher Energiedichte hin.

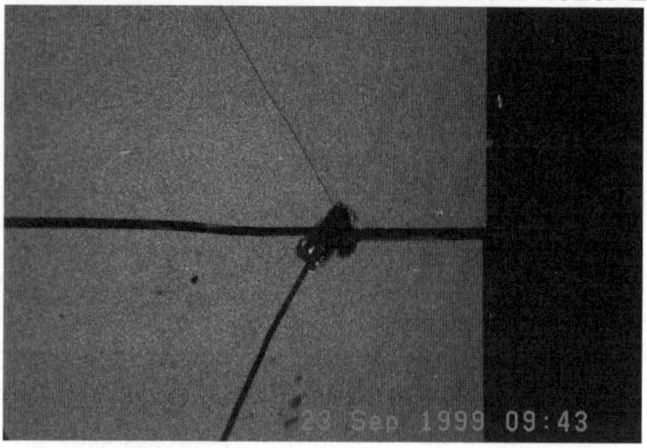

Abb. 5.4.8 Ausfallbild einer Diode bei dynamischem Avalanche 3. Art

Die Ausfallgrenze kann für Bauelemente gleichen Typs auch aus verschiedenen Produktionslosen reproduziert werden; Abb. 5.4.9 zeigt die Messergebnisse (schwarze Punkte). Auf der Abszisse in Abb. 5.4.9 ist die Stromdichte während der Rückstromspitze I_{RRM} aufgetragen, die durch Variation von di/dt einstellbar ist. Auf der Ordinate ist die höchste beim Ausfall aufgetretene Spannung U_{pk} aufgetragen. Es ist zu erkennen, dass beim dynamischen Avalanche eine Spannungsgrenze existiert, wobei diese Grenze im betrachteten Bereich nur schwach von der Stromdichte abhängt.

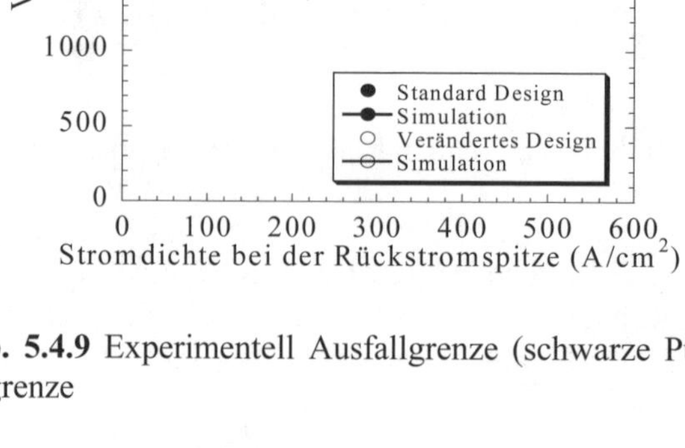

Abb. 5.4.9 Experimentell Ausfallgrenze (schwarze Punkte) und simulierte Ausfallgrenze

Simuliert man diesen Zustand 2-dimensional mit dem Bauelementsimulator AVANT Medici und nimmt man als Bedingung für den Ausfall an, dass am nn^+-Übergang ein zweites elektrisches Feld entsteht und dieses Feld ab 100kV/cm kritisch ist, so stößt man auf die ebenfalls in Abb. 5.4.9 eingezeichnete durchgezogene schwarze Linie.

Die Simulation sagt voraus, dass ein Egawa-artiges Feld erst bei einer höheren Spannung auftritt, wenn man die Dicke der n^--Zone der Diode erhöht. Das Experiment bestätigte dies für eine Diode mit 50µm dickerer Mittelzone. Allerdings liegen die experimentell gefundenen Ausfälle tendenziell unter den simulierten Werten. Abb. 5.4.9 zeigt somit, dass man durch die Wahl der Dicke der Diode die Robustheit einstellen kann.

Aus jüngeren Veröffentlichungen geht hervor, dass Freilaufdioden auch im Bereich 3300V eine sehr hohe Fähigkeit zur Beherrschung des dynamischen Avalanche aufweisen können [Rah04]. Abb. 5.4.10 zeigt eine entsprechende Messung. Dabei tritt zunächst starker dynamischer Avalanche auf, ab einer Spannung von etwa 1500V bei t ≈4,1µs knickt der Anstieg der Spannung ab, die Rückstromspitze der Diode verbreitert sich. Die Spannung steigt nur noch sehr langsam an. Nach starkem dynamischen Avalache kommt es bei t = 4.55µs zur Erschöpfung des internen Plasmas. Der aus dem Ladungsträgerberg stammende Löcherstrom reißt ab, die Ursache des dynamischen Avalanche ist beseitigt. Die Spannung steigt steil an, sie wird aber durch die Diode wiederum selbst begrenzt. Dieser Grenzwert bei etwa 3700V liegt in der Nähe des statischen Avalanche.

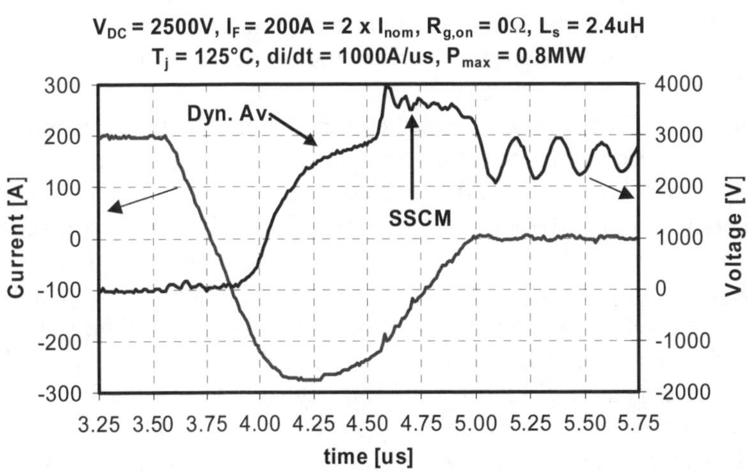

Abb. 5.4.10 Test der Robustheit einer 3300V Diode unter extremen Bedingungen [Rah04]

Im Stromverlauf beobachtet man aber keinen Abriss, sondern nur einen kleinen Einbruch. Danach folgt ein nunmehr durch statischen Avalanche erzeugter Strom. Dieser Zustand wurde als „switching self-clamping mode" (SSCM) bezeichnet [Rah04], die Diode begrenzt Spannungsspitzen. Nach [Rah04] wurden bei der Auslegung dieser Diode die notwendigen Maßnahmen zur Erreichung einer hohen Robustheit beachtet: Die p^+-Zone ist ausreichend hoch dotiert, der Rand der aktiven Fläche ist so gestaltet, dass lokale Stromüberhöhungen vermieden werden. Ferner weist der nn^+-Übergang einen sehr flachen Gradienten auf. Ist an dieser Stelle N_D erhöht, so erschwert das nach (5.4.7) die Ausbildung eines Felds mit invertiertem Gradienten und entschärft die Gefahr des Auftretens des Egawa-Felds nach Abb. 5.4.6 rechts.

Diese Fortschritte zeigen, dass man durchaus in beträchtlichem Maße Bauelemente im dynamischen Avalanche belasten kann. Müsste man den dynamischen Avalanche vermeiden, würde das, wie aus Abb. 5.4.2 hervorgeht, eine drastische Einschränkung der zulässigen Ströme in Rückwärtsrichtung nach sich ziehen. Je höher die Spannung ist, auf die das Bauelement ausgelegt wird, umso mehr müsste die zulässige Stromdichte in Rückwärtsrichtung eingeschränkt werden. Andererseits wächst die gespeicherte Ladung mit der spezifizierten Sperrspannung mehr als quadratisch an – siehe dazu Kapitel 3.1, Gleichung (3.1.78). Mit zunehmender Speicherladung tritt ein höherer Strom in Rückwärtsrichtung auf. Um diesen Rückstrom klein zu halten, muss die Steilheit der Schaltflanken di/dt reduziert werden. Damit würde der Anwendung hochsperrender Dioden eine sehr rigide Einschränkung der zulässigen Schaltflanken auferlegt, und mit langsameren Schaltflanken wachsen die Verluste in den schaltenden Bauelementen.

Im Bereich 3300V wurden bezüglich der Beherrschung der Robustheit beträchtliche Fortschritte erreicht. Aber je höher die spezifizierte Sperrspannung, umso geringer sind die Stromdichten in Rückwärtsrichtung, bei denen der Strom zu Filamentierung neigt [Nie04]. Daher ist trotz dieser Fortschritte ist ein tieferes Verständnis dieses Grenzbereichs unerlässlich. Die Vorgänge bei schnellen Kommutierungsvorgängen, bei denen Filamente auftreten können, sind ein wichtiges Thema von Forschungsarbeiten im Bereich der Leistungsbauelemente für höhere Sperrspannungen. Daher sind die hier gegebene Erklärungen ist in gewisser Weise noch vorläufig. Einige experimentellen Befunde können erklärt und Schlussfolgerungen für das Design gezogen werden. Allerdings sind noch viele Fragen offen.

5.5 Überschreiten des abschaltbaren Stroms in GTOs

Wie bei der Behandlung des GTO im Zusammenhang mit Abb. 3.4.14 gezeigt, werden beim Abschalten eines GTO-Thyristors die Strompfade unter dem Emitterfinger von außen nach innen ausgeräumt. Am Ende verbleibt ein schmaler stromführender Bereich in der Mitte, ein Filament, bevor der Anodenstrom absinkt. Auch bei sehr guter Gleichmäßigkeit der Technologie sind nicht alle Emitterfinger des GTO ideal gleichmäßig, und auch in einem einzelnen Emitterfinger gibt es eine Stelle die als letzte den Strom führt. Beim Überschreiten des maximal abschaltbaren Stroms wird an dieser Stelle eine geschmolzene bzw. durchlegierte Zone gefunden. Nach Ablösen der Metallisierung und einer Ätzung in konzentrierter Kalilauge (KOH), die Poly-Silizium schneller angreift als einkristallines Silizium, ist ein wie in Abbildung 5.5.1 gezeigtes nadelförmiges Loch zu finden.

Abb. 5.5.1 Durch Überschreiten des maximal abschaltbaren Stroms ausgefallener GTO-Thyristor. Schmelzkanal, verursacht durch ein Stromfilament in der Mitte eines Kathodenstreifens

Die dunkle Stelle in Abb. 5.5.1 zeigt den Schmelzkanal an, der sich bis fast zur Rückseite des Bauelements erstreckt.

Ein Ausfall wie in Abb. 5.5.1 kann verursacht werden durch Überschreiten des maximal abschaltbaren Stroms, aber auch durch Ausfall eines Elements in der RCD-Beschaltung, denn beim Abschalten eines GTO muss der Spannungsanstieg du/dt begrenzt werden.

5.6 Kurzschluss und Latch-up in IGBTs

Kurzschlussverhalten von IGBTs

Der IGBT ist von seiner Struktur kurzschlussfest. Abb. 5.6.1 zeigt den Vorgang in einem NPT-IGBT während einer Belastung durch Kurzschluss. Zur Aufnahme der Spannung hat sich ein elektrisches Feld am sperrenden pn-Übergang ausgebildet. Auf der Emitterseite in Abb. 5.6.1 ist der n-Kanal geöffnet. Elektronen fließen in die Raumladungszone und kompensieren den aus dem Ladungsträgerberg abfließenden Elektronenstrom. Auf der rechten Seite in Abb. 5.6.1, der Kollektorseite, kompensieren die aus dem Kollektor injizierten Löcher den aus dem Ladungsträgerberg stammenden Elektronenstrom. Das elektrische Feld wird schnell aufgebaut und der verbleibende Ladungsträgerberg, in Abb. 5.6.1 rechts dargestellt, wird schnell ausgeräumt. Solange in kurzer Zeit – in den meisten Fällen kleiner 10µs – der Kurzschluss abgeschaltet wird, übersteht das Bauelement die resultierende thermische Belastung.

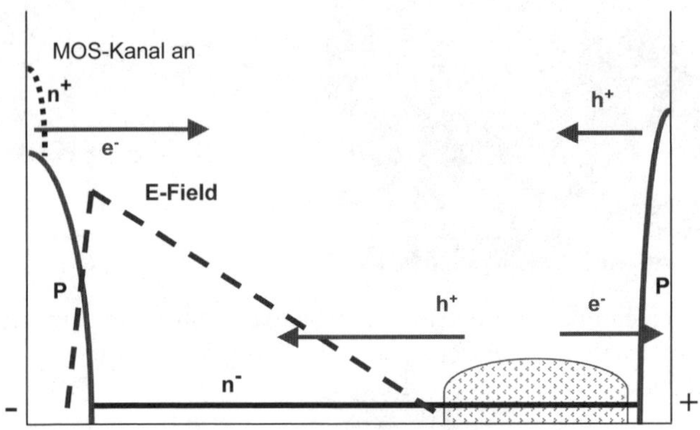

Abb. 5.6.1 Zustand eines NPT-IGBT im Kurzschluss

Kritisch ist insbesondere das Abschalten des Kurzschluss-Stroms, denn hier muss kurzzeitig auf der Emitterseite der Gesamtstrom durch einen Löcherstrom aufrecht erhalten werden. Die Löcher fließen durch die p-Wanne ab, siehe dazu auch Abb. 3.6.1. Der Widerstand R_S des p-Gebiets muss so niedrig sein, dass an ihm der Spannungsabfall kleiner bleibt als die Schleusenspannung des pn-Übergangs zwischen p-Wanne und n^+-Emitter. Ist der Widerstand R_S durch eine hoch dotierte p^+-Zone auf einen sehr niedrigen Wert eingestellt, wie in Abb. 3.6.12 gezeichnet, so liegt eine kurzschlussfeste Zelle vor [Las03]. In diesem Falle wird verhindert, dass der parasitäre npn-Bipolartransistor in Aktion tritt und das Bauelement einrastet („latch-up"). Einrasten („latchen") des aus npn- und pnp-Transistor gebildeten Thyristors führt zu einem Verlust der Abschaltfähigkeit und damit zur Zerstörung des IGBT.

Im Kurzschlussfall treten im Bauelement hohe Temperaturen auf – siehe dazu weiter unten – und die Gefahr des Latch-up ist umso größer, je höher die Temperatur ist. Günstig für das Abschalten des Kurzschlusses ist es, dass während des Kurzschlusses der Ladungsträgerberg weitgehend ausgeräumt wurde und der in die p-Wanne fließende Löcherstrom vergleichsweise niedrig ist.

Den Verlauf von Gate-Spannung u_G, Kollektorstrom i_C und Kollektor-Emitter-Spannung u_C beim Einschalten eines 1200V IGBTs auf einen Kurzschluss zeigt Abb. 5.6.2. Ausgangspunkt ist eine Spannung u_c von ca. 600V, am Gate liegt eine Spannung von -15V an. Beim Einschalten auf den Kurzschluss steigt der Kollektorstrom auf ca. 9500A. Nach 10µs wird der Kurzschluss abgeschaltet. Durch die steile Flanke des fallenden Kollektorstroms entsteht eine induktiv induzierte Überspannung, die etwas mehr als 1000V erreicht. Der IGBT schaltet den Kurzschluss erfolgreich ab.

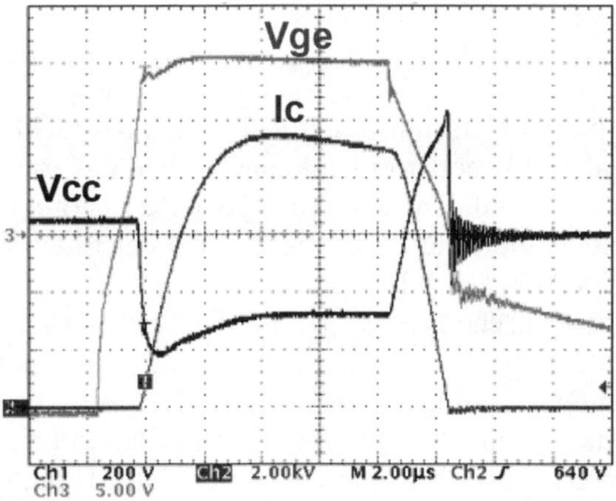

Abb. 5.6.2 Typischer Verlauf des Kurzschluss eines 1200V IGBTs. U_G (=V_{ge}) 5V/div, I_C 2000A/div, U_C (=V_{cc}) 200V/div. Aus [Gut03]

Abbildung 5.6.3 zeigt den Verlauf von Kollektorstrom i_C und Kollektor-Emitter-Spannung u_C bei Zerstörung unter Bedingungen, die jenseits der Kurzschlussfestigkeit liegen. In Abb. 5.6.3a wird ein 600V IGBT während des Kurzschlusses zerstört, der Kurzschluss liegt bei einer Spannung von 540V über eine Zeit von ca. 60µs über dem Bauelement an. In Abb. 5.6.3b wird der Kurzschluss nach einer Zeit von ca. 40µs zunächst abgeschaltet. Während des Kurzschluss hat sich aber das Bauelement so stark erwärmt, dass nach Abschalten des Kurzschluss ein hoher Sperrstrom fließt. Bei hoher Temperatur werden weitere Ladungsträger nach Gleichung (2.1.7) thermisch generiert, der Sperrstrom steigt an. Nach weiteren ca. 100µs wird das Bauelement durch den hohen Sperrstrom thermisch zerstört.

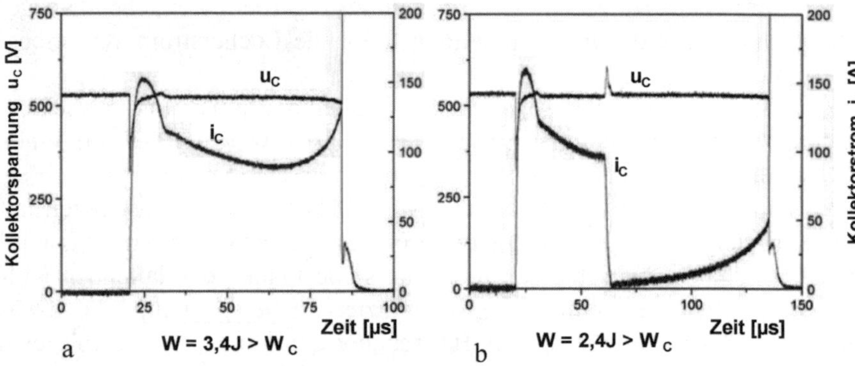

Abb. 5.6.3 Verlauf von Strom und Spannung für die Zerstörung des IGBT bei einer umgesetzten Energie größer W_C. 600V IGBT im Kurzschluss bei U_{bat} = 540V, T = 125°C. Aus [Sai04]

Dauerversuche mit wiederholten Kurschlüssen ergaben, dass Kurzschlüsse auch über zehntausend Mal wiederholt werden können, ohne das Bauelement zu schädigen [Sai04]. Dies gilt, solange die deponierte Energie kleiner einer kritischen Energie bleibt. Eine Zusammenfassung der Ergebnisse für einen 1200V IGBT ist in Abb. 5.6.4 dargestellt. Es wird eine definierte Grenze gefunden, wobei die kritische Energie W_C für die Testbedingung T = 125° niedriger ist als für T = 25°C. Über dieser Grenze W_C können IGBTs teilweise nach wenigen Pulsen zerstört werden. Die Auswertung des Kurzschluss-Verhaltens verschiedener IGBTs und die anschließende Berechung der Temperaturerhöhung bezogen auf das Volumen der vom elektrischen Feld ausgefüllten Zone des IGBT-Chips ergab Temperaturen von 600°C [Sai04], auch bei IGBTs verschiedener Dicke wurde dieselbe Endtemperatur gefunden.

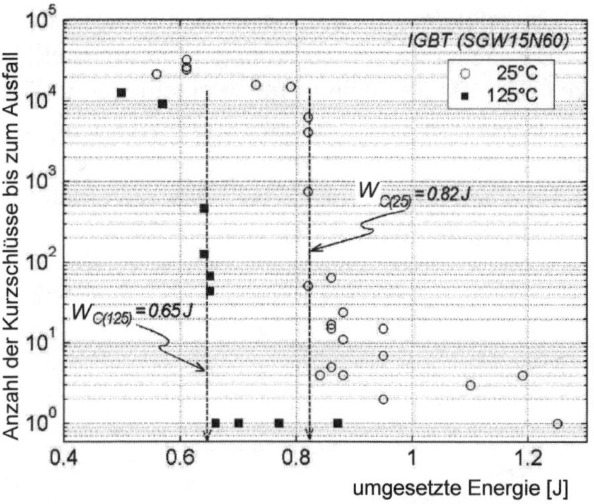

Abb. 5.6.4 Robustheit bei wiederholtem Kurzschluss. 15A 600V IGBT, U_{bat} = 405V. Aus [Sai03]

Da der Ausfall thermisch bedingt ist, hängt der erreichte Wert der Energie, die das Bauelement als Wärme aufnehmen kann, von der Wärmekapazität ab. Moderne IGBTs werden zur Absenkung der Verluste mit einer geringeren Weite w_B der Basiszone ausgelegt. Darüber hinaus ermöglicht der niedrigere Spannungsabfall in Durchlassrichtung, einen entsprechenden Strom auf kleinerer Fläche zu führen. Damit wird sowohl die Fläche als auch die Dicke des IGBT-Chips verringert und entsprechend nimmt seine Wärmekapazität ab.

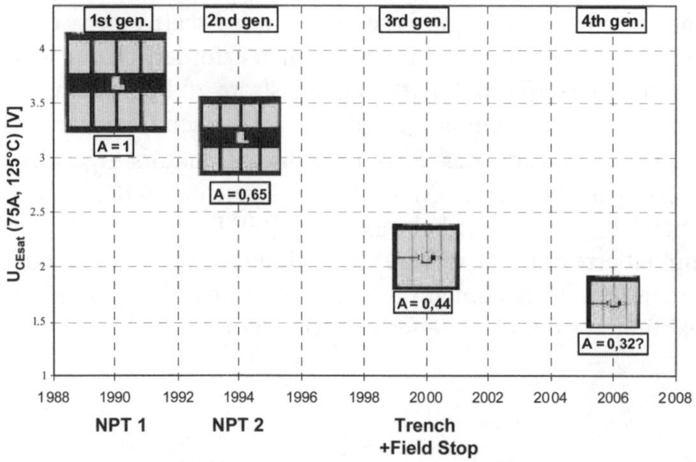

Abb. 5.6.5 Chipfläche und Vorwärts-Spannungsabfall bei verschiedenen IGBT-Generationen am Beispiel des Herstellers Infineon. Bild: T. Laska, Infineon

Am Beispiel des Halbleiterherstellers Infineon ist die Chipfläche für verschiedene 1200V 75A IGBT-Generationen in Abb. 5.6.5 dargestellt. Die Entwicklung der Dicke der Bauelemente für verschiedene IGBT-Generationen ist in Abb. 5.6.6 dargestellt. Für den 1200V 75A Chip ergibt sich damit eine Verkleinerung der Fläche auf 44% und der Dicke auf 55% gegenüber der ersten IGBT-Generation von 1990. Das entspricht nach Gleichung (4.4.5) einer Abnahme der Wärmekapazität auf 24%.

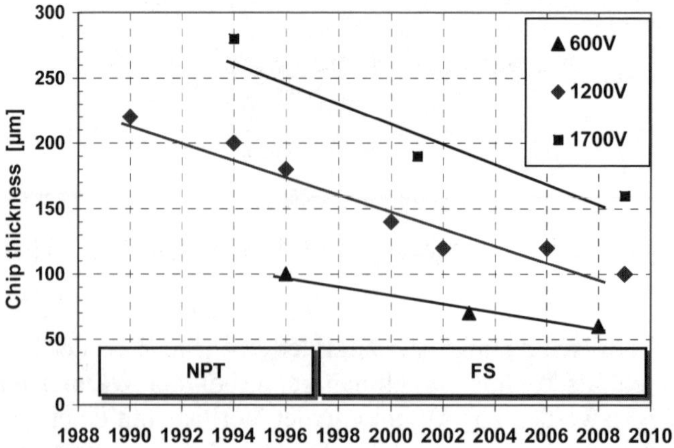

Abb. 5.6.6 Chipdicke bei verschiedenen IGBT-Generationen des Halbleiter-Herstellers Infineon. Aus [Las03]

Mit dieser drastischen Reduzierung der Wärmekapazität sinkt die im Chip deponierbare thermische Energie erheblich. Zum Erhalt einer hohen Robustheit im Kurzschluss sind daher Maßnahmen erforderlich. Es wird notwendig, den im Kurzschlussfall auftretenden Strom zu begrenzen. Er wird auf etwa 5-fachen Nennstrom eingestellt [Las03]. Nach Gleichung (3.6.3) kann dazu die Absenkung des Stromverstärkungsfaktors α_{pnp} des pnp-Transistors erfolgen. Mit diesen Maßnahmen, sowie durch den sehr niedrigen Widerstand R_S, wird auch bei modernen IGBTs eine sehr gute Kurzschlussfestigkeit erreicht. Für weitere Entwicklungen wird es hier aber notwendig werden, mit Maßnahmen in der Aufbau- und Verbindungstechnik die Wärmeabfuhr aus dem Halbleiter zu verbessern.

Abschalten von Überströmen und dynamischer Avalanche

Das Abschalten eines Überstroms stellt oft eine besonders kritische Betriebsbedingung dar. Es wird zuerst der Kanal geschlossen, der aus dem Kanal herausfließende Elektronenstrom erlischt. Der Gesamtstrom muss nun kurzzeitig als Löcherstrom geführt werden. Abb. 5.6.7 stellt diesen Zustand in einem NPT-IGBT dar. Aus dem Ladungsträgerberg fließt der Löcherstrom durch die Zone, die bereits das elektrische Feld aufgenommen hat. Die Dichte freier Löcher addiert sich zur Grunddotierung. Der Gradient des elektrischen Feldes wird steiler, wie in den Gleichungen (5.4.1) bis (5.4.3) behandelt. Die Sperrfähigkeit ist reduziert, es kann dafür Gleichung (5.4.4) benutzt werden. Dynamischer Avalanche generiert in der Nähe des pn-Übergangs weitere Elektronen-Loch-Paare. Die Löcher fließen in Abb. 5.6.7 nach links ab, die Elektronen nach rechts.

Der um die im dynamischen Avalanche erzeugten Löcher erhöhte Löcherstrom fließt, wie in Abb. 5.6.7 gezeigt, durch die p-Gebiete über den Widerstand R_S ab. In diesem Betriebszustand ist die Löcherdichte am höchsten und damit die Gefahr des Aufsteuerns des parasitären npn-Transistors und des Latchen des IGBTs am höchsten. Ist R_S klein genug, wird der IGBT diese Bedingung meistern.

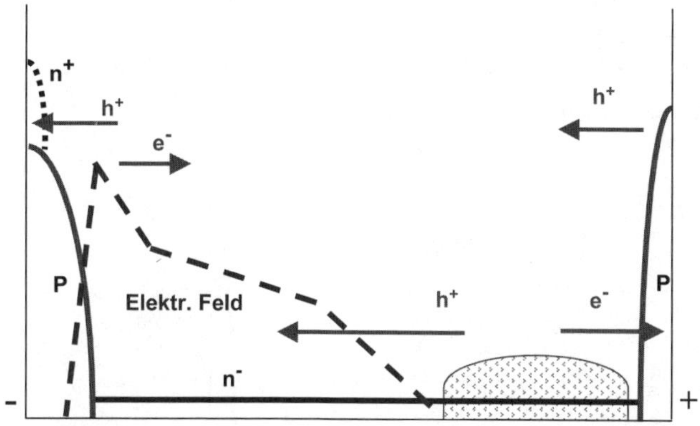

Abb. 5.6.7 NPT-IGBT beim Abschalten eines Überstroms und mit dynamischem Avalanche

Die in der Nähe des pn-Übergangs generierten Elektronen fließen nach rechts und kompensieren den Löcherstrom. Bei starkem dynamischen Avalanche entsteht im IGBT ein Feld, wie es in Abb. 5.5.7 eingezeichnet ist. Dieses Feld gleicht dem S-förmigen Feld im dynamischen Avalanche zweiter Art, die im Zusammenhang mit Gleichung (5.4.5) und (5.4.6) entwickelte Argumentation gilt entsprechend.

Ein Feld der Form in Abb. 5.6.7 führt zu einem Bereich schwach negativen differentiellen Widerstands in der Kennlinie, und eine Untersuchung des Effekts mittels Bauelement-Simulation [Ros02] zeigt die Ausbildung von Stromfilamenten, die an bestimmten Bereichen entstehen und zu benachbarten Zellen springen. Auch dieser Vorgang gleicht dem beschriebenen dynamischen Avalanche zweiter Art.

Allerdings besteht ein grundsätzlicher Unterschied zur Diode darin, dass auf der rechten Seite des Ladungsträgerbergs im NPT-IGBT ein p-Gebiet vorliegt, und dieser pn-Übergang an der Kollektorseite ist in Vorwärtsrichtung gepolt. Er injiziert Löcher, die den aus dem Ladungsträgerberg abfließenden Elektronenstrom kompensieren. Das wirkt der Ablösung des Ladungsträgerbergs vom kollektorseitigen Übergang entgegen. Aber auch aufgrund der gleichen Polarität der negativ geladenen Akzeptorrümpfe im p-Kollektor und der negativ geladenen Elektronen, die zum Kollektor fließen, kann sich dort keine Raumladungszone ausbilden. Ein dynamischer Avalanche dritter Art ist in einem NPT-IGBT nicht möglich.

Anders verhält sich die Situation auf der rechten Seite des Ladungsträgerbergs bei einem modernen IGBT mit Feldstop-Schicht oder n-buffer vor der Kollektorzone. Hier fließt der Elektronenstrom nach rechts; ist aber der aus dem Kollektor fließende Löcherstrom nicht hoch genug, um den Elektronenstrom zu kompensieren, so kann sich an dieser Stelle ein elektrisches Feld ausbilden, wie in Abb. 5.6.8 dargestellt. Es kann sich eine Raumladungszone aus den negativ geladenen freien Löchern und den positiv geladenen Donatorrümpfen im n-Buffer ausbilden.

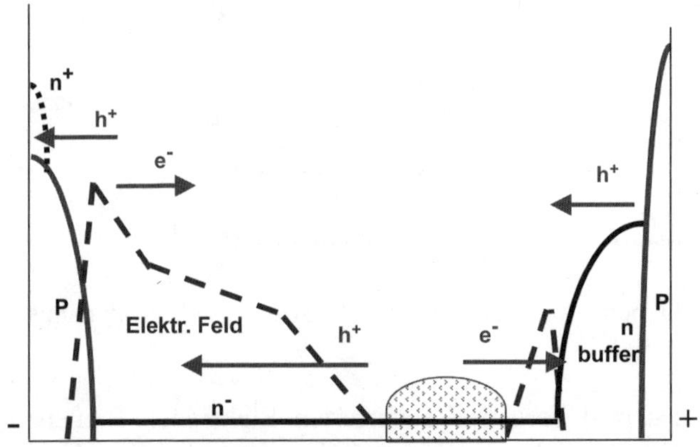

Abb. 5.6.8 IGBT mit n-buffer beim Abschalten eines Überstroms und mit dynamischem Avalanche. Im ungünstigen Fall kann sich vor dem n-buffer ein zweites elektrisches Feld aufbauen

In [Rah05] wird ausgeführt, dass dieser Zustand insbesondere beim Erlöschen des Ladungsträgerbergs und dem Übergang in den ‚Switching Self Camping Mode' (SSCM) kritisch ist. Im SSCM kann sich ein Feld mit Feldspitze am nn+-Übergang ausbilden, ähnlich wie es beim zweiten Durchbruch von bipolaren Transistoren auftritt. Dieser Zustand ist instabil. Wird aber durch den p-Kollektor ein ausreichender Löcherstrom geliefert, um den Elektronenstrom kompensieren, so wird der SSCM Zustand in einem IGBT stabilisiert. Dazu darf der Emitterwirkungsgrad der p-Kollektorzone und der damit verbundene Stromverstärkungsfaktor α_{pnp} nicht zu klein sein. Das widerspricht den Anforderungen, wie sie zur Erreichung einer hohen Kurzschlussfestigkeit notwendig sind. Es muss ein geeigneter Kompromiss gefunden werden.

Abbildung 5.6.9 zeigt das Abschalten eines IGBTs bei hohem Überstrom. Ab einer Spannung U_C von ca. 2000V erkennt man ein Abflachen des Anstiegs der Spannung. Dies ist Ausdruck eines starken dynamischen Avalanche, bei dem die durch die Raumladungszone fließenden Löcher die Sperrfähigkeit begrenzen.

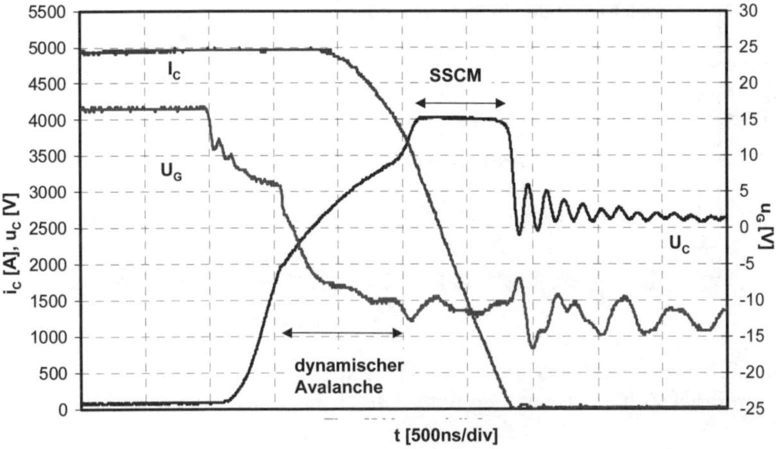

Abb. 5.6.9 Abschalten eines 3.3kV 1200A IGBT Moduls bei 4fachem Nennstrom gegen eine Spannung Ubat = 2600V. An eine Phase starken dynamischen Avalanche schließt sich der SSCM-Zustand an. Aus [Rah05]

Nach einem Anstieg der Spannung auf 2600V beginnt der Strom zu fallen, es hält weiterhin starker dynamischer Avalanche an. Bei einer Spannung von 3500V geht das Bauelement in den SSCM Zustand über. Die Spannung springt auf 4000V, was knapp unter der statischen Avalanche-Spannung des Bauelements liegt. Der Verlauf von Strom und Spannung scheint sehr viel stabiler verglichen mit dem SSCM Mode einer Diode (siehe Abb. 5.4.10). Durch den vom p-Kollektor kommenden Löcherstrom wird der SSCM-Zustand stabilisiert [Rah05].

5.7 Ausfälle durch Höhenstrahlung

Mit dem Einsatz von hochsperrenden abschaltbaren Bauelementen in Stromrichtern für elektrische Lokomotiven Anfang der 90er Jahre wurden in der Anwendung schwer erklärbare Ausfälle festgestellt. Der Aufbau dieser Betriebsbedingung im Labor, die Durchführung von Langzeittests mit hoher Gleichspannung in Sperrrichtung, bestätigte das Auftreten von spontanen Ausfällen [Kab94]. Frappierend war vor allem der spontane Ausfall ohne eine erkennbare vorherige Schädigung, wie z.B. eines Sperrstromanstiegs

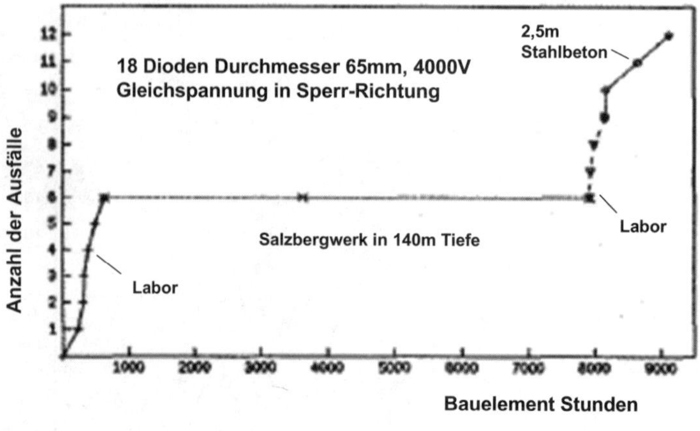

Abb. 5.7.1 Ergebnisse des Salzbergwerk-Experiments. Anzahl der Ausfälle über aufsummierter Zeit der Belastung unter Gleichspannung. Aus [Kab94]

Abbildung 5.7.1 zeigt die Ergebnisse des Salzbergwerk-Experiments. Zunächst wurden im Labor in ca. 700 Bauelement-Stunden 6 Ausfälle gefunden. Der Test wurde unterbrochen und in einem Salzbergwerk weitergeführt. Unter einer 140m Felsschicht traten keine Ausfälle mehr auf. Abb. 5.7.1 zeigt den Verlauf dieses Experiments. Im Anschluss an die Belastung im Salzbergwerk wurde der Test im Labor weitergeführt, und nun traten die Ausfälle wieder in vergleichbarer Rate wie zuvor auf. Der Testplatz wurde nochmals verlegt an einen Standort im Keller eines Hochhauses unter unter zusammengenommen 2,5m Stahlbeton, hier war die Ausfallrate reduziert.

Damit war erwiesen, dass Höhenstrahlung die in diesem Fall bestimmende Ausfallursache für Leistungs-Halbleiterbauelemente ist.

Die primäre Höhenstrahlung oder kosmischen Strahlung besteht aus sehr energiereichen Teilchen, die in Supernovae oder in Kernen ferner aktiver Galaxien entstehen und aus allen Richtungen auf die Erde treffen. Beim Auftreffen auf die Erdatmosphäre zerfallen sie in einen Schauer aus Sekundärteilchen, die als terrestrische kosmische Strahlung auch die Erdoberfläche erreichen. Relevant für den Bauelementausfall sind hochenergetische Neutronen und Protonen, obwohl auch eine Wirkung von Pionen und Myonen nicht ausgeschlossen ist. Ein kleiner Teil der Neutronen die ein Bauelement durchqueren erzeugen durch die Kollision mit einem Siliziumkern ein Rückstossion, das wiederum lokal ein dichtes Plasma aus Ladungsträgern generiert. In der Raumladungszone eines gesperrten Leistungsbauelements werden diese Ladungsträger getrennt und führen zu einem Strompuls im äußeren Messkreis. Ist das elektrische Feld in der Raumladungszone hoch, so werden durch Stoßionisation weitere Ladungsträger erzeugt. Überschreitet die elektrische Feldstärke einen Schwellwert, der wiederum von der initalen Plasmageneration abhängt, so werden durch Stoßionisation mehr Ladungsträger erzeugt als durch Diffusion aus dem Plasmagebiet abfließen können. Die Entladung läuft dann als so genannter 'Streamer', analog zu einer Gasentladung, mit hoher Geschwindigkeit durch das Bauelement und überschwemmt es innerhalb von wenigen Hundert Pikosekunden mit Ladungsträgern. Durch die damit verbundene sehr hohe lokale Stromdichte wird das Bauelement zerstört.

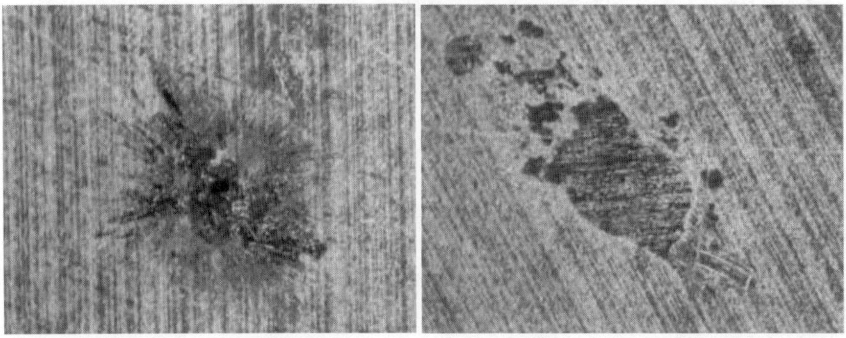

≈ 100 μm ≈ 200 μm

Abb. 5.7.2 Ausfallbilder bei durch Höhenstrahlung erzeugter Zerstörung von 4,5kV Dioden, Durchmesser 50mm. Bilder von der Kathodenseite. Links: Kleines Nadelloch. Rechts: Aufgeschmolzene Zone in der Metallisierung mit Blasen. Bilder: Jean-Francois Serviere, Alstom

Ausfallbilder von durch Höhenstrahlung verursachten Ausfällen zeigt Abb. 5.7.2. Auf der linken Seite von Abb. 5.7.2 ist das Nadelloch zu erkennen. Auf der rechten Seite sieht man Blasen in der Metallisierung, unter der Metallisierung ist ein Nadelloch verborgen. Die Ausfallbilder zeigen einen auf einen sehr engen Bereich begrenzten Effekt

Abbildung 5.7.3 zeigt das Ausfallbild eines 3.3kV IGBT-Chips. Wiederum ist ein nadelförmiges Loch zu finden, in der Größenordnung des Zellrasters des IGBT-Chips.

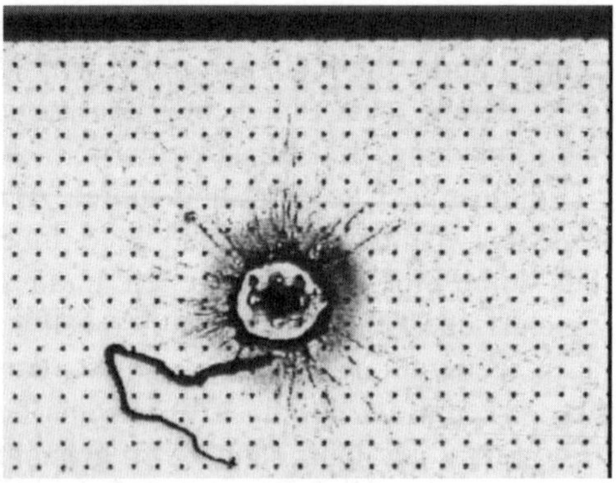

Abb. 5.7.3 Höhenstrahlungsausfall eines 3.3kV IGBT im Zellenfeld. Zellraster 15µm. Bild: G. Sölkner, Infineon

Es folgten eine Reihe Tests verschiedener Bauelement-Designs, wobei zur Beschleunigung Testplätze in großer Höhe eingerichtet wurden (Zugspitze 2964 m, Jungfraujoch 3580 m), denn die terrestrische Höhenstrahlung nimmt mit dem Abstand von der Meereshöhe zu. In 3000m Höhe liegt ein Beschleunigungsfaktor von 10 vor, in 5000m Höhe von etwa 45 [Kai05]. Parallel dazu wurden Versuche an Teilchenbeschleunigern durchgeführt, bei denen das unter Gleichspannung stehende Bauelement mit auf hohe Energie beschleunigten Neutronen oder Protonen bestrahlt wird, und die Ergebnisse den Versuchen auf großer Höhe zugeordnet.

Bauelementbestrahlungen mit Ionen, vornehmlich mit Ionensorten und -energien wie sie auch in einer Neutron-Silizium-Kollision produziert werden, sind geeignet um die Ausfallmechanismen zu studieren. In diesem Feld wurden viele Forschungsarbeiten durchgeführt, siehe dazu z.B. [Soe00]

Ein Beispiel der Ergebnisse zeigt Abb. 5.7.4 aus [Kai04]. Hier werden auf 3,3kV ausgelegte Dioden mit ^{12}C Ionen bestrahlt, die an das Bauelement angelegte Spannung wird gesteigert. Verglichen sind zwei Dioden-Designs, die auf dreiecksförmigen Feldverlauf ausgelegt sind (NPT, siehe dazu Abb. 3.1.3a) sowie eine auf trapezförmiges Feld ausgelegte Diode (PT in Abb. 3.1.3b), die mit FS gekennzeichnet ist. Während bei kleinen Sperrspannungen die von einem einzelnen ^{12}C Ion erzeugte Ladung zunächst noch niedrig ist, setzt ab einer bestimmten Schwellspannung massive Ladungsträgermultiplikation ein, und die erzeugte Ladung steigt sprunghaft um mehr als drei Zehnerpotenzen an. Bei der mit FS gekennzeichneten Diode, die eine PT-Dimensionierung aufweist, liegt diese Schwellspannung um mehr als 700V höher. Obwohl PT und NPT-Designs in Abb. 5.7.4 auf gleiche Sperrspannung ausgelegt sind, ist das maximale elektrische Feld im PT-Design sehr viel niedriger. Das veranschaulicht Abb. 5.7.5. Hier sind schematisch die Feldverläufe für zwei Dioden mit gleicher Dicke und gleicher angelegter Spannung in Sperrrichtung gezeichnet. Die Fläche unter der Kurve E(w), die der Sperrspannung entspricht, ist für beide Bauelemente gleich. Der Wert von E_0 ist aber für das PT-Design sehr viel niedriger, hier erfolgt bei gleicher Spannung noch keine Stoßionisation.

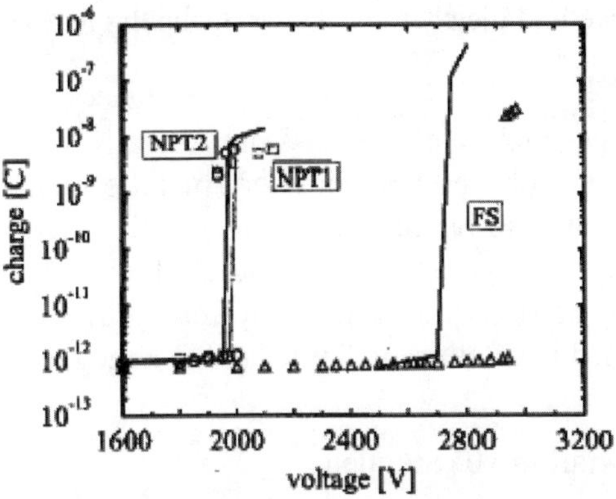

Abb. 5.7.4 Bei Bestrahlung mit einzelnen ^{12}C-Ionen einer kinetischen Energie von 17MeV erzeugte Ladung als Funktion der angelegten Gleichspannung an eine 3,3kV-Diode. Vergleich von Simulation (durchgezogene Linien) und Experiment (Symbole) für dreiecksförmigen Feldverlauf NPT1 (□), NPT2 (O) und trapezförmigem Feldverlauf FS (Δ) Aus [Kai04]

Damit auch in der PT-Diode Stoßionisation vorliegt, muss die Spannung gesteigert werden. Damit wird in Abb. 5.7.5b Kurve für -E(w) nach oben verschoben, bis E_0 in etwa dem Wert wie in Abb. 5.7.5a entspricht. Dann setzt auch bei der PT-Dimensionierung Stoßionisation ein, aber erst bei sehr viel höherer Spannung.

Die Auslegung des Bauelements auf höhere Höhenstrahlungsfestigkeit erfolgt im Wesentlichen dadurch, dass bei der in der Anwendung auftretenden Gleichspannung der Wert von E_0 möglichst niedrig eingestellt wird. Dazu ist die Grunddotierung zu senken, damit eine PT-Dimensionierung vorliegt. Ebenfalls wird E_0 etwas gesenkt, indem das Bauelement dicker ausgelegt wird. Dies wirkt sich jedoch nachteilig auf die Verluste aus.

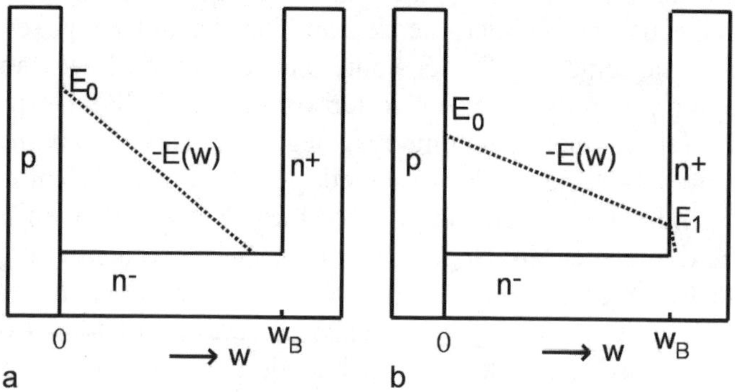

Abb. 5.7.5 Schematische Darstellung des Feldverlaufs für NPT Design (a) und PT-Design (b) bei gleicher Dicke und gleicher angelegter Spannung in Sperrrichtung

Mit diesen Maßnahmen kann erreicht werden, dass die Ausfallwahrscheinlichkeit durch Höhenstrahlung sinkt, es können aber Ausfälle nicht komplett vermieden werden, da man die Natur und vor allem die Energie des auftreffenden Teilchens nicht voraussagen kann und auch das Auslösen des initialen Ladungsplasmas statistischen Prozessen unterworfen ist. Die Höhenstrahlungsfestigkeit wird in „Failure in Time" (FIT) angegeben, wobei gilt

$$1\text{FIT} = 1 \text{ Ausfall in } 10^9 \text{ Stunden}$$

Die Anforderung an ein leistungselektronisches Modul in der Traktionstechnik beträgt 100 FIT, d.h. ein zu erwartender Ausfall in 10^7 Stunden, was 1141 Jahren entspricht. Zu berücksichtigen ist, dass ein solches Modul typisch aus 24 IGBTs und 12 Freilaufdioden besteht. Für ein einzelnes Bauelement ist eine entsprechend niedrigere FIT-Rate gefordert.

Obwohl durch die beschriebenen Maßnahmen heute diese Anforderungen erreicht werden können, ist der konkrete Ausfallmechanismus heute noch Gegenstand der Forschung. Beim MOSFET wird der Ausfallmechanismus letztlich auf die Aktivierung des parasitären npn-Transistors und den zweiten Durchbruch des npn-Transistors zurückgeführt. Bei Dioden liegt im Gegensatz dazu kein parasitäres transistorartiges Bauelement vor. Auch ein starker lokaler Lawinendurchbruch sollte stabil sein, vergleiche dazu Kapitel 5.4. Einige Arbeiten [Soe00], [Kai04] führen den Ausfall auf sehr hohe lokale Erwärmung durch sehr starken lokalen Avalanche zurück. Die bisher aus der Höhenstrahlungsfestigkeit abgeleiteten Dimensionierungsvorschriften widersprechen z.B. bei schnellen Dioden der Forderung nach einem Soft-Recovery-Verhalten, was mit einer PT-Dimensionierung sehr schwer zu erreichen ist. Hier muss ein Kompromiss gegensätzlicher Anforderungen gefunden werden. Die heute angewandten Lösungen erreichen das im Allgemeinen durch Bauelemente, die durch eine Dicke der Mittelzone w_B sehr viel größer als nötig in ihrer Sperrfähigkeit überdimensioniert sind.

5.8 Ausfallanalyse

Einige Ausfallmechanismen, die Schaltkreise mit IGBT-Transistoren betreffen, sollen hier nochmals zusammenfassend diskutiert werden. Tabelle 7 gibt verschiedene Ausfallursachen wieder, die unterteilt werden in durch Strom bzw. Übertemperatur, durch Spannung sowie durch dynamische Vorgänge ausgelöste Ausfallursachen (kursiv).

Für Ausfälle, die stromverursacht sind, ist eine Aufschmelzung in der aktiven Fläche des Bauelements charakteristisch. Bei zu hohem Dauerstrom findet sich ein zerstörter Bereich von mehreren mm Durchmesser.

Handelt es sich um einen Stoßstromausfall einer Diode, so ist die aufgeschmolzene Stelle normalerweise kleiner, im Bereich von 1mm. Bei gebondeten Dioden wird oft ein Aufschmelzen der Metallisierung neben den Füßen des Bonddrahts beobachtet. Stoßstromausfälle können beispielsweise dann auftreten, wenn ein ungeladener Zwischenkreiskondensator über eine Dioden-Brückenschaltung ans Netz gebracht wird und ein zu hoher Ladepuls entsteht. In diesem Fall handelt es sich um einen Anwendungsfehler. Abhilfe kann eine Zwischenkreis-Ladeschaltung schaffen. Halbleiterhersteller kennen die typischen Stoßstrom-Ausfallbilder ihrer Bauelemente, wie sie an einem Beispiel ist in Abb. 5.3.4 gezeigt sind, und können solche Fehler identifizieren.

Bei spannungsverursachten Ausfällen wird zumeist beobachtet, dass die Ausfallstelle am Rand des Bauelements, in der Passivierungsstruktur liegt. Hier treten die höchsten elektrischen Felder auf. Die Herstellung der Randstruktur ist gleichzeitig fertigungstechnisch am aufwendigsten. Weist ein Bauelement eine Schwachstelle auf, die auf einen Fehler in der Herstellung zurückzuführen ist, so ist diese in der Regel am Rand des Bauelements zu finden. Während stromverursachte Ausfälle zumeist durch Anwendungsfehler hervorgerufen werden, ist dies bei spannungsverursachten Ausfällen nicht unbedingt der Fall. Es kommen sowohl Anwendungsfehler – Spannungsspitzen über der spezifizierten Sperrspannung – als auch Herstellungsfehler in Betracht.

Tabelle 13. Einige Ausfallmechanismen in IGBT-Modulen. *Kursiv: Ausfallursache.* Normal: Ausfallbilder

Strom Temperatur	Spannung	Dynamische Vorgänge
		Spannung blieb unterhalb der Sperrspannung
- zu hoher Dauerstrom	*- Fertigungsfehler*	*- mangelnde dynamische Robustheit der Freilaufdiode*
Chip weist Aufschmelzungen auf, Größenordnung mehrere mm. Ausfallstelle in der aktiven Fläche	Die Ausfallstelle geht vom Rand aus	Diode und Schalter im dazugehörigen Kommutierungszweig zerstört
- Stoßstrom überschritten	*- Spannungsspitzen über der spezifizierten Spannung*	*- mangelnde dynamische Robustheit der Freilaufdiode*
Lokale Aufschmelzung, Größenordung mm, oft mit davon ausgehenden Rissen im Kristall, Ausfallstelle: In der aktiven Fläche	Die Ausfallstelle geht vom Rand aus.	Nur Diode zerstört, Loch in Größenordnung <100µm
- Kurzschlussfestigkeit IGBT überschritten	*- mangelnde Langzeitstabilität der Passivierung*	*- Grenze des dyn. Avalanche 3. Grades erreicht*
Nur IGBTs zerstört, Emitterflächen abgebrannt	Die Ausfallstelle geht vom Rand aus	Loch in Größenordnung <100µm mit davon ausgehenden Rissen im Kristall
		- dynamischer Latch-up
		eventuell nur 1 IGBT zerstört

Ausfälle durch dynamische Vorgänge sind Ausfälle in Verbindung mit Schaltvorgängen. Die Spannung bleibt dabei unterhalb der spezifizierten

Spannung des Bauelements. Bei Schaltvorgängen arbeiten Transistoren und Freilaufdioden zusammen. Abb. 5.8.1 zeigt die zugehörigen Kommutierungskreise. Bei Leistungsfluss auf die Last (Abb. 5.8.1a) arbeitet IGBT1 mit Diode D2 zusammen. Fällt nun Diode D2 beim Abschalten aus, so wird der zugehörige Transistor im Kommutierungskreis auf einen Kurzschluss geschaltet, es liegt ein Brückenkurzschluss vor und der IGBT kann durch den Kurzschluss ebenfalls zerstört werden. Dasselbe gilt für das Zusammenarbeiten im Rückspeisebetrieb, dafür ist der Kommutierungskreis in Abb. 5.8.1b dargestellt. Hier arbeitet IGBT2 mit Diode D1 zusammen.

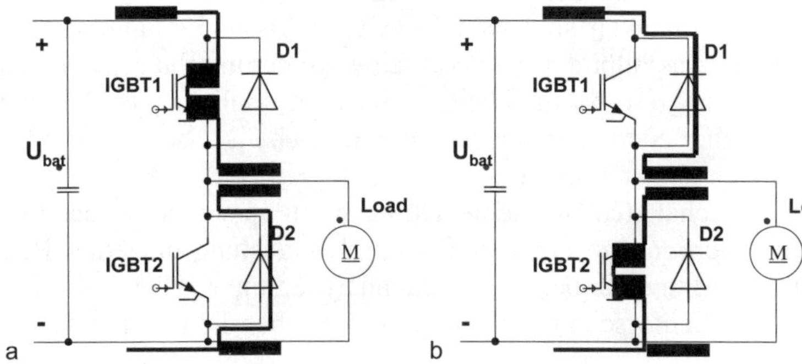

Abb. 5.8.1 Kommutierungskreise in einer Halbbrücke. a) Leistungsfluss vom Zwischenkreis auf die Last b) Rückspeisebetrieb

Sind also sowohl Dioden als auch die im Kommutierungskreis zugeordneten IGBTs zerstört, so liegt die Ausfallursache bei der Diode. Denn fällt die Diode aus, kann der IGBT dadurch zerstört werden. Umgekehrt, fällt ein IGBT aus, so ist die Diode dadurch nicht direkt belastet und hat keinen Grund, auszufallen – es sei denn, im Modul brennt ein Lichtbogen, der noch weitere Bauelemente zerstört. Mit dieser Überlegung sind manchmal noch in stark zerstörten Modulen Schlussfolgerungen auf die Ausfallursache möglich.

Fällt eine Freilaufdiode aus und wird der Kurzschluss des IGBT rechtzeitig abgeschaltet, so findet sich nachher in der Diode ein typisches nadelförmiges Loch. Bei Freilaufdioden im Bereich 1200V bis 1700V sind diese Nadel-Löcher ein Ausdruck mangelnder dynamischer Robustheit. Freilaufdioden für höhere Spannungsklassen können aber durch sehr hohe Stromdichten in Rückwärtsrichtung bei gleichzeitig hoher Spannung zerstört werden. Beim dynamischen Avalanche dritten Grads findet man die vom Nadel-Loch ausgehenden Risse im Kristallgitter, die auf sehr hohe lokale Temperatur hinweisen. Ein Beispiel dafür gibt 5.4.8.

Ist nur der Transistor zerstört, so ist die Ausfallursache beim Transistor zu suchen. Hier kommt zunächst Kurzschluss-Ausfall in Frage. Beim IGBT gibt es darüber hinaus den Effekt des dynamischen Latch-up, der durch einzelne schwache Zellen hervorgerufen wird. Diese können bei der Prüfung der statischen Parameter beim Bauelemente-Hersteller nicht gefunden werden. Bei Modulen mit Parallelschaltung vieler IGBTs führen die Halbleiterhersteller Endprüfung in einer anwendungsnahen Schaltung mit Abschalten unter sehr starker Belastung durch, um dynamisch schwache Bauelemente aufzufinden.

Ausfallanalyse ist komplex und fordert eine umfangreiche Erfahrung. Es gibt noch weitere Fehlerursachen, wie Ausfälle durch Höhenstrahlung. Auch bei diesen Ausfällen sind Nadel-Löcher typisch. Es kann zumeist nicht aus einem Ausfallbild direkt auf eine Fehlerursache geschlossen werden; es gibt mehrere Möglichkeiten, die zum ähnlichen Bild führen können. Es ist daher auch die Untersuchung des Schaltkreises und der Betriebsbedingungen einzubeziehen.

Bei parallel geschalteten Bauelementen kann ein unsymmetrischer Aufbau und damit verbundene Ozillationen zur Überlastung einzelner Bauelemente führen. Man stößt bei der Ausfallanalyse immer wieder auf neue Fragen. Die Ursachenforschung ist sehr komplex, aber die Ergebnisse sind oft sehr wertvoll.

6 Durch Bauelemente verursachte Schwingungseffekte und elektromagnetische Störungen

6.1 Schaltungs- und bauelementbedingte Schwingungseffekte

Frequenzbereich elektromagnetischer Störungen

Jeder leistungselektronische Schaltvorgang bedeutet eine Abweichung vom idealen sinusförmigen Wechselstrom bzw. Gleichstrom. Schaltvorgänge treten im allgemeinen zeitlich periodisch auf. Jeder periodische Vorgang kann mittels einer Fourier-Transformation in eine Folge von Sinus- und Cosinustermen zerlegt werden. Mittels der Fourier-Transformation lassen sich die erzeugten Frequenzen und deren Intensität berechnen

Abbildung 6.1.1 gibt eine grobe Übersicht über durch leistungselektronische Vorgänge verursachte Störungen und Oszillationen. Unterschieden wird zwischen den durch Schaltvorgänge in Umrichtern hervorgerufenen Störungen - den Harmonischen der Grundfrequenz bzw. der Taktfrequenz - und den durch Bauelemente verursachten hochfrequenten Störungen.

Bei niedrigen Frequenzen, d.h. bei netzgeführten Schaltungen, treten die durch Eingangsgleichrichter verursachten Störungen als vielfache der Netzfrequenz von 50Hz auf, ihre Intensität klingt proportional 1/n ab. Bei selbstgeführten Umrichtern mit modernen Bauelementen liegen die typischen Schaltfrequenzen bei Verwendung von IGBTs bei 5kHz und 20kHz, auch hier sind entsprechende Oberschwingungen zu finden. Mit MOSFETs als Leistungsschalter werden höhere Schaltfrequenzen realisierbar, in Schaltnetzteilen werden heute Frequenzen bis 1 MHz und darüber erreicht.

Die durch Bauelemente hervorgerufenen Oszillationen resultieren aus Schaltvorgängen. Da die Schaltzeiten immer sehr viel kleiner als die Periode der Taktfrequenz sind, treten die damit verbunden elektromagnetischen Störungen in einem Frequenzbereich deutlich höher der Taktfrequenz auf.

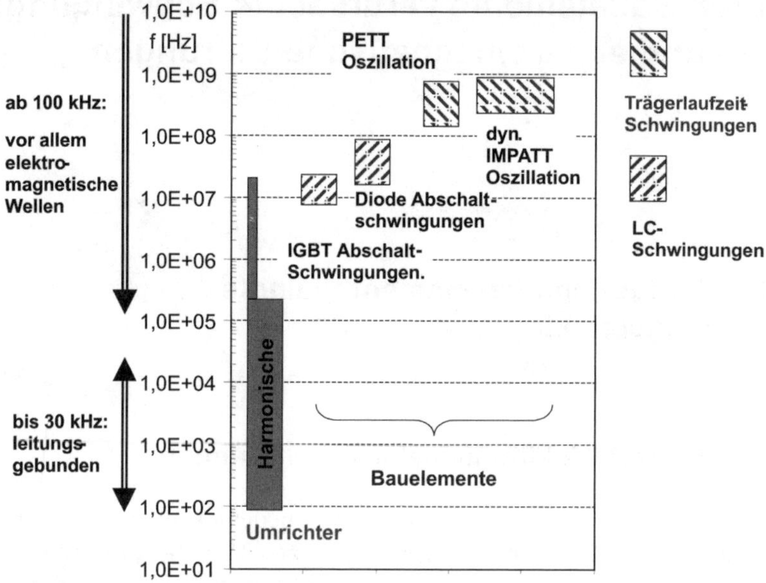

Abb. 6.1.1 Typische Frequenzbereiche von Störungen durch leistungselektronische Vorgänge

Elektromagnetische Störungen der Frequenz < 30kHz sind vor allem leitungsgebunden. Mit ihnen wird in Form von Netzrückwirkungen das elektrische Netz belastet. Bei elektromagnetische Störungen mit Frequenzen >100kHz ist vor allem die Abstrahlung als elektromagnetische Schwingungen ein Störfaktor.

Oberschwingungen bzw. Harmonische

Abbildung 6.1.2 zeigt zwei vereinfachte Beispiele des Verlaufs elektrischer Signale, wobei es sich um einen Strom- oder um einen Spannungsverlauf handeln kann.

Bei einem rechteckförmigen, zu π punktsymmetrischen Verlauf der Amplitude a wie in Abb. 6.1.2a ergeben sich die Oberschwingungen aus der Fourier-Transformation

$$y = \frac{4a}{\pi}\left(\sin\omega t + \frac{1}{3}\sin 3\omega t + \frac{1}{5}\sin 5\omega t + \ldots\right) \qquad (6.1.1)$$

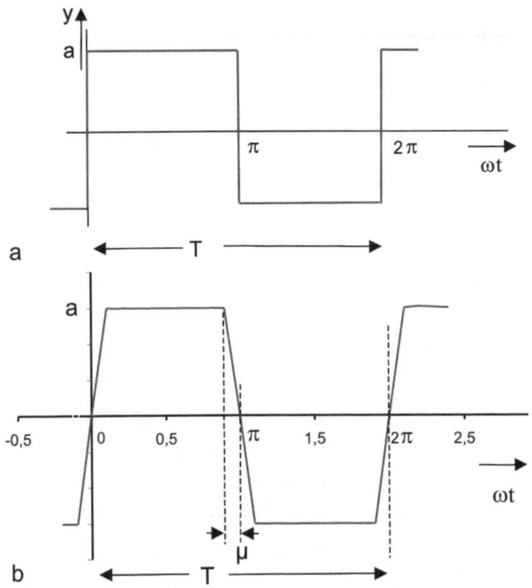

Abb. 6.1.2 a) Rechteckförmiger Signalverlauf b) Trapezförmiger Verlauf

Erzeugt werden Vielfache der Taktfrequenz $f = \omega/2\pi$, die 3., 5., 7.... Oberschwingung. Ihre Amplituden nehmen mit zunehmender Ordnungszahl n proportional 1/n ab.

Bei einem trapezförmigen, zu π punktsymmetrischen Verlauf der Amplitude a wie in Abb. 6.1.2b dargestellt ergibt die Fourier-Transformation hingegen

$$y = \frac{4}{\pi}\frac{a}{\mu}\left(\sin\mu\sin\omega t + \frac{1}{3^2}\sin 3\mu\sin 3\omega t + \frac{1}{5^2}\sin 5\mu\sin 5\omega t + \ldots\right) \qquad (6.1.2)$$

Die Amplituden der Oberschwingungen nehmen proportional $1/n^2$ ab. Bei einem nicht symmetrischen Verlauf kommen noch weitere Terme dazu. Es bleibt, dass aufgrund des schnelleren Abklingens der Oberschwingungen dieser Verlauf sehr viel günstiger ist. Die Schaltflanken - der Parameter μ - können bei Verwendung von MOSFETs und IGBTs durch Gate-Widerstände eingestellt werden. Um Oberschwingungen zu reduzieren, werden die Schaltzeiten durch höhere Gate-Widerstände verringert. Dies erhöht allerdings Schaltverluste. In vielen Anwendungen muss ein Kompromiss zwischen Schaltverlusten einerseits und elektromagnetischen Störemissionen andererseits geschlossen werden.

Gegenmaßnahmen zur Verbesserung der elektromagnetischen Verträglichkeit bestehen im Einbau geeigneter Filter. Dies soll hier nicht weiter vertieft werden, sondern das Augenmerk auf durch Bauelemente selbst verursachte Störungen gelegt werden.

6.2 LC-Schwingungen

Abschalt-Oszillationen bei parallel geschalteten IGBTs

In Leistungsmodulen wird eine Vielzahl von Chips parallel geschaltet. Es ist dabei nur sehr schwer möglich, alle Einzelelemente mit identischen Bedingungen in Bezug auf die Länge der stromführenden Pfade zu den Hauptanschlüssen sowie auch in Bezug auf ihre Verdrahtung zur Ansteuerung symmetrisch anzuordnen. Oft müssen Kompromisse gemacht werden. Abb. 4.5.3 zeigte ein Beispiel der Parallelschaltung von 5 IGBT-Chips, wobei unsymmetrische Zuleitungen für den Laststrom in den jeweiligen Chips auftraten. Nicht eingezeichnet in Abb. 4.5.3 sind die Zuleitungen für die Ansteuersignale. Für diese Zuleitungen ist ein symmetrischer Aufbau ebenfalls wichtig.

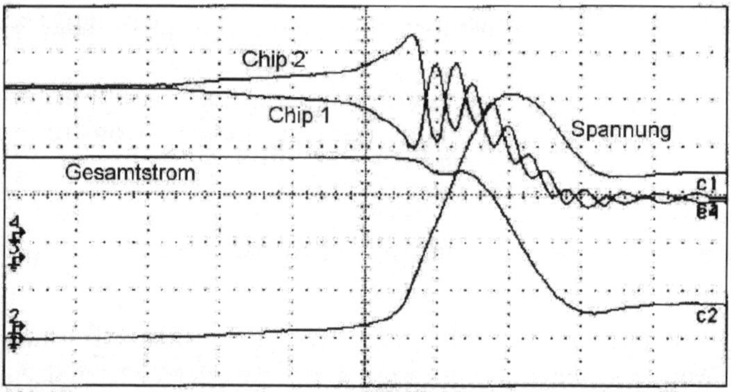

Abb. 6.2.1 Oszillationen des Stroms bei zwei IGBT-Chips, parallelgeschaltet, Gate-Widerstände 6,02 Ohm und 6,45 Ohm. Strom: 10A/div Spannung 50V/div Aus [Pal99]

Abbildung 6.2.1 zeigt die Messung an einer Parallelschaltung von zwei IGBTs dar. Dabei sind, um Unterschiede zu erzeugen, die Gate-Widerstände leicht voneinander abweichend gewählt, für Chip 1 ein Widerstand von 6,02 Ω, für Chip 2 von 6,45Ω [Pal99]. Die auf 100A ausgelegten IGBT-Chips werden jeweils mit 20A Strom belastet. Entsprechend dem niedrigeren Gate-Widerstand beginnt Chip 1 früher, den Abschaltvorgang einzuleiten. Dies hat zunächst einen Anstieg des Stroms in Chip 2 zur Folge, während der Gesamtstrom unverändert ist. Schließlich bilden sich während der fallen Flanke des Stroms Ozillationen zwischen den beiden Chips aus. Deren Periode lässt sich zu 50ns ablesen, was einer Frequenz von 20MHz entspricht. Diese Oszillation ist im Verlauf des Gesamtstroms nicht zu sehen, erst die Messung der Einzelströme zeigt die zwischen den Chips aufretenden Oszillationen.

Abbildung 6.2.2a zeigt Abschalt-Oszillationen in einer ersten Version eines Presspack-IGBT-Gehäuses (siehe dazu auch Abb. 4.2.3) Im oberen Bild findet sich die Darstellung des Stroms durch ein einzelnes Chip. Der Strom zeigt eine hochfrequente Schwingung im Bereich 10MHz.

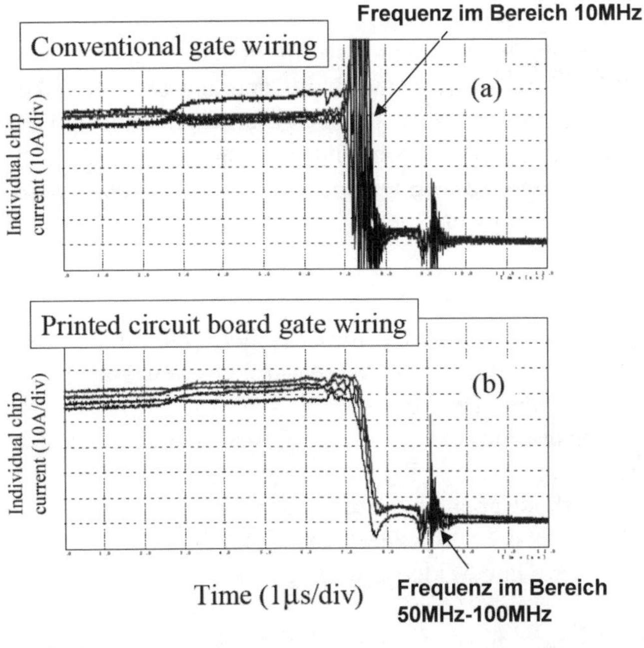

Abb. 6.2.2 Abschalt-Oszillationen in einem Presspack-IGBT (a) und deren Beseitigung durch symmetrische Führung der Steueranschlüsse (b). Aus [Omu03]

Werden die Steueranschlüsse durch eine Leiterplatte verwirklicht, die gleiche Verhältnisse für jedes der 42 parallel geschalteten Chip gewährleistet, können diese Abschalt-Oszillationen beseitigt werden, wie aus Abb. 6.2.2b hervorgeht. Eine derartige in Abb. 6.2.3 gezeigte Leiterplatte ist beidseitig beschichtet, so dass auf einer Seite das Gate-Potential, auf der anderen Seite das Potential des Hilfsemitters geführt wird. In unmittelbar Nähe jedes einzelnen Chips sind Gate-Widerstände auf der Leiterplatte angebracht.

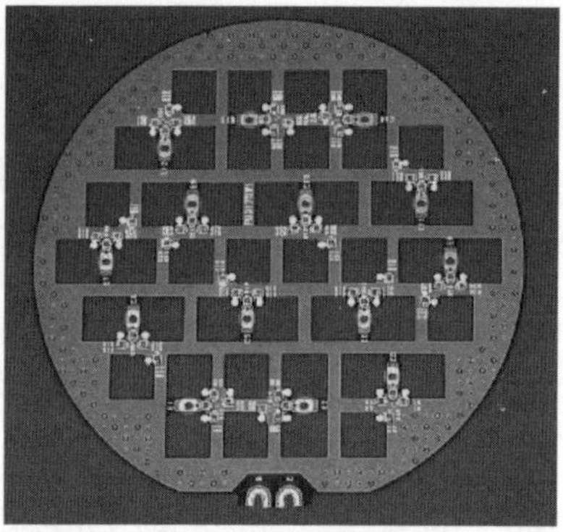

Abb. 6.2.3: Leiterplatte zur Gewährleistung symmetrischer Steueranschlüsse im Presspack-IGBT. Aus [Omu03]

Der Frequenzbereich, in dem Abschalt-Oszillationen gefunden wurden, liegt zwischen 10MHz und 20MHz und damit deutlich über den Werten, die für die Harmonischen der Schaltvorgänge zu erwarten sind, siehe dazu auch Abb. 6.1.1. Abschalt-Ozillationen sind nicht nur wegen der elektromagnetischen Störstrahlung zu vermeiden. Sie können insbesondere die Schaltverluste einzelner Chips erhöhen und damit zum thermischen Ausfall führen.

Die Gegenmaßnahmen gegen Abschalt-Ozillationen bestehen in

- dem Aufbau in einer möglichst symmetrischen Anordnung. Dies ist auch bei Parallelschaltung von diskret aufgebauten Bauelementen sowie und Einzelmodulen zu beachten
- ist dies aus mechanischen oder anderen Gründen nicht möglich, so können die Gate-Widerstände R_G erhöht werden. Dies wirkt Ozillationen entgegen, erhöht aber gleichzeitig die Abschaltzeit und erhöht damit die Schaltverluste. Siehe dazu Abb. 3.6.5 sowie die Diskussion des Einflusses der Gate-Widerstände in Zusammenhang mit Abb. 3.5.15.

Abschalt-Oszillationen bei snappigen Dioden

Häufiger als Asymmetrien im Aufbau parallelgeschalteter IGBTs führen schnelle Dioden mit unzureichendem Reverse-Recovery-Verhalten zu Oszillationen. Es sei auf die Ausführungen in Abschnitt 3.1 verwiesen. Abb. 6.2.4 zeigt den Verlauf der Spannung beim Abschalten einer snappigen Diode in einer Schaltung nach Abb. 3.1.17. Die Anwendung stellt einen Tiefsetzsteller für ein batteriegespeistes Elektrofahrzeug dar, anstelle des

IGBT in Abb. 3.1.17 ist ein 100V MOSFETs als Schalter eingesetzt. Durch den Rückstrom-Abriss der Diode entsteht eine Spannungsspitze von 100V. Der abrupte Stromabriss führt zu Überschwingen des Stroms, er fließt sogar kurzzeitig wieder in Vorwärtsrichtung der Diode. Die Diode wird erneut abgeschaltet, es entsteht dabei eine zweite, dritte Spannungsspitze, bevor der Vorgang in einer gedämpften LC-Schwingung ausschwingt.

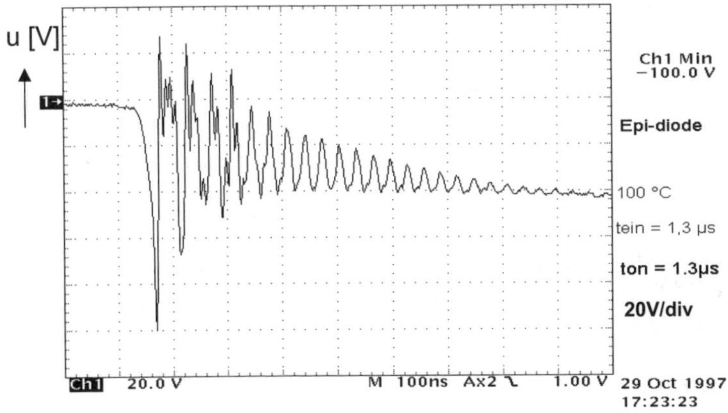

Abb. 6.2.4 Spannung beim Abschalten einer snappigen Diode. Periode 30ns, Frequenz 33MHz.

Die bei einer durch snappige Dioden erzeugten LC-Schwingung auftretende Frequenz ist bestimmt durch die Chipkapazität C_j und die parasitäre Induktivität L_{par}

$$f = \frac{1}{2\pi}\sqrt{\frac{1}{L_{par} \cdot C_j}} \tag{6.2.1}$$

Das Ersatzschaltbild für einen derartigen Schwingkreis zeigt Abb. 6.2.5 [Kas97]. Zu beachten ist die Spannungsabhängigkeit von C_j (siehe Gleichung 2.2.25). Als dämpfende Komponenten wirken der Kontakt- und Bahnwiderstand der Diode R_b sowie der die abfließenden Elektronen und Löcher wiedergebende Widerstand $R_{n,p}$, der ebenfalls nicht linear ist.

Während der LC-Schwingung ist C_j nicht konstant. Für eine auf eine Sperrspannung im Bereich 1200V ausgelegte Diode mit steilem Dotierprofil der p-Zone am pn-Übergang kann zur Abschätzung der zu erwartenden Frequenzen ein C_j von 250pF/cm² angenommen werden [Kas97]. Unter Berücksichtigung der Fläche der Dioden sowie einiger typischer Aufbauten und ihrer parasitären Induktivität erhält man die in Tabelle 14 angegebenen Werte.

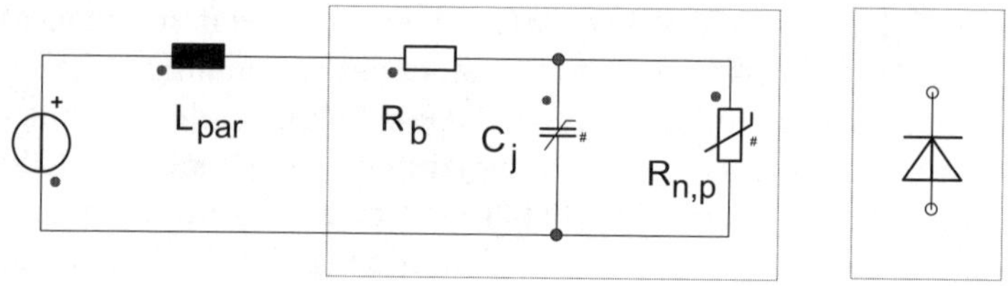

Abb. 6.2.5 Ersatzschaltbild für einen aus Diode und parasitären Komponenten gebildeten Schwingkreis. Aus [Kas97]

Tabelle 14. Abschätzung des Bereichs von LC-Oszillationen bei 1200V Freilaufdioden

	C_j	L_{par}	f	T = 1/f
100A bipolare Diode, aktive Fläche 0,44cm²	110pF	20nH	107MHz	9,3ns
		100nH	48MHz	20,8ns
1200A Modul, Dioden	1,32nF	100nH	13,9MHz	72ns
		800nH	4,9MHz	204ns

Bei einer auf 100A und 1200V ausgelegten Diode wäre in einem Modul älterer Bauart einer typischen parasitären Induktivität von 100nH bei einer durch snappige Dioden erzeugten LC-Oszillation eine Frequenz im Bereich 48MHz zu erwarten. Bei einem modernen Modul mit reduzierter parasitärer Induktivität liegen noch ca. 20nH an parasitärer Induktivität vor, die Frequenz verschiebt sich damit in den Bereich 100MHz. Bei einem Hochleistungsmodul, das auf 1200V ausgelegt ist, liegt durch 12 parallel geschaltete Dioden eine sehr viel höhere Kapazität vor. Aufgrund des größeren Bauvolumens sind auch längere Zuleitungen erforderlich. Dennoch konnten auch hier die parasitären Induktivitäten verringert werden. Je nach Induktivität sind Frequenzen im Bereich 5MHz bis 15MHz zu erwarten.

Durch Verwendung von Soft-Recovery-Dioden können die beschriebenen Oszillationen vermieden werden. Soft-Recovery-Dioden sind heute herstellbar und für die Funktion einer anspruchsvollen leistungselektronischen Schaltung unverzichtbar.

Es soll aber auch darauf hingewiesen werden, dass nicht jede im Zusammenhang mit Freilaufdioden auftretende Oszillation auf snappiges Schaltverhalten zurückzuführen ist. Eine ungünstige Parallelschaltung kann auch bei Verwendung von Soft-Recovery-Dioden zu Oszillationen führen. Ein Beispiel dafür zeigt Abb. 6.2.6 [Eld98]. Hier liegt die Diode D1 nahe an den Hauptanschlüssen, parallel dazu liegen D2 und D3, aber jeweils über zusätzlichen Leiterbahnen verbunden. Die Diode D1 mit der niedrigsten Induktivität wird am schnellsten kommutiert. In ihr wird daher zuerst ein Rückstrommaximum erreicht. Daraufhin werden zunächst die Diode D2, gefolgt von D3 kommutiert. Diese Kommutierung erfolgt steiler, während in D1 bzw. D2 der Strom bereits wieder zurückgeht. Während des Reverse-Recovery Vorgangs schwingt der Strom zwischen den einzelnen Bauelementen, am Ende überlagert sich dies auch zu einer Oszillation des Gesamtstroms I_D.

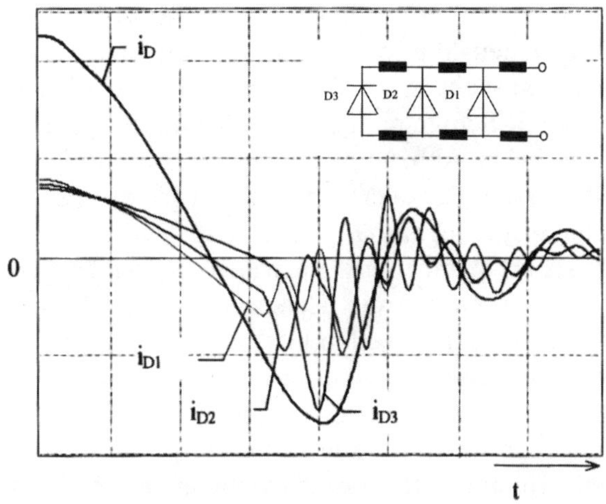

Abb. 6.2.6 Stromverlauf während des Reverse-Recovery bei Parallelschaltung von Freilaufdioden mit unterschiedlichen Leitungsinduktivitäten. 50ns/Div, 50A/Div, Raumtemperatur, U_{bat} ca. 300V. Aus [Eld98]

Liegt eine Parallelschaltung vor, und werden durch Freilaufdioden hervorgerufene Oszillationen gefunden, so ist also auch zu prüfen, ob dies durch unsymmetrische Leitungsführung hervorgerufen ist.

Oszillationen sind auch bei Verwendung einer einzelnen Diode möglich, wenn die Bedingung erfüllt ist, dass die Schaltzeit der Diode t_{rr} mit der halben Periode der Resonanz eines LC-Schwingkreises übereinstimmt. Dies kann unmittelbar in der Anwendung überprüft werden: Durch Veränderung des Gate-Widerstands R_G des schaltenden IGBT-Transistors bzw. MOS-Transistors kann die Schaltflanke des Schalters und damit die Kommutierungssteilheit di/dt der Diode verändert werden. Damit ändert sich auch die Schaltzeit der Diode, und in dem Fall sollten die Schwingungen verschwinden.

6.3 Trägerlaufzeit-Oszillationen

Ein Leistungsbauelement verfügt über eine Mittelzone der Dicke w_B. Beim Abschaltvorgang eines bipolaren Elements werden vorhandene Ladungsträger ausgeräumt, ein Teil davon zu einem Zeitpunkt, zu dem sich bereits eine Raumladungszone ausgebildet hat. Die Ladungsträger durchlaufen das Bauelement mit der Driftgeschwindigkeit v_{sat}. Dies ergibt eine Trägerlaufzeit (transit time), für die in erster Näherung angegeben werden kann:

$$t_T = \frac{w_{RLZ}}{v_{sat}} \tag{6.3.1}$$

Die Driftgeschwindigkeiten für Elektronen und Löcher $v_{sat(n)}$ und $v_{sat(p)}$ sind in Gleichung (2.1.27) gegeben, die Weite w_{RLZ} ist bei Schaltvorgängen kleiner oder gleich der Basisweite w_B. Der Trägerlaufzeit entspricht eine Frequenz $1/t_T$. Trägerlaufzeit-Schwingungen treten bei einer Frequenz dieser Größenordnung auf, die in Abhängigkeit von der Basisweite im Bereich zwischen 100Mhz und 1Ghz oder gar höher liegt, siehe dazu auch Bild 6.1.1. Die auftretende Frequenz hängt von der Art des Effekts und von der Phasenbeziehung ab, darauf wird im weiteren eingegangen. Trägerlaufzeit-Oszillationen werden für die Herstellung von Mikrowellen-Bauelementen genutzt, die als Mikrowellen-Ozillatoren eingesetzt werden [Sze81]. Bei Leistungsbauelementen sind Oszillationen zu vermeiden, denn sie können das Bauelement gefährden und durch ihre elektromagnetische Störstrahlung ungewollte Beeinflussungen in Treiberschaltungen und anderen elektronischen Komponenten der Umgebung verursachen. Das Auftreten von auf die Trägerlaufzeit zurückgehenden Oszillationen wurde bisher in Verbindung mit zwei Mechanismen beobachtet, diese werden im folgenden beschrieben und Maßnahmen zu ihrer Vermeidung werden diskutiert.

Plasma Extraction Transit Time (PETT) Oszillationen

PETT-Oszillationen können beim Abschalten eines bipolaren Bauelements während der Tailstromphase auftreten. Sie wurden sowohl in IGBTs als auch bei Soft-Recovery-Freilaufdioden beobachtet. Ein Beispiel für IGBTs zeigt Abb. 6.3.1. Die Schwingungen werden hier im zeitlichen Verlauf der Gate-Spannung sichtbar, sie treten aber primär als Oszillationen von Kollektorstrom I_C und Kollektorspannung U_C auf, wo sie aufgrund ihrer geringen Amplitude allerdings nur schwer aufgelöst werden können. Die Einstreuung in das Gate-Signal ist daher vorrangig zu beobachten. Die

Schwingungen treten auf, nachdem das Bauelement die Spannung bereits aufgenommen hat und sich in der Tailstromphase befindet.

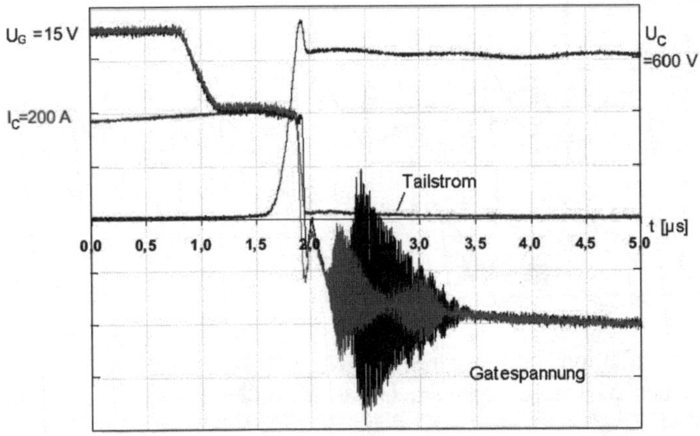

Abb. 6.3.1 Pett-Oszillation beim Abschalten eines IGBTs. Aus [Gut02]

Ein Beispiel des Auftretens der PETT-Oszillation bei einer Soft-Recovery-Freilaufdiode zeigt Abb. 6.3.2 [Sie03]. Diese Messung erfolgte im Versuchsaufbau eines auf 600A und1200V ausgelegten IGBT-Moduls. Beim Einschalten des IGBT wird die Freilaufdiode abgeschaltet, die PETT-Oszillation tritt im Tailstrom der Freilaufdiode auf. Nur Soft-Recovery-Dioden können zur PETT-Oszillation führen, aber Soft-Recovery ist für schnelle Dioden in dieser Anwendung unverzichtbar. Da die Auflösung der Strommessung des Anodenstroms zu gering ist, wird die PETT-Oszillation in diesem Beispiel mit einer Drahtschleife, die sich als Antenne nahe am Bauelement befindet, sichtbar gemacht.

Der Mechanismus der Oszillation ist verwandt dem Mechanismus der Barrier Injection Transit Time (BARITT)-Diode, ein Bauelement das als Mikrowellen-Oszillator vorgesehen ist. Die BARITT-Diode hat eine Metall-Halbleiter-Metall oder eine pn⁻p Struktur, bei angelegter Spannung in Sperrrichtung erreicht das elektrische Feld die gegenüberliegende Metall-Halbleiter-Übergang bzw. die gegenüberliegende p-Zone und löst dort eine Injektion von Ladungsträgern aus [Sze81]. Im Gegensatz zum BARITT-Effekt trifft beim PETT-Effekt die Raumladungszone auf den noch von freien Ladungsträgern gefüllten verbleibenden Ladungsträgerberg, der den Tailstrom nährt.

Abbildung 6.3.3 zeigt am Beispiel einer Freilaufdiode den Zustand im Bauelement bei einer PETT-Oszillation. An der Anodenseite (im Bild rechts) hat sich während des Abschaltens bereits das elektrische Feld aufgebaut, das die Spannung trägt.

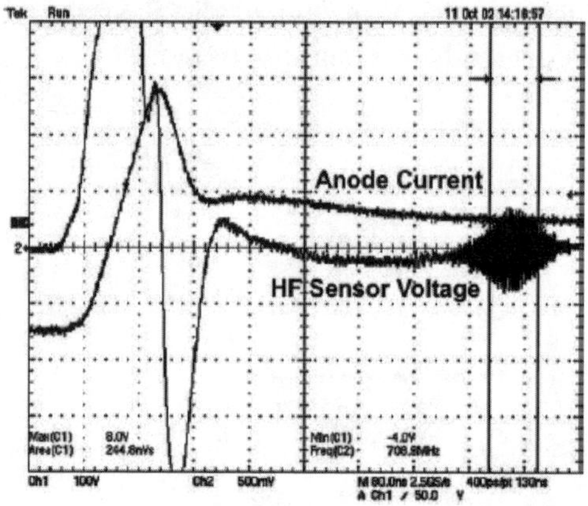

Abb. 6.3.2 PETT-Oszillation im Tailstrom einer Soft-Recovery-Freilaufdiode beim Einschalten eines IGBTs. U_{bat}=600V, I_F=200A, di/dt=4000A/µs, T=300K. Aus [Sie03]

Auf der Kathodenseite (im Bild links) befindet sich noch der Ladungsträgerberg, der den Tailstrom nährt, siehe dazu auch Abb. 3.1.23 oder Abb. 3.1.32. Durch die Raumladungszone fließt der Tailstrom als Löcherstrom. Der Feldverlauf zu diesem Zeitpunkt ist dreiecksförmig.

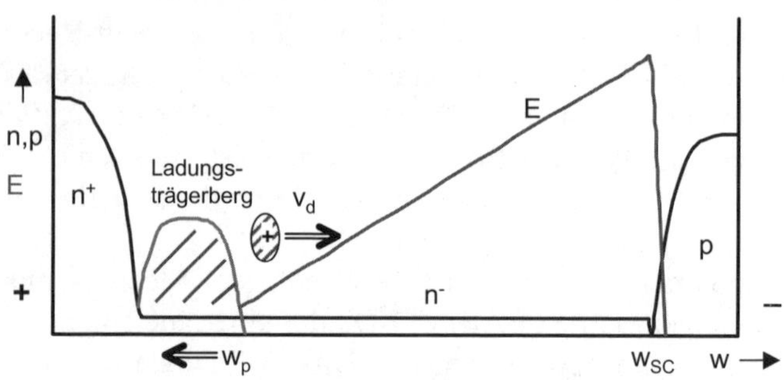

Abb. 6.3.3 Zustand in einer Freilaufdiode beim Auftreten einer PETT-Oszillation

Das Auftreten von Oszillationen unter vergleichbaren Bedingungen wird ausführlich in [Eis98] behandelt. Für eine PETT-Schwingung ist dies in Abb. 6.3.4 dargestellt. Angenommen sei eine hochfrequente Wechselspannung $U_{RF} \cdot \sin\omega t$, die der Gleichspannung U_{DC} überlagert ist. In gleicher Weise wie beim BARITT-Effekt wird ein Strompuls j_{inj} erzeugt, wenn die Wechselspannung bei $\omega t = \pi/2$ ihren Scheitelwert durchläuft (Abb. 6.3.4b). Der injizierte Strom läuft durch die Raumladungszone mit der Geschwindigkeit v_d, die entsprechende Stromdichte an den Anschlüssen des

Bauelements j_{inf} nach dem Ramo-Shockley-Theorem [Eis98] ist in Abb. 6.3.4c dargestellt. Der Strom liegt an den Kontakten an im Zeitabschnitt ωt_T, der bei $\omega t = \pi/2$ beginnt. Die erzeugte Hochfrequenzleistung beträgt

$$P_{RF} = \frac{A}{2\pi} \int_0^{2\pi} j_{ind}(\omega t) \cdot U_{RF} \sin \omega t d\omega t \qquad (6.3.2)$$

Aus Abb. 6.3.4a und 6.3.4c ist abzulesen: P_{RF} hat positives Vorzeichen für $\omega t_T < \pi$, ist Null für $\omega t_T = \pi$ und negativ für $\omega t_T > \pi$. Eine negative Leistung P_{RF} entspricht der Erzeugung einer hochfrequenten Schwingung, die erzeugte Leistung ist maximal bei $\omega t_T = 3\pi/2$ und nimmt wieder ab für $\omega t_T > 3\pi/2$. Wenn P_{RF} ein negatives Vorzeichen aufweist, wirkt die Diode als Stromquelle. Sie gibt Hochfrequenz-Leistung ab.

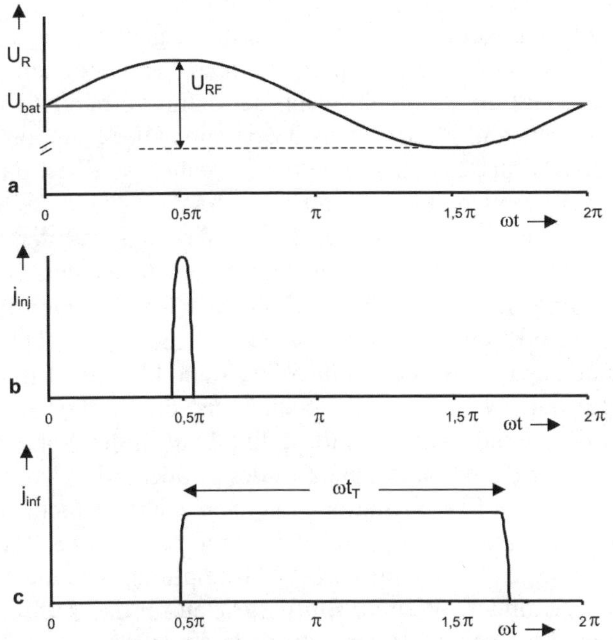

Abb. 6.3.4 Entstehung der PETT Oszillation. a) Hochfrequente Wechselspannung, die der angelegten Gleichspannung überlagert ist. b) Injizierter Strom bei $w = w_p$ zum Zeitpunkt $\omega t = \pi/2$. c) Strom an den Kontakten des Bauelements.

Die Trägerlaufzeit t_T ergibt sich zu [Gut02]

$$t_T = \int_{w_p}^{w_{SC}} \frac{1}{v_d(w)} dw \qquad (6.3.3)$$

Die Geschwindigkeit v_d in der Raumladungszone ist feldabhängig, siehe dazu Gleichung (2.1.22) sowie Abb. 2.1.10. Das elektrische Feld ist im vorliegenden Fall dreiecksförmig [Sie06b]. Für eine BARITT-Diode kann in erster Näherung [Sze81] die Gleichung (6.3.1) $t_T = w_{SC}/v_{sat}$ angenommen werden mit v_{sat} als Sättigungsdriftgeschwindigkeit für Löcher unter der Bedingung eines hohen elektrischen Feldes (ca. $7 \cdot 10^6$cm/s ... $9 \cdot 10^6$cm/s in Silizium). Es muss aber strenggenommen beachtet werden, dass v_d kleiner v_{sat} ist für einen wesentlichen Anteil der Beiträge zum Integral (6.3.3).

Mit dieser Vereinfachung, und mit dem Maximum der erzeugten HF-Leistung bei $\omega t_T = 3\pi/2$ erhält man für die Frequenz der Trägerlaufzeit-Schwingung

$$f_T = \frac{3 \cdot v_{sat}}{4 \cdot w_{sc}} \tag{6.3.4}$$

wie sie auch in [Sze81] angegeben wird. Aus Abb. 6.3.4 geht hervor, dass eine negative Leistung in einem bestimmten Frequenzband möglich ist. Aber sie kann nur zur Wirkung kommen, wenn der damit verbundene negative differentielle Widerstand größer ist als die Summe aller Komponenten positiven Widerstands im gesamten Schaltkreis. Daher ist eine PETT-Oszillation nur nahe der Frequenz f_T zu erwarten.

Weiterhin geht aus Abb. 6.3.4 hervor, dass der Wirkungsgrad der Erzeugung von HF-Leistung niedrig ist, denn es liegt immer ein Zeitabschnitt $\pi/2$ vor, in dem Leistung im Bauelement verbraucht wird. Ein niedriger Wirkungsgrad ist auch ein Kennzeichen von BARITT-Dioden [Sze81].

Da der verbleibende negative differentielle Widerstand klein ist, tritt die PETT-Oszillation nur auf, wenn ein Resonanzkreis durch die Sperrschichtkapazität des Chips und die parasitäre Induktivität in der Nähe des Chips vorliegt und dessen Resonanzfrequenz in der Größenordung von f_T nach Gleichung (6.3.4) ist. PETT-Oszillationen können ebenfalls nicht auftreten, so lange der Ladungsträgerberg und der damit verbundene Rückstrom groß ist, denn die Speicherladung wirkt als Dämpfung, die den Einsatz der Oszillationen verhindert. Weitere Einfussgrößen für das Auftreten dieser Oszillationen sind die angelegte Spannung, da durch diese w_{RLZ} bestimmt wird, sowie von der Temperatur, da die Driftgeschwindigkeit temperaturabhängig ist. Es ist typisch für PETT-Oszillationen, dass man sie nur unter ganz bestimmten Bedingungen findet. Wird von diesen Bedingungen abgewichen, findet man keine PETT-Oszillation mehr. Daher wird das Auftreten von PETT-Oszillationen bei den Qualitätstests bei der Qualifizierung eines Bauelements leicht übersehen.

PETT-Oszillationen werden als elektromagnetische Wellen abgestrahlt. Diese Abstrahlung kann dazu führen, dass eine leistungselektronische Einheit die Anforderungen der elektromagnetischen Verträglichkeit (EMV) verletzt. Die EMV-Anforderungen sind in verschiedenen Normen festgelegt, z.B. [DIN00], es sei hier auf die Fachliteratur verwiesen.

Ein Experiment zur Messung der elektromagnetischen Störstrahlung des auf 600A und 1200V ausgelegten Moduls aus Abb. 6.3.2 zeigen die Bilder 6.3.5a und 6.3.5b [Sie03]. Da für die Messung keine gegen äußere elektromagnetische Strahlung abgeschirmte Kammer zur Verfügung stand, musste zunächst die Störstrahlung der Umgebung aufgenommen werden. Diese zeigt Abb. 6.3.5a. Deutlich sind die elektromagnetische Strahlung des Fernsehens sowie verschiedener mobiler Kommunikationssysteme erkennbar. Nimmt man das Modul in Betrieb - in Abb. 6.3.5b als „GAR“ bezeichnet - so findet sich eine zusätzliche Spektrallinie bei ca. 700 MHz, die der PETT-Oszillation entspricht. Bei 1,4 GHz erkennt man die erste Oberschwingung.

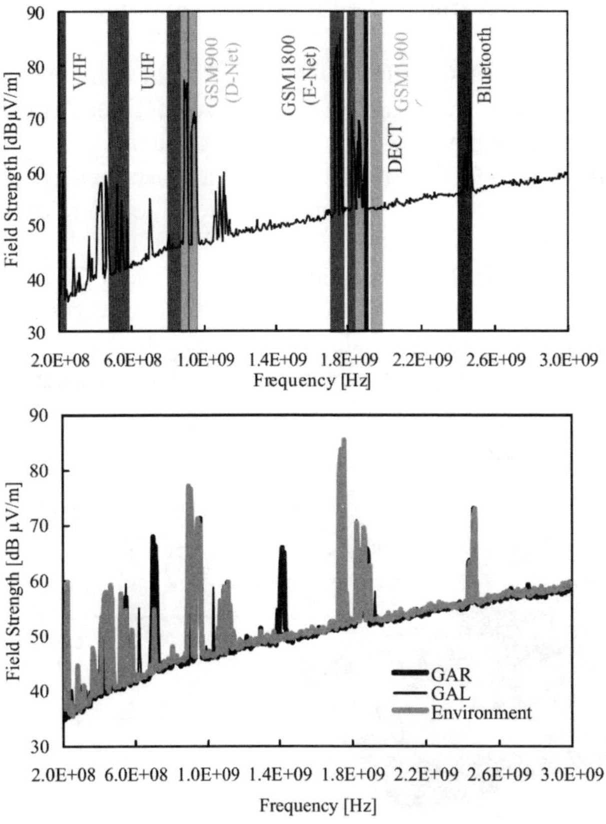

a

b

Abb. 6.3.5 Messung der elektromagnetischen Störstrahlung einer PETT-Oszillation. a) Umgebung ohne Inbetriebnahme des Moduls b) mit Inbetriebnahme des Moduls, PETT-Oszillationen beim Modul GAR bei 700MHz und 1,4GHz. Aus [Sie03]

Bei der im Modul GAR verwendeten Diode beträgt die Weite der Raumladungszone unter den angegebenen Bedingungen etwa 85µm. Setzt man als Driftgeschwindigkeit für Löcher den Wert $8 \cdot 10^6$ cm/s an, so folgt aus Gleichung (6.3.4) eine Transit-Frequenz von ca. 700MHz, also dem gemessenen Wert. Es mag hier eingewendet werden, dass diese Störstrahlung - gemessen in 4m Entfernung vom Modul – kleinere Werte als die Störstrahlung der Umgebung annimmt. Allerdings werden in praktischen Anwendungen mehrere Module eingesetzt, so dass durch eine Summierung leicht die erlaubten Emissionsgrenzwerte überschritten werden können.

In einem anderen Anwendungsfall der wurde die Störung der Ansteuerungsschaltung eines mit hoher Frequenz von 100kHz arbeitenden Umrichters beobachtet [Sie06b]. Diese Anlage ist auf 1,8MW ausgelegt und enthält mehr als 100 Leistungsmodule. Die PETT-Oszillation führt zu einem Error-Signal in der Ansteuerung. Die PETT-Oszillation muss vermieden werden.

Zur Vermeidung einer PETT-Oszillation kann man nicht beim Halbleiterbauelement ansetzen. Jedes Leistungsbauelement verfügt bei Anliegen einer Spannung über eine Raumladungszone und damit potentiell über eine Fähigkeit zur Oszillation nach Gleichung (6.3.4). Es ist zu vermeiden, dass ein LC-Kreis gebildet wird, der eine Resonanzfrequenz im Bereich der PETT-Oszillation aufweist.

Abbildung 6.3.6 zeigt den Aufbau des Moduls GAR, bei dem die PETT-Oszillationen aus Abb. 6.3.2 sowie aus Abb. 6.3.5b gefunden wurden. Die Oszillationen traten in der als Freilaufdiode genutzten Diode auf - im Bild 6.3.6 links mit FWD markiert, im Ersatzschaltbild in Abb. 6.3.6 unten dargestellt.

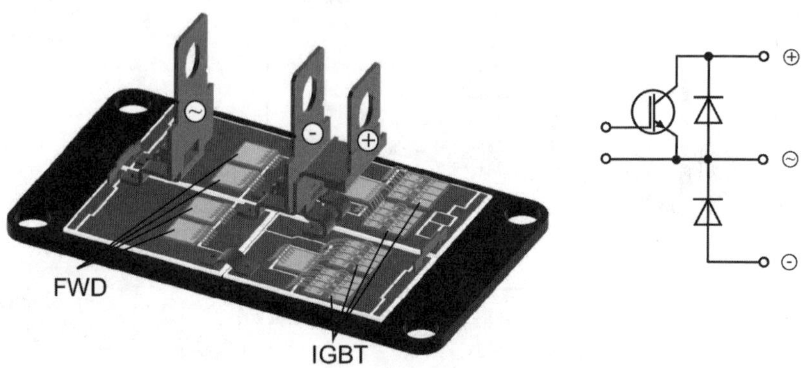

Abb. 6.3.6 Aufbau des Moduls GAR, das die PETT-Oszillation in der Messung in Abb. 6.3.3 zeigt, sowie Ersatzschaltbild. Aus [Sie06b]

Abbildung 6.3.7 zeigt links die Analyse der Impedanz dieses Moduls [Sie06b]. Dazu wurde der dreidimensionale EMC Simulator FLO/EMC [FLO04] benutzt. Er löst die Maxwell-Gleichungen numerisch. Die Geometrie des Moduls in Abb. 6.3.6 wird dazu vollständig eingegeben und danach eine geeignete Diskretisierung (Zellen) vorgenommen. Da Halbleiter mit diesem Programm nicht detailliert nachgebildet werden können, wurden die Halbleiter wurde vereinfacht durch ihre Sperrschichtkapazität sowie ihren Widerstand im Durchlassfall. Die Simulation beginnt mit einem deltaförmigen Spannungspuls, der über der Freilaufdiode angelegt wird. Spannungen und Ströme sowie die elektrischen und magnetischen Felder werden für jede Zelle berechnet.

Abbildung 6.3.7 zeigt als Ergebnis der Rechnung die Impedanz des Moduls GAR aus Abb. 6.3.6, wie sie von den Freilaufdioden aus gesehen wird, über denen die Anregung stattfand. Das Modul hat einen Resonanzpunkt bei etwa 700 MHz, der mit der aus für die PETT-Oszillation abgeschätzten Trägerlaufzeit-Frequenz f_T nach Gleichung (6.3.4) übereinstimmt. Ein derartiger Resonanzpunkt ist eine notwendige Bedingung für das Auftreten einer PETT-Oszillation.

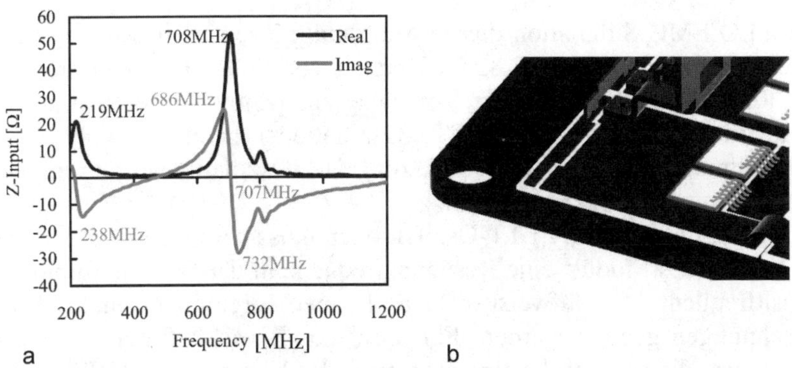

Abb. 6.3.7 Impedanz des Moduls aus Abb. 6.3.6 (a), Detail der Anordnung der Freilaufdioden, bei denen die PETT-Oszillation auftritt (b). Aus [Sie06b]

Die dreidimensionale EMC-Simulation kann zur Berechnung von Resonanzpunkten einer komplexen mechanischen Konstruktion benutzt werden. Allerdings sei darauf hingewiesen, dass schon leichte Veränderungen in der Konstruktion das Auftreten der PETT-Oszillation zu anderen Bedingungen verschieben, schwächen oder beseitigen können.

In Abb. 6.3.7 rechts ist die Anordnung der Bonddrähte bei dem Modul GAR zu sehen. Für einen LC-Kreis im Bereich 700MHz sind angesichts der Chipkapazitäten nur geringe Induktivitäten möglich. In Frage dafür kommen nur Komponenten aus der unmittelbaren Umgebung des Chips, d.h. die nächstliegenden Leiterbahnen auf dem DCB-Substrat sowie die Bonddrähte und deren Anordnung. In einer älteren Patentschrift von 1995 [Zim95] wird als Gegenmaßnahme gegen Schwingungen das Anbringen von Querbonds vorgeschlagen. Eine solche Anordnung ist in Abb. 6.3.8 rechts dargestellt.

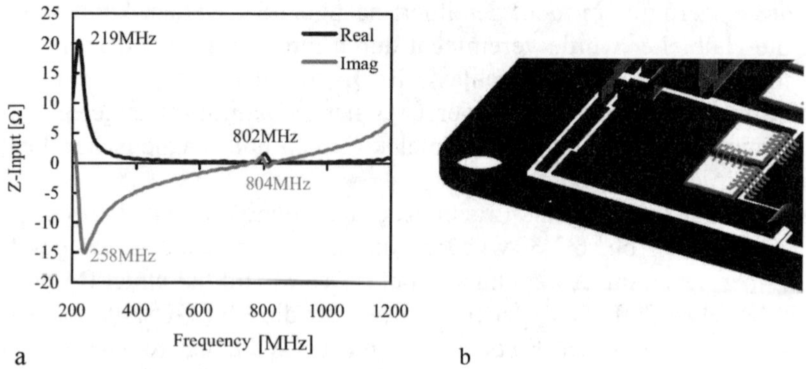

Abb. 6.3.8 Gegenmaßnahme gegen PETT-Oszillationen: Impedanz des Moduls (a), Detail der Anordnung der Freilaufdioden mit Querbonds (b). Aus [Sie06b]

Eine FLO/EMC Simulation dieser Anordnung [Sie06b] findet sich in der linken Hälfte von Abb. 6.3.8. Im Bereich von 700MHz findet sich jetzt kein Resonanzpunkt mehr. Der Vorschlag aus [Zim95] stellt sich als wirkungsvolle Maßnahme gegen PETT-Oszillationen heraus, obwohl zu diesem Zeitpunkt die Vorgänge, die zu PETT-Oszillationen führen, noch nicht im Einzelnen bekannt waren.

Zum Verhindern von PETT-Oszillationen muss vermieden werden, dass der Aufbau des Moduls eine Resonanzfrequenz in der Größenordnung der Transitfrequenz f_T aufweist. Dazu können dreidimensionale EMC-Berechnungen genutzt werden. Für die Zukunft wären Programme wünschenswert, die sowohl die Berechnungen der Vorgänge im Halbleiter als auch die Maxwell-Gleichungen erlauben. Diese sind aber noch nicht verfügbar.

Impact Ionisation Transit Time (IMPATT) Oszillationen

Impatt-Oszillationen wurden als dynamische Impatt-Schwingungen beim Abschalten von Soft-Recovery-Leistungsdioden beobachtet [Lut98], wobei das Attribut „dynamisch“ verwendet wird, um zu kennzeichnen, dass diese Oszillation in Verbindung mit einem Schaltvorgang auftritt. Die dynamische Impatt-Schwingung ist sehr energiereich, sie strahlt Störungen hoher

Intensität aus und führt zu Funktionsausfällen analoger und digitaler Elektronikbaugruppen z.B. in Ansteuerschaltungen. Eine Messung ist in Laboraufbauten möglich, eine solche Messung zeigt Abb. 6.3.9.

Die Messung in Abb. 6.3.9 erfolgte in der anwendungsnahen Doppelpuls-Schaltung nach Abb. 3.1.18. Die Messung erfolgte bei 0°C. Der Verlauf der Spannung ist invertiert dargestellt. Die statische Sperrspannungsauslegung der Diode beträgt 1200V, der Lawinendurchbruch U_{BD} liegt bei >1300V. Nach der Rückstromspitze (Zeitpunkt t_1) geht der Strom zurück. Zwischen t_1 und t_2 steigt die Spannung auf den Endwert an, wobei ein Tailstrom fließt. Nach t_2 erwächst aus dem Tailstrom ein Stromanstieg. Dieser „Buckel" tritt erst ab einer Spannung von 910V auf. Eine weitere Erhöhung der Spannung auf 930V führt nach t_3 zum plötzlichen Herausschießen eines hohen Stroms, der ein mehrfaches der Rückstromspitze beträgt. Ihm ist eine hochfrequente Schwingung überlagert. Nach einigen 100ns (t_4) ist die Schwingung beendet.

Eine Reduzierung der Zwischenkreisspannung um ein bis zwei Volt oder eine Erhöhung der Temperatur um 1 bis 2K beseitigt den Effekt.

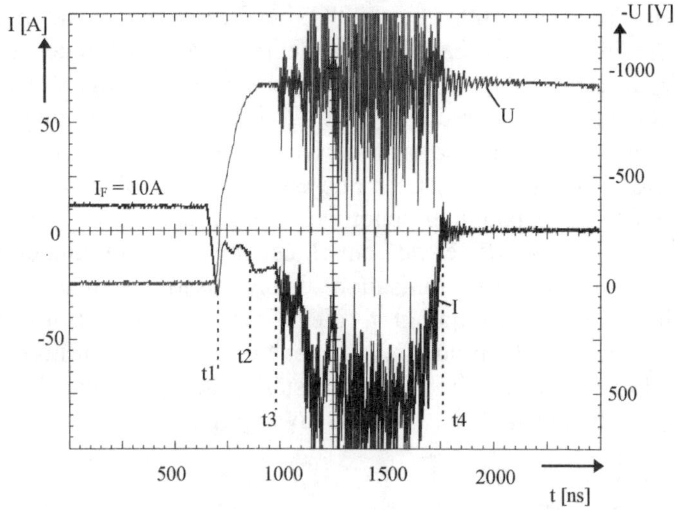

Abb. 6.3.9 Dynamische Impatt-Schwingung einer Freilaufdiode mit strahlungsinduzierten Rekombinationszentren. T= 0 °C.

Der Mechanismus der dynamischen IMPATT-Schwingung ist verwandt dem der IMPATT-Diode, ebenfalls ein Bauelement, das als Oszillator für Mikrowellen vorgesehen ist [Sze81]. Bei IMPATT-Dioden wird die statische Sperrspannung überschritten und das Bauelement im Lawinendurchbruch betrieben. Die dynamische Impatt-Schwingung findet dagegen bei Spannungen deutlich unter dem Lawinendurchbruch statt. Die dynamische

Impatt-Schwingung wird durch das bei der Bestrahlung mit schnellen Teilchen erzeugte Zentrum COVV verursacht [Lut98]. Abb. 2.3.23 im Abschnitt 2.3 zeigte die wichtigsten strahlungsinduzierten Zentren. Das COVV-Zentrum liegt unterhalb der Bandmitte. Es leistet nur geringe Beiträge zur Rekombination, aber seine Dichte ist bei den typischen Ausheilschritten für strahlungsinduzierte Zentren (siehe Abschnitt 2.3) höher als die Dichte der die Rekombination bestimmenden OV-Zentren [Sie06].

Das COVV-Zentrum hat die Eigenschaften eines temporären Donators. Bei Stromführung in Durchlassrichtung der Diode wird es mit einem Loch besetzt und ist positiv geladen. Die effektive Dotierung wird damit zu

$$N_{eff} = N_D + N_T^+ \tag{6.3.5}$$

Nach Umpolen der Spannung wird das Zentrum entladen

$$N_T^+(t) = N_T^+ \cdot e^{-\frac{t}{\tau_{ep}}} \tag{6.3.6}$$

Die Zeitkonstante τ_{ep} dieser Entladung ist temperaturabhängig, sie ist bei hoher Temperatur klein (ca. 100ns bei 400K), bei Temperaturen unterhalb 300K liegt sie in der in der Größenordnung mehrerer Mikrosekunden. Damit findet sich im Bauelement eine temporär erhöhte Dotierung. Die Dotierung bestimmt nun nach Gleichung (2.2.42) die Einsatzspannung des Lawinendurchbruchs U_{BD}, und die erhöhte Dotierung N_{eff} führt zu einem stark verminderten Wert von U_{BD}. Legt nun ein schnell schaltender Transistor wie ein IGBT die Spannung schon sehr kurze Zeit nach dem Abschalten der Diode an, so trifft er auf ein Bauelement mit vermindertem Lawinendurchbruch, und Impact Ionisation - Stoßionisation - setzt ein. In Abb. 6.3.9 wird nun zum Zeitpunkt t_2 die vorübergehend verminderte Spannung U_{BD} erreicht, und ein durch Avalanche erzeugter Stromfluss tritt als „Buckel" in Erscheinung. Wird die Diode stärker in den Avalanche getrieben, so entsteht die dynamische Impatt-Schwingung.

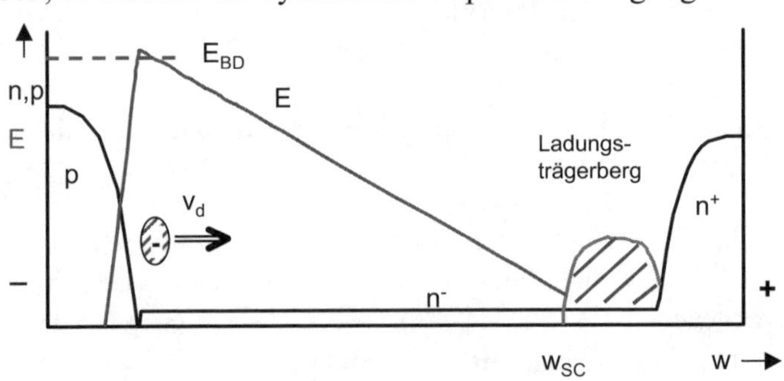

Abb. 6.3.10 Situation im Bauelement bei der dynamischen Impatt-Oszillation

Die Situation im Bauelement für diesen Zustand ist in Abb. 6.3.10 dargestellt. Zwischen t_1 und t_2 in Abb. 6.3.9 fließt ein schwachen Tailstrom, in diesem Zustand ist noch Ladungsträgerberg vorhanden, der Verlauf des elektrischen Feldes ist dreiecksförmig. Durch Stoßionisation ausgelöste Elektronenpakete laufen durch das elektrische Feld nach rechts.

Es sei eine hochfrequente Wechselspannung $U_{RF} \cdot \sin\omega t$, die der Gleichspannung U_{DC} überlagert ist, angenommen. Sie erzeugt durch Lawinendurchbruch einen Strompuls j_{inj} Da aber die Stoßionisation selbst Zeit in Anspruch nimmt, ist der erzeugte Strompuls um $\omega t = \pi/2$ gegenüber dem Scheitelwert der Spannung verschoben und erscheint bei $\omega t = \pi$, wenn die Wechselkomponente ihren Nulldurchgang aufweist (Abb. 6.3.11b). Der injizierte Strom läuft durch die Raumladungszone mit der Geschwindigkeit v_d, der entsprechende Strom an den Anschlüssen des Bauelements j_{inf} nach dem Ramo-Shockley-Theorem [Eis98] ist in Abb. 6.3.11c dargestellt. Der Strom liegt an den Kontakten an im Zeitabschnitt ωt_T, der bei $\omega t = \pi$ beginnt.

Für die erzeugte Hochfrequenz-Leistung gilt Gleichung (6.3.2). P_{RF} hat ein negatives Vorzeichen und ist maximal für $\omega t_T = \pi$, sie nimmt wieder ab für $\omega t_T > \pi$. Die Diode wirkt als Stromquelle. Sie gibt Hochfrequenz-Leistung ab. Im Maximum der erzeugten HF-Leistung bei $\omega t_T = \pi$ erhält man für die Frequenz der Trägerlaufzeit-Schwingung beim IMPATT-Effekt [Sze81]

$$f_T = \frac{v_{sat}}{2 \cdot w_{sc}} \tag{6.3.7}$$

Im Gegensatz zu Schwingungen nach dem BARITT-Effekt besteht beim IMPATT-Effekt kein Phasenabschnitt, in dem die abgestrahlte Leistung gedämpft wird. Der IMPATT-Effekt führt zu einer sehr energiereichen hochfrequenten Schwingung. Der Mikrowellen-Wirkungsgrad von IMPATT-Dioden kann nach der Literatur über 30% betragen [Eis98]. Dazu ist das Signal des IMPATT-Effekts nicht bei einer festen Frequenz, wie in Abb. 6.3.5 bei der PETT-Oszillation, sondern stark verrauscht. Das macht deutlich, dass dynamische Impatt-Oszillationen in jedem Fall zu vermeiden sind.

Zur Vermeidung der dynamischen Impatt-Schwingung muss am Design des Halbleiter-Bauelements angesetzt werden. Es dürfen bei Bestrahlung maximal so viele COVV-Zentren erzeugt werden, dass das Bauelement auch noch bei der unteren zulässigen Betriebstemperatur (-40°C) noch die maximal in der Anwendung auftretende Zwischenkreisspannung - im Allgemeinen 75% der spezifizierten Sperrspannung - aufnehmen kann. Die Erzeugungsraten der K-Zentren bei Bestrahlung mit Elektronen sind in der Literatur angegeben [Sie06]. Bei Einhalten entsprechender Dimensionierungsvorschriften [Lut98] kann die dynamische IMPATT-Schwingung sicher vermieden werden.

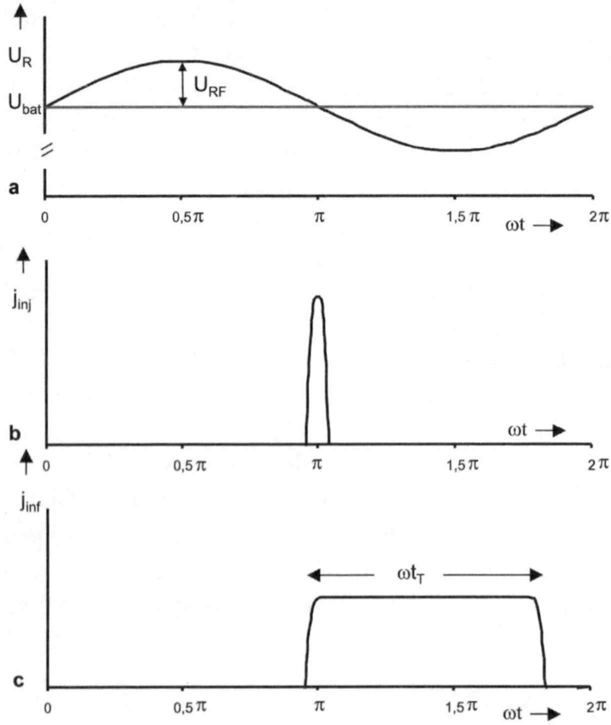

Abb. 6.3.11 Entstehung der IMPATT Oszillation. a) Hochfrequente Wechselspannung, die der angelegten Gleichspannung überlagert ist. b) Injizierter Strom bei w = 0 zum Zeitpunkt $\omega t = \pi$. c) Strom an den Kontakten des Bauelements

IMPATT-Oszillationen werden auch bei Bauelement-Simulationen beobachtet, wenn z. B. eine Diode durch Abriss des Rückstroms eine hohe Spannungsspitze induziert und dabei selbst in den statischen Lawinendurchbruch getrieben wird. Experimentelle Berichte zum Auftreten solcher Oszillationen sind zur Zeit noch nicht bekannt. Allerdings scheiden solche Bauelemente bereits aufgrund der Gefahren der Spannungsspitzen sowie aufgrund der durch snappiges Schaltverhalten erzeugten Oszillationen - siehe Abschnitt 6.2 - für den Einsatz in leistungselektronischen Anlagen aus. Soft-Recovery Verhalten ist gefordert.

7 Leistungselektronische Systeme

7.1 Begriffsbestimmung und Merkmale

Der Begriff „Leistungselektronisches System“ wird sehr unterschiedlich verwandt. Auch ein Buch über leistungselektronische Grundschaltungen ist heute unter dem Titel „Systeme“ zu finden, es ist daher sinnvoll sich von „System“ als Modewort abzugrenzen.

Der Begriff leistungselektronisches System soll hier nur gebraucht werden, wenn bereits eine bestimmte Komplexität vorhanden ist. Dies soll anhand Abb. 7.1.1 dargestellt werden.

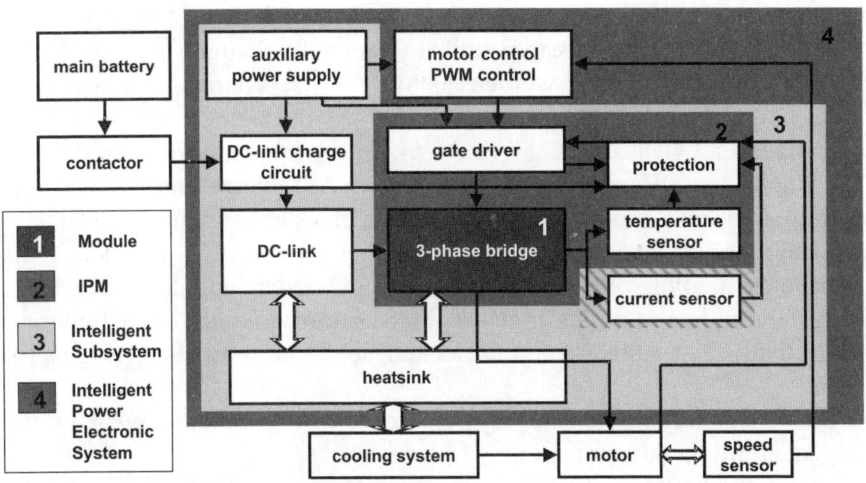

Abb. 7.1.1 Begriffsbestimmung des leistungselektronischen Systems anhand der Steuerung eines Antriebs für ein Hybrid-Fahrzeug. Bild von Dr. Werner Tursky, Semikron Elektronik

Kernstück ist eine dreiphasige Wechselrichterbrücke für einen drehzahlgesteuerten Antrieb, dessen Schaltbild in Abb. 7.1.2 wiedergegeben ist. Die dreiphasige Wechselrichterbrücke besteht aus 6 IGBTs und 6 Freilaufdioden, die Anschlüsse + und – führen zum Zwischenkreis, die Anschlüsse u, v, w zum Motor. Die Konfiguration in Abb. 7.1.2 ist als Leistungsmodul erhältlich.

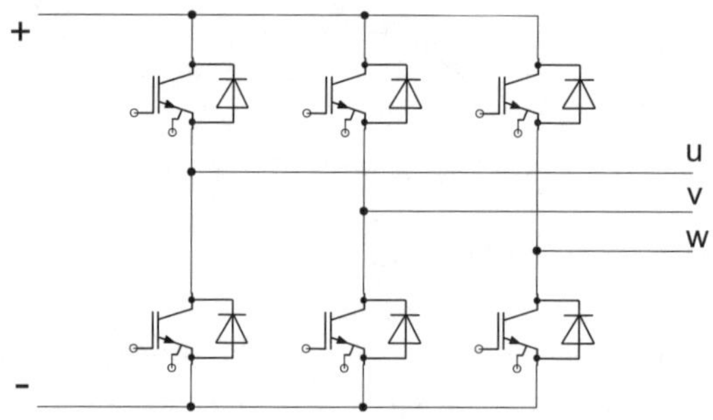

Abb. 7.1.2 Dreiphasige Wechselrichterbrücke

Die nächste Stufe ist die Implementierung der Treiberschaltungen für die 6 IGBTs, von Sensoren für Temperatur und Strom sowie der Auswerte-Logik, damit entsteht die nächsthöhere Einheit. Mit Integration dieser Funktionen wird aus dem Modul das „Intelligent Power Module (IPM)“. Module dieser Integrationsstufe sind kommerziell erhältlich.

In einer weiteren Stufe werden auch der Zwischenkreis, eine eventuell notwendige Zwischenkreisladeschaltung, die notwendigen Hilfsstromversorgungen und auch das Kühlsystem integriert, zudem wird auch die Beherrschung des Wärmeflusses einbezogen. Auf dieser Integrationsstufe wird in Abb. 7.1.1 die Bezeichnung „Intelligentes Subsystem“ verwendet.

Schließlich erfolgt noch die Implementierung der IC´s, mit denen die Signale für die Pulsweitenmodulation erzeugt werden, und der Motorsteuerung (Controller) samt der zugehörigen Software. Erst ab dieser Integrationsstufe wird in Abb. 7.1.1 vom leistungselektronischen System gesprochen.

Ein leistungselektronisches System sollte also zumindest mehrere der folgenden Merkmale umfassen:

Eine hohe Funktionalität: Im genannten Beispiel in Abb. 7.1.1 wird ein Leistungsschaltkreis, die zugehörigen Ansteuerschaltungen, die Sensoren zur Auswertung der Betriebszustände (Strom, Temperatur, Spannung) und die entsprechende Logikschaltungen zusammengefasst. Erst ab einem gewissen Umfang an Funktionalität sollte man von „System“ sprechen. Schließlich kommt noch die notwendige Software zur Erzeugung der Pulsmuster (PWM, Pulsweitenmodulation) sowie Besonderheiten der Steuerung der jeweiligen Anlage hinzu.

Kombination der Lösung der elektrischen mit der Lösung der thermischen Aufgabenstellung. Die Beherrschung des Wärmeflusses ist zumeist der entscheidende Punkt, um Aufbauten kompakt herstellen zu können. Das beinhaltet die Einbeziehung der Kühlkörper, der Materialien usw.

Integration von Funktionen, nicht nur Kombination verschiedener Funktionen. Für diese Integration können verschiedene Ebenen unterschieden werden: Monolithische Integration beinhaltet die Integration von Leistungs-, Ansteuer- und Logikfunktionen in ein einziges Silizium-Chip. Weiterhin wird daran gearbeitet, passive Komponenten in Mulitlayer-Leiterplatten zu integrieren. Schließlich werden mit der hybriden Integration einzelne Komponenten auf der Basis eines Substrats integriert. In der Regel folgt aus der Integration ein kompakteres System, dessen Volumen und Gewicht gegenüber der Kombination der Einzelelemente verringert ist.

Jedes leistungselektronische System verfügt über eine gewisse Weite der Integration. Die Verwirklichung aller Merkmale in einem System ist noch nicht gegeben, die Entwicklungsrichtung ist, die Integration immer weiter zu treiben. Ein wesentliches Motiv dabei ist die Senkung der Herstellkosten für das Gesamtsystem. Es entfallen Prozesse der folgenden Montage. Da aber die Einzelprozesse aufwendiger werden, lohnen sich hochintegrierte leistungselektronische Systeme nur bei sehr hohen Stückzahlen, oder in Anwendungen, wo aufgrund von Anforderungen eines sehr niedrigen Gewichts und kleinem Volumen keine anderen Lösungen möglich sind.

Die Merkmale der leistungselektronischen Systeme enthalten Anforderungen aus verschiedenen Bereichen der ingenieurwissenschaftlichen Disziplinen - Mechanik, Halbleiterbauelemente, passive Komponenten, Programmierung usw. Somit ist ein Zusammenwirken verschiedener ingenieurwissenschaftlicher Disziplinen gefordert. Kaum ein einzelner Ingenieur wird alle Seiten abdecken, daher ist Teamarbeit gefordert. Die Tätigkeit des Ingenieurs verändert sich.

7.2 Monolithisch integrierte Systeme - Power IC's

Bei monolithisch integrierten Systemen handelt es sich um die Integration verschiedener Funktionen auf einem Silizium-Chip. Elemente der Sensorik, Komponenten der analogen und digitalen Schaltungstechnik sowie Leistungsbauelemente können dabei auf einem Chip integriert werden.

Grundlage der Integration ist meist die Standard CMOS-Technologie (CMOS: Complementary MOSFET; n-Kanal und p-Kanal MOSFETs), wobei für zusätzliche Bauelemente, wie z.B. Sensoren, Leistungsbauelemente, Speicher etc., und deren Verbindung (Metallisierungsebenen) weitere technologische Maskenebenen und Schichten hinzugefügt werden.

Eine der ersten Technologien, die dies erfolgreich verwirklichten, war die Smart SIPMOS Technologie [Pri97]. Abb.7.2.1 zeigt ein Anwendungsbeispiel, bei dem Logik- und Leistungselemente auf einem Chip verwirklicht werden.

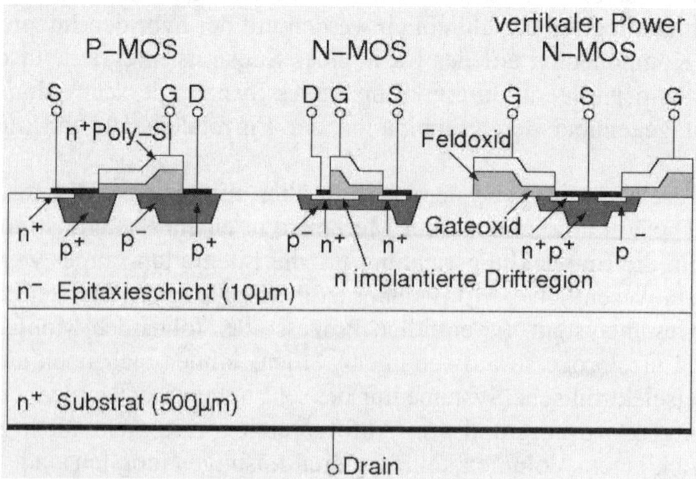

Abb. 7.2.1 Selbstisolierender Vertikaler DMOS Transistor integriert mit CMOS Logikelementen. Bild nach [Thi88b]

Der vertikale Leistungstransistor (vertikaler Power NMOS) auf der rechten Seite in Bild 7.2.1 wurde bereits in Kapitel 3.5.3 behandelt. Zu erkennen ist die Kompatibilität der Oberflächenstruktur des Leistungs-MOSFETs mit den angedeuteten CMOS Strukturen auf der linken Seite. Source-Strukturen, Gate-Oxid und -Elektrode, Passivierungen sowie Kontaktstrukturen des vertikalen MOSFET können weitgehend aus der CMOS- Technologie übernommen werden.

Die gegenseitige Isolation verschiedener Elemente der Schaltung in Abb. 7.2.1 erfolgt durch pn-Übergänge, daher auch die Bezeichnung „junction isolation“. Die Sperrfähigkeit von Bauelementen in derartiger Technologie ist bei vertretbarem Aufwand auf max. 100-120V begrenzt [Gie02]. Ein genauerer Blick auf Abb. 7.2.1 zeigt uns eine Reihe von möglichen parasitären Strukturen, npn- sowie pnp- bipolare Transistoren, sogar pnpn-Strukturen als parasitäre thyristorartige Bauelemente. Im Betrieb mit signifikanten Stromdichten sowie vor allem auch bei höheren Temperaturen und Spannungen kann es aufgrund der Wechselwirkung der einzelnen Bauelemente zum Einrasten (Latchen) parasitärer Thyristorstrukturen kommen. Dieser Effekt ist der hauptsächliche Ausfallmechanismus von Bauelementen in der Integration und begrenzt deren Belastbarkeit mit Strom und Spannung, vor allem aber auch die Temperaturbelastbarkeit.

Auf etwas höhere Spannungen ausgelegt ist die Technologie, die vom Hersteller ST Microelectronics als „Vertical Intelligent Power Technologie" bezeichnet wird. Sie wird in [And96] beschrieben. Abb. 7.2.2 zeigt ein Anwendungsbeispiel. Auf der linken Seite ist ein vertikaler Power MOSFET als Ausgangstransistor angeordnet, wie er in Kapitel 3.5 behandelt wurde. Die Logik-Bauelemente sind durch mehrere pn-Übergänge isoliert. Die pn-Übergänge werden gebildet durch (beginnend unten vom n^+ Substrat) eine erste n- Epitaxie- Schicht, lokale p- und n^+ Implantationen und Diffusionen, eine zweite n- Epitaxieschicht und in lateraler Richtung durch tiefe diffundierte p- Gebiete. Die Epitaxie wird unterbrochen für die Implantation der vergrabenen p - und n^+-Gebiete. Beim epitaktischen Wachstum der folgenden Schichten und den dabei verwendeten hohen Temperaturen erhalten diese Zonen durch Diffusion die vorgesehene Dicke. Die integrierte Logik ist mit dieser aufwendigen Mehrschichtisolation von dem vertikalen Leistungsbauelement isoliert, welches z.B. für Sperrspannungen von bis zu 600V ausgelegt werden kann.

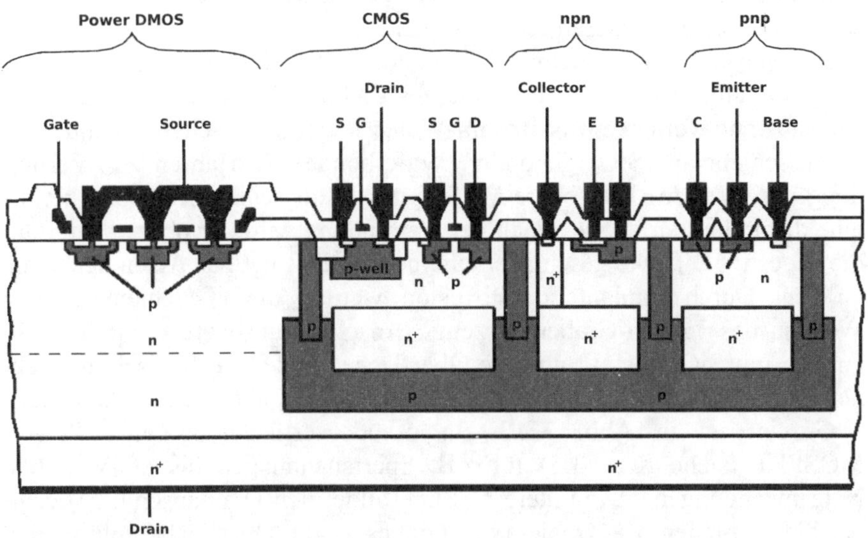

Abb. 7.2.2 „Vertical Intelligent Power" Technologie von ST Microelectronics.. Bild: R. Herzer auf Basis von ST Microelektronics Datenbüchern

Beim npn-Bipolartransistor ist der Kollektor mittels eines in die Tiefe geführten n^+-Gebiets mit der vergrabenen n^+-Kollektorzone verbunden. Hierbei handelt es sich um eine typische Ausführungsform eines hochverstärkenden npn-Transistors, um ein „pseudo-vertikales“ Bauelement.

Die in Abb. 7.2.2 gezeigte Technologie bietet eine Plattform für die Herstellung sehr vielfältiger Strukturen und Funktionen der analogen und digitalen Schaltungstechnik. Die Herstellung der tiefen p-Zonen zur Trennung der Einzelelemente ist allerdings aufwendig. Diese werden z.B. durch tiefe Diffusion von der Oberfläche aus hergestellt, bei einer Tiefe von z.B. 10µm erfolgt auch eine Seitendiffusion, die etwa den Faktor 0,8 der Tiefe ausmacht. Damit entstehen vergleichsweise breite Trennzonen. Damit einher geht ein Verlust von Fläche für die aktiven Bauelemente. Weiterhin hat die Isolation über pn-Übergänge bei angelegter Spannung einen Sperrstrom zur Folge, der mit der Temperatur ansteigt. Er begrenzt die Temperaturstabilität und Sperrfähigkeit der Bauelemente und führt letztlich zum Latchen (Zünden von parasitären Thyristorstrukturen) und damit zur Zerstörung des Schaltkreises. P/n- isolierte Schaltkreise sind insbesondere bei hohen Spannungen auf Arbeitstemperatur von maximal 150°C begrenzt.

Diese Nachteile werden durch dielektrische Isolationsverfahren vermieden. Hierbei wird eine Trennung verschiedener Bauelemente durch Oxidgebiete erreicht, die höhere Sperrspannungen auf kleineren Abmessungen, eine bidirektionale Sperrfähigkeit und deutlich geringere Sperrströme selbst bei hohen Temperaturen ermöglichen.

Ein Beispiel einer Silicon-On-Insulator (SOI)- Technologie in Verbindung mit Trench (Graben)-Isolation zeigt Abb. 7.2.3. Bei der Herstellung der Substrate werden zwei Silizium-Wafer an der dazwischen liegende Isolationsschicht aus SiO_2 gebondet (Waferbonden: Verfahren zur Verbindung von Wafern). Der obere Wafer enthält auf seiner Unterseite bereits eine diffundierte n^+-Zone. Nach der Verbindung wird der obere Wafer auf die angestrebte Dicke geschliffen und poliert. Es folgt das Ätzen der tiefen Gräben. Durch Implantation/Diffusion werden die n^+-Gebiete an den Wänden des Trench-Grabens erzeugt. Anschließend werden die Trench-Gräben mit SiO_2 verfüllt und die Oberfläche wieder mechanisch eingeebnet. Danach beginnt die eigentliche Herstellung der aktiven Bauelemente.

Gezeigt ist in Abb. 7.2.3 ein pseudo-vertikaler n-Kanal Power-MOSFET (siehe Kap. 3.5) für z.B. Sperrspannungen bis 600V (220V Netzanwendungen). Die untere n^+-Zone bildet den Drainanschluss, der über die vertikalen n^+ - Gebiete des Grabes an die Oberfläche geführt und auf der rechten Seite in Abb. 7.2.3 kontaktiert wird (Drain-Kontakt). In den benachbarten weiteren Inseln lassen sich dielektrisch isoliert, beliebige Logik-Strukturen (CMOS, Bipolar etc.) aber auch weitere unabhängig arbeitende Leistungsschalter realisieren.

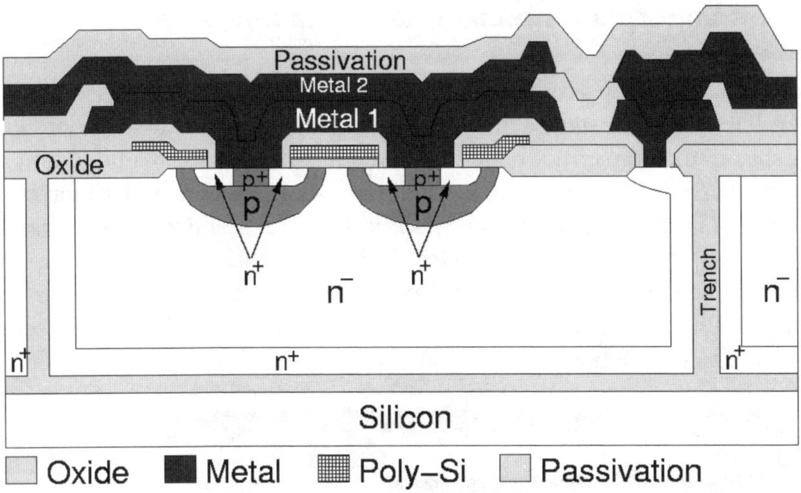

Abb. 7.2.3 Silicon-On-Insolator Dickschicht-Technologie in Verbindung mit Trench-Isolation. Realisierter pseudo-vertikaler n-Kanal MOSFET. Nach [Ler03]

Der Herstellungsaufwand von SOI-Substraten ist relativ hoch. Dafür wird eine Wechselwirkung zwischen verschiedenen Strukturen, selbst bei hohen Spannungen, Strömen und Temperaturen, effektiv unterbunden. Das Übersprechen von Signalen auf andere Schaltungsteile, als „crosstalk" bezeichnet, ist ein weiterer begrenzender Effekt für die Integrationsdichte von integrierten Schaltungen. Auch dieser Effekt wird durch die dielektrische Isolation gemindert. In der SOI- Isolation können verschiedene Schaltungsteile enger zusammenrücken und die Fläche des Wafers effektiver ausgenutzt werden, womit gegenüber anderen Isolationsverfahren ein enormer Vorteil besteht (höhere Packungsdichte). Weiterhin wird die Gefahr des Einrastens parasitärer pnpn-Strukturen (Latchen) vermieden und die integrierten Bauelemente sind bis zu Arbeitstemperaturen von 200°C noch funktionsfähig.

Die monolithische Integration hat in den letzten Jahren bezüglich Packungsdichte, Spannungsfestigkeit und Temperaturstabilität große Fortschritte gemacht. Allerdings bleibt das Problem, dass sich die Anforderungen bezüglich hohen Spannungen, hoher Leistungsdichte, Vermeiden von elektrischem und magnetischem Crosstalk mit den Anforderungen hinsichtlich hoher Packungsdichte von Bauelementen und Schaltungen widersprechen. Bisher werden Bauelemente mit Sperrspannungen von max. 1200V einerseits und Strömen bis zu max. 10A andererseits in Smart-Power ICs realisiert. Für höhere Spannungen und Ströme werden hybride bzw. diskrete Lösungen bevorzugt.

7.3 Auf Leiterplattenbasis integrierte Systeme

Gerade die passiven Komponenten machen einen Großteil des Volumens einer leistungselektronischen Einrichtung aus. Forschritte bei den Leistungsbauelementen ermöglichen höhere Schaltfrequenzen und damit die Reduzierung der Werte der notwendigen Induktivitäten und Kapazitäten. In vielen Geräten der Leistungselektronik ist es Standard, die Schaltung auf Leiterplatten anzuordnen. Neu jedoch ist die Integration passiver Komponenten in die Leiterplatte, welche zu kompakten Aufbauten führt [Waf05]. Diese „embedded passive integrated circuits" (emPIC) Technologie realisiert eine hohe Leistungsdichte [Pop05].

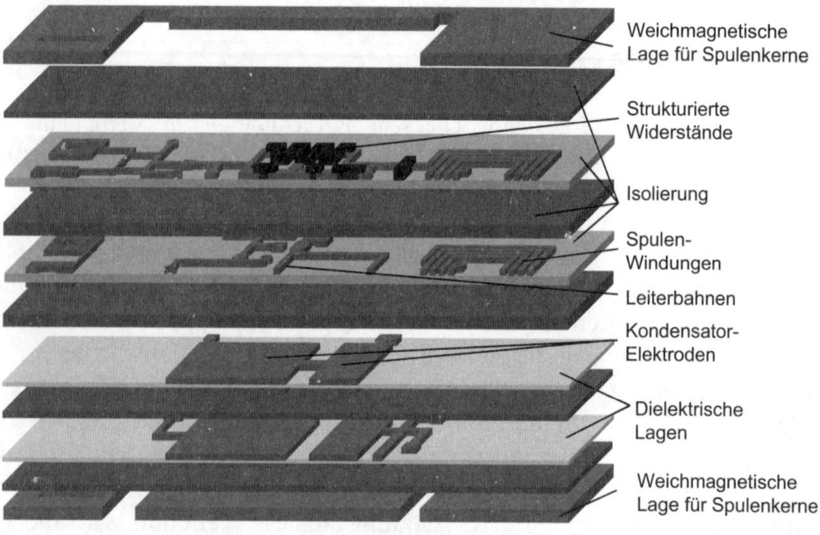

Abb. 7.3.1 Die einzelnen Lagen einer hochintegrierten Leiterplatte für eine emPIC Schaltung

Für die Realisierung eines solchen Systems werden Lager verschiedener Eigenschaften benötigt, ein Beispiel gibt Abb. 7.3.1 [Waf05]. Die Herstellung von gedruckten Widerständen ist heute bereits industrieller Standard, nicht einfach ist jedoch die Einhaltung von engen Toleranzen, wie sie für manche Anwendungen benötigt wird. Das Hauptaugenmerk der Forschung gilt der Entwicklung geeigneter Lagen mit hoher Dielektrizitätskonstante sowie Lagen hoher magnetischer Permeabilität.

Als kapazitives Material kann glasfiber-verstärktes Epoxyd-Harz, angefüllt mit hoch-dielektrischem Material, zum Einsatz kommen. Unter der Bezeichnung „C-Lam" wird ein Material mit der Dielektrizitätskonstante von $\varepsilon_r = 12$ angeboten. Bei einer Dicke von 40µm und Cu-Schichten auf beiden Seiten wird eine spezifische Kapazität von 0,26nF/cm² realisiert, der Verlustfaktor tanδ beträgt 0,02, der mögliche Frequenzgang reicht bis 1 GHz.

Als weichmagnetisches Material kann Ferrit in einer Polymer-Matrix verwendet werden. Ein solches Material, welches kompatibel zum Leiterplatten-Herstellprozess ist, wurde unter dem Namen MagLam entwickelt. Es erreicht eine Permeabilität von $\mu_r = 17$, die Sättigungs-Flussdichte beträgt 300 mT, das Material ist einsetzbar bis über 10 MHz. Bei geeigneter Strukturierung der Lagen und in einem anschließenden Temperaturprozess, bei dem die beiden magnetischen Lagen durch die Durchführung dringen, lässt sich eine integrierte Spule mit geschlossenem Magnetkern herstellen, wie dies in Abb. 7.3.2 dargestellt ist.

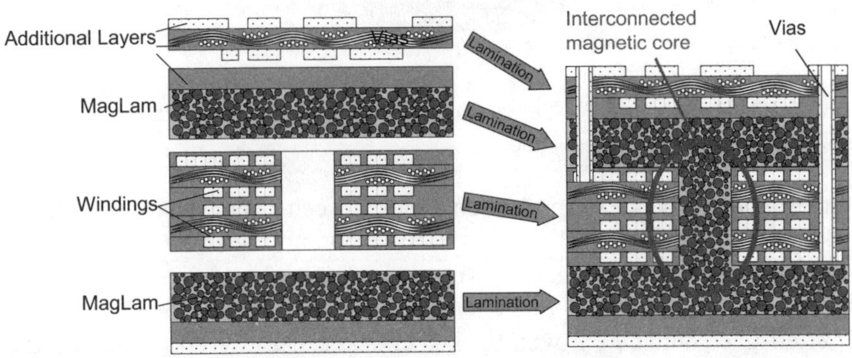

Abb. 7.3.2: Herstellung eines geschlossenen Magnetkerns mit leiterplattenintegriertem Ferrite Polymer Compound "MagLam"

Als magnetisches Material kann auch „µ-Metall" verwendet werden, welches als dünne Folien von 50µm Dicke eingesetzt werden kann. Hier wird ein μ_r von über 10 000 erreicht. Allerdings ist das Material gut elektrisch leitend, so dass es für hohe Frequenzen weniger gut geeignet ist. Es lässt sich wie Kupferlagen laminieren und strukturieren. Wenn es auf dünnen, flexiblen Substraten wie Flexfoil (Polyimid) verwendet wird, können biegsame Spulen hergestellt werden [Waf05b].

Ein Beispiel eines in emPIC Technologie realisierten kompletten Systems zeigt Abb. 7.3.3. Das System stellt einen AC-DC Konverter in resonanter Topologie dar, am 230V Wechselspannungsnetz wird eine Leistung von 60W zur Verfügung gestellt [Waf05]. Der Wirkungsgrad beträgt bis zu 82%. Als bestückte Bauteile finden sich noch die Leistungs-MOSFETs sowie die ICs der Ansteuerung. Bis auf wenige Ausnahmen sind die passiven Bauelemente in der Leiterplatte verschwunden. Das System erreicht, mit Ausnahme der Dicke, die Größe einer Scheckkarte.

Abb. 7.3.3 Dünner 60 W Netzbetrieb-Konverter mit leiterplattenintegriertem Transformator und Kondensatoren

Beim Entwurf und der Optimierung dieser Technologien sind Wechselwirkungen zwischen verschiedenen Elementen und Lagen zu berücksichtigen, um unerwünschte Effekte zu vermeiden. Zur Lösung dieser Problematik ist eine das Layout begleitende dreidimensionale Simulation der Maxwell-Gleichungen ein wichtiges Werkzeug. Diese Werkzeuge, auf die bereits in Abschnitt 6.3 eingegangen wurde, werden heute verfügbar. Für eine schnelle Synthese sind jedoch analytische Beschreibungen insbesondere von integrierten Induktivitäten wesentlich hilfreicher [Waf05].

Die Integrationstechnik der passiven Komponenten stellt einen großen Fortschritt dar. Die bisher nur als Träger eingesetzte Leiterplatte wird zu einem funktionalen Element. Die bisher als Hindernis vorhandenen Leitungen und Schichten - parasitäre Induktivitäten, parasitäre Kapazitäten - können zu funktionalen Komponenten werden. Die Zahl der Lötstellen wird drastisch reduziert. Das System wird weniger empfindlich gegen mechanische Vibrationen und Schocks. Das System wird zuverlässiger. Diese Technik der Integration verfügt über ein hohes Optimierungspotential.

7.4 Hybride Integration

Integration von leistungselektronischen Systemen stellt eine besondere Herausforderung dar, da die Abführung der beim Betrieb von leistungselektronischen Komponenten entstehenden Verlustleistung der Miniaturisierung von Strukturen enge Grenzen setzt. Während in der Mikroelektronik gerade die Normierung auf einige wenige Funktionselemente einerseits und die Skalierung der normierten Elemente auf immer kleiner Maßstäbe andererseits zu den enormen Fortschritten geführt hat, die über den Zeitraum mehrerer Jahrzehnte gemäß „Moore's Law" alle zwei Jahre eine Verdopplung der Anzahl der Transistoren auf einem Chip bewirkt haben, sind diese Prinzipien nur ansatzweise auf die Leistungselektronik übertragbar.

Für die Informationstechnologie waren wesentlich drei große Paradigmenwechsel verantwortlich, die für die revolutionären Fortschritte gesorgt haben. Als erstes erlaubt die Reduktion von Daten auf binäre Informationen – also auf eine Folge von Nullen und Einsen – die Standardisierung in Form einer Digitalisierung. Der zweite große Schritt war die Einführung der CMOS-Technik mit dem CMOS Inverter und der DRAM Speicherzelle, wie in Abb. 7.4.1a gezeigt [Bor05]. Das mikroelektronische System wird zu einer Kombination dieser Elemente, und im in der weiteren Entwicklung geht es vor allem um die Miniaturisierung. Diese erfolgt mit dem dritten großen Schritt, der Very Large Scale Integration (VLSI) Technologie.

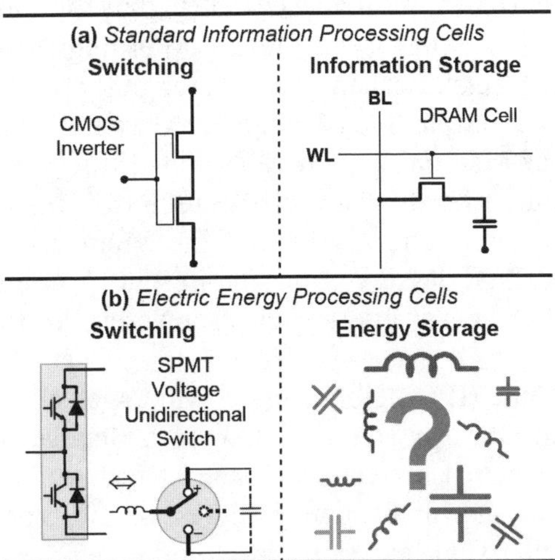

Abb. 7.4.1 Standardisierte Modularisierung bei (a) Informationstechnologie und (b) Leistungselektronik nach [Bor05]

Vergleicht man damit die Entwicklung der Leistungselektronik, so findet man zunächst auch eine Art Digitalisierung. Dies ist der Betrieb leistungselektronischer Stromrichter mit Pulsweitenmodulation. Der Energiefluss wird zerhackt in einzelne Einheiten, diese werden am Ausgang wieder zum gewollten Energiefluss zusammengesetzt - zu einem Gleichstrom gesteuerter Amplitude beim Gleichstromsteller, zu sinusförmigem Strom und Spannung beim Wechselrichter. Der erste Schritt ist damit gemacht. Auch beim zweiten Schritt ist eine Standardisierung erfolgt: Die Anordnung aus zwei Transistoren und zwei Freilaufdioden, der in Abb. 7.4.1b dargestellt Brückenzweig, ist der Standard-Schalter. Die allermeisten leistungselektronischen Einrichtungen verwenden diese „Zellen".

Ganz anders ist die der Stand der Technik allerdings bei den notwendigen Energiespeichern und passiven Elementen in Abb. 7.4.1b rechts. Hier liegen Einzelkomponenten verschiedenster Technologie und in verschiedenen Formen vor, eine Standardisierung ist nicht erkennbar. Der letzte Montageprozess, die Verschaltung von Leistungsbauelementen und passiven Komponenten, ist aufwendig und die passiven Bauelemente bestimmen schließlich den größten Teil von Volumen und Gewicht. Von mit der Mikroelektronik vergleichbaren Fortschritten bei der Steigerung der Integrationsdichte ist man weit entfernt.

Heutige moderne Leistungsbauelemente, insbesondere MOSFETs, können mit höherer Schaltfrequenz getaktet werden. Das ermöglicht es, notwendige kapazitive und induktive Bauelemente zu verkleinern. Wie bereits in Abschnitt 7.3 gezeigt, sind Materialien mit hoher Dielektrizitätskonstante ε_r und hoher magnetischer Permeabilität μ_r verfügbar. Allerdings sind bei deren Integration neben den elektrischen Anforderungen weitere Randbedingungen zu beachten. Die in passiven Komponenten anfallende Verlustleistung ist abzuführen, das Material kann darüber hinaus nicht nur durch eigene Verluste, sondern durch Leistungsbauelemente in der Umgebung erwärmt werden und sollte eine hohe maximale Einsatztemperatur haben, und schließlich ist für die Zuverlässigkeit die thermische Ausdehnung zu beachten. Diese zusätzlichen Anforderungen erschweren die Integration.

Mit dem Intelligent Power Module (IPM) gibt es in der Montagetechnik Elemente der Integration und Ansätze zur Herausbildung von Standards. Im kleinen Leistungsbereich und bei diskreten Gehäusen ist der Aufbau auf einem Kupfer-Leadframe und anschließendem Umpressen die Standard-Technologie. Daraus abgeleitet sind integrierte Module kleiner Leistung. Die Ansteuerelektronik wird in das Gehäuse integriert. Ein Beispiel aus der DIP-IPM-Reihe von Mitsubishi gibt Abb. 7.4.2 [Mot99]. Diese Bauformen sind für Antriebsleistungen bis 1,5kW mit Phasenströmen von maximal 20A geeignet.

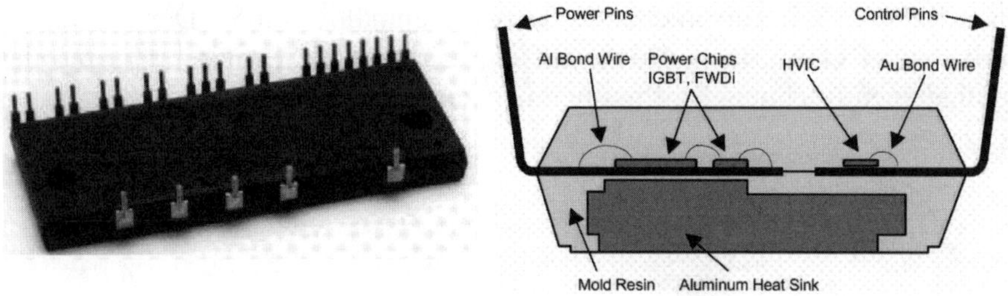

Abb. 7.4.2 DIP-IPM von Mitsubishi. Ansicht (links), Konstruktionsprinzip (rechts). Aus [Mot99]

Es gibt auch Lösungen für Leistungen bis 10kW und unter Benutzung von Substraten, die eine bessere Wärmeabführung bewirken. Allerdings hat die Anordnung von Leistungselementen und Ansteuerung auf einer Ebene den Nachteil, dass eine große Fläche benötigt wird. Sobald höhere Leistung zu steuern ist, wird Keramik als Isolation erforderlich, ebenso Leiterbahnen mit einem ausreichenden Querschnitt. Hier hat sich als Standard das in Kap. 4 beschriebene DCB-basierte Modul etabliert, in Ausführungen mit oder ohne Grundplatte, siehe dazu die Bilder 4.2.10 bis 4.2.12 sowie Tabelle 7. In der auf DCB basierenden Variante des IPM wird die Ansteuerelektronik in einer Ebene über dem Leistungssubstrat aufgebaut [Mot93]. Die Ansteuerelektronik muss sehr viel weniger Wärme abführen.

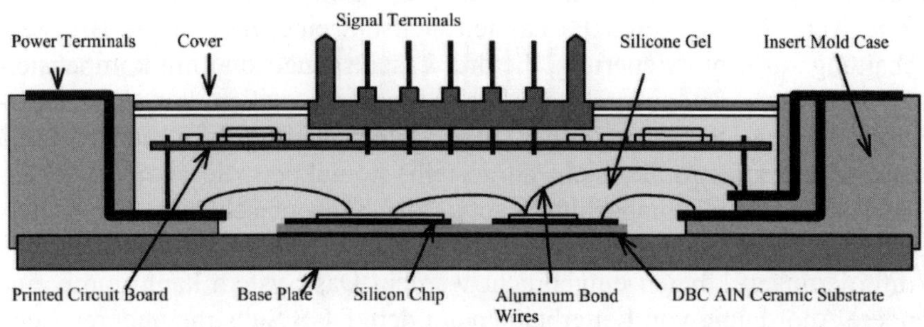

Abb. 7.4.3 Mitsubishi-IPM für Motorleistungen bis 30kW. Aus [Mot93]

Eine Integration von Sensoren zur Temperatur- und Stromerfassung ist in diesem Konzept möglich, ebenso enthalten diese IPMs eine Kurzschlussüberwachung und möglicherweise noch weitere in der Treiberelektronik umgesetzte Schutzmaßnahmen.

In der nächsten Stufe wird der Controller samt der zugehörigen Steueralgorithmen für die Pulsweitenmodulation in das Gehäuse integriert, es entsteht die „Motor Control Unit", die auf der Steuerplatine nun auch einen Rechner mit entsprechende Software enthält [Ara05]. Der Anwender erhält jetzt eine „Black Box“, auf die er durch die Programmierung des enthaltenen Rechners Einfluss nehmen kann.

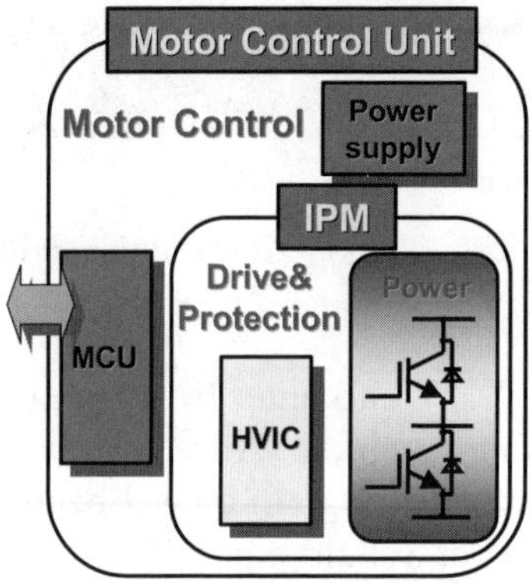

Abb. 7.4.4 Erweiterung des IPMs zur Motor Control Unit durch Integration von Controller und Stromversorgung. Aus [Ara05]

Während diese Konzepte darauf angelegt sind, dass ein für viele Anwendungen geeignetes Massenprodukt zur Verfügung steht und in hohen Stückzahlen produziert wird, setzt das SKiiP System des Herstellers Semikron auf ein möglichst flexibles Konzept, das leicht auf neue Anforderungen angepasst werden kann [Sch02]. Ein Beispiel aus der SKiiP Reihe ist in Abb. 7.4.5 gezeigt. Es handelt sich um eine dreiphasige Brückenschaltung zur Motorsteuerung, die drei Lastausgänge sind mit kompensierten Stromsensoren ausgerüstet. Die Anschlüsse stellen mit dem DCB-Substrat einen Druckkontakt her. Eine Leiterplatte mit Zwischenkreis und Ansteuerungselektronik (nicht dargestellt) kontaktiert die oben zu sehenden Federn der Hauptanschlüsse sowie der Sensoranschlüsse. Die Leiterplatte kann vom Anwender selbst entwickelt werden und die spezifischen Anforderungen können eingebracht werden. Das System kann durch eine andere Anordnung von Leiterbahnen auf dem DCB Substrat, anderen Leistungschips etc. relativ einfach auf geänderte Anforderungen angepasst werden. Diese Flexibilität macht auch die Fertigung von mittleren Stückzahlen wirtschaftlich.

Die bisher genannten teilweise sehr erfolgreichen Konzepte der Integration lösen die Problematik der Zuführungen des elektrischen Stroms und der Abführung des Wärmestroms. Es bleiben aber wesentliche Aspekte der Integration ungelöst:

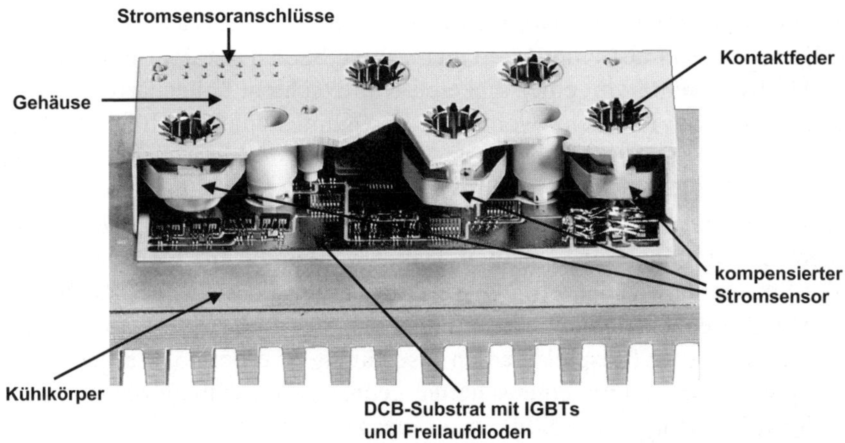

Abb. 7.4.5 Semikron SKiiP System mit integrierten kompensierten Stromsensoren

- Es erfolgt keine Integration der passiven Komponenten
- Für die Anordnung von Leiterbahnen und Bauelementen steht auf dem DCB-Substrat eine zweidimensionale Fläche zur Verfügung. Eine optimale Auslegung, z. B gleiche Länge der Zuleitungen zu allen parallelgeschalteten Chips, gleiche Länge aller Gates, gleiche parasitäre Induktivitäten wird schwierig und es müssen Kompromisse mit den mechanischen Anforderungen eingegangen werden.

Ein Beispiel der Integration von passiven Komponenten gibt Abb. **7.4**.6. Hier wird ein Hochfrequenz-Filter in die Zwischenkreis-Verschienung integriert [Zha04].

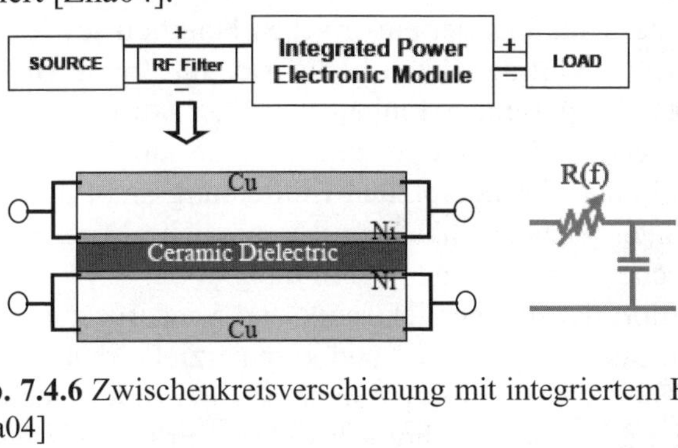

Abb. 7.4.6 Zwischenkreisverschienung mit integriertem Hochfrequenzfilter. Nach [Zha04]

Für einen Stromrichter sind Zuleitungen notwendig. Es ist heute Stand der Technik, eine Gleichstrom-Zuleitung in Form von Platten bzw. Schienen mit dazwischenliegendem Isolator auszuführen, damit wird bauelementnah ein Kondensator erzeugt. Als Isolator wird eine dielektrische Schicht - in

[Zhao04] mit $BaTiO_3$ - verwendet. Auf beiden Seiten findet sich der Leiter. Dieser besteht aus einer Ni-Schicht, diese Schicht ist über einen Isolator (Al_2O_3) getrennt von einer dickeren Kupferschicht hoher Leitfähigkeit. Ströme niedriger Frequenz werden in der Kupferschicht geführt. Ströme hoher Frequenz, wie die Netzrückwirkungen des Stromrichters, werden aber durch den Proximity-Effekt in das Zentrum der Struktur gedrängt. Für hohe Frequenzen steigt die Stromdichte in den inneren, dünneren und schlechter leitfähigen Ni-Schichten. Damit werden die Hochfrequenzanteile des Stroms stark gedämpft. Die Struktur verwirklicht einen Kondensator mit einem frequenzabhängigen Widerstand, der hohe Frequenzen stark dämpft. In diesem Beispiel werden also durch eine geschickte geometrische Anordnung Materialeigenschaften genutzt, um in einem ohnehin notwendigen Element gleichzeitig einen Filter zu realisieren.

Diese Synergie, diese Reduzierung der Zahl der notwendigen Komponenten, indem eine Komponente mehrere Funktionen übernimmt, ist das wesentliche Merkmal erfolgreicher Integration leistungselektronischer Bauelemente. In [Pop04] wird unterschieden

- Integration funktionaler Elemente: Mehrere Funktionen werden in einem Element verwirklicht. Beispiel dafür ist die monolithische Integration, die in Leiterplatten integrierten passiven Komponenten, etc.
- Integration von Elementen der Aufbau- und Verbindungstechnik. Ein Bestandteil des Gehäuses wird für mehrere funktionale Elemente genutzt.

Eine Studie über die heutigen Möglichkeiten der Integration am Beispiel eines DC-DC Converters 12V/42V wird in [Pop04] durchgeführt. Es werden die Anforderungen der Kühlung, der elektrischen Funktion sowie auch die der elektromagnetischen Verträglichkeit berücksichtigt. In einem Vorschlag, der vom Aufbau der gesamten Einheit auf einer wärmeleitenden Schiene ausgeht, kann die Zahl der Komponenten von 38 auf 19 reduziert werden, und das Bauvolumen der kompletten Einrichtung sinkt auf etwa ein Achtel. Dies gibt einen Anhaltspunkt über die mögliche Miniaturisierung leistungselektronischer Einrichtungen durch Integration.

Während die Integration der Treiberelektronik und Sensorik zum IPM bereits seit längerer Zeit Stand der Technik und kommerziell erhältlich ist, ist die Integration zur Einbeziehung der passiven Komponenten noch im Forschungs- und Entwicklungsstadium. Fortschritte und Erkenntnisse daraus fließen in neue Produkte ein, zunächst aber vor allem als Teilverbesserungen. Es ist nicht möglich, so schnelle Fortschritte bei Integration wie in der Mikroelektronik zu erreichen.

Wesentlich ist die notwendige Beherrschung der Wärmeabfuhr. Dies erschwert eine Verkleinerung der Komponenten außerordentlich.

Der Fortschritt in Leistungsdichte und Kompaktheit wird daher vor allem darin bestehen, wie es gelingt, Leistungs-Halbleiterbauelemente mit niedrigeren Schaltverlusten und niedrigeren Durchlassverlusten zu entwickeln. Wie in diesem Buch gezeigt, sind in dieser Beziehung weitere Verbesserungen zu erwarten. Bessere Bauelemente ermöglichen höhere Schaltfrequenzen, und der Aufwand an passiven Bauelementen sinkt. Dies wird der Schrittmacher des Fortschritts sein. Diese Entwicklung erleichtert die Systemintegration. Die Systemintegration ist wiederum ein wesentlicher Faktor, um leistungselektronische Einrichtungen zu niedrigeren Kosten anbieten zu können.

Anhang

A1 Beweglichkeiten in Silizium

Die experimentellen und theoretischen Ergebnisse zur Konzentrations- und Temperaturabhängigkeit der Beweglichkeiten [Li77, Li78, Thu80] werden von Schlangenotto [Sco91] durch folgende Gleichungen zusammengefasst:

$$\mu = \mu_{\min} + \frac{\mu_{\max} - \mu_{\min}}{1 + \left(N/N_{ref}\right)^{\gamma}} \tag{8.1.1}$$

Für Elektronen:

$$\mu_{\min} = 47 \cdot \left(\frac{T}{300}\right)^{-1{,}23} \frac{cm^2}{Vs}$$

$$\Delta\mu = \mu_{\max} - \mu_{\min} = 1373 \cdot \left(\frac{T}{300}\right)^{-2{,}38} \frac{cm^2}{Vs} \tag{8.1.2}$$

$$N_{ref} = 1{,}05 \cdot 10^{17} \cdot \left(\frac{T}{300}\right)^{3{,}65} cm^{-3} \quad \gamma = 0{,}68 \cdot \left(\frac{T}{300}\right)^{-0{,}32}$$

Für Löcher

$$\mu_{\min} = 36 \cdot \left(\frac{T}{300}\right)^{-0{,}87} \frac{cm^2}{Vs}$$

$$\Delta\mu = \mu_{\max} - \mu_{\min} = 438 \cdot \left(\frac{T}{300}\right)^{-2{,}01} \frac{cm^2}{Vs} \tag{8.1.3}$$

$$N_{ref} = 2{,}85 \cdot 10^{17} \cdot \left(\frac{T}{300}\right)^{2{,}93} cm^{-3} \quad \gamma = 0{,}65 \cdot \left(\frac{T}{300}\right)^{0{,}26}$$

T = Temperatur in K, N = Dotierung (Akzeptoren oder Donatoren). In überschwemmten Gebieten bei hoher Injektion kann die Dichte freier Ladungsträger n oder p für N eingesetzt werden.

Diese Gleichungen sind für Bauelement-Simulationsprogramme geeignet, sie lassen sich für Temperaturen ab 250K und für Konzentrationen bis 10^{19}cm^{-3} verwenden, der Fehler ist < 5%.

Darüber hinaus gibt es weitere Beweglichkeitsmodelle - [Mas83], [Kla92], [Kla92b] -, die auch für Konzentrationen über 10^{19} gültig sind. Mit Hilfe dieser Modelle wurden Korrekturterme ermittelt, durch die sich die oben aufgeführten Gleichungen bis zu einer Konzentration von 10^{20} verwenden lassen. Aus Gleichung (8.1.1) wird:

$$\mu = \mu_{\min} - \frac{\mu_{\max} - \mu_{\min}}{1 + \left(\frac{N}{N_{ref}}\right)^{\gamma}} + \mu_{korr} \tag{8.1.4}$$

Für Elektronen:

$$\mu_{korr} = 10 \cdot \arctan\left(\frac{N - 3{,}7 \cdot 10^{18}}{5 \cdot 10^{18}}\right) \tag{8.1.5}$$

Für Löcher:

$$\mu_{korr} = 6{,}5 \cdot \arctan\left(\frac{N - 5{,}5 \cdot 10^{18}}{1 \cdot 10^{19}}\right) - 5 \tag{8.1.6}$$

In den Korrekturtermen ist keine Temperaturabhängigkeit aufgenommen. Der daraus resultierende zusätzliche Fehler liegt bei maximal 2%.

A2 Beweglichkeiten in 4H-SiC

Beweglichkeiten in 4H-SiC sind anisotrop, parallel zur C-Achse etwa den Faktor 1,2 höher als senkrecht zur C-Achse. Epitaxieschichten für Bauelemente aus SiC werden in Richtung der C-Achse gewachsen, somit ist die Beweglichkeit in der vertikalen Richtung eines Bauelements höher. Bei der Beschreibung der Beweglichkeit wird die Anisotropie zumeist vernachlässigt. Die Abhängigkeit von Dotierung und Temperatur wird beschrieben nach [Scr94]

$$\mu = \mu_{\min} + \frac{\mu_{\max} \cdot \left(\frac{T}{300K}\right)^{N} - \mu_{\min}}{1 + \left(\frac{N_{TOT}}{N_{ref}}\right)^{\alpha}} \tag{8.2.1}$$

T = Temperatur in K, N_{TOT} = Gesamte Dotierungskonzentration (Akzeptoren+Donatoren). Für die Elektronen bzw Löcher gilt jeweils:

Elektronen:

μ_{min}=0 μ_{max}=947 N= -2.15 N_{ref}=1.94*10^{17} α=0.61

Löcher:

μ_{min}=15.9 μ_{max}=124 N= -2.15 N_{ref}=1.76*10^{19} α=0.34

A3 Thermische Parameter wichtiger Materialien

	Wärme-leitfähigkeit [W/mmK]	Wärme-Kapazität [J/mm³K]	thermische Ausdehnung [10^{-6}/K]	Quelle
Halbleiter				
Si	0,148	1,65E-03	4,1	
GaAs	0,046	1,86E-03	5,75	
SiC	0,37	2,33E-03	2,2	
Isolatoren				
Al_2O_3	0,024	3,02E-03	6,8	Hoechst
AlN	0,17	2,44E-03	4,7	Hoechst
Si_3N_4	0,07		3,4	Toshiba
BeO	0,25		5,9	Hoechst
Epoxyd	0,003		-	DENKA-TH1
Polyimid	3,85E-04		-	Kapton CR
Metalle				
Al	0,237	2,43E-03	23,5	
Cu	0,394	3,45E-03	17,5	
Mo	0,138	2,55E-03	5,1	
Verbundwerkstoffe				
AlSiC	0,2	2,21E-03	7,5	
Lote				
Sn	0,063	1,65E-03	23	Demetron
SnAg(3,5)	0,083	1,67E-03	27,9	Demetron
SnPb(37)	0,07		24,3	Doduco 1/89
Verbindungschichten				
Ag-Schicht (NTV)	0,25	1,99E-03	18,9	
Wärmeleitpaste				
Wacker P 12	8,1E-04	2,24E-03	-	Wacker

A4 Elektrische Parameter wichtiger Materialien

	elektrischer Widerstand (20°C) [μΩcm]	Dielektrizitäts-konstante [$1/\varepsilon_0$]	Durchbruch-feldstärke [kV/cm]	Quelle
Halbleiter				
Si	*	11,9	150-300	
GaAs	*	12,4	400	
SiC	*	9,66	2000	
Isolatoren				
Al_2O_3	10^{18}	9,8	150	Hoechst
AlN	10^{20}	9,0	200	Hoechst
Si_3N_4		9,2	140	Toshiba
BeO		8,5	100	Hoechst
Epoxyd		7,1	600	DENKA-TH1
Polyimid		3,9	2910	Kapton CR
Metalle				
Al	2,67	-	-	
Cu	1,69	-	-	
Mo	5,7	-	-	
Verbundwerkstoffe				
AlSiC	≈ 40	-	-	
Lote				
Sn	16,1	-	-	Demetron
SnAg(3,5)	13,3	-	-	Demetron
SnPb(37)	13,5	-	-	Doduco 1/89
Verbindungsschichten				
Ag-Schicht (NTV)	1,6	-	-	
Wärmeleitpaste				
Wacker P 12	$5 \cdot 10^{15}$			Wacker

*: dotierungsabhängig - : nicht definiert

Verzeichnis häufig verwendeter Symbole

Größe	Einheit	Beschreibung
A	cm^2	Fläche
b	-	Fulop-Exponent (= 7 in Si bei 300K)
$c_{n,p}$	cm^3s^{-1}	Einfangkoeffizient der Elektronen bzw. Löcher
$c_{An,p}$	cm^3s^{-1}	Auger-Einfangkoeff der Elektronen/Löcher
C	As/V	Kapazität
C_j	As/V	Sperrschichtkapazität
C'	cm^6V^{-7}	Fulop-Konstante (= $1{,}8 \cdot 10^{-35}$ in Si bei 300K)
D	cm^2/s	Diffusionskonstante
D_A	cm^2/s	Ambipolare Diffusionskonstante
$D_{n,p}$	cm^2/s	Diffusionskonst. von Elektronen bzw. Löchern
$e_{n,p}$	s^{-1}	Emissionsraten von Elektronen bzw. Löchern
E	V/cm	Elektrisches Feld
E_{BD}	V/cm	Elektrisches Feld beim Lawinendurchbruch
F	-	statistische Verteilungsfunktion
$g_{n,p}$	$cm^{-3}s^{-1}$	therm. Generationsraten von Elektronen/Löchern
$G_{n,p}$	$cm^{-3}s^{-1}$	Netto-Generationsraten v. Elektronen/Löchern
G_{av}	$cm^{-3}s^{-1}$	Avalanche-Generationsrate
$h_{n,p}$	cm^4s^{-1}	Emitterparameter des n bzw. p-Emitters
I	A	Strom
I_C	A	Kollektorstrom
I_D	A	Drainstrom
I_E	A	Emitterstrom
I_F	A	Strom in Vorwärtsrichtung der Diode
I_R	A	Strom in Sperrrichtung
I_{RRM}	A	Rückstrom-Maximum
I_S	A	Strom durch die softe Teildiode
j	A/cm^2	Stromdichte
$j_{n,p}$	A/cm^2	Stromdichte des Elektronen- bzw. Löcherstroms
j_s	A/cm^2	Sättigungsstromdichte
k	J/K	Boltzmann-Konstante ($1{,}38066 \cdot 10^{-23}$)
L	H	Induktivität
L_{par}	H	parasitäre Induktivität
L_A	cm	Ambipolare Diffusionslänge
L_{DB}	cm	Debye-Länge
$L_{n,p}$	cm	Diffusionslänge von Elektronen/Löchern
n,p	cm^{-3}	Dichte freier Elektronen bzw. Löcher
n_0,p_0	cm^{-3}	Dichte im thermodynamischen Gleichgewicht
n^*,p^*	cm^{-3}	Dichte der Minoritätsladungsträger
n_L,p_L	cm^{-3}	Dichte am linken Rand der überfluteten Zone
n_R,p_R	cm^{-3}	Dichte am rechten Rand der überfluteten Zone
n_i	cm^{-3}	intrinsische Ladungsträgerdichte

n_{av}	cm^{-3}	Dichte durch Avalanche generierter Elektronen
N_A	cm^{-3}	Konzentration an Akzeptoren
N_C	cm^{-3}	Zustandsdichte am Leitungsband
N_D	cm^{-3}	Konzentration an Donatoren
N_{eff}	cm^{-3}	Effektive Konzentration
N_T	cm^{-3}	Konzentration tiefer Zentren
N_{T+}, N_{T-}	cm^{-3}	Konz. positiv/negativ geladener tiefer Zentren
N_V	cm^{-3}	Zustandsdichte am Valenzband
q	As	Elementarladung ($1{,}60218 \cdot 10^{-19}$)
Q	As	Ladung
Q_F	As	den Strom tragende Ladung im bip. Bauelement
Q_{RR}	As	gemessene Speicherladung der Diode
$r_{n,p}$	$cm^{-3}s^{-1}$	therm. Rekombinationsraten v. Elektronen/Löchern
$R_{n,p}$	$cm^{-3}s^{-1}$	Netto-Rekombinationsraten v. Elektronen/Löchern
R'	$cm^{-3}s^{-1}$	Netto-Rekombinationsrate
R	Ohm	Widerstand
R_{off}	Ohm	Ausschalt-Widerstand des Schalters
R_{on}	Ohm	Einschalt-Widerstand des Schalters
R_{pr}	cm	projizierte Reichweite
s	-	Soft-Faktor einer Diode
S	cm^{-2}	Flächenbelegung
t	s	Zeit
T	°C, K	Temperatur
u	V	= U(t) zeitabhängige Spannung [1]
U	V	Spannung [1]
U_{bat}	V	Batteriespannung bzw. Zwischenkreisspannung
U_{BD}	V	Einsatzspannung des Lawinendurchbruch
U_C	V	Durchlassspannung des Transistors [2]
U_{drift}	V	Spannungsabfall über n^--Gebiet
U_D	V	Diffusionsspannung des pn-Übergangs
U_F	V	Durchlassspannung
U_G	V	Gatespannung
U_{FRM}	V	Einschalt-Spannungsspitze der Diode
U_M	V	Spannungsspitze
U_R	V	Spannung in Sperrrichtung
U_s	V	Schleusenspannung
U_T	V	Schwellspannung bzw. Threshold-Spannung
$v_{n,p}$	cm/s	Geschwindigkeit von Elektronen bzw. Löchern
$v_{d(n,p)}$	cm/s	Driftgeschwindigkeit von Elektronen bzw. Löchern
v_{sat}	cm/s	Sättigungs-Driftgeschwindigkeit bei hohen Feldern
w	cm	Koordinate in vertikaler Richtung
w_B	cm	Weite der n^--Zone
w_{eff}	cm	effektive Weite der n^--Zone
w_{RLZ}	cm	Weite der Raumladungszone
W	J, eV	Arbeit, Energie
W_C	eV	untere Kante des Leitungsbands

W_F	eV	Fermi-Niveau
W_G	eV	Bandlücke
W_V	eV	obere Kante des Valenzbands
W_{off}	J	Abschalt-Verlustenergie
W_{on}	J	Einschalt-Verlustenergie
x	cm	Koordinate
x_j	cm	Eindringtiefe des pn-Übergangs

α	-	Stromverstärkung in Basisschaltung
α_T	-	Transportfaktor
$\alpha_{n,p}$	cm^{-1}	Ionisationsraten von Elektronen bzw. Löchern
α_{eff}	cm^{-1}	effektive Ionisationsrate
β	-	Stromverstärkung in Emitterschaltung
γ	-	Emitterwirkungsgrad
ε_0	F/cm	Dielektrizitätskonstante im Vakuum ($8{,}85418 \cdot 10^{-14}$)
ε_r	-	relative Dielektrizitätskonstante (Si:11,9)
$\mu_{n,p}$	cm^2/Vs	Beweglichkeit freier Elektronen bzw. Löcher
ρ	As/cm^3	Raumladung
σ	A/cmV	elektrische Leitfähigkeit
$\tau_{n,p}$	s	Trägerlebensdauer von Elektronen bzw. Löcher
$\tau_{n0,p0}$	s	Minoritäts-Trägerlebensdauer Elektronen / Löcher
$\tau_{A,n}$, $\tau_{A,p}$	s	Auger-Trägerlebensdauer v. Elektronen / Löchern
τ_{eff}	s	effektive Trägerlebensdauer
τ_{HL}	s	Trägerlebensdauer bei hoher Injektion
τ_{rel}	s	Relaxationszeit
τ_{sc}	s	Generations-Lebensdauer
Φ	-	Ionisationsintegral

Anmerkungen:

[1] In einer Reihe von Bildern und Darstellungen, die der internationalen Literatur entnommen sind, wird die Spannung mit V (Voltage) abgekürzt.

[2] In Datenbüchern von Halbleiterherstellern wird für U_C die Abkürzung U_{CE} bzw. V_{CE} (Kollektor-Emitterspannung), für U_G die Abkürzung V_{GE} bzw. V_{GS} benutzt, für U_T die Abkürzung $V_{GS(th)}$. Entsprechende Abkürzungen finden sich auch für den Strom. Diese wurden hier nicht übernommen, um die Darstellung nicht unnötig aufzublähen.

Literaturverzeichnis

[Amr04] Amro R, Lutz J, Lindemann A: "Power Cycling with High Temperature Swing of Discrete Components based on Different Technologies", Proceedings of the PESC, Aachen (2004)

[Amr05] Amro R, Lutz J, Rudzki J, Thoben M, Lindemann A: "Double-Sided Low-Temperature Joining Technique for Power Cycling Capability at High Temperature" Proceedings of the EPE, Dresden (2005)

[Amr06] Amro R, Lutz J, Rudzki J, Sittig R, Thoben M: "Power Cycling at High Temperature Swings of Modules with Low Temperature Joining Technique", Proceedings of the ISPSD, Neapel, (2006)

[And96] Andreini A, Contiero C, Glabiati P: "BCD Technologies for Smart Power Ics". In: Murati B, Bertotti F, Vignola GA (eds) Smart Power ICs. Springer Berlin (1996)

[Ara05] Araki T: "Integration of Power Devices - Next Tasks", Proceedings of the EPE, Dresden, (2005)

[Bad97] Badila, Brezanu, Tudor, Locatelli und Chante, Int. Semiconductor Conf. 20th edition CAS'97 Proceedings NY, IEEE (1997)

[Bal87] Baliga BJ, Modern Power Devices, John Wiley & Sons, New York 1987

[Bal98] Baliga BJ: "Power Devices" in S.M. Sze: Modern Semiconductor Device Physics, John Wiley & Sons, New York 1998

[Ben67] Benda H J, Spenke E: "Reverse Recovery Process in Silicon Power Rectifiers", Proceedings of the IEEE, Vol 55 No 8 (1967)

[Ben99] Benda V, Govar J, Grant DA, Power Semiconductor Devices, John Wiley & Sons, New York 1999

[Ber97] Berndes G, Strauch G, Mößner S (IXYS Semiconductor GmbH): „Die Schottky-Diode - ein wiederentdecktes Bauelement für die Leistungshalbleiter-Hersteller", Kolloquium Halbleiter-Leistungsbauelemente, Freiburg (1997)

[Bor05] Boroyevich D, van Wyk JD, Lee FC, Liang Z: „A View at the Future of Integration in Power Electronics Systems", Proceedings of the PCIM, 11-20, Nürnberg, (2005)

[Bri83] Brieger KP, Gerlach W, Pelka J: "Blocking Capability of Planar Devices with Field Limiting Rings", Sol. State Electron. 26, 739 (1983)

[Che01] Chen XB: "Optimisation of the Specific On-Resistance of the COOLMOS", IEEE Trans. Electr. Dev. Vol. 48 No 2 (2001)

[Cia01] Ciappa M: Some Reliability Aspects of IGBT Modules for High-Power Applications, Dissertation, ETH Zürich, 2001

[Coo83] Cooper RN: "An investigation of recombination in Gold-doped pin rectifiers", Solid-State Electronics Vol. 26, 217 - 226 (1983)

[Dah01] Dahlquist F, Lendenmann H, Östling M: "A high performance JBS rectifier - design considerations", Material Science Forum Vols. 353-356 p 683 (2001)

[Dea68] Dearnaley G et al, Can. Journ. Phys. 4 S. 587 (1968)

[Deb96] Deboy G et al: „Absolute measurement of carrier concentration and temperature gradients in power semiconductor devices by internal IR-Laser deflection", Microelectronic Engeneering 31, 299-307 (1996)

[DIN00] DIN EN 55011 – Industrielle, wissenschaftliche und medizinische Hochfrequenzgeräte; Funkstörungen – Grenzwerte und Messverfahren, VDE-Verlag GmbH, Berlin, 2000

[Dom99] Domeij M, Breitholtz B, Östling M, Lutz J: "Stable dynamic avalanche in Si power diodes", Apllied Physics Letters Vol. 74 No 21, 3170 (1999)

[Dom03] Domeij M, Lutz J, Silber D: "On the Destruction Limit of Si Power Diodes During Reverse Recovery with Dynamic Avalanche", IEEE Trans. Electr. Dev. Vol. 50 No 2, (2003)

[Dru01] Drücke D, Silber D: "Power Diodes with Active Control of Emitter Efficiency", Proceedings of the ISPSD, Osaka, pp 231-234 (2001)

[Dru03] Drücke, D, Neue Emitterkonzepte für Hochspannungsschalter und deren Anwendung in der Leistungselektronik, Dissertation, Bremen 2003

[Dzi77] Dziewior J, Schmid W: "Auger Coefficients for Highly Doped and Highly Excited Silicon", Appl. Phys. Lett. 31, 346-348 (1977)

[Ega66] Egawa H: "Avalanche Characteristics and Failure Mechanism of High Voltage Diodes", IEEE Transactions on Electron Devices, Vol. ED-13, No. 11, p. 754-758 (1966)

[EFU99] eFunda engineering fundamentals, http://www.efunda.com/materials/

[Eis98] Eisele H, Haddad G: "Active microwave diodes", in S.M.Sze, Modern semiconductor device physics, New York 1998

[Eld98] El-Dwaik F, Ein Beitrag zur Optimierung des Wirkungsgrades und der EMV von Wechselrichtern für batteriegespeiste Antriebssysteme, Dissertation, Chemnitz 1998

[Fal94] Falck E, Untersuchung der Sperrfähigkeit von Halbleiter-Bauelementen mittels numerischer Simulation, Dissertation, Berlin 1994

[FLO04] Flomerics Ltd.: FLO/EMC Reference Manual Release 1.3, 2004

[Ful56] Fuller und Ditzenberger, J. Appl. Phys. Vol. 27, S. 544-553 (1956)

[Ful67] Fulop W: „Calculation of Avalanche Breakdown Voltages of Silicon pn-Junctions", Solid State Electronics 10 (1967)

[Ger79] Gerlach W: Thyristoren, Springer Verlag Berlin 1979

[Gha77] Ghandhi SK, Semiconductor Power Devices, John Wiley and Sons, New York 1977

[Gie02] Giebel T, Grundlagen der CMOS-Technologie, Teubner Verlag Stuttgart 2002

[Gra89] Grant DA, Gowar J, Power MOSFETS - Theory and Application, John Wiley and Sons New York 1989

[Gul77] Guldberg J: "Electron trap annealing in neutron transmutation doped silicon", Appl. Phys. Lett., 31 (9):578, (1977)

[Gut01] Gutsmann B, Silber D, Mourick P, Kolloquium Halbleiter-Leistungsbauelemente und ihre systemtechnische Integration, Freiburg (2001)

[Gut02] Gutsmann B, Mourick P, Silber D: "Plasma Extraction Transit Time Oscillations in Bipolar Power Devices", Solid-State Electronics, 46 (5), 133-138 (2002)

[Gut03] Gutsmann B, Kanschat P, Münzer M, Pfaffenlehner M, Laska T, "Repetitive Short Circuit Behaviour of Trench-/Fieldstop IGBTs", Proceedings of the 47th PCIM, Nürnberg (2003)

[Hag93] Hagmann G, Leistungselektronik, Aula-Verlag, Wiesbaden, 1993

[Ham98] Hamidi A, Contribution à l'étude des phénomènes de fatigue thermique des modules IGBT de forte puissance destines aux application de traction, Dissertation, Grenoble, 1998

[Ham01] Hamidi A, Kaufmann S, Herr E: "Increased Lifetime of Wire Bond Connections for IGBT Power Modules", IEEE Applied Power Electronic Conference and Exhibition (APEC), Anaheim (2001)

[Hec01] Hecht U, Scheuermann U: „Static and Transient Thermal Resistance of Advanced Power Modules", Proceedings of the 43th PCIM, Nürnberg (2001)

[Hel97] Held M, Jacob P, Nicoletti G, Sacco P, Poech MH: "Fast power cycling test for IGBT modules in traciton application", Proc. Power Electronics and Drive Systems (1997)

[How70] Hower P L, Reddi K: "Avalanche injection and second breakdown in transistors",, IEEE Transactions on Electron Devices, Vol. 17, p. 320 (1970)

[Hua94] Huang Q,"MOS-Controlled Diode - A New Class of Fast Switching Low Loss Power Diode" VPEC, S. 97-105 (1994)

[INF01] Infineon Datenblatt FZ3600R12KE3, www.eupec.com (2001)

[IXY00] IXYS Datenblatt FMD 21-05QC (2000)

[Jae01] Ein Beispiel, gerechnet mit Simplorer, findet sich in Jäger/Stein, Übungen zur Leistungselektronik, VDE Verlag 2001

[Kab94] Kabza H, Schulze H-J, Gerstenmaier Y, Voss P, Wilhelmi J, Schmid W, Pfirsch F, and Platzöder K: Cosmic radiation as a possible cause for power device failure and possible countermeasures", Proceedings of the 6th International Symposium on Power Semiconductor Devices & IC's, Davos, Switzerland (1994)

[Kai04] Kaindl W, Soelkner G, Becker HW, Meijer J, Schulze HJ, Wachutka G: "Physically Based Simulation of Strong Charge Multiplication Events in Power Devices Triggered by Incident Ions", Proceedings of the 16th International Symposium on Power Semiconductor Devices & IC's, Kitakyushu, Japan (2004)

[Kai05] Kaindl W, Modellierung höhenstrahlungsinduzierter Ausfälle in Halbleiterleistungsbauelementen, Dissertation, München 2005

[Kam93] Kamon M et al: "Fast Henry - A Multipole Accelerated 3-D Inductance Extraction Programm", Proc. 30th ACM/IEEE Design Automation Conference, S. 678-683 (1993)

[Kao67] Kao YC, Wolley ED: "High Voltage Planar pn-Junctions", IEEE Trans El. Dev. 55, 1409 (1967)

[Kas97] Kaschani K, Untersuchung und Optimierung von Leistungsdioden, Dissertation, Braunschweig 1997

[Kit93] Kitagawa M, Omura I, Hasegawa S, Inoue T, Nakagawa A: "A 4500V Injection En-hanced Insulated Gate Bipolar Transistor (IEGT) in a Mode Similar to a Thyristor" IEEE IEDM tech.digest pp 697-682 (1993)

[Kla92] Klaassen DBM: „A unified mobility model for device simulation – I. Model equations and concentration dependence," Solid State Electronics, vol. 35, no. 7 pp.953-959 (1992)

[Kla92b] Klaassen DBM: "A unified mobility model for device simulation – II. Temperature dependence of carrier mobility and lifetime," Solid State Electronics, vol. 35, no. 7, pp. 961 – 967 (1992)

[Kla96] Klaka S, Eine Niedertemperatur-Verbindungstechnik zum Aufbau von Leistungs-halbleitermodulen, Dissertation, Braunschweig, 1996

[Kra02] Krause O, Pichler P, Ryssel H: „Determination of aluminum diffusion parameters in silicon", Journ.Appl.Phys Vol 91, No 9 (2002)

[Lap91] Lappe-Conrad-Kronberg, Leistungselektronik, 2. Auflage, Verlag Technik Berlin 1991

[eFu99] eFunda engineering fundamentals, http://www.efunda.com/materials/

[Las00] Laska T, Lorenz L, Mauder A: „The Field Stop IGBT Concept with an Optimized Diode", Proceedings of the 41th PCIM, Nürnberg (2000)

[Las00b] Laska T, Münzer M, Pfirsch F, Schaeffer C, Schmidt T: „The Field Stop IGBT (FS IGBT) - A New Power Device Concept with a Great Improvement Potential, Proceedings of the ISPSD, Toulouse (2000)

[Las03] Laska T et al: "Short Circuit Properties of Trench/Field Stop IGBTs Design Aspects for a Superior Robustness", Proc. 15th ISPSD, pp152, Cambridge (2003)

[Lee64] Lee GA et al: "Ionisation Rates of Holes and Electrons in Silicon", Physical Review Vol 134, No 3A, A761-A773 (1964)

[Ler03] Lerner R, Eckoldt U, Knopke J: "High Voltage Smart Power Technology with Dielectric Insulation", Proc. of the 2nd International Conference on Integrated Power Systems (CIPS), pp 83-88 (2002)

[Li77] Li SS, Thurber WR, Solid State Electronics Vol. 20, S. 609-616 (1977)

[Li78] Li SS, Solid State Electronics Vol.21, S. 1109-1117 (1978)

[Lin01] Lindemann A, Kolloquium Halbleiter-Leistungsbauelemente und ihre systemtechnische Integration, Freiburg (2001)

[Lin02] Lindemann A, Friedrichs P, Rupp R: New Semiconductor Material Power Components for High End Power Supplies, Proceedings of the 45th PCIM, S. 149-154, Nürnberg (2002)

[Lin06] Linder S, Power Semiconductors, EPFL Press, Lausanne, Switzerland, 2006.

[Lor99] Lorenz L, März M: "CoolMOS™ - A new approach towards high efficiency power supplies", Proceedings oft the 39th PCIM, Nuremberg, S. 25-33 (1999)

[Lut94] Lutz J, Scheuermann U: "Advantages of the New Controlled Axial Lifetime Diode", Proceedings oft the 28th PCIM (1994)

[Lut97] Lutz J: "Axial recombination centre technology for freewheeling diodes" Proceedings of the 7th EPE, Trondheim, 1.502 (1997)

[Lut98] Lutz J, Südkamp W, Gerlach W: "IMPATT Oscillations in Fast Recovery Diodes due to Temporarily Charged Radiation Induced Deep Levels" Solid-State Electr. Vol 42 No. 6, 931-938 (1998)

[Lut00] Lutz J, Wintrich A: „The Hybrid Diode - Mode of Operation and Application", European Power Electronics and Drives Journal Vol. 10 No. 2 (2000)

[Lut02] Lutz J, Mauder A: „Aktuelle Entwicklungen bei Silizium-Leistungsdioden"; ETG-Fachbericht 88, VDE-Verlag Berlin (2002)

[Mas83] Masetti G, Severi M, Solmi S: "Modeling of carrier mobility against concentration in Arsenic-, Phosphorus-, and Boron-doped Silicon," IEEE Transaction on electron devices, vol. ED-30, No. 7, pp. 764-769, (1983)

[Mer02] Mertens C, Sittig R: "Low Temperature Joining Technique for Improved Reliability", Proc. 2nd International Conference on Integrated Power Systems CIPS, S. 95-100 (2002)

[Mic03] Michel M, Leistungselektronik, 3. Auflage, Springer-Verlag Berlin 2003

[Mil76] Miller MD: "Differences Between Platinum- and Gold-Doped Silicon Power Devices", IEEE Trans El. Dev. Vol. ED-23, No. 12 (1976)

[Mil89] Miller G, Sack J: "A new concept for a non punch through IGBT with MOSFET like switching characteristics", Proceedings of the PESC '89 Vol 1, S. 21-25 (1989)

[Mon02] Monakhov EV, Avset BS, Hallen A, Svensson BG: "Formation of a double acceptor center during divacancy annealing in low-doped high-purity oxygenated Si," Phys. Rev. B, 65:233207 (2002)

[Mot99] Motto ER, Donlon JF, Iwamoto H: "New Power Stage Building Blocks for Small Motor Drives", Proc. Powersystems World Conference '99, 343-349, Chicago, (1999)

[Mot93] Motto ER: "New Intelligent Power Modules (IPMs) for Motor Drive Applications", Proc. IEEE IAS, Toronto (1993)

[Mou88] Mourick P, Das Abschaltverhalten von Leistungsdioden, Dissertation, Berlin 1988

[Mou02] Mourick P, Steger J, Tursky W: "750A 75V MOSFET Power Module with Sub-nH Inductance", Proceedings of the ISPSD S. 205-208 (2002)

[Nag98] Nagasu M et al: „3.3kV IGBT Modules having Soft Recovery Diodes with high Reverse Recovery di/dt Capability", Proceedings of the PCIM 98 Japan, 175 (1998)

[Nak85] Nakawaga A, Ohashi H: "600-1200 V Bipolar Mode MOSFETS with High-Current Capability", IEEE-EDL 6, No. 7 pp. 378-380. (1985)

[Nem01] Nemoto M et al, „Great Improvement in IGBT Turn-On Characteristics with Trench Oxide PiN Schottky Diode", Proceedings of the ISPSD, Osaka (2001)

[Net99] Netzel M, Analyse, Entwurf und Optimierung von diskreten vertikalen IGBT-Strukturen, Dissertation, Isle-Verlag Ilmenau 1999

[Nie04] Niedernostheide FJ, Falck E, Schulze HJ, Kellner-Werdehausen U: "Avalanche injection and current filaments in high-voltage diodes during turn-off", Proceedings of the 7th INTERNATIONAL SEMINAR ON POWER SEMICONDUCTORS ISPS'04, Prag (2004)

[Nov89] Novak WD, Schlangenotto H, Füllmann M: "Improved Switching Behaviour of Fast Power Diodes", PCIM Europe (1989)

[Oet00] Oetjen J et al: „Current filamentation in bipolar devices during dynamic avalanche breakdown", Solid State Electronics 44, 117-123 (2000)

[Oga66] Ogawa T; "Avalanche Breakdown and Multiplication in Silicon pin Junctions". Japanese J. of Applied Physics, vol. 4, S. 473 ff (1965)

[Ogu04] Ogura T, Ninomiya H, Sugiyama K, Inoue T: "4.5 kV Injection Enhanced Gate Transistors (IEGTs) with High Turn-Off Ruggedness," IEEE Trans. Electron Devices, vol. 51, pp. 636–641 (2004)

[Omu97] Omura I, Ogura T, Sugiyama K, Ohashi H: "Carrier injection enhancement effect of high voltage MOS-devices - Device physics and design concept", Proceedings of the ISPSD, Weimar (1997)

[Omu03] Omura I et al: "Electrical and Mechanical Package Design for 4.5kV Ultra High Power IEGT with 6kA Turn-off Capability" Proceedings of the ISPSD, Cambridge (2003)

[Ove70] Van Overstraeten R, De Man H., "Measurement of the Ionization Rates in Diffused Silicon p-n junctions," Solid State Electronics 13, 583-608 (1970)

[Pal99] Palmer PR, Joyce JC: "Causes of Parasitiv Current Oscillation in IGBT Modules During Turn-Off", Proceedings of the EPE, Lausanne, (1999)

[Pau76] Paul R, Halbleiterdioden, VEB Verlag Berlin 1976

[Pen97] Pendharkar S, Shenai K: „Optimization oft the Anti-Parallel Diode in an IGBT Module for Hard-Switching Applications", IEEE Trans El. Dev.,Vol. 44 No. 5, (1997)

[Pet01] Peters D, Dohnke KO, Hecht C, Stephani D: „1700V SiC Schottky Diodes scaled up to 25A", Materials Science Forum Vols. 353-356 pp. 675-678 (2001)

[Pic03] Pichler P, Intrinsic Point Defects, Impurities, and Their Diffusion in Silicon, Habilitationsschrift Erlangen 2003

[Poe04] Poech MH, Fraunhofer-Institut Siliziumtechnologie, Itzehoe, persönliche Korrespondenz (2004)

[Pop04] Popović J, Ferreira JA: "Concepts for High Packaging and Integration Efficiency", Proc. 35th Annual IEEE Power Electronics Specialists Conference PESC, p.4188-4194, Aachen (2004)

[Pop05] Popović J, Ferreira JA, Waffenschmidt E: "PCB Embedded DC/DC 42/14V Converter for Automotive Applications", Proceedings of the EPE, Dresden (2005)

[Por94] Porst A: „Ultimate Limits of an IGBT (MCT) for High Voltage Applications in Conjunction with a Diode", Proceedings of the 6th ISPSD, Davos (1994)

[Pri96] Pribyl W: "Integrated Smart Power Circuits Technology, Design and Application", Proceedings of the 22nd European Solid-State Circuits Conference, ESSCIRC (1996)

[Rah04] Rahimo M, Kopta A et al: "Switching-Self-Clamping-Mode "SSCM", a breakthrough in SOA Performance for high voltage IGBTs and diodes", Proceedings of the ISPSD 437-440 (2004)

[Rah05] Rahimo M et al: "A Study of Switching-Self-Clamping-Mode "SSCM" as an Over-voltage Protection Feature in High Voltage IGBTs" Proc. ISPSD, Santa Barbara (2005)

[Ros02] Rose P, Silber D, Porst A, Pfirsch F: "Investigations on the Stability of Dynamic Ava-lanche in IGBTs", Proceedings of the ISPSD (2002)

[Rue78] Ryssel H, Ruge I, Ionenimplantation, Teubner Verlag Stuttgart 1978

[Sai03] Saint-Eve F, Lefebvre S, Khatir Z: "Influence of repetitions of short-circuits conditions on IGBT lifetime", Proceedings of the EPE, Toulouse (2003)

[Sai04] Saint-Eve F, Lefebvre S, Khatir Z: "Study on IGBT lifetime under repetitive short-circuits conditions", Proceedings of the PCIM, Nürnberg (2004)

[Sce83] Schade K, Halbleitertechnologie Bd 2, VEB Verlag Berlin 1983

[Scn97] Scheuermann, U, Wiedl P: "Low Temperature Joining Technology - a High Reliability Alternative to Solder Contacts", Workshop on Metal Ceramic Composites for Functional Applications, Wien, S. 181-192 (1997)

[Scn99] Scheuermann U: "Power Module Design for HV-IGBTs with Extended Reliability", Proceedings of the PCIM, Nürnberg, S. 49-54 (1999)

[Scn02] Scheuermann U, Tursky W, „IPMs zwischen Modul und intelligenten leistungselektronischen Antriebssystemen", Proc. Fachtagung Elektrische Energiewandlungssysteme, p.105-110, Magdeburg (2002)

[Scn02b] Scheuermann U, Hecht U: "Power Cycling Lifetime of Advanced Power Modules for Different Temperature Swings", Proceedings PCIM, pp. 59-64, Nürnberg (2002)

[Scn05] Scheuermann U, persönliche Kommunikation (2005)

[Scn06] Scheuermann U: „Aufbau- und Verbindungstechnik in der Leistungselektronik", in Schröder, D, Elektrische Antriebe Bd. 3 – Leistungselektronische Bauelemente, 2.Auflage, Springer Berlin 2006

[Sco69] Schlangenotto H, Gerlach W: „On the effective carrier lifetime in psn-rectifiers at high injection levels", Solid-State-Electronics Vol 12, pp 267-275 (1969)

[Sco79] Schlangenotto H, Maeder H: "Spatial Composition and Injection Dependence of Recombination in Silicon Power Device Structures", IEEE Trans. El. Dev. Vol. Ed-26, No 3, pp 191-200 (1979)

[Sco89] Schlangenotto H et al, "Improved Recovery of Fast Power Diodes with Self-Adjusting p Emitter Efficiency", IEEE El. Dev. Letters Vol. 10. S. 322 – 324 (1989)

[Sco89b] Schlangenotto H, Neubrand H: „Dynamischer Avalanche beim Abschalten von GTO-Thyristoren und IGBTs", Archiv der Elektrotechnik 72, S. 113-123 (1989)

[Sco91] Schlangenotto H in: Abschlussbericht zum BMFT-Verbundprojekt "Basistechnologien für zukünftige Leistungsbauelemente", Nr 8, Modelling, Bericht der Daimler Benz AG S.7/8, Bremen (1991)

[Scr94] Schaffer WJ, Negleym GH, Irvine KG, Palmour JW, Materials Research Society Symposium Proceedings, Vol 339, p. 595 (1994)

[Scu89] Schulze HJ, Kuhnert R: "Realization of High Voltage Planar Junction Termination for Power Devices", Solid State Electronics Vol.32, S. 175 (1989)

[Scz00] Schulz-Harder T, Exel J, Meyer A, Licht K, Loddenkötter M: "Micro Channel Water Cooled Power Modules", Proceedings PCIM S. 9-14 Nürnberg (2000)

[Shi59] Shields J: „Breakdown in Silicon pn-Junctions", Journ. Electron. Control No 6 (1959)

[Sie02] Siemieniec R, Südkamp W, Lutz J: "Determination of parameters of radiation induced traps in silicon", Solid-State Electr. Vol 46, 891-901 (2002)

[Sie03] Siemieniec R, Simulation von Leistungsbauelementen mit durch Bestrahlungsverfahren eingestellter Trägerlebensdauer, Dissertation, Ilmenau 2003

[Sie03b] Siemieniec R, Lutz J, Netzel M, Mourick P: "Transit Time Oscillations as a Source of EMC Problems in Bipolar Power Devices", Proceedings of the EPE, Toulouse (2003)

[Sie06] Siemieniec R, Niedernostheide FJ, Schulze HJ, Südkamp W, Kellner-Werdehausen U, Lutz J: "Irradiation-Induced Deep Levels in Silicon for Power Device Tailoring" Journal of the Electrochemical Society, 153 (2) G108-G118 (2006)

[Sie06b] Siemieniec R, Mourick P, Netzel M, Lutz J: "The Plasma Extraction Transit-Time Oscillation in Bipolar Power Devices – Mechanism, EMC Effects and Prevention", IEEE Trans El.Dev Vol 53 No 2, 369-379 (2006) (2006)

[Sil73] Silber D, Robertson M.J: "Thermal effects on the forward characteristics of silicon pin-diodes at high pulse currents", Solid-State Electronics Vol 16, 1337-1346 (1973)

[Sil85] Silber D, Novak WD, Wondrak W, Thomas B, Berg H: "Improved Dynamic Properties of GTO-Thyristors and Diodes by Proton Implantation", IEDM, Washington (1985)

[Sin93] Singh R., Baliga BJ, Sol. State Electronics Vol. 36, 1206, (1993)

[Sin00] Singh R et al, „1500V 4 Amp 4H-SiC JBS Diodes", Proceedings of the ISPSD, Toulouse (2000)

[Sit02] Sittig R: „Siliziumbauelemente nahe den Grenzen der Materialeigenschaften", ETG Fachtagung, Bad Nauheim, ETG Fachbericht 88 S. 9 ff (2002)

[Slo77] Slotbomm JW: „The pn-product in Silicon", Solid State Electronics Vol. 20, pp279-283, (1977)

[Soe00] Soelkner G, Voss P, Kaindl W, Wachutka G, Maier KH, Becker HW, „Charge Carrier Avalanche Multiplication in High-Voltage Diodes Triggered by Ionizing Radiation", IEEE Transac. on Nucl. Sc. Vol.47, No.6, 2365-2372 (2000)

[Ste85] Stengl R, Gösele U: "Variation of Lateral Doping - a new Concept to Avoid High Voltage Breakdown of Planar Junctions", IEEE IEDM 85, S.154 (1985)

[Ste92] Stengl JP, Tihanyi J, Leistungs-MOSFET-Praxis, Pflaum-Verlag München 1992

[Swa00] Swawle A, Woodworth A: "Innovative Developments in Power Packaging Technology Improve Overall Device Performance", Proceedings of the 41st PCIM, S. 333-339 (2000)

[Sze66] Sze SM, Gibbons G, "Avalanche Breakdown Voltages of Abrupt and Linearly graded p-n junctions in Ge, Si, GaAs and GaP", Applied physics letters Vol 8, No 5 111-115 (1966)

[Sze81] Sze SM, Physics of Semiconductor Devices. John Wiley & Sons, New York 1981

[Sze88] Sze SM, VLSI Technology, McGrawHill, New York 1988

[Tai96] Takahashi H, Haruguchi H, Hagino H, Yamada T: "Carrier stored trench-gate bipolar transistor (CSTBT) - a novel power device for high voltage application" ISPSD '96 Proceedings., 8th International Symposium on Power Semiconductor Devices and ICs 20-23 May 1996 Page(s):349 - 352 (1996).

[Tak98] Takeda T, Kuwahara M, Kamata S, Tsunoda T, Imamura K, Nakao S: "1200 V trench gate NPT-IGBT (IEGT) with excellent low on-state voltage", Proceedings of the ISPSD, Kyoto (1998)

[Thu80] Thurber WR, Mattis RL, Liu YM, Filliben JJ, J. Electrochem. Soc. Vol 127, S. 1807-1812, S. 2291-2294 (1980)

[Tih88] Tihanyi J: "MOS-Leistungsschalter", ETG-Fachtagung Bad Nauheim, 4.-5.Mai 1988, Fachbericht Nr. 23, VDE-Verlag, S. 71-78.

[Tih88b] Tihanyi J: "Smart SIPMOS Technology", in: Siemens Forschungs- und Entwicklungsberichte Bd.17 Nr.1 Springer Berlin S. 35-42 (1988)

[Tom96] Tomomatsu Y et al: "An analysis and improvement of destruction immunity during reverse recovery for high voltage planar diodes under high dIrr/dt condition, Proceedings of the ISPSD, P. 353-356 (1996)

[Tre01] Treu M, Rupp M, Kapels H, Bartsch W, Material Science Forum Vols. 353-356 pp 679-682 (2001)

[Wac91] Wachutka G, IEEE Transactions on Electron Devices, Vol. 38, p. 1516 (1991)

[Waf05] Waffenschmidt E, Ackermann B, Ferreira JA, "Design method and material technologies for passives in printed circuit board embedded circuits", Special Issue on Integrated Power Electronics of the IEEE PELS Transactions, Vol.20, No.3, p.576. (2005)

[Waf05b] Waffenschmidt E, Ackermann B, Wille M: "Integrated ultra thin flexible inductors for low power converters", Proceedings of the Power Electronic Specialists Conference (PESC) 2005, Recife, Brazil (2005)

[Wen01] Wen S, Huff D, Lu GQ, Cash M, Lorenz RD: "Dimple-Array Interconnect Technique for Interconnecting Power Devices and Power Modules", Proc. CPES Seminar S. 75-80 Blacksburg (2001)

[Wol81] Wolley ED, Bevaqua SF: "High Speed, Soft Recovery Epitaxial Diodes for Power Inverter Circuits", IEEE IAS Meeting Digest (1981)

[Won85] Wondrak W, Erzeugung von Strahlenschäden in Silizium durch hochenergetische Elektronen und Protonen, Dissertation, Frankfurt 1985

[Yam02] Yamada J, Yu Y, Donlon JF, Motto ER: "New MEGA POWER DUAL™ IGBT Module with Advanced 1200V CSTBT Chip", Record of the 37th IAS Annual Meeting Conference, Vol. 3, pp 2159 - 2164 (2002)

[Zha04] Zhao L, van Wyk JD, "A High Attenuation Integrated Differential Mode RF EMI Filter", Proc. 2004 CPES Power Electronics Seminar, p.74-77, Blacksburg (2004)

[Zhg04] Zhang J, "Choosing the Right MOSFET Package", IR-Applikationsschrift Feb 2004, http://www.eepn.com/Locator/Products/ArticleID/29270/29270.html

[Zim95] Zimmermann W, Sommer KH, Patentschrift DE 19549011C2, 1995

[Zin01] Zingg RP "New Benchmark for RESURF, SOI, and Super-Junction Power Devices", Proceedings of the ISPSD, Osaka, S. 343-346 (2001)

[Zve01] Zverev I et al: „SiC Schottky Rectifiers: Performance, Reliability and key application", Proceedings of the 9th EPE, Graz (2001)

Sachverzeichnis

Druck: Krips bv, Meppel
Verarbeitung: Stürtz, Würzburg